学以致用系列丛书

Excel函数与图表入门与实战

智云科技　编著

清华大学出版社
北　京

内 容 简 介

本书是“学以致用系列丛书”之一，主要讲述 Excel 函数和图表知识与技能。

全书共 16 章，主要包括函数与图表入门基础准备、各类函数应用、图表的进阶与高级应用以及综合实战案例 4 部分。本书内容较为全面，从基础知识、常用技能技巧到进阶技能与操作均作了详细讲解，能充分提高读者的实际应用和操作能力。

本书既适用于办公人员、文秘、公务员，也适用于各类家庭用户、社会培训学员以及各大中专院校及社会培训机构的职业培训教材。

图书在版编目(CIP)数据

Excel函数与图表入门与实战 / 智云科技编著. — 北京：清华大学出版社，2016（2018.3 重印）

(学以致用系列丛书)

ISBN 978-7-302-44972-0

Ⅰ. ①E… Ⅱ. ①智… Ⅲ. ①表处理软件 Ⅳ. ①TP391.13

中国版本图书馆CIP数据核字(2016)第213964号

责任编辑：李玉萍
封面设计：杨玉兰
责任校对：张彦彬
责任印制：李红英
出版发行：清华大学出版社

网　　址：http://www.tup.com.cn，http://www.wqbook.com
地　　址：北京清华大学学研大厦 A 座　　　邮　　编：100084
社 总 机：010-62770175　　　邮　　购：010-62786544
投稿与读者服务：010-62776969，c-service@tup.tsinghua.edu.cn
质量反馈：010-62772015，zhiliang@tup.tsinghua.edu.cn

印 装 者：北京密云胶印厂
经　　销：全国新华书店
开　　本：190mm×260mm　　**印　张**：20.25　　**字　数**：489 千字
（附 DVD 1 张）
版　　次：2016 年 10 月第 1 版　　**印　次**：2018 年 3 月第 2 次印刷
定　　价：59.00 元

产品编号：068496-01

关于本丛书

如今，电脑已不再是休闲娱乐的一种工具，在工作节奏如此快速的今天，它已成为各类人士工作中不可替代的帮手。为了让更多的初学者学会电脑和软件的操作，经过我们精心的策划和创作，“学以致用系列丛书”已在2015年初和广大读者见面了。该丛书自上市以来，反响一直很好，而且销量突破预计。

为了回馈广大读者，让更多的人学会使用电脑这个必备工具和一些常用软件的操作，时隔一年，我们对“学以致用系列丛书”进行了全新升级改版，不仅优化了版式效果，更对内容进行了全面更新，让全书更具深度，让读者能学到更多实用的技巧。

本丛书分别涉及电脑基础与入门、网上开店、Office办公软件、图形图像和网页设计等领域，每本书的内容和讲解方式都根据其特有的应用要求进行了量身打造，目的是让读者真正学得会，用得好。其具体包括的书目如下：

- ◆ Excel 高效办公入门与实战
- ◆ Excel 函数与图表入门与实战
- ◆ Excel 数据透视表入门与实战
- ◆ Access 数据库基础及应用（第2版）
- ◆ PPT 设计与制作（第2版）
- ◆ 新手学开网店（第2版）
- ◆ 网店装修与推广（第2版）
- ◆ Office 2013 入门与实战（第2版）
- ◆ 新手学电脑（第2版）
- ◆ 中老年人学电脑（第2版）
- ◆ 电脑组装、维护与故障排除（第2版）
- ◆ 电脑安全与黑客攻防（第2版）
- ◆ 网页设计与制作入门与实战
- ◆ AutoCAD 2016 中文版入门与实战
- ◆ Photoshop CS6 平面设计入门与实战

丛书两大特色

本丛书主要体现了我们的“理论知识和操作学得会，实战工作中能够用得好”这两个策划和创作宗旨。

理论知识和操作学得会

◆ 讲解上——实用为先，语言精练

本丛书在内容挑选方面注重 3 个“最”——内容最实用，操作最常见，案例最典型，并且讲解理论部分的文字精练，用最通俗的语言将知识讲解清楚，以提高读者的阅读兴趣和学习效率。

◆ 外观上——单双混排，全程图解

本丛书采用灵活的单双混排方式，主打图解式操作，每个操作步骤在内容和配图上均采用编号进行逐一对应，整个操作更清晰，让读者能够轻松、快速地掌握。

◆ 结构上——布局科学，学习+提升同步进行

本丛书在每章知识的结构安排上，采取“主体知识 + 给你支招”的结构。其中，“主体知识”针对当前章节涉及的所有理论知识进行讲解，“给你支招”是对本章相关知识的延伸与提升，其实用性和技巧性更强。

◆ 信息上——栏目丰富，延展学习

本丛书在知识讲解过程中，穿插了各种栏目板块，如小绝招、给你支招和长知识。通过这些栏目有效增加了本书的知识量，扩展了读者的学习宽度，从而帮助读者掌握更多实用的技巧操作。

实战工作中能够用得好

本丛书在讲解过程中，采用了“知识点 + 实例操作”的结构。为了让读者清楚这些知识在实战工作中的具体应用，所有的案例均来源于实战工作，比较有针对性。通过这种讲解方式，让读者能在真实的环境中体会知识的应用，从而达到举一反三，最终起到在工作、生活中运用得更好的目的。

本书内容

本书是丛书中的《Excel 函数与图表入门与实战》，全书共 16 章。主要包括函数与图表入门基础知识、各类函数应用、图表的进阶与高级应用以及综合实战案例 4 大部分，各部分的具体内容如下表。

章节介绍	内容体系	作　用
Chapter 01~Chapter 03	这部分是Excel函数与图表入门的基础知识，具体内容包括：Excel基本操作、公式和函数的基本应用、各类函数的作用及创建图表的基本操作等	通过本部分的学习，主要是为后面的进阶与实战奠基
Chapter 04~Chapter 10	这部分为Excel函数应用专题，具体内容包括：财务函数的应用、逻辑与信息函数的应用、文本函数的应用、日期和时间函数的应用、查找和引用函数的应用、数学和三角函数的应用、统计函数的应用等	通过本部分的学习，让读者全面了解各类函数及其在实战中的应用
Chapter 11~Chapter 14	这部分为图表的进阶与高级应用专题，具体内容包括：DIY图表布局样式、高级图表的制作、函数与图表的综合应用、数据透视图表的应用等	通过本部分的学习，让读者不仅了解一般图表的编辑操作，也能掌握图表的高级制作及与函数配合的综合应用
Chapter 15~Chapter 16	这部分包括两个综合案例，分别是制作资产管理系统和制作员工培训管理系统	让读者学以致用，掌握公式与图表综合的实战应用

本书特点

特　点	说　明
系统全面	本书体系完善，由浅入深地对Excel函数与图表的实用知识和技巧进行了全面讲解，其内容包括Excel函数与图表应用的必会基础、公式与函数的基本应用、图表的类型和创建图表的方法、十大类函数的实战应用、图表的基本设置、高级图表的制作、函数与图表的综合应用、数据透视图表的应用，以及函数与图表在资产管理和员工培训方面的实战应用
案例实用	本书为了让读者更容易学会理论知识，不仅为理论知识配备了大量的案例操作，而且在案例选择上注重实用性。这些案例不单单是为了验证知识操作，更是我们实际工作和生活中常遇到的问题。因此，通过这些案例，可以让我们在学会知识的同时，解决工作和生活中的问题，达到双赢的目的

续表

特　点	说　明
拓展丰富	本书在讲解的过程中安排了上百个“小绝招”和“长知识”板块，用于对相关知识的提升或延展。另外，在每章的最后还专门增加了“给你支招”板块，让读者学会更多的进阶技巧，从而提高工作效率
语言轻松	本书语言通俗易懂、贴近生活，略带幽默元素，让读者能充分享受阅读的过程。语言的逻辑感较强，前后呼应，随时激发读者的记忆

读者对象

本书内容丰富，涉及知识面广，既适用于 Excel 初、中级用户作为学习 Excel 公式、函数、图表和数据分析的参考用书，也适用于不同年龄段的办公人员、文秘、公务员参考使用，尤其对初入职场的办公人员处理实际问题、提高工作效率有很大的帮助。此外，本书也适用于各类家庭用户、社会培训班学员使用，或作为各大中专院校及各类 Excel 培训机构的教材。

创作团队

本书由智云科技编著，参与本书编写的人员有邱超群、杨群、罗浩、林菊芳、马英、邱银春、罗丹丹、刘畅、林晓军、周磊、蒋明熙、甘林圣、丁颖、蒋杰、何超等，在此对大家的辛勤工作表示衷心的感谢！

由于编者经验有限，书中难免会有疏漏和不足，恳请专家和读者不吝赐教。

编　者

Chapter 01 需要掌握的Excel必备基础

1.1 创建与保存工作簿 2
1.1.1 创建工作簿 2
1.1.2 保存工作簿 3
1.1.3 自动保存工作簿 3
1.2 工作表基本对象 4
1.2.1 选择工作表 4
1.2.2 重命名工作表 5
1.2.3 移动或复制工作表 6
1.2.4 删除工作表 7
1.2.5 隐藏和显示工作表 8
1.2.6 保护工作表 9
1.3 操作单元格对象 10
1.3.1 选择单元格 10
1.3.2 合并单元格 11
1.3.3 调整行高和列宽 12
1.4 特殊数据的录入 13
1.4.1 规律数据的输入 13
1.4.2 特殊字符的输入 14
1.4.3 输入超过11位以上的数字 14
1.5 数据验证 15
1.5.1 添加数据序列 15
1.5.2 添加提醒或错误警告 16
给你支招
如何对工作簿进行密码保护 17
如何锁定单元格 18

Chapter 02 公式和函数的基本应用

2.1 公式和函数概述 20
2.1.1 公式和函数简介 20
2.1.2 公式中的各种运算符 21
2.1.3 公式运算的优先顺序 21
2.1.4 什么是嵌套函数 22
2.2 单元格的引用类型 22
2.2.1 相对引用 22
2.2.2 绝对引用 23
2.2.3 混合引用 23
2.3 公式和函数的输入与编辑方法 24
2.3.1 输入只包含单元格引用和常数的公式 24
2.3.2 输入包含函数的公式 25
2.3.3 复制移动公式 27
2.4 单元格名称的使用 29
2.4.1 定义单元格名称 30
2.4.2 管理单元格名称 32
2.4.3 引用单元格名称 34
给你支招
将公式的计算结果转换为数值 35
隐藏公式 36

Chapter 03 了解和创建图表

3.1 了解Excel中不同图表的应用 38
3.1.1 柱形图的应用 38
3.1.2 条形图的应用 40
3.1.3 饼图的应用 40
3.1.4 折线图的应用 42
3.1.5 面积图的应用 44
3.1.6 散点图的应用 45
3.1.7 雷达图的应用 48
3.1.8 股价图的应用 48
3.1.9 曲面图的应用 50
3.1.10 组合图的应用 51
3.2 基本图表创建 52
3.2.1 创建标准图表 52
3.2.2 添加图表标题 53
3.2.3 调整图表大小 54
3.2.4 移动图表位置 56
3.2.5 保护图表结构 57
3.2.6 将图表转换为图片 58
3.3 迷你图创建 60
3.3.1 创建迷你图 60
3.3.2 设置迷你图样式 61
3.3.3 自定义迷你图坐标轴大小 62
给你支招
这样可以用形状替换数据系列样式 63
轻松调整饼图扇区的“隔阂” 64

Chapter 04 财务函数的应用

4.1 投资预算函数 66
4.1.1 FV()预测投资效果 66
4.1.2 PV()计算投资现值 67
4.1.3 NPV()计算非固定回报投资 69
4.1.4 NPER()计算贷款的期数 69
4.1.5 RATE()返回年金的各期利率 70
4.1.6 RRI()返回投资增长等效利率 71
4.1.7 FVSCHEDULE()变动利率下的一次性投资未来值 72
4.2 本金和利息函数 73
4.2.1 PMT()计算每期还贷额 73
4.2.2 PPMT()计算还款额中的本金 74
4.2.3 IPMT()计算还款金额中的利息 75
4.3 内部收益率数据处理 75
4.3.1 IRR()计算现金流的内部收益率 76
4.3.2 MIRR()计算现金流的修正内部收益率 76
4.4 折旧数据函数 77
4.4.1 SLN()以计算每期线性折旧费 78
4.4.2 SYD()以年限总和折旧法计算折旧值 78
4.4.3 DB()以固定余额递减法计算折旧数据 79
4.4.4 DDB()以双倍余额递减法计算资产折旧值 80
4.4.5 VDB()用余额递减法计算任何期间的资产折旧值 80
给你支招
如何将筛选结果保存到新工作表中 82
分步查看公式/函数计算结果 83

Chapter 05 逻辑与信息函数的应用

5.1 逻辑函数 86
5.1.1 IF()判断条件是否成立 86
5.1.2 AND()多条件同时满足 87
5.1.3 OR()满足任一条件 88
5.1.4 NOT()对数据结果取反 89
5.1.5 IFERROR()判断公式是否有错误 89
5.2 信息函数 90
5.2.1 ISBLANK()判断单元格是否为空 90
5.2.2 ISERROR()判断指定数据是否为错误值 91
5.2.3 ISTEXT()判断指定数据是否为文本 92
5.2.4 ISNUMBER()判断指定数据是否为数字 93
5.2.5 ISEVEN()判断指定数据是否为偶数 93

5.2.6 ISODD()判断指定数据是否为奇数......94
5.2.7 TYPE()返回数据类型......95
5.2.8 ISFORMULA()检测单元格是否包含公式函数......95

给你支招

轻松计算出个税金额......96
自动标记出升职的员工......96
巧用数据类型定义标识数据......99
自动获取当前工作簿路径......99

Chapter 06 文本函数的应用

6.1 字符转换处理......102
6.1.1 TEXT()按特定格式返回文本字符串......102
6.1.2 UPPER()将所有字母转换为大写......103
6.1.3 LOWER()将所有字母转换为小写......103
6.1.4 CODE()找出字符的数字代码......103
6.1.5 CHAR()由代码返回任意字符......105
6.1.6 T()去除参数中的非文本数据......105
6.2 查找与替换函数......106
6.2.1 FIND()精确查找字符串在另一字符串中的位置......106
6.2.2 SEARCH()不区分大小写查找字符串......108
6.2.3 REPLACE()按位置替换文本......109
6.2.4 SUBSTITUTE()按内容替换文本......110
6.3 获取字符串函数......112
6.3.1 LEN()取字符串长度......112
6.3.2 REPT()重复生成指定字符串......113
6.3.3 LEFT()从左侧开始截取字符串......114
6.3.4 MID()从任意位置截取字符串......114
6.3.5 RIGHT()从右侧开始截取字符串......115
6.4 文本合并比较函数......117
6.4.1 CONCATENATE将多个文本串合并成一个......117
6.4.2 EXACT比较两个字符串大小是否完全相同......118

给你支招

如何将日期转换为中文大写......119
轻松为公式添加说明......119

Chapter 07 日期和时间函数的应用

7.1 日期函数......122
7.1.1 YEAR()提取日期中的年份......122
7.1.2 MONTH()提取日期中的月份......123
7.1.3 DAY()提取日期在当月的天数......124
7.1.4 TODAY()返回当前系统的日期......125
7.1.5 DAYS360()按每年360天计算时间差......125
7.1.6 DATE()将代表日期的文本转换为日期......127
7.1.7 NOW()获取系统当前时间......128
7.2 时间函数......129
7.2.1 HOUR()返回指定时间的小时数......130
7.2.2 MINUTE()返回指定时间的分钟数......130
7.2.3 SECOND()返回指定时间的秒数......131
7.3 工作日函数......132
7.3.1 WORKDAY返回指定日期前后的若干个工作日日期......133
7.3.2 NETWORKDAYS()返回日期间完整的工作日数值......134
7.4 星期函数......135
7.4.1 WEEKDAY()将日期转换为星期......135
7.4.2 WEEKNUM()指定日期为一年中的第几周......136

给你支招

快速计算两个日期的年、月或者日间隔......138
在日期时间数据中快速提取日期或时间......139

Chapter 08 查找和引用函数的应用

8.1 查找函数......142
- 8.1.1 LOOKUP()在向量或数组中查找值......142
- 8.1.2 HLOOKUP()查找数组的首行......145
- 8.1.3 VLOOKUP()查找数组的首列......146
- 8.1.4 MATCH()在引用或数组中查找值......147
- 8.1.5 CHOOSE()从值的列表中选择值......148

8.2 引用函数......149
- 8.2.1 INDEX()使用索引从引用或数组中选择值......149
- 8.2.2 OFFSET()从给定引用中返回引用偏移量......151
- 8.2.3 ROW()返回引用的行号......152
- 8.2.4 COLUMN()返回引用的列号......153
- 8.2.5 INDIRECT()返回由文本值指定的引用......154
- 8.2.6 ADDRESS()获取指定单元格的地址......154
- 8.2.7 TRANSPOSE()返回数组的转置......155

给你支招
- 如何让空行不生成自动编号......156
- 如何生成超链接......156
- 如何轻松提取不重复数据......157

Chapter 09 数学和三角函数的应用

9.1 求和函数......160
- 9.1.1 SUM()对数据区域求和......160
- 9.1.2 SUMIF()对数据按指定条件求和......161
- 9.1.3 SUMPRODUCT()返回对应的数组元素的乘积和......163
- 9.1.4 SUMSQ()返回参数的平方和......164

9.2 随机数函数......165
- 9.2.1 RAND()返回随机数......165
- 9.2.2 RANDBETWEEN()返回两个指定数之间的随机数......167

9.3 取舍函数......167
- 9.3.1 ROUND()按位四舍五入......168
- 9.3.2 CEILING()按条件向上舍入......169
- 9.3.3 FLOOR()按条件向下舍入......170
- 9.3.4 INT()向下取整......171
- 9.3.5 ROUNDUP()向绝对值增大的方向舍入数字......172
- 9.3.6 ROUNDDOWN()向绝对值减小的方向舍入数字......172

9.4 求积函数......173
- 9.4.1 PRODUCT()对数据求积......173
- 9.4.2 MMULT返回两组数据矩阵积......174

9.5 商与余函数......175
- 9.5.1 MOD()返回两数相除的余数......175
- 9.5.2 QUOTIENT()返回除法的整数部分......176

9.6 三角函数......177
- 9.6.1 正三角函数......178
- 9.6.2 反三角函数......178

给你支招
- 在SUMIF()函数中使用通配符......179
- 如何对符合多条件的数据求和......180

Chapter 10 统计函数的应用

10.1 计数函数......182
- 10.1.1 COUNT()计算参数列表中数字的个数......182
- 10.1.2 COUNTA()计算参数列表中值的个数......183
- 10.1.3 COUNTBLANK()计算区域内空白单元格的数量......184
- 10.1.4 COUNTIF()计算区域内符合指定条件的个数......185
- 10.1.5 COUNTIFS()计算区域内符合多个条件的个数......186

10.2 平均值函数......187
10.2.1 AVERAGE()直接计算给定数字的平均值......187
10.2.2 AVERAGEA()包含文本和逻辑值计算平均值......188
10.2.3 AVERAGEIF()对符合指定条件的数据求平均值......189
10.2.4 AVERAGEIFS()对符合多个条件的数据求平均值......190
10.3 最值和中值函数......191
10.3.1 MAX()获取给定数字的最大值......191
10.3.2 MAXA()不忽略文本和逻辑值获取最大值......192
10.3.3 MIN()获取给定数字的最小值......193
10.3.4 MINA()不忽略文本和逻辑值获取最小值......194
10.3.5 LARGE()返回给定数据中第K大的值......195
10.3.6 SMALL()返回给定数据中第K小的值......196
10.3.7 MEDIAN()返回一组数的中值......197
10.4 排名函数......198
10.4.1 RANK.AVG()用平均名次处理重复排名......198
10.4.2 RANK.EQ()用最佳名次处理重复排名......199
给你支招
在Excel 2003中如何进行多条件统计..200
巧用MIN()函数和MAX()函数设置数据上下限......201
求第K大的不重复数据......202

Chapter 11 DIY图表布局样式

11.1 设置图表背景效果......204
11.1.1 设置图表区效果......204
11.1.2 设置绘图区效果......205
11.2 设置图例格式......206
11.2.1 删除和添加图例......206
11.2.2 更改图例位置......207
11.3 设置坐标轴......208
11.3.1 设置数值坐标轴的数字显示格式......209
11.3.2 为图表添加次要纵坐标轴......210
11.4 设置数据标签......211
11.4.1 为图表添加需要的数据标签...211
11.4.2 设置数据标签的显示选项......212
11.5 设置数据系列......212
11.5.1 添加或删除数据系列......213
11.5.2 切换行列数据......214
给你支招
设置起点不为0的数值坐标轴......215
巧用图片替代数据系列......216

Chapter 12 高级图表的制作

12.1 制作温度计图表......218
12.1.1 制作温度计的“玻璃管”......218
12.1.2 制作温度计的“液体”......220
12.2 对称图表的制作......222
12.2.1 制作对称图构架......222
12.2.2 完善对称图表......224
12.3 制作瀑布图......226
12.3.1 添加辅助列......226
12.3.2 制作瀑布图......227
12.4 制作断层图表......229
12.4.1 制作断层图表......229
12.4.2 制作过渡和连接部分......231
给你支招
如何将断开的折线连接起来......232
通过虚实结合来区分各数据系列......233

Chapter 13 函数与图表的融合

13.1 控件、图表和函数融合......236
13.1.1 组合框控制图表显示......236
13.1.2 复选框控制图表显示......238
13.1.3 滚动条控制图表显示......242
13.2 函数和图表融合......247
13.2.1 动态显示最新一周的数据......247
13.2.2 动态控制图表显示......248
给你支招
筛选部分数据的图表......249
双色数据图表......250

Chapter 14 数据透视图表

14.1 数据的透视表分析......252
14.1.1 创建数据透视表......252
14.1.2 更改值汇总方式......254
14.1.3 隐藏或显示明细数据......254
14.1.4 分组显示数据透视表......256
14.1.5 更改数据透视表选项......257
14.2 创建切片器......258
14.2.1 创建切片器......258
14.2.2 共享切片器......259
14.2.3 设置切片器格式......259
14.2.4 断开切片器......260
14.2.5 删除切片器筛选结果......261
14.3 数据的透视图分析......261
14.3.1 创建数据透视图......261
14.3.2 控制数据透视图显示......264
给你支招
如何手动进行分组......264
如何在数据透视表中添加计算字段......265

Chapter 15 资产管理系统

15.1 案例制作效果和思路......268
15.2 管理分析固定资产......269
15.2.1 完善固定资产表......269
15.2.2 制作快速查询区域......271
15.2.3 制作速记区域......272
15.2.4 透视分析固定资产......276
15.3 管理分析流动资产......279
15.3.1 管理和分析流动资金......279
15.3.2 直观展示资金申领程序......281
15.3.3 投资走势分析......285
15.4 案例制作总结和答疑......287
给你支招
可将设备使用时间设置为月份......287
快速更改数据透视表结构和字段......288

Chapter 16 员工培训管理系统

16.1 案例制作效果和思路......290
16.2 制作和完善培训考核表......291
16.2.1 设置考核表整体样式......291
16.2.2 完善表格数据和评定......292
16.3 从整体上分析培训成绩......294
16.3.1 统计和分析整体培训成绩......294
16.3.2 按月份分析培训人数......297
16.4 从个体上分析培训成绩......298
16.4.1 制作动态图表、分析个人培训考核成绩......298
16.4.2 在图表中动态显示极值......300
16.4.3 自定义透视分析个人成绩......303
16.5 保护数据安全......306
16.5.1 锁定计算和评定公式函数......306
16.5.2 加密整个工作簿文件......307
16.6 案例制作总结和答疑......308
给你支招
自定义数据类型为数据添加“人”单位......309
快速更改数据透视表结构和字段......310

Chapter 01 需要掌握的 Excel 必备基础

学习目标

在开始本书公式、函数与图表学习之前，一些与之相关的 Excel 基础知识是必须先行学习的，其中包括工作簿、工作表、单元格和数据录入等各项基础操作。只有掌握好这些内容，才能为后面的学习打下坚实的基础。

本章要点

- 创建工作簿
- 保存工作簿
- 自动保存工作簿
- 选择工作表
- 重命名工作表
- ......
- 保护工作表
- 选择单元格
- 合并单元格
- 调整行高和列宽
- 规律数据的输入
- ......

知识要点	学习时间	学习难度
创建与保存工作簿	20 分钟	★
工作表和单元格对象的基本操作	30 分钟	★★★
特殊数据的录入和数据验证	25 分钟	★★

1.1 创建与保存工作簿

小白：阿智，我现在刚接触Excel，该怎样来创建属于自己的工作簿呢？

阿智：可以通过新建，然后保存的方式来生成，并命名为指定的工作簿。

工作簿的存在是一切 Excel 表格操作的基础，是 Excel 数据的载体，因此在进行一系列 Excel 数据处理之前，必须掌握工作簿对象的基本操作方法，如创建工作簿、保存工作簿、打开和关闭工作簿等。

1.1.1 创建工作簿

在 Excel 2013 中，新建工作簿常用的方法包括：新建空白工作簿和根据模板创建工作簿。下面分别进行介绍。

新建空白工作簿

单击“文件”选项卡，单击“新建”选项，再单击“空白工作簿”图标，完成新建工作簿，如图 1-1 所示。

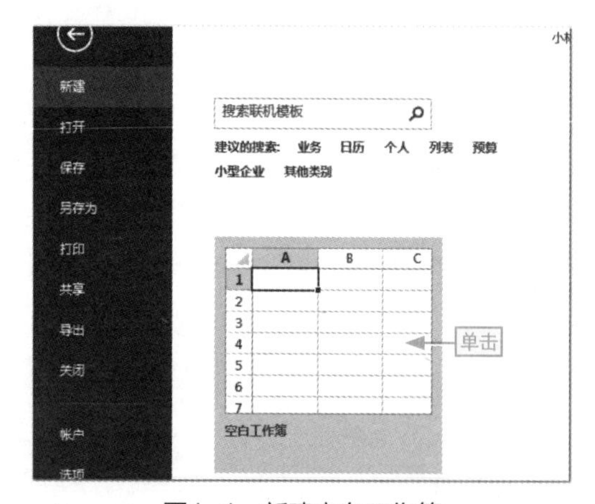

图1-1　新建空白工作簿

根据模板新建工作簿

如果想要新建带有固定格式和内容的工作簿，可单击“文件”选项卡，单击“新建”选项，然后双击相应的模板图标，如图 1-2 所示。

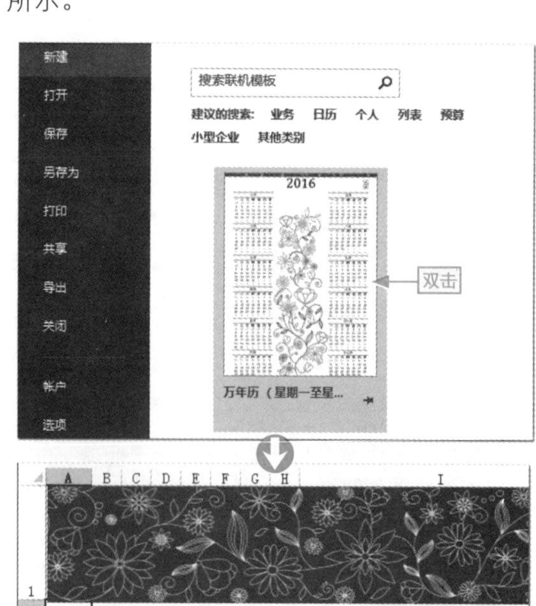

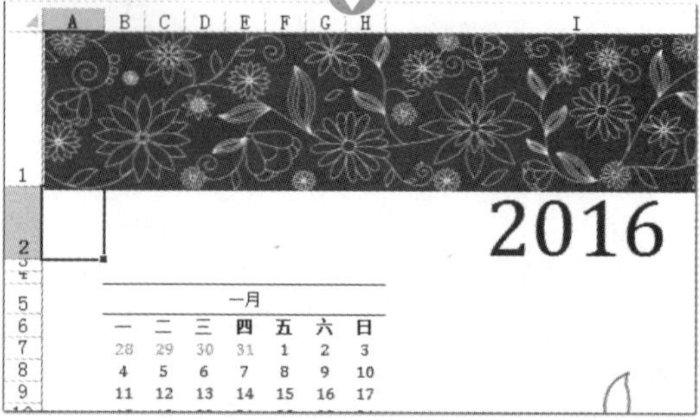

图1-2　根据模板新建工作簿

1.1.2 保存工作簿

工作簿的保存分为两种情况：保存从未保存过的工作簿和保存已保存过的工作簿。下面分别进行介绍。

学习目标　掌握保存工作簿的方法
难度指数　★★

保存从未保存过的工作簿

按 Ctrl+S 组合键或单击快速访问工具栏中的“保存”按钮，进入“保存”选项卡，❶双击“计算机”图标，打开“另存为”对话框。❷选择保存位置，❸输入文件名，❹单击“保存”按钮，如图 1-3 所示。

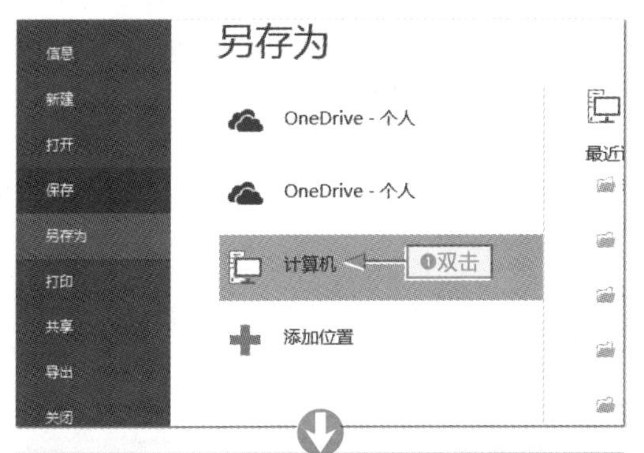

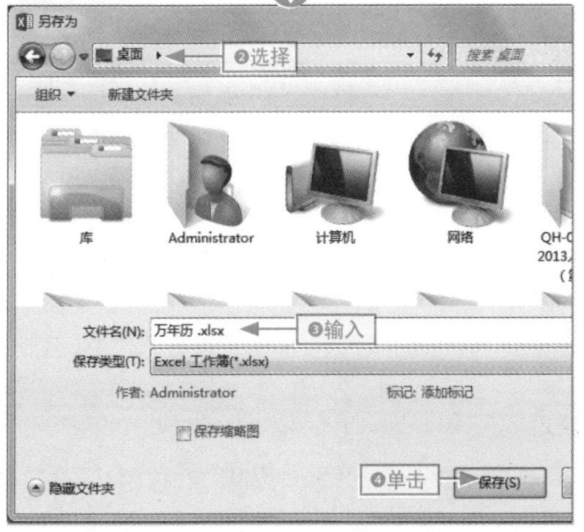

图1-3　保存从未保存过的工作簿

保存已保存过的工作簿

如果当前工作簿已经保存过，再次对工作簿进行修改后，可单击快速访问工具栏中的“保存”按钮或按 Ctrl+S 组合键直接对工作簿进行保存，如图 1-4 所示。

图1-4　保存已保存过的工作簿

1.1.3 自动保存工作簿

除了手动保存工作簿外，还可以让工作簿每隔一段时间进行自动保存，具体操作如下。

学习目标　掌握自动保存工作簿的方法
难度指数　★★

步骤 01 单击“文件”选项卡，单击“选项”选项，如图 1-5 所示。

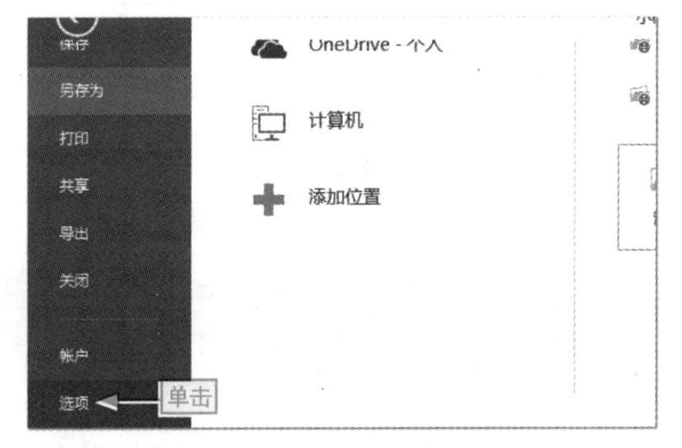

图1-5　单击“选项”选项

步骤 02 打开“Excel 选项”对话框，❶ 单击“保存”选项，❷ 选中“保存自动恢复信息时间间隔”复选框，❸ 在其后的数值框中输入间隔时间，❹ 单击“确定”按钮，如图 1-6 所示。

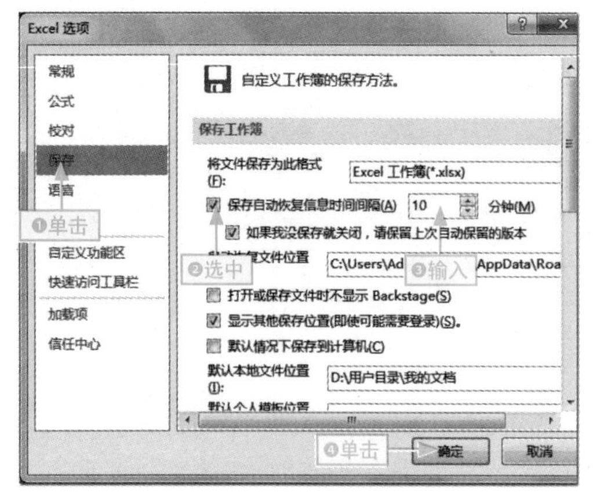

图1-6　设置间隔时间

设置工作簿默认保存路径

要更改工作簿默认的保存路径，❶ 可在“自动恢复文件位置”文本框中输入相应的路径，❷ 单击“确定”按钮，如图 1-7 所示。

图1-7　设置工作簿保存路径

1.2 工作表基本对象

小白：创建好工作簿后，是不是就可以开始编辑数据进行相关操作了？

阿智：不要着急。工作簿只是一个整体框架，需要进一步了解工作表的操作再说。

工作表是组成工作簿的基本元素，一个工作簿至少需要包含一张工作表，最多可包含的工作表数量受限于电脑的可用内存的大小。对工作表对象的基本操作包括选择、添加、删除、重命名、移动或复制、隐藏或显示以及保护等。

1.2.1 选择工作表

选择工作表的操作，通常包括：选择单张工作表、多张工作表和所有工作表，下面分别进行介绍。

选择单张工作表

选择单张工作表，只需单击相应的工作表标签，如图 1-8 所示。

图1-8 选择单张工作表

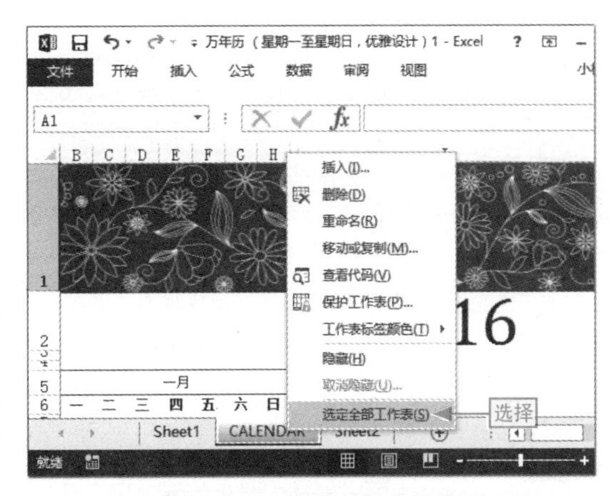

图1-10 选择所有工作表

选择多张不相邻的工作表

按住 Ctrl 键不放，依次单击需要选择的工作表的标签，直到选择完所有需要选择的工作表后再释放 Ctrl 键，如图 1-9 所示。

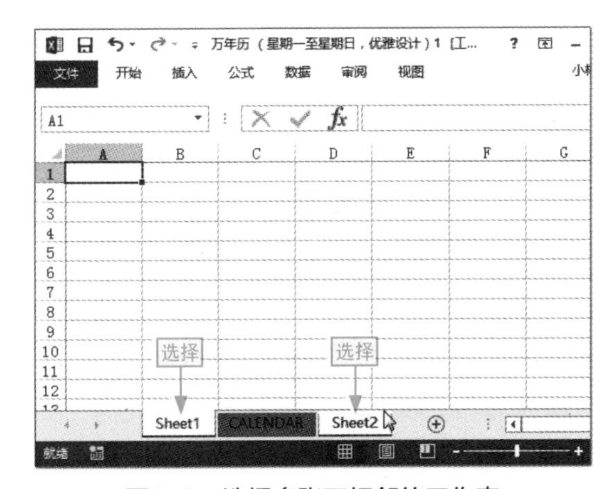

图1-9 选择多张不相邻的工作表

选择所有工作表

在任意工作表标签上右击，在弹出的快捷菜单中选择“选定全部工作表”命令，即可快速选择当前工作簿中的所有工作表，如图 1-10 所示。

1.2.2 重命名工作表

Excel 中默认的工作表名称为 Sheet1、Sheet2、Sheet3…为了方便记忆和操作，用户可以根据表中的内容对工作表进行重命名，常用的操作方法有以下几种。

学习目标	掌握重命名工作表的方法
难度指数	★★

通过快捷菜单重命名

在需要重命名的工作表标签上右击鼠标，❶选择“重命名”命令，❷输入新名称后按 Enter 键或用鼠标单击工作表编辑区的任意位置，如图 1-11 所示。

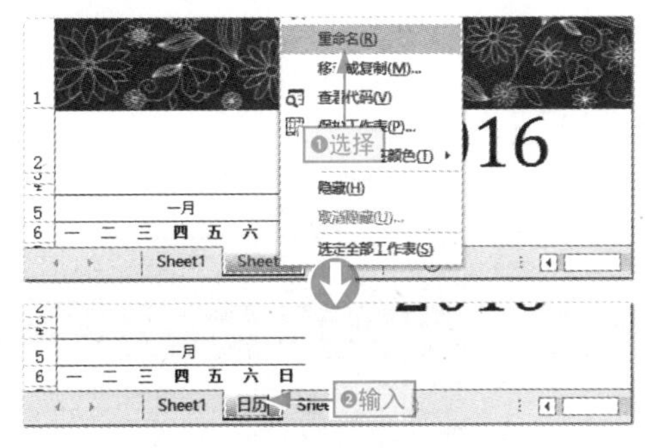

图1-11 通过快捷菜单重命名

通过功能按钮重命名

选择要重命名的工作表，切换至“开始”选项卡的“单元格”组，❶ 单击“格式”下拉按钮，❷ 选择“重命名工作表”选项，❸ 重新输入工作表名称，按 Enter 键或用鼠标单击工作表编辑区任意位置，如图 1-12 所示。

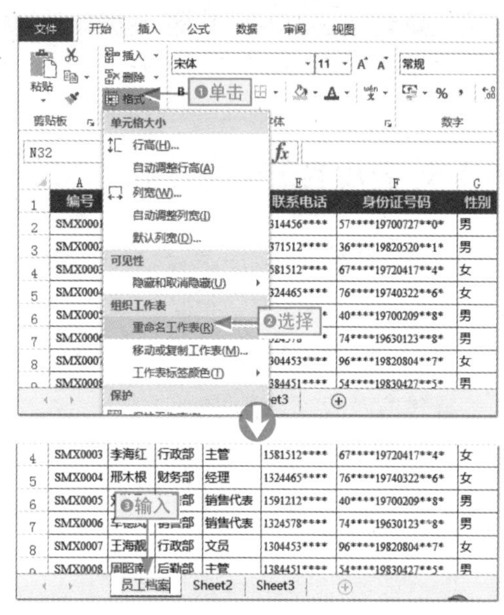

图1-12　通过功能按钮重命名

通过鼠标快速重命名

❶ 用鼠标双击需要重命名的工作表标签，❷ 标签名称进入可编辑状态，输入工作表名称后按 Enter 键即可完成重命名操作，如图 1-13 所示。

7	SMX0006	车德凤	销售部	销售代表	1324578****	74****19630123**8*	男
8	SMX0007	王海靓	行政部	文员	1304453****	96****19820804**7*	女
9	SMX0008	周昭南	后勤部	主管	1384451****	54****19830427**5*	男

Sheet　❶双击　et3

8	SMX0007	王海靓	行政部	文员	1304453****	96****19820804**7*	女
9	SMX0008	周昭南	后勤部	主管	1384451****	54****19830427**5*	男

员工档案　❷输入　eet3

图1-13　通过鼠标快速重命名

1.2.3 移动或复制工作表

在 Excel 2013 中对工作表的位置进行调整或快速创建结构相同的工作表，可以通过移动或复制工作表的方法来快速实现。

移动或复制工作表的方法通常分为两种：手动移动或复制和通过对话框移动或复制。下面分别进行介绍。

1. 手动移动或复制

手动移动或复制，主要通过鼠标或鼠标＋键盘来快速实现。

移动工作表

将鼠标光标移到工作表标签上，按住鼠标，将其拖动到合适位置后释放鼠标，如图 1-14 所示。

6	SMX0005	刘艳飞	销售部	销售代表	1591212****	40****19700209**8*	男
7	SMX0006	车德凤	销售部	销售代表	1324578****	74****19630123**8*	男
8	SMX0007	王海靓	行政部	文员	1304453****	96****19820804**7*	女
9	SMX0008	周昭南	后勤部	主管	[illegible]1****	54****19830427**5*	男
10	SMX0009	陈小莉	销售部	销售代表	[illegible]2****	513***19771121****	男
11	SMX0010	彭春明	销售部	销售代表	1[illegible]46[illegible]****	77****19750202**7*	男

员工档案　Sheet2　Sheet3　移动

图1-14　移动工作表

复制工作表

将鼠标光标移到工作表标签上，按住鼠标左键的同时，按住 Ctrl 键，将其拖动到合适位置后释放鼠标，如图 1-15 所示。

6	SMX0005	刘艳飞	销售部	销售代表	1591212****	40****19700209**8*	男
7	SMX0006	车德凤	销售部	销售代表	1324578****	74****19630123**8*	男
8	SMX0007	王海靓	行政部	文员	1304453****	96****19820804**7*	女
9	SMX0008	周昭南	后勤部	[illegible]	1384451****	54****19830427**5*	男
10	SMX0009	陈小莉	销售部	[illegible]表	1361212****	513***19771121****	男
11	SMX0010	彭春明	销售部	销售代表	1334678****	77****19750202**7*	男

员工档案　Sheet2　Sheet3　复制

图1-15　复制工作表

2. 通过对话框移动或复制

这一方法主要是通过“移动或复制工作表”对话框来对工作表进行移动或复制。

其中，移动工作表只需选择需要移动的工作表，并在其上右击，❶ 选择“移动或复制”命令，打开“移动或复制工作表”对话框。❷ 在“下列选定工作表之前”列表框中选择工作表在工作簿中出现的位置，❸ 单击“确定”按钮，如图 1-16 所示。

学习目标　掌握通过对话框移动或复制工作表的方法
难度指数　★★

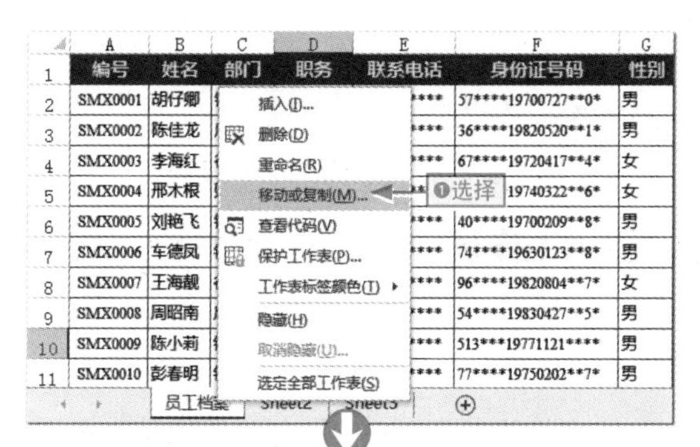

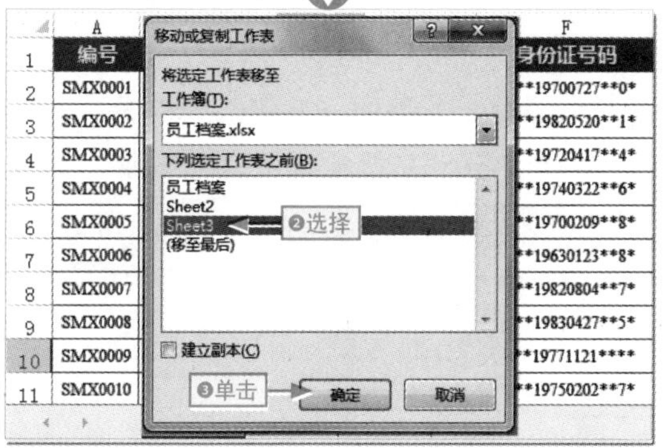

图1-16　移动工作表

复制工作表

复制工作表与移动工作表的操作方法基本相同，只需在移动工作表时同时选中“建立副本”复选框。

1.2.4 删除工作表

当工作簿中有多余或不需要的工作表时，为了让工作簿更加简洁，可以将这些工作表删除。删除工作表的方法通常有以下两种。

通过快捷菜单删除

在需要删除的工作表的标签上右击，❶ 选择“删除”命令，打开提示对话框，❷ 单击“删除”按钮（若工作表中没有数据则不会打开该对话框），如图 1-17 所示。

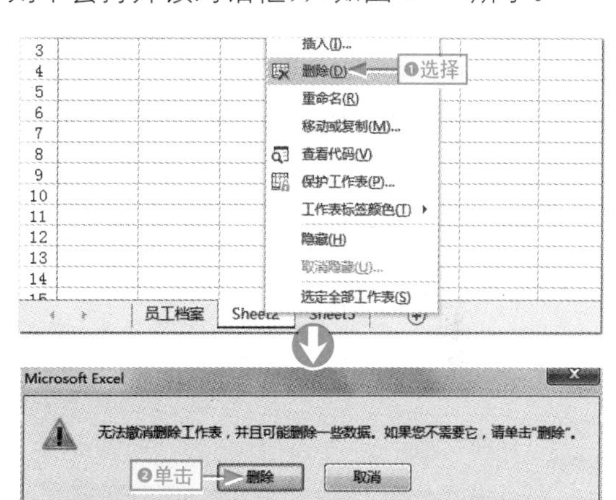

图1-17　通过快捷菜单删除工作表

通过“删除”选项删除

❶ 选择目标工作表，❷ 在“开始”选项卡的“单元格”组中单击“删除”下拉按钮，❸ 选择“删除工作表”选项，打开提示对话框，❹ 单击“删除”按钮（若工作表中没有数据则不会打开该对话框），如图 1-18 所示。

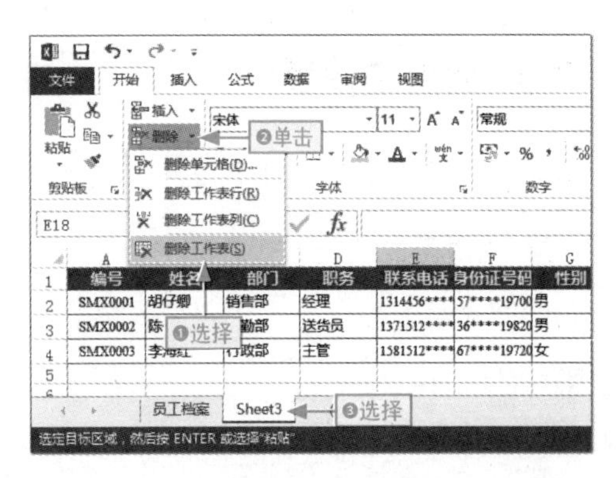

图1-18　通过“删除”选项删除工作表

1.2.5 隐藏和显示工作表

在工作簿中，一些重要的数据源表不希望其他用户查看和编辑，但又不能将其从工作簿中删除，此时可以将其隐藏起来，当需要时再将其显示出来。

1. 隐藏工作表

在 Excel 中，隐藏工作表通常通过快捷菜单命令和功能选项来实现。下面分别进行介绍。

通过快捷菜单命令隐藏

在需要隐藏的工作表的标签上右击，在弹出的下拉菜单中选择“隐藏”命令，如图 1-19 所示。

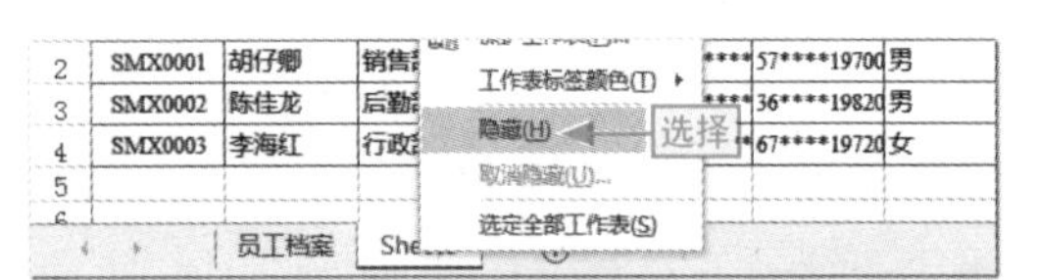

图1-19　通过快捷菜单命令隐藏工作表

通过功能选项隐藏

切换到需要隐藏的工作表，❶在“开始”选项卡的“单元格”组中单击“格式”下拉按钮，❷选择“隐藏和取消隐藏/隐藏工作表”选项，如图 1-20 所示。

图1-20　通过功能选项隐藏工作表

2. 显示工作表

显示工作表就是将隐藏的工作表重新显示出来，其方法为:在任一工作表标签上右击，选择“取消隐藏”命令（或单击“格式”下拉按钮，选择“隐藏和取消隐藏/显示隐藏工作表”选项），如图 1-21 所示。打开“取消隐藏”对话框，❶选择要重新显示的工作表选项，❷单击“确定”按钮，如图 1-22 所示。

学习目标　重新显示隐藏的工作表
难度指数　★★

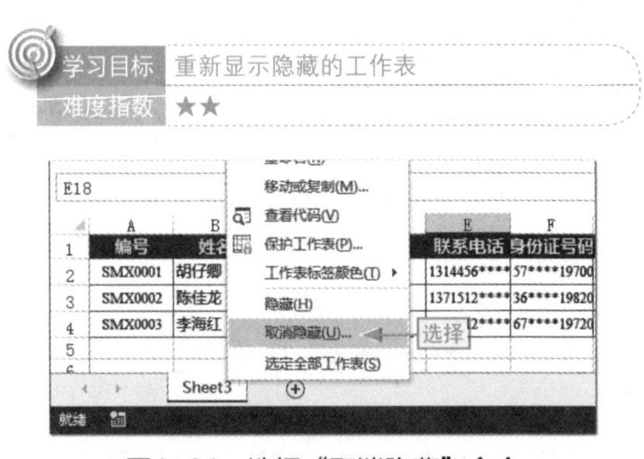

图1-21　选择“取消隐藏”命令

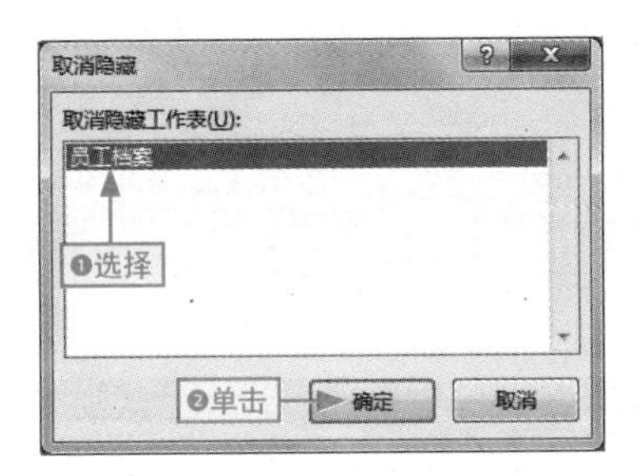

图1-22 显示隐藏的工作表

1.2.6 保护工作表

可简单地将保护工作表理解为给工作表添加一层保护膜，其他用户不能直接对其结构、格式或数据进行任意编辑。

下面以对“员工档案”工作簿中的工作表进行密码保护为例，介绍其具体操作。

本节素材	⊙/素材/Chapter01/员工档案.xlsx
本节效果	⊙/效果/Chapter01/员工档案.xlsx
学习目标	掌握对工作表进行密码保护的方法
难度指数	★★★

步骤 01 打开“员工档案”素材文件，单击“审阅”选项卡中的“保护工作表”按钮，打开“保护工作表”对话框，如图 1-23 所示。

图1-23 打开“保护工作表”对话框

步骤 02 ❶在“取消工作表保护时使用的密码”文本框中输入密码，这里输入“1111”，❷选中允许用户执行操作的复选框，❸单击“确定”按钮，如图 1-24 所示。

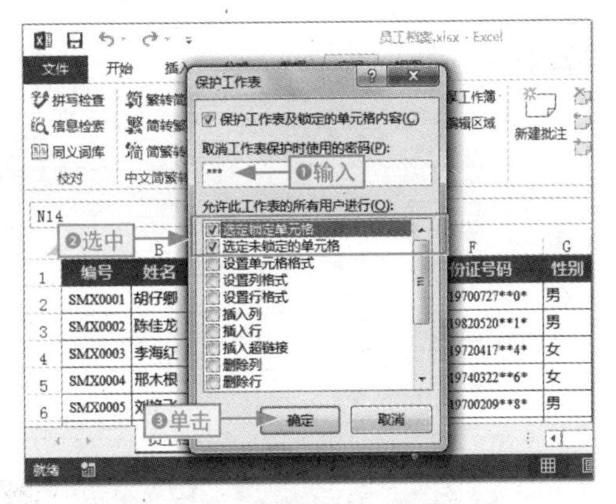

图1-24 设置保护工作表方式

无密码保护

若只是对工作表进行普通保护，可不用设置密码，也就是在“取消工作表保护时使用的密码”文本框中不输入密码，保持为空，选中允许用户操作的复选框后，直接单击“确定”按钮完成。

步骤 03 打开“确认密码”对话框，❶再次输入完全相同的密码，❷单击“确定”按钮，如图 1-25 所示。

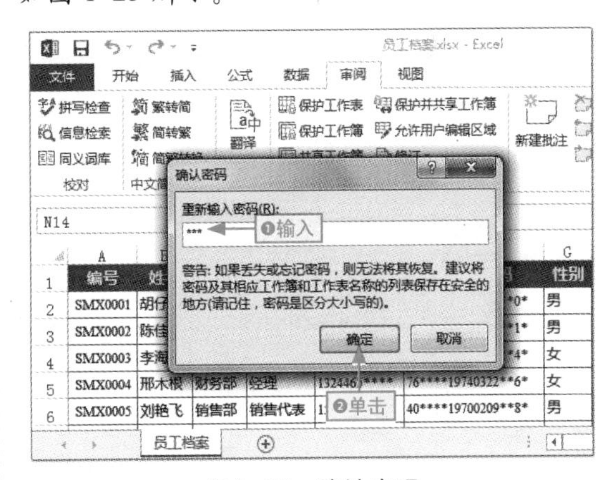

图1-25 确认密码

步骤 04 返回到工作表中进行相应的操作，如双击单元格进入编辑状态，系统将自动打开工作表受到保护的提示对话框，如图 1-26 所示。

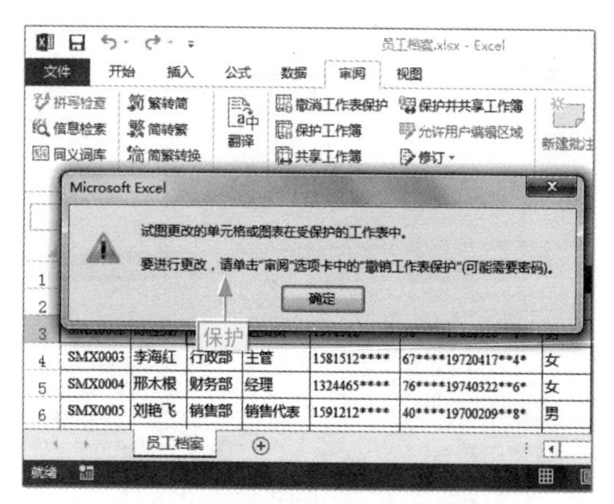

图1-26　提示工作表受到保护

撤消工作表保护

没有设置密码保护的工作表，可以直接单击“审阅”选项卡中的“撤消工作表保护”按钮直接取消，对于设置了密码保护的，❶需单击“撤消工作表保护”按钮，❷在打开的“撤消工作表保护”对话框中输入原来的保护密码，❸单击“确定”按钮，如图1-27所示。

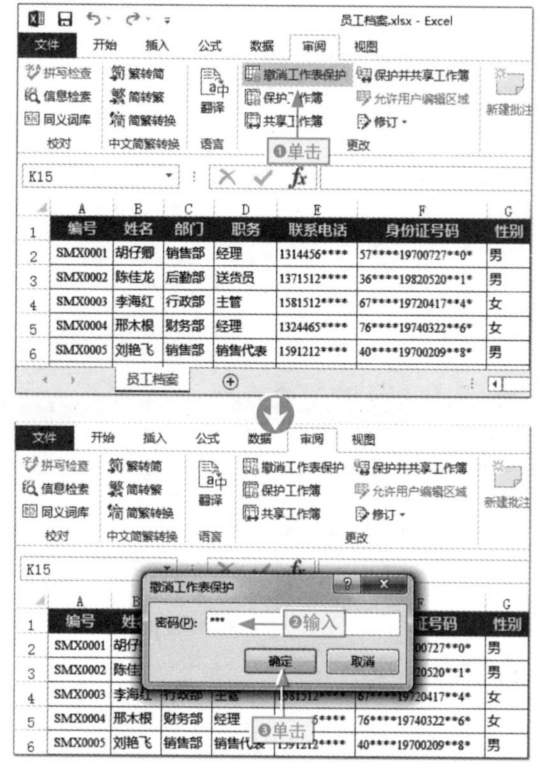

图1-27　撤消工作表保护

1.3 操作单元格对象

小白： 这些工作表中的格子叫什么呢，与之相关的有哪些操作？

阿智： 我们称这些格子为单元格，可以对其进行很多操作，如选择、合并以及调整高度或宽度等。

单元格是工作簿的最小组成单位，也是数据存放的主要场所，在进行数据录入或操作前需要掌握有关单元格的操作。

1.3.1 选择单元格

选择单元格是对单元格操作的基础，被选择的单元格会显示黑色边框，选中的单元格被称为活动单元格。活动单元格对应的行号和列标以黄色突出显示。单元格的选择通常是通过鼠标操作来实现的，与键盘相配合，可以实现更多的单元格选择方式。

学习目标　掌握选择单元格的常用方法

难度指数　★★

选择单个单元格

鼠标单击任意单元格即可选择单个单元格，使其成为当前活动单元格，如图 1-28 所示。

	A	B	C	D	E	F	G
1	编号	姓名	部门	职务	联系电话	身份证号码	性别
2	SMX0001	胡仔卿	销售部	经理	1314456****	57****19700727**0*	男
3	SMX0002	陈佳龙	后勤部	送货员	1371512****	36****19820520**1*	男
4	SMX0003	李海红	行政部	主管	1581512****	67****19720417**4*	女
5	SMX[单击]	邢木根	财务部	经理	1324465****	76****19740322**6*	女
6	SMX0005	刘艳飞	销售部	销售代表	1591212****	40****19700209**8*	男
7	SMX0006	车德凤	销售部	销售代表	1324578****	74****19630123**8*	男
8	SMX0007	王海靓	行政部	文员	1304453****	96****19820804**7*	女
9	SMX0008	周昭南	后勤部	主管	1384451****	54****19830427**5*	男
10	SMX0009	陈小莉	销售部	销售代表	1361212****	513***19771121****	男

员工档案

图1-28　选择单个单元格

选择连续单元格

按住 Shift 键不放，单击某单元格，可选择当前活动单元格与新单元格之间的所有单元格，或将鼠标光标定位到某单元格上，按住鼠标左键不放并拖动鼠标，以选择一个连续的单元格区域，如图 1-29 所示。

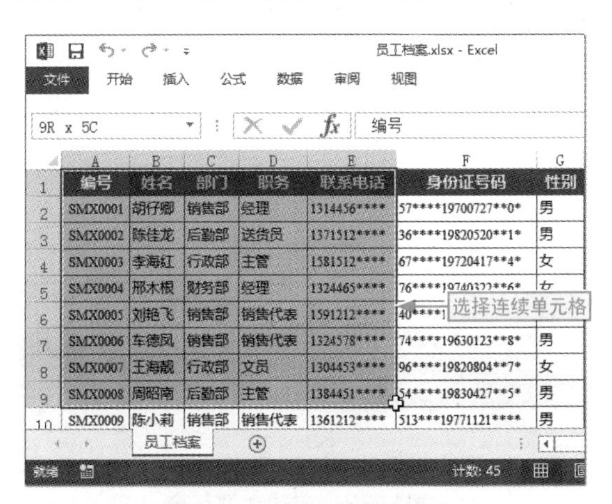

图1-29　选择连续单元格

选择不连续单元格

按住 Ctrl 键不放，依次单击所需的单元格，即可同时选择所有不连续的单元格。

1.3.2 合并单元格

当某个单元格的内容需要占据相邻行或列的多个单元格时，可以将这些相邻的单元格合并为一个单元格，常见的就是对表头单元格进行合并。

常用的方法是：❶选择需要合并的连续单元格，❷单击合并单元格按钮右侧的下拉按钮，❸选择相应的合并方式，这里选择“合并后居中”选项，如图 1-30 所示。

学习目标　掌握合并单元格的方法

难度指数　★★

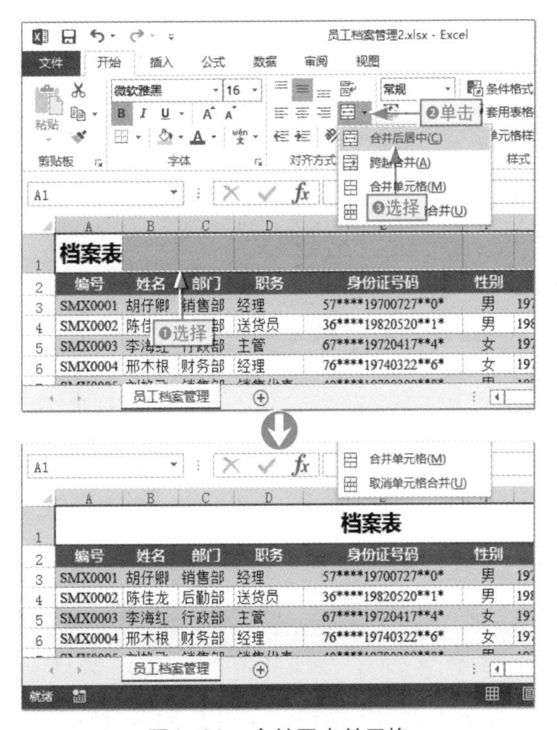

图1-30　合并居中单元格

1.3.3 调整行高和列宽

单元格中需要输入较多的内容，或者仅需要预留少量空间来输入较少内容时，就需要对单元格的行高或列宽进行调整。下面分别对常用的方法进行介绍。

通过鼠标拖动调整

将鼠标光标移动到需要调整行高（或列宽）的行标记（或列标记）上，当鼠标光标变为✛形状（或✛形状）时，按住鼠标左键不放进行拖动，如图 1-31 所示。

图1-31　通过鼠标拖动调整行高或列宽

通过对话框精确调整

在需要调整行高或列宽的单元格的行号或列标区域上右击，❶选择“行高”或“列宽”，❷在打开的对话框中输入所需的值，❸单击“确定”按钮，如图 1-32 所示。

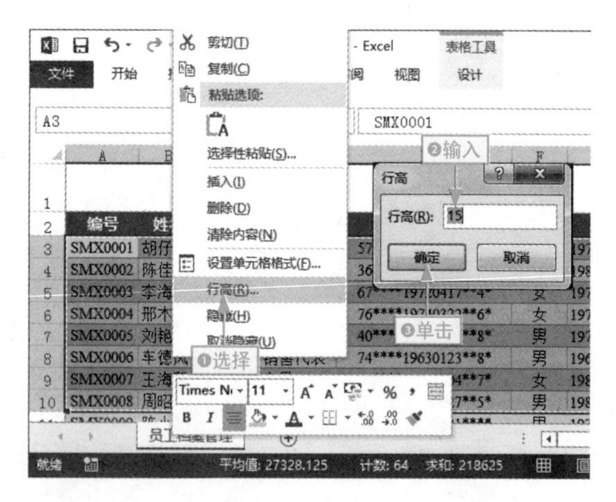

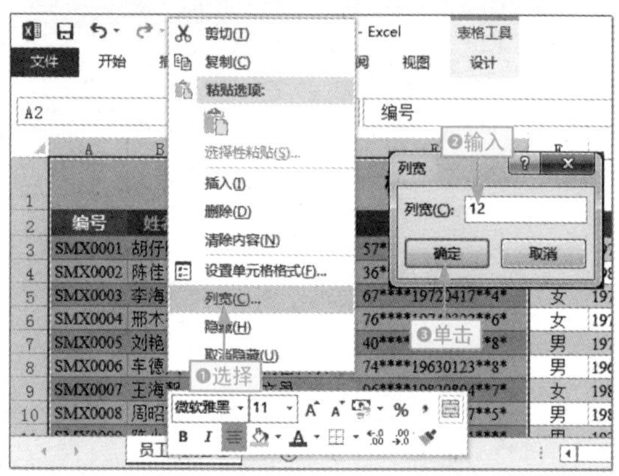

图1-32　精确调整行高（上）或列宽（下）

自动调整行高和列宽

系统自动根据单元格中的内容进行行高和列宽的调整。我们只需将鼠标光标移到需要调整行高（或列宽）的行标记（或列标记）上，当鼠标光标变为✛形状（或✛形状）时双击，如图 1-33 所示自动调整行高。

图1-33　自动调整行高

1.4 特殊数据的录入

小白： 在单元格中输入数据时，有没有什么讲究？

阿智： 对于一般数据，我们可以通过手动输入，对于一些有规律的数据或特殊数据，我们可使用特殊方式来实现录入。

数据录入是 Excel 基本的操作，也是必需的操作之一。下面将介绍一些特殊数据录入的方法，以帮助用户快速录入规律数据以及一些特殊符号和字符等。

1.4.1 规律数据的输入

对于一些有规律的数据，如日期序列或重复的数据，可以通过填充的方法来快速实现录入。

下面在“涨跌数据”工作簿中，通过使用填充的方法来快速输入工作日日期数据，具体操作如下。

本节素材	/素材/Chapter01/涨跌数据.xlsx
本节效果	/效果/Chapter01/涨跌数据.xlsx
学习目标	使用填充柄填充数据
难度指数	★★★

步骤 01 打开“涨跌数据”素材文件，选择 A4 单元格并将鼠标光标移到单元格右下角，当鼠标光标变成加号形状（填充柄）时，双击鼠标，如图 1-34 所示。

图1-34 填充日期数据

步骤 02 ❶ 单击“自动填充选项”按钮右侧的下拉按钮，❷ 选中“以工作日填充”单选按钮，如图 1-35 所示。

图1-35 以工作日填充

步骤 03 系统自动以工作日日期进行填充，效果如图 1-36 所示。

图1-36 以工作日填充数据的效果

1.4.2 特殊字符的输入

在表格中一些特殊符号若不能通过输入的方法输入，可通过插入的方式来实现。

下面在“考核评估表”工作簿中，通过使用插入符号的方式在评估项括号中输入√，具体操作如下。

本节素材	⊙/素材/Chapter01/考核评估表.xlsx
本节效果	⊙/效果/Chapter01/考核评估表.xlsx
学习目标	在表格中插入特殊符号
难度指数	★★★

步骤01 打开“考核评估表”素材文件，❶将文本插入点定位在目标位置，❷单击“插入”选项卡中的“符号”按钮，打开“符号”对话框，如图1-37所示。

图1-37 单击“符号”按钮

步骤02 ❶选择√符号，❷单击“插入”按钮插入所选择的符号，❸单击“×”按钮关闭对话框，如图1-38所示。

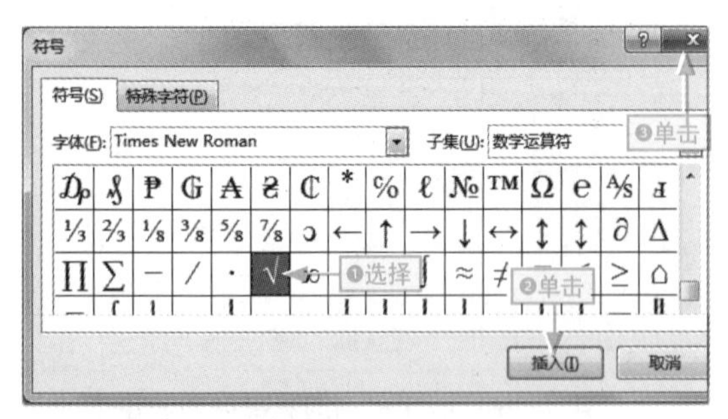

图1-38 插入特殊符号“√”

步骤03 返回到工作表中即可查看到插入特殊符号的效果，如图1-39所示。

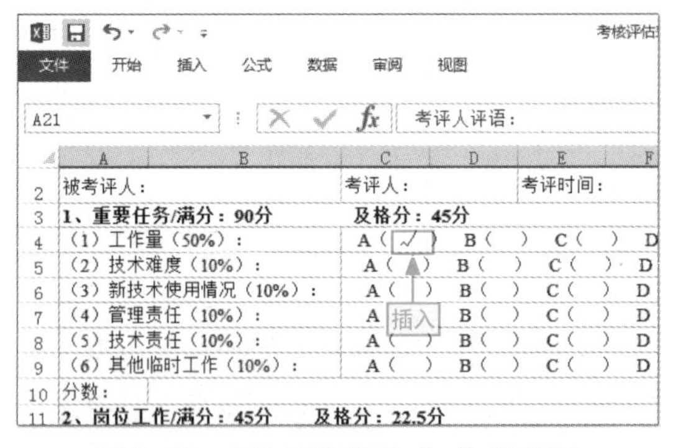

图1-39 插入特殊符号“√”的效果

1.4.3 输入超过11位以上的数字

默认情况下，在表格中输入超过11位数的数据后，系统会自动将其转换为科学计数类型，如5.13723E+18样式。若需要让其全部正常显示，我们可以通过如下两种方法来实现。

学习目标	掌握全部/正常显示超过11位数字的方法
难度指数	★★★

通过更改文本类型

❶选择目标单元格区域，❷单击“数字”组中的“数字格式”下拉按钮，❸选择“文本”选项，如图1-40所示。

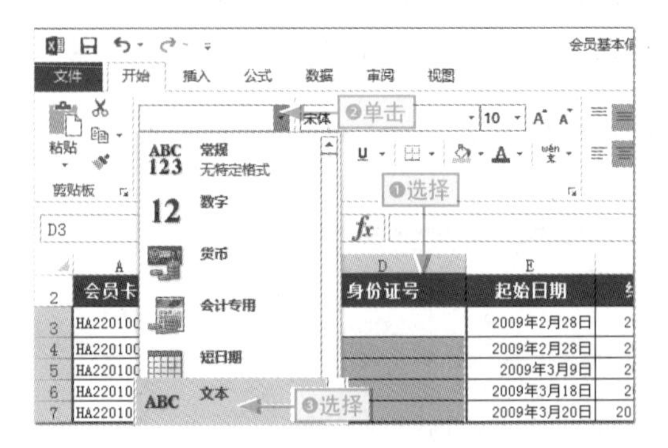

图1-40 更改数据类型为文本

通过标点符号

在目标单元格中，❶输入一个英文状态下的逗号，如图1-41所示。❷输入超过11位的数字，如图1-42所示。

	A	B	C	D	E
2	会员卡号	姓名	性别	身份证号	起始日期
3	HA22010001	李生伟	女	'	2009年2月28日
4	HA22010002	张炜	男		2009年2月28日
5	HA22010003	肖赫	女		2009年3月9日
6	HA22010004	谭媛文	女		2009年3月18日
7	HA22010005	彭侃侃	女		2009年3月20日
8	HA22010006	胡仔卿	男		2009年3月23日
9	HA22010007	陈佳龙	男		2009年4月8日

❶输入

会员基本信息

图1-41　输入英文状态下的逗号“'”

	A	B	C	D	E
2	会员卡号	姓名	性别	身份证号	起始日期
3	HA22010001	李生伟	女	'513723199102975**	2009年2月28日
4	HA22010002	张炜	男		2009年2月28日
5	HA22010003	肖赫	女		2009年3月9日
6	HA22010004	谭媛文	女		2009年3月18日
7	HA22010005	彭侃侃	女		2009年3月20日
8	HA22010006	胡仔卿	男		2009年3月23日
9	HA22010007	陈佳龙	男		2009年4月8日

❷输入

会员基本信息

	A	B	C	D	E
2	会员卡号	姓名	性别	身份证号	起始日期
3	HA22010001	李生伟	女	513723199102975**	2009年2月28日
4	HA22010002	张炜	男		2009年2月28日
5	HA22010003	肖赫	女		2009年3月9日
6	HA22010004	谭媛文	女		2009年3月18日
7	HA22010005	彭侃侃	女		2009年3月20日
8	HA22010006	胡仔卿	男		2009年3月23日
9	HA22010007	陈佳龙	男		2009年4月8日

图1-42　输入超过11位的数据

1.5 数据验证

小白：我想让指定单元格中只能输入指定或限制范围的数据，该怎样操作呢？

阿智：可以通过为其添加数据验证来轻松实现。

数据验证，可以简单将其理解为单元格数据输入的“门卫”，只允许那些规定或限制的数据输入，而其他数据无法输入。

1.5.1 添加数据序列

添加数据序列就是让单元格中输入的数据，只能是那几个选项；可以通过选择输入。

下面以在“会员基本信息”工作簿中为“性别”列单元格添加下拉序列选项数据验证规则为例来讲解相应操作，具体操作如下。

本节素材	⊙/素材/Chapter01/会员基本信息.xlsx
本节效果	⊙/效果/Chapter01/会员基本信息.xlsx
学习目标	学会添加序列选项验证规则
难度指数	★★★

步骤01 打开“会员基本信息”素材文件，❶选择C3单元格，❷单击“数据验证”按钮，打开“数据验证”对话框，如图1-43所示。

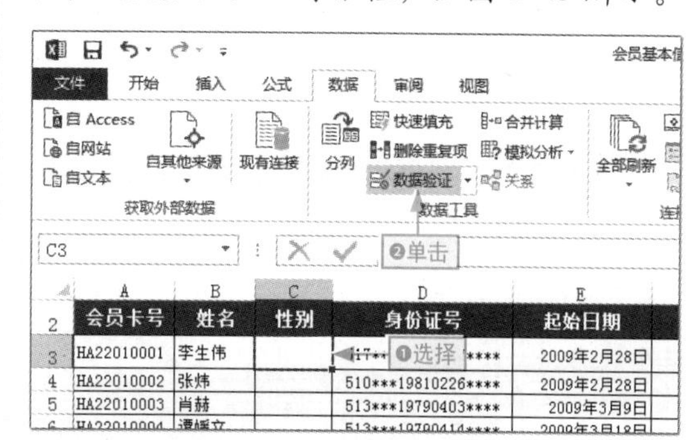

图1-43　添加数据验证

步骤 02 ❶ 单击“允许”下拉按钮，❷ 选择“序列”选项，❸ 在激活的文本框中输入“男，女”，❹ 单击“确定”按钮，如图 1-44 所示。

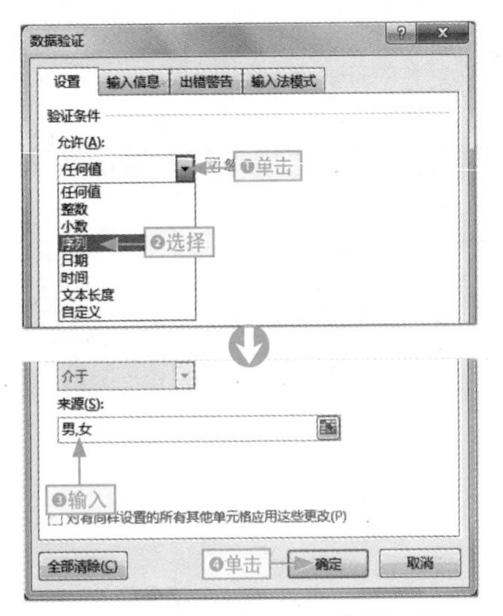

图1-44　添加序列选项数据验证

步骤 03 返回到工作表中，❶ 选择 C3 单元格，单击其右侧的下拉按钮，❷ 选择相应选项，这里选择“男”选项将其录入，如图 1-45 所示。

	A	B	C	D	E
2	会员卡号	姓名	性别	身份证号	起始日期
3	HA22010001	李生伟			2009年2月28日
4	HA22010002	张炜		510***19810226****	2009年2月28日
5	HA22010003	肖赫		513***19790403****	2009年3月9日
6	HA22010004	谭媛文		513***19790414****	2009年3月18日
7	HA22010005	彭侃侃		518***19770326****	2009年3月20日
8	HA22010006	胡仔卿		510***19811125****	2009年3月23日
9	HA22010007	陈佳龙		517***19800108****	2009年4月8日
10	HA22010008	李海红		519***19870301****	2009年4月16日
11	HA22010009	邢木根		***19810811****	2009年4月21日

C3　❶单击　男　❷选择

D16　510***19870702****

	A	B	C	D	E
2	会员卡号	姓名	性别	身份证号	起始日期
3	HA22010001	李生伟	男	517***19890617****	2009年2月28日
4	HA22010002	张炜		510***19810226****	2009年2月28日
5	HA22010003	肖赫		513***19790403****	2009年3月9日
6	HA22010004	谭媛文		513***19790414****	2009年3月18日
7	HA22010005	彭侃侃		518***19770326****	2009年3月20日
8	HA22010006	胡仔卿		510***19811125****	2009年3月23日
9	HA22010007	陈佳龙		517***19800108****	2009年4月8日
10	HA22010008	李海红		519***19870301****	2009年4月16日
11	HA22010009	邢木根		517***19810811****	2009年4月21日

录入　会员基本信息

图1-45　选择相应选项

1.5.2 添加提醒或错误警告

在单元格中添加数据验证后，其他用户也许并不知道，这时，可以通过添加提醒或警告来提醒或警告用户录入符合规则的数据。

下面以在“会员基本信息 1”工作簿中为“性别”列添加数据验证的提醒和警告为例，介绍其具体操作。

本节素材	/素材/Chapter01/会员基本信息1.xlsx
本节效果	/效果/Chapter01/会员基本信息1.xlsx
学习目标	添加提醒或警告
难度指数	★★★

步骤 01 打开“会员基本信息 1”素材文件，❶ 选择目标单元格区域，❷ 单击“数据验证”按钮，打开“数据验证”对话框，如图 1-46 所示。

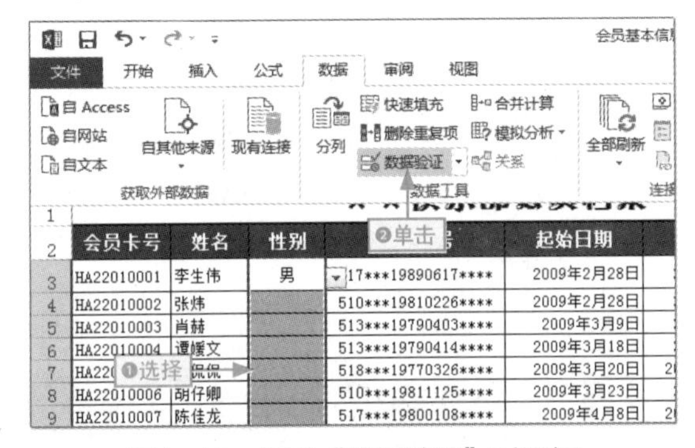

图1-46　打开“数据验证”对话框

步骤 02 ❶ 单击“输入信息”选项卡，❷ 设置提醒标题和内容，然后单击“确定”按钮，如图 1-47 所示。

数据验证
设置　输入信息　❶单击　法模式
☑ 选定单元格时显示输入信息(S)
选定单元格时显示下列输入信息:
标题(T):
提醒:
❷设置
输入信息(I):
只能输入男或女，或通过选择方式录入！

图1-47　添加提醒信息

步骤03 ❶单击“出错警告”选项卡，❷选择“样式”为“警告”，❸设置警告标题和警告信息内容，然后单击“确定”按钮，如图1-48所示。

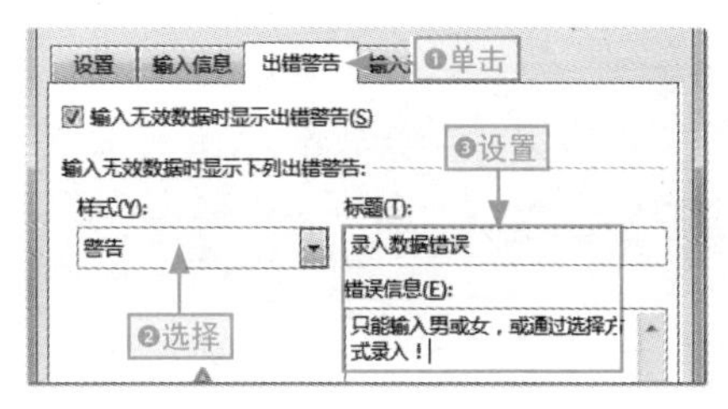

图1-48 添加警告信息

给你支招 | 如何对工作簿进行密码保护

小白：我们要对整个工作簿进行保护，同时限定有密码的人员才可以打开工作簿，该怎样操作呢？

阿智：可通过设置工作簿的打开权限来实现，其具体操作如下。

步骤01 ❶在“信息”选项卡中单击“保护工作簿”下拉按钮，❷选择“用密码进行加密”命令，如图1-49所示。

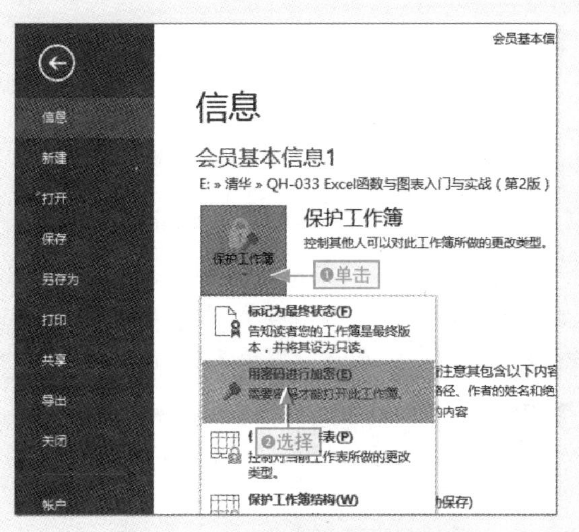

图1-49 对工作簿进行密码加密

步骤02 打开“加密文档”对话框，❶输入密码，❷单击“确定”按钮，打开“确认密码”对话框，❸再次输入完全相同的密码，❹单击“确定”按钮，完成操作，如图1-50所示。

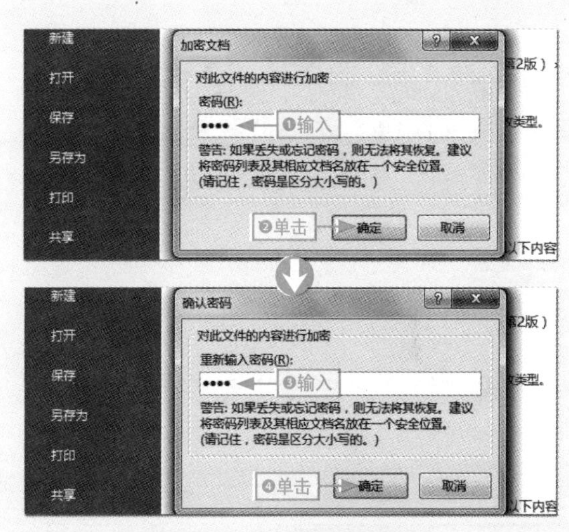

图1-50 设置密码加密

步骤03 关闭工作簿，再次将其打开时，系统弹出输入密码对话框要求输入密码，如图1-51所示。

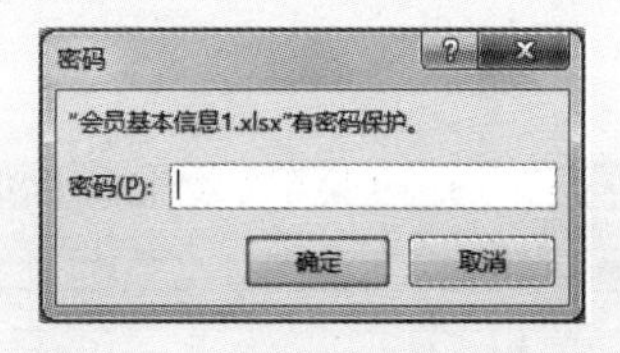

图1-51 密码加密保护效果

给你支招 | 如何锁定单元格

小白：对于一些不希望其他用户对其中的内容或格式进行修改的表格，该怎样保护呢？

阿智：可将其锁定，具体操作如下。

步骤 01 ❶ 单击“全选”按钮选择所有单元格，按 Ctrl+1 组合键，打开“设置单元格格式”对话框。❷ 在“保护”选项卡中取消选中“锁定”复选框，❸ 单击“确定”按钮，如图 1-52 所示。

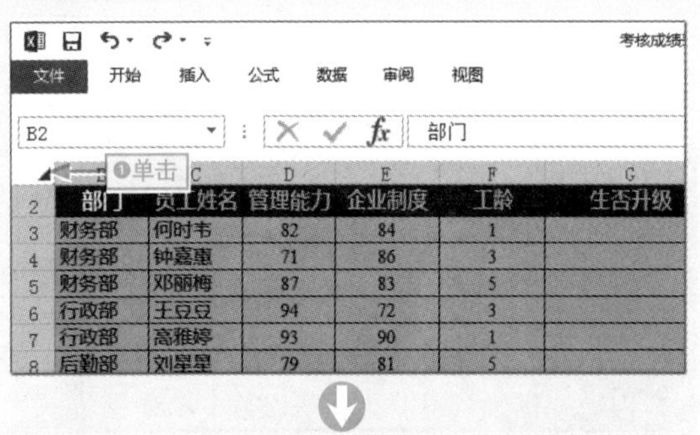

图1-52 取消锁定所有单元格

步骤 02 返回到工作表中，选择要锁定的单元格或单元格区域，按 Ctrl+1 组合键，打开“设置单元格格式”对话框，如图 1-53 所示。

图1-53 选择要锁定的单元格区域

步骤 03 ❶ 在“保护”选项卡中选中“锁定”复选框，❷ 单击“确定”按钮，如图 1-54 所示。

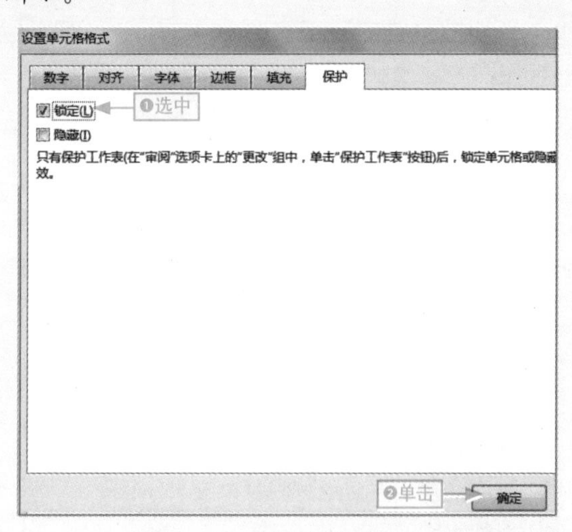

图1-54 锁定指定单元格

步骤 04 ❶ 单击“审阅”选项卡中的“保护工作表”按钮，打开“保护工作表”对话框，❷ 单击“确定”按钮，如图 1-55 所示。

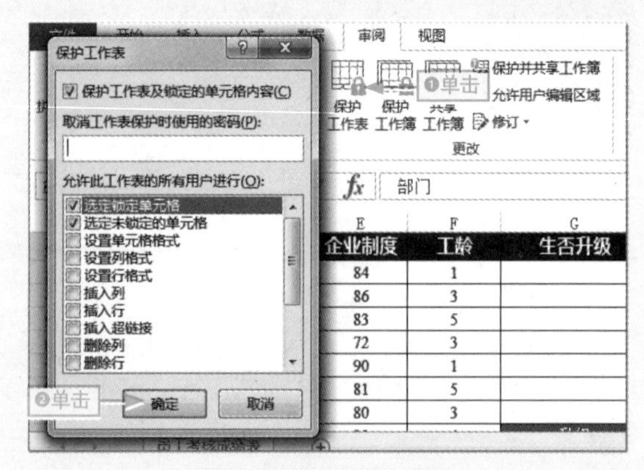

图1-55 保护工作表

Chapter 02

公式和函数的基本应用

学习目标

本章将对 Excel 的公式和函数的基础知识进行讲解，为后面 Excel 函数的高级和综合应用打下基础。

本章要点

- 公式和函数简介
- 公式中的各种运算符
- 公式运算的优先顺序
- 什么是嵌套函数
- 相对应用
- ……
- 混合引用
- 输入公式和函数
- 输入包含函数的公式
- 复制移动公式
- 定义单元格名称
- ……

知识要点	学习时间	学习难度
公式和函数基本概述	10 分钟	★★
单元格的引用类型	15 分钟	★★
公式和函数的输入与编辑方法	15 分钟	★★

2.1 公式和函数概述

小白： 听说Excel公式和函数是比较复杂的内容，我们该怎么进行学习呢？

阿智： 在使用公式和函数前，我们首先应该对其有一个基本而清晰的认识，从而掌握其结构和运算原理。

公式和函数是 Excel 中计算数据的有力功能，在使用前我们应当先对其结构、运算符、顺序以及嵌套的相关知识进行学习，为后面公式和函数的高效使用打下基础。

2.1.1 公式和函数简介

公式和函数使 Excel 的数据处理更加自动化，没有公式和函数的支撑，Excel 就失去了强大的数据计算能力，那么到底什么是公式和函数呢？下面分别来认识。

1. 公式

公式是以等号（=）开始，用不同的运算符将需要计算的各操作数按照一定的规则连接起来，对一系列单元格中数据进行计算的式子。例如“=B3+F3”就是一个简单的公式，其中“=”是公式的标志，“B3”和“F3”是公式中的操作数，“+”是公式中的运算符。下面分别进行介绍。

学习目标	了解和认识公式
难度指数	★

公式标志

Excel 中的公式总是以“=”开头，后面跟任意操作数。这里的“=”可视为将“=”右侧的表达式的计算结果赋值给当前单元格。

操作数

操作数也是 Excel 公式的必要组成部分，一个公式中至少应包含一个操作数。操作数可以是文本、数字或日期等 Excel 支持类型的数据，也可以是单元格引用或函数。

运算符

运算符是连接各操作数的符号，也是告诉公式如何计算得出最终结果的符号。如果公式仅有一个操作数，可以不包含运算符。如公式“=公招成绩表！A3”单纯地引用一个单元格的数据，此公式中就不包含运算符。

2. 函数

函数是将特定的计算方法和计算顺序打包，通过参数接收要计算的数据并返回特定结果的表达式。它是由函数名、标识符和参数3个部分组成，如“AVERAGEA(A1:A10)”就是一个完整的函数表达式，其中，AVERAGEA 是函数名，() 是标识符，A1:A10 是参数，如图 2-1 所示。

学习目标 了解和认识函数
难度指数 ★

图2-1 函数结构示意

函数名

每一个函数都有唯一的名称，此名称通常能反映函数的功能，如SUM、DAY、COUNT、IF和OFFSET等。

标识符

标识符是一对半角括号，紧跟在函数名后面，函数的所有参数都必须包含在这一对括号内。

参数

参数是决定函数运算结果的因素，由函数的功能而定。有些函数可以不带参数，如NOW()；有些函数可带多个参数，如SUMIFS()等。

2.1.2 公式中的各种运算符

运算符是公式的重要组成部分，它决定了公式的计算方式。

Excel中的运算符包括：算术运算符、文本运算符、比较运算符、括号运算符和引用运算符5种，下面分别进行介绍。

学习目标 熟悉公式中常用的运算符
难度指数 ★

算术运算符

包括+（加）、-（减）、*（乘）、/（除）或\（取余）等，主要负责对各参数进行简单的算术运算。

文本运算符

使用英文状态下的与号（&）连接两个或两个以上的文本字符串，生成一个完整的文本字符串。

比较运算符

包括“=”、“>”、“<”、“≥”和“≤”等，用于逻辑比较两个参数的大小，返回逻辑真（TRUE）或逻辑假（FALSE）。

括号运算符

英文状态下的括号“()”，用于改变公式的计算顺序，括号中的运算先于括号外执行。如果括号中还带有括号，称为嵌套括号，内层括号的优先级高于外层括号。

引用运算符

用于对指定的单元格区域进行合并计算。Excel的引用运算符只有冒号“:”和逗号“,”两种，分别表示引用两个单元格及其之间的区域和将多个引用合并为一个引用。

2.1.3 公式运算的优先顺序

优先顺序是指在同一个公式中包含有多个表达式，这些表达式包含有次级的表达式

时，优先对某些运算符连接的操作数进行计算，再将结果作为次级计算的操作数。

在 Excel 中，不同的运算符的优先顺序不同，大体情况如图 2-2 所示。

学习目标 了解公式中运算符的先后顺序

难度指数 ★

引用运算符	冒号（:）、逗号（,）
算术运算符	–、%、^、* 和 /、+、–
文本运算符	&（连字符）
比较运算符	=、<、>、<=、>=、<>

图2-2 运算符先后顺序

轻松更改或确定计算顺序

默认情况下，公式会按照运算符的优先顺序进行计算，如果要改变公式原有计算顺序，可通过添加括号来实现。在同一个括号中同样需要按照运算符的优先顺序进行计算，不同括号外的计算顺序也按默认优先顺序进行计算。

2.1.4 什么是嵌套函数

可以将嵌套函数简单地理解为一个函数或多个函数作为另一函数的参数。图 2-3 所示是 SUM() 函数作为 IF() 函数的条件参数，形成嵌套函数。

函数返回值作为参数

IF(SUM (B3:F3) > 90, “优秀” ,"")

主函数

图2-3 嵌套函数示意图

2.2 单元格的引用类型

小白：公式和函数中的参数都必须是数据吗？

阿智：使用公式和函数进行计算时，我们多数都是引用单元格地址来进行数据的引用。

在公式和函数计算中，引用的数据基本上都是对单元格地址的引用，从而产生了三种引用方式：相对引用、绝对引用和混合引用。下面对这三种引用分别进行介绍。

2.2.1 相对引用

相对引用是指在公式中，被引用的单元格地址随着公式位置的改变而改变。它是 Excel 在同一工作表中引用单元格时使用的默认类型，也是利用同一个公式计算不同记录中相似位置的数据时使用的最佳引用方式。

图 2-4 所示是将 F3 进行单元格的相对引用参与到加法运算中，通过填充公式到第 20

行中，相对引用的单元格地址自动进行变化，保证计算结果的一一对应。

学习目标 了解相对引用单元格的方法
难度指数 ★★

F3 =B3+C3+D3+E3 ← 相对引用

	C	D	E	F	G	H
2	住房补贴	交通补贴	通讯补贴			
3	¥ 157.00	¥ 78.00	¥ 87.00	¥ 422.00		
4	¥ 157.00	¥ 106.00	¥ 103.00			
5	¥ 153.00	¥ 97.00	¥ 110.00			
6	¥ 155.00	¥ 72.00	¥ 86.00			
7	¥ 153.00	¥ 97.00	¥ 110.00			
8	¥ 174.00	¥ 102.00	¥ 82.00			
9	¥ 166.00	¥ 97.00	¥ 95.00			
10	¥ 188.00	¥ 85.00	¥ 109.00			
11	¥ 157.00	¥ 85.00	¥ 107.00			
12	¥ 168.00	¥ 103.00	¥ 92.00			
13	¥ 165.00	¥ 73.00	¥ 80.00			
14	¥ 157.00	¥ 85.00	¥ 106.00			
15	¥ 162.00	¥ 94.00	¥ 94.00			
16	¥ 170.00	¥ 92.00	¥ 113.00			
17	¥ 175.00	¥ 105.00	¥ 84.00			

	D	E	F
2	交通补贴	通讯补贴	
3	78	87	=B3+C3+D3+E3
4	106	103	=B4+C4+D4+E4
5	97	110	=B5+C5+D5+E5
6	72	86	=B6+C6+D6+E6
7	97	110	=B7+C7+D7+E7
8	102	82	=B8+C8+D8+E8
9	97	95	=B9+C9+D9+E9
10	85	109	=B10+C10+D10+E10
11	85	107	=B11+C11+D11+E11
12	103	[illegible]	=B12+C12+D12+E12
13	73	[illegible]	=B13+C13+D13+E13
14	85	106	=B14+C14+D14+E14
15	94	94	=B15+C15+D15+E15
16	92	113	=B16+C16+D16+E16
17	105	84	=B17+C17+D17+E17
18	105	85	=B18+C18+D18+E18
19	75	98	=B19+C19+D19+E19
20	85	106	=B20+C20+D20+E20

自动进行单元格对应引用

图2-4 相对引用

公式和函数与计算结果转换

通常情况下输入公式和函数，确认后系统都会以结果数据显示。这时，可以根据实际需要，单击“公式”选项卡中的“显示公式”按钮在它们之间进行切换，如图 2-5 所示。

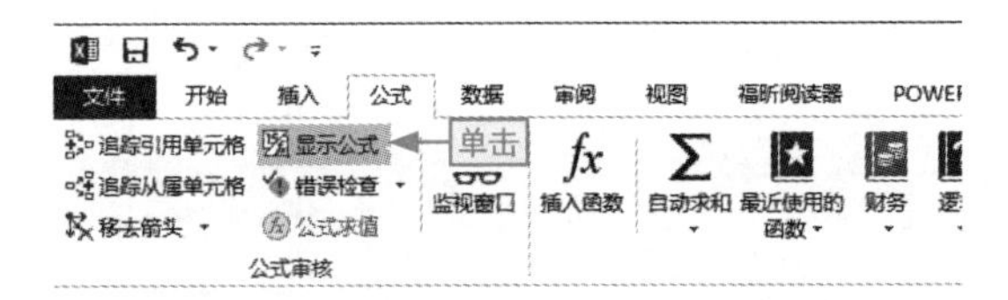

图2-5 公式和函数与结果之间相互转换

2.2.2 绝对引用

绝对引用是指公式中包含单元格的引用，但无论用何种方法将公式复制到任意位置，该引用地址始终保持不变，且有明显的标识“$”。

图 2-6 所示是绝对引用 B2 单元格数据，让其始终保持不变，从而计算出相应的加班工资数据。

学习目标 了解绝对引用单元格的方法
难度指数 ★★

	A	B	C
2	加班工资：(元/小时)	30	
3	加班人	累计加班时长	加班工资
4	陈锦萍	13	=B4*$B$2
5	陈森	9	=B5*$B$2
6	凌淦飞	11	=B6*$B$2
7	陈秀萍	12.5	=B7*$B$2
8	刘霞	10.5	=B8*$B$2
9	车德凤	8.5	=B9*$B$2
10	陈亚丽	[illegible]	=B10*$B$2
11	郭胜有	[illegible]	=B11*$B$2
12	傅奕飞	10.5	=B12*$B$2
13	凌任飞	13.5	=B13*$B$2
14	黄乃高	9.5	=B14*$B$2
15	陈海	10.5	=B15*$B$2
16	王加付	9.5	=B16*$B$2
17	梁永根	7.5	=B17*$B$2
18	王和肖	6.5	=B18*$B$2
19	余泳晓	8.5	=B19*$B$2
20	符景通	7	=B20*$B$2
21	卢凤菊	12.5	=B21*$B$2

绝对引用B2单元格

	A	B	C	D	E	F
2	加班工资：(元/小时	30				
3	加班人	计加班时	加班工资			
4	陈锦萍	13 小时	¥390.00			
5	陈森	9 小时	¥270.00			
6	凌淦飞	11 小时	¥330.00			
7	陈秀萍	13 小时	¥375.00			
8	刘霞	11 小时	¥315.00			
9	车德凤	9 小时	¥255.00			
10	陈亚丽	12 小时	¥345.00			
11	郭胜有	14 小时	¥405.00			
12	傅奕飞	11 小时	¥315.00			
13	凌任飞	14 小时	¥405.00			
14	黄乃高	10 小时	¥285.00			
15	陈海	11 小时	¥315.00			
16	王加付	10 小时	¥285.00			
17	梁永根	8 小时	¥225.00			
18	王和肖	7 小时	¥195.00			
19	余泳晓	9 小时	¥255.00			
20	符景通	7 小时	¥210.00			
21	卢凤菊	13 小时	¥375.00			

计算结果

图2-6 绝对引用单元格参与计算

2.2.3 混合引用

Excel 的每一个单元格地址都是由行号和列标两部分组成的，如果只在行号或列标前添加“$”符号，这种引用方式被称为混合引用。图 2-7 所示是混合引用 B 列和 E 列数据。

引用模式之间快速转换

三种不同的引用方式在写法上只有“$”符号的区别，“$”符号既可以手动输入，也可以通过按 F4 键在各种引用类型中切换。在编辑栏的公式中选中需要切换引用方式的单元格地址，重复按 F4 键，即可依次切换到绝对引用、行绝对列相对引用、行相对列绝对引用和混合引用，如此循环。

文件 开始 插入 公式 数据 审阅 视图

H26

	C	D	E	F
2	住房补贴	交通补贴	通讯补贴	
3	157	78	87	=SUM($B3:$E3)
4	157	106	103	=SUM($B4:$E4)
5	153	97	110	=SUM($B5:$E5)
6	155	72	86	=SUM($B6:$E6)
7	153	97	110	=SUM($B7:$E7)
8	174	102	82	=SUM($B8:$E8)
9	166	97	95	=SUM($B9:$E9)
10	188	85	[illegible]	=SUM($B10:$E10)
11	157	85	[illegible]	=SUM($B11:$E11)
12	168	103	92	=SUM($B12:$E12)
13	165	73	80	=SUM($B13:$E13)
14	157	85	106	=SUM($B14:$E14)
15	162	94	94	=SUM($B15:$E15)
16	170	92	113	=SUM($B16:$E16)
17	175	105	84	=SUM($B17:$E17)
18	165	105	85	=SUM($B18:$E18)
19	198	75	98	=SUM($B19:$E19)
20	157	85	106	=SUM($B20:$E20)
21	162	94	94	=SUM($B21:$E21)

混合引用

补贴金额

就绪

图2-7　混合引用单元格

2.3 公式和函数的输入与编辑方法

小白： 在Excel中怎样进行公式和函数的输入以及编辑呢？

阿智： 输入需要的公式和函数以及对其编辑都非常简单，这也是首先需要掌握的。

在 Excel 中输入公式和函数，大体上都是在单元格或编辑栏中进行。其中较为特别的是包含函数公式，也就是插入函数，它可以通过插入的方式来完成。下面分别进行介绍。

2.3.1 输入只包含单元格引用和常数的公式

输入公式和函数，大体可分为两种：一是输入只包含单元格引用和常数的公式，二是输入包含函数的公式。其中，只包含单元格引用和常数的公式，只需用相应的运算符号将各操作数按顺序连接起来，并以“=”开头输入需要的单元格中。它可以在两个场所中进行选择输入：单元格或编辑栏，下面分别进行介绍。

在单元格中输入

双击需要输入公式的单元格，通过键盘输入所需公式，完成后按Enter键、Tab键或Ctrl+Enter组合键结束公式的输入。当需要输入的公式比较简短时，可使用此方法。

在编辑栏中输入

选择需要输入公式的单元格，将文本插入点定位到工作表上方的编辑栏中，输入需要的公式，完成后按Ctrl+Enter组合键、Enter键、Tab键或单击编辑栏左侧的“输入”按钮，完成输入。

单元格或编辑栏输入的选择

当输入的公式较长时，最好在编辑栏中进行输入，因为单元格会显示不完全。较短的公式，可直接在单元格中输入。

2.3.2 输入包含函数的公式

输入包含函数的公式，基本上有三种途径：通过对话框输入、通过功能区选项卡输入和纯手工输入。下面分别进行介绍。

1. 通过对话框输入

当对需要使用的函数记不清楚或记不清它的拼写方法以及参数的安排时，可通过“插入函数”对话框来输入带函数的公式，具体操作如下。

步骤01 ❶选择目标单元格，❷在“公式”选项卡的“函数库”组中单击“插入函数”按钮，如图2-8所示。

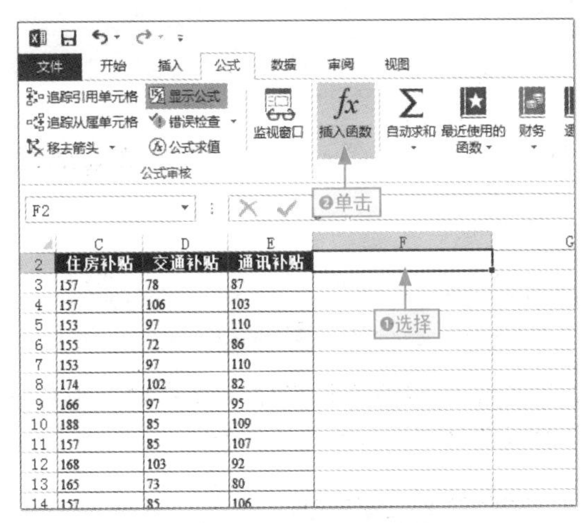

图2-8 混合引用单元格

步骤02 打开“插入函数”对话框，❶在“选择类别”下拉列表框中选择所需的函数类别，❷在“选择函数”列表框中选择需要使用的函数选项，❸单击“确定”按钮，如图2-9所示。

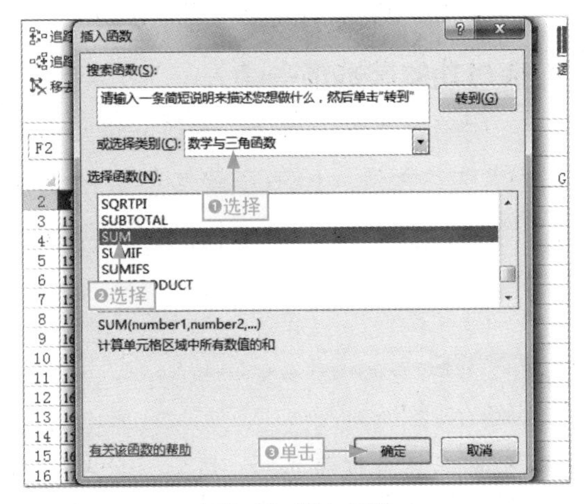

图2-9 插入函数

步骤03 打开“函数参数”对话框，❶设置相应的参数，❷单击“确定”按钮，如图2-10所示。

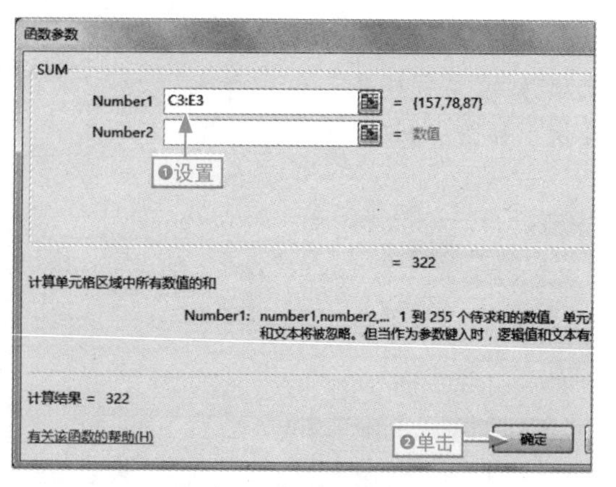

图2-10　设置函数参数

步骤 04 返回到表格中即可查看输入函数计算的数据结果，如图 2-11 所示。

	C	D	E	F	G	H
2	住房补贴	交通补贴	通讯补贴			
3	¥ 157.00	¥ 78.00	¥ 87.00	¥ 322.00		
4	¥ 157.00	¥ 106.00	¥ 103.00			
5	¥ 153.00	¥ 97.00	¥ 110.00			
6	¥ 155.00	¥ 72.00	¥ 86.00			
7	¥ 153.00	¥ 97.00	¥ 110.00			
8	¥ 174.00	¥ 102.00	¥ 82.00			
9	¥ 166.00	¥ 97.00	¥ 95.00			
10	¥ 188.00	¥ 85.00	¥ 109.00			
11	¥ 157.00	¥ 85.00	¥ 107.00			
12	¥ 168.00	¥ 103.00	¥ 92.00			
13	¥ 165.00	¥ 73.00	¥ 80.00			
14	¥ 157.00	¥ 85.00	¥ 106.00			
15	¥ 162.00	¥ 94.00	¥ 94.00			
16	¥ 170.00	¥ 92.00	¥ 113.00			

补贴金额

图2-11　输入带有函数公式的计算结果

2. 通过功能区选项卡输入

当明确要使用的是什么函数，也知道该函数的拼写方法，但不了解其参数的用法时，可通过功能区选项卡输入，具体操作如下。

步骤 01 选择目标单元格，❶ 在“公式”选项卡的“函数库”组中单击函数类型对应的下拉按钮，❷ 选择所需要的函数选项，如图 2-12 所示。

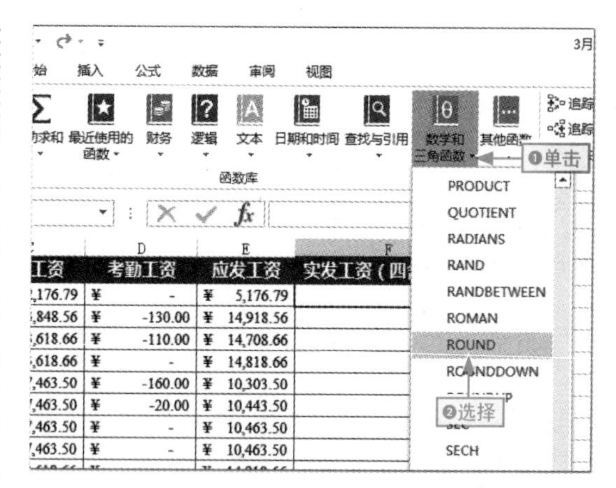

图2-12　选择函数

步骤 02 打开“函数参数”对话框，❶ 设置相应的参数，❷ 单击“确定”按钮，如图 2-13 所示。

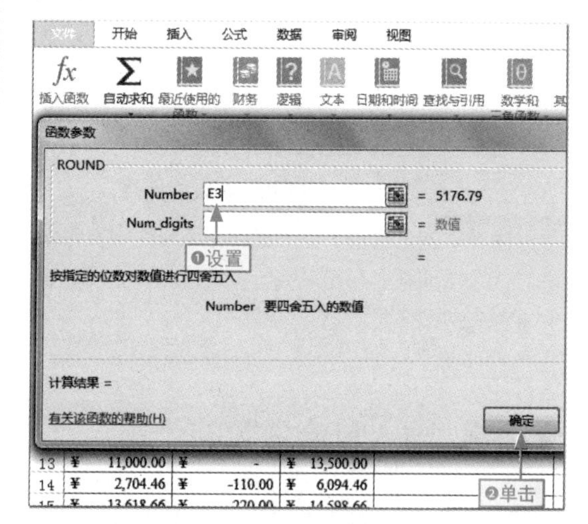

图2-13　设置函数参数并确认

3. 纯手工输入

如果用户对需要使用的函数比较了解，知道函数的拼写方法以及各参数的使用方法，这时可 ❶ 直接选择单元格，❷ 在单元格或编辑栏中输入，然后确认，如图 2-14 所示。

	G	H	I	J	K
2	提成	效益奖金	生活补贴	考勤扣除	实发工资
3	¥0.00	¥0.00	¥300.00	[illegible]	=SUM(E3:I3)-J3
4	¥0.00	¥0.00	¥300.00	¥100.00	
5	¥0.00	¥0.00	¥300.00	¥50.00	
6	¥0.00	¥0.00	¥300.00	¥20.00	
7	¥0.00	¥0.00	¥300.00	¥150.00	
8	¥0.00	¥800.00	¥300.00	¥50.00	
9	¥0.00	¥520.00	¥300.00	¥0.00	
10	¥0.00	¥102.00	¥300.00	¥40.00	
11	¥0.00	¥102.00	¥300.00	¥100.00	
12	¥996.00	¥350.00	¥300.00	¥20.00	
13	¥820.00	¥300.00	¥300.00	¥0.00	

ROUND =SUM(E3:I3)-J3 ❶选择 ❷输入

图2-14 手动输入

修改公式和函数

可直接在单元格或编辑栏中修改公式和函数，对于较长的公式或函数在编辑栏中进行修改，然后按 Enter 键完成修改。

2.3.3 复制移动公式

在实际操作过程中，很多时候多个单元格中使用的公式都是相同或相近的，此时可以将已经编辑好的公式复制到需要使用这些公式的单元格中。如果需要将当前单元格显示结果移动到其他地方，就需要对公式进行移动。

1. 复制公式

复制公式是将当前单元格的公式应用到其他单元格中，避免重复输入公式占用过多的时间，保证公式计算结果正确。复制公式的常用方法有以下几种，具体操作如下。

通过快捷键复制

选择公式，按 Ctrl+C 组合键复制公式，再双击需要应用该公式的单元格，按 Ctrl+V 组合键粘贴。

通过“粘贴”选项复制

❶ 复制含目标公式的单元格，❷ 选择需要应用公式的单元格或单元格区域，❸ 在“开始”选项卡的“剪贴板”组中单击“粘贴”按钮下方的下拉按钮，❹ 选择“公式”选项，如图 2-15 所示。

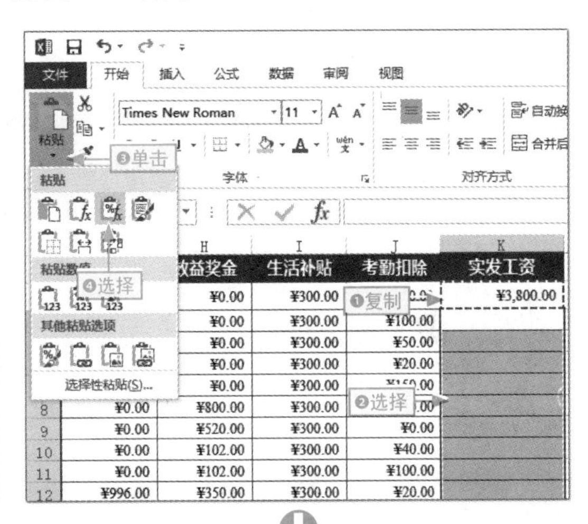

	G	H	I	J	K
2	提成	效益奖金	生活补贴	考勤扣除	实发工资
3	¥0.00	¥0.00	¥300.00	¥0.00	¥3,800.00
4	¥0.00	¥0.00	¥300.00	¥100.00	¥1,950.00
5	¥0.00	¥0.00	¥300.00	¥50.00	¥1,650.00
6	¥0.00	¥0.00	¥300.00	¥20.00	¥3,280.00
7	¥0.00	¥0.00	¥300.00	¥150.00	¥3,150.00
8	¥0.00	¥800.00	¥300.00	¥50.00	¥3,550.00
9	¥0.00	¥520.00	[illegible]	¥0.00	¥3,270.00
10	¥0.00	¥102.00	[illegible]	¥40.00	¥1,712.00
11	¥0.00	¥102.00	¥300.00	¥100.00	¥1,652.00
12	¥996.00	¥350.00	¥300.00	¥20.00	¥3,626.00
13	¥820.00	¥300.00	¥300.00	¥0.00	¥3,420.00
14	¥962.00	¥346.00	¥300.00	¥50.00	¥2,408.00
15	¥750.00	¥162.00	¥300.00	¥100.00	¥1,962.00
16	¥650.00	¥120.00	¥300.00	¥0.00	¥1,920.00

复制公式效果

图2-15 复制公式/函数

通过填充柄复制

❶ 选择含目标公式的单元格，❷ 将鼠标光标移动到右下角的自动填充柄上，当鼠标光标变为加号形状时，按住鼠标左键不放，向需要填充公式的方向拖动，如图 2-16 所示。或直接双击进行填充，如图 2-17 所示。

	H	I	J	K
1				
2	效益奖金	生活补贴	考勤扣除	实发工资
3	¥0.00	¥300.00	¥0.00	¥3,800.00
4	¥0.00	¥300.00	¥100.00	
5	¥0.00	¥300.00	¥50.00	
6	¥0.00	¥300.00	¥20.00	
7	¥0.00	¥300.00	¥150.00	
8	¥800.00	¥300.00	¥50.00	
9	¥520.00	¥300.00	¥0.00	
10	¥102.00	¥300.00	¥40.00	
11	¥102.00	¥300.00	¥100.00	
12	¥350.00	¥300.00	¥20.00	
13	¥300.00	¥300.00	¥0.00	
14	¥346.00	¥300.00	¥50.00	

❶选择
❷拖动

	H	I	J	K
1				
2	效益奖金	生活补贴	考勤扣除	实发工资
3	¥0.00	¥300.00	¥0.00	¥3,800.00
4	¥0.00	¥300.00	¥100.00	¥1,950.00
5	¥0.00	¥300.00	¥50.00	¥1,650.00
6	¥0.00	¥300.00	¥20.00	¥3,280.00
7	¥0.00	¥300.00	¥150.00	¥3,150.00
8	¥800.00	¥300.00	¥50.00	¥3,550.00
9	¥520.00	¥300.00	¥0.00	¥3,270.00
10	¥102.00	¥300.00	¥40.00	¥1,712.00
11	¥102.00	¥300.00	¥100.00	¥1,652.00
12	¥350.00	¥300.00	¥20.00	¥3,626.00
13	¥300.00	¥300.00	¥0.00	¥3,420.00

图2-16　填充公式/函数

	H	I	J	K
1				
2	效益奖金	生活补贴	考勤扣除	实发工资
3	¥0.00	¥300.00	¥0.00	¥3,800.00
4	¥0.00	¥300.00	¥100.00	
5	¥0.00	¥300.00	¥50.00	
6	¥0.00	¥300.00	¥20.00	
7	¥0.00	¥300.00	¥150.00	
8	¥800.00	¥300.00	¥50.00	
9	¥520.00	¥300.00	¥0.00	
10	¥102.00	¥300.00	¥40.00	
11	¥102.00	¥300.00	¥100.00	
12	¥350.00	¥300.00	¥20.00	
13	¥300.00	¥300.00	¥0.00	
14	¥346.00	¥300.00	¥50.00	

双击

	H	I	J	K
1				
2	效益奖金	生活补贴	考勤扣除	实发工资
3	¥0.00	¥300.00	¥0.00	¥3,800.00
4	¥0.00	¥300.00	¥100.00	¥1,950.00
5	¥0.00	¥300.00	¥50.00	¥1,650.00
6	¥0.00	¥300.00	¥20.00	¥3,280.00
7	¥0.00	¥300.00	¥150.00	¥3,150.00
8	¥800.00	¥300.00	¥50.00	¥3,550.00
9	¥520.00	¥300.00	¥0.00	¥3,270.00
10	¥102.00	¥300.00	¥40.00	¥1,712.00
11	¥102.00	¥300.00	¥100.00	¥1,652.00
12	¥350.00	¥300.00	¥20.00	¥3,626.00
13	¥300.00	¥300.00	¥0.00	¥3,420.00

图2-17　填充公式/函数

不带格式填充公式/函数

当目标公式或函数所在的单元格中带有格式时，若通过填充柄进行填充，系统会自动将其中的格式一起填充。这时可 ❶ 单击"填充选项"下拉按钮，在弹出的下拉列表中 ❷ 选中"不带格式填充"单选按钮，如图 2-18 所示。

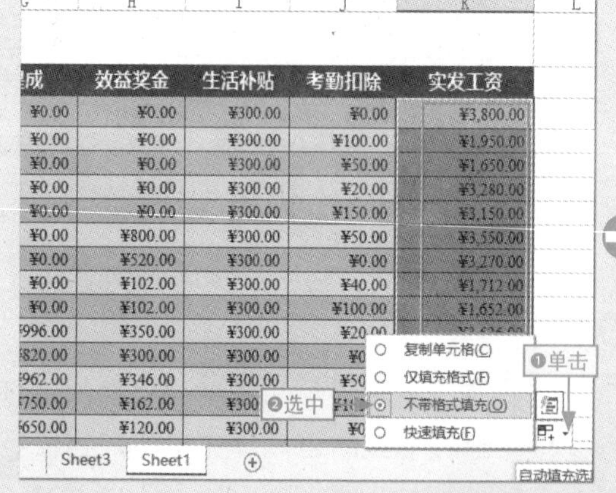

成	效益奖金	生活补贴	考勤扣除	实发工资
¥0.00	¥0.00	¥300.00	¥0.00	¥3,800.00
¥0.00	¥0.00	¥300.00	¥100.00	¥1,950.00
¥0.00	¥0.00	¥300.00	¥50.00	¥1,650.00
¥0.00	¥0.00	¥300.00	¥20.00	¥3,280.00
¥0.00	¥0.00	¥300.00	¥150.00	¥3,150.00
¥0.00	¥800.00	¥300.00	¥50.00	¥3,550.00
¥0.00	¥520.00	¥300.00	¥0.00	¥3,270.00
¥0.00	¥102.00	¥300.00	¥40.00	¥1,712.00
¥0.00	¥102.00	¥300.00	¥100.00	¥1,652.00
96.00	¥350.00	¥300.00	¥20.00	¥3,626.00
20.00	¥300.00	¥300.00	¥0.00	¥3,420.00
62.00	¥346.00	¥300.00	¥50.00	¥2,408.00
50.00	¥162.00	¥300.00	¥100.00	¥1,962.00
50.00	¥120.00	¥300.00	¥0.00	¥1,920.00

Sheet3　Sheet1

图2-18　只填充公式或函数

2. 移动公式

移动公式，就是将该单元格的公式或函数移到其他单元格中。通常有两种方法：通过快捷键移动和通过鼠标光标移动。下面分别进行介绍。

通过快捷键移动

❶ 选择含目标公式的单元格，按 Ctrl+X 组合键剪切当前单元格，❷ 选择欲移到的目标位置，按 Ctrl+V 组合键粘贴，如图 2-19 所示。

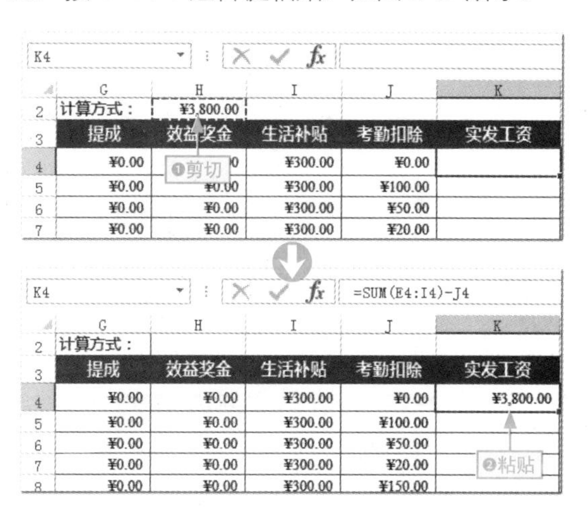

图2-19 移动公式和函数

通过鼠标光标移动

将鼠标光标移动到包含目标公式的单元格边框上，当鼠标光标变为✥形状时，按住鼠标左键不放并拖动到目标位置再释放鼠标，如图 2-20 所示。

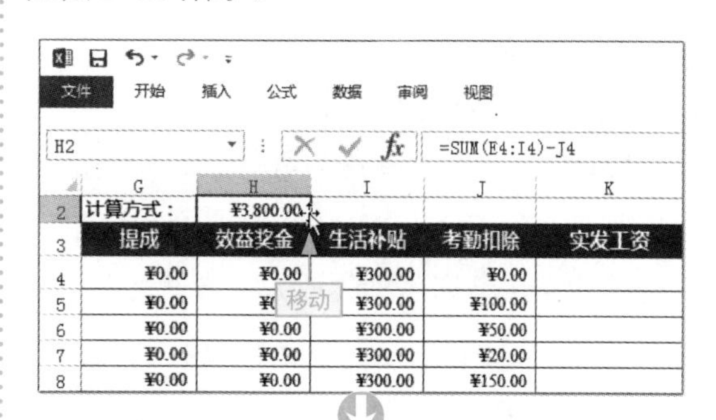

图2-20 移动公式和函数

2.4 单元格名称的使用

小白：在Excel中只能通过对单元格地址的引用让数据参与公式和函数的计算吗？

阿智：我们还可以通过引用自定义的单元格名称参与计算。

定义单元格名称是用户根据实际需要对指定单元格或单元格区域进行手动命名的操作，然后将这些名称引用到公式和函数中计算。

2.4.1 定义单元格名称

Excel 中的名称并不是工作簿创建时就有的，要使用名称，首先需要定义名称。定义名称的方法通常有通过编辑栏的名称框定义、使用对话框来定义及批量命名单元格区域三种，下面分别进行介绍。

1. 使用名称框定义名称

Excel 工作表窗口左上角的名称框是定义单元格名称和查看名称最好的地方，也是最快捷的定义单元格名称的地方。

❶ 用户只需在工作表中选择需要定义名称的单元格或者单元格区域，将文本插入点定位到名称框中，❷ 输入需要定义的名称，按 Enter 键，如图 2-21 所示。

学习目标　掌握最快速的定义名称的方法

难度指数　★★

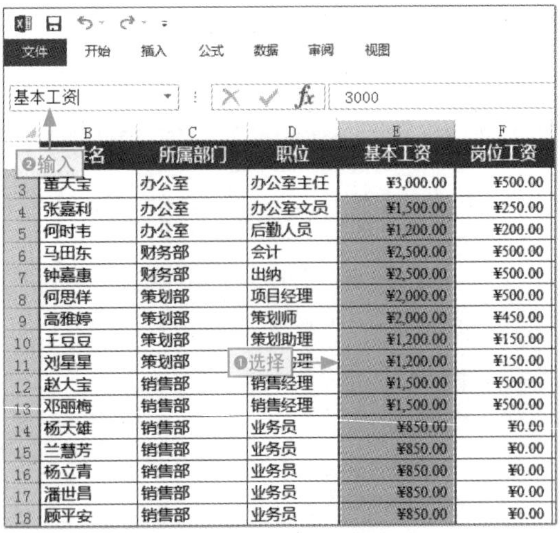

图2-21　通过名称框定义

2. 使用对话框定义名称

除了可以使用名称框来定义名称外，用户还可以通过“新建名称”对话框来定义单元格名称。

下面将“员工工资表”工作簿中 F3:F25 单元格区域命名为“岗位工资数据”，具体操作如下。

本节素材　/素材/Chapter02/员工工资表.xlsx

本节效果　/效果/Chapter02/员工工资表.xlsx

学习目标　掌握用对话框定义名称的方法

难度指数　★★

步骤 01 打开“员工工资表”工作簿，❶ 选择 F3:F25 单元格区域，❷ 在“公式”选项卡的“定义名称”组中单击“定义名称”按钮，如图 2-22 所示。

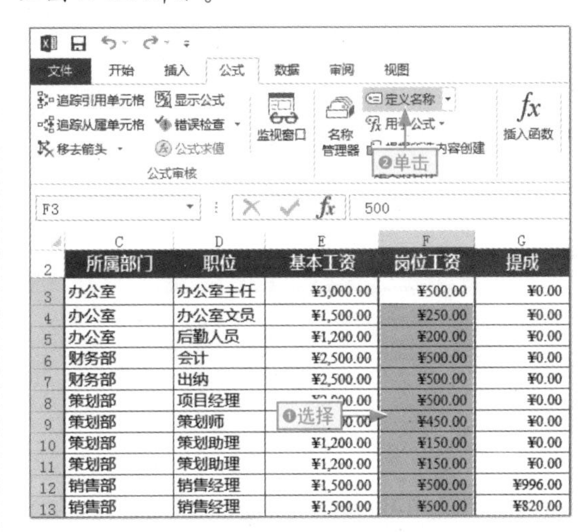

图2-22　单击“定义名称”按钮

步骤 02 打开“新建名称”对话框，❶ 在“名称”文本框中输入要定义的名称，❷ 从“范围”下拉列表框中选择名称的作用范围，❸ 单击“确定”按钮，如图 2-23 所示。

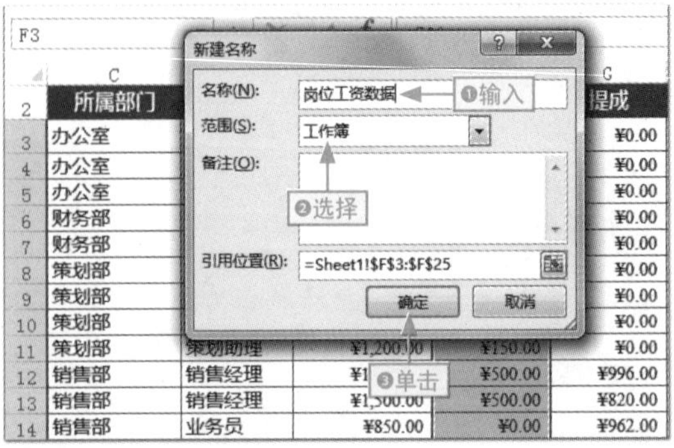

图2-23　定义名称

全局名称和局部名称

Excel中的名称根据其作用范围不同，分为全局名称和局部名称，两种名称在定义和使用的规则上完全相同，其主要区别如图2-24所示。

全局名称

全局名称是工作簿级别名称，其作用范围为整个工作簿，即同一个全局名称A或全局名称B，可以在当前工作簿的任意工作表的公式中调用。

局部名称

局部名称是工作表级别名称，其作用范围为当前工作表，如在A表中定义的局部名称a，只能在A表中直接调用，在其他工作表中直接调用将出现名称无效的错误提示，同理，B表中定义的局部名称b也不能在A表中被直接调用。

图2-24　名称的有效范围

3. 批量命名单元格区域

通过名称框和对话框定义单元格名称，每次只能定义一个名称，如果要将某个比较规则的单元格区域定义为多个名称，则可以使用Excel的批量命名单元格区域功能来实现。

下面以将“员工工资表1”工作簿中E~K列的主体数据单元格区域命名为其对应的标题行数据为例，介绍其具体的操作。

本节素材	/素材/Chapter03/员工工资表1.xlsx
本节效果	/效果/Chapter03/员工工资表1.xlsx
学习目标	掌握批量命名单元格名称的方法
难度指数	★★

步骤01 打开“员工工资表1”素材文件，❶选择E3:K25单元格区域，❷在“公式”选项卡的“定义的名称”组中单击“根据所选内容创建”按钮，如图2-25所示。

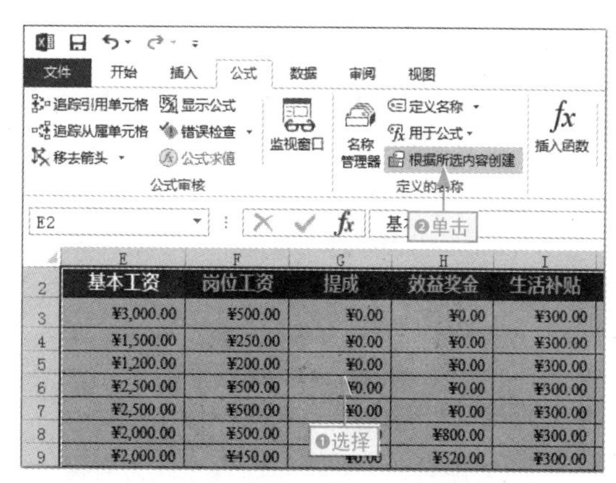

图2-25　单击“根据所选内容创建”按钮

步骤02 打开“以选定区域创建名称”对话框，❶选中“首行”复选框，❷单击“确定”按钮，如图2-26所示。

图2-26　以首行数据为名称

步骤 03 单击名称框右侧的下拉按钮，即可查看以区域首行数据为名称的效果，如图 2-27 所示。

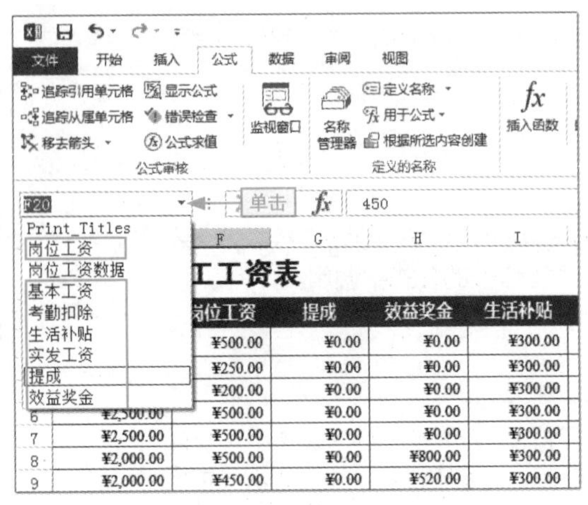

图2-27　批量定义名称的效果

定义名称的原则

在定义单元格名称的过程中，要注意名称不能与系统内置的单元格名称重复，也不能使用 Excel 的一些固定用法来作为单元格名称。如名称不能使用 A1、B2 及 ABC102 等本身代表单元格地址的字符串。同时，也不能使用如 Print_Area 和 Print_Titles 等代表单元格内置名称的字符串，但是 Excel 对以函数名称作为单元格名称并没有限制。

2.4.2 管理单元格名称

名称的编辑也是单元格名称使用过程中常用的一种操作，如更改单元格的名称，修改其引用范围以及删除名称等。

1. 更改已定义名称

对已定义的单元格名称不满意或不太合适，可以对其进行修改。

下面以将“员工工资表 2”工作簿中原有的“岗位工资数据”名称更改为“岗位工资”为例，介绍其具体操作。

本节素材 ⊙/素材/Chapter02/员工工资表2.xlsx
本节效果 ⊙/效果/Chapter02/员工工资表2.xlsx
学习目标 通过编辑名称对话框修改单元格名称
难度指数 ★★

步骤 01 打开“员工工资表 2”工作簿，在“公式”选项卡的“定义的名称”组中单击“名称管理器”按钮，打开“名称管理器”对话框，如图 2-28 所示。

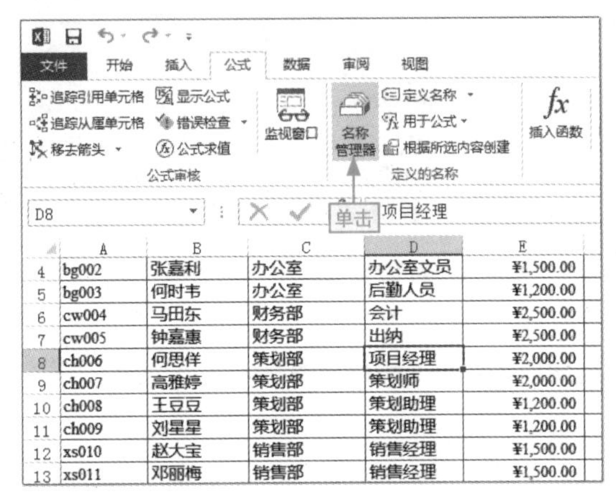

图2-28　打开“名称管理器”对话框

步骤 02 ❶选择“岗位工资数据”名称选项，❷单击“编辑”按钮，如图 2-29 所示。

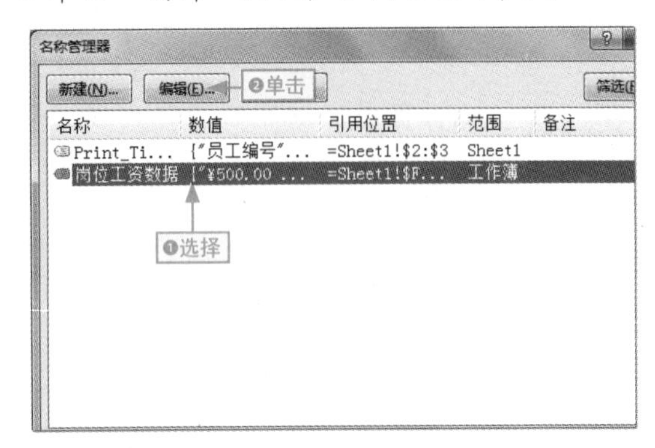

图2-29　指定需要编辑的名称

步骤 03 打开“编辑名称”对话框，❶在“名称”文本框中修改名称，❷单击“确定”按钮，如图 2-30 所示。

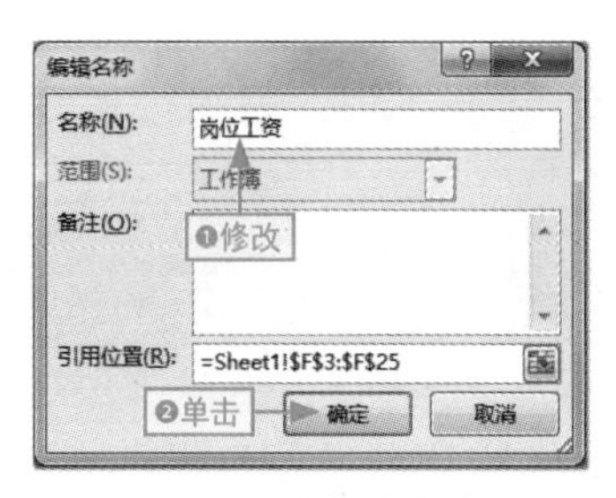

图2-30 修改名称

步骤 04 返回到“名称管理器”对话框，即可看到修改名称成功，关闭该对话框，如图 2-31 所示。

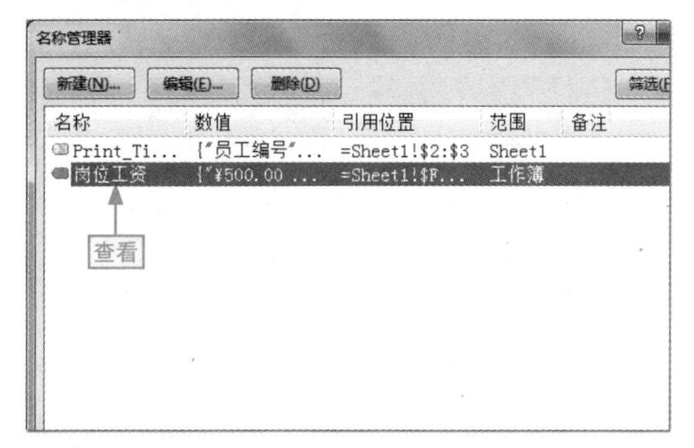

图2-31 成功修改名称的效果

快速修改名称

❶单击名称框右侧的下拉按钮，❷在弹出的下拉列表中选择要修改的名称选项，❸直接输入新的名称替换旧名称，如图 2-32 所示。

图2-32 快速更改名称

2. 更改名称引用的单元格范围

当发现定义的单元格名称引用的范围有误，或者使用公式引用的名称公式有误时，需要对名称的引用范围进行更改。

❶在“公式”选项卡的“定义的名称”组中单击“名称管理器”按钮，打开“名称管理器”对话框，❷选择需要修改的名称，❸在下方的“引用位置”文本框中对引用范围进行修改，❹单击文本框左侧的“输入”按钮，然后关闭该对话框，完成对名称中引用的单元格范围的修改，如图 2-33 所示。

学习目标 更改名称的作用范围

难度指数 ★★

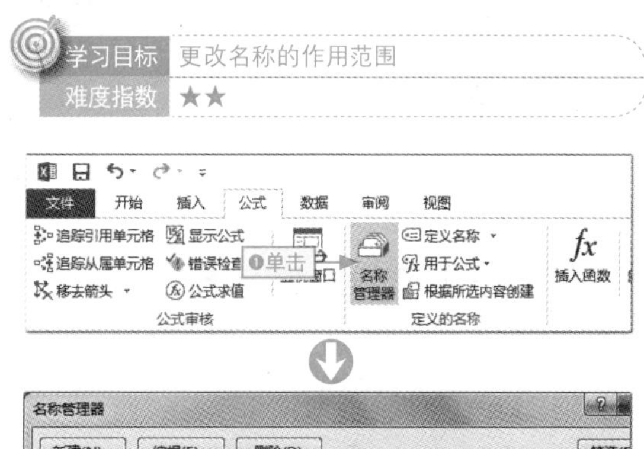

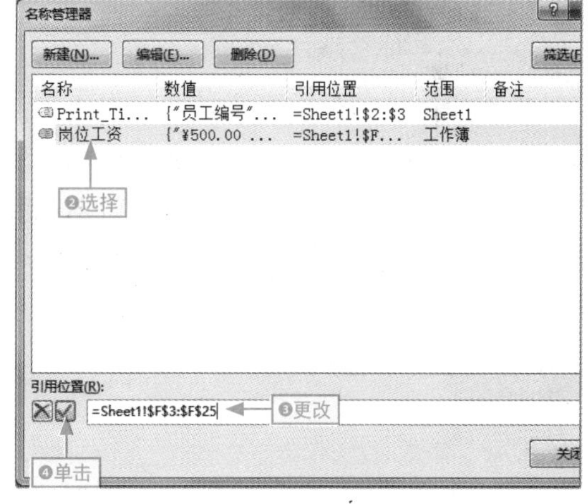

图2-33 更改名称引用范围

3. 删除名称

当某个单元格名称定义错误，或者不再需要使用该名称时，可将其从工作簿中删除。

单击“名称管理器”按钮，打开“名称管理器”对话框。❶选择要删除的名称选项（若要同时删除多个名称，可按住 Ctrl 键或 Shift 键选择多个名称），❷单击“删除”按钮，打开提示对话框。单击“确定”按钮，确认删除当前选择的名称，如图 2-34 所示。

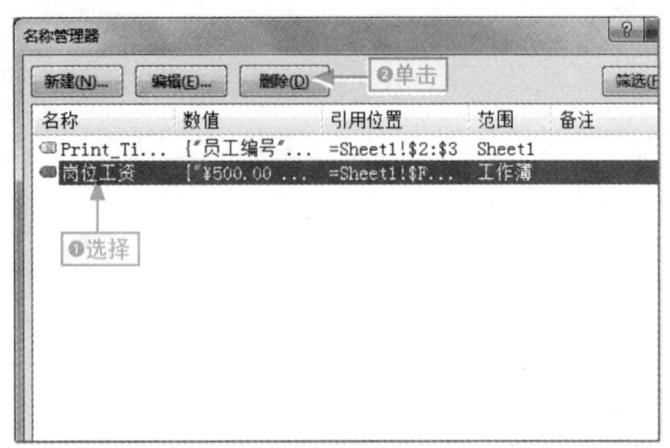

图2-34　删除单元格名称

2.4.3 引用单元格名称

引用单元格名称的主要目的是为了在公式中引用名称的数据让公式更加直观或有效地简化公式，这就需要在单元格中引用名称中的数据。有如下几种方式，下面分别进行介绍。

选择引用

选择目标位置（在目标单元格中或编辑栏中），❶单击“用于公式”下拉按钮，❷选择所需的名称选项进行调用，如图 2-35 所示。

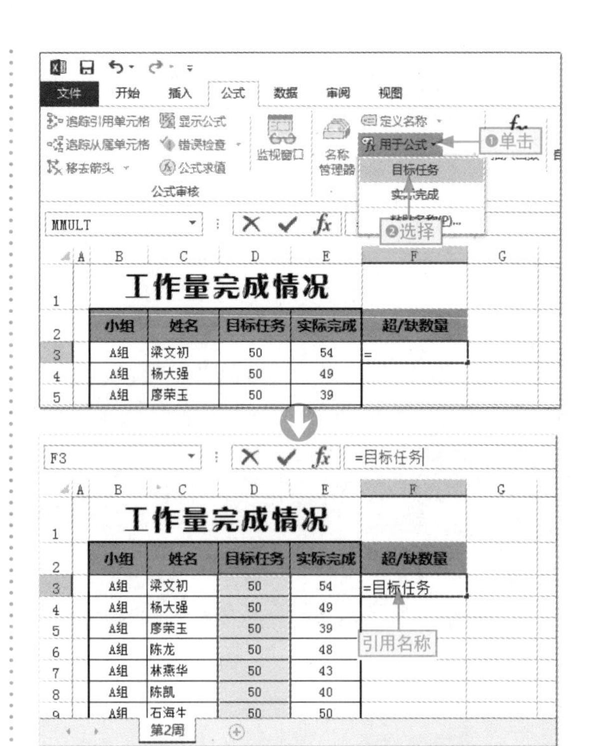

图2-35　通过选项引用名称

输入引用

选择目标位置，❶输入名称的部分数据，弹出浮动提示框，❷双击名称进行引用，如图 2-36 所示。

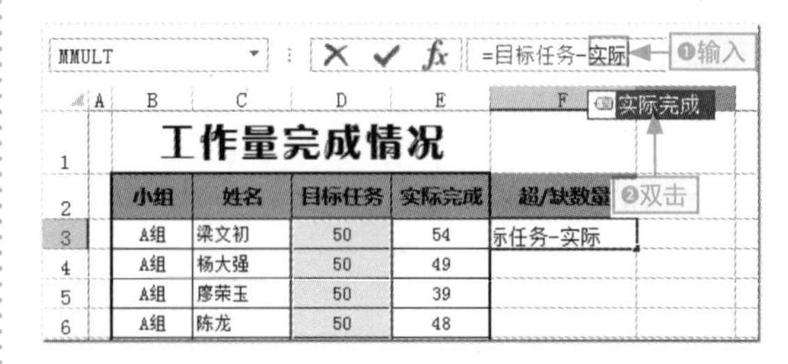

图2-36　输入引用名称

通过对话框引用

将鼠标光标定位在目标位置，按 F3 键，打开“粘贴名称”对话框。❶选择相应的名称选项，❷单击“确定”按钮，如图 2-37 所示。

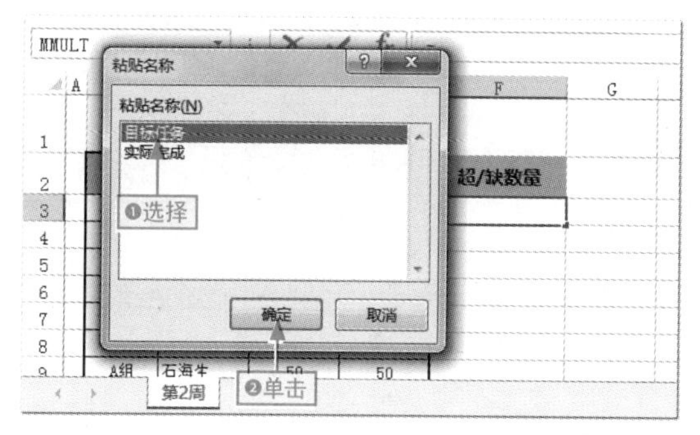

F3　=目标任务

工作量完成情况

小组	姓名	目标任务	实际完成	超/缺数量
A组	梁文初	50	54	=目标任务
A组	杨大强	50	49	
A组	廖荣玉	50	39	
A组	陈龙	50	48	
A组	林燕华	50	43	
A组	陈凯	50	40	
A组	石海生	50	50	

图2-37　通过对话框引用名称

给你支招 | 将公式的计算结果转换为数值

小白：在Excel 2013中，我们怎样将计算数据的公式或函数转换为数值?

阿智：可以使用选择性粘贴来快速完成，具体操作如下。

步骤 01 ❶选择要复制包含公式/函数的单元格区域，❷在“开始”选项卡中单击“粘贴”按钮下方的下拉按钮，❸选择“选择性粘贴”命令，如图2-38所示。

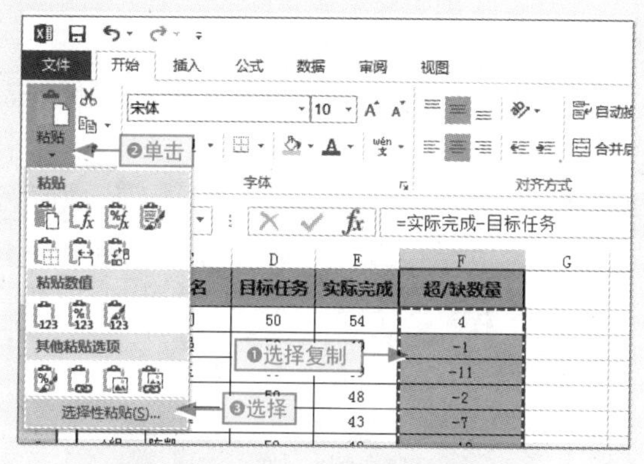

图2-38　选择“选择性粘贴”命令

步骤 02 打开“选择性粘贴”对话框，❶选中“数值”单选按钮，❷单击“确定”按钮，如图2-39所示。

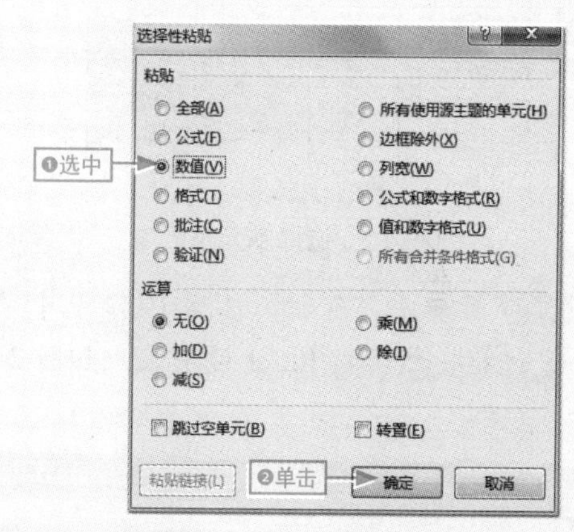

图2-39　粘贴方式设为数值

步骤 03 返回到工作表中即可查看将公式/函数转换为数值的效果，如图2-40所示。

F15　-1

小组	姓名	目标任务	实际完成	超/缺数量
A组	梁文初	50	54	4
A组	杨大强	50	49	-1
A组	廖荣玉	50	39	-11
A组	陈龙	50	48	-2
A组	林燕华	50	43	-7
A组	陈凯	50	40	-10
A组	石海生	50	50	0

图2-40　粘贴为数值的效果

给你支招 | 隐藏公式

小白： 怎样将表格中输入的公式/函数隐藏起来，不让其他用户查看？

阿智： 可以利用单元格隐藏保护的功能来完成，具体操作如下。

步骤 01 选择目标单元格区域，按 Ctrl+1 组合键，打开“设置单元格格式”对话框，如图 2-41 所示。

F3 =实际完成-目标任务

工作量完成情况

小组	姓名	目标任务	实际完成	超/缺数量
A组	梁文初	50	54	4
A组	杨大强	50	49	-1
A组	廖荣玉	50	39	-11
A组	陈龙	50	48	-2
A组	林燕华	50	43	-7
A组	陈凯	50	40	-10
A组	石海生	50	50	0
A组	郭裕宽	50	47	-3
A组	孙伟强	50	43	-7
A组	李晓东	50	48	-2
A组	练国	50	51	1

选择

第2周

图2-41 选择单元格区域

步骤 02 ❶单击“保护”选项卡，❷选中“隐藏”复选框，然后按 Enter 键确认，如图 2-42 所示。

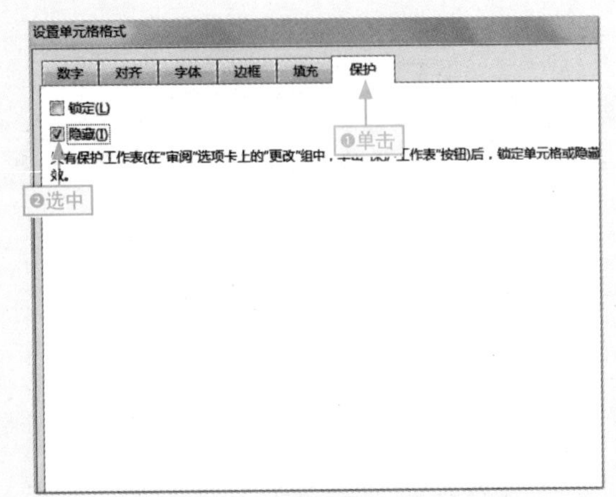

图2-42 隐藏公式/函数

步骤 03 ❶单击“审阅”选项卡，❷单击“保护工作表”按钮，如图 2-43 所示。

文件 开始 插入 审阅 视图

❶单击

拼写检查 信息检索 同义词库 校对

繁转简 简转繁 简繁转换 中文简繁转换

保护工作表 保护工作簿 共享工作簿 保护并共享工作簿 允许用户编辑区域 修订 更改

❷单击

小组	姓名	目标任务	实际完成	超/缺数量
A组	梁文初	50	54	4
A组	杨大强	50	49	-1
A组	廖荣玉	50	39	-11
A组	陈龙	50	48	-2
A组	林燕华	50	43	-7
A组	陈凯	50	40	-10
A组	石海生	50	50	0
A组	郭裕宽	50	47	-3
A组	孙伟强	50	43	-7
A组	李晓东	50	48	-2
A组	练国	50	51	1

图2-43 启用保护工作表功能

步骤 04 打开“保护工作表”对话框，❶在文本框中输入密码，❷单击“确定”按钮，如图 2-44 所示。

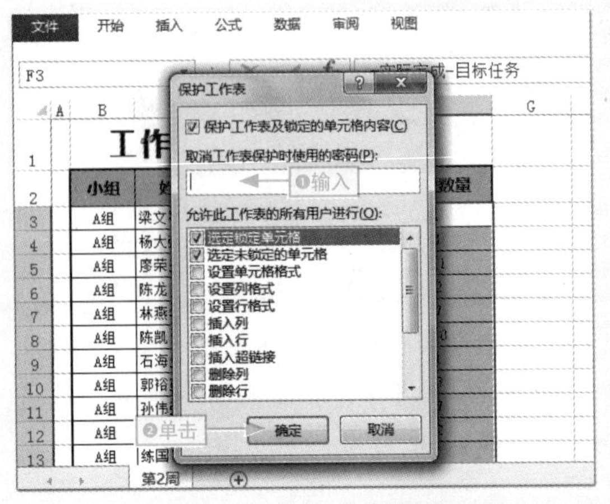

图2-44 保护工作表

Chapter 03

了解和创建图表

学习目标

本章将对分析数据的工具——图表和迷你图进行相应的介绍。其中，图表的应用和创建使用是主要部分。迷你图作为补充，可帮助用户快速地选择、创建和设置图表。

本章要点

- 柱形图的应用
- 条形图的应用
- 饼图的应用
- 折线图的应用
- 面积图的应用
- ……
- 股价图的应用
- 曲面图的应用
- 组合图的应用
- 创建标准图表
- 添加图表标题
- ……

知识要点	学习时间	学习难度
了解 Excel 中不同图表的应用	20 分钟	★★
基本图表创建	35 分钟	★★
迷你图创建	35 分钟	★★

3.1 了解 Excel 中不同图表的应用

小白：Excel中有很多种图表类型，我们该怎样区分应用呢？

阿智：是的，Excel中的图表共有9种类型，每一种类型下又分为多种不同的图表，要想使用好它们，就需先了解不同图表的应用领域。

图表是分析数据的主要和重要工具，在 Excel 2013 中分为 9 大类型，分别是柱形图、条形图、饼图、圆环图、折线图、面积图、散点图、雷达图和气泡图。下面分别对这些图表类型进行介绍。

3.1.1 柱形图的应用

柱形图主要用于展示一段时间内数据的变化情况，或者各类别之间数值的大小比较情况，是 Excel 中使用频率最高的一种图表类型。如一段时间内的产品销售情况，员工的基本工资和实发工资的比较等都可用柱形图进行比较。

簇状柱形图和三维簇状柱形图

这两种类型的柱形图主要用于比较多个类别的值。两者的区别主要在于视觉效果上的二维和三维，图 3-1 所示是簇状柱形图，图 3-2 所示是三维簇状柱形图。

这点得留意

三维簇状柱形图仅使用三维透视效果显示数据，而不会使用竖坐标轴。

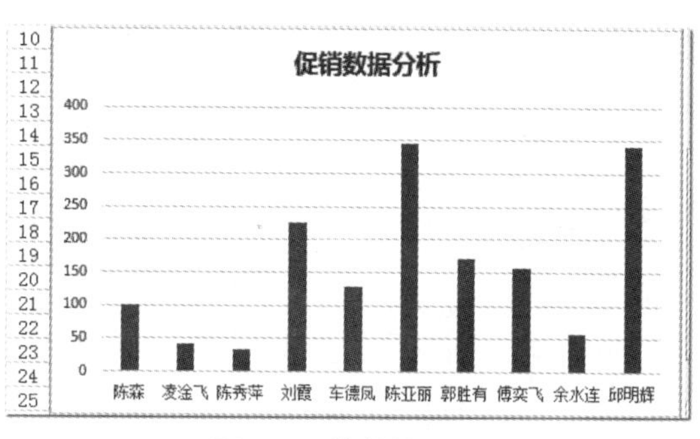

图3-1 簇状柱形图

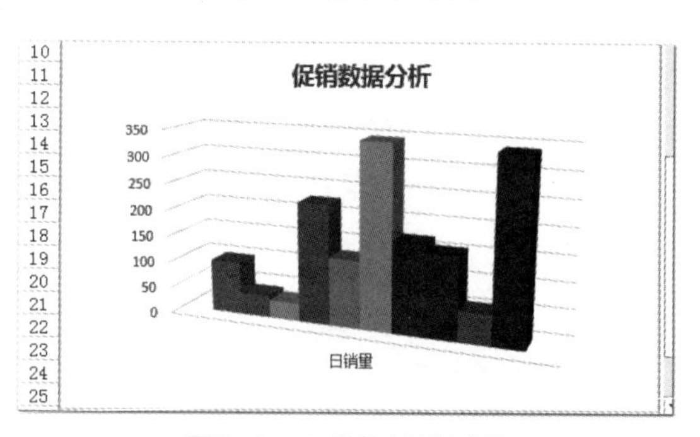

图3-2 三维簇状柱形图

堆积柱形图和三维堆积柱形图

都用于显示单一项目与总体的关系，也可跨类别比较单个值所占总体的百分比，图 3-3 上图所示是堆积柱形图，图 3-3 下图所示是三维堆积柱形图。

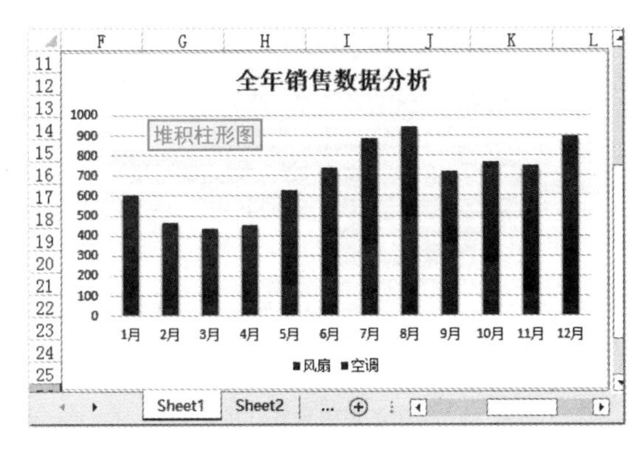

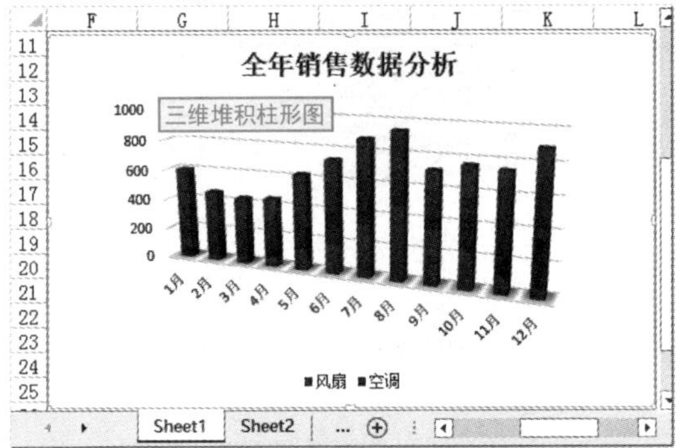

图3-3　堆积和三维堆积柱形图

最直观区别

堆积柱形图和三维堆积柱形图的主要区别在于视觉效果上，三维堆积柱形图使用三维透视效果显示各数据系列。

百分比堆积柱形图和三维百分比堆积柱形图

百分比堆积柱形图和三维百分比堆积柱形图可用于跨类别比较每个值占总体的百分比。如果有3个或3个以上比较的数据，并且要强调每个值所占总体的百分比时，使用此类型图表的效果最好。两者的区别也只是视觉显示效果上的差异，图3-4上图所示是百分比堆积柱形图，图3-4下图所示是三维百分比堆积柱形图。

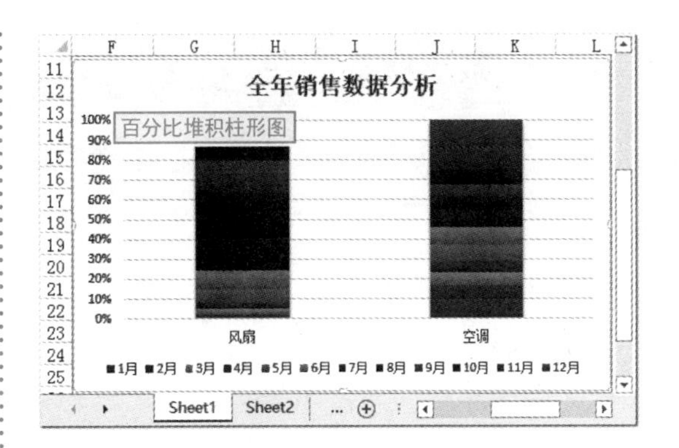

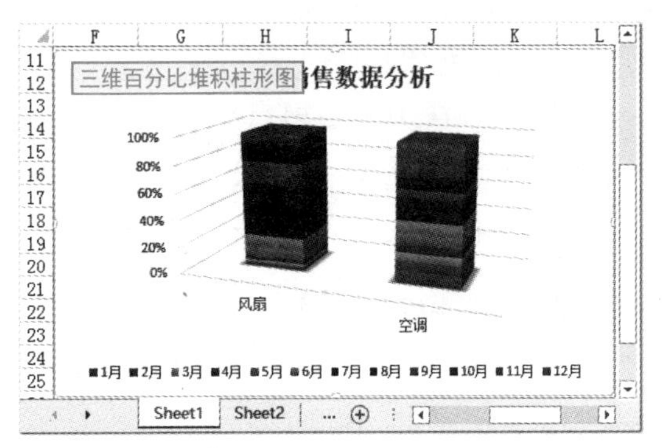

图3-4　百分比和三维百分比堆积柱形图

三维柱形图

三维柱形图使用了3个可以修改的坐标轴，图表沿横坐标轴和竖坐标轴显示类别，沿垂直坐标轴显示各类别的数值。此图表类型适合用于同时跨类别和跨系列数据的大小比较，如图3-5所示。

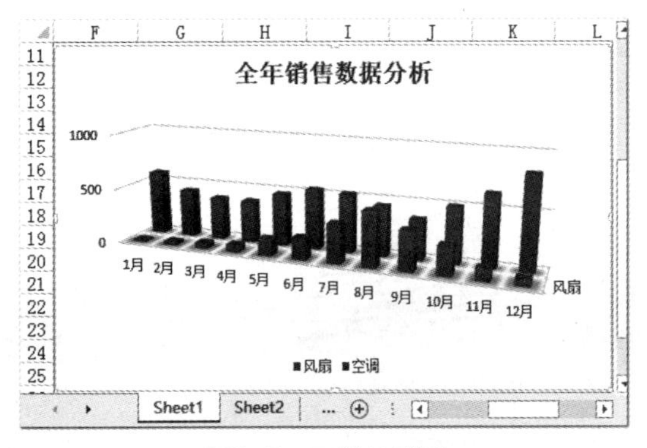

图3-5　三维柱形图

3.1.2 条形图的应用

条形图与柱形图相似，也是用于显示各项数据之间的大小情况，它可以看作是顺时针旋转 90°后的柱形图，但是它弱化了时间的变化，仅偏重于比较数量的大小。由于其排列方向的特殊性，多用于显示分类标签较长的数据的比较，可有效避免柱形图中对长分类标签的省略情况。

条形图的子图表类型与柱形图相似，也包含簇状条形图和三维簇状条形图、堆积条形图和三维堆积条形图以及百分比堆积条形图和三维百分比堆积条形图。

由于条形图子类型与柱形图基本相似，这里不再详细讲述。图 3-6 所示为簇状条形图和三维簇状条形图。图 3-7 所示为堆积条形图和三维堆积条形图。图 3-8 所示为百分比堆积条形图和三维百分比堆积条形图。

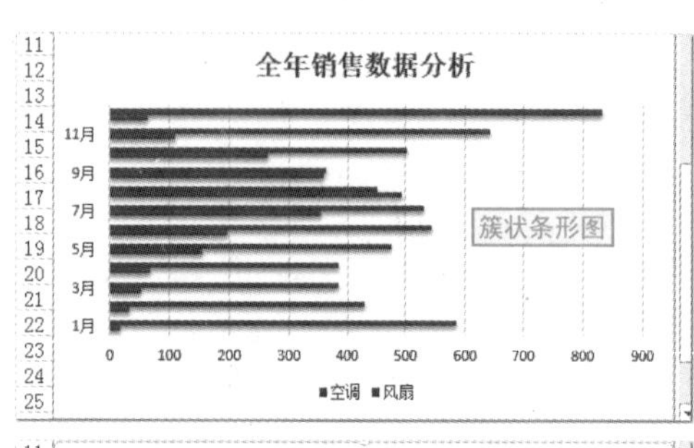

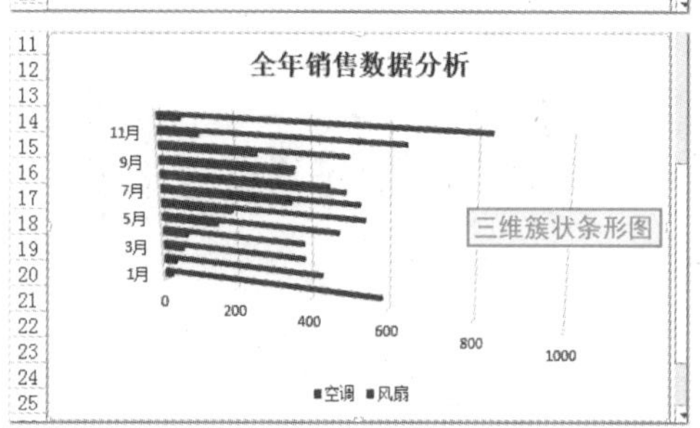

图3-6　簇状条形图和三维簇状条形图

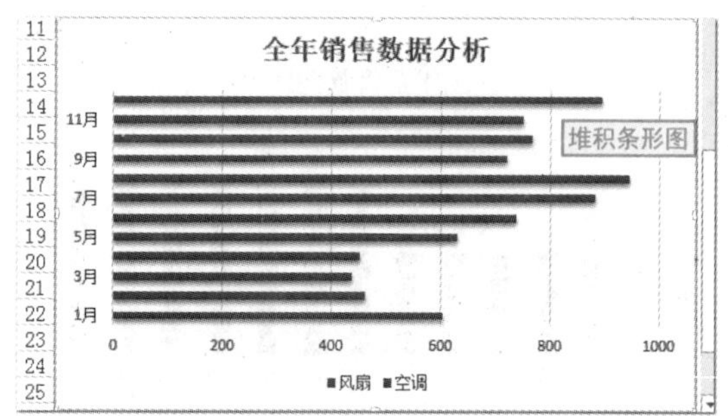

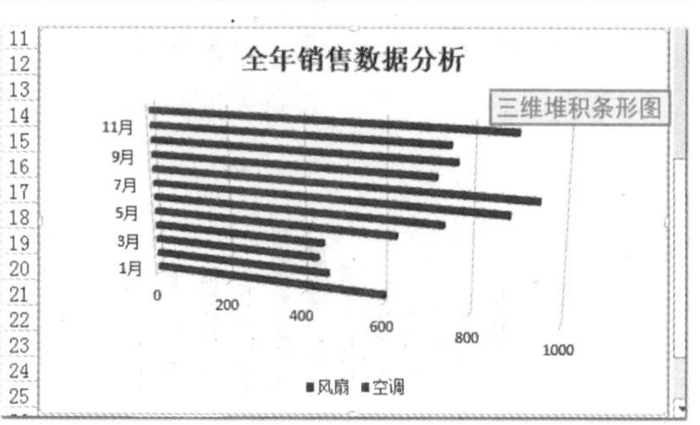

图3-7　堆积条形图和三维堆积条形图

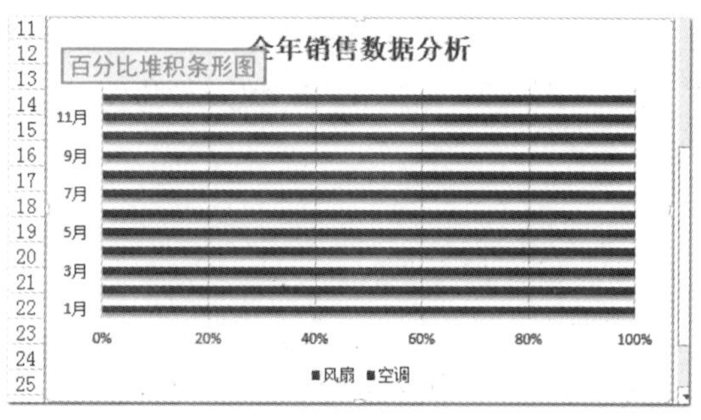

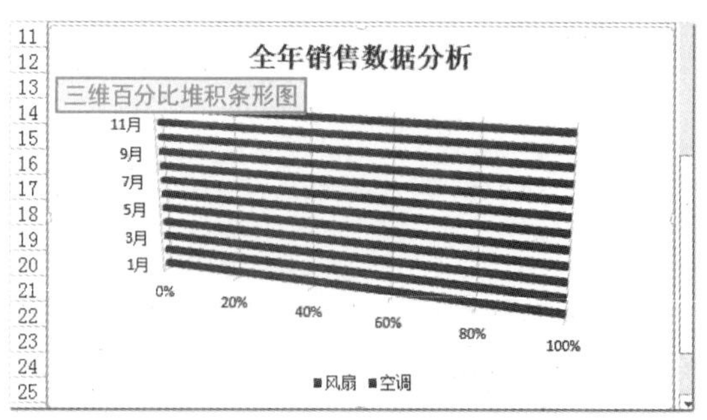

图3-8　百分比和三维百分比堆积条形图

3.1.3 饼图的应用

饼图是以一个圆代表整体，用不同的扇区代表每一个分类，扇区的大小即表示该类

型所占整体的比重，但是饼图只能表示一个数据系列中各项数据所占的比重，因此只能将排列在一行或一列中的数据绘制到饼图中。

下面分别介绍不同类型饼图的相关应用及样式。

饼图和三维饼图

饼图和三维饼图用于显示每个数值所占总体的比例大小，要求绘制到饼图中的每个数据项的值必须大于0。二者的主要区别在于饼图为平面显示，三维饼图添加了三维透视效果，图3-9上图所示是饼图，图3-9下图所示是三维饼图。

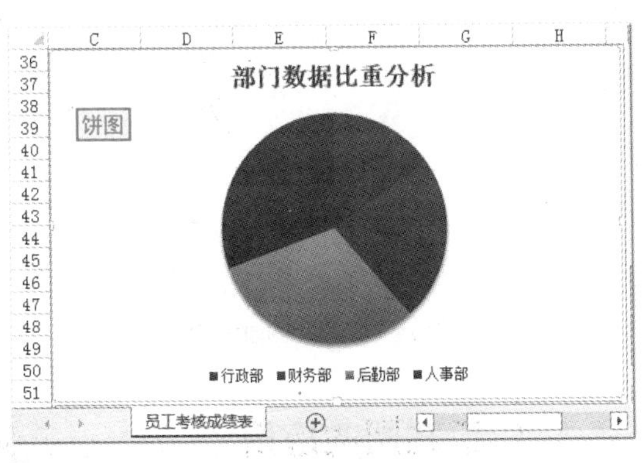

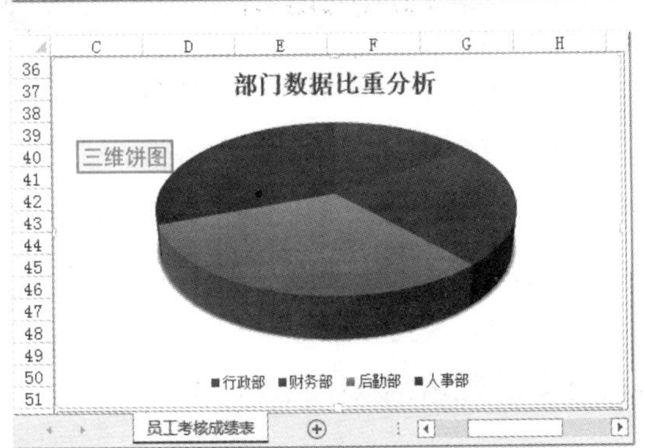

图3-9 饼图和三维饼图

复合饼图和复合条饼图

复合饼图和复合条饼图具有两个绘图区，用户可将符合一定条件的数据点绘制到第二绘图区，以便更完整地显示所有数据。这两种图表类型通常用于需要分析的数据较多，且某些数据占比很小，在饼图中很难清晰显示的情况。图3-10上图所示是复合饼图，图3-10下图所示是复合条饼图。

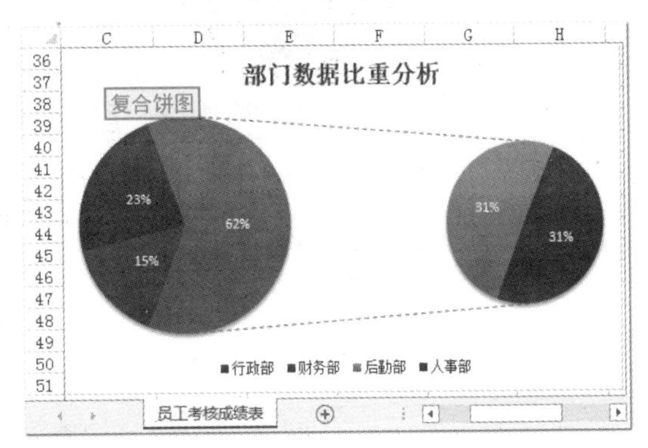

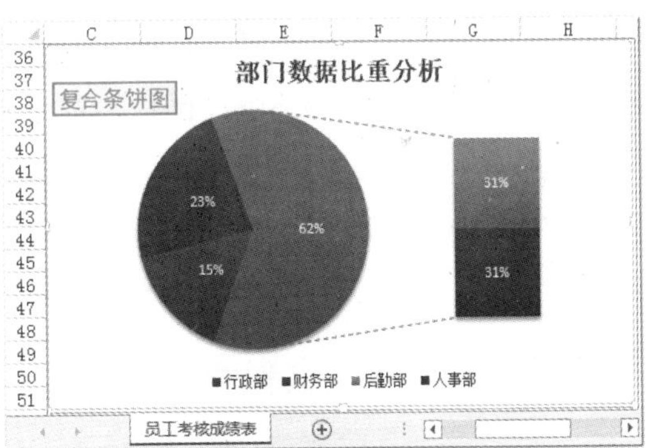

图3-10 复合饼图和复合条饼图

复合饼图和复合条饼图的区别

复合饼图的第二绘图区仍以饼图显示指定的数据项，而复合条饼图在第二绘图区以堆积柱形条显示数据项，但它们的功能相同，只是在显示效果上有所区别。

分离型饼图和分离型三维饼图

在 Excel 2013 中，分离型饼图和分离型三维饼图并不是一类图形，它们是在饼图类型上的延伸，是将扇区进行相应的分离，使其每一个扇区独立出来，以方便查看各扇区的值，如图 3-11 所示。

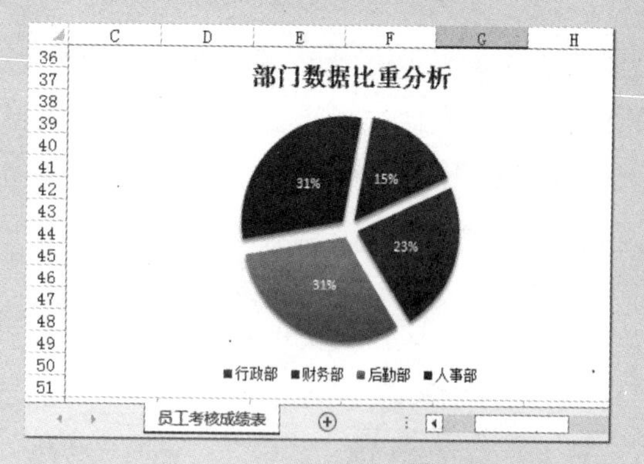

图3-11 分离型饼图和分离型三维饼图

圆环图的应用

圆环图由多个同心圆组成，每一个数据系列显示在圆环图的一个环上，每个圆环根据数据点的多少划分为不同的圆弧，数据系列中的每一个数据点占用一段圆弧，圆弧的长短代表了数据占比的多少。图 3-12 所示为单环圆环图效果，图 3-13 所示为多环圆环图效果。

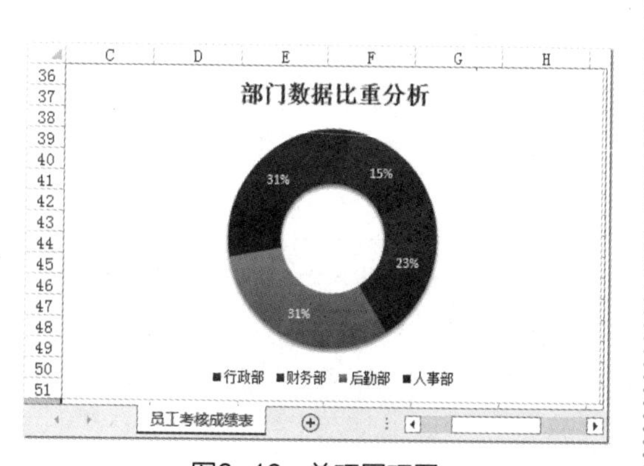

图3-12 单环圆环图

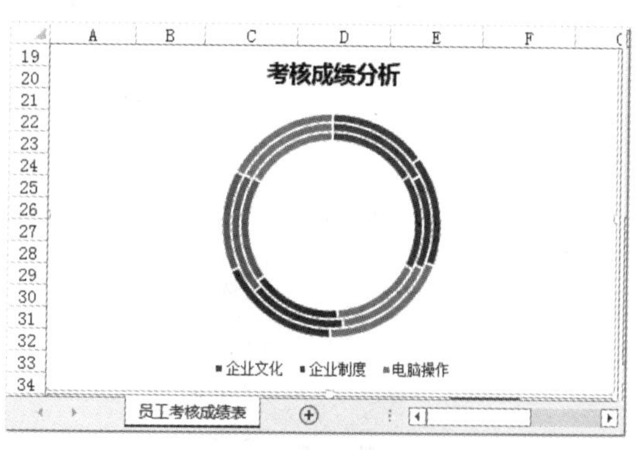

图3-13 多环圆环图

3.1.4 折线图的应用

折线图主要用于描述一个连续数据的变化情况，突出数据随着时间的改变而变化的过程，有助于查看一段时期内数据的波动情况。在折线图中，类别数据沿水平轴均匀分布，所有值数据沿垂直轴均匀分布。下面分别介绍和展示其子类型图表的用法和样式。

学习目标　掌握折线图的应用

难度指数　★★

折线图和带数据标记的折线图

折线图和带数据标记的折线图都用于显示随时间或类别的改变而变化的趋势线，当需要展示的数据具有很多数据点（如一年中的好几个月的数据）时，可采用此类别的图表，并且数据的顺序十分重要，它们的主要区别在于标记。图 3-14 上图所示是折线图，图 3-14 下图所示是带数据标记的折线图。

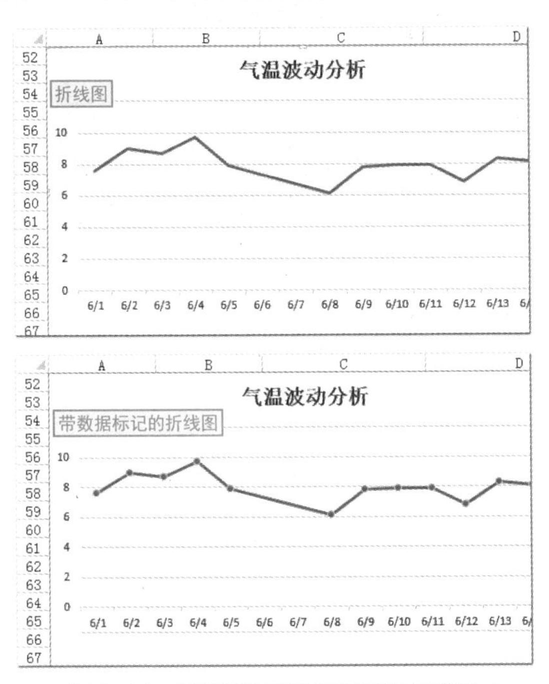

图3-14 折线图和带数据标记的折线图

堆积折线图和带数据标记的堆积折线图

堆积折线图和带数据标记的堆积折线图用于显示各个值的分布随时间或排序类别的变化而产生的变化趋势。它们的主要区别也仅在于数据点上是否显示数据标记。图 3-15 上图所示是堆积折线图，图 3-15 下图所示是带数据标记的堆积折线图。

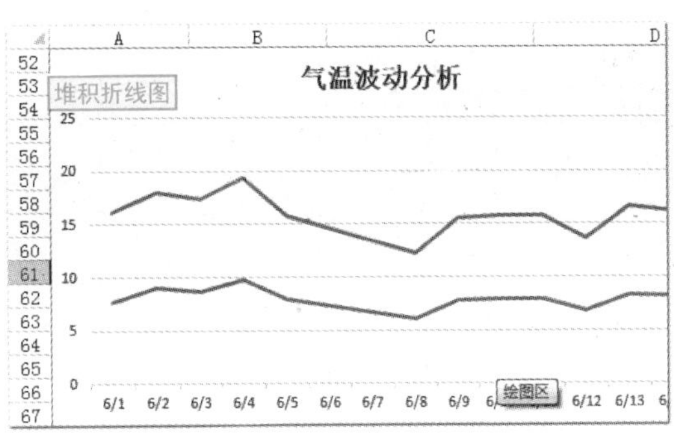

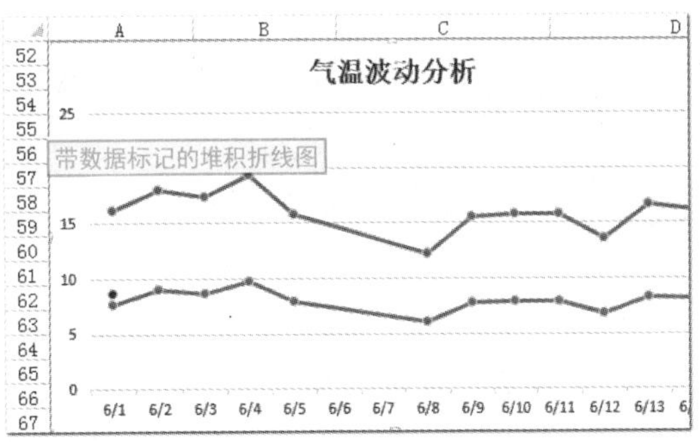

图3-15 堆积折线图和带数据标记的堆积折线图

两种不同的堆积折线图

百分比堆积折线图和带数据标记的百分比堆积折线图，用其中一个数据系列为基准，显示其他数据系列每个数据点与基准数据点的百分比随时间或排序的类别变化而产生的变化趋势，两者的主要区别仍然在于数据点上是否显示数据标记。图 3-16 所示是百分比堆积折线图样式，图 3-17 所示是带数据标记的百分比堆积折线图样式。

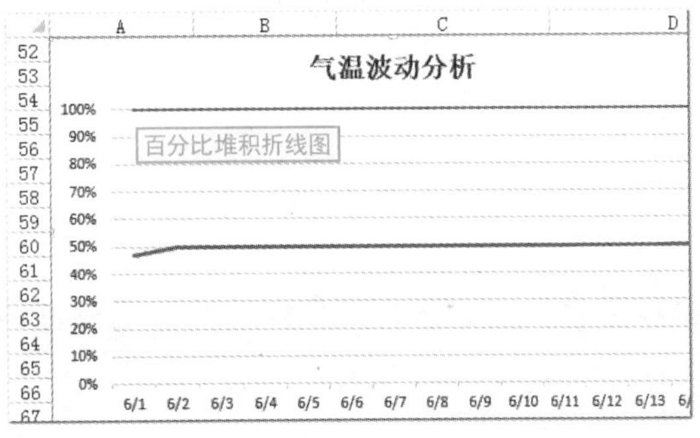

图3-16 百分比堆积折线图

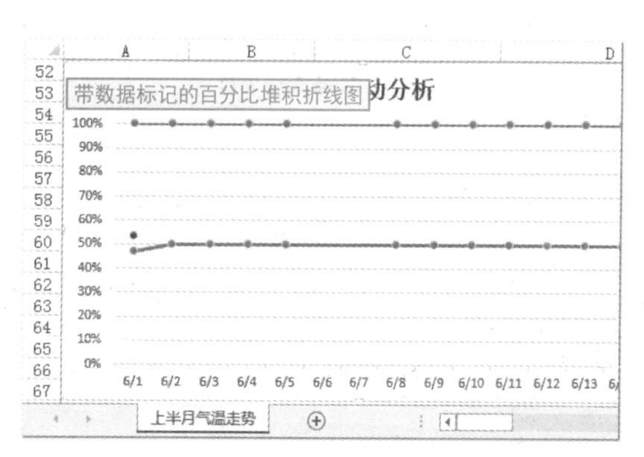

图3-17　带数据标记的百分比堆积折线图

三维折线图

三维折线图在水平轴、垂直轴和深度轴 3 个坐标轴上以三维条带的形式显示每个数据行和数据列，并且 3 个坐标轴中的数据可编辑，如图 3-18 所示。

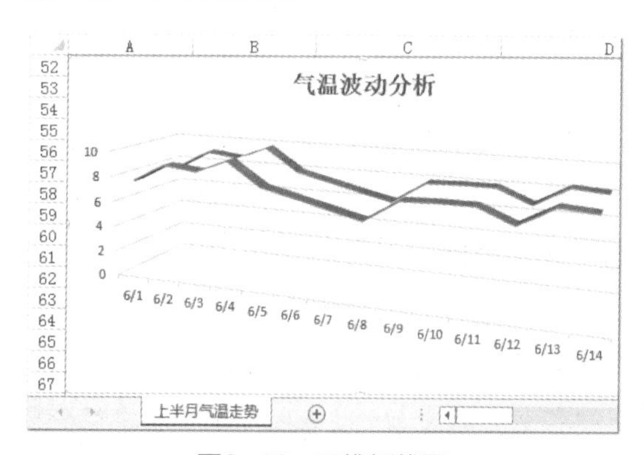

图3-18　三维折线图

3.1.5 面积图的应用

面积图主要强调总体值随时间变化的趋势，可以引起受众对总体变化趋势的注意，同时还兼具对总体与部分的关系的展示功能。面积图也具有普通、堆积和百分比堆积三种子图表类型，每种子图表类型又都有二维和三维两种显示形式。

面积图和三维面积图

当需要显示各种数值随时间或类型的变化与总体的趋势时，可使用面积图或三维面积图。图 3-19 上图所示是面积图，图 3-19 下图所示是三维面积图。

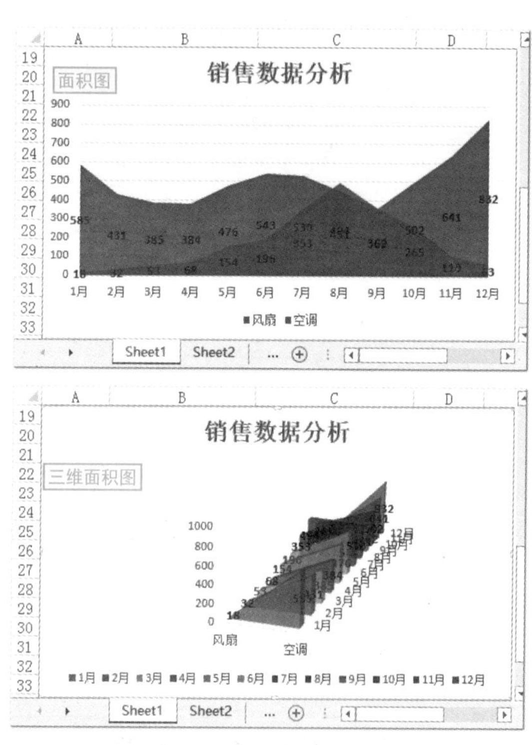

图3-19　面积图和三维面积图

堆积面积图和三维堆积面积图

如果要对比每一个时期各项数据的大小关系，同时显示总体的变化趋势，则可使用堆积面积图和三维堆积面积图。它们的主要区别在于是否采用三维透视效果显示数据系列。图 3-20 上图所示是堆积面积图，图 3-20 下图所示是三维堆积面积图。

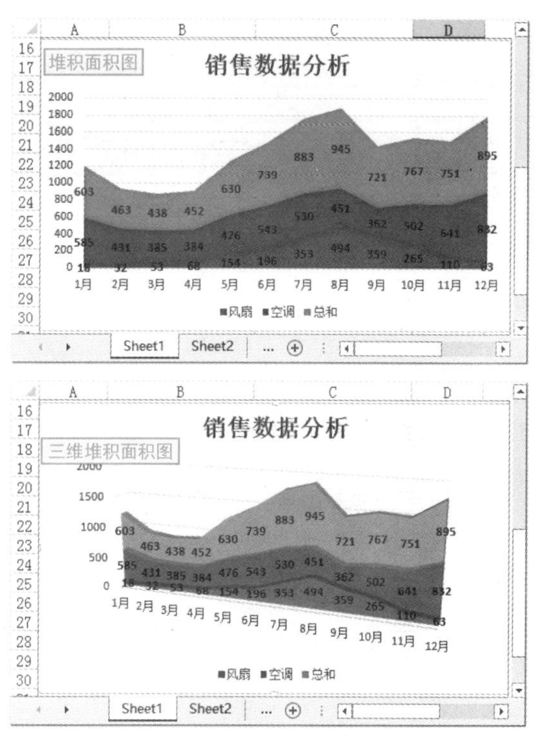

图3-20 堆积面积图和三维堆积面积图

百分比堆积面积图和三维百分比堆积面积图

如果要在每个分类点上突出各项目数值占总体的百分比，则可使用百分比堆积面积图或三维百分比堆积面积图。它们的主要区别也在于是否采用三维透视效果显示数据系列。图 3-21 所示是百分比堆积面积图，图 3-22 所示是三维百分比堆积面积图。

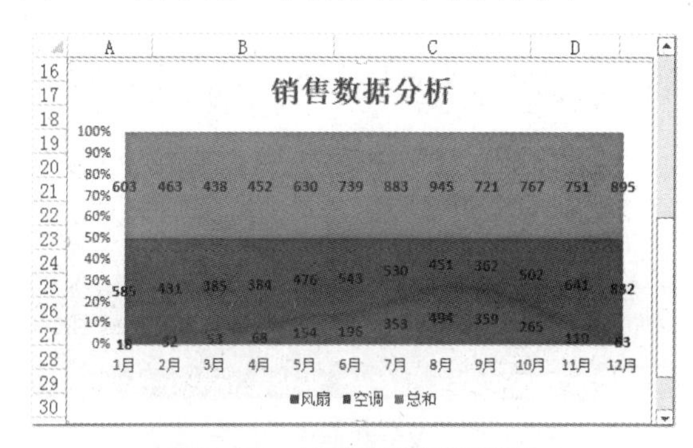

图3-21 百分比堆积面积图

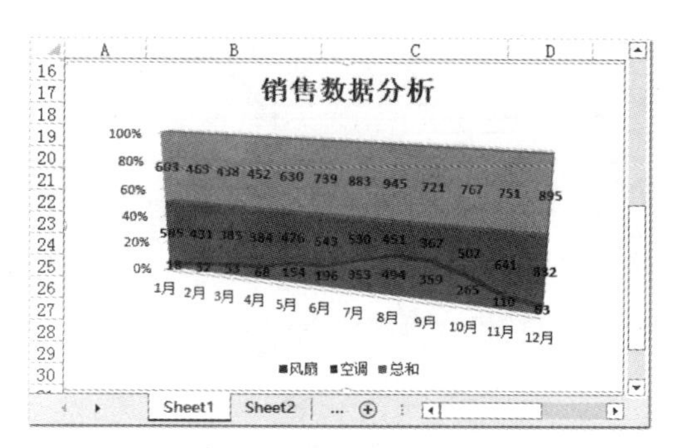

图3-22 三维百分比堆积面积图

3.1.6 散点图的应用

散点图将沿横轴（X 轴）方向和沿纵轴（Y 轴）方向显示的一组或多组数值合并到单一数据点并按不均匀的间隔或簇显示出来，以方便找寻各数据之间的关系。此类图表经常用于比较成对的数据，或者显示一些独立的数据点之间的关系。

下面分别介绍和展示其子类型图表的用法和样式。

带直线与带直线和数据标记的散点图

如果沿横轴分布的数据点不是很多，为了方便观看数据之间的关系，可使用带直线的散点图或带直线和数据标记的散点图来描述。它们的主要区别在于数据点处是否显示数据标记。图 3-23 上图所示是带直线的散点图，图 3-23 下图所示是带直线和数据标记的散点图。

巧让散点图等同折线图

将散点图的分类轴分布均匀，即可将其转换为折线图。

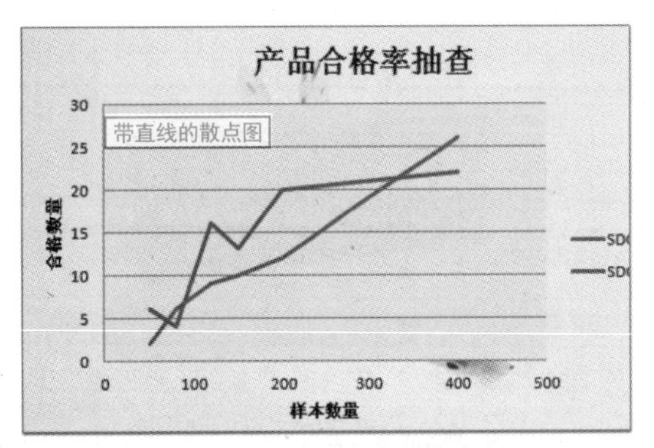

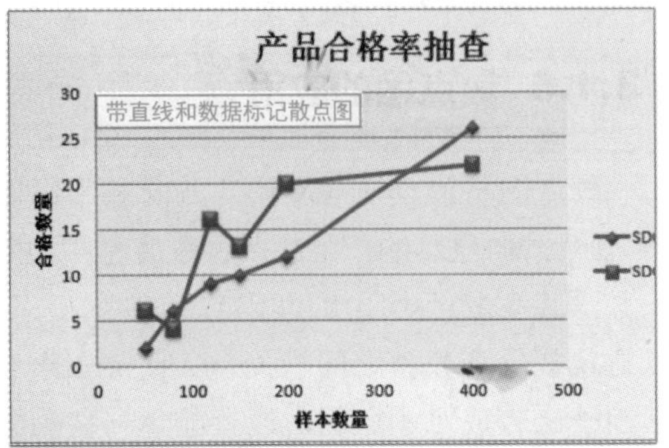

图3-23　带直线与带直线和数据标记的散点图

带平滑线与带平滑线和数据标记的散点图

如果沿横轴分布的数据点不是很多，为了方便观看数据之间的关系，可使用带平滑线的散点图或带平滑线和数据标记的散点图来描述。这两种图表的主要区别在于数据点处是否显示数据标记。图 3-24 所示是带平滑线的散点图，图 3-25 所示是带平滑线和数据标记的散点图。

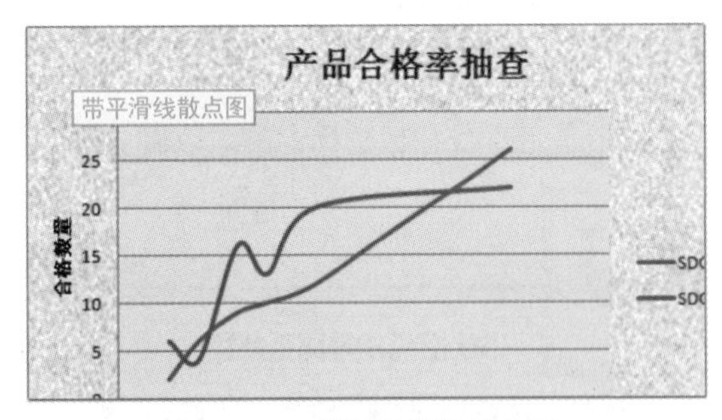

图3-24　带平滑线的散点图

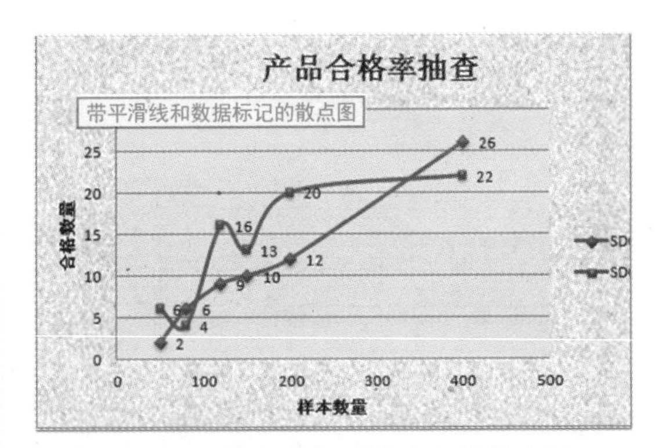

图3-25　带平滑线和数据标记的散点图

仅带数据标记的散点图

当沿横轴分布的数据点非常多的时候，如果再使用带连接线的散点图，可能影响数据的读取，并且如果在相同的横轴位置有多个沿纵轴分布的点，将出现连接线交叉错乱的情况，严重影响图表的表达效果，此时就可以使用仅带数据标记的散点图来展示数据。当数据点很多的时候，这些数据点会形成很自然的数据分布效果，图 3-26 所示是仅带数据标记的散点图。

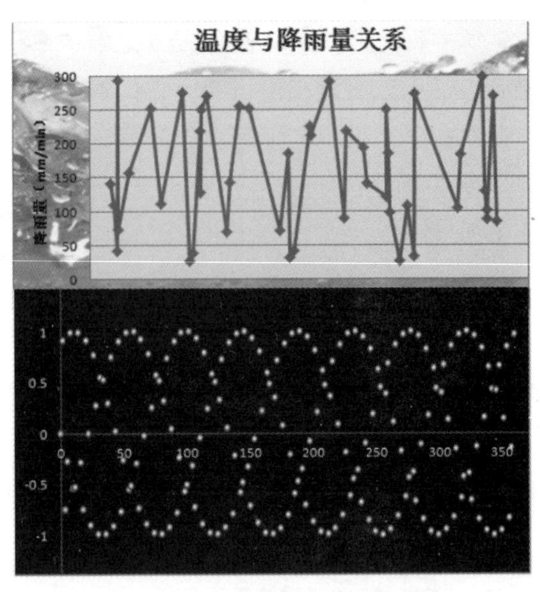

图3-26　仅带数据标记的散点图

散点图的特点

散点图是一种相对较特殊的图表类型，在使用上有一定的讲究，在实际使用中可以对具有如图 3-27 所示特点的数据进行分析。

1. 水平轴的数值不是均匀分布的。
2. 水平轴上分布了很多不规则的数据点。
3. 要显示大型数据集之间的相似性而非数据点之间的区别。
4. 有将坐标轴的刻度转换为对数刻度的需要。
5. 使用中需要调整水平轴的刻度。
6. 数据之间不必考虑时间的连续性因素。

图3-27　用散点图分析的数据特点

二维平面和三维透视气泡图

气泡图可以展示一组随着时间的推移而变化的数值与原始数值大小之间的比例关系，它可以看作是散点图的变体，但其显示效果比散点图更加直观，它分为二维平面和三维透视两种。图 3-28 上图所示是二维平面的气泡图样式，图 3-28 下图所示是三维透视的气泡图样式。

巧妙掌握气泡图的应用时机

使用气泡图分析的数据必须排列在工作表的 3 列中，同时每一列都有自己的列标题。其中第 1 列中列出沿 X 轴分布的值，第 2 列中列出沿 Y 轴分布的值，第 3 列的数值决定气泡的大小。

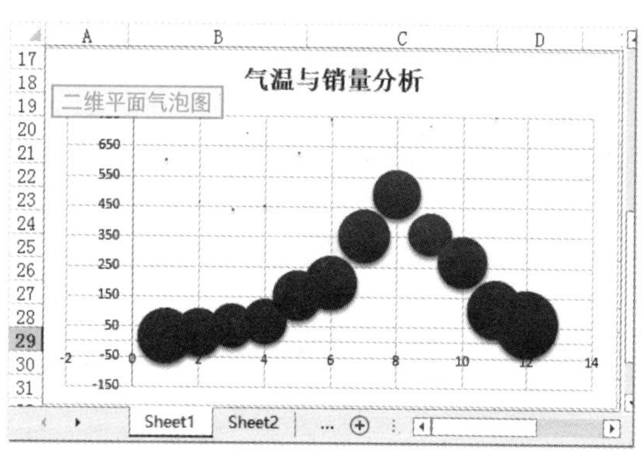

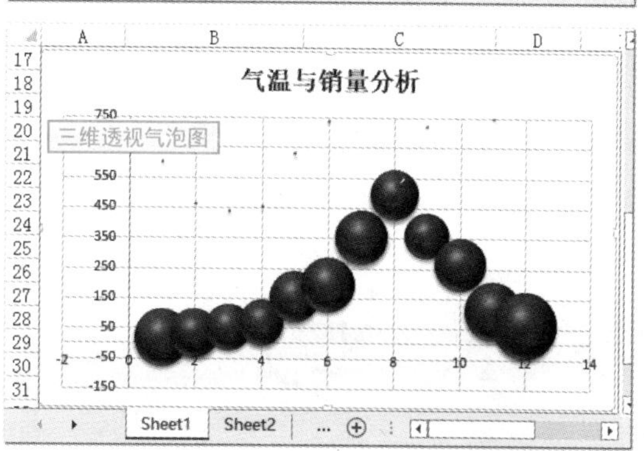

图3-28　二维平面和三维透视气泡图

3.1.7 雷达图的应用

雷达图通常用于对比几个数据系列之间的聚合程度，此图表类型使阅读者能同时对多个指标的发展趋势一目了然。由于图表的特殊表现形式，雷达图也称蜘蛛图或星状图。

下面分别介绍和展示其子类型图表的用法和样式。

雷达图和带数据标记的雷达图

雷达图和带数据标记的雷达图用于显示各数据点相对于中心数值的变化，通常在目标数据不能直接比较的情况下使用此类型图表。这两种图表类型对数据展示效果相同，两者的区别仅在于是否在数据点上显示数据标记。图 3-29 上图所示是雷达图，图 3-29 下图所示是带数据标记的雷达图。

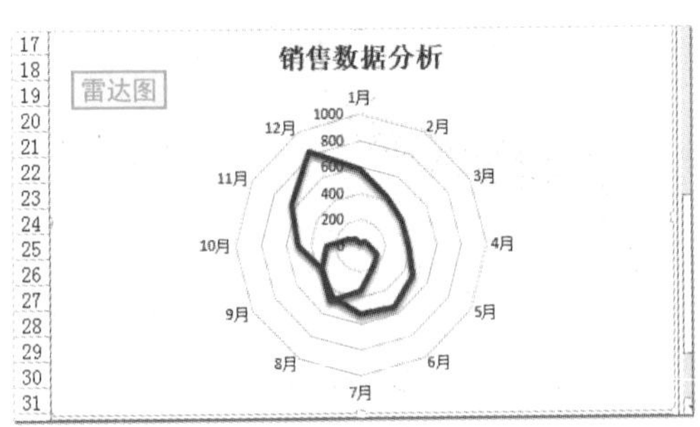

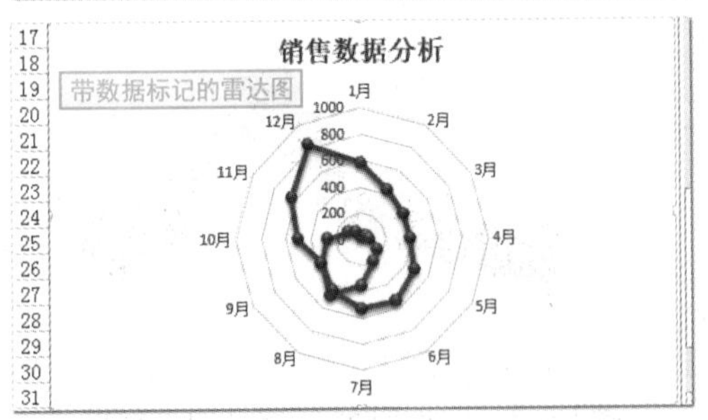

图3-29　雷达图和带数据标记的雷达图

填充雷达图

填充雷达图是雷达图的变体，它将雷达图每个数据系列所围成的闭合多边形用特定的颜色填充为实体，更方便区分各数据类别的数值区域，如图 3-30 所示。

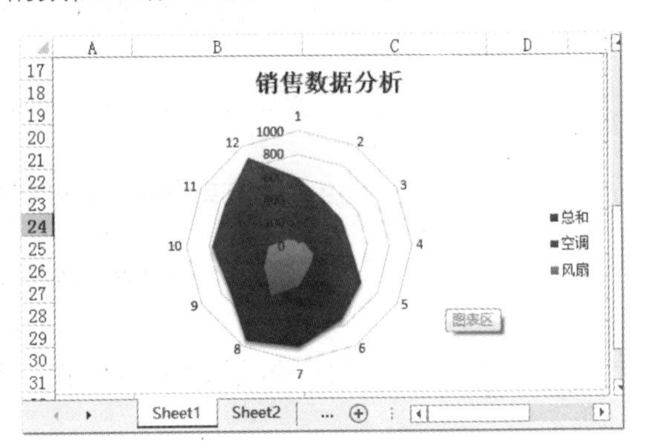

图3-30　填充雷达图

巧妙避免区域完全遮挡

雷达图以区域面积的方式来展示数据大小，所以容易造成面积大的区域填充后将面积区域小的数据系列遮挡。为避免这种情况，可让区域大的数据系列显示在绘图区的下层，而将面积区域小的数据系列依次放在上层。要实现这种层次上下叠放，可以通过分批次添加数据系列的数据的方法来实现——也就是数据区域大的数据系列先添加，数据区域小的数据后添加的顺序。

3.1.8 股价图的应用

股价图是展示一段时间内股价变化情况的图表，也可用于展示一些科学数据之间的联系。

绘制股价图时，对数据的排列方式有严格的限制，数据排列顺序的限制从股价图各子类型的图表名称中就可以得到，下面分别进行介绍。

盘高-盘低-收盘图

除横轴之外，此类图表还要求 3 个数值系列，并且数据源必须按盘高-盘低-收盘（即当前周期股价的最高价、最低价和收盘价）的顺序排列，如图 3-31 所示。

交易日	成交量	盘高	盘低	收盘
2016/7/1	34,740,153	82.63	79.69	80.50
2016/7/4	32,110,953	84.00	80.72	83.25
2016/7/5	32,110,953	85.75	83.38	85.63
2016/7/6	25,553,953	85.31	84.13	85.25
2016/[数据源结构]	753	86.38	83.50	84.94
2016/7/8	23,158,153	85.47	82.97	83.75
2016/7/11	28,820,153	84.06	80.50	81.09
2016/7/12	37,647,953	83.88	78.00	81.91
2016/7/13	29,550,153	82.78	80.75	80.88
2016/7/14	29,517,753	85.00	80.69	84.88

股价分析

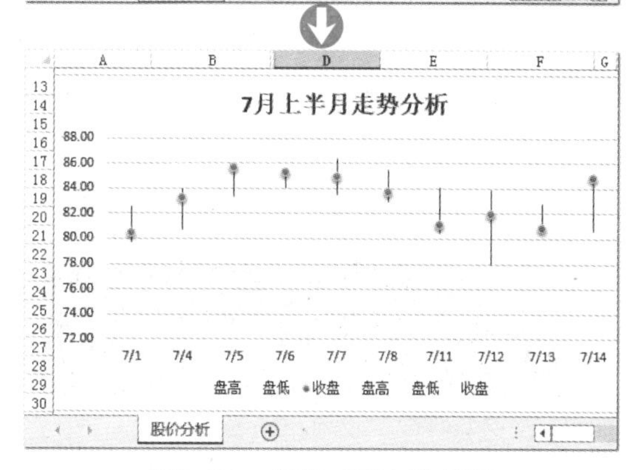

图3-31　盘高-盘低-收盘图

开盘-盘高-盘低-收盘图

此类图表除横轴外还要求 4 个数值系列，且数据源必须按开盘-盘高-盘低-收盘的顺序排列。图 3-32 上图所示为数据源结构样式，图 3-32 下图所示是创建的开盘-盘高-盘低-收盘图样式效果。

成交量	开盘	盘高	盘低	收盘
34,740,153	79.81	82.63	79.69	80.50
32,110,953	80.94	84.00	80.72	83.25
32,110,953	84.75	85.75	83.38	85.63
25,553,953	84.88	85.31	84.13	85.25
[数据源结构]53	86.09	86.38	83.50	84.94
23,158,153	85.44	85.47	82.97	83.75
28,820,153	84.06	84.06	80.50	81.09
37,647,953	78.00	83.88	78.00	81.91
29,550,153	82.63	82.78	80.75	80.88
29,517,753	81.47	85.00	80.69	84.88

股价分析

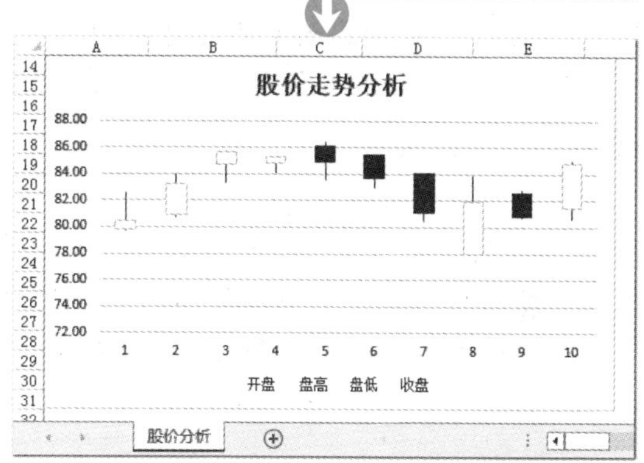

图3-32　开盘—盘高-盘低-收盘图

成交量-盘高-盘低-收盘图

在盘高-盘低-收盘图的基础上添加了成交量数据，且成交量数据列必需排在最高价之前。图 3-33 所示为数据源结构样式，图 3-34 所示是创建的成交量-盘高-盘低-收盘图样式效果。

成交量	盘高	盘低	收盘
34,740,153	82.63	79.69	80.50
32,110,953	84.00	80.72	83.25
32,110,953	85.75	83.38	85.63
25,553,953	85.31	84.13	85.25
25,093,753	86.38	83.50	84.94
23,158,153	85.47	82.97	83.75
28,820,153	84.06	80.50	81.09
37,647,953	83.88	78.00	81.91
29,550,153	82.78	80.75	80.88
29,517,753	85.00	80.69	84.88

股价分析 数据源结构

图3-33　成交量-盘高-盘低-收盘图数据源

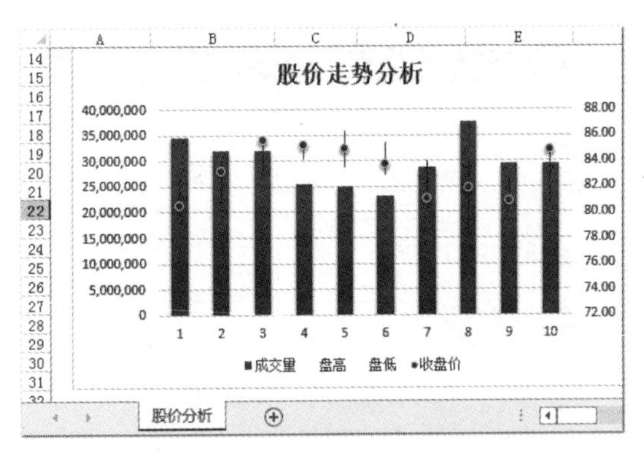

图3-34　成交量-盘高-盘低-收盘图

成交量-开盘-盘高-盘低-收盘图

在开盘-盘高-盘低-收盘图的基础上添加了成交量数据，且成交量数据列必须排列在原开盘价数据列之前。图 3-35 上图所示为数据源结构样式，图 3-35 下图所示是创建的成交量-开盘-盘高-盘低-收盘图样式效果。

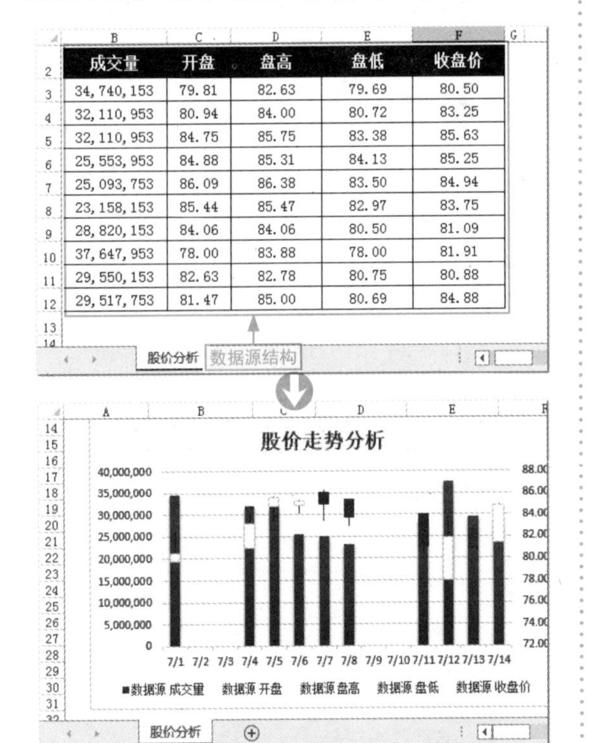

成交量	开盘	盘高	盘低	收盘价
34, 740, 153	79. 81	82. 63	79. 69	80. 50
32, 110, 953	80. 94	84. 00	80. 72	83. 25
32, 110, 953	84. 75	85. 75	83. 38	85. 63
25, 553, 953	84. 88	85. 31	84. 13	85. 25
25, 093, 753	86. 09	86. 38	83. 50	84. 94
23, 158, 153	85. 44	85. 47	82. 97	83. 75
28, 820, 153	84. 06	84. 06	80. 50	81. 09
37, 647, 953	78. 00	83. 88	78. 00	81. 91
29, 550, 153	82. 63	82. 78	80. 75	80. 88
29, 517, 753	81. 47	85. 00	80. 69	84. 88

图3-35　成交量-开盘-盘高-盘低-收盘图

3.1.9 曲面图的应用

曲面图是一种很神奇的图表，它通过连接几组分布在三维空间的数据点来形成三维曲面，帮助用户找出几组数据之间的最佳组合。当需要分析的数据在横轴和纵轴都有非常多的数据点时，可采用此图表类型。

下面分别介绍和展示其子类型图表的用法和样式。

曲面图

从俯视的角度看到的曲面图，形态与二维的地形图相似，用曲线连接各等值的点，并用色带显示相同的取值范围，如图 3-36 所示。

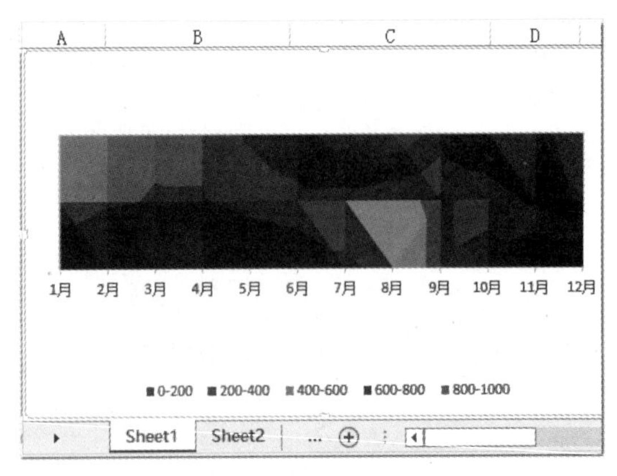

图3-36　曲面图样式

曲面图（俯视框架图）

曲面图的框架效果仅显示各数据点的连接线，取消了色带的填充颜色，如图 3-37 所示。

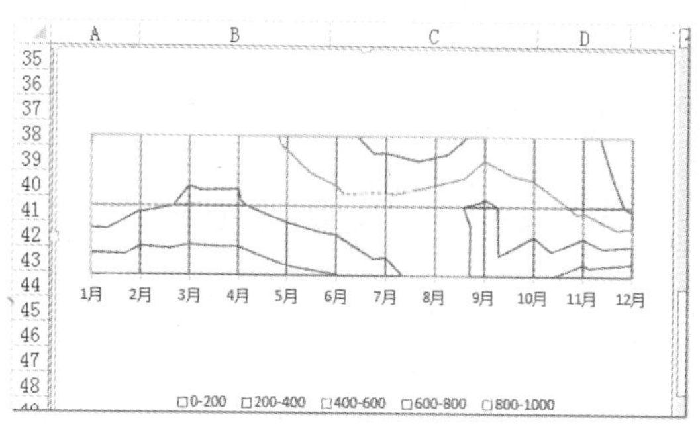

图3-37 曲面图（俯视框架图）

三维曲面图

曲面图的三维显示效果，其形态更逼真，显示效果更好，并且可以360°旋转，如图3-38所示。

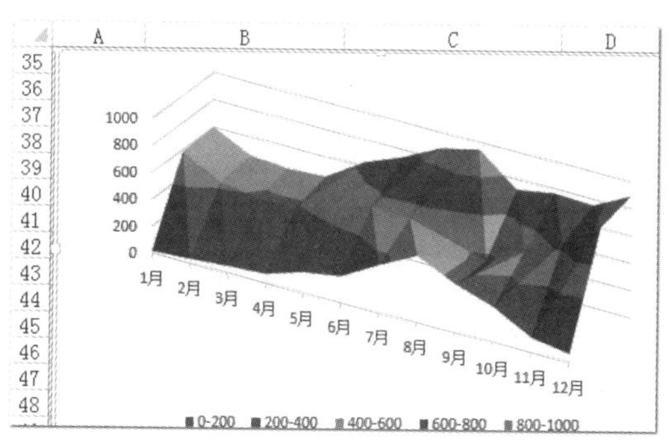

图3-38 三维曲面图

三维曲面图（框架图）

三维曲面图的框架显示形式，取消了各数据点连线之间的填充颜色，仅显示连接线，如图3-39所示。

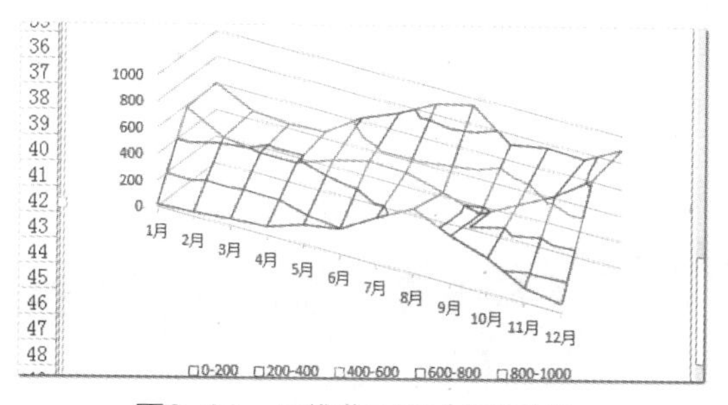

图3-39 三维曲面图（框架图）

更改曲面图系列颜色

在曲面图中不能通过手动对不同数据区域的颜色进行直接填充来更改颜色，而要❶单击“图表工具 设计”选项卡中的“更改颜色”下拉按钮，❷选择相应颜色选项，如图3-40所示。

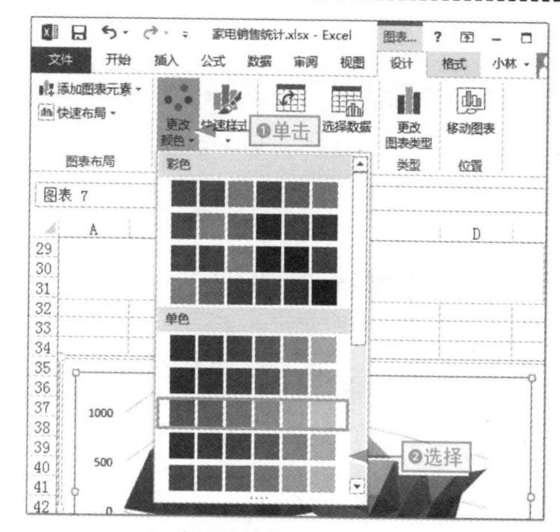

图3-40 更改曲面图绘制颜色

3.1.10 组合图的应用

从严格意义上来讲，组合图并不是一种图表类型，它顶多就是一个组合体：将多个类型图表样式组合在统一图表中，形成独特的分析数据图表。图3-41所示是柱形图和折线图的组合图表样式。

学习目标 掌握组合图的应用

难度指数 ★★

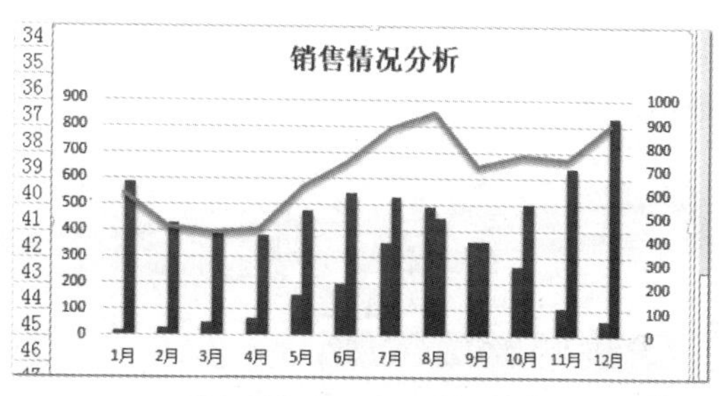

图3-41 组合图表样式

3.2 基本图表创建

小白： 我现在准备制作一个需要的图表，该怎么着手进行创建呢？不同的图表创建方法是一样的吗？

阿智： 在Excel中创建各种图表的方法和流程基本相似，掌握其中一种图表的创建后就可以举一反三。

要想使用图表对数据进行分析，首先需要创建图表，然后再对图表进行相应元素的添加或修改、大小的调整、位置的移动以及图表结构的保护等。

3.2.1 创建标准图表

标准图表就是根据普通数据单元格区域创建的由图表区、绘图区以及数据系列等图表元素构成的普通图表。

创建标准图表有两种常用方法：一是通过插入创建，二是通过推荐的创建图表功能创建。下面分别进行介绍。

通过插入创建

❶ 在“插入”选项卡的“图表”组中单击相应的下拉按钮，❷ 选择所需的图表类型选项。图 3-42 所示是创建簇状柱形图的操作示意图。图 3-43 所示为创建簇状柱形图样式。

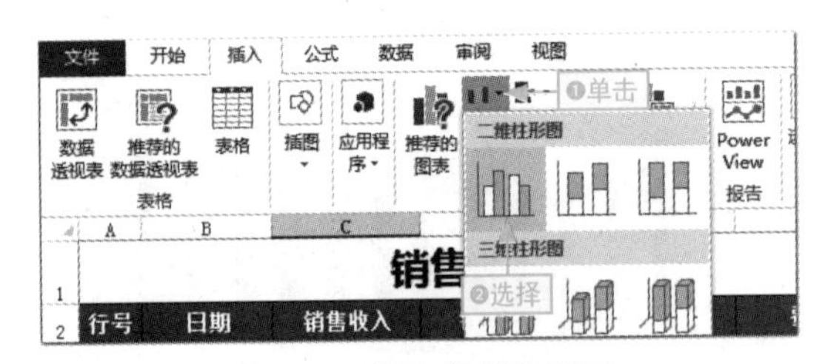

图3-42 插入簇状柱形图

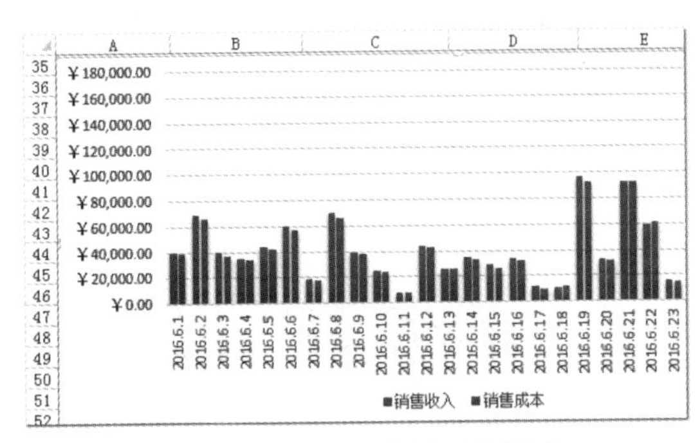

图3-43 插入簇状柱形图样式

通过推荐的创建图表功能创建

在 Excel 2013 中，新增了一种创建图表的功能——推荐的图表，用户可根据该功能快速创建出合适的图表。具体方法为：单击“插入”选项卡中的“推荐的图表”按钮，如图 3-44 所示。打开“插入图表”对话框，❶ 选择相应的图表样式，❷ 单击“确定”按钮，如图 3-45 所示。

图3-44 单击“推荐的图表”按钮

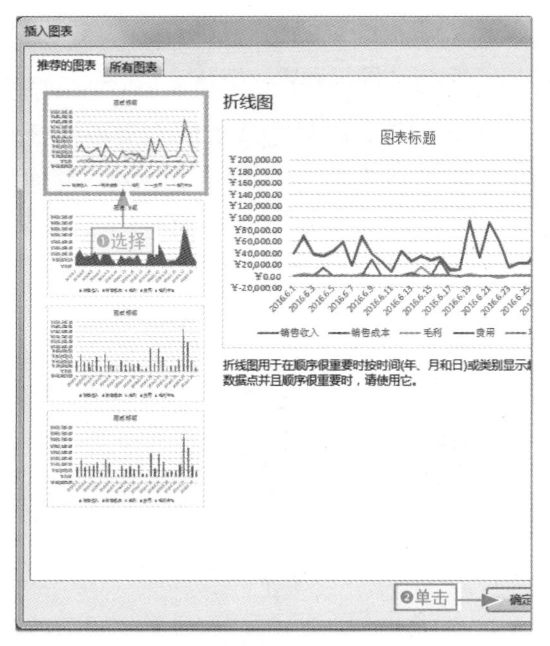

图3-45　选择要插入的图表样式

3.2.2 添加图表标题

在图表中，图表标题不仅有图表的表头标题，还有横、纵坐标轴标题。当图表中没有或删除后需要重新添加这些标题时，可以采用以下几种方法。

1. 添加图表标题

在 Excel 2013 中，添加图表标题有两种途径：一是通过添加元素功能按钮添加，二是通过“图表元素”按钮添加。

通过添加元素功能按钮

选择图表，在“图表工具-设计”选项卡中，❶ 单击“添加图表元素”下拉按钮，❷ 选择“图表标题”选项，❸ 选择添加的位置选项，❹ 输入标题名称，如图 3-46 所示。

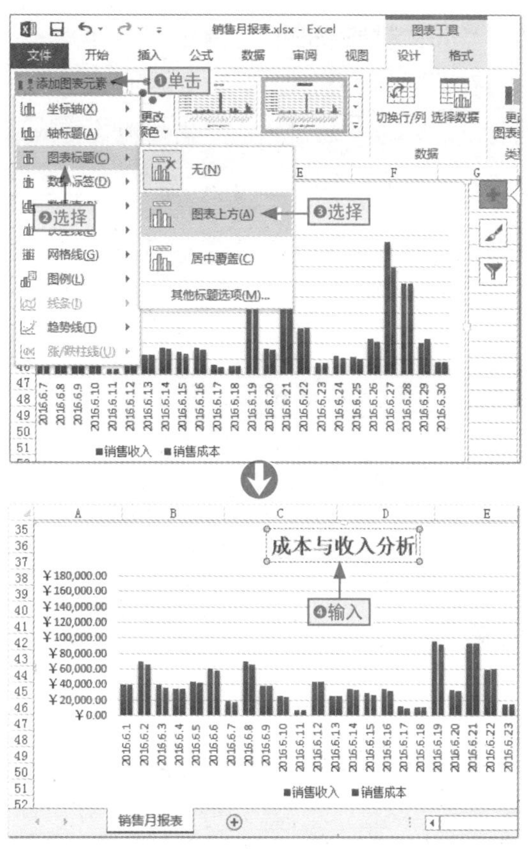

图3-46　添加图表标题

通过“图表元素”按钮

选择图表，❶ 单击激活的“图表元素”按钮，❷ 选择“图表标题”选项，❸ 选择添加的位置选项，然后将标题的文字更改为需要的文字内容，如图 3-47 所示。

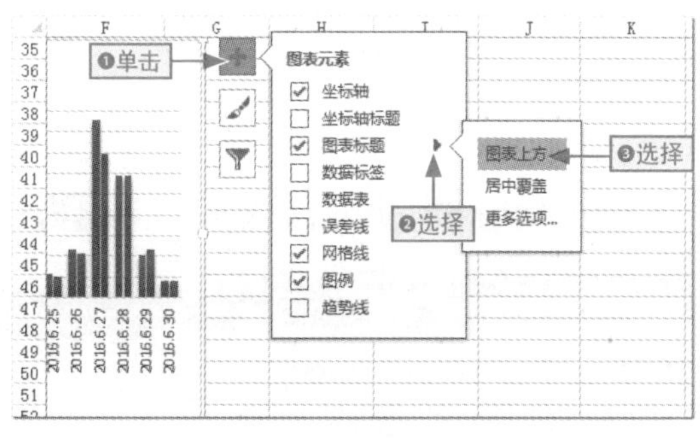

图3-47　添加图表标题

2. 添加坐标轴标题

在 Excel 2013 中，添加坐标轴标题也有两种途径，也是通过添加元素功能按钮或通过“图表元素”按钮添加。

通过添加元素功能按钮

选择图表，❶ 在“图表工具-设计”选项卡中单击“添加图表元素”下拉按钮，❷ 选择“轴标题”选项，❸ 选择“主要横坐标轴”选项，❹ 将其中的文字更改为需要的文字，如图 3-48 所示。

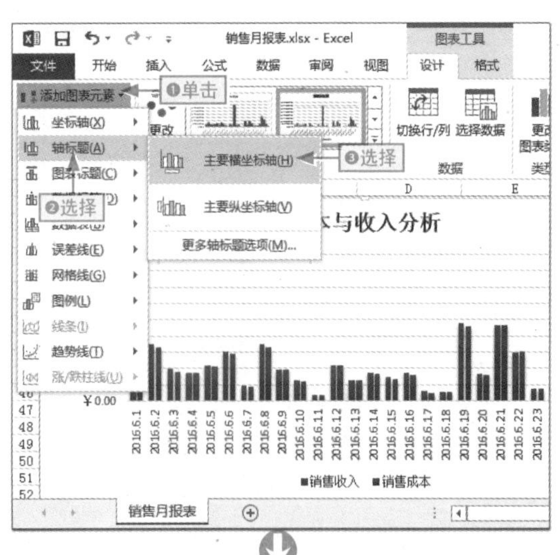

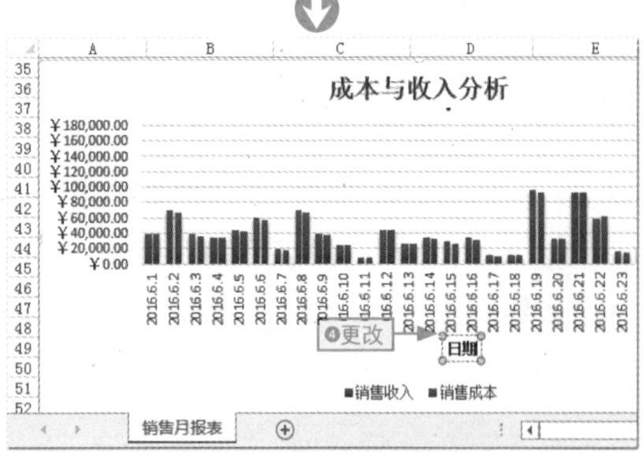

图3-48　添加横坐标轴标题

通过“图表元素”按钮

选择图表，❶ 单击激活的“图表元素”按钮，❷ 单击“坐标轴标题”后的展开按钮，❸ 选择添加的位置选项，❹ 将标题文字更改为需要的内容，如图 3-49 所示。

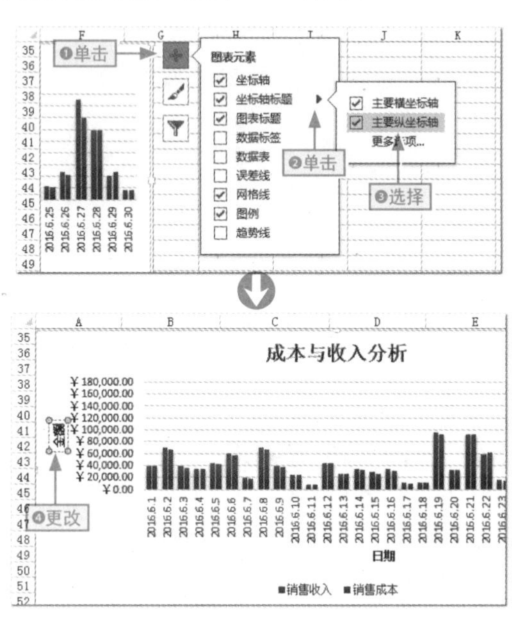

图3-49　添加纵坐标轴标题

3.2.3 调整图表大小

在 Excel 中调整图表的大小时，有粗略调整（也就是通过鼠标光标进行拖动调整）和精确调整两种方法。

粗略调整

选择图表，将鼠标光标移动到图表区的 4 个角或边框中心点上，当鼠标光标变成相应的双向箭头时，按住鼠标左键不放拖动鼠标调整，如图 3-50 所示。

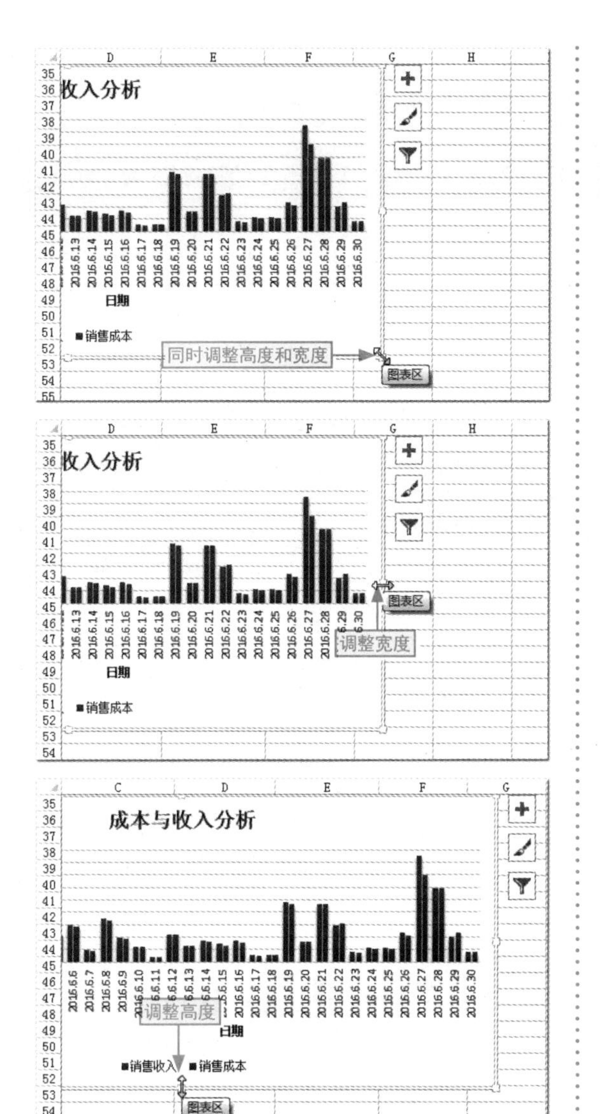

图3-50 粗略调整图表大小

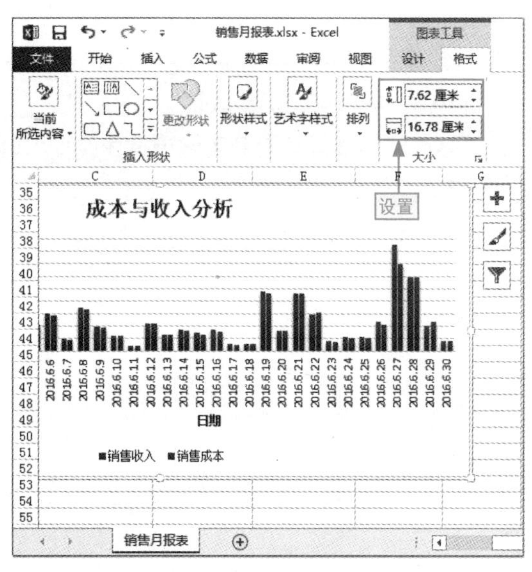

图3-51 在功能区选项卡中调整

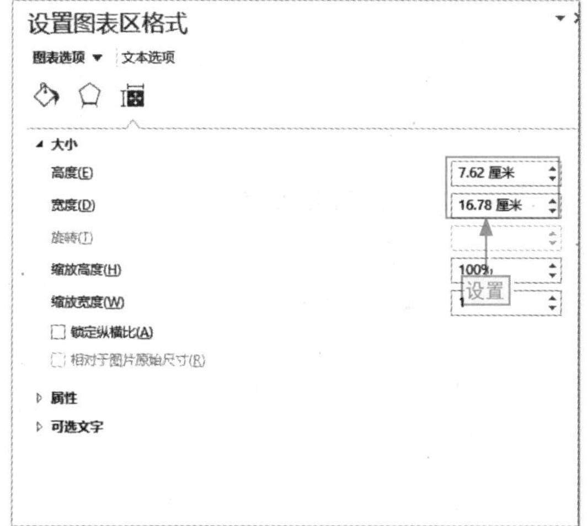

图3-52 在窗格中调整

精确调整

选择图表，在“图表工具-格式”选项卡的“大小”组中的两个数值框中分别设置图表的高度和宽度，如图 3-51 所示。或者选择图表区后按 Ctrl+1 组合键，打开“设置图表区格式”对话框。在“大小”选项卡的“高度”和“宽度”数值框中设置图表的大小，如图 3-52 所示。

快速统一多个图表的大小

如果在同一张工作表中有多张图表，并且要求这些图表具有相同的某个特定的大小，手动一个一个调显得非常麻烦，此时可按住 Ctrl 键或 Shift 键，然后依次单击需要统一大小的图表将其全部选择，再进行图表大小的设置。

让图表自动吸附到单元格边框上

默认情况下，在工作表中调整被图表覆盖的单元格的行高或列宽时，图表的大小也会随着发生变化，因此可以借助这种方法来间接调整图表的大小。

具体方法为：❶ 将图表移动到相应的单元格附近，按住 Alt 键的同时，❷ 通过拖动鼠标的方法调整图表的大小，图表就会自动吸附到单元格的边框上，如图 3–53 所示。

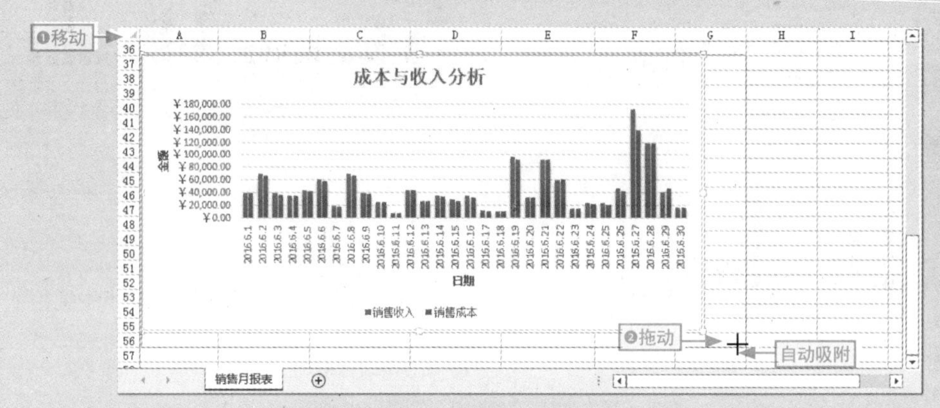

图3–53　吸附调整图表大小

3.2.4 移动图表位置

Excel 中的图表也属于图形对象的一种，它在工作表中始终是浮于单元格上方的，因此可以随意调整其放置的位置。

通常情况下，移动图表位置分为三大类：当前工作表中图表位置的移动、已有工作表中位置的移动和将其移动到新工作表中。下面分别进行介绍。

当前工作表中图表位置的移动

将鼠标光标移到图表区的任意空白位置或者图表边框上，当鼠标光标变为✥形状时，按住鼠标左键不放并拖动图表到合适的位置再释放鼠标，如图 3–54 所示。

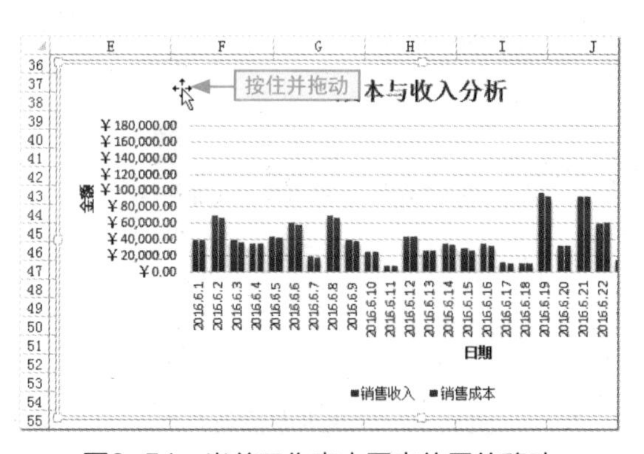

图3–54　当前工作表中图表位置的移动

已有工作表中位置的移动

选择图表后，❶ 单击“图表工具–设计”选项卡中的“移动图表”按钮，❷ 在“移动图表”对话框中选中“对象位于”单选按钮，❸ 单击其右侧的下拉按钮，❹ 选择目标工作表位置选项，❺ 单击“确定”按钮，如图 3–55 所示。

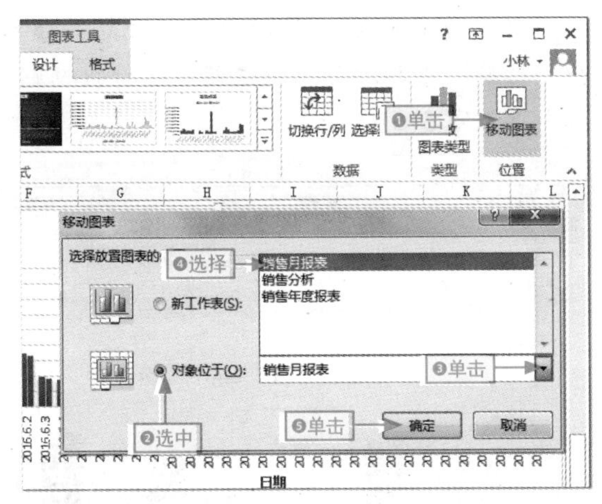

图3-55　已有工作表中图表位置的移动

移动图表到新工作表中

选择图表后，❶单击“图表工具-设计”选项卡中的“移动图表”按钮，❷在“移动图表”对话框中选中“新工作表”单选按钮，❷在其后的文本框中输入新工作表的名称，❹单击“确定”按钮，如图3-56所示。

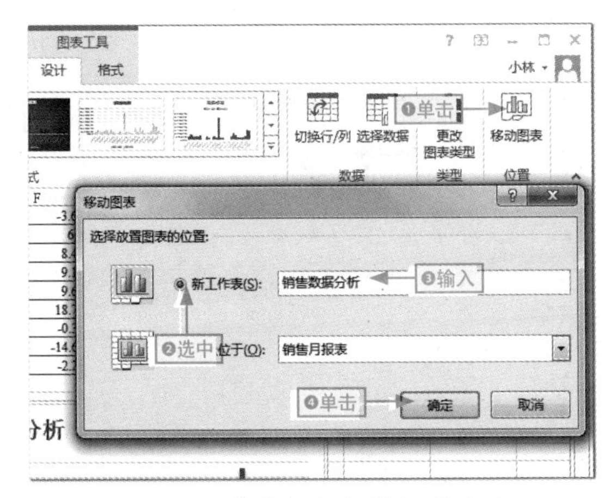

图3-56　将图表移动到新工作表中

3.2.5 保护图表结构

对于独立工作表中图表的保护，主要是针对图表对象和整个内容。下面以保护“销售月报表”工作簿中的独立图表对象和内容为例，介绍其具体操作。

本节素材	⊙/素材/Chapter03/销售月报表.xlsx
本节效果	⊙/效果/Chapter03/销售月报表.xlsx
学习目标	学会保护图表对象和内容的方法
难度指数	★★

步骤01 打开“销售月报表”素材文件，❶单击“审阅”选项卡，❷单击“保护工作表”按钮，如图3-57所示。

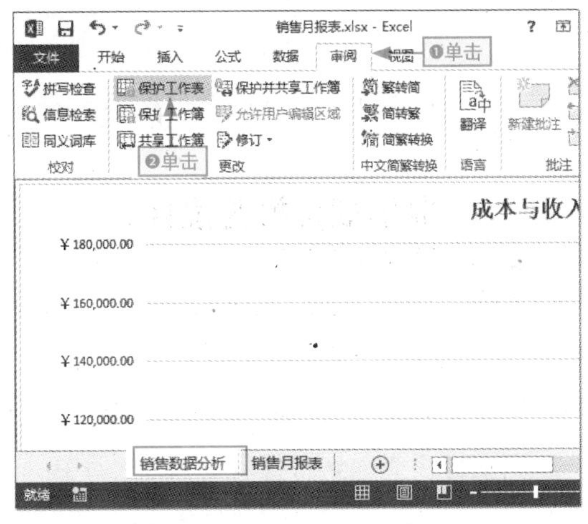

图3-57　保护工作表

步骤02 打开“保护工作表”对话框，❶选中“内容”和“对象”复选框，❷在密码文本框中输入密码，这里输入“123”，❸单击“确定”按钮，如图3-58所示。

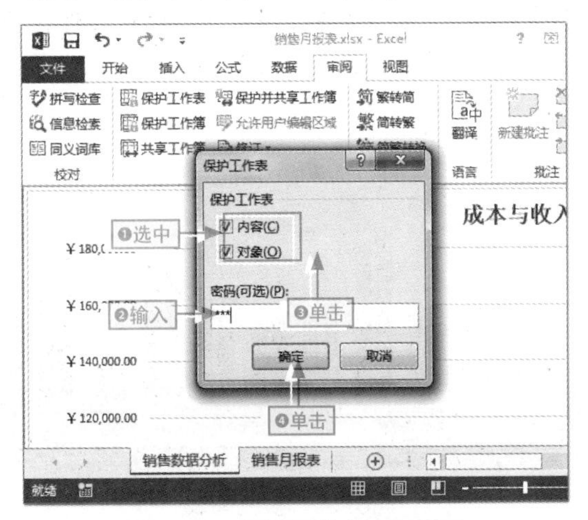

图3-58　设置保护内容和密码

步骤 03 打开“确认密码”对话框，❶在“重新输入密码”文本框中再次输入完全相同的密码，❷单击“确定”按钮完成操作，如图 3-59 所示。

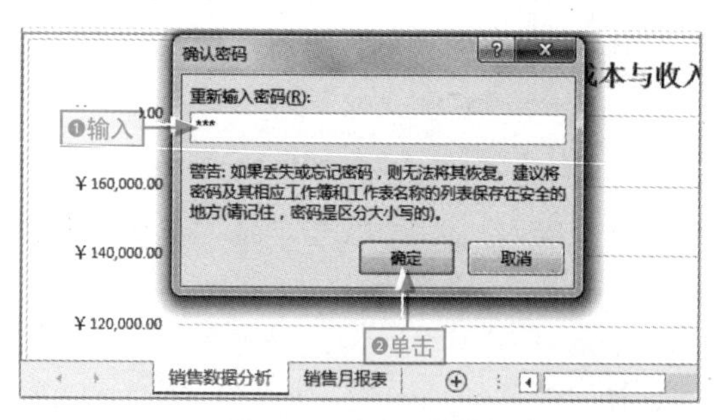

图3-59 确认密码

3.2.6 将图表转换为图片

若制作的图表已达到满意的状态，同时不希望其他人对其进行数据和样式的修改时，可以将其转换为图片，从而实现保护的目的。

下面以将“销售月报表 1”工作簿中的图表转换为图片为例，介绍其具体操作。

本节素材	/素材/Chapter03/销售月报表1.xlsx
本节效果	/效果/Chapter03/销售月报表1.xlsx
学习目标	学会将图表转换为图片的方法
难度指数	★★

步骤 01 打开“销售月报表 1”素材文件，选择整个图表，按 Ctrl+C 组合键进行复制，如图 3-60 所示。

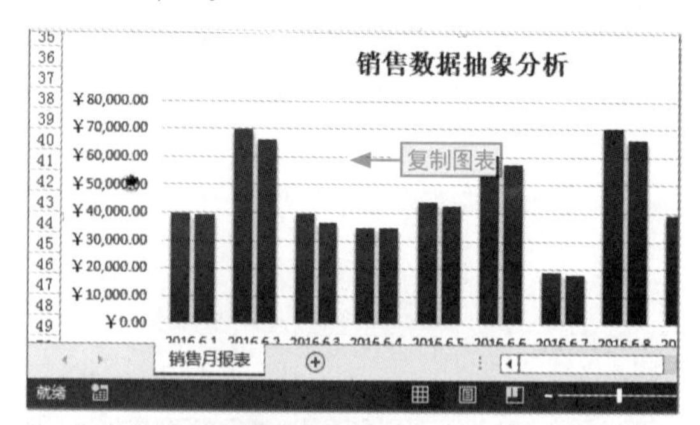

图3-60 复制图表

步骤 02 选择放置位置的起始单元格，❶单击“粘贴”下拉按钮，❷选择“选择性粘贴”命令，如图 3-61 所示。

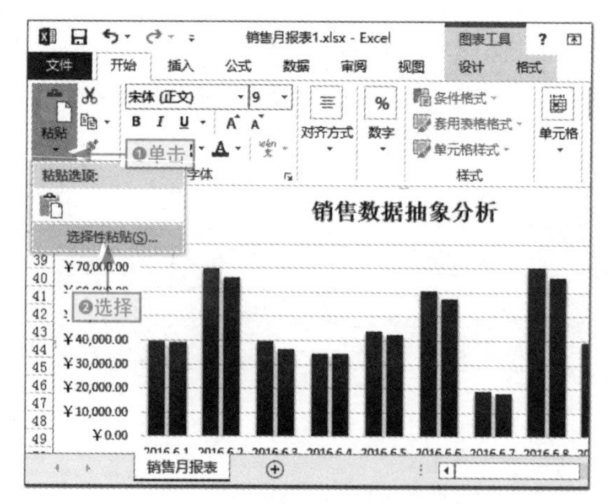

图3-61 选择性粘贴复制的图表

步骤 03 打开“选择性粘贴”对话框，❶选择相应格式的图片选项，这里选择“图片(PNG)”选项，❷单击“确定”按钮，如图 3-62 所示。

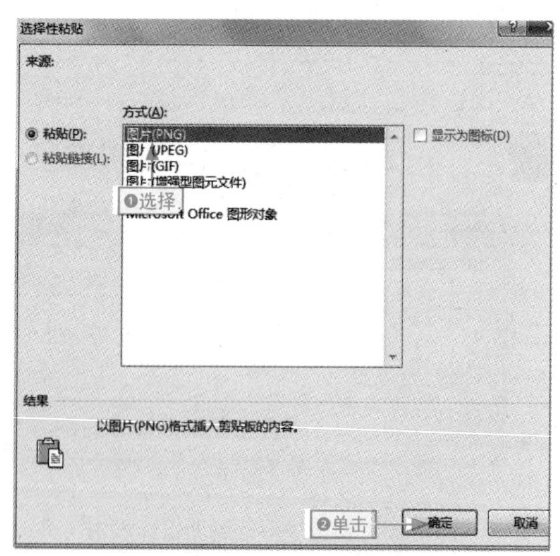

图3-62 选择粘贴的图片类型

步骤 04 选择原有的图表，按 Delete 键将其删除，仅保留以图片显示的图表，如图 3-63 所示。

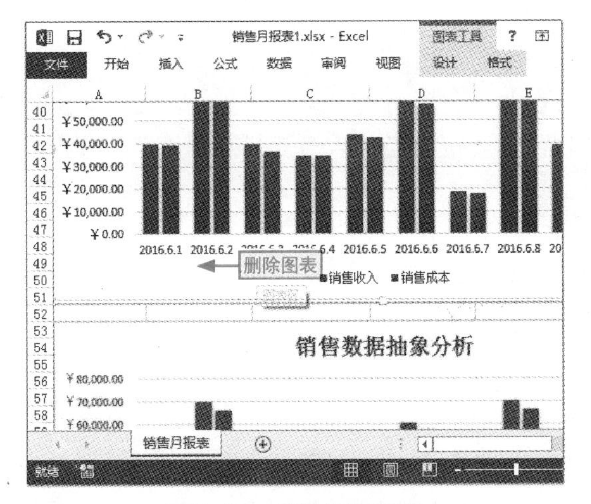

图3-63 删除原有图表

图表图片以高清显示

要让复制的图表以高清的方式显示，可以将其粘贴为“增强型图元文件”图片，也就是在“选择性粘贴”对话框中选择“图片（增强型图元文件）”选项，然后确定，如图 3-64 所示。

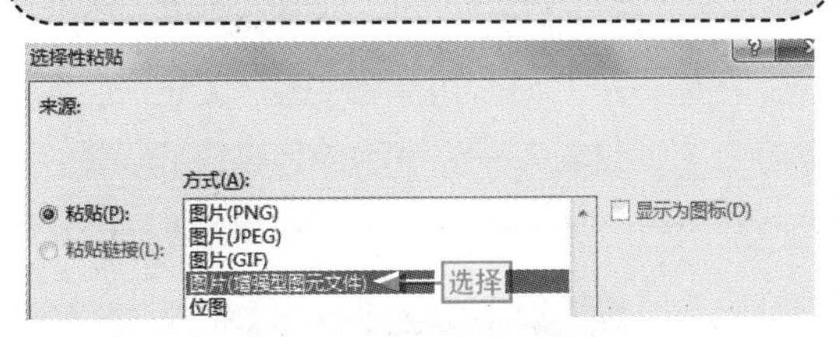

图3-64 粘贴为高清图片

将图表复制为图片再粘贴

除了将图表粘贴为图片外，我们可以在一开始就将图表复制为图片，然后按照指定效果粘贴成图片。具体方法为：❶选择图表，单击“复制”下拉按钮，❷选择“复制为图片”选项，❸在打开的对话框中选中相应的单选按钮，指定其格式或外观，❹单击“确定”按钮，然后直接单击“粘贴”按钮或按 Ctrl + V 组合键进行粘贴，❺最后删除原图表，如图 3-65 所示。

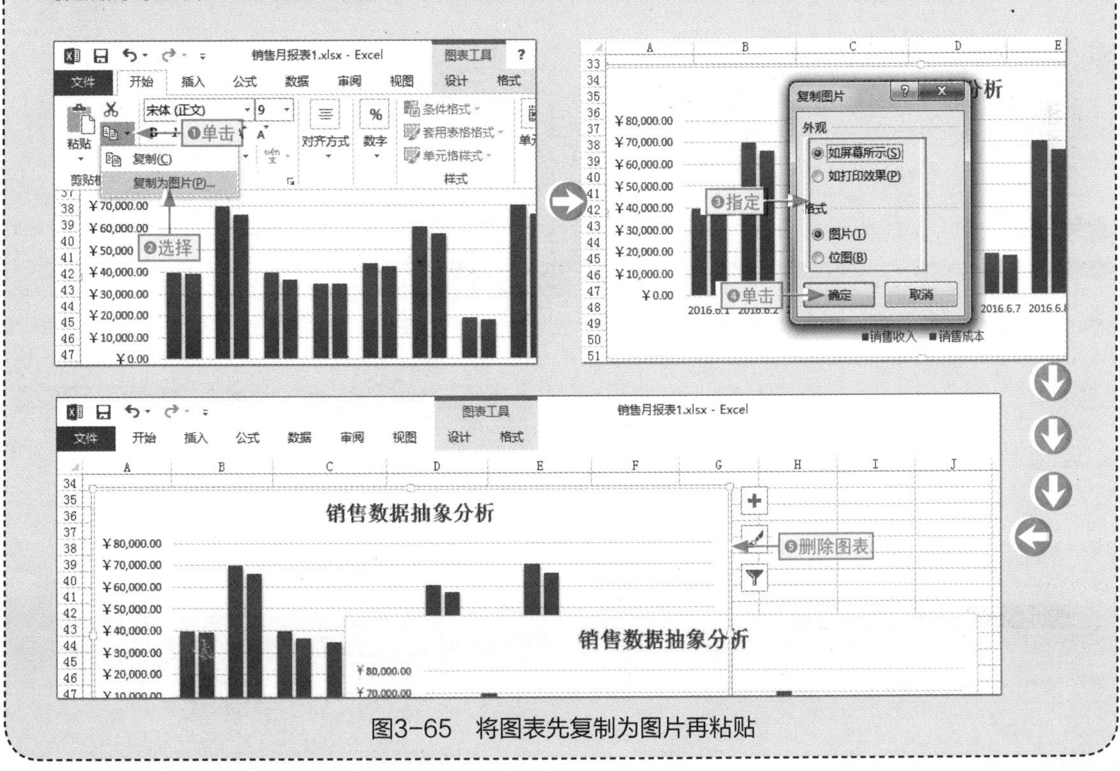

图3-65 将图表先复制为图片再粘贴

3.3 迷你图创建

小白：有没有一种既能分析数据又具有图表直观性功能的简易图表呢？

阿智：迷你图，既是一种图表，也能对数据进行大体分析，应该符合你的需求。

迷你图是 Excel 中的一种微型图表，它可以在单元格中对简单的数据进行直观的分析，与图表一样，它同样需要我们手动进行创建和设置。

3.3.1 创建迷你图

创建迷你图相对于创建图表，有一定的讲究，必须对是同行或同列数据进行分析，也就是数据源与迷你图必须保持同行或同列。

下面以在“家电销售记录”工作簿中创建折线迷你图分析 12 个月的销售走势情况为例，介绍其具体操作。

本节素材	⊙/素材/Chapter03/家电销售记录.xlsx
本节效果	⊙/效果/Chapter03/家电销售记录.xlsx
学习目标	掌握插入迷你图分析数据的步骤
难度指数	★★★

步骤 01 打开“家电销售记录”素材文件，❶选择 N3:N4 单元格区域，❷单击“插入”选项卡中的“折线图”按钮，如图 3-66 所示。

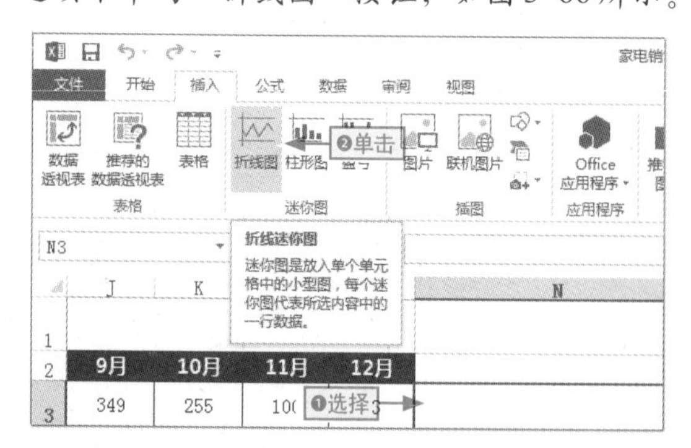

图3-66 插入折线迷你图

步骤 02 打开“创建迷你图”对话框，单击“数据范围”文本框后的折叠按钮，如图 3-67 所示。

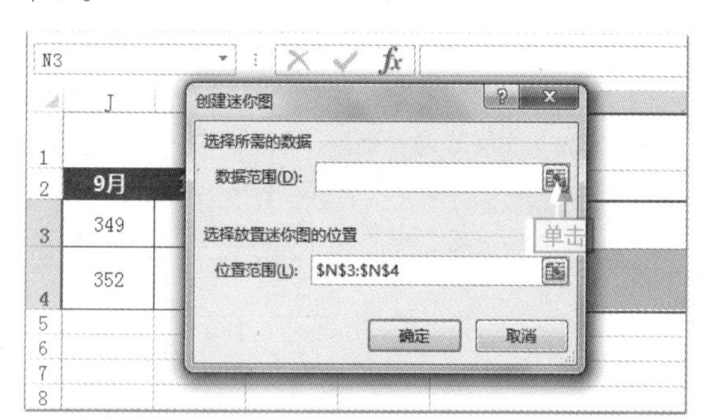

图3-67 “创建迷你图”对话框

步骤 03 ❶在工作表中选择 B3:M4 单元格区域，❷单击展开按钮，如图 3-68 所示。

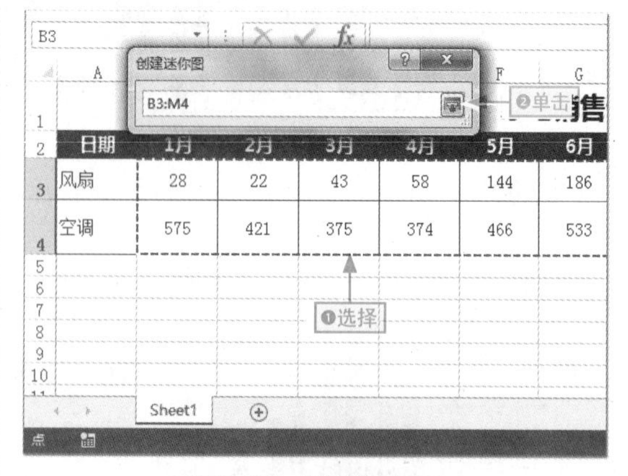

图3-68 选择数据源

步骤 04 展开对话框，直接单击“确定”按钮，如图 3-69 所示。

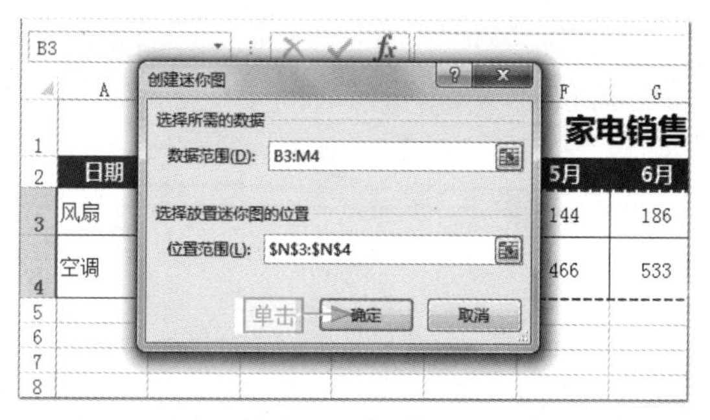

图3-69 确定设置

步骤 05 返回到工作表中即可查看创建的折线迷你图效果，如图 3-70 所示。

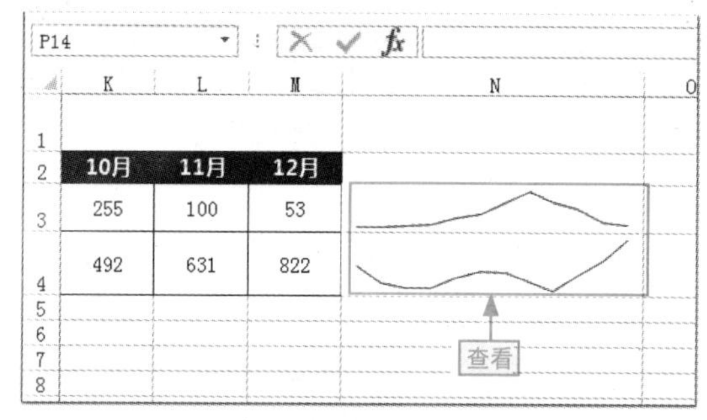

图3-70 创建的折线迷你图

更换迷你图类型

迷你图有三种类型，我们不仅可以在创建前进行选择，在创建后也可进行转换。具体方法为：❶选择现有的迷你图所在的单元格区域，❷在“迷你图工具－设计”选项卡中单击相应的迷你图类型按钮即可。图 3-71 所示是将折线图更改为柱形图。

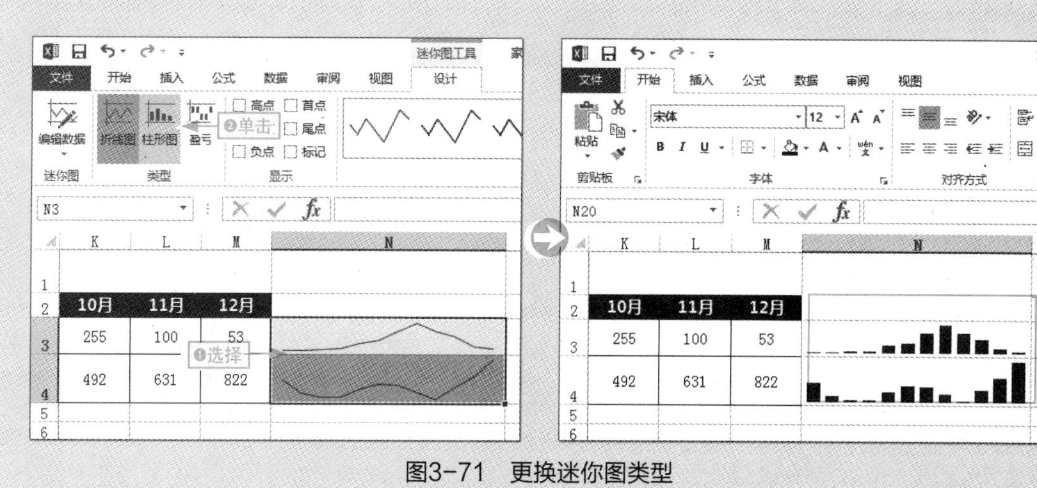

图3-71 更换迷你图类型

3.3.2 设置迷你图样式

设置迷你图样式的操作主要有添加标记、设置颜色以及应用样式。下面以在“家电销售记录 1”工作簿中添加高点和低点标记，并设置其颜色和应用迷你图样式为例，介绍其具体操作。

本节素材	⊙/素材/Chapter03/家电销售记录1.xlsx
本节效果	⊙/效果/Chapter03/家电销售记录1.xlsx
学习目标	学会设置迷你图样式的方法
难度指数	★★

步骤 01 打开“家电销售记录 1”素材文件，❶选择 N3:N4 单元格区域，❷在“迷你图工具－设计”选项卡中选中“高点”“低点”和“尾点”复选框，如图 3-72 所示。

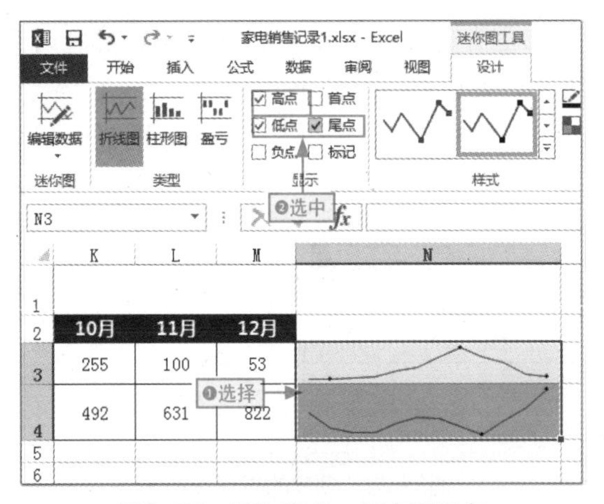

图3-72　添加高点、低点和尾点

步骤 02 在“样式”列表框中选择“迷你图样式彩色 #4”选项，如图 3-73 所示。

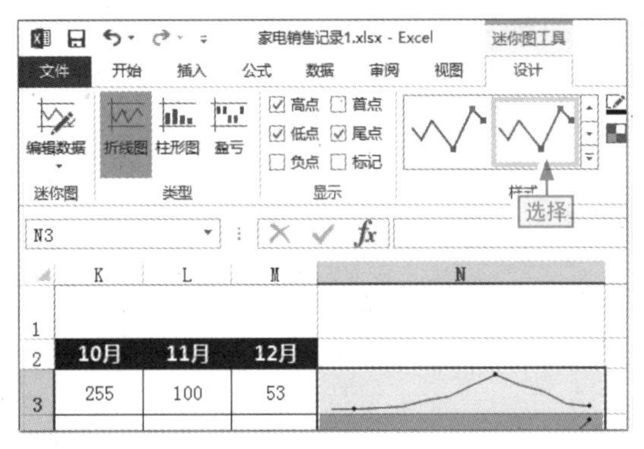

图3-73　应用迷你图样式

步骤 03 ❶单击“标记颜色”下拉按钮，❷选择“尾点”选项，❸选择“褐色”选项，如图 3-74 所示。

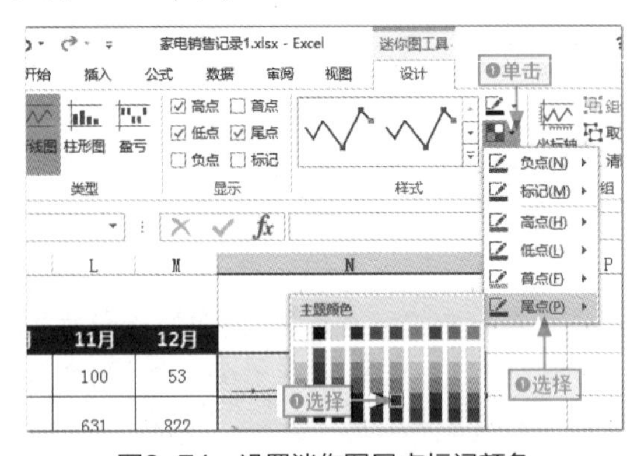

图3-74　设置迷你图尾点标记颜色

3.3.3 自定义迷你图坐标轴大小

迷你图坐标轴大小的自定义包括两方面：定义最大值和最小值。它们的操作方法基本相同，❶只需单击“坐标轴”下拉按钮，❷在“纵坐标轴的最小值选项”/“纵坐标轴的最大值选项”栏中选择“自定义值”命令，打开“迷你图垂直轴设置”对话框。❸输入相应的数据，❹单击“确定”按钮。图 3-75 所示是设置迷你图纵坐标轴最小值，图 3-76 所示是设置迷你图纵坐标轴最大值。

学习目标　学会自定义迷你图坐标轴的值

难度指数　★★

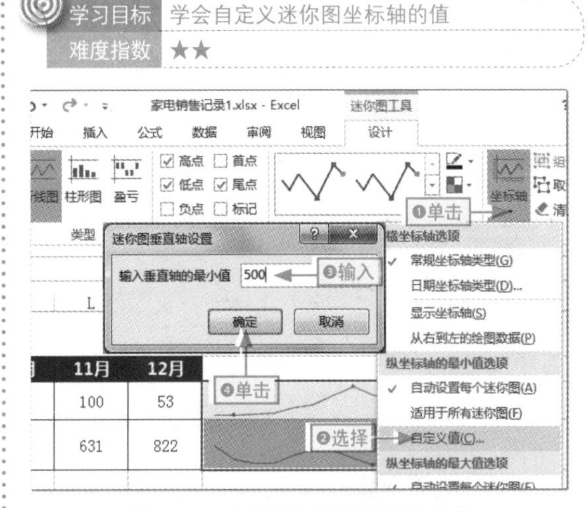

图3-75　设置纵坐标轴的最小值

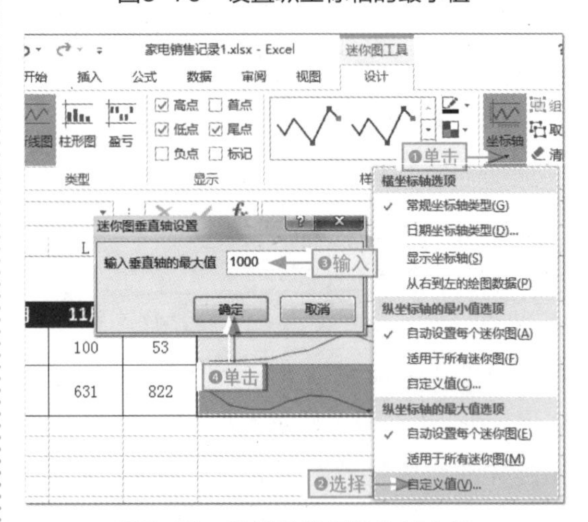

图3-76　设置纵坐标轴的最大值

给你支招 | 这样可以用形状替换数据系列样式

小白：数据系列能用一些指定形状样式进行替换和显示吗？

阿智：当然可以，我们可以通过使用指定的形状进行替换，从而达到目的。下面我们以用圆角矩形形状代替现有的数据系列为例，介绍其具体操作。

步骤01 ❶在“插入”选项卡中单击“形状”下拉按钮，❷选择“圆角矩形”选项，如图3-77所示。

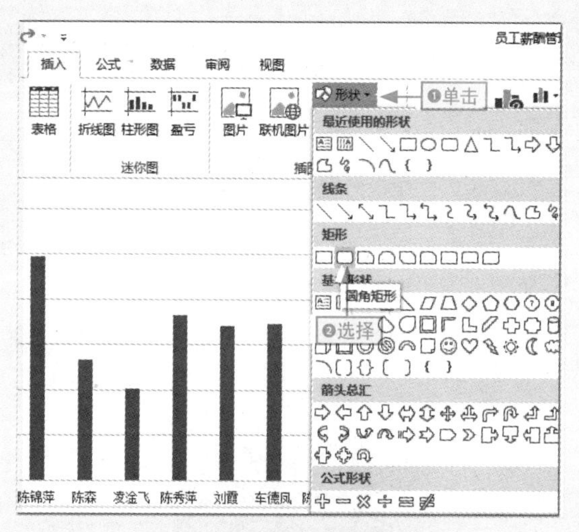

图3-77　插入圆角矩形

步骤02 在表格中绘制圆角矩形，并对其进行复制，如图3-78所示。

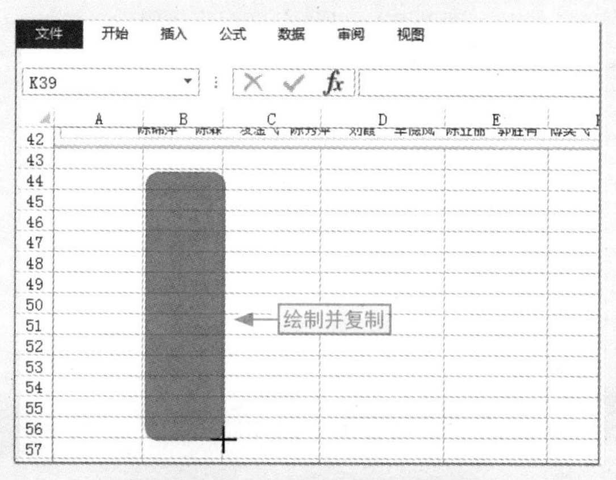

图3-78　绘制圆角矩形并复制

步骤03 ❶选择数据系列，❶单击“粘贴”按钮（或按Ctrl+V组合键）粘贴，如图3-79所示。

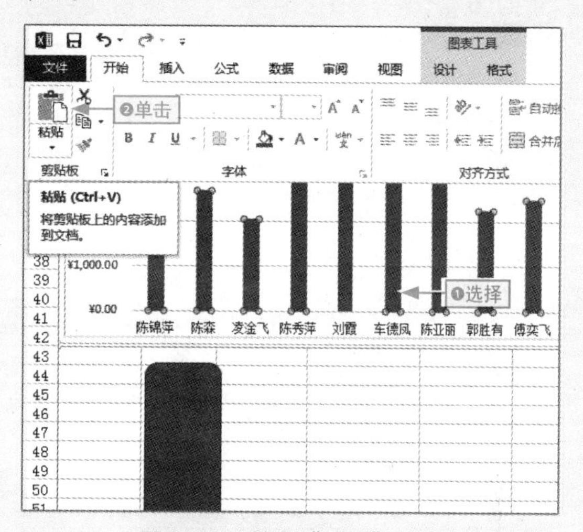

图3-79　单击“粘贴”按钮

步骤04 在图表中即可查看数据系列按照指定形状显示效果，如图3-80所示。

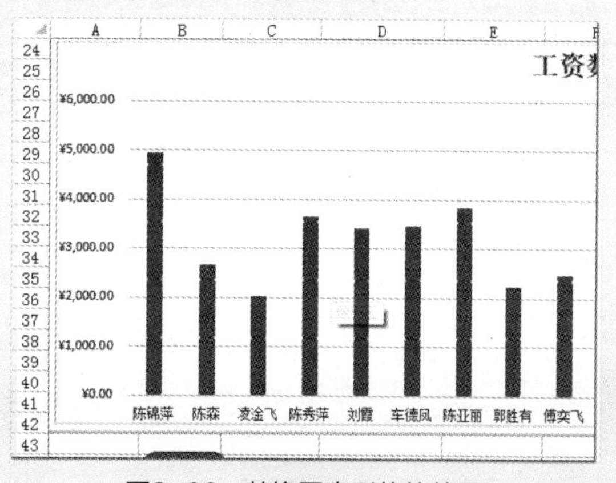

图3-80　替换图表形状的效果

给你支招 | 轻松调整饼图扇区的“隔阂”

小白：怎样让创建的整块饼图扇区之间出现裂痕的隔开效果？

阿智：我们可以通过调整它们之间的分裂程度来实现，具体操作如下。

步骤 01 ❶在饼图数据系列上右击，❷选择“设置数据系列格式”命令，打开“设置数据系列格式”窗格，如图 3-81 所示。

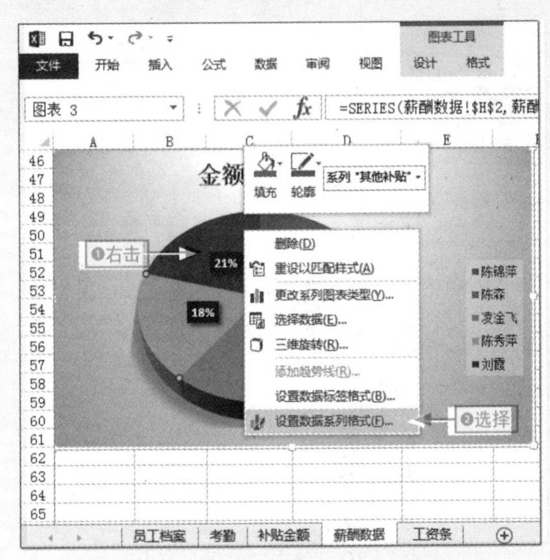

图3-81 打开“设置数据系列格式”窗格

步骤 02 ❶单击“系列选项”选项卡，❷设置“饼图分离程度”参数，如图 3-82 所示。

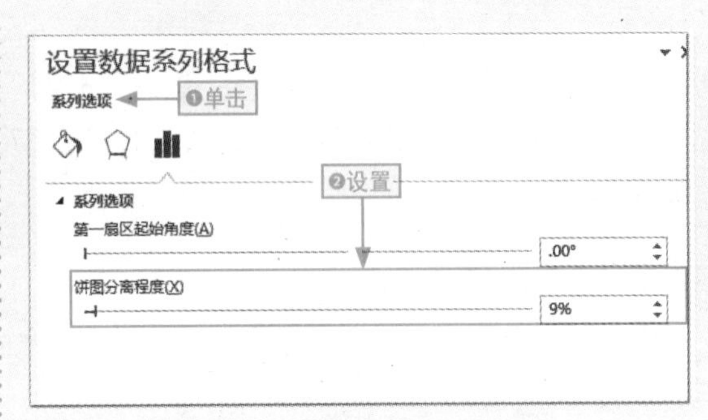

图3-82 设置饼图分离程度

步骤 03 在饼图中即可查看饼图分离程度的效果，如图 3-83 所示。

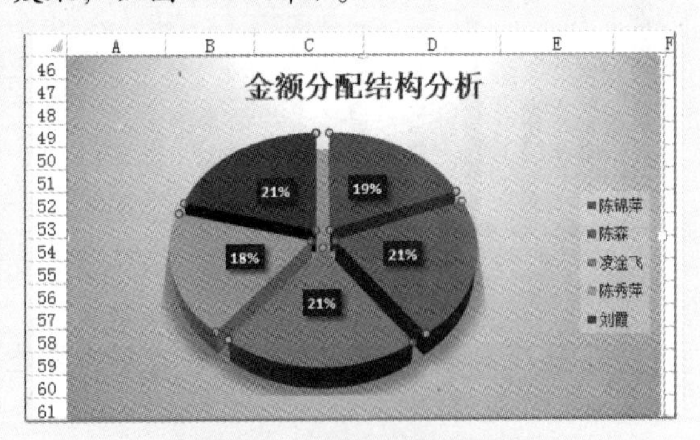

图3-83 饼图分离程度效果

Chapter 04 财务函数的应用

学习目标

无论在商务活动中还是在个人投资理财中，与“钱”打交道的次数都非常频繁。本章将介绍一些财务方面的函数，帮助用户快速计算出那些与办公和生活息息相关的“钱”。

本章要点

- FV()预测投资效果
- PV()计算投资现值
- NPV()计算非固定回报投资
- NPER()计算贷款的期数
- RATE()返回年金的各期利率
- ……
- PPMT()计算还款额中的本金
- IPMT()计算还款金额中的利息
- IRR()计算现金流的内部收益率
- MIRR()计算现金流的修正内部收益率
- SLN()计算每期线性折旧费
- ……

知识要点	学习时间	学习难度
投资预算和折旧数据函数	20 分钟	★★
本金和利息函数	35 分钟	★★★
内部收益率数据处理	35 分钟	★★★

4.1 投资预算函数

小白：听说Excel中有函数可以用来对投资的收益进行预算，是吗？

阿智：是的，在Excel 2013中有一类专门用于数据投资预算的函数，可以通过使用它们来进行预算或预测等。

投资预算是指企业在进行投资前对该项投资的未来收益进行预测，借以综合反映资金来源与运用的预算，以供投资决策者参考。下面将介绍几种较为常用的投资预算数据处理的函数使用方法。

4.1.1 FV() 预测投资效果

FV() 函数可在固定利率和等额分期付款情况下，计算投资到期后的总收益，如零存整取的存款和等额定投。它的语法结构如下。

```
FV(rate,nper,pmt,[pv],[type])
```

- rate：必选参数，表示各期利率的数字，通常以百分比形式出现。
- nper：必选参数，表示年金的付款总期数，必须为大于或等于 1 的整数（取值为 1 时表示一次性给付）。
- pmt：可选参数，表示各期所应支付的金额，其数值在整个年金期间保持不变。如果省略此参数，则必须包括 pv 参数。
- pv：可选参数，表示一系列未来付款的当前值的累积和或现值。如果省略 pv 参数，则假设其值为 0，并且必须包括 pmt 参数。
- type：可选参数，用以指定各期的付款时间是在期初还是期末的数字 0 或 1（0 代表期末支付，1 代表期初支付）。如果省略 type 参数，则假设其值为 0。

下面以在“预测项目投资结果”工作簿中使用 FV() 函数来计算 4 年后的投资结果数据为例，介绍其具体操作。

本节素材	⊙/素材/Chapter04/预测项目投资结果.xlsx
本节效果	⊙/效果/Chapter04/预测项目投资结果.xlsx
学习目标	学习使用FV()函数预测投资结果
难度指数	★★

步骤 01 打开“预测项目投资结果”素材文件，选择 B7 单元格，❶ 单击“财务”下拉按钮，❷ 选择“FV”选项，如图 4-1 所示。

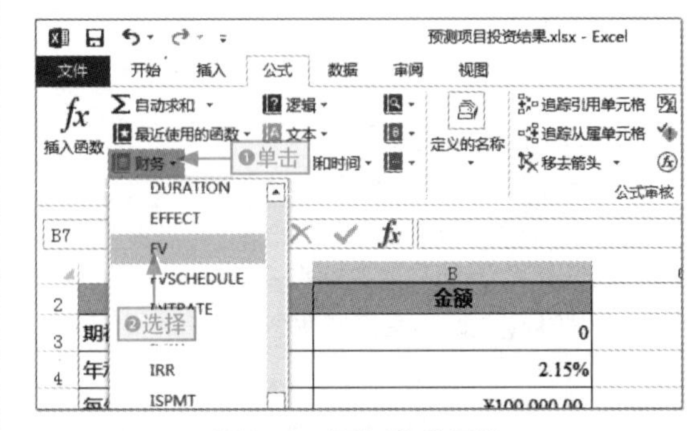

图4-1 插入FV()函数

步骤 02 打开“函数参数”对话框，❶ 设置相应参数，❷ 单击“确定”按钮，如图 4-2 所示。

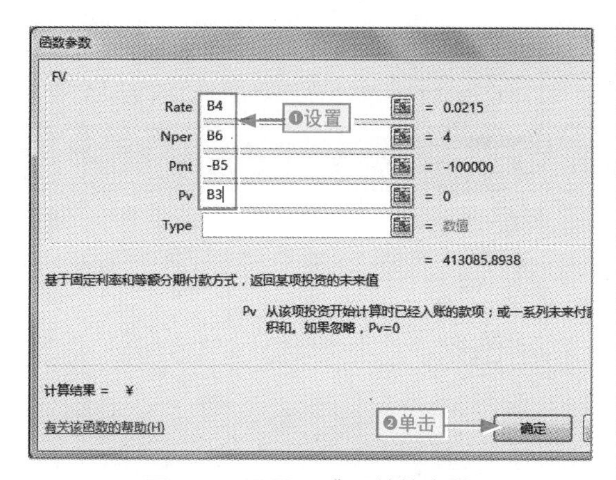

图4-2 设置FV()函数的参数

快速查看函数帮助信息

在“函数参数”对话框中，单击“有关该函数的帮助”超链接，系统自动打开当前函数的帮助信息页面，如图 4-3 所示。

图4-3 快速查看当前函数的帮助信息

步骤 03 返回到工作表中即可在 B7 单元格中查看计算结果，如图 4-4 所示。

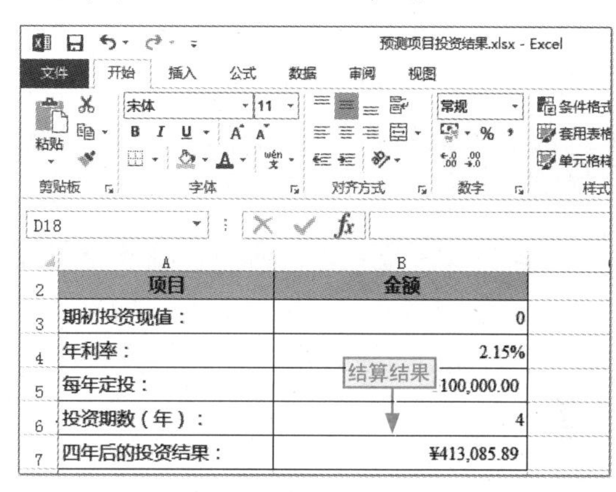

图4-4 FV()函数预测投资结果

FV()函数雷区

在为 FV() 函数指定或设置参数时，容易出现这样几个雷区，如图 4-5 所示。

雷区 1

对于所有参数，支出的款项（如银行存款）表示为负数；收入的款项（如股息收入）表示为正数。

雷区 2

通常情况下，pmt 参数包括本金和利息，但不包括其他费用或税款。

雷区 3

rate 参数和 nper 参数的单位必须一致，如 rate 参数是指年利率，则 nper 参数的付款期间也应该为年；rate 参数指的是月利率，则 nper 参数的付款期间也应该为月。

图4-5 FV()函数参数设置的注意事项

4.1.2 PV() 计算投资现值

PV() 函数计算投资现值时可直接计算出项目投资的最后所得金额，其语法结构如下。

```
PV(rate,nper,pmt,[fv],[type])
```

- rate：必选参数，表示各期利率的数字，这里通常以投资收益率来计算。

◆ nper：必选参数，表示年金的付款总期数，取值为大于或等于 1 的整数。

◆ pmt：必选参数，表示投资期内每期可获得的收益本息和，在整个年金期间保持不变。

◆ fv：可选参数，表示该项投资的未来值。例如希望某笔存款在到期时得到 50000 元的本息和，则 50000 元就是未来值。

◆ type：可选参数，用以指定各期的付款时间是在期初还是期末的数字 0 或 1。

下面以在“理财投资收益现值”工作簿中使用 PV() 函数来计算各个理财产品的投资现值为例，讲解相关操作，具体如下。

本节素材	⊙/素材/Chapter04/理财投资收益现值.xlsx
本节效果	⊙/效果/Chapter04/理财投资收益现值.xlsx
学习目标	学习使用PV()函数预测投资现值
难度指数	★★

步骤 01 打开“理财投资收益现值”素材文件，❶ 选择 G4 单元格，❷ 单击“插入函数”按钮，如图 4-6 所示。

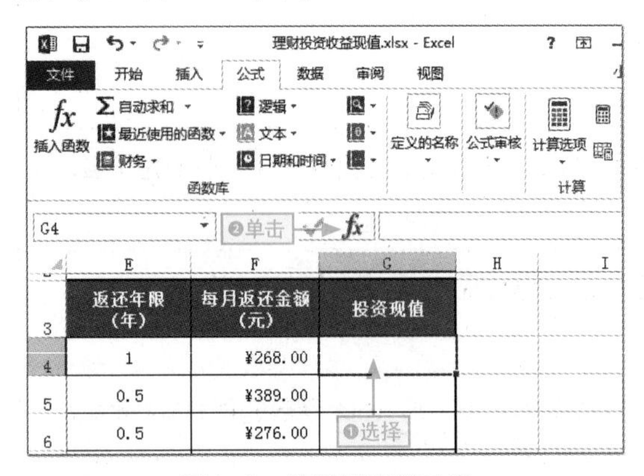

图4-6　选择目标单元格

步骤 02 在打开的对话框中，❶ 选择“或选择类别”选项为“财务”，❷ 选择 PV 函数选项，❸ 单击“确定”按钮，如图 4-7 所示。

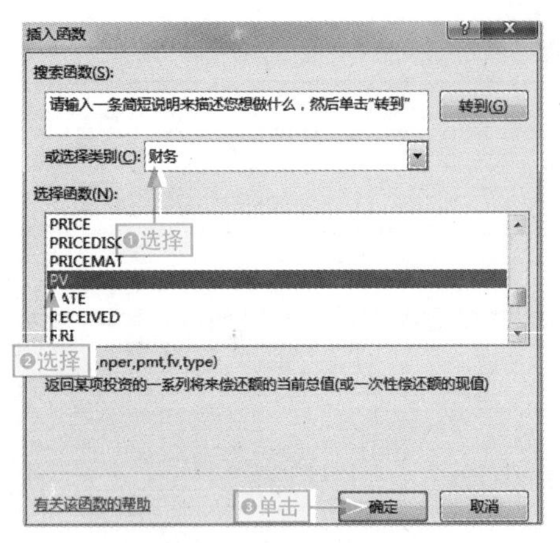

图4-7　选用PV()函数

步骤 03 打开“函数参数”对话框，❶ 设置相应参数，❷ 单击“确定”按钮，如图 4-8 所示。

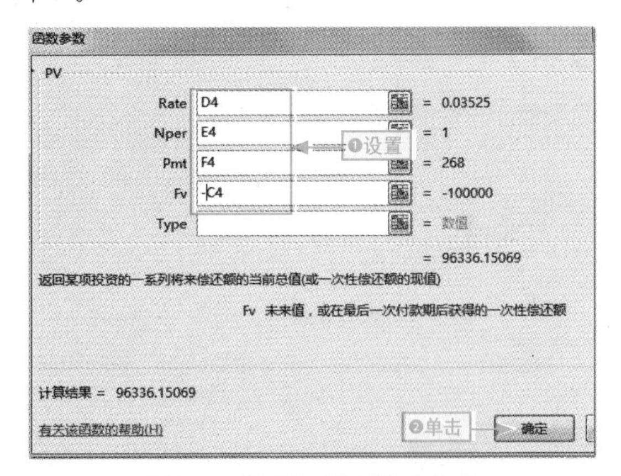

图4-8　设置PV()函数的参数

步骤 04 返回到工作表中填充函数到 G7 单元格，系统自动计算出相应的投资现值数据，如图 4-9 所示。

G7 =PV(D7,E7,F7,-C7)

	E	F	G
3	返还年限（年）	每月返还金额（元）	投资现值
4	1	¥268.00	¥96,336.15
5	0.5	¥389.00	¥44,048.36
6	0.5	¥276.00	¥36,300.23
7	1	¥358.00	¥24,638.00

图4-9　计算投资现值

4.1.3 NPV() 计算非固定回报投资

实际生活中，很多投资项目的回报并不是固定的，如果要根据一系列未来支出和收入的数据来判断某项投资是否可行，就需要使用 NPV() 函数来实现，其语法结构如下。

```
NPV(rate,value1,[value2],...)
```

- rate：表示年金期间的固定贴现率。
- value1：必选参数，它和 value 参数都表示年金期间的收入和支出数值。

下面以使用 NPV() 函数来计算“投资项目净现值”工作簿中的项目投资数据为例，介绍其具体操作。

本节素材 /素材/Chapter04/投资项目净现值.xlsx
本节效果 /效果/Chapter04/投资项目净现值.xlsx
学习目标 学习使用NPV()函数计算非固定回报投资
难度指数 ★★

步骤 01 打开“投资项目净现值”素材文件，❶选择 C9 单元格，❷在编辑栏中输入函数“=NPV(B9,B3:F3)”，按 Ctrl+Enter 组合键，如图 4-10 所示。

PV　=NPV(B9,B3:F3)

	A	B	C	D
2		2014	❷输入 5	20
3	项目1	¥ -350,000.00	¥ 100,000.00	¥ 15
4	项目2	¥ -674,000.00	¥ 120,000.00	¥ 13
5	项目3	¥ -986,000.00	¥ 258,600.00	¥ 35
6	项目4	¥ -1,125,000.00	¥ 185,000.00	¥ 9
7				
8		贴现率	净现值	现值
9	项目1	8.50%	=NPV(B9,B3:F3)	0.0
10	项目2	9.15%		0.0
11	项目3	9.45%	❶选择	0.0
12	项目4	10.00%		0.0

图4-10 输入NPV()函数

步骤 02 填充函数到 C12 单元格，系统自动计算出相应项目的净现值，如图 4-11 所示。

C9　=NPV(B9,B3:F3)

	A	B	C	D
5	项目3	¥ -986,000.00	¥ 258,600.00	¥ 35
6	项目4	¥ -1,125,000.00	¥ 185,000.00	¥ 9
7				
8		贴现率	净现值	现值
9	项目1	8.50%	¥66,146.83	18.
10	项目2	9.15%	¥108,780.61	16.
11	项目3	9.45%	¥69,286.51	7.0
12	项目4	10.00%	¥113,161.98	10.
13				
14				
15			结果	
16				

图4-11 计算净现值

巧避NPV()参数设置雷区

在为 NPV() 函数指定多个 value 参数时，需要注意这样几点：一是多个 value 参数在时间上必须具有相等间隔，并且都发生在期末；二是函数参数为空白单元格、逻辑值、文本形式的数字、错误值或不能转化为数值的文本时，函数不会将这些参数计算在内；三是 NPV() 函数通过 value1、value2…的顺序来解释现金流的顺序，所以必须保证支出和收入的数额按正确的顺序输入，以保证计算结果的准确性。

4.1.4 NPER() 计算贷款的期数

等额本息法偿还贷款是很多人在贷款购房购车时常采用的还贷手段，在贷款总额和贷款利率固定的情况下，贷款偿还的期数与每期还款的金额就会相互制约，其语法结构如下所示。

NPER(rate,pmt,pv,[fv],[type])

◆ rate：必选参数，表示贷款偿还期内的固定利率。

◆ pmt：必选参数，表示各期所需要偿还的金额，在整个年金期间保持不变，此金额包括本金和利息，但不包括其他费用或税款。

◆ pv：必选参数，一系列未来付款的当前值的累积和，这里表示贷款的总金额。

◆ fv：可选参数，最后一次付款后希望得到的现金余额。在完全还款的情况下，该值通常为 0，一般省略不用。

◆ type：可选参数，用以指定各期的付款时间是在期初还是期末的数字 0 或 1。

下面以使用 NPER() 函数来计算“期数计算”工作簿中还贷期数为例，介绍其具体操作。

本节素材	⊙/素材/Chapter04/期数计算.xlsx
本节效果	⊙/效果/Chapter04/期数计算.xlsx
学习目标	学习使用NPER()函数计算贷款的期数
难度指数	★★

步骤 01 打开“期数计算”素材文件，❶选择 B10 单元格，❷在编辑栏中输入函数“=NPER (B8,B9,-B7)”，按 Ctrl+Enter 组合键，如图 4-12 所示。

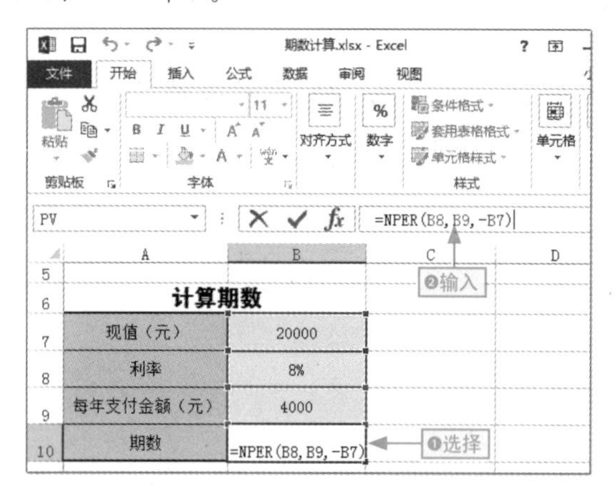

图4-12　输入NPER()函数

步骤 02 在 B10 单元格中即可查看到使用 NPER() 函数计算出的还款期数，效果如图 4-13 所示。

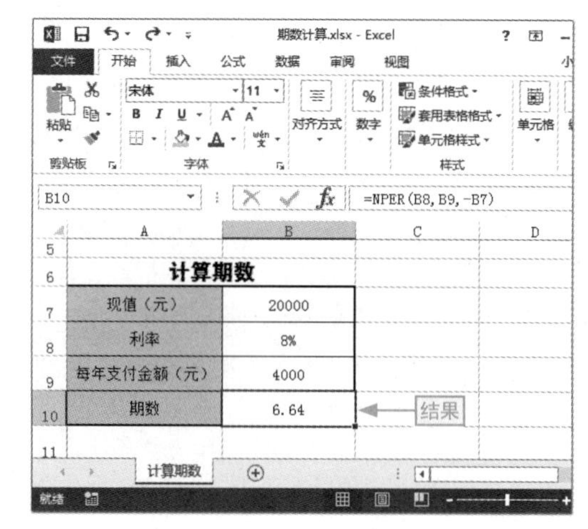

图4-13　计算期数的效果

4.1.5 RATE() 返回年金的各期利率

RATE() 函数专门用来计算贷款或还款的利率，其语法结构如下所示。

RATE(nper,pmt,pv,[fv],[type],[guess])

◆ nper：必选参数，表示贷款偿还的总期数，取值为大于或等于 1 的整数。

◆ pmt：必选参数，表示各期所需要偿还的金额，在整个年金期间保持不变。

◆ pv：必选参数，一系列未来付款的当前值的累积和，通常取贷款的总金额。

◆ fv：可选参数，最后一次付款后希望得到的现金余额，通常省略不写，如果省略了 pmt 参数，则必须指定 fv 参数。

◆ type：可选参数，用以指定各期的付款时间是在期初还是期末的数字 0 或 1。

◆ guess：可选参数，表示预期利率，如果省略此参数，则认为预期利率为 10%。

下面以使用 RATE() 函数来计算“还款利率计算”工作簿中还款年利率为例，介绍其具体操作。

本节素材	⊙/素材/Chapter04/还款利率计算.xlsx
本节效果	⊙/效果/Chapter04/还款利率计算.xlsx
学习目标	学习使用RATE()函数计算贷款的年利率
难度指数	★★

步骤01 打开“还款利率计算”素材文件，❶选择 B10 单元格，❷在编辑栏中输入函数“=-RATE (B9,-B8,B7)”，按 Ctrl+Enter 组合键，如图 4-14 所示。

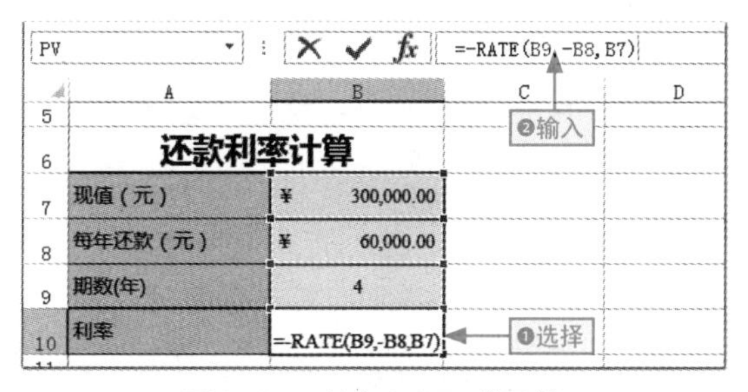

图4-14 输入RATE()函数

步骤02 在 B10 单元格中即可查看使用 RATE() 函数计算出的利率数据，效果如图 4-15 所示。

图4-15 计算还款年利率

4.1.6 RRI() 返回投资增长等效利率

还款的每期利率可以通过 RATE() 函数来实现，对于投资等效增长利率可以通过 RRI() 函数来轻松实现，其语法结构如下所示。

```
RRI(nper,pv,fv)
```

◆ nper：必选参数，表示投资的期数，取值为大于或等于 1 的整数。

◆ pv：必选参数，表示投资的现值。

◆ fv：必选参数，表示投资的未来值。

下面以使用 RRI() 函数来计算“等效收益率计算”工作簿中等效增长利率为例，介绍其具体操作。

本节素材	⊙/素材/Chapter04/等效收益率计算.xlsx
本节效果	⊙/效果/Chapter04/等效收益率计算.xlsx
学习目标	学习使用RRI()函数计算等效利率
难度指数	★★

步骤01 打开“等效收益率计算”素材文件，❶选择 B5 单元格，❷单击“插入函数”按钮，如图 4-16 所示。

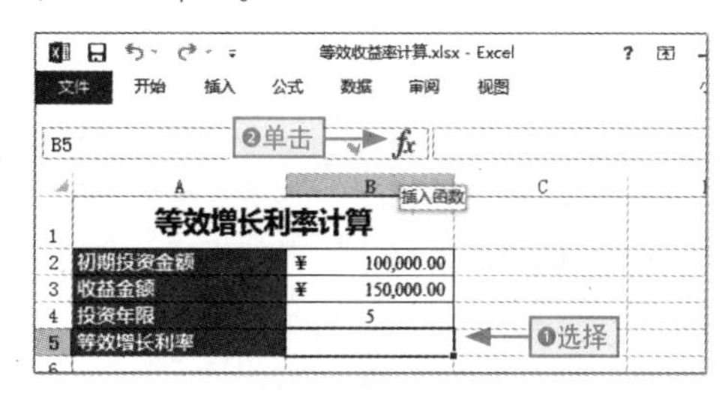

图4-16 选择目标单元格

步骤02 打开“插入函数”对话框，❶在“搜索函数”文本框中输入“RRI”，❷单击“转到”按钮，❸选择“RRI”函数选项，❹单击“确定”按钮，如图 4-17 所示。

图4-17 插入RRI()函数

步骤 03 打开“函数参数”对话框，❶设置相应参数，❷单击“确定”按钮，如图 4-18 所示。

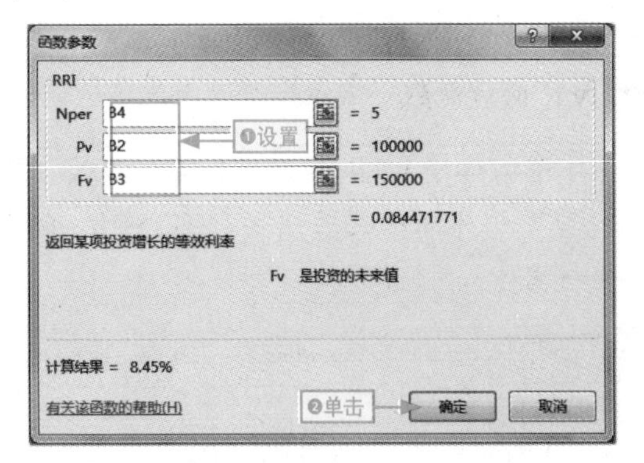

图4-18　设置RRI()函数的参数

步骤 04 返回到工作表中即可查看计算出的等效利率数据，如图 4-19 所示。

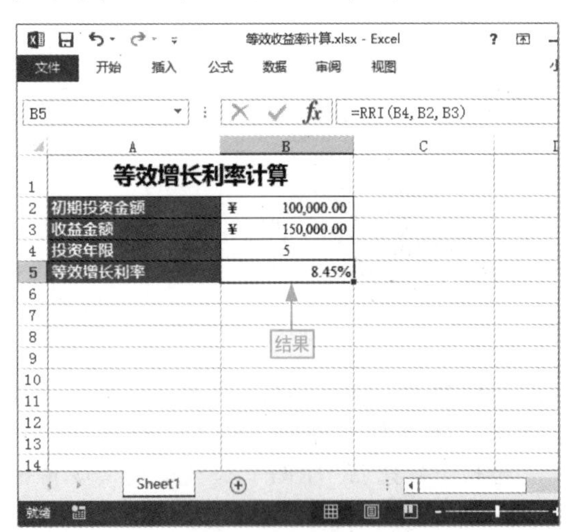

图4-19　等效利率计算结果

4.1.7 FVSCHEDULE() 变动利率下的一次性投资未来值

在投资中，收益率可能出现预设的波动，这时，可以使用 FVSCHEDULE() 函数来对未来值进行计算，其语法结构如下所示。

```
FVSCHEDULE(principal,schedule)
```

- principal：必选参数，表示投资现值。
- schedule：要应用的利率数组。

下面以使用 FVSCHEDULE() 函数来计算“变动利率下未来值”工作簿中投资未来值为例，介绍其具体操作。

本节素材 ⊙/素材/Chapter04/变动利率下未来值.xlsx
本节效果 ⊙/效果/Chapter04/变动利率下未来值.xlsx
学习目标 学习计算变动利率下的投资未来值
难度指数 ★★

步骤 01 打开“变动利率下未来值”素材文件，❶选择 B6 单元格，❷在编辑栏中输入函数“=FVSCHEDULE(B2,B3:B5)”，按 Ctrl+Enter 组合键，如图 4-20 所示。

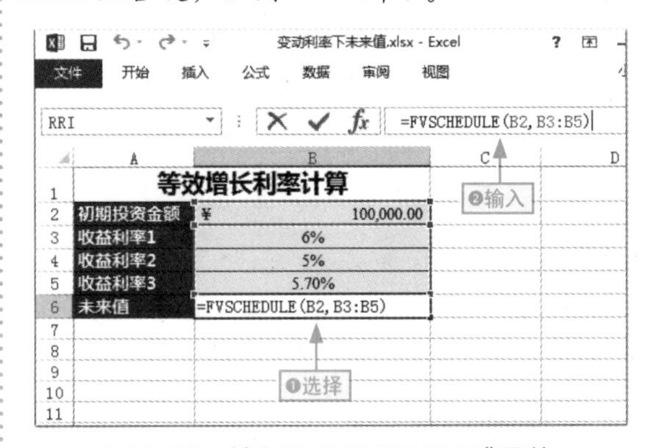

图4-20　输入FVSCHEDULE()函数

步骤 02 系统自动计算出投资未来值数据，效果如图 4-21 所示。

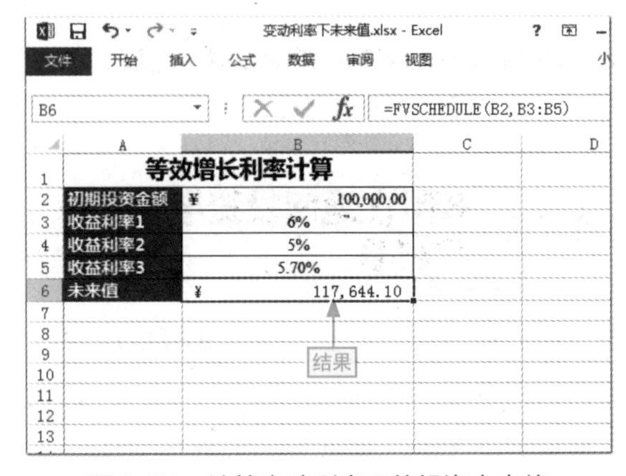

图4-21　计算变动利率下的投资未来值

4.2 本金和利息函数

小白：在与银行或其他融资机构打交道时，怎样快速计算出还贷金额、本金和利息呢?

阿智：我们可以使用PMT系列函数来计算。

在贷款和还贷款经济活动中，本金和利息是两个息息相关的因素，通常在本金固定的情况下，利息与利率、还款期数以及还款方式等是相互影响的。下面介绍专门的几个计算函数。

4.2.1 PMT() 计算每期还贷额

在向金融机构进行贷款前，都想知道自己每期的还款金额是多少，这时可以使用PMT() 函数，其语法结构如下。

```
PMT(rate,nper,pv,[fv],[type])
```

- rate：必选参数，表示该笔贷款的利率，整个年金期间保持不变。
- nper：必选参数，表示贷款偿还的总期数，取值为大于或等于 1 的整数。
- pv：必选参数，一系列未来付款的当前值的累积和，这里可表示贷款的总金额。
- fv：可选参数，最后一次付款后希望得到的现金余额。在全额分期偿还的情况下，通常省略该参数，表示最后一次付款后还清所有贷款。
- ype：可选参数，用以指定各期的付款时间是在期初还是期末的数字 0 或 1。

下面以使用 PMT() 函数来计算“还贷金额”工作簿中每月还款金额为例，介绍其具体操作。

本节素材	⊙/素材/Chapter04/还贷金额.xlsx
本节效果	⊙/效果/Chapter04/还贷金额.xlsx
学习目标	学习使用PMT()函数计算月还款金额
难度指数	★★

步骤 01 打开“还贷金额”素材文件，❶ 选择 D7 单元格，❷ 单击“财务”下拉按钮，❸ 选择“PMT”选项，如图 4-22 所示。

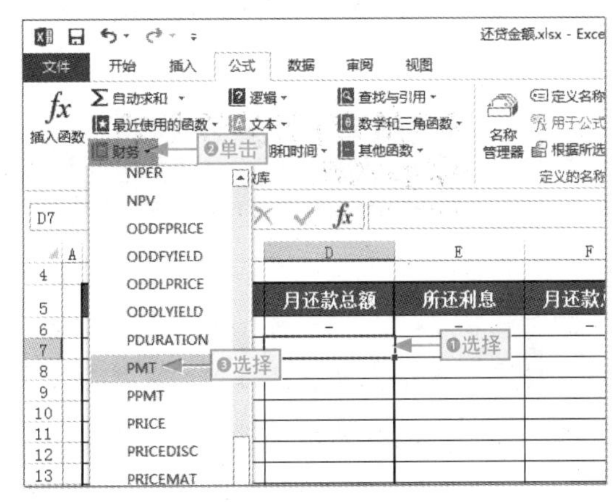

图4-22　插入PMT()函数

步骤 02 在打开的对话框中，❶ 设置相应参数，❷ 单击“确定”按钮，如图 4-23 所示。

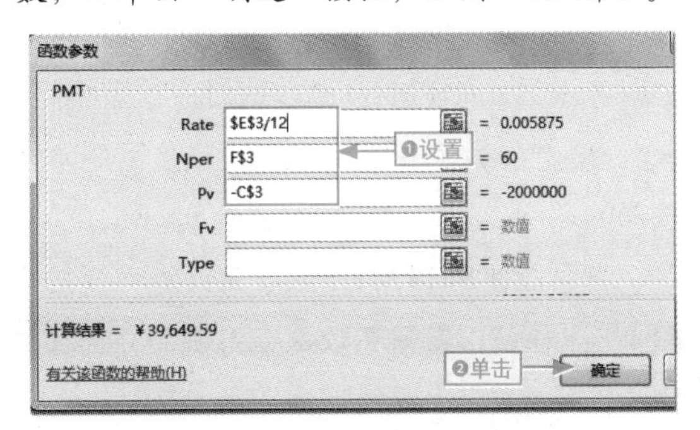

图4-23　设置PMT()函数的参数

步骤 03 返回到工作表中填充函数到 D6 单元格，系统自动计算出相应的还款金额数据，如图 4-24 所示。

期次	所还利息	月还款总额	所还利息	月还款
0	–	–	–	–
1		￥39,649.59		
2		￥39,649.59		
3		￥39,649.59		
4		￥39,649.59		
5		￥39,649.59		
6		￥39,649.59		
7		￥39,649.59		
8		￥39,649.59		
9		￥39,649.59		
10		￥39,649.59		
11		￥39,649.59		
12		￥39,649.59		

结果

图4-24　填充月还款金额数据

4.2.2 PPMT() 计算还款额中的本金

在等额本息法还款方式中，每月的还款金额既包含本金，也包含相应的利息，并且还款额中的本金会随着还款次数的增加而不断增加，相应的利息却不断减少。如果要计算分期还款中每次还款金额的本金，可用 PPMT() 函数来实现，其语法结构如下。

```
PPMT(rate,per,nper,pv,[fv],[type])
```

其中 rate、nper、pv、fv 和 type 参数与其他财务函数，如 PMT() 函数的对应参数相同；per：必选参数，表示要求取还款金额中本金数额的期间，其取值范围在 1 到 nper 值之间。

下面以使用 PPMT() 函数来计算“还贷金额 1”工作簿中每月还款本金为例，介绍其具体操作。

本节素材	/素材/Chapter04/还贷金额1.xlsx
本节效果	/效果/Chapter04/还贷金额1.xlsx
学习目标	学习使用PPMT()函数计算月还款本金
难度指数	★★

步骤 01 打开“还贷金额 1”素材文件，❶选择 D1 单元格，❷在编辑栏中输入函数“=PPMT($E$3/12,B7,$F$3,-$C$3,)”，按 Ctrl+Enter 组合键，如图 4-25 所示。

=PPMT($E$3/12,B7,$F$3,-$C$3,)

贷款总额(元)	还款期限(年)	年利率	总还款次数
￥2,000,000.00	5	7.05%	60

期次	所还利息	月还款本金
0	–	–
1	￥11,750.00	$3,-$C$3,)
2	￥11,586.09	
3	￥11,421.22	
4	￥11,255.38	
5	￥11,088.56	
6	￥10,920.76	
7	￥10,751.98	
8	￥10,582.21	
9	￥10,411.44	

❶选择　❷输入

图4-25　输入PPMT()函数

步骤 02 填充函数到数据末行，系统自动计算出相应月还款本金，效果如图 4-26 所示。

=PPMT($E$3/12,B25,$F$3,-$

期次	所还利息	月还款本金
0	–	–
1	￥11,750.00	￥27,899.59
2	￥11,586.09	￥28,063.50
3	￥11,421.22	￥28,228.38
4	￥11,255.38	￥28,394.22
5	￥11,088.56	￥28,561.04
6	￥10,920.76	￥28,728.83
7	￥10,751.98	￥28,897.61
8	￥10,582.21	￥29,067.39
9	￥10,411.44	￥29,238.16
10	￥10,239.66	￥29,409.93
11	￥10,066.88	￥29,582.72
12	￥9,893.08	￥29,756.51
13	￥9,718.26	￥29,931.33
14	￥9,542.41	￥30,107.18

结果

图4-26　填充函数自动计算出相应月还款本金

4.2.3 IPMT() 计算还款金额中的利息

还款金额包括两部分：本金和利息。对于利息部分，可以使用 IPMT() 函数来轻松计算，其语法结构如下所示。

```
IPMT(rate,per,nper,pv,[fv],[type])
```

它的参数含义和设置方法都与 PPMT() 函数的对应参数相同，这里不再赘述。

下面以使用 IPMT() 函数来计算“还贷金额 2”工作簿中每月还款利息数据为例，介绍其具体操作。

本节素材	/素材/Chapter04/还贷金额2.xlsx
本节效果	/效果/Chapter04/还贷金额2.xlsx
学习目标	学习使用IPMT()函数计算还款金额中的利息
难度指数	★★

步骤 01 打开“还贷金额 2”素材文件，❶ 选择 C1 单元格，❷ 在编辑栏中输入函数“=IPMT($E$3/12,B7,$F$3,-$C$3)”，按 Ctrl+Enter 组合键，如图 4-27 所示。

图4-27　输入IPMT()函数计算利息

步骤 02 填充函数到数据末行，系统自动计算出相应月还款利息，效果如图 4-28 所示。

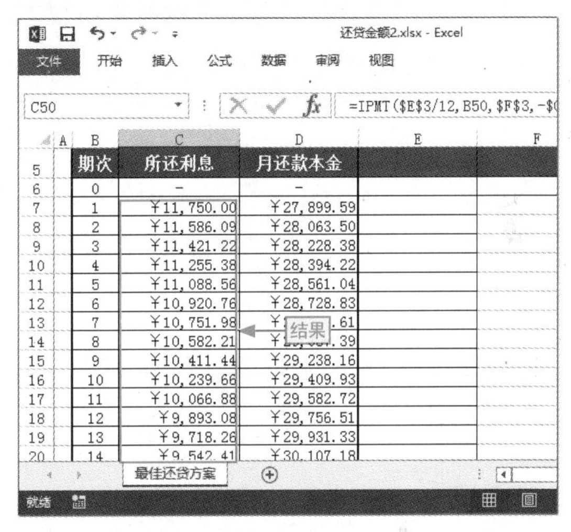

期次	所还利息	月还款本金
0	-	-
1	￥11,750.00	￥27,899.59
2	￥11,586.09	￥28,063.50
3	￥11,421.22	￥28,228.38
4	￥11,255.38	￥28,394.22
5	￥11,088.56	￥28,561.04
6	￥10,920.76	￥28,728.83
7	￥10,751.98	￥[illegible].61
8	￥10,582.21	￥[illegible].39
9	￥10,411.44	￥29,238.16
10	￥10,239.66	￥29,409.93
11	￥10,066.88	￥29,582.72
12	￥9,893.08	￥29,756.51
13	￥9,718.26	￥29,931.33
14	￥9,542.41	￥30,107.18

图4-28　填充函数自动计算出相应月还款利息

4.3 内部收益率数据处理

小白：在投资活动中，怎样计算内部收益率？

阿智：可以使用内部收益率计算的专有函数——IRR()函数和MIRR()函数。

使用现金进行投资时，首先需要计算出内部收益率。为了保证收益率的准确，先保证投资稳定性和保险性，再对内部收益率进行修正计算，下面分别进行介绍。

4.3.1 IRR() 计算现金流的内部收益率

在某项投资中，已知需要投入的金额和每期可得到的回报，将这些数据列举出来形成一组现金流数据，即可求得该项投资的内部收益率，其语法结构如下所示。

```
IRR(values,[guess])
```

- values：表示用于计算内部收益率的数字，其类型可为数组或单元格引用。
- guess：可选参数，表示预期利率，如果省略此参数，则认为预期利率为 10%。

下面使用 IRR() 函数来计算“投资项目内部收益率”工作簿中的投资项目内部收益率数据，具体操作如下所示。

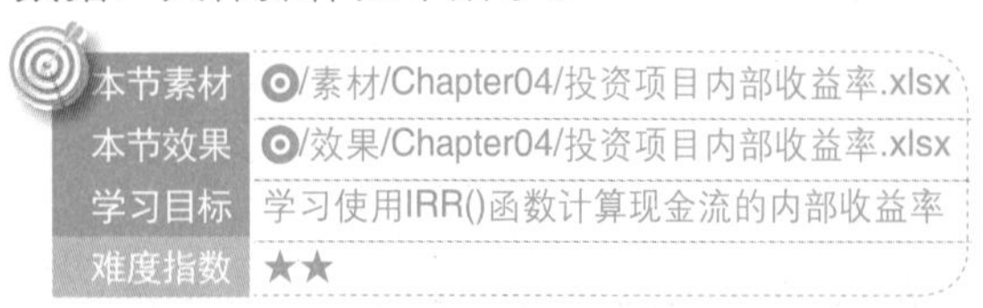

本节素材	/素材/Chapter04/投资项目内部收益率.xlsx
本节效果	/效果/Chapter04/投资项目内部收益率.xlsx
学习目标	学习使用IRR()函数计算现金流的内部收益率
难度指数	★★

步骤 01 打开“投资项目内部收益率”素材文件，❶ 选择 C4 单元格，❷ 在编辑栏中输入函数“=IRR(B3:E3)”，按 Ctrl+Enter 组合键，如图 4-29 所示。

图4-29　输入IRR()函数

步骤 02 系统自动根据 B3:E3 单元格区域的数据计算出内部收益率（其 B3 单元格的数据表示项目投入的金额，所以是负数，后面表示回报金额，是正数），如图 4-30 所示。

图4-30　内部收益率

4.3.2 MIRR() 计算现金流的修正内部收益率

在计算某项投资的内部收益率时，IRR() 函数未考虑投资成本和回报资金的再投资价值。如果计划将投资回报进行再投资，则需要计算现金流的修正内部收益，这就需要使用 MIRR() 函数来完成，其语法结构如下所示。

```
MIRR(values,finance_rate,
    reinvest_rate)
```

- values：必选参数，与 IRR() 函数的 values 参数相同，代表各期支出（负值）及收入（正值）的一系列数值，可以是数组或单元格引用。
- finance_rate：必选参数，现金流中使用的资金支付的利率，如贷款投资中的贷款利率。
- reinvest_rate：必选参数，将现金流用于再投资的收益率。

下面以使用 MIRR() 函数来计算出“修正内部收益率”工作簿中的修正内部收益率数据为例，介绍其具体操作。

步骤 01 打开“修正内部收益率”素材文件，❶选择 E2 单元格，❷在编辑栏中输入函数“=MIRR($B$1:B2,$C$2,$D$2)”，按 Ctrl+Enter 组合键，如图 4-31 所示。

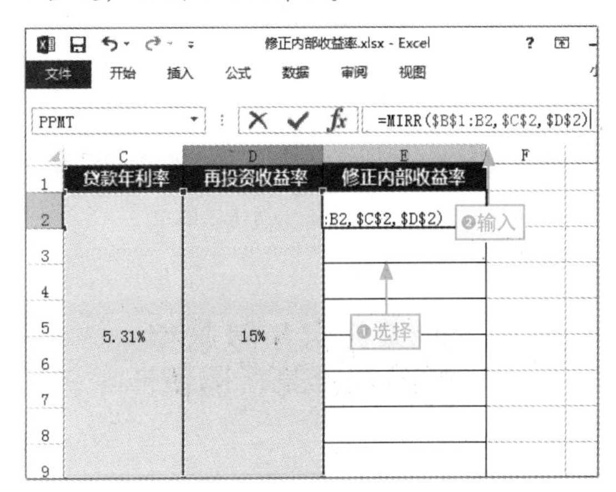

图4-31 输入MIRR()函数

参数Values设置要当心

与 IRR() 函数的 values 参数类似，MIRR() 函数的 values 参数也是代表一个有序的现金流顺序，其中至少包含一个正值和一个负值。若参数是数组或单元格引用，返回的空值、文本和逻辑值将被忽略。如果参数的有效数值不是一个正值和一个负值，函数将返回“#DIV/0!”错误。

步骤 02 填充函数到数据末行，系统会自动计算出相应修正内部收益率，效果如图 4-32 所示。

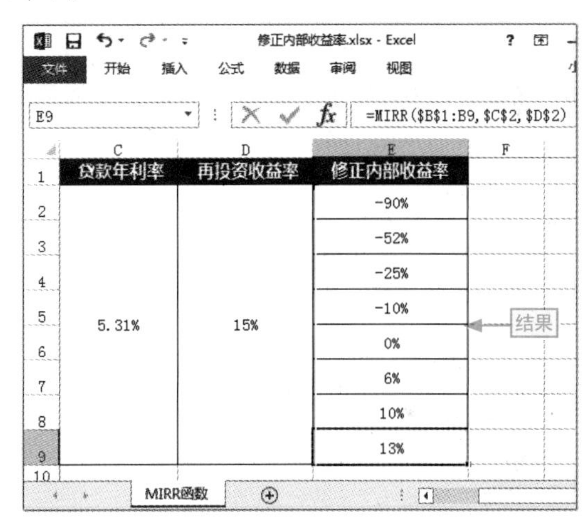

图4-32 填充函数自动计算出修正内部收益率

4.4 折旧数据函数

小白：对于公司购买的生产办公设备，有什么方法可以计算出它们折旧后的价值呢？

阿智：可以使用折旧函数来进行计算。

折旧函数专门用来计算固定设备的折旧，帮助用户制订出更好的采购、维护和使用设备的方案与策略。

4.4.1 SLN() 以计算每期线性折旧费

线性折旧法也称直线折旧法或平均年限法，是与年限总和法相对应的一种折旧计提方法，也是使用最普遍、计算最简单的折旧方法，它按固定资产的使用年限平均计提折旧。年折旧值计算公式为：（原值-预计净残值）/ 折旧年限，其语法结构如下所示。

```
SLN(cost,salvage,life)
```

◆ cost：表示资产的原始价值。

◆ salvage：表示资产的预计净残值。

◆ life：表示资产的折旧期数（通常为年或月）。

下面以使用 SLN() 函数来计算“设备折旧计算”工作簿中的电脑设备的直线折旧值为例，介绍其具体操作。

本节素材	⊙/素材/Chapter04/设备折旧计算.xlsx
本节效果	⊙/效果/Chapter04/设备折旧计算.xlsx
学习目标	学习使用SLN()函数计算直线折旧值
难度指数	★★

步骤 01 打开“设备折旧计算”素材文件，❶ 选择 B6:B11 单元格区域，❷ 在编辑栏中输入函数“=SLN($C$3,$D$3,$B$3)”，按 Ctrl+Enter 组合键，如图 4-33 所示。

	A	B	C
2	固定资产	使用时间（年）	资产原值
3	电脑	6	¥3,500.00
4			
5	年份	直线折旧值	
6	第 1 年	=SLN($C$3, $D$3, $B$3)	
7	第 2 年		
8	第 3 年		
9	第 4 年		
10	第 5 年		
11	第 6 年		

图4-33 输入直线折旧函数SLN()

步骤 02 系统自动根据设备原值、使用年限和残值，计算出直线折旧值（类似计算平均值，它是一种理想状态下的折旧），如图 4-34 所示。

	A	B	C
2	固定资产	使用时间（年）	资产原值
3	电脑	6	¥3,500.00
4			
5	年份	直线折旧值	
6	第 1 年	¥583.33	
7	第 2 年	¥583.33	
8	第 3 年	¥583.33	
9	第 4 年	¥583.33	
10	第 5 年	¥583.33	
11	第 6 年	¥583.33	

图4-34 计算的直线折旧值

4.4.2 SYD() 以年限总和折旧法计算折旧值

年限总和折旧法是资产折旧值计算的另一种常用方法，此方法根据资产原值减去预计净残值后的余额，按照逐年递减的折旧率计提固定资产折旧，其语法结构如下所示。

```
SYD(cost,salvage,life,per)
```

SYD() 函数的 cost、salvage、life 参数与 SLN() 函数参数的含义和用法相同，其中 per 参数表示要计算的折旧值期间，取值为大于或等于 1，或等于 life 值的整数，其期间单位必须与 life 单位相同。

下面以使用 SYD() 函数来计算“设备折旧计算 1”工作簿中的电脑的年限总和折旧值为例，介绍其具体操作。

本节素材	/素材/Chapter04/设备折旧计算1.xlsx
本节效果	/效果/Chapter04/设备折旧计算1.xlsx
学习目标	使用SYD()函数以年限总和计算折旧值
难度指数	★★

步骤01 打开“设备折旧计算1”素材文件，❶选择B6单元格区域，❷在编辑栏中输入函数“=SYD($C$3,$D$3,$B$3,A6)”，按Ctrl+Enter组合键，如图4-35所示。

	A	B	C
2	固定资产	使用时间（年）	资产原值
3	电脑	6	¥3,500.00
4			
5	年份	折旧值	
6	第1年	=SYD($C$3, $D$3, $B$3, A6)	
7	第2年		

图4-35 输入SYD()函数

步骤02 向下填充函数到数据末行，系统自动计算出相应折旧值数据，如图4-36所示。

	A	B	C
2	固定资产	使用时间（年）	资产原值
3	电脑	6	¥3,500.00
4			
5	年份	折旧值	
6	第1年	¥1,000.00	
7	第2年	¥833.33	
8	第3年	¥666.67	
9	第4年	¥500.00	
10	第5年	¥333.33	
11	第6年	¥166.67	

图4-36 以年限总和计算出的折旧值

4.4.3 DB()以固定余额递减法计算折旧数据

固定余额递减法是加速折旧法的一种，它将每期固定资产的期初账面净值乘以一个固定不变的百分比（折旧率）来计算当期的折旧额。采用此方法计提折旧，能保证资产在整个使用寿命的期末，其账面净值正好等于预计残值，其语法结构如下所示。

```
DB(cost,salvage,life,period,[month])
```

- cost：表示固定资产的原始价值。
- salvage：表示固定资产使用寿命到期后的预计残值。
- life：表示固定资产的折旧期数，必须是大于或等于1的正整数。
- period：表示需要计算折旧额的期间，其值应该是大于或等于1且小于或等于life值的正数。
- month：可选参数，表示计算折旧资产第一年包含的月份数，取值范围为1～12的整数，若省略该参数，则默认为12，即第一年按整年计提折旧。

下面以使用DB()函数来计算“设备折旧计算2”工作簿中的电脑设备固定余额递减折旧值为例，介绍其具体操作。

本节素材	/素材/Chapter04/设备折旧计算2.xlsx
本节效果	/效果/Chapter04/设备折旧计算2.xlsx
学习目标	使用DB()函数计算余额递减的折旧值
难度指数	★★

步骤01 打开“设备折旧计算2”素材文件，❶选择B6单元格，❷在编辑栏中输入函数“=DB($C$3,$D$3,$B$3,A6,12)”，按Ctrl+Enter组合键，如图4-37所示。

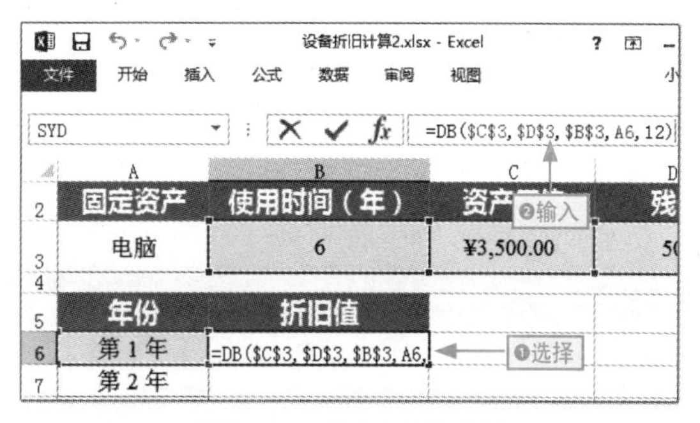

图4-37 输入DB()函数

步骤 02 向下填充函数到数据末行，系统自动计算出相应折旧值数据，如图 4-38 所示。

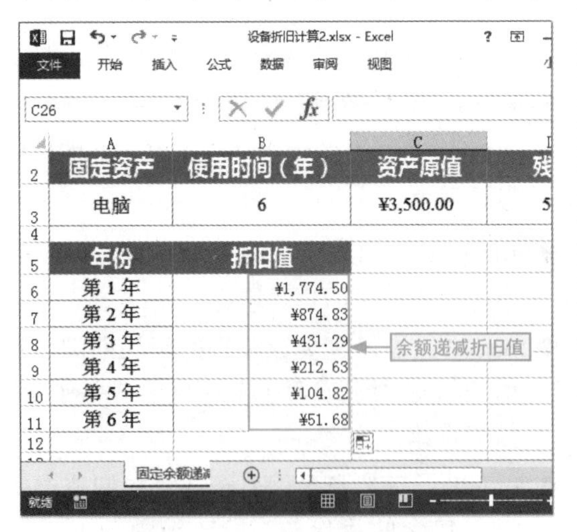

图4-38　固定余额递减折旧值

4.4.4 DDB() 以双倍余额递减法计算资产折旧值

双倍余额递减法是在固定余额递减法的基础上，将折旧率增加一倍后计算出来的折旧额，也是我国现行财会制度中允许使用的资产折旧算法之一，它的主要特点是前期折旧额较多，越往后折旧额越少。其语法格式如下。

```
DDB(cost,salvage,life,period,[factor])
```

其语法中各参数参见 DB() 函数，factor 参数为可选，表示余额递减速率，如果 factor 被省略，则假设为 2（双倍余额递减）。

下面通过以 DDB() 函数来计算“设备折旧计算 3”工作簿中的电脑设备的折旧值为例，介绍其具体操作。

本节素材	⊙/素材/Chapter04/设备折旧计算3.xlsx
本节效果	⊙/效果/Chapter04/设备折旧计算3.xlsx
学习目标	使用DDB()函数计算双倍递减余额折旧值
难度指数	★★

步骤 01 打开“设备折旧计算 3”素材文件，❶选择 B6 单元格，❷在编辑栏中输入函数“=DDB($C$3,$D$3,$B$3,A6)”，按 Ctrl+Enter 组合键，如图 4-39 所示。

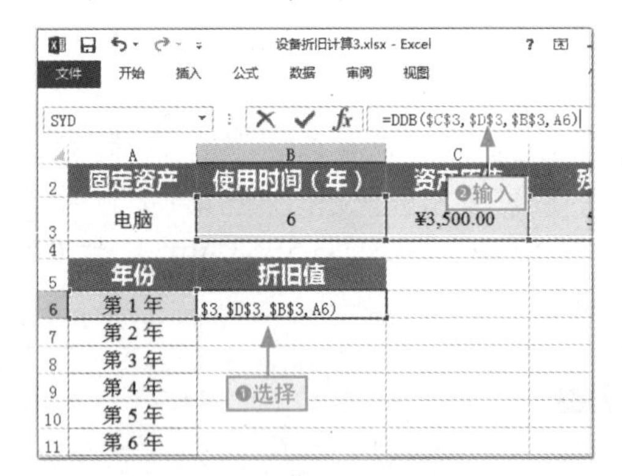

图4-39　输入DDB()函数

步骤 02 向下填充函数到数据末行，系统自动计算出相应折旧值数据，如图 4-40 所示。

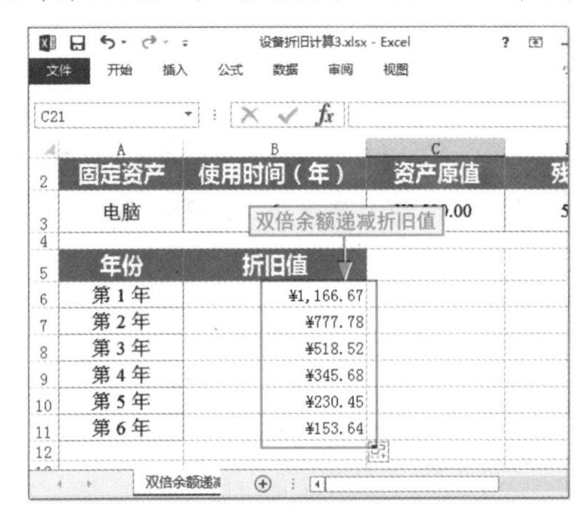

图4-40　双倍余额递减折旧值

4.4.5 VDB() 用余额递减法计算任何期间的资产折旧值

DB() 函数和 DDB() 函数都是计算单个折旧时间点的折旧值，如果要用余额递减法计算某一个区间内的资产折旧值，则可以使用 VDB() 函数，其语法结构如下所示。

```
VDB(cost,salvage,life,start_period,
  end_period,[factor],[no_switch])
```

◆ start_period：必选参数，表示需要计算折

旧值的起始期间，其单位必须与 life 相同。

◆ end_period：必选参数，表示需要计算折旧值的结束期间，其单位必须与 life 相同。

◆ factor：可选参数，与 DDB() 函数的 factor 参数意义相同，调整其值可以更改余额递减速率，省略时默认值为 2。

◆ no_switch：可选参数，一个逻辑值，用于指定当折旧值大于余额递减计算值时，是否转用直线折旧法计算折旧。忽略此参数默认为 FALSE，表示折旧值大于余额递减计算值时转用直线折旧法计算，如果指定为 TRUE，则不会自动转换。

其中 cost、salvage 和 life 参数的意义与用法跟 DB() 和 DDB() 函数的对应参数相同。

下面以使用 VDB() 函数来计算“设备折旧计算 4”工作簿中电脑设备的期间余额递减折旧值数据为例，介绍其具体操作。

本节素材	/素材/Chapter04/设备折旧计算4.xlsx
本节效果	/效果/Chapter04/设备折旧计算4.xlsx
学习目标	学习使用VDB()函数计算期间折旧值
难度指数	★★

步骤 01 打开“设备折旧计算 4”素材文件，❶选择 B6 单元格，❷在编辑栏中输入函数“=VDB($C$3,$D$3,$B$3,0,A6)”，按 Ctrl+Enter 组合键，如图 4-41 所示。

图4-41 计算第一年的折旧值

巧避第一期区间余额雷区

在 VDB() 函数中会有开始日期和结束日期，但在第一期中开始日期没有，所以这里必须设置为 0，否则计算结果将会是错误的或不准确的。图 4-42 所示是将开始参数设置为当前期数的错误效果。

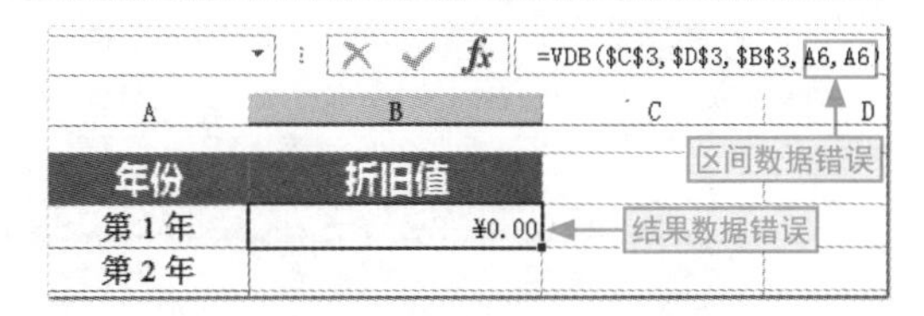

图4-42 区间开始参数设置错误

步骤 02 ❶选择 B7 单元格，❷在编辑栏中输入函数“=VDB($C$3,$D$3,$B$3,A6,A7)”，按 Ctrl+Enter 组合键，如图 4-43 所示。

图4-43 输入VDB()函数

步骤 03 向下填充函数到数据末行，系统自动计算出相应折旧值数据，如图 4-44 所示。

图4-44 余额递减法计算期间折旧值

设备残值设置不能这样

在使用 DB 系列函数进行折旧值计算时，设备残值不能设置为 0，因为这样 DB 系列函数将在第一期的折旧值中全部折算完，使整个计算没有任何意义，即便计算出相应的数据也是不准确的。图 4-45 所示是残值设置为 0，使用 DB 系列函数计算的折旧错误效果。

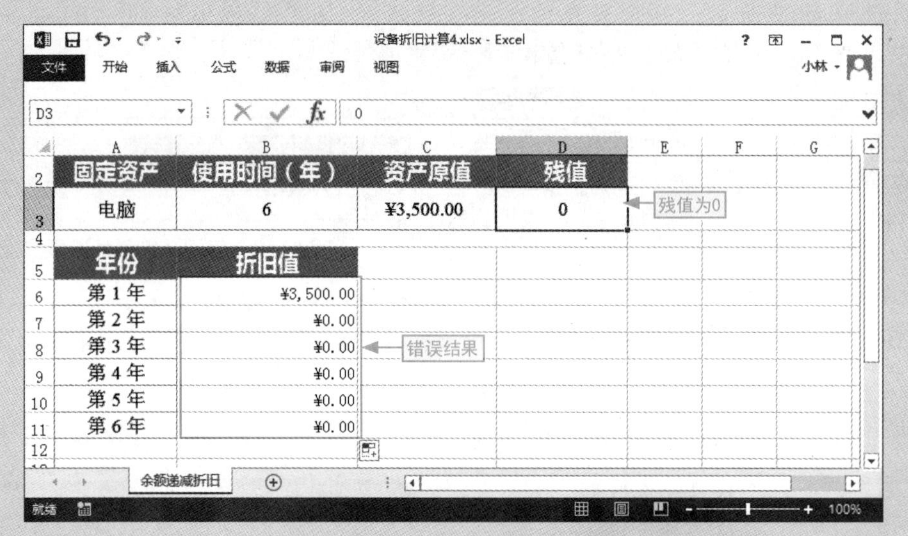

图4-45　残值不当导致结果错误

给你支招 | 如何将筛选结果保存到新工作表中

小白：在单元格或指定单元格区域以某种文本的方式显示具体期限时，同时要对其进行数值的引用，这时该怎么解决呢？

阿智：要想让单元格或单元格区域的数据以类似文本显示，同时又希望其是数据，方便在函数或公式中调用，这时我们可以通过自定义数据类型来轻松实现，比如我们让数据显示为第 × 年的样式，具体操作如下。

步骤 01 ❶选择目标单元格区域，❷在“开始”选项卡中单击“数字”组中的“对话框启动器”按钮，打开“设置单元格格式”对话框，如图 4-46 所示。

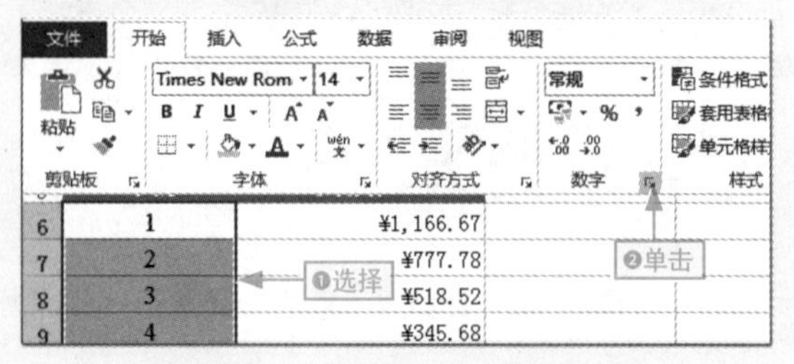

图4-46　选择目标单元格区域

步骤 02 ❶选择“自定义”选项，❷选择“G/通用格式”选项，❸在“类型”文本框中内容的开头和最后输入“第”和“年”，如图 4-47 所示。

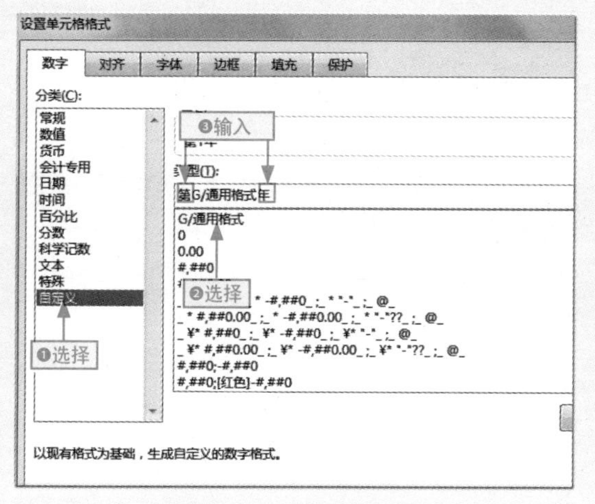

图4-47 自定义类型

步骤 03 返回到工作表中即可查看自定义的数据类型效果（会以数值的方式参与到相应的函数计算中而不影响其结果），如图 4-48 所示。

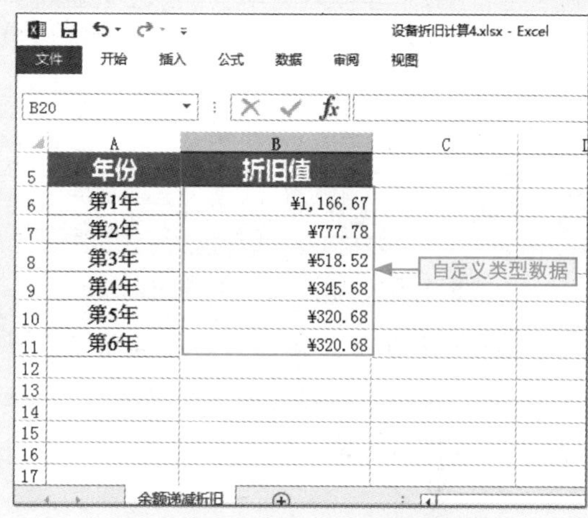

图4-48 自定义类型数据效果

给你支招 | 分步查看公式 / 函数计算结果

小白：在分解或检查函数时（特别是公式函数出错时），可以让其分步显示结果部分吗？

阿智：当然可以。我们可以通过公式求值功能来轻松实现，具体操作如下。

步骤 01 ❶选择包含公式或函数的单元格，❷单击“公式”选项卡中的“公式求值”按钮，打开“公式求值”对话框，如图 4-49 所示。

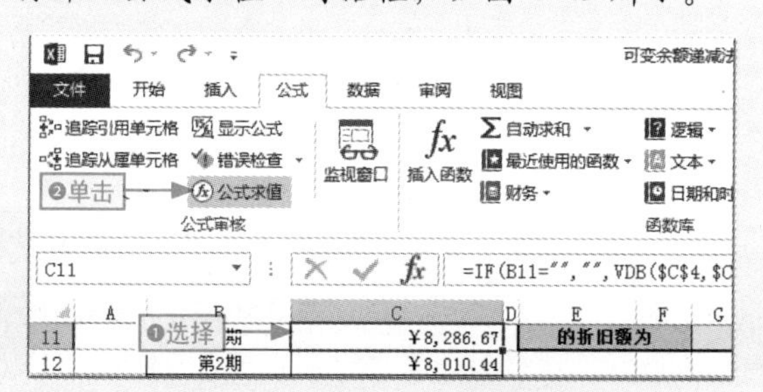

图4-49 启用公式求值功能

步骤 02 ❶单击“步入”按钮，❷单击“求值”按钮，如图 4-50 所示。

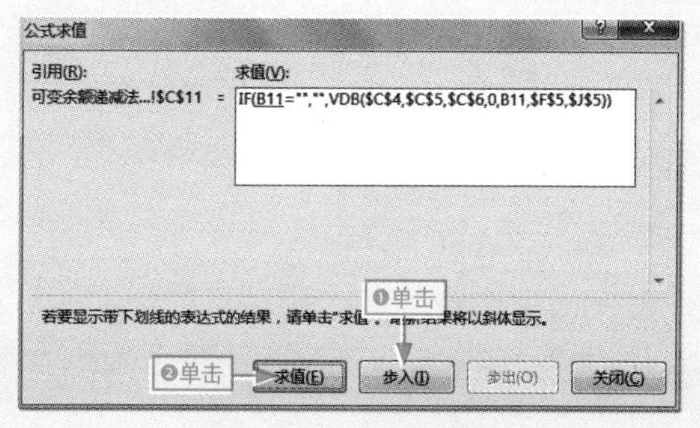

图4-50 步入并求值

步骤 03 系统将相应的引用带入公式或函数中，单击“求值”按钮，如图 4-51 所示。

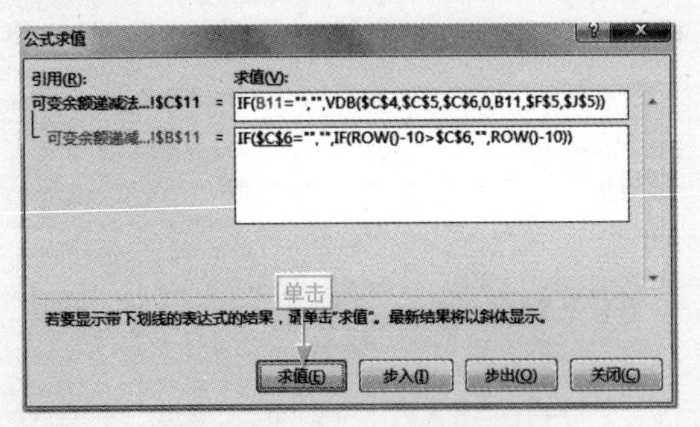

图4-51 单击“求值”按钮

步骤 04 系统自动计算出第一部分结果，单击“求值”按钮（根据需要进行单击），系统自动计算出相应的值，如图 4-52 所示。

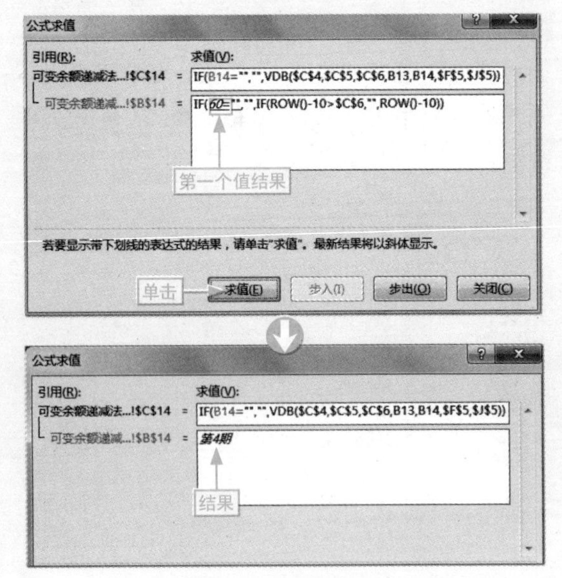

图4-52 继续求值

Chapter 05

逻辑与信息函数的应用

学习目标

在表格中对数据的是否、真假判定或条件的规定等都是较为常见的操作，但这些不需要我们手动进行，可直接使用 Excel 中的逻辑函数和信息函数来自动实现。本章将具体介绍逻辑与信息函数的相关应用。

本章要点

- IF()判断条件是否成立
- AND()多条件同时满足
- OR()满足任一条件
- NOT()对数据结果取反
- IFERROR()判断公式是否有错误
- ......
- ISTEXT()判断指定数据是否为文本
- ISNUMBER()判断指定数据是否为数字
- ISEVEN()判断指定数据是否为偶数
- ISODD()判断指定数据是否为奇数
- ISFORMVLA()检测单元格是否包含公式函数
- ......

知识要点	学习时间	学习难度
逻辑函数	30 分钟	★★★
信息函数	40 分钟	★★★

5.1 逻辑函数

小白：要对指定区域的数据进行是和否的判定，该怎样操作呢？

阿智：在Excel 2013中有一类专门用于数据是否和成立与不成立的判定——逻辑函数。

可以将逻辑函数简单理解为对是否进行判定的函数，可以通过使用它们来实现一些指定的操作。

5.1.1 IF() 判断条件是否成立

当需要判断某个条件是否成立，并根据判断结果输出不同的结果时，可以使用 IF() 函数来完成，其语法结构如下所示。

```
IF(logical_test,[value_if_true],[
        value_if_false])
```

- logical_test：必选参数，一个可以返回逻辑值 TRUE 或 FALSE 的任意表达式。
- value_if_true：可选参数，当 logical_test 参数的计算结果为TRUE时所要返回的值，可以是任意文本、数字、数组、单元格引用或表达式。如果省略该参数，当 logical_test 参数的计算结果为 TRUE 时将返回数字 1（即逻辑值 TRUE）。
- value_if_false：可选参数，当 logical_test 参数的计算结果为 FALSE 时所要返回的值，可以是任意文本、数字、数组、单元格引用或表达式。如果省略该参数，当 logical_test 参数的计算结果为 FALSE 时将返回数字 0（即逻辑值 FALSE）。

下面以在“工资数据”工作簿中使用 IF() 函数根据实得工资数据自动判定出是否交税为例，介绍其具体操作。

本节素材	/素材/Chapter05/工资数据.xlsx
本节效果	/效果/Chapter05/工资数据.xlsx
学习目标	学会使用IF()函数判定是否应交个税
难度指数	★★

步骤 01 打开“工资数据”素材文件，❶选择 F3 单元格，❷单击“逻辑”下拉按钮，❸选择“IF”选项，如图 5-1 所示。

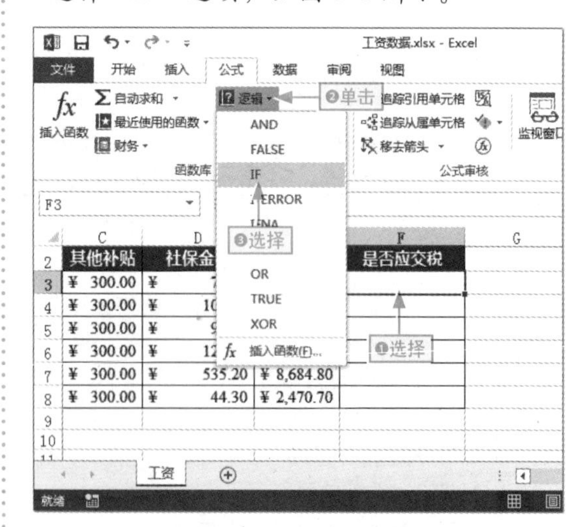

图5-1 插入IF()函数

步骤 02 在打开的对话框中，❶设置相应参数，❷单击“确定”按钮，如图 5-2 所示。

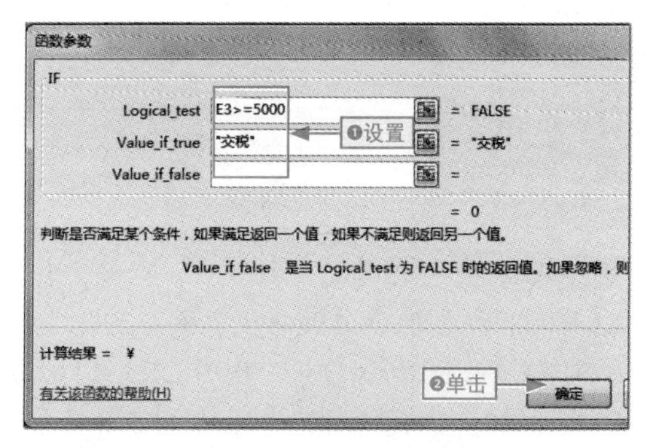

图5-2 设置函数参数

步骤 03 返回到工作表中，向下填充函数，系统自动判定出结果，如图 5-3 所示。

=IF(E3>=5000,"交税"," ")

其他补贴	社保金额	实得工资	是否应交税
¥ 300.00	¥ 73.80	¥ 3,916.20	
¥ 300.00	¥ 105.78	¥ 5,483.22	交税
¥ 300.00	¥ 9[illegible]	[illegible]0.49	交税
¥ 300.00	¥ 126.30	¥ 6,488.70	交税
¥ 300.00	¥ 535.20	¥ 8,684.80	交税
¥ 300.00	¥ 44.30	¥ 2,470.70	

判定结果

图5-3 判断交税结果

5.1.2 AND() 多条件同时满足

AND() 函数对多个条件进行判断，并且只有多个条件同时成立时，才得到条件成立的结果（返回逻辑值 TRUE），其语法格式如下所示。

```
AND(logical1,[logical2],...)
```

它至少包含一个 logical 参数，表示要检验的第一个条件，其计算结果可以为 TRUE 或 FALSE。此外还可以选择性地给予 2 ～ 255 个附加条件，只有所有条件都为 TRUE 时，函数才返回 TRUE，否则函数将返回 FALSE。

下面以在“优秀员工评选”工作簿中使用 AND() 函数根据每周数据来判断是否大于 10000 的优秀标准，最后通过 IF() 函数来自动填写优秀员工数据为例，介绍其具体操作。

本节素材	/素材/Chapter05/优秀员工评选.xlsx
本节效果	/效果/Chapter05/优秀员工评选.xlsx
学习目标	学会使用AND()函数判定优秀员工
难度指数	★★

步骤 01 打开“优秀员工评选”素材文件，选择 G3 单元格，❶单击“逻辑”下拉按钮，❷选择“AND”选项，如图 5-4 所示。

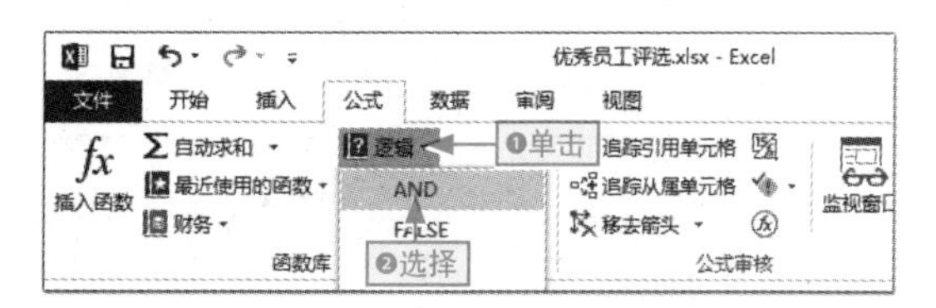

图5-4 插入AND()函数

步骤 02 打开“函数参数”对话框，❶设置相应参数，❷单击“确定”按钮，如图 5-5 所示。

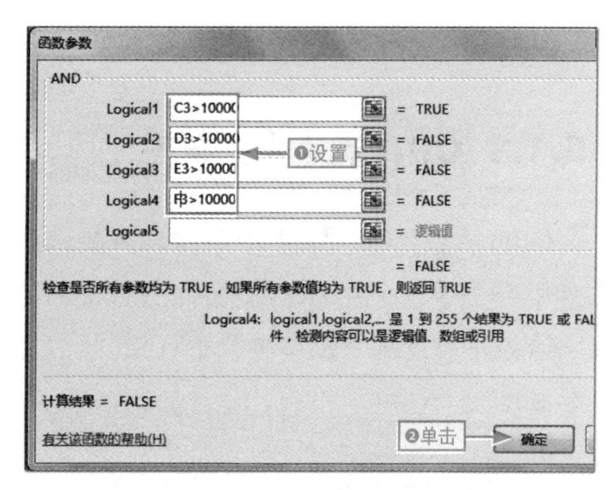

图5-5 设置函数参数

步骤 03 在编辑栏中接着输入 IF() 函数作为主函数，将 AND() 函数作为嵌套函数，按 Ctrl+Enter 组合键，如图 5-6 所示。

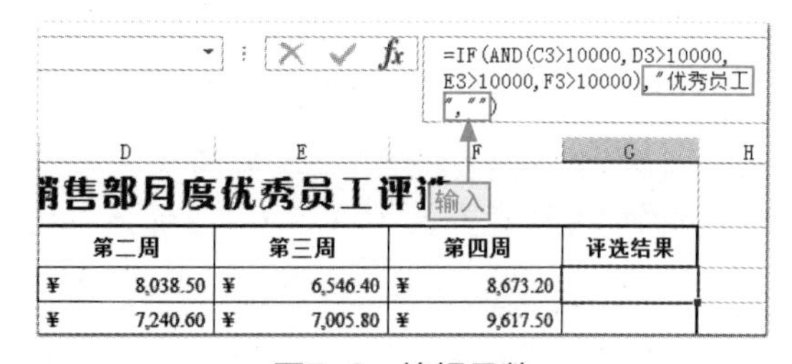

图5-6 编辑函数

步骤 04 向下填充函数到 G21 单元格，系统自动将“优秀员工”判定结果显示在相应的单元格中（若没有 IF() 函数，系统只会显示 TRUE 和 FALSE，所以 IF() 函数在这里充当了一个翻译器），如图 5-7 所示。

优秀员工评选.xlsx - Excel

G29

	D	E	F	G
2	第二周	第三周	第四周	评选结果
3	¥ 8,038.50	¥ 6,546.40	¥ 8,673.20	
4	¥ 7,240.60	¥ 7,005.80	¥ 9,617.50	
5	¥ 10,850.60	¥ 4,904.20	¥ 11,943.60	
6	¥ 12,139.50	¥ 11,442.70	¥ 13,717.90	优秀员工
7	¥ 6,419.00	¥ 9,451.30	¥ 2,207.90	
8	¥ 10,437.90	¥ 10,349.90	¥ 12,708.80	优秀员工
9	¥ 8,466.90	¥ 9,850.10	¥ 9,923.30	
10	¥ 9,189.20	¥ 7,839.00	¥ 6,302.20	
11	¥ 4,617.90	¥ 5,256.50	¥ 7,751.10	
12	¥ 2,952.10	¥ 9,683.70	¥ 3,602.50	
13	¥ 4,730.10	¥ 5,303.60	¥ 10,405.00	

判定结果

7月份评选

图5-7 评选结果

5.1.3 OR() 满足任一条件

OR() 函数用来判断多个条件，只要这些条件中有一个条件为 TRUE，即可得到最终结果为 TRUE，只有全部条件为 FALSE 时，最终结果才为 FALSE，其语法格式如下所示。

```
OR(logical1,[logical2],...)
```

其中至少包含一个 logical 参数，logical 表示要检验的第一个条件，其计算结果可以为 TRUE 或 FALSE。此外还可以选择性地给予 2 ～ 255 个附加条件，只有所有条件都为 FALSE 时，函数才返回 FALSE，否则函数将返回 TRUE。

下面以在“优秀员工评选 1”工作簿中使用 OR() 函数根据每周数据判定出优秀员工为例，介绍其具体操作。

本节素材	/素材/Chapter05/优秀员工评选1.xlsx
本节效果	/效果/Chapter05/优秀员工评选1.xlsx
学习目标	学习使用OR()函数对优秀员工进行评定
难度指数	★★

步骤 01 打开“优秀员工评选 1”素材文件，❶选择 G3 单元格，❷在编辑栏中输入函数“=IF(OR(C3<10000,D3<10000,E3<10000,F3<10000),"","优秀员工")”，如图 5-8 所示。

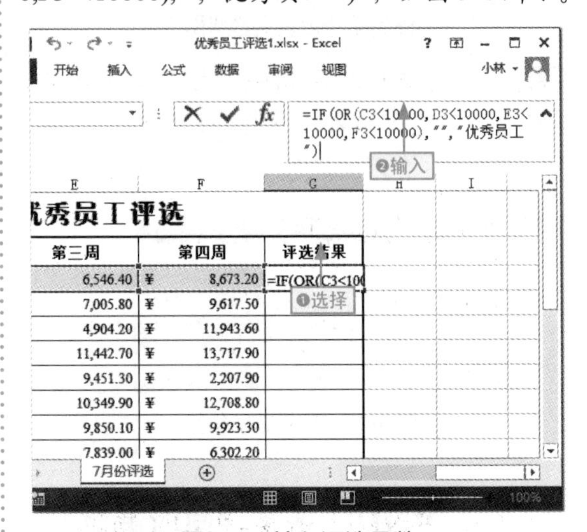

图5-8 输入评选函数

步骤 02 按 Ctrl+Enter 组合键确认，向下填充函数到数据末行，系统自动评定出优秀员工，如图 5-9 所示。

优秀员工评选1.xlsx - Excel

=IF(OR(C21<10000,D21<10000,E21<10000,F21<10000),"","优秀员工")

E	F	G	H	I
第三周	第四周	评选结果		
¥ 6,546.40	¥ 8,673.20			
¥ 7,005.80	¥ 9,617.50			
¥ 4,904.20	¥ 11,943.60			
¥ 11,442.70	¥ 13,717.90	优秀员工		
¥ 9,451.30	¥ 2,207.90			
¥ 10,349.90	¥ 12,708.80	优秀员工		
¥ 9,850.10	¥ 9,923.30			
¥ 7,839.00	¥ 6,302.20			
¥ 5,256.50	¥ 7,751.10			
¥ 9,683.70	¥ 3,602.50			

判定结果

7月份评选

图5-9 查看评选结果

5.1.4 NOT() 对数据结果取反

NOT() 是取反函数，即将原来的是改为否，否改为是。也就是原来的是 TRUE，得到的结果是 FALSE，其语法结构如下。

```
NOT(logical)
```

它仅有一个 logical 参数，该参数为必选参数，表示要对其取反的一个逻辑值或返回逻辑值的表达式。

下面在“优秀员工评选 1”工作簿中使用 NOT() 函数根据每周数据判定出优秀员工，具体操作如下。

步骤 01 打开“优秀员工评选 2”素材文件，❶选择H3单元格，❷在编辑栏中输入函数“=IF (NOT (G3>10000),"","优秀员工")”，如图 5-10 所示。

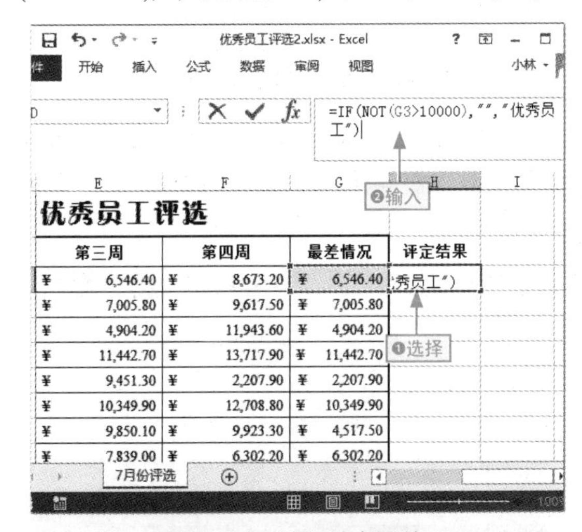

图5-10 输入评定函数

步骤 02 按 Ctrl+Enter 组合键确认，向下填充函数到数据末行，系统自动评定出优秀员工，如图 5-11 所示。

第三周	第四周	最差情况	评定结果
¥ 6,546.40	¥ 8,673.20	¥ 6,546.40	
¥ 7,005.80	¥ 9,617.50	¥ 7,005.80	
¥ 4,904.20	¥ 11,943.60	¥ 4,904.20	
¥ 11,442.70	¥ 13,717.90	¥ 11,442.70	优秀员工
¥ 9,451.30	¥ 2,207.90	¥ 2,207.90	
¥ 10,349.90	¥ 12,70 [判定结果]	349.90	优秀员工
¥ 9,850.10	¥ 9,923.30	¥ 4,517.50	
¥ 7,839.00	¥ 6,302.20	¥ 6,302.20	
¥ 5,256.50	¥ 7,751.10	¥ 4,617.90	
¥ 9,683.70	¥ 3,602.50	¥ 2,952.10	

图5-11 评定结果

5.1.5 IFERROR() 判断公式是否有错误

IFERORR() 函数对公式是否产生错误进行判定，并在产生错误时返回一个指定的内容，作为对函数的一个保险机制，其语法结构如下所示。

```
IFERROR(value,value_if_error)
```

其中 value 是必选参数，指定要检查是否存在错误的可返回任意结果的表达式。value_if_error 是必选参数，当 value 参数得到“#N/A”“#VALUE!”“#REF!”“#DIV/0!”“#NUM!”“#NAME?”“#NULL!”等错误值时要返回的值，可以是文本、数字、逻辑值、单元格引用或任意表达式。图 5-12 所示是该函数的简单应用。

学习目标 掌握IFERROR()函数的应用

难度指数 ★★

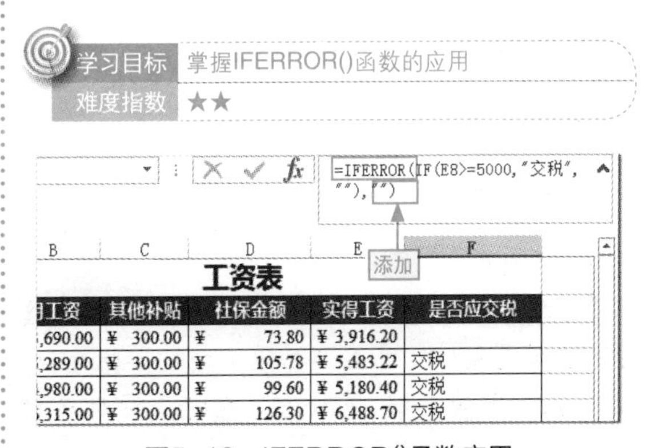

图5-12 IFERROR()函数应用

5.2 信息函数

阿智：在Excel 2013中有一类专门用于判定数据或对象当前状态的函数——信息函数。

小白：我听说过，可以用来判断指定区域的对象状况。

信息函数可以对对象状况进行判定，如是不是空格、是不是错误值等。

5.2.1 ISBLANK() 判断单元格是否为空

ISBLANK() 函数用来判断指定单元格是否为空或公式是否返回空值，其语法结构如下所示。

```
ISBLANK(value)
```

它仅有一个 value 必选参数，表示要检验的值，该参数可以是空单元格、错误值、逻辑值、文本、数字、引用值或者引用以上任意值的名称。

下面以在“工资数据 1”工作簿中使用 ISBLANK() 函数来判断员工工资数据是否存在，若存在再进行个税是否缴纳的判定为例，介绍其具体操作。

本节素材	⊙/素材/Chapter05/工资数据1.xlsx
本节效果	⊙/效果/Chapter05/工资数据1.xlsx
学习目标	使用ISBLANK()函数判定是否应缴个税
难度指数	★★

步骤 01 打开“工资数据 1”素材文件，❶选择 F3 单元格，❷单击“其他函数”下拉按钮，❸选择“信息→ISBLANK”选项，如图 5-13 所示。

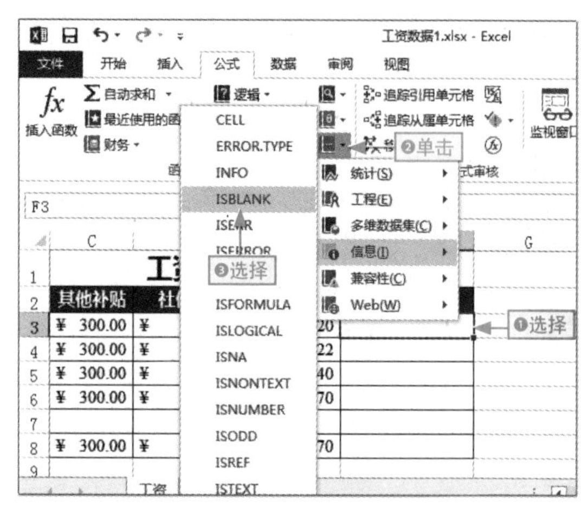

图5-13 插入ISBLANK()函数

步骤 02 打开“函数参数”对话框，❶设置相应参数，❷单击“确定”按钮，如图 5-14 所示。

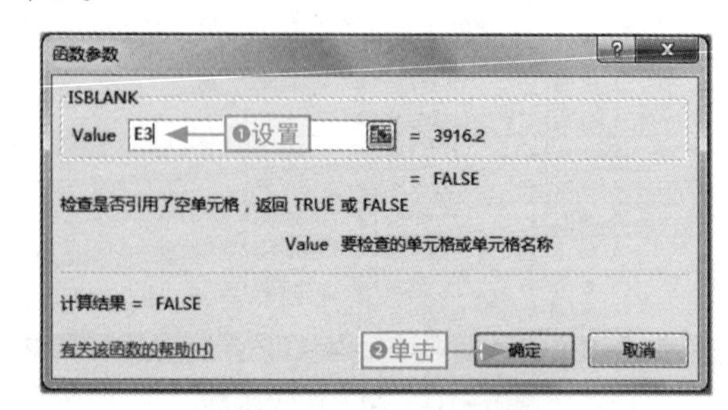

图5-14 设置函数参数

步骤 03 返回到工作表中，在编辑栏中添加 IF() 函数，如图 5-15 所示。

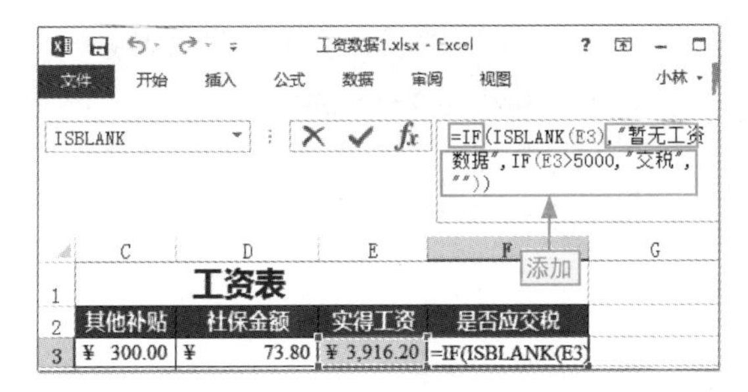

图5-15 完善函数

步骤 04 按Ctrl+Enter组合键确认，向下填充函数到数据末行，系统自动判断是否交税，如图5-16所示。

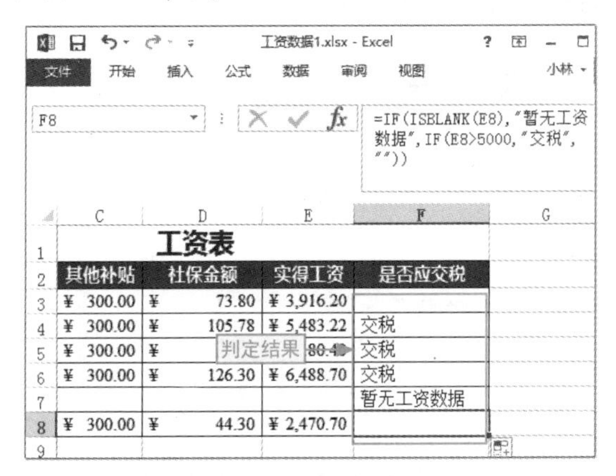

图5-16 是否交税的判定结果

5.2.2 ISERROR()判断指定数据是否为错误值

ISERROR()函数用来判断指定数据是否为错误值，其语法结构如下所示。

```
ISERROR(value)
```

它仅有一个value必选参数，表示要检验的值，该参数可以是空单元格、错误值、逻辑值、文本、数字、引用值，或者引用以上任意值的名称。当value参数返回任意错误值时，ISERROR()函数将返回逻辑值TRUE，否则返回FALSE。

下面以在“优秀员工评选3”工作簿中使用ISERROR()函数来让缺少数据的人员不参与优秀员工的判定为例，介绍其具体操作。

本节素材	/素材/Chapter05/优秀员工评选3.xlsx
本节效果	/效果/Chapter05/优秀员工评选3.xlsx
学习目标	学会使用ISERROR()函数判定错误值
难度指数	★★

步骤 01 打开“优秀员工评选3”素材文件，❶选择G3单元格，❷在编辑栏中输入评定函数，如图5-17所示。

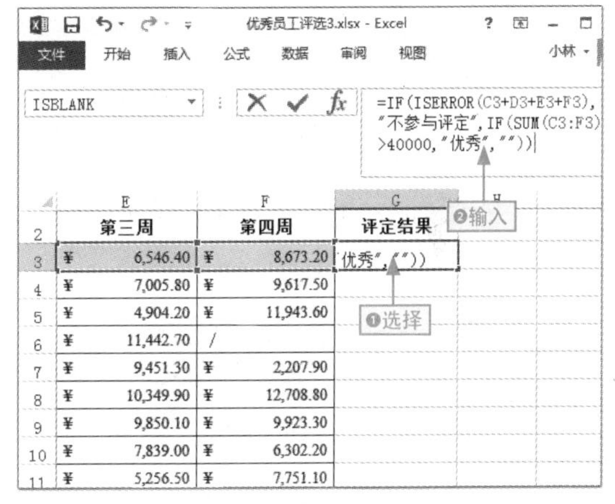

图5-17 输入评定函数

步骤 02 按Ctrl+Enter组合键确认，向下填充函数到数据末行，系统自动评定出不参与评定的员工，如图5-18所示。

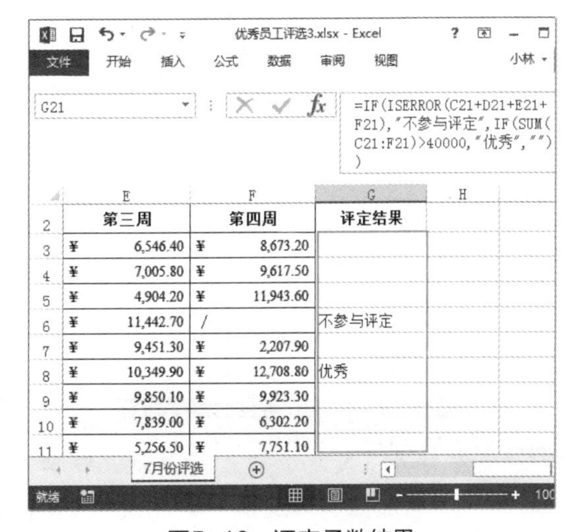

图5-18 评定函数结果

5.2.3 ISTEXT() 判断指定数据是否为文本

ISTEXT() 函数可以检测指定数据是否为文本，并根据检测结果返回逻辑值 TRUE 或 FALSE，其语法结构如下所示。

```
ISTEXT(value)
```

它仅有一个 value 必选参数，表示要检验的值。仅当 value 参数为文本时，ISTEXT() 函数才返回 TRUE，否则返回 FALSE。

下面以在“等级评定”工作簿中使用 ISTEXT() 函数来判断“评定”列中的输入数据类型是否为“文本”为例，介绍其具体操作。

本节素材	/素材/Chapter05/等级评定.xlsx
本节效果	/效果/Chapter05/等级评定.xlsx
学习目标	使用ISTEXT()函数判断数据类型是否为文本
难度指数	★★

步骤 01 打开“等级评定”素材文件，❶选择 J3:J18 单元格区域，❷单击“数据验证”按钮，如图 5-19 所示。

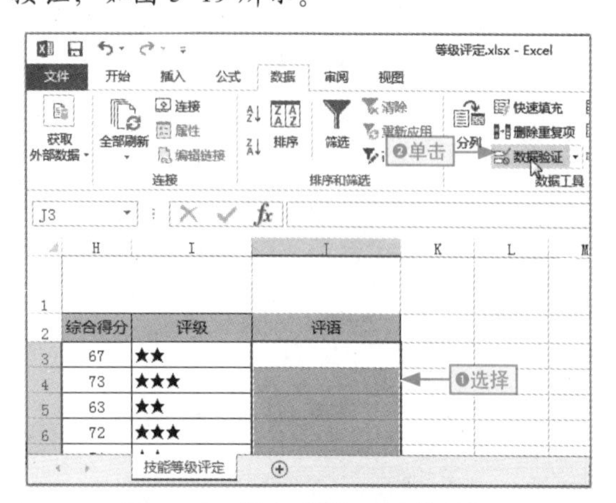

图5-19 单击“数据验证”按钮

步骤 02 打开“数据验证”对话框，❶单击“允许”下拉按钮，❷选择“自定义”选项，如图 5-20 所示。

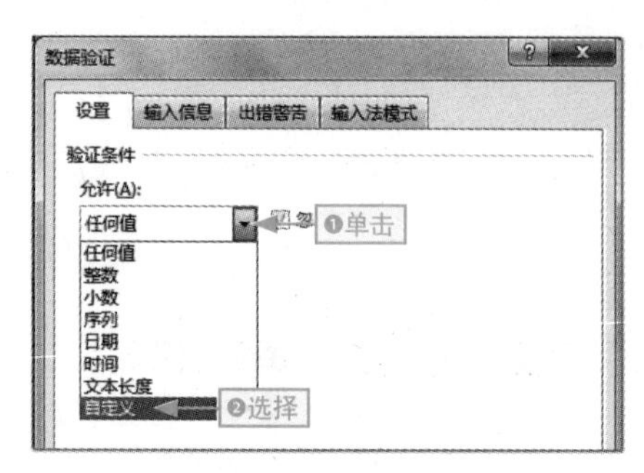

图5-20 选择数据验证规则

步骤 03 ❶在“公式”文本框中输入公式“=ISTEXT(J3)”，❷单击“确定”按钮，如图 5-21 所示。

图5-21 输入ISTEXT()函数

步骤 04 返回到工作表中，在“评语”列中输非文本类数据，系统自动打开非法值提示对话框，如图 5-22 所示。

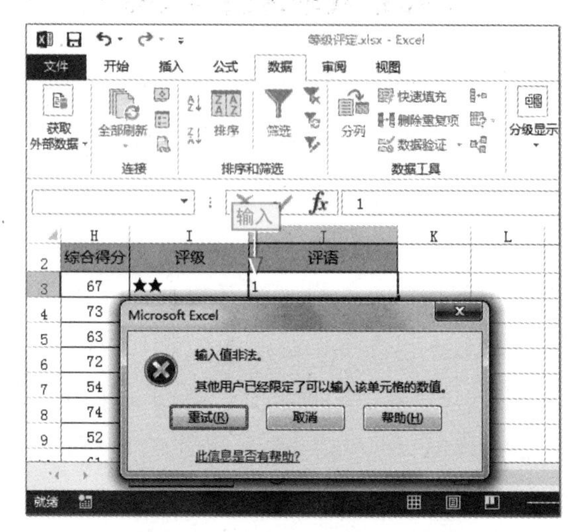

图5-22 ISTEXT()函数判断效果

5.2.4 ISNUMBER() 判断指定数据是否为数字

ISNUMBER() 函数来判断给定的表达式返回值或单元格引用是否为数字，其语法结构如下所示。

```
ISNUMBER(value)
```

它仅有一个 value 必选参数，表示要检验的值。仅当 value 参数为数字时，ISNUMBER() 函数才返回 TRUE，否则返回 FALSE。

下面以在“等级评定 1”工作簿中使用 ISNUMBER() 函数来判断“综合得分”列中的输入数据类型是否为“数字”为例，介绍其具体操作。

步骤 01 打开“等级评定 1”素材文件，❶选择 H3:H18 单元格区域，❷单击“数据验证”按钮，如图 5-23 所示。

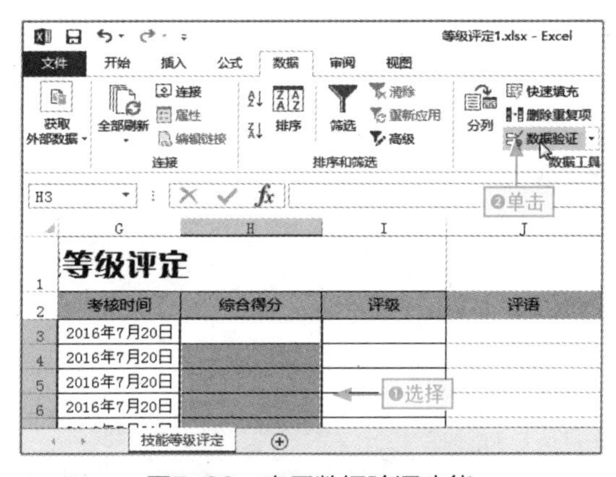

图5-23 启用数据验证功能

步骤 02 打开“数据验证”对话框，❶设置“允许”选项为“自定义”，❷在“公式”文本框中输入公式“=ISNUMBER(H3)”，❸单击“确定”按钮，如图 5-24 所示。

图5-24 添加限制数字的验证规则

步骤 03 返回到工作表中，在“综合得分”列中输入非数字类数据，系统自动打开非法值提示对话框，如图 5-25 所示。

图5-25 限制数字验证规则效果

5.2.5 ISEVEN() 判断指定数据是否为偶数

ISEVEN() 用来判断一个数字是否为偶数，其语法结构如下所示。

```
ISEVEN(number)
```

它仅有一个 number 必选参数，表示要检验的值。当 number 参数为偶数时，函数才返回 TRUE，否则返回 FALSE。

下面以在“等级评定 2”工作簿中使用

ISEVEN() 函数根据“性别代码”列中数字的奇偶性来自动填写性别数据为例，介绍其具体操作。

步骤 01 打开“等级评定 2”素材文件，❶ 选择 F3 单元格，❷ 在编辑栏中输入函数，如图 5-26 所示。

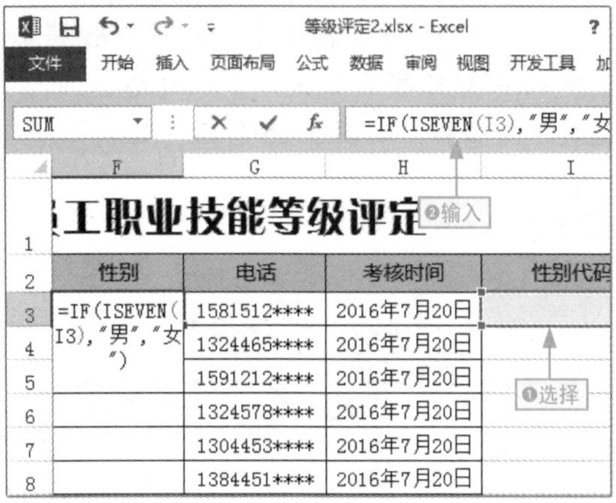

图5-26　输入函数

步骤 02 按 Ctrl+Enter 组合键确认，向下填充函数到数据末行，系统自动判定并填写相应的性别数据，如图 5-27 所示。

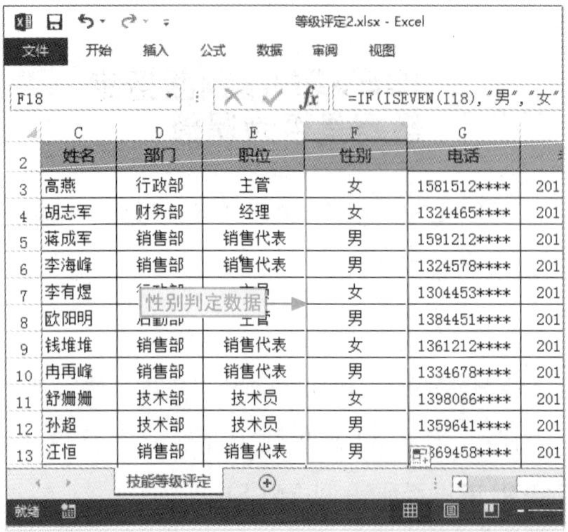

图5-27　自动判定性别的效果

5.2.6 ISODD() 判断指定数据是否为奇数

ISODD() 函数用来判断一个数字是否为奇数，其语法结构如下所示。

```
ISODD(number)
```

它仅有一个 number 必选参数，表示要检验的值。当 number 参数为奇数时，函数才返回 TRUE，否则返回 FALSE，这与 ISEVEN() 函数刚好相反，因此用 NOT() 函数对 ISEVEN() 函数取反，可以得到相同的结果。

下面以在“等级评定 3”工作簿中使用 ISODD() 函数根据“性别代码”列中数字的奇偶性来自动填写性别数据为例，介绍其具体操作。

步骤 01 打开“等级评定 3”素材文件，❶ 选择 F3 单元格，❷ 在编辑栏中输入函数，如图 5-28 所示。

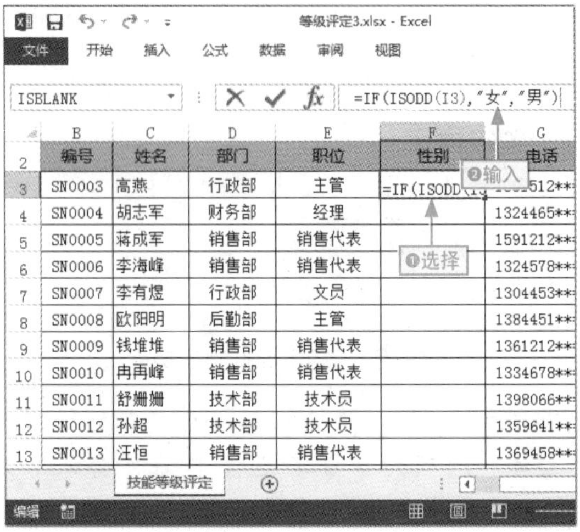

图5-28　输入嵌套ISODD()的函数

步骤 02 按 Ctrl+Enter 组合键确认，向下填充函数到数据末行，系统自动判定并填写相应的性别数据，如图 5-29 所示。

F18 =IF(ISODD(I18),"女","男")

	编号	姓名	部门	职位	性别	电话
3	SN0003	高燕	行政部	主管	女	1581512**
4	SN0004	胡志军	财务部	经理	女	1324465**
5	SN0005	蒋成军	销售部	销售代表	男	1591212**
6	SN0006	李海峰	销售部	销售代表	男	1324578**
7	SN0007	李有煜	性别判定数据		女	1304453**
8	SN0008	欧阳明	后勤部	主管	男	1384451**
9	SN0009	钱堆堆	销售部	销售代表	女	1361212**
10	SN0010	冉再峰	销售部	销售代表	男	1334678**
11	SN0011	舒姗姗	技术部	技术员	女	1398066**
12	SN0012	孙超	技术部	技术员	男	1359641**
13	SN0013	汪恒	销售部	销售代表	男	1369458**

图5-29 自动判定性别的效果

5.2.7 TYPE() 返回数据类型

TYPE() 函数用来返回数值的类型，其语法结构如下所示。

```
TYPE(value)
```

它仅有一个 value 必选参数，可以为任意 Microsoft Excel 数值，如数字、文本以及逻辑值等。

下面通过在“订货”工作簿中使用 TYPE() 函数根据“订货时间”列中的数据来提取和匹配月份数据为例，介绍其具体操作。

本节素材	/素材/Chapter05/订货.xlsx
本节效果	/效果/Chapter05/订货.xlsx
学习目标	使用TYPE()函数返回数据类型
难度指数	★★

步骤 01 打开“订货”素材文件，❶选择 E3 单元格，❷在编辑栏中输入函数，如图 5-30 所示。

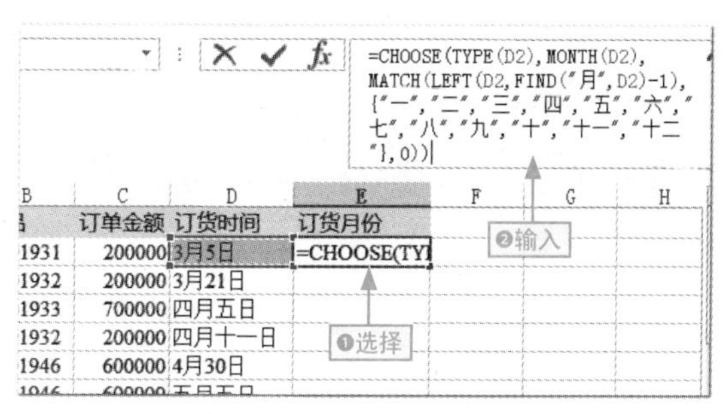

图5-30 输入嵌套TYPE()的函数

步骤 02 按 Ctrl+Enter 组合键确认，向下填充函数到数据末行，系统自动判定并填写相应的订货月份数据，如图 5-31 所示。

	商品	订单金额	订货时间	订货月份
2	FH01931	200000	3月5日	3
3	FH01932	200000	3月21日	3
4	FH01933	700000	四月五日	4
5	FH01932	200000	四月十一日	4
6	FH01946	获取和转换结果		4
7	FH01946			5
8	FH01931	500000	5月12日	5
9	FH01932	500000	五月二十日	5
10	FH01931	600000	六月一日	6

图5-31 使用TYPE()函数获取月份数据效果

5.2.8 ISFORMULA() 检测单元格是否包含公式函数

该函数用于检查是否存在包含公式的单元格引用，然后返回 TRUE 或 FALSE。图 5-32 所示是使用 ISFORMULA() 函数检测 F2:F10 单元格区域是否包含公式/函数示意图。

F10 =IF(ISFORMULA(E10),"公式/函数","")

	订单金额	订货时间	订货月份	
2	200000	3月5日	3	公式/函数
3	200000	3月21日	3	公式/函数
4	700000	四月五日	2	
5	200000	四月十一日	4	公式/函数
6	600000	4月30日	4	公式/函数
7	600000	五月五日	5	
8	500000	5月12日	5	公式/函数

图5-32 使用ISFORMULA()函数的检测效果

给你支招 | 轻松计算出个税金额

小白：个税，也就是个人所得税，它根据工资数据进行阶段性收取，那么怎样快速计算出这些个税金额数据呢？

阿智：可以使用IF()的嵌套函数来快速计算，具体操作如下。

步骤 01 ❶选择目标单元格区域，❷输入公式，计算出应缴税的金额数据，按Ctrl+Enter组合键，如图5-33所示。

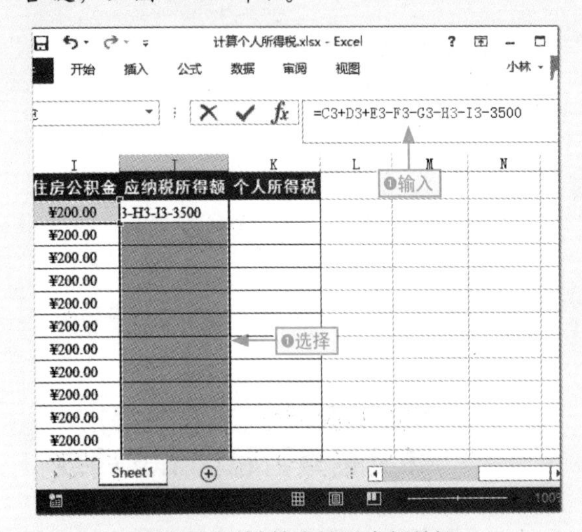

图5-33 计算应纳税金额数据

步骤 02 ❶选择目标单元格，❷在编辑栏中输入计算个税金额的函数，然后向下填充函数到目标行，计算出相应的应缴个税数据，如图5-34所示。

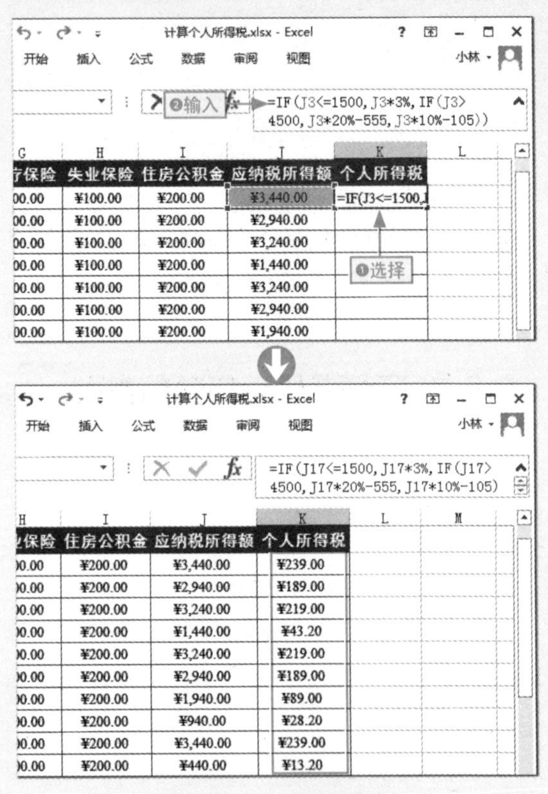

图5-34 计算个税金额

给你支招 | 自动标记出升职的员工

小白：职位的调动，特别是员工的升职，都是根据其考核成绩和工龄等数据进行评估的。我们怎样让Excel自动标记出升职标识呢？

阿智：可以借助字体格式、AND()函数和条件规则来实现，具体操作如下。

步骤 01 在升职评定单元格区域输入“升职”数据，如图 5-35 所示。

考核成绩表.xlsx - Excel

G3 升职

	D	E	F	G
2	管理能力	企业制度	工龄	生否升职
3	73	80	5	升职
4	82	84	1	升职
5	82	73	5	升职
6	94	72	3	升职
7	72	79	1	升职
8	71			升职
9	79	81	5	升职
10	80	80	3	升职
11	91	76	1	升职
12	93	83	1	升职
13	87	83	5	升职
14	85	71	2	升职
15	93	94	3	升职

输入“升职”

员工考核成绩表

图5-35 输入“升职”数据

步骤 02 ❶ 选择输入“升职”数据的单元格区域，❷ 单击“字体颜色”下拉按钮，选择与单元格底纹一样的颜色，❸ 这里选择“白色，背景 1”选项，如图 5-36 所示。

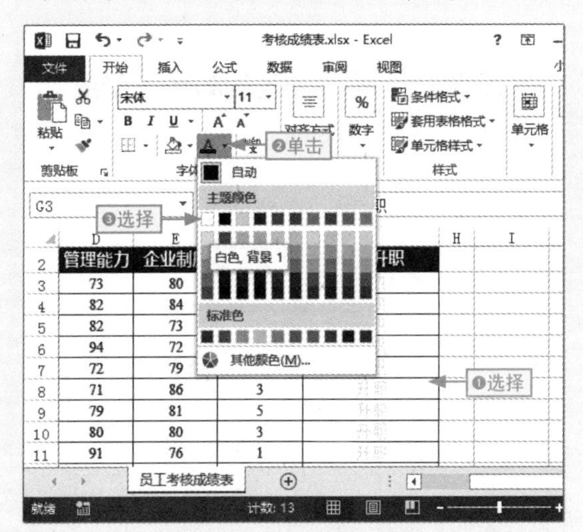

图5-36 选择字体颜色

步骤 03 保持“升职”数据单元格区域选择状态，❶ 单击“条件格式”下拉按钮，❷ 选择“突出显示单元格规则 / 其他规则”命令，如图 5-37 所示。

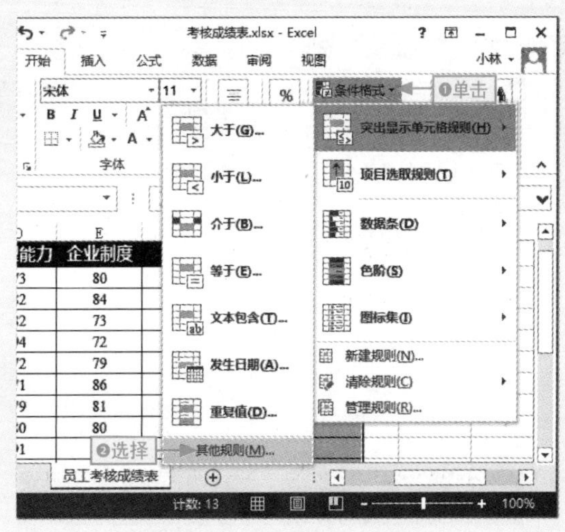

图5-37 添加条件规则

步骤 04 打开“新建格式规则”对话框，❶ 选择“使用公式确定要设置格式的单元格”选项，❷ 在激活的“为符合此公式的值设置格式”文本框中输入 AND() 函数，❸ 单击“格式”按钮，如图 5-38 所示。

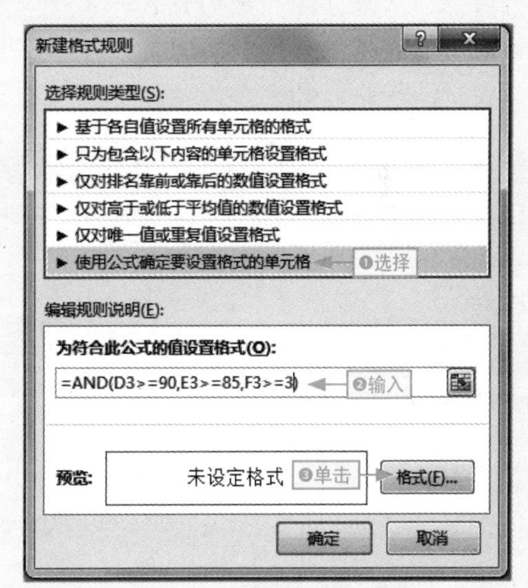

图5-38 输入AND()函数

步骤 05 打开“设置单元格格式”对话框，❶ 单击“填充”选项卡，❷ 选择显眼的颜色作为单元格填充底纹，这里选择“深红”选项，如图 5-39 所示。

设置单元格格式

数字 字体 边框 填充 ❶单击

背景色(C): 无颜色 ❷选择

填充效果(I)... 其他颜色(M)...

图案颜色(A): 自动

图案样式(P):

示例

确定

图5-39 选择单元格底纹颜色

步骤 06 ❶单击“字体”选项卡，❷设置颜色为白色（这里字体颜色的设置一定要与单元格底纹形成强烈的反差），❸依次单击“确定”按钮，如图 5-40 所示。

设置单元格格式

数字 字体 ❶单击

字体(F): 宋体 (标题) 宋体 (正文) Arial Unicode MS hakuyoxingshu7000 Microsoft YaHei UI SimSun-ExtB

字形(O): 常规 倾斜 加粗 加粗倾斜

字号(S 6 8 9 10 11 12

下划线(U): 颜色(C): ❷设置

特殊效果 删除线(K) 上标(E) 下标(B) 预览

条件格式可以包括字体样式、下划线、颜色和删除线。

❸单击 确定

图5-40 设置凸显的字体颜色

步骤 07 系统自动标记出当前应升职标识，如图 5-41 所示。

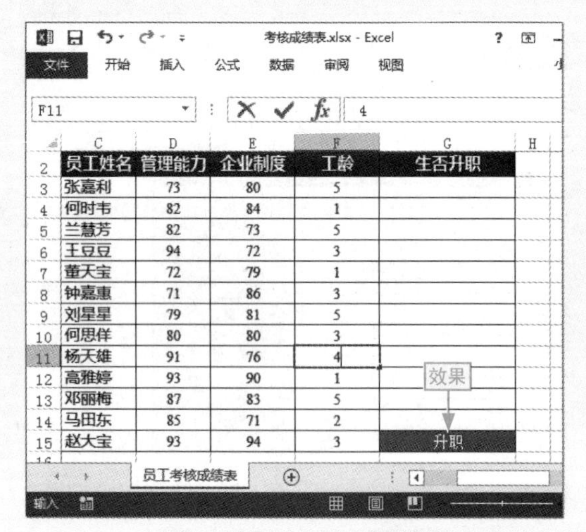

	C	D	E	F	G
2	员工姓名	管理能力	企业制度	工龄	生否升职
3	张嘉利	73	80	5	
4	何时韦	82	84	1	
5	兰慧芳	82	73	5	
6	王豆豆	94	72	3	
7	董天宝	72	79	1	
8	钟嘉惠	71	86	3	
9	刘星星	79	81	5	
10	何思佯	80	80	3	
11	杨天雄	91	76	4	
12	高雅婷	93	90	1	
13	邓丽梅	87	83	5	
14	马田东	85	71	2	
15	赵大宝	93	94	3	升职

图5-41 自动标识升职

步骤 08 修改相应的评定参照数据，系统自动点亮相应的升职标识，如图 5-42 所示。

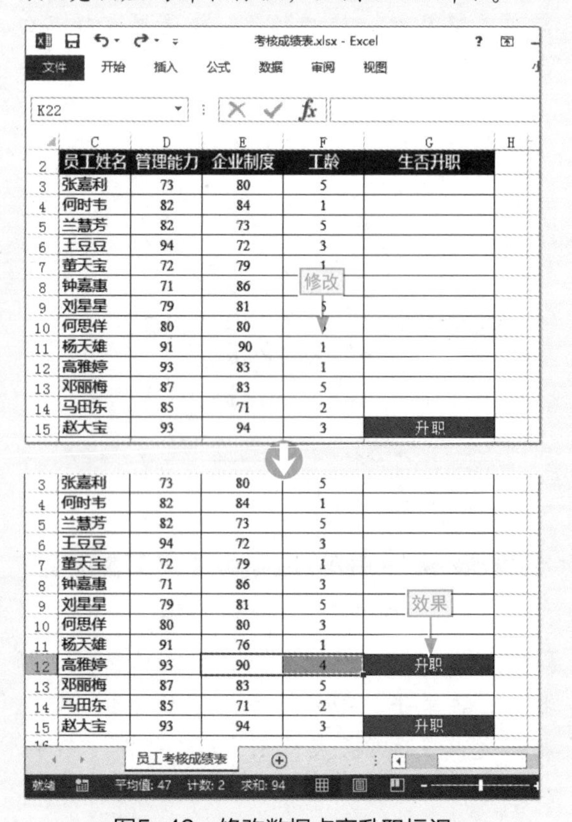

	C	D	E	F	G
2	员工姓名	管理能力	企业制度	工龄	生否升职
3	张嘉利	73	80	5	
4	何时韦	82	84	1	
5	兰慧芳	82	73	5	
6	王豆豆	94	72	3	
7	董天宝	72	79	1	
8	钟嘉惠	71	86	3	
9	刘星星	79	81	5	
10	何思佯	80	80		
11	杨天雄	91	90	1	
12	高雅婷	93	83	1	
13	邓丽梅	87	83	5	
14	马田东	85	71	2	
15	赵大宝	93	94	3	升职

	C	D	E	F	G
3	张嘉利	73	80	5	
4	何时韦	82	84	1	
5	兰慧芳	82	73	5	
6	王豆豆	94	72	3	
7	董天宝	72	79	1	
8	钟嘉惠	71	86	3	
9	刘星星	79	81	5	
10	何思佯	80	80	3	
11	杨天雄	91	76	1	
12	高雅婷	93	90	4	升职
13	邓丽梅	87	83	5	
14	马田东	85	71	2	
15	赵大宝	93	94	3	升职

图5-42 修改数据点亮升职标识

给你支招 | 巧用数据类型定义标识数据

小白：除了使用逻辑函数进行条件判断外，我们还有不使用函数就能实现判定的方法吗？

阿智：可以通过定义数据类型来轻松实现，只不过较为单调。下面我们通过自定义数据类型来让总分数据列中大于180的数据以红色字体显示，具体操作如下。

步骤01 ❶选择目标单元格区域，❷单击“数据”组中的“对话框启动器”按钮，如图5-43所示。

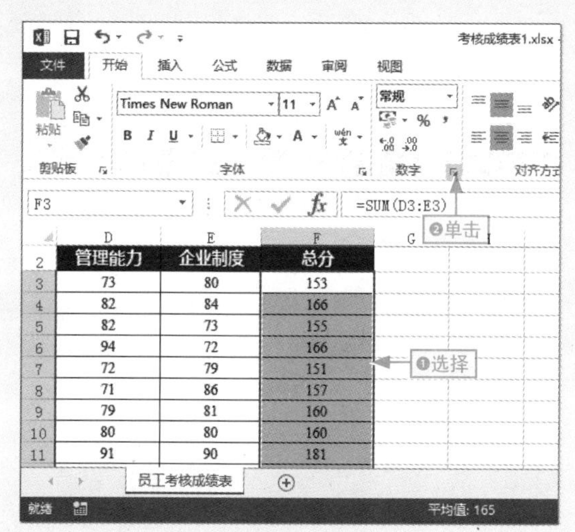

图5-43　选择目标单元格区域

步骤02 打开“设置单元格格式”对话框，❶选择“自定义”选项，❷在“类型”文本框中输入条件判定的数据类型代码，然后单击“确定”按钮，如图5-44所示。

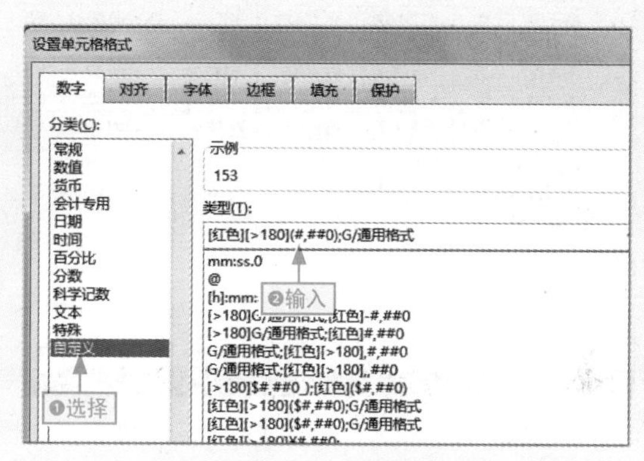

图5-44　输入条件判定代码

步骤03 返回到表格中即可查看条件判定的效果，如图5-45所示。

部门	员工姓名	管理能力	企业制度	总分
人事部	张嘉利	73	80	153
财务部	何时韦	82	84	166
人事部	兰慧芳	82	73	155
行政部	王豆豆	94	72	166
人事部	董天宝	72	79	151
财务部	钟嘉惠	71	86	[illegible]
后勤部	刘星星	79	81	160
后勤部	何思佯	80	80	[illegible]
后勤部	杨天雄	91	90	(181)
行政部	高雅婷	93	90	(183)
财务部	邓丽梅	87	83	170
后勤部	马田东	85	71	156
人事部	赵大宝	93	94	(187)

效果

图5-45　符号条件的数据定义

给你支招 | 自动获取当前工作簿路径

小白：我们怎样通过信息函数来获取当前工作簿的路径呢？

阿智：可以使用INFO()函数，具体操作如下。

步骤 01 ❶ 选择目标单元格，❷ 在编辑栏中输入函数“=INFO("DIRECTORY")”，按 Ctrl+Enter 组合键，如图 5-46 所示。

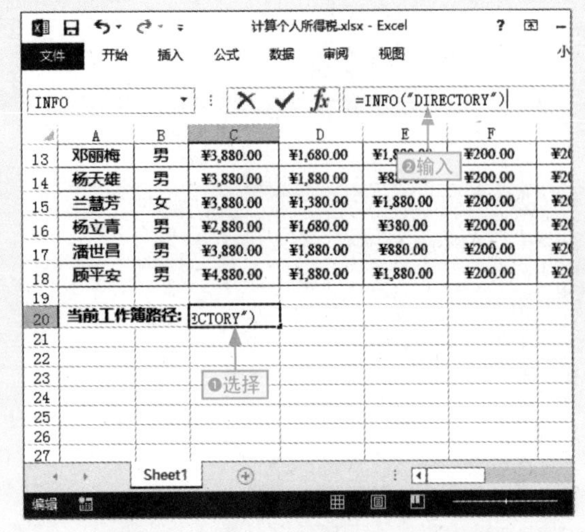

图5-46　输入路径查找的信息函数

步骤 02 系统自动搜索并显示出当前工作簿的路径位置，如图 5-47 所示。

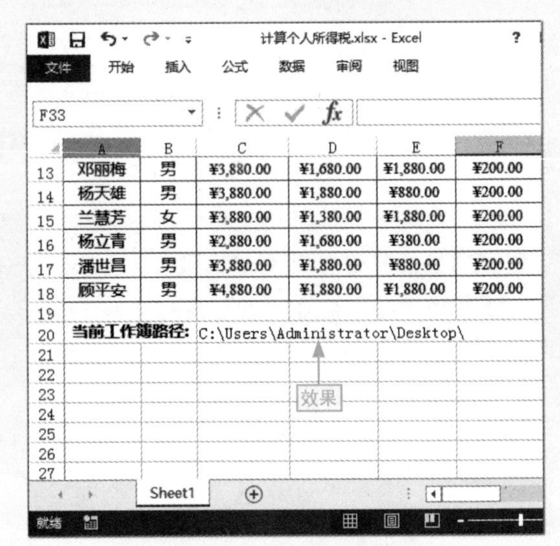

图5-47　当前工作簿路径

Chapter 06

文本函数的应用

学习目标

文本字符串是 Excel 表格中除了数字以外的另一种常用的数据类型，对表格数据的处理也有着至关重要的作用。Excel 也提供了大量的文本函数，可以对字符的数字代码和大小写等进行处理，还可以在字符串中查找和替换字符串，以及从旧的字符串中截取指定长度的新字符串等。

本章要点

- TEXT()按特定格式返回文本字符串
- UPPER()将所有字母转换为大写
- LOWER()将所有字母转换为小写
- SEARCH()不区分大小写查找字符串
- REPLACE()按位置替换文本
- ……
- LEN()取字符串长度
- REPT()重复生成指定字符串
- LEFT()从左侧开始截取字符串
- CONCATENATE将多个文本串合并成一个
- EXACT比较两个字符串大小是否完全相同
- ……

知识要点	学习时间	学习难度
字符转换处理	40 分钟	★★★
查找与替换函数	30 分钟	★★
获取字符串与文本合并比较函数	50 分钟	★★★★

6.1 字符转换处理

小白： 我想判断会员的密码是否为字母开始，怎么快速确定呢？

阿智： Excel提供了许多的字符转换处理函数，不仅可以判断字符是否为字母，还可以转换字母大小写……下面我分别给你介绍。

字符的转换包括将一个字符转换为其数字代码或由数字代码返回一个特定的字符，以及字母的大小写转换和文本格式的转换等。

6.1.1 TEXT() 按特定格式返回文本字符串

在 Excel 中，通过数字格式可以控制单元格显示效果，如单元格中的实际值为 41526.3681，若将单元格格式设置为短日期，可显示“2013-9-9”；若将其设置为长日期，可显示为“2013 年 9 月 9 日星期一”；若将其设置为时间，可显示“08:50:04”。同时，在利用公式返回一个数值时，也可以设置其显示格式。

要将公式计算的结果按用户指定的格式显示出来，可以使用 TEXT() 函数来实现，其语法格式如下。

```
TEXT(value,format_text)
```

从函数的语法格式可以看出，TEXT() 函数包含两个必选参数，各参数的意义如下。

◆ value：必选参数，要以指定格式显示的数值，计算结果为数值的公式，或对包含数值的单元格的引用。

◆ format_text：必选参数，包含在半角双引号中的作为文本字符串的数字格式，可以是任何 Excel 支持的，表示自定义格式的字符串。

下面以大写中文显示现金借款单中的金额数据为例讲解 TEXT() 函数的应用。

本节素材	⊙/素材/Chapter06/现金借款单.xlsx
本节效果	⊙/效果/Chapter06/现金借款单.xlsx
学习目标	学会用TEXT()函数将数字转换为大写中文
难度指数	★★

步骤 01 打开素材文件，选择存放结果的单元格。这里选择 F7 单元格。在编辑栏中输入公式“=TEXT(D7, "[<0]--; [=0] 零元整; [DBNum2]G/ 通用格式元整 ")”，如图 6-1 所示。

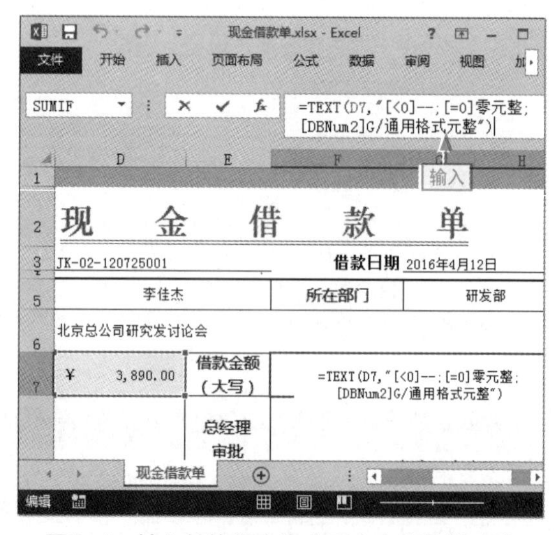

图6-1 输入转换数字为大写中文的计算公式

步骤 02 按 Ctrl+Enter 组合键计算出所需结果，如图 6-2 所示。

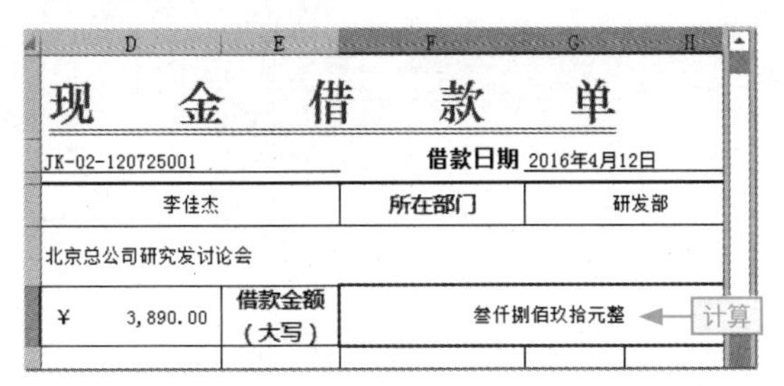

图6-2 查看将数字转换为大写中文的效果

6.1.2 UPPER() 将所有字母转换为大写

英文字母有大小写之分，大写字母与小写字母具有不同的数字代码。在执行某些操作时可能只需要大写字母，而用户输入的内容可能既有大写也有小写字母，如果对用户的输入没有要求，可用 UPPER() 函数将用户输入的所有字母全部转换为大写，然后再进行处理，其语法格式如下。

```
UPPER(text)
```

从函数的语法格式可以看出，UPPER() 函数仅包含一个必选的 text 参数，表示要转换为大写的文本字符串。UPPER() 函数仅对 text 中的小写字母进行处理，汉字、阿拉伯数字、中英文标点以及大写字母等字符将保持不变，其效果如图 6-3 所示。

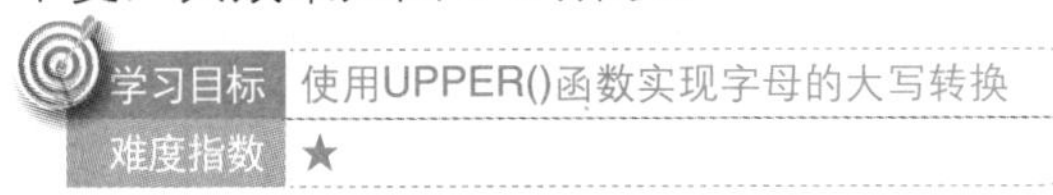

学习目标 使用UPPER()函数实现字母的大写转换
难度指数 ★

待转数据	使用公式	结果
文档编辑 Word 2013	=UPPER(B3)	文档编辑 WORD 2013
数据处理 Excel 2013	=UPPER(B4)	数据处理 EXCEL 2013
How Are You?	=UPPER(B5)	HOW ARE YOU?
HAPPY TIME!	=UPPER(B6)	HAPPY TIME!
everyone is here.	=UPPER(B7)	EVERYONE IS HERE.
3133258	=UPPER(B8)	3133258

图6-3 使用UPPER()函数转换字符串的效果

6.1.3 LOWER() 将所有字母转换为小写

如果要将给定字符串中的所有大写字母转换为小写字母，则可使用 LOWER() 函数来实现，其语法格式如下。

```
LOWER(text)
```

从函数的语法格式可以看出，LOWER() 函数与 UPPER() 函数相同，也仅包含一个必选的 text 参数，表示要转换为小写的文本字符串。

该函数对字符串中文本的处理方式与 UPPER() 函数的处理方式刚好相反，其效果如图 6-4 所示。

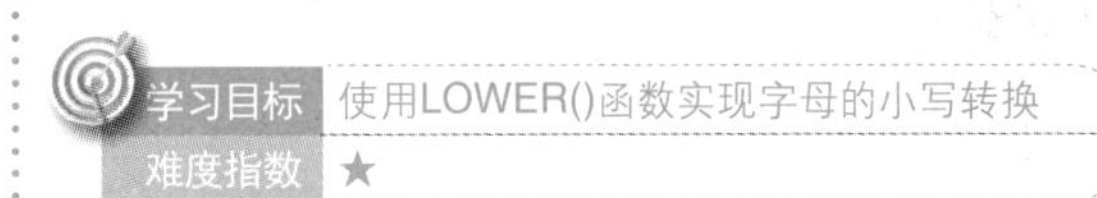

学习目标 使用LOWER()函数实现字母的小写转换
难度指数 ★

待转数据	使用公式	结果
文档编辑 Word 2013	=LOWER(B3)	文档编辑 word 2013
数据处理 Excel 2013	=LOWER(B4)	数据处理 excel 2013
How Are You?	=LOWER(B5)	how are you?
HAPPY TIME!	=LOWER(B6)	happy time!
everyone is here.	=LOWER(B7)	everyone is here.
3133258	=LOWER(B8)	3133258

图6-4 用LOWER()函数转换字符串的效果

6.1.4 CODE() 找出字符的数字代码

在 Windows 系统中，每一个数字、字母或英文标点符号都在 ANSI 码表中有一个数字代码与之对应，要找出某个字符的数字代码，可以使用 CODE() 函数来实现，其语法格式如下。

```
CODE(text)
```

从函数的语法格式可以看出，CODE() 函数仅有一个 text 必选参数，表示要返回其中第 1 个字符的数字代码的任意字符串。

什么是ANSI码表

在 Windows 系统中，ANSI 字符集用来表示键盘上使用的多达 256 个字符。前 128 个字符为标准美制键盘的字母及符号，后 128 个字符为特殊字符，如国际通用罗马字母、货币符号、重音符号和分数等。

例如，某网站数据库系统更改，原注册会员信息需要转移到新数据库系统中，但新数据库系统要求会员 ID 必须以字母打头，否则无效。下面介绍如何使用 CODE() 函数来判断会员 ID 是否可转移。

本节素材	⊙/素材/Chapter06/注册会员数据转移.xlsx
本节效果	⊙/效果/Chapter06/注册会员数据转移.xlsx
学习目标	学会用CODE()函数判断字母
难度指数	★★★

步骤 01 打开“注册会员数据转移”素材文件，选择存放结果的 E2:E54 单元格区域，如图 6-5 所示。

	A	B	C	D	E
1	序号	用户ID	初始积分	期末积分	是否可转移
2	1	yjl6607	15144	18486	
3	2	85EASY	5976	9006	
4	3	人在井天	5511	8194	
5	4	cqjiangyong	17912	20444	
6	5	地中海太阳	7092	9377	
7	6	hrcjp	6744	8564	
8	7	伊辰夏	156	1451	
9	8	hzqcs2011	4711	5918	
10	9	ls追风	4136	5204	
11	10	青借霏	2107	3147	

图6-5　选择结果单元格区域

步骤 02 ❶在编辑栏中输入“=IF(OR(AND(CODE(B2)>=65,CODE(B2)<=90), AND(CODE(B2)>=97,CODE(B2)<=122)),"","不可转移")”公式，❷按 Ctrl+Enter 组合键计算出所需结果，如图 6-6 所示。

=IF(OR(AND(CODE(B2)>=65,CODE(B2)<=90),AND(CODE(B2)>=97,CODE(B2)<=122)),"","不可转移")　❶输入

B	C	D	E
用户ID	初始积分	期末积分	是否可转移
yjl6607	15144	18486	
85EASY	5976	9006	不可转移
人在井天	5511	8194	不可转移
cqjiangyong	17912	20444	
地中海太阳	7092	9377	不可转移
hrcjp	6744	8564	
伊辰夏	156	1451	不可转移
hzqcs2011	4711	5918	
ls追风	4136	5204	
青借霏	2107	3147	不可转移
wrcr2010	1430	2459	

❷计算

图6-6　判断是否可转移

本例的公式中使用了 CODE() 函数、AND() 函数、OR() 函数与 IF() 函数的嵌套来输出最终结果。CODE() 函数用于获取用户 ID 的第 1 个字符的数字代码，并判断该字符是否为字母。如果是字母，该字符的数字代码应该在 65 ～ 90（英文大写）或 97 ～ 122（英文小写），以上两个条件同时满足，则公式输出空值，否则输出“不可转移”文本。

通过公式说明的介绍可以知道，本例的公式中包含多重条件判断，以 E2 单元格的输出结果为例，公式的计算过程可用图 6-7 所示的简单流程来表示。

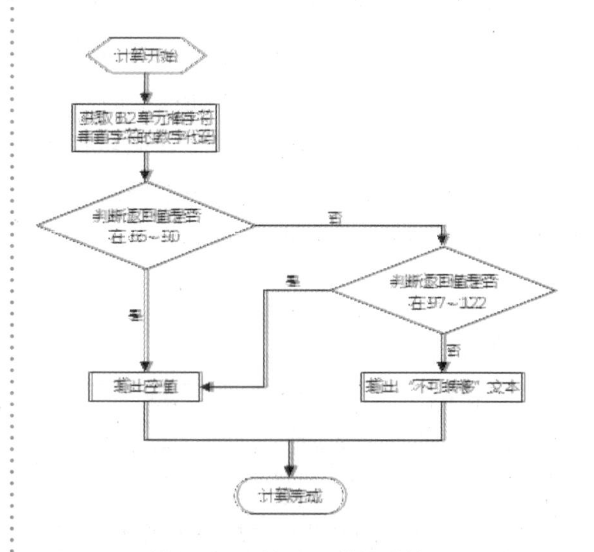

图6-7　判断是否可转移公式的计算过程示意图

6.1.5 CHAR() 由代码返回任意字符

CODE() 函数可以返回一个字符的数字代码，而与之相反的要根据一个数字代码来返回一个字符，此时可以用 CHAR() 函数来实现，其语法格式如下。

```
CHAR(number)
```

从函数的语法格式可以看出，CHAR() 函数仅包含一个 number 必选参数，表示要转换为字符的数字代码，其取值范围为 1 ～ 255 的整数，如果取值为小数，Excel 将对小数截尾取整后再进行运算。

例如，在单元格中填充 1 ～ 128 的序列，然后利用 CHAR() 函数引用这个序列中的每个值，即可显示出对应数字代码的字符，如图 6-8 所示。

<table>
<tr><th></th><th>A</th><th>B</th><th>C</th><th>D</th><th>E</th><th>F</th><th>G</th><th>H</th><th>I</th><th>J</th><th>K</th><th>L</th><th>M</th><th>N</th><th>O</th></tr>
<tr><td>1</td><td>1</td><td>2</td><td>3</td><td>4</td><td>5</td><td>6</td><td>7</td><td>8</td><td>9</td><td>10</td><td>11</td><td>12</td><td>13</td><td>14</td><td>15</td></tr>
<tr><td>2</td><td></td><td>┐</td><td>└</td><td>┘</td><td>│</td><td>–</td><td>•</td><td></td><td></td><td></td><td></td><td></td><td></td><td></td><td></td></tr>
<tr><td>3</td><td>16</td><td>17</td><td>18</td><td>19</td><td>20</td><td>21</td><td>22</td><td>23</td><td>24</td><td>25</td><td>26</td><td>27</td><td>28</td><td>29</td><td>30</td></tr>
<tr><td>4</td><td>┼</td><td>◄</td><td>↕</td><td>‼</td><td>¶</td><td>┴</td><td>┬</td><td></td><td></td><td></td><td></td><td></td><td></td><td></td><td></td></tr>
<tr><td>5</td><td>31</td><td>32</td><td>33</td><td>34</td><td>35</td><td>36</td><td>37</td><td>38</td><td>39</td><td>40</td><td>41</td><td>42</td><td>43</td><td>44</td><td>45</td></tr>
<tr><td>6</td><td></td><td></td><td>!</td><td>"</td><td>#</td><td>$</td><td>%</td><td>&</td><td>'</td><td>(</td><td>)</td><td>*</td><td>+</td><td>,</td><td>-</td></tr>
<tr><td>7</td><td>46</td><td>47</td><td>48</td><td>49</td><td>50</td><td>51</td><td>52</td><td>53</td><td>54</td><td>55</td><td>56</td><td>57</td><td>58</td><td>59</td><td>60</td></tr>
<tr><td>8</td><td>.</td><td>/</td><td>0</td><td>1</td><td>2</td><td>3</td><td>4</td><td>5</td><td>6</td><td>7</td><td>8</td><td>9</td><td>:</td><td>;</td><td><</td></tr>
<tr><td>9</td><td>61</td><td>62</td><td>63</td><td>64</td><td>65</td><td>66</td><td>67</td><td>68</td><td>69</td><td>70</td><td>71</td><td>72</td><td>73</td><td>74</td><td>75</td></tr>
<tr><td>10</td><td>=</td><td>></td><td>?</td><td>@</td><td>A</td><td>B</td><td>C</td><td>D</td><td>E</td><td>F</td><td>G</td><td>H</td><td>I</td><td>J</td><td>K</td></tr>
<tr><td>11</td><td>76</td><td>77</td><td>78</td><td>79</td><td>80</td><td>81</td><td>82</td><td>83</td><td>84</td><td>85</td><td>86</td><td>87</td><td>88</td><td>89</td><td>90</td></tr>
<tr><td>12</td><td>L</td><td>M</td><td>N</td><td>O</td><td>P</td><td>Q</td><td>R</td><td>S</td><td>T</td><td>U</td><td>V</td><td>W</td><td>X</td><td>Y</td><td>Z</td></tr>
<tr><td>13</td><td>91</td><td>92</td><td>93</td><td>94</td><td>95</td><td>96</td><td>97</td><td>98</td><td>99</td><td>100</td><td>101</td><td>102</td><td>103</td><td>104</td><td>105</td></tr>
<tr><td>14</td><td>[</td><td>\</td><td>]</td><td>^</td><td>_</td><td>`</td><td>a</td><td>b</td><td>c</td><td>d</td><td>e</td><td>f</td><td>g</td><td>h</td><td>i</td></tr>
<tr><td>15</td><td>106</td><td>107</td><td>108</td><td>109</td><td>110</td><td>111</td><td>112</td><td>113</td><td>114</td><td>115</td><td>116</td><td>117</td><td>118</td><td>119</td><td>120</td></tr>
<tr><td>16</td><td>j</td><td>k</td><td>l</td><td>m</td><td>n</td><td>o</td><td>p</td><td>q</td><td>r</td><td>s</td><td>t</td><td>u</td><td>v</td><td>w</td><td>x</td></tr>
<tr><td>17</td><td>121</td><td>122</td><td>123</td><td>124</td><td>125</td><td>126</td><td>127</td><td>128</td><td></td><td></td><td></td><td></td><td></td><td></td><td></td></tr>
<tr><td>18</td><td>y</td><td>z</td><td>{</td><td>|</td><td>}</td><td>~</td><td>▯</td><td></td><td></td><td></td><td></td><td></td><td></td><td></td><td></td></tr>
</table>

Sheet1

图6-8　ANSI码前128个字符

从中可以看出，阿拉伯数字 0 ～ 9 的代码是 48 ～ 57，英文大写 A ～ Z 的代码是 65 ～ 90，英文小写 a ～ z 的代码是 97 ～ 122。其中较特殊也较常用的代码有 10 和 13，分别表示手动换行符和回车符。

用CHAR()函数返回汉字

由于 CHAR() 函数与 CODE() 函数的功能是刚好相反的，既然利用 CODE() 函数可以返回任意字符的数字代码，那么从理论上讲，利用 CHAR() 函数也可以返回指定数字代码表示的任意字符。实验证实，这的确是可行的。当数值在 33025 ～ 65535 时，函数也可以返回正确的值，只是其中有很大一部分是非打印字符，无法在 Excel 中正确显示。

6.1.6 T() 去除参数中的非文本数据

在计算数据时，如果要忽略引用中的非文本数据，可用 T() 函数来排列，其语法格式如下。

```
T(value)
```

从函数的语法格式可以看出，T() 函数仅包含一个必选的 value 参数，表示要进行测试的值。如果 value 是文本或引用了文本，T() 函数将返回 value 的值，否则返回空文本。

下面讲解如何使用 T() 函数在“注册会员基本信息”工作簿中依据全为数字的密码则无效的规则来判断会员的预设密码是否有效。

本节素材	⊙/素材/Chapter06/注册会员基本信息.xlsx
本节效果	⊙/效果/Chapter06/注册会员基本信息.xlsx
学习目标	用T()函数判断用户密码是否有效
难度指数	★★★

步骤 01 ❶打开“注册会员基本信息”素材文件，选择存放结果的单元格。这里选择 I2:I54 单元格区域，❷在编辑栏中输入公式“=IF(T(G2)="","密码无效","")”，如图 6-9 所示。

注册会员基本信息.xlsx - Excel

件 开始 插入 页面布局 公式 数据 审阅 视图 加载项

MIF =IF(T(G2)="","密码无效","")

❷输入 ❶选择

D	E	F	G	H	I
区域	初始积分	期末积分	预设密码	记	密码有效性检测
深圳	15144	18486	9dB4ns7M		无效","")
广州	5976	9006	11672046		
厦门	5511	8194	LcwMyrs7		
广州	17912	20444	DsntkBQe		
天津	7092	9377	xXSnx2pW	★	
深圳	6744	8564	3KPV86Mh	★	
福建	156	1451	IkODtySq		
南京	4711	5918	zQDPC5nV	★	
海南	4136	5204	zSGaI6Nn	★	
福建	2107	3147	53085192	★	
宁波	1430	2459	1EiShBgL		
广州	9035	10046	42smmcLx		
天津	1663	2622	9Vz1HWke	★	
深圳	1166	2093	Y7t5hm6n		
北京	11677	12579	WLaQEv0k	★	
南京	643	1542	x0sd15xv	★	
成都	0	863	2MRKkvBO	★	

图6-9 输入判断用户密码是否有效的公式

步骤 02 按 Ctrl+Enter 组合键计算公式结果，并标记密码无效，如图 6-10 所示。

计算

D	E	F	G	H	I
区域	初始积分	期末积分	预设密码	更改标记	密码有效性检测
深圳	15144	18486	9dB4ns7M		
广州	5976	9006	11672046		密码无效
厦门	5511	8194	LcwMyrs7		
广州	17912	20444	DsntkBQe		
天津	7092	9377	xXSnx2pW	★	
深圳	6744	8564	3KPV86Mh	★	
福建	156	1451	IkODtySq		
南京	4711	5918	zQDPC5nV	★	
海南	4136	5204	zSGaI6Nn	★	
福建	2107	3147	53085192	★	密码无效
宁波	1430	2459	1EiShBgL		
广州	9035	10046	42smmcLx		
天津	1663	2622	9Vz1HWke	★	
深圳	1166	2093	Y7t5hm6n		

图6-10 判断用户密码无效的结果

本例的公式中使用了 T() 函数与 IF() 函数的嵌套来输出最终结果。T() 函数用于判断 G 列对应单元格是否为文本，如果是则返回文本本身，否则返回空值，然后利用 IF() 函数来检测 T() 函数的返回结果，再输出判断结果。

6.2 查找与替换函数

小白：我想给市场部的员工记录做一个标记，用函数可以实现吗？

阿智：可以使用FIND()和SEARCH()函数来实现，如果你要把查找到的结果替换为其他的字符，就需要使用替换函数来完成。

Excel 的查找和引用类型的函数可以对整个单元格的值进行操作并返回需要的结果，而文本函数中的查找与替换函数则可以针对单元格中具体字符进行搜索并返回所需结果或替换为想要的内容。

6.2.1 FIND() 精确查找字符串在另一字符串中的位置

如果要知道某个字符串中是否包含一个已知的字符或字符串，并且要区别各字符的大小写，则可以使用 FIND() 函数来实现，其语法格式如下。

```
FIND(find_text,within_
text,[start_num])
```

从函数的语法格式可以看出，FIND() 函数包含两个必选参数和一个可选参数，各参数的意义如下。

- find_text：必选参数，需要查找的具体文本（区分大小写）。

◆ within_text：必选参数，包含要查找文本的文本或返回文本的公式和引用。

◆ start_num：可选参数，指出要从 within_text 中左起的第几个字符开始搜索 find_text。within_text 中的首字符编号为 1，如果省略 start_num，则函数从 within_text 左起的第 1 个字符开始搜索。

关于FINDB()函数的简单介绍

在计算语言中有单字节字符集和双字节字符集的区别，在单字节字符节中，每个字符按 1 计数，而在双字节字符集中，每个双字节字符按 2 计数。如果要使用双字节字符集来返回查找内容所在的位置，则可用 FINDB() 函数实现，该函数的语法格式与 FIND() 函数完全相同，只是返回结果有所区别。

例如，同样在“佳能 EOS7D 单机”字符串中查找“7D”文本，FIND() 函数返回的值是“6”，而 FINDB() 函数的返回结果是“8”。因为中文字符属于双字节字符，每个字符占两个位置。在 FIND() 函数中，“佳能”二字占两个位置，而在 FINDB() 函数中，这两个字却占了 4 个位置。

下面以在“会员信息管理”表中用 FIND() 函数检查用户信息是否有效为例（用户的密码必须由大写字母、小写字母和数字组成，否则密码无效），讲解该函数的使用方法。

本节素材	/素材/Chapter06/会员信息管理.xlsx
本节效果	/效果/Chapter06/会员信息管理.xlsx
学习目标	用FIND()函数检查用户密码的有效性
难度指数	★★★★★

步骤 01 ❶ 打开“会员信息管理”素材文件，选择 I2 单元格，❷ 在编辑栏中输入公式“=IF(COUNT(FIND(CHAR(ROW($65:$90)),G2))*COUNT(FIND(CHAR(ROW($97:$122)),G2))*COUNT(FIND(CHAR(ROW($48:$57)),G2))=0,"密码无效","")”，按 Ctrl+Shift+Enter 组合键完成公式输入，如图 6-11 所示。

会员信息管理.xlsx - Excel

开始 插入 页面布局 公式 数据 审阅 视图 加载项

{=IF(COUNT(FIND(CHAR(ROW($65:$90)),G2))*COUNT(FIND(CHAR(ROW($97:$122)),G2))*COUNT(FIND(CHAR(ROW($48:$57)),G2))=0,"密码无效","")}

❷输入 ❶选择

区域	初始积分	期末积分	预设密码	最近更改日期	密码有效性检测
深圳	15144	18486	9dB4ns7M	2015/5/8	
北京	2105	2418	P0v0vIOR	2015/4/9	
广州	9035	10046	42smmcLx	2015/2/5	
厦门	3213	3386	yQ7Fqt71	2015/7/21	
南京	643	1542	x0sd15xv	2015/2/3	
成都	6154	6247	xfzipdcd	2015/6/2	
北京	38	103	uNfHwDWx	2015/5/23	
南京	225	524	g6hR8nUY	2014/11/24	
宁波	1671	1963	43552737	2015/1/11	
厦门	153	368	J9zLQmMo	2015/3/20	
厦门	5511	8194	LcwMyrs7	2014/12/16	
福建	2524	3098	AVkzm0JR	2015/5/18	
上海	7350	7466	M5PQWNfe	2014/11/28	
南京	4184	4901	qyDawkLT	2015/3/30	

图6-11 输入检查密码有效性的公式并计算结果

步骤 02 双击 I2 单元格右下角的自动填充柄向下填充公式，判断所有用户的密码有效情况，如图 6-12 所示。

计算

区域	初始积分	期末积分	预设密码	最近更改日期	密码有效性检测
深圳	15144	18486	9dB4ns7M	2015/5/8	
北京	2105	2418	P0v0vIOR	2015/4/9	
广州	9035	10046	42smmcLx	[illegible]	
厦门	3213	3386	yQ7Fqt71	[illegible]	
南京	643	1542	x0sd15xv	2015/2/3	
成都	6154	6247	xfzipdcd	2015/6/2	密码无效
北京	38	103	uNfHwDWx	2015/5/23	密码无效
南京	225	524	g6hR8nUY	2014/11/24	
宁波	1671	1963	43552737	2015/1/11	密码无效
厦门	153	368	J9zLQmMo	2015/3/20	
厦门	5511	8194	LcwMyrs7	2014/12/16	
福建	2524	3098	AVkzm0JR	2015/5/18	
上海	7350	7466	M5PQWNfe	2014/11/28	
南京	4184	4901	qyDawkLT	[illegible]	密码无效

图6-12 判断其他会员密码的有效性

本例的公式使用了 ROW() 函数、CHAR() 函数、COUNT() 函数、IF() 函数以及 FIND() 函数的嵌套来输出最终结果。最外层的 IF() 函数的 logical_test 参数包含 3 个结构相同的部分和乘积，这 3 个部分分别用于判断 G 列字符串中是否有大写字母、小写字母和数字。

其中，“ROW($65:$90)”可以返回一个 65 ~ 90 的一维纵向数组，将其作为 CHAR() 函数的 number 参数，可以生成一个 A ~ Z 的一维纵向数组，再将这些数组作为 FIND() 函数的 find_text 参数，在 G 列同行的单元格中分别查找此数组中的每一个值，如果找到就返回代表其位置的数字，否则返回错误值“#VALUE!”，再利用 COUNT() 函数统计此数组中包含的大写字母的个数，仅当数组中所有元素都是“#VALUE!”时，输出 0。

同理，包含“ROW($97:$122)”的部分用于判断字符串中是否有小写字母，“ROW($48:$57)”部分用于判断字符串中是否有数字。用“*”连接这 3 个部分，只有 3 个部分统计结果均不为 0 时，结果才不为 0（即为 TRUE），此时输出空值，否则输出“密码无效”文本。

6.2.2 SEARCH() 不区分大小写查找字符串

FIND() 函数在字符串中查找值时，对字符的大小写有要求，比如在“AutoCAD”中用 FIND() 函数查找“O”会返回错误值“#VALUE!”，如果要不区别字母的大小写查找指定字符串，则需使用 SEARCH() 函数来实现，其语法格式如下。

```
SEARCH(find_text,within_text,
        [start_num])
```

从函数的语法格式可以看出，SEARCH() 函数的参数与 FIND() 函数的参数完全相同（各参数代表的意义也相同），不同的是，SEARCH() 函数对 find_text 和 within_text 中相同字母的大小写视为同一个字符，并且可以在 find_text 中使用通配符“?”和“*”。

在SEARCH()函数中用通配符

与其他地方使用通配符的情况相同，在 SEARCH() 函数的 find_text 参数中可以使用“?”代替任意一个字符，使用“*”代替任意多个字符，只需要将要使用的通配符包含在 find_text 参数的两个双引号之中即可。如果在 find_text 中要查找具体的“?”或“*”，而不将其看作通配符，则需要在这两个符号之前添加“~”符号。

下面以在“成都地区会员档案”表中用 SEARCH() 函数按姓氏统计会员数量为例，讲解该函数的使用方法。

本节素材	/素材/Chapter06/成都地区会员档案.xlsx
本节效果	/效果/Chapter06/成都地区会员档案.xlsx
学习目标	用SEARCH()函数按姓氏统计会员数量
难度指数	★★★

步骤 01 打开“成都地区会员档案”素材文件，选择 J3 单元格，输入“王”，如图 6-13 所示。

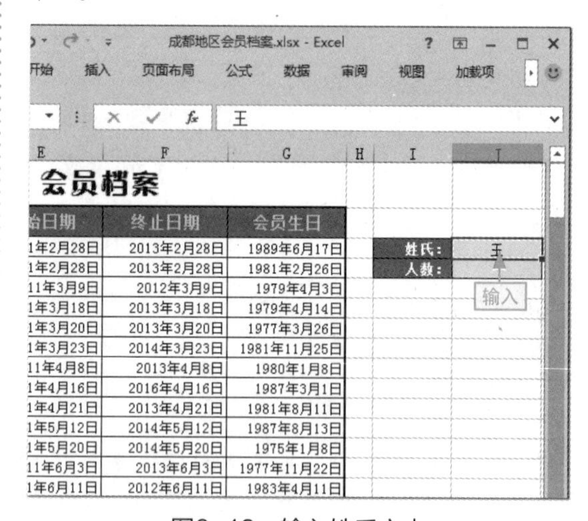

图6-13 输入姓氏文本

步骤 02 ❶ 选择 J4 单元格，在编辑栏中输入公式“{=COUNT(SEARCH(J3&"*",B3:B139))}”，❷ 按 Ctrl+Shift+Enter 组合键完成公式输入并计算出所需结果，如图 6-14 所示。

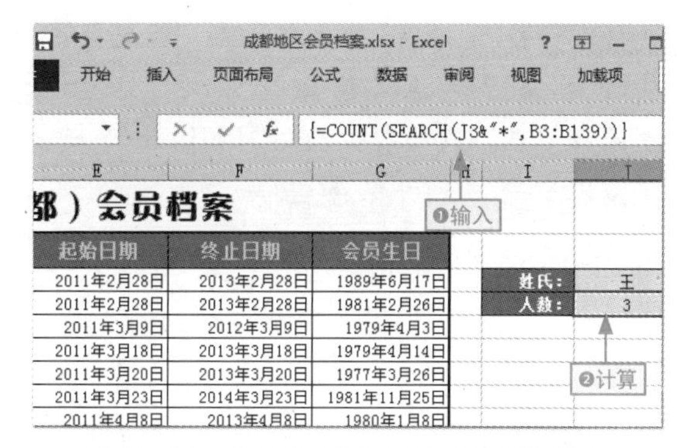

图6-14 输入公式按姓氏统计会员数量

本例的公式使用了SEARCH()函数和COUNT()函数的嵌套来输出最终结果。SEARCH()函数的find_text参数使用了"J3&"*""，表示在B列对应的单元格中查找以J3的值开头的任意文本并返回其位置，如果未找到，则返回错误值"#VALUE!"，然后用COUNT()函数统计所有返回值中数字的个数，即得出该姓氏的会员数量。

使用FIND()函数与SEARCH()函数查找的结果对比

SEARCH()函数在查找字符串的时候，会忽略字符串的大小写，如果要用FIND()实现相同的效果，则可以与UPPER()函数或LOWER()函数结合使用，利用UPPER()函数或LOWER()函数将原字符串中所有内容转换为大写或小写，即可达到忽略大小写的目的，各查找方式的结果对比效果如图6-15所示。

源字符串	查找内容	使用公式	返回结果	说明
PowerPoint 演示文稿	point	=FIND(C3,B3)	#VALUE!	小写的"point"字符串在原字符串中不存在，返回错误值"#VALUE!"
		=SEARCH(C3,B3)	6	不区别英文字母的大小写，将"point"与"Point"同等对待，返回位置6
		=FIND(C3,LOWER(B3))	6	LOWER()函数将所有大写转换为小写，使得源字符串中出现"point"字符串

图6-15 使用FIND()函数与SEARCH()函数查找的结果对比

6.2.3 REPLACE()按位置替换文本

如果要将一个字符串中的某一部分字符或字符串替换为另一个字符或字符串，可以使用REPLACE()函数来完成，其语法格式如下。

```
REPLACE(old_text,start_num,
    num_chars,new_text)
```

从函数语法格式可以看出，REPLACE()函数有4个必选参数，各参数的意义如下。

- old_text：必选参数，指定需要替换其中部分文本的字符串。
- start_num：必选参数，指定需要从old_text中第几个字符开始替换。
- num_chars：必选参数，指定使用new_text替换old_text中字符的个数。
- new_text：必选参数，需要替换为的目标文本。

其中，old_text和new_text可以是任意字符串或返回字符串的表达式和引用。start_num和num_chars是大于或等于1的整数（如果是小数，将被截尾取整后再参与计算），start_num的大小不能大于old_text的最大长度，num_chars 的值也不能大于 old_text 的最大长度与 start_num 的差。

下面以在“二级考试成绩表”中用 REPLACE() 函数将报考编号的前 8 位用“SA-”文本替换为例，讲解该函数的使用方法。

本节素材	⊙/素材/Chapter06/二级考试成绩表.xlsx
本节效果	⊙/效果/Chapter06/二级考试成绩表.xlsx
学习目标	用REPLACE()函数修改编号规则
难度指数	★★

步骤 01 ❶ 打开“二级考试成绩表”素材文件，选择存放结果的单元格。这里选择 H3 单元格，在编辑栏中输入公式“=REPLACE(A3,1,8,"SA-")”，❷ 按 Ctrl+Enter 组合键完成公式输入，如图 6-16 所示。

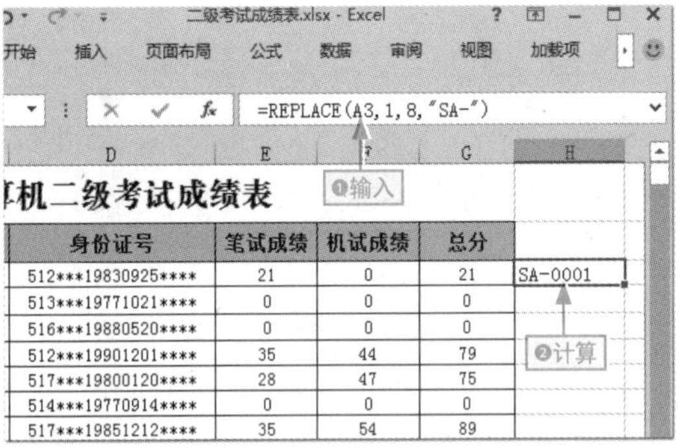

二级考试成绩表.xlsx - Excel
开始 插入 页面布局 公式 数据 审阅 视图 加载项
=REPLACE(A3,1,8,"SA-")
❶输入
❷计算

算机二级考试成绩表

身份证号	笔试成绩	机试成绩	总分	
512***19830925****	21	0	21	SA-0001
513***19771021****	0	0	0	
516***19880520****	0	0	0	
512***19901201****	35	44	79	
517***19800120****	28	47	75	
514***19770914****	0	0	0	
517***19851212****	35	54	89	

图6-16　在辅助列中修改第一个报考编号

步骤 02 双击 H3 单元格右下角的自动填充柄向下填充公式，保持单元格区域的选中状态，按 Ctrl+C 组合键复制单元格区域，如图 6-17 所示。

算机二级考试成绩表

身份证号	笔试成绩	机试成绩	总分	
512***19830925****	21	0	21	SA-0001
513***19771021****	0	0	0	SA-0002
516***19880520****	0	0	0	SA-0003
512***19901201****	35	44	79	SA-0004
517***19800120****	28	47	75	SA-0005
514***19770914****	0	0	0	SA-0006
517***19851212****	35	54	复制	SA-0007
519***19840830****	0	0		SA-0008
517***19770405****	27	53	80	SA-0009
518***19830223****	0	0	0	SA-0010
513***19790414****	21	0	21	SA-0011
515***19820102****	0	0	0	SA-0012
515***19830717****	31	46	77	SA-0013

图6-17　修改其他报考编号并复制单元格区域

步骤 03 ❶ 选择 A3 单元格，在“开始”选项卡中单击“粘贴”按钮下方的下拉按钮，❷ 选择“值”选项粘贴数值，如图 6-18 所示，完成后删除 H 列并保存文件。

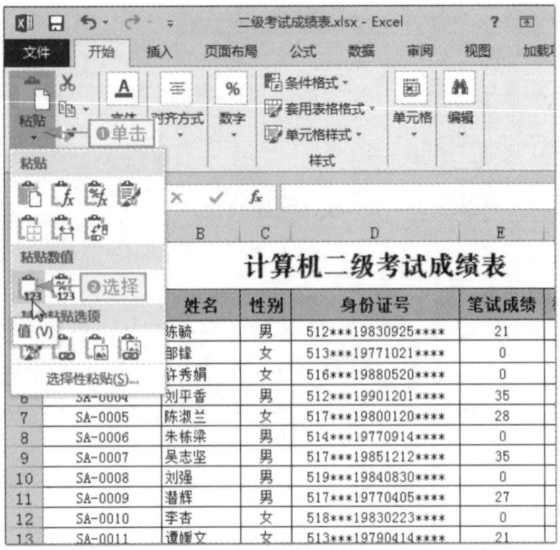

二级考试成绩表.xlsx - Excel
文件 开始 插入 页面布局 公式 数据 审阅 视图 加载项
粘贴 ❶单击 对齐方式 数字 条件格式 套用表格格式 单元格样式 样式 单元格 编辑
粘贴 粘贴数值 ❷选择 值 (V) 其他粘贴选项 选择性粘贴(S)...

计算机二级考试成绩表

		姓名	性别	身份证号	笔试成绩
		陈毓	男	512***19830925****	21
		邹锋	女	513***19771021****	0
		许秀娟	女	516***19880520****	0
6	SA-0004	刘平香	男	512***19901201****	35
7	SA-0005	陈淑兰	女	517***19800120****	28
8	SA-0006	朱栋梁	男	514***19770914****	0
9	SA-0007	吴志坚	男	517***19851212****	35
10	SA-0008	刘强	男	519***19840830****	0
11	SA-0009	潜辉	男	517***19770405****	27
12	SA-0010	李杏	女	518***19830223****	0
13	SA-0011	谭媛文	女	513***19790414****	21

图6-18　粘贴公式计算结果

本例的公式仅使用了一个 REPLACE() 函数来输出需要的结果。函数以 A3 单元格的值作为 old_text 参数，start_num 设置为 1，num_chars 设置为 8，使用字符串“SA-”作为 new_text 参数，表示用“SA-”字符串替换 A3 单元格中从第 1 个字符开始的连续 8 个字符。

6.2.4 SUBSTITUTE() 按内容替换文本

REPLACE() 函数可以用指定的字符替换原字符串中指定位置上的任意内容，如果要按内容而不是按位置替换原字符串中的内容，就需要使用 SUBSTITUTE() 函数来实现，其语法格式如下。

```
SUBSTITUTE(text,old_text,new_
    text,[instance_num])
```

从语法格式可以看出，SUBSTITUTE()

函数包含 3 个必选参数和一个可选参数，各参数的意义如下。

- text：必选参数，需要替换其中字符的文本或对包含需要替换文本的单元格引用。
- old_text：必选参数，要替换的旧文本。
- new_text：必选参数，需要替换的目标文本。
- instance_num：可选参数，指定要以 new_text 替换第几次出现的 old_text，如果忽略此参数，则函数会用 new_text 替换 text 出现的所有 old_text。

下面以在“销售月报表”中用 SUBSTITUTE() 函数文本类型的日期转换为有效的日期格式为例，讲解该函数的使用方法。

本节素材	⊙/素材/Chapter06/销售月报表.xlsx
本节效果	⊙/效果/Chapter06/销售月报表.xlsx
学习目标	用SUBSTITUTE()函数转换文本为日期格式
难度指数	★★

步骤 01 ❶ 打开“销售月报表”素材文件，选择 H3:H32 单元格区域，在编辑栏中输入“=SUBSTITUTE (B3,".","-")” 公式，❷ 按 Ctrl+Enter 组合键完成公式输入并计算出所需结果，如图 6-19 所示。

图6-19　在辅助列中实现日期的有效格式转化

步骤 02 ❶ 复制公式结果，选择B3 单元格，在“开始”选项卡中单击“粘贴”按钮下方的下拉按钮，❷ 选择“值”选项粘贴数值，如图 6-20 所示，完成后删除 H 列并保存文件。

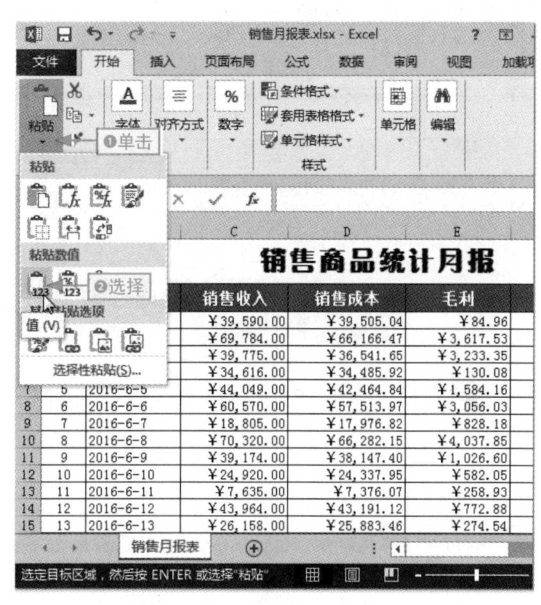

图6-20　粘贴公式计算结果

本例的公式仅用了 SUBSTITUTE() 函数在 B 列对应单元格中搜索“.”，并用“-”替换所有搜索到的内容，将非标准的日期文本转换为标准的日期类型数据。

省略instance_num参数的说明

SUBSTITUTE() 函数在不指定 instance_num 参数的情况下，对数据的处理功能与 Excel 的“查找和替换”功能相同。

例如，以上示例中得到的结果，也可以按 Ctrl＋H 组合键打开“查找和替换”对话框，在“替换”选项卡的“查找内容”文本框中输入“.”，在“替换为”文本框中输入“-”，单击“全部替换”按钮，在打开的对话框中单击“确定”按钮来实现。

6.3 获取字符串函数

小白：我想单独将每个员工的姓氏提取出来，利用函数怎么实现呢？

阿智：用LEFT()函数就可以实现。Excel提供的获取字符串函数的功能非常强大，只要你想，任何位置的字符都可以轻松提取出来。

Excel 中的字符串也是一种数据，对字符串的处理包括获取字符串长度、去除字符串中的空格以及从字符串中截取新的字符串等。

6.3.1 LEN() 取字符串长度

很多单元格中的字符串长度可能并不是固定的，而在以此为依据处理数据之前，首先要知道该字符串的长度，此时就可以利用 LEN() 函数来实现，其语法格式如下。

```
LEN(text)
```

从函数的语法格式可以看出，LEN() 函数仅有一个必选的 text 参数，表示要获取其长度的文本，也可以是返回文本的表达式或单元格引用。

下面以在“用户注册信息”表中用 LEN() 函数根据密码长度判断密码是否有效，如果用户密码不在 6 ~ 14 位，就标记为无效密码为例，讲解该函数的使用方法。

本节素材	/素材/Chapter06/用户注册信息.xlsx
本节效果	/效果/Chapter06/用户注册信息.xlsx
学习目标	用LEN()函数判断密码长度
难度指数	★★

步骤 01 ❶ 打开“用户注册信息”素材文件，选择 H2:H54 单元格区域，❷ 在编辑栏中输入“=IF(OR(LEN(G2)<6,LEN(G2)>14),"无效密码","")”公式，如图 6-21 所示。

图6-21　输入判断密码长度的公式

步骤 02 按 Ctrl+Enter 组合键，将公式输入到所选单元格中并计算出所需结果，如图 6-22 所示。

图6-22　查看判断结果

本例的公式中使用了 LEN() 函数、OR() 函数与 IF() 函数的嵌套来输出最终结果。公式利用 LEN() 函数获取 G 列对应单元格字符的长度，并判断其是否在限定的范围内，根据判断结果由 IF() 函数输出“无效密码”或空文本。

根据公式说明的介绍，本例中的公式进行了两次判断，以 G2 单元格的输出结果为例，公式的计算过程可用如图 6-23 所示的简单流程来表示。

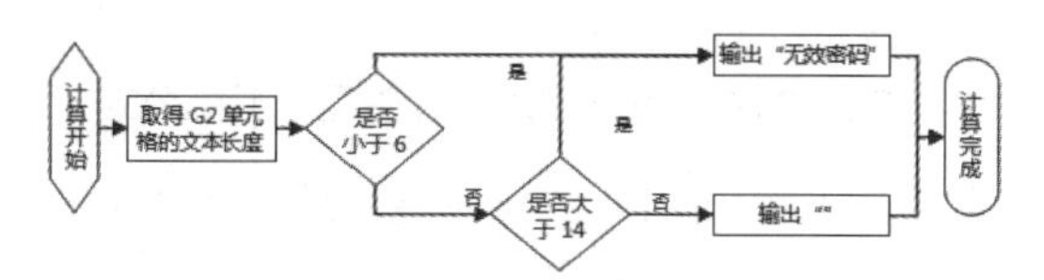

图6-23 公式计算过程示意图

6.3.2 REPT() 重复生成指定字符串

如果要按指定的次数重复出现某一个字符串来形成新的字符串，可利用 REPT() 函数来完成，其语法格式如下。

```
REPT(text,number_times)
```

从函数的语法格式可以看出，REPT() 函数包含两个必选参数，各参数的意义如下。

- text：必选参数，指定需要重复显示的文本，可以是单个具体文本，也可以是对返回文本的引用或表达式。
- number_times：必选参数，用于指定文本重复的次数，其取值必须为大于或等于 1 的实数，如果 number_times 为非整数，Excel 将对其截尾取整后再计算。

下面以在“技能等级评定”表中用 REPT() 函数评定员工等级（综合得分小于 50 时得一颗星，在 50 ～ 70 时得两颗星，在 70 ～ 85 时得 3 颗星，大于 85 时得 4 颗星）为例，讲解该函数的使用方法。

本节素材	⊙/素材/Chapter06/技能等级评定.xlsx
本节效果	⊙/效果/Chapter06/技能等级评定.xlsx
学习目标	用REPT()函数重复输入指定的★
难度指数	★★

步骤 01 ❶打开“技能等级评定”素材文件，选择存放结果的单元格。这里选择 I3:I18 单元格区域，❷在编辑栏中输入公式“=REPT("★", SUM(--(H3>{0,50,70,85})))”，如图 6-24 所示。

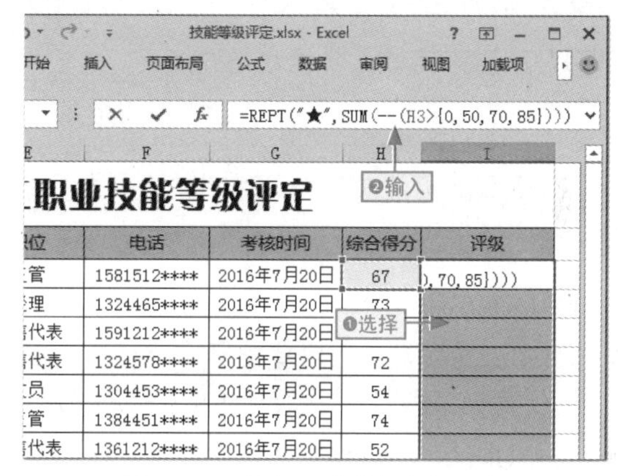

图6-24 输入公式进行考核评定

步骤 02 按 Ctrl+Enter 组合键，将公式输入到所选单元格中并计算出所需结果，如图 6-25 所示。

员工职业技能等级评定

职位	电话	考核时间	综合得分	评级
主管	1581512****	2016年7月20日	67	★★
经理	1324465****	2016年7月20日	73	★★★
销售代表	1591212****	2016年7月20日	63	★★
销售代表	1324578****	2016年7月20日	[illegible]	★★★
文员	1304453****	2016年7月20日	[illegible]	★★
主管	1384451****	2016年7月20日	74	★★★
销售代表	1361212****	2016年7月20日	52	★★
销售代表	1334678****	2016年7月20日	61	★★
技术员	1398066****	2016年7月20日	49	★

查看

图6-25 查看评定结果

本例的公式中使用了 REPT() 和 SUM() 函数的嵌套来输出最终结果。其中“--(H3>{0,50,70,85})”部分表示用 H3 单元格的值分别与 0、50、75 和 85 进行比较，并将返回的结果强制转化为数字，生成一个包含 0 和 1 的内存数组，再利用 SUM() 函数对此数组求和，将返回值作为 REPT() 函数的 number_times 参数，用于限定“★”重复的次数。

6.3.3 LEFT() 从左侧开始截取字符串

如果要从字符串的最左侧开始截取指定长度的字符串作为新的字符串，可使用 LEFT() 函数来完成，其语法格式如下。

```
LEFT(text,[num_chars])
```

从函数的语法格式可以看出，LEFT() 函数包含一个必选参数和一个可选参数，各参数的意义如下。

- text：必选参数，包含要提取的字符的文本字符串，或者对包含字符串的单元格的引用。
- num_chars：可选参数，指定要从 text 的第 1 个字符开始提取的新字符串的长度，必须是大于或等于 0 的整数。如果省略该参数，则返回 text 的左侧第 1 个字符，如果 num_chars 大于 text 的总长度，将返回整个 text。

下面以在“7 月份出差费用明细”表中用 LEFT() 函数在行程中匹配指定的出发地，然后汇总所有相同出发地的费用总额为例，讲解该函数的使用方法。

本节素材	/素材/Chapter06/7月份出差费用明细.xlsx
本节效果	/效果/Chapter06/7月份出差费用明细.xlsx
学习目标	用LEFT()函数匹配出发地
难度指数	★★★★

步骤 01 ❶打开“7 月份出差费用明细”素材文件，选择 K4 单元格，❷在编辑栏中输入“=SUMPRODUCT((LEFT(C3:C49, FIND("-",C3:C49) -1) =K3)*G3:G49)”公式，如图 6-26 所示。

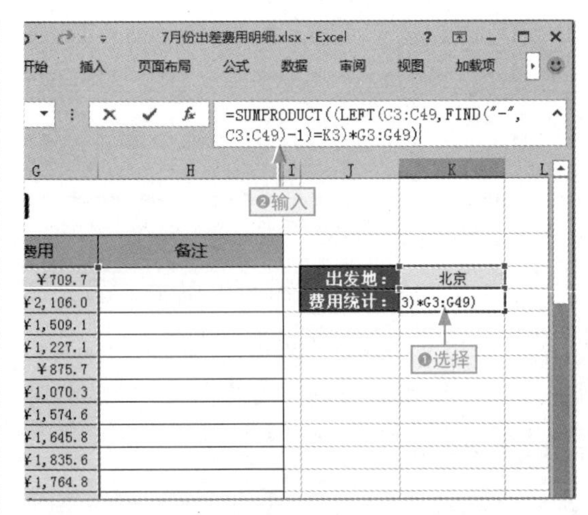

图6-26 输入根据发出地统计费用总额的公式

步骤 02 按 Ctrl+Enter 组合键，将公式输入到所选单元格中并计算出所需结果，如图 6-27 所示。

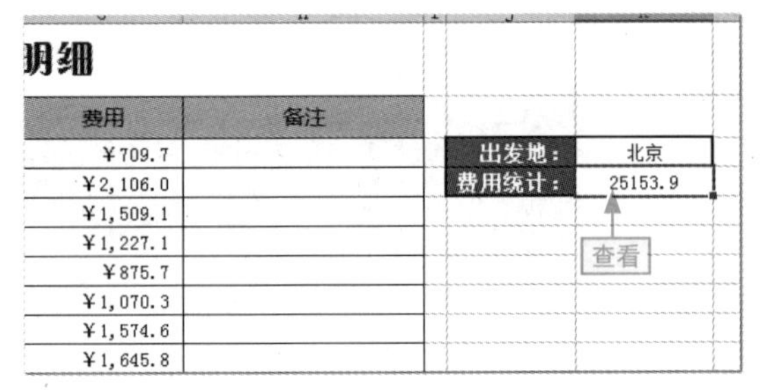

图6-27 查看统计结果

本例的公式中使用了 FIND() 函数、SUMPRODUCT() 函数与 LEFT() 函数的嵌套来输出最终结果。其中，“FIND("-",C3: C49)-1”部分表示在 C 列对应单元格中查找“-”文本的位置，并将其返回值作为 LEFT() 函数的 num_chars 参数，用于获取出发地的城市名称，判断该名称是否与用户输入名称相等，如果相等，则对 G 列对应单元格的值求和。

6.3.4 MID() 从任意位置截取字符串

如果要从一个字符串中的指定位置开始，取一个固定长度的字符串形成新的字符串，则

可以使用 MID() 函数来实现，其语法格式如下。

```
MID(text,start_num,num_chars)
```

从函数的语法格式可以看出，MID() 函数包含 3 个必选参数，各参数的意义如下。

- text：必选参数，包含要从其中提取字符的文本字符串、返回字符串的表达式或单元格引用。
- start_num：必选参数，要在 text 中提取的第 1 个字符的位置。文本中从左侧起第 1 个字符的 start_num 为 1，以此类推，取值不能小于或等于 0。
- num_chars：必选参数，MID() 函数需要从 start_num 开始连续取得的字符数，即新字符串的总长度。

下面以在“会员基本信息”表中用 MID() 函数根据会员的身份证号码提取出生日期为例，讲解该函数的使用方法。

本节素材	/素材/Chapter06/会员基本信息.xlsx
本节效果	/效果/Chapter06/会员基本信息.xlsx
学习目标	用MID()函数从会员身份证号中取得出生日期
难度指数	★★

步骤 01 ❶打开“会员基本信息”素材文件，选择 G3:G139 单元格区域，❷在编辑栏中输入“=TEXT(MID (D3,7,8),"0000 年 00 月 00 日")”公式，如图 6-28 所示。

会员基本信息.xlsx - Excel

开始 插入 页面布局 公式 数据 审阅 视图 加载项

=TEXT(MID(D3,7,8),"0000年00月00日")

×俱乐部会员档案 ❷输入

身份证号	起始日期	终止日期	出生日期
*19890617****	2011年2月28日	2015年3月30日	年00月00日")
*19810226****	2011年2月28日	2015年1月25日	
*19790403****	2011年3月9日	[illegible]15日	
*19790414****	2011年3月18日	[illegible]8日	
*19770326****	2011年3月20日	2014年11月23日	
*19811125****	2011年3月23日	2016年4月29日	
*19800108****	2011年4月8日	2014年11月14日	
*19870301****	2011年4月16日	2016年4月16日	

❶选择

图6-28 输入从身份证号取得出生日期的公式

××俱乐部会员档案

身份证号	起始日期	终止日期	出生日期
517***19890617****	2011年2月28日	2015年3月30日	1989年06月17日
510***19810226****	2011年2月28日	2015年1月25日	1981年02月26日
513***19790403****	2011年3月9日	2014[illegible]日	1979年04月03日
513***19790414****	2011年3月18日	2014[illegible]日	1979年04月14日
518***19770326****	2011年3月20日	2014年11月23日	1977年03月26日
510***19811125****	2011年3月23日	2016年4月29日	1981年11月25日
517***19800108****	2011年4月8日	2014年11月14日	1980年01月08日
519***19870301****	2011年4月16日	2016年4月16日	1987年03月01日
517***19810811****	2011年4月21日	2014年12月20日	1981年08月11日
512***19870813****	2011年5月12日	2015年6月19日	1987年08月13日
515***19750108****	2011年5月20日	2015年9月2日	1975年01月08日
517***19771122****	2011年6月3日	2014年9月7日	1977年11月22日

查看

图6-29 查看提取结果

本例的公式中使用了 TEXT() 函数与 MID() 函数的嵌套来输出最终的结果。公式使用 MID() 函数从 D 列对应单元格的第 7 位开始，取连续的 8 个字符形成新的字符串（在 18 位身份证号码中即为代表出生日期的 8 位数），然后利用 TEXT() 函数来将获取到的新字符串显示为指定的格式，以达到最终要求的效果。

需要特别说明的是，本例中为 TEXT() 函数的 format_text 参数指定的自定义格式为“0000 年 00 月 00 日”，而非常规的“yyyy 年 mm 月 dd 日”格式。这是因为 MID() 函数返回的是一个 8 位的字符串，代表具体的年月日，而非一个日期的序列号，如果直接使用“yyyy 年 mm 月 dd 日”格式，则 Excel 将此字符串作为日期序列号来转换，而此数据已超出 Excel 允许的日期范围，因此无法正常显示，也就无法得到正确的结果。

6.3.5 RIGHT() 从右侧开始截取字符串

如果要从某字符串的右侧开始提取指定长度的字符串形成新字符串，则可使用 RIGHT() 函数来实现，其语法格式如下。

```
RIGHT(text,[num_chars])
```

从函数的语法格式可以看出，RIGHT() 函数的语法与参数都与 LEFT() 函数相同，各参数的意义也完全相同，只是 RIGHT() 函数从 text 参数的右侧向左侧取新的字符串，而 LEFT() 函数是从 text 参数的左侧向右侧取新的字符串，两个函数的取值方向刚好相反。

下面以在“员工档案管理”表中用 RIGHT() 函数根据员工的身份证号码自动生成员工的性别为例，讲解该函数的使用方法。

本节素材	/素材/Chapter06/员工档案管理.xlsx
本节效果	/效果/Chapter06/员工档案管理.xlsx
学习目标	用RIGHT()函数通过身份证号判断性别
难度指数	★★★

步骤 01 ❶打开“员工档案管理”素材文件，选择 G3:G20 单元格区域，❷在编辑栏中输入“=IF(MOD(LEFT(RIGHT(F3,2),1),2)=0,"女","男")”公式，如图 6-30 所示。

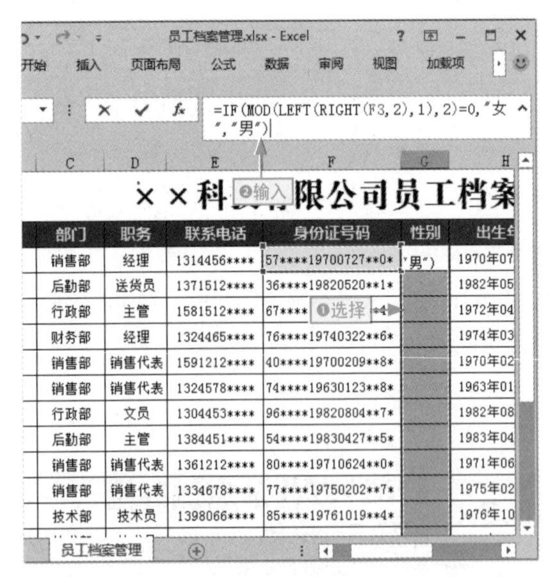

图6-30　输入通过身份证号判断性别的公式

步骤 02 按 Ctrl+Enter 组合键，将公式输入到所选单元格中并计算出所需结果，如图 6-31 所示。

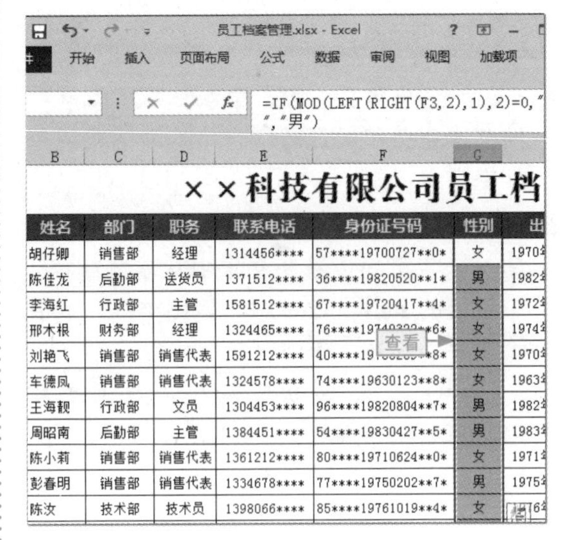

图6-31　查看判断结果

本例的公式中使用了 IF() 函数、MOD() 函数、LEFT() 函数与 RIGHT() 函数的嵌套来输出最终的结果。其中，“(RIGHT(F3,2)”部分表示从 F3 单元格中字符串的最后两位形成新的字符串，然后利用 LEFT() 函数取得该新字符串左侧的第 1 位（即整个身份证号码的倒数第 2 位），再利用 MOD() 函数判断此数字是否为偶数，并将判断结果作为 IF() 函数的 logical_text 参数，从而输出所需的结果。

通过公式说明的简介，本例中的公式先后进行了两次取数、一次取模和一次判断来输出结果，以 G3 单元格输出结果为例，其计算过程如图 6-32 所示。

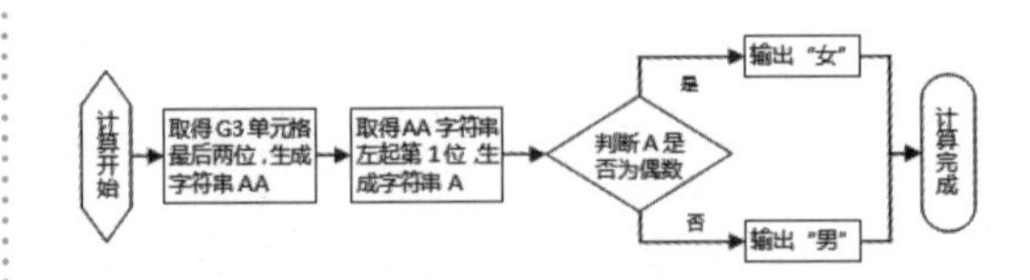

图6-32　公式计算过程示意图

6.4 文本合并比较函数

小白：我想给销售额统一添加“万元”单位，如何快速完成呢？

阿智：直接用一个文本合并函数将销售额与单位连接起来就可以了，具体我给你讲讲吧。

在 Excel 2013 中，系统提供了合并和比较字符串的函数，分别是 CONCATENATE() 函数和 EXACT() 函数，下面分别讲解其具体的使用方法。

6.4.1 CONCATENATE 将多个文本串合并成一个

CONCATENATE() 函数可以将多个文本字符串数据合并为一个字符串数据，其作用与“&”运算符的作用相同，其语法格式如下。

```
CONCATENATE(text1,text2,…)
```

对 CONCATENATE() 函数而言，需要注意以下几点问题。

- text：参数指定需要合并成一个文本的多个文本项，它既可以是单元格引用，也可以是具体的文本字符串。
- 该函数至少包含两个参数，因此 text1 和 text2 参数为必备参数。
- 该函数的参数个数的取值范围为 2 ～ 255。

下面以在“年度销售报表”中用 CONCATENATE() 函数为销售总额统一添加“万元”单位为例，讲解该函数的使用方法。

本节素材	/素材/Chapter06/年度销售报表.xlsx
本节效果	/效果/Chapter06/年度销售报表.xlsx
学习目标	用CONCATENATE()函数统一添加单位
难度指数	★★

步骤 01 ❶ 打开“年度销售报表”素材文件，选择 G3 单元格，❷ 在编辑栏中输入“=CONCATENATE (SUM(B3:F3),"万元")”，如图 6-33 所示。

年度销售报表.xlsx - Excel

=CONCATENATE(SUM(B3:F3),"万元")

年度销售报表 (单位：万元)

北京分公司	天津分公司	昆明分公司	成都分公司	销售总额
284	377	452	245	3:F3),"万元")
479	428	212	256	
283	213	443	386	
203	482	276	272	
444	326	311	296	
435	217	270	319	
427	478	201	457	
280	427	403	254	
419	357	456	313	
291	209	414	468	

❷输入 ❶选择

图6-33 输入在销售总额结果后添加单位的公式

步骤 02 按 Ctrl+Enter 组合键计算当月的销售总额，然后利用复制公式的方法计算其他月份的销售总额，如图 6-34 所示。

年度销售报表 (单位：万元)

北京分公司	天津分公司	昆明分公司	成都分公司	销售总额
284	377	452	245	1716万元
479	428	212	256	1766万元
283	213	443	386	1810万元
203	482	276		1435万元
444	326	311		1679万元
435	217	270	319	1527万元
427	478	201	457	1868万元

查看

图6-34 查看计算结果

在上述示例的公式中，“B3:F3” 单元格区域是不同分公司的销售额数据的存储位置，“SUM(B3:F3)” 公式是计算当月所有分公司的销售总额，CONCATENATE() 函数用于连接当月销售总额和“万元” 文本。

6.4.2 EXACT 比较两个字符串大小是否完全相同

在 Excel 中，对于数字数据可以使用比较运算符来进行大小比较，如果要比较字符串的大小，则需要使用 EXACT() 函数来完成，其语法格式如下。

```
EXACT(text1,text2)
```

从语法结构可以看出，该函数包含两个参数，各参数的具体含义分别如下。

- text1 ：参数和参数 text2 分别用于指定需要进行比较的文本数据，它们既可以是单元格引用，也可以是具体的文本字符串。
- 如果两个参数指定的文本数据完全相同，则函数返回 TRUE 值，否则返回 FALSE 值

下面以在“面试人员评定表”中用 EXACT() 函数根据总分成绩判断该试用员工是否有继续考察的必要［总分成绩在 20 分以上（包括 20 分），则标识为“有必要”，否则标识“没必要”］为例，讲解该函数的使用方法。

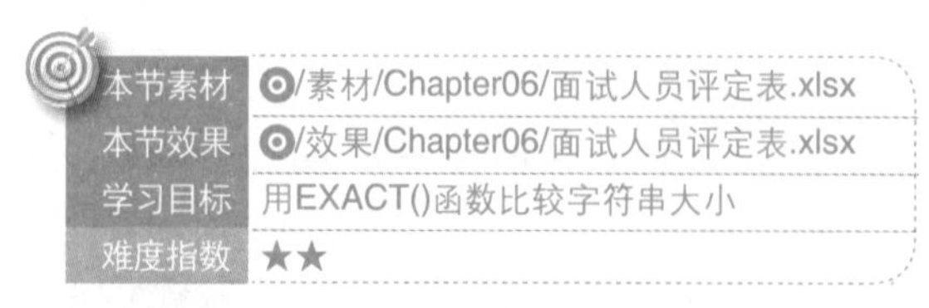

本节素材	/素材/Chapter06/面试人员评定表.xlsx
本节效果	/效果/Chapter06/面试人员评定表.xlsx
学习目标	用EXACT()函数比较字符串大小
难度指数	★★

步骤 01 ❶ 打开“面试人员评定表”素材文件，选择 J3:J12 单元格区域，❷ 在编辑栏中输入“=IF(EXACT (I3,"留用")," ",IF(H3>=20,"有必要","没必要"))”，如图 6-35 所示。

G	H	I	J	K
计算机知识	总分	是否留用	是否有继续考察的必要	
7	22	不留用	没必要"))	
9	26	留用		
8	25			
7	22	不留用		
8	22	不留用		

图6-35 输入判断是否继续考察的公式

步骤 02 按 Ctrl+Enter 组合键对可以继续考察的员工进行判断，如图 6-36 所示。

	G	H	I	J
2	计算机知识	总分	是否留用	是否有继续考察的必要
3	7	22	不留用	有必要
4	9	26	留用	
5	8	25	留用	
6	7	22		有必要
7	8	22	不留用	有必要
8	7	18	不留用	没必要

图6-36 查看判断结果

在上述示例的公式中，I3 是试用员工是否被留用的判断结果存储位置，H3 单元格是试用员工考核总分成绩的存储位置。EXACT() 函数用于判断当前员工是否被留用，空值是 EXACT() 函数返回 TRUE 值时的返回值（即当前员工已经被留用），如果没有被留用，则进行嵌套 IF() 函数的条件判断，当总分成绩大于或等于 20 时，判断结果返回“有必要”，否则判断结果返回“没必要”；本示例具体的运行流程如图 6-37 所示。

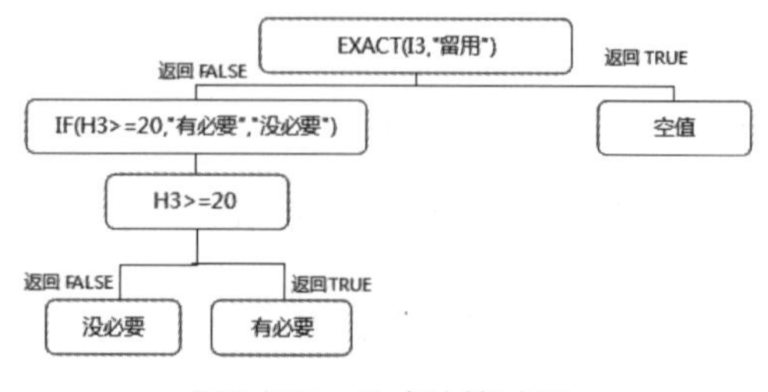

图6-37 公式计算过程

给你支招 | 如何将日期转换为中文大写

小白：有时候为了防止他人修改日期，也需要将日期转化为大写，这个该怎么操作啊？

阿智：也可以使用TEXT()函数来实现，只需要把日期格式设定为“[dbnum2]yyyy年m月d日”即可，其操作如下。

步骤01 ❶ 选择G3:G30单元格区域，❷ 在编辑栏中输入“=TEXT(F3,"[dbnum2]yyyy年m月d日")”，如图6-38所示。

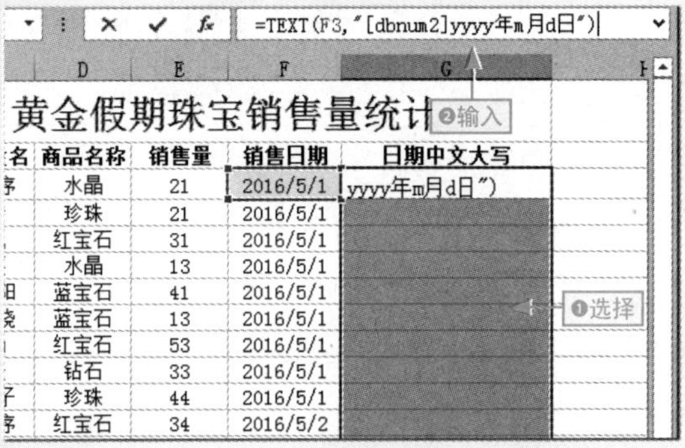

=TEXT(F3,"[dbnum2]yyyy年m月d日")

黄金假期珠宝销售量统计　❷输入

商品名称	销售量	销售日期	日期中文大写
水晶	21	2016/5/1	yyyy年m月d日")
珍珠	21	2016/5/1	
红宝石	31	2016/5/1	
水晶	13	2016/5/1	
蓝宝石	41	2016/5/1	
蓝宝石	13	2016/5/1	❶选择
红宝石	53	2016/5/1	
钻石	33	2016/5/1	
珍珠	44	2016/5/1	
红宝石	34	2016/5/2	

图6-38　输入将日期转化为大写的公式

步骤02 按Ctrl+Enter组合键可以将所有的销售日期转换为对应的中文大写效果，如图6-39所示。

=TEXT(F3,"[dbnum2]yyyy年m月d日")

C	D	E	F	G
林啸序	水晶	21	2016/5/1	贰零壹陆年伍月壹日
蔡清	珍珠	21	2016/5/1	贰零壹陆年伍月壹日
安飞	红宝石	31	2016/5/1	贰零壹陆年伍月壹日
萧遥	水晶	13	2016/5/1	贰零壹陆年伍月壹日
曹惠阳	蓝宝石	41	2016/5/1	贰零壹陆年伍月壹日
陈晓晓	蓝宝石	13	2016/5/1	贰零壹陆年伍月壹日
刘畅	红宝石	53	2016/5/1	贰零壹陆年伍月壹日
高天	钻石	33	2016/5/1	贰零壹陆年伍月壹日
李木子	珍珠	44	2016/5/1	贰零壹陆年伍月壹日
林啸序	红宝石	34	2016/5/2	贰零壹陆年伍月贰日
蔡清	珍珠	31	2016/5/2	贰零壹陆年伍月贰日
安飞	蓝宝石	11	2016/5/2	贰零壹陆年伍月贰日
曹惠阳	水晶	12	2016/5/2	贰零壹陆年伍月贰日

查看

图6-39　查看转化后的效果

在上述示例的公式中，TEXT()函数的格式中参数出现了“[dbnum2]”这一部分，它的功能是将数字转换为中文大写，相应的还有“[dbnum1]”“[dbnum3]”，如果在结果单元格中分别输入“=TEXT(1234,"[dbnum1]")”和“=TEXT(1234,"[dbnum3]")”两个公式，将分别得到“一千二百三十四”和“1千2百3十4”两种结果。

此外，这里的日期格式设置为“yyyy年m月d日”而不是“yyyy年mm月dd日”，是为了避免出现“贰零壹贰年零伍月零壹日”这种不规范的表达方式。

给你支招 | 轻松为公式添加说明

阿智：由于每个人的思维习惯不同，使得在对数据处理时使用的公式可能会有所不同，就会为其他人员阅读公式带来一定的不便，这时我们可考虑在公式的后面为公式添加说明。

小白：那具体该怎么操作呢？给我演示一下吧。

步骤 01 ❶ 选择 J3:J12 单元格区域，❷ 在编辑栏中的公式后面添加 "&T(N(" 公式含义：总分成绩在 20 分以上（包括 20 分），则标识为 "有必要"，否则标识 "没必要" "))"，如图 6-40 所示。

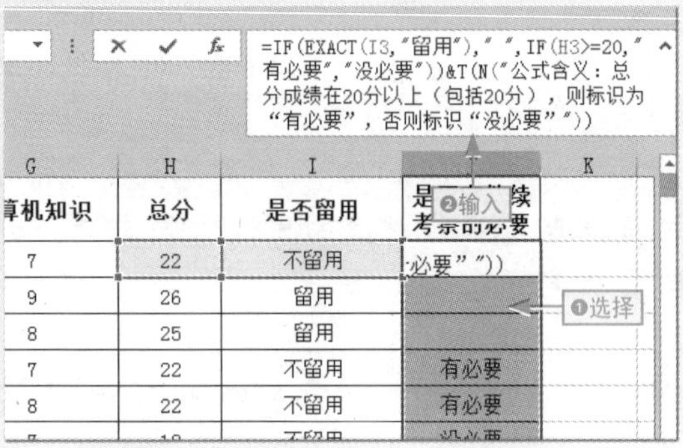

图6-40　输入添加公式说明的公式

步骤 02 按 Ctrl＋Enter 组合键计算结果，可以看出在原公式后面添加说明后的结果没有发生变化，如图 6-41 所示。

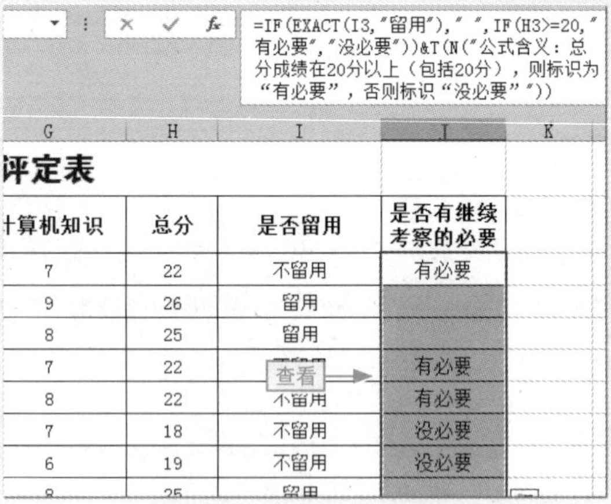

图6-41　查看计算效果

在本例中是为结果为文本型的公式添加说明，如果需要为结果为数值型的公式添加说明，则不可以使用上述的公式，否则会将数值型结果转换为文本型，这样不利于公式结果参与其他运算。这时，可以考虑在公式后面添加下面的内容来为公式添加说明。

+N ("公式说明：说明内容")

Chapter 07

日期和时间函数的应用

学习目标

日期和时间是每个人每一天都会接触到的，也经常在 Excel 中处理这些数据。相对于普通数字而言，日期和时间数据的处理更加复杂，不同的格式下会呈现出不同的显示效果，而真正存储在单元格中的数值与正确的时间之间又没有直观的联系，因此需要使用专门的日期和时间函数来对表示日期和时间的数据进行处理。

本章要点

- YEAR()提取日期中的年份
- MONTH()提取日期中的月份
- DAY()提取日期在当月的天数
- DAYS360()按每年360天计算时间差
- DATE()将代表日期的文本转换为日期
- ……
- NOW()获取系统当前时间
- HOUR()返回指定时间的小时数
- MINUTE()返回指定时间的分钟数
- SECOND()返回指定时间的秒数
- WEEKDAY()将日期转换为星期
- ……

知识要点	学习时间	学习难度
日期函数	40 分钟	★★★
时间函数	30 分钟	★★
工作日函数和星期函数	40 分钟	★★★

7.1 日期函数

小白：我们要将日期数据中的部分数据提取出来或让其参与计算，该怎样操作呢？

阿智：可以通过日期函数，如YEAR()和DAY()等函数来进行部分数据的提取。

日期数据是指由年份、月份和日组成的数据序列。在 Excel 中，日期数据存储在单元格中的实际值为一个正整数，如果使用的 1900 日期系统，则该正整数的取值范围为 1 ～ 2958465，表示 1900 年 1 月 1 日～ 9999 年 12 月 31 日，超过此范围的数值在 Excel 中以日期格式显示就会出现“####”错误。

7.1.1 YEAR() 提取日期中的年份

如果要得到某个具体日期中的年份数据，可使用 YEAR() 函数来实现。该函数的语法格式如下。

```
YEAR(serial_number)
```

从函数的语法格式可以看出，该函数仅有一个必选的 serial_number 参数，该参数必须为一个日期值，其中包含要查找年份的日期，如果是以文本形式输入日期，则函数可能产生不可预知的错误。下面以在“俱乐部会员信息”表中用 YEAR() 函数根据起始日期和终止日期计算出每个会员的有效年限为例，讲解该函数的使用方法。

本节素材	⊙/素材/Chapter07/俱乐部会员信息.xlsx
本节效果	⊙/效果/Chapter07/俱乐部会员信息.xlsx
学习目标	用YEAR()函数统计会员的有效年限
难度指数	★★

步骤 01 ❶打开“俱乐部会员信息”素材文件，选择 G3:G139 单元格区域，❷在编辑栏中输入“=(YEAR(F3)-YEAR(E3))&" 年 "”公式，如图 7-1 所示。

俱乐部会员信息.xlsx - Excel

文件 开始 插入 页面布局 公式 数据 审阅 视图 加载项

MIF　=(YEAR(F3)-YEAR(E3))&" 年"

❷输入　❶选择

××俱乐部会员信息

身份证号	起始日期	终止日期	有效年限
517***19890617****	2011年2月28日	2013年2月28日	))&" 年"
510***19810226****	2011年2月28日	2013年2月28日	
513***19790403****	2011年3月9日	2012年3月9日	
513***19790414****	2011年3月18日	[illegible]	
518***19770326****	2011年3月20日	[illegible]	
510***19811125****	2011年3月23日	2014年3月23日	
517***19800108****	2011年4月8日	2013年4月8日	
519***19870301****	2011年4月16日	2016年4月16日	
517***19810811****	2011年4月21日	2013年4月21日	
512***19870813****	2011年5月12日	2014年5月12日	
515***19750108****	2011年5月20日	2014年5月20日	
517***19771122****	2011年6月3日	2013年6月3日	
517***19830411****	2011年6月11日	2012年6月11日	

图7-1　输入统计会员的有效年限的公式

步骤 02 按 Ctrl+Enter 组合键输入到所选单元格区域中并计算出结果，如图 7-2 所示。

××俱乐部会员信息

	身份证号	起始日期	终止日期	有效年限
3	517***19890617****	2011年2月28日	2013年2月28日	2 年
4	510***19810226****	2011年2月28日	2013年2月28日	2 年
5	513***19790403****	2011年3月9日	2012年3月9日	1 年
6	513***19790414****	2011年3月18日	2013年3月18日	2 年
7	518***19770326****	2011年3月20日	2013年3月20日	2 年
8	510***19811125****	2011年3月23日	2014年3月23日	3 年
9	517***19800108****	2011年4月8日	2013年4月8日	2 年
10	519***19870301****	2011年4月16日	[illegible]	5 年
11	517***19810811****	2011年4月21日	2013年4月21日	2 年
12	512***19870813****	2011年5月12日	2014年5月12日	3 年
13	515***19750108****	2011年5月20日	2014年5月20日	3 年
14	517***19771122****	2011年6月3日	2013年6月3日	2 年

查看

图7-2　查看统计结果

本例中使用的公式较为简单，首先利用YEAR() 函数分别从终止日期和起始日期单元格中获取两个日期的年份数据，然后求得这两个年份数据之间的差，再用连接运算符“&”将得到的差值与文本“年”连接起来。

本例中使用的公式没有条件的判断，直接根据指定单元格的值来输入相应的结果，以G2单元格的结果为例，其计算过程如图7-3所示。

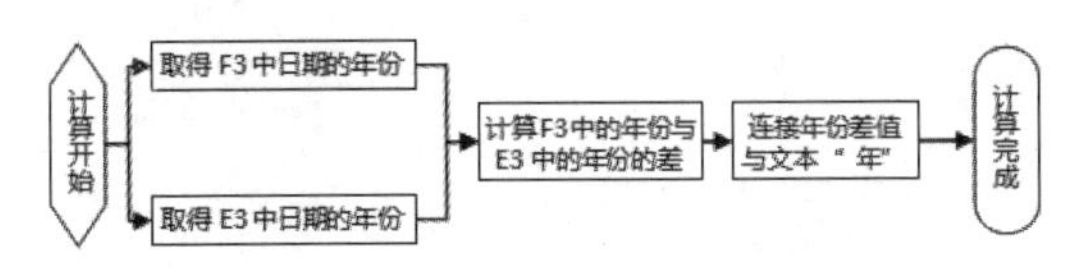

图7-3　公式的计算过程示意图

7.1.2 MONTH() 提取日期中的月份

若要返回一个指定日期中的月份数（忽略年和日的1～12整数），则可以使用MONTH() 函数来完成，该函数的语法格式如下。

```
MONTH(serial_number)
```

与YEAR() 函数一样，MONTH() 函数也仅有一个必选的serial_number参数，表示要查找的那一个月的日期，数据类型必须是日期和时间类型或者能转换为日期的时间的数字。

下面以在“员工生日计算”表中用MONTH() 函数根据员工的出生日期数据统计在9月份过生日的员工人数为例，讲解该函数的使用方法。

本节素材	⊙/素材/Chapter07/员工生日计算.xlsx
本节效果	⊙/效果/Chapter07/员工生日计算.xlsx
学习目标	用MONTH()函数统计9月过生日的员工数量
难度指数	★★

步骤01 ❶打开“员工生日计算”素材文件，选择I22单元格，❷在编辑栏中输入“=SUMPRODUCT((MONTH(I3:I20)=9)*1)”公式，如图7-4所示。

IF　=SUMPRODUCT((MONTH(I3:I20)=9)*1)

E	F	G	H	I	J
1384451****	101125********3464	男	[illegible]	[illegible]978年12月22日	专科
1361212****	210456********2454	男	[illegible]	[illegible]982年11月20日	本科
1334678****	415153********2156	男	汉	1984年04月22日	专科
1398066****	511785********2212	男	壮	1983年12月13日	专科
1359641****	510662********4266	男	汉	1985年09月15日	硕士
1369458****	510158********8846	男	汉	1982年09月15日	本科
1342674****	213254********1422	男	汉	1985年06月23日	专科
1369787****	101547********6482	男	汉	1983年11月02日	专科
1514545****	211411********4553	女	汉	1985年05月11日	专科
1391324****	123486********2157	女	苗	1981[illegible]	专科
1531121****	670113********4631	女	汉	1981年07月22日	硕士
	9月份过生日的员工数量为：			=SUMPRODUCT((MONTH(I3:I20)=9)*1)	

图7-4　输入统计9月过生日的员工数量的公式

步骤02 按Ctrl+Shift+Enter组合键计算公式结果，统计9月过生日的员工数量，如图7-5所示。

1334678****	415153********2156	男	汉	1984年04月22日	专科
1398066****	511785********2212	男	壮	1983年12月13日	专科
1359641****	510662********4266	男	汉	1985年09月15日	硕士
1369458****	510158********8846	男	汉	1982年09月15日	本科
1342674****	213254********1422	男	汉	1985年06月23日	专科
1369787****	101547********6482	男	汉	1983年11月02日	专科
1514545****	211411********4553	女	汉	1985年05月11日	专科
1391324****	123486********2157	女	苗	[illegible]年09月18日	专科
1531121****	670113********4631	女	汉	1981年07月22日	硕士
	9月份过生日的员工数量为：			3	

图7-5　查看统计结果

本例中使用的公式又用到了前面曾多次使用过的SUMPRODUCT() 函数，利用该函数与MONTH() 函数的组合来得到最终结果。

公式首先通过MONTH() 函数取得I3:I20单元格区域中日期的月份数字，然后判断该数字是否等于9，如果是，则将结果设为1；如果不是，则将结果设为0。在所有单元格检测完毕以后，将所有暂存的结果相加返回最终结果。

7.1.3 DAY() 提取日期在当月的天数

若要返回一个指定日期中的天数（忽略年和月的 1 ～ 31 整数），则可以使用 DAY() 函数来完成，其语法格式如下。

```
DAY(serial_number)
```

与 YEAR() 函数和 MONTH() 函数相同，DAY() 函数也仅有一个必选的 serial_number 参数，表示要查找的那一天的日期，参数要求也与前两个函数的参数要求相同。

下面以在“会员信用卡管理”表中用 DAY() 函数根据各发卡银行信用卡的有效期及发卡日期计算每个会员登记的信用卡的到期日为例，讲解该函数的使用方法。

本节素材	/素材/Chapter07/会员信用卡管理.xlsx
本节效果	/效果/Chapter07/会员信用卡管理.xlsx
学习目标	用DAY()函数计算信用卡到期日
难度指数	★★★

步骤 01 ❶打开“会员信用卡管理”素材文件，选择 I3:I40 单元格区域，❷在编辑栏中输入“=DATE(YEAR(G3)+H3,MONTH (G3), DAY(G3)-1)”公式，如图 7-6 所示。

会员信用卡管理.xlsx - Excel

=DATE(YEAR(G3)+H3,MONTH(G3),DAY(G3)-1)

❷输入　❶选择

员信用卡管理

联系电话	发卡银行	发卡日期	有效期	到期日
139****1045	招商银行	2013年12月02日	5 年	),DAY(G3)-1)
189****1793	交通银行	2013年12月05日	3 年	
137****6414	招商银行	2014年01月14日	5 年	
181****7980	交通银行	2014年02月09日	5 年	
186****8337	浦发银行	2014年02月	年	
151****5404	浦发银行	2014年03月25日	3 年	
182****7730	中国银行	2014年03月30日	3 年	
155****8593	交通银行	2014年03月31日	3 年	
137****4488	招商银行	2014年04月08日	5 年	
185****2234	交通银行	2014年05月09日	3 年	
131****6062	建设银行	2014年05月27日	3 年	
154****9873	兴业银行	2014年05月28日	5 年	

图7-6　输入计算信用卡到期日的公式

步骤 02 按 Ctrl+Enter 组合键计算每个会员登记的信用卡的到期日，如图 7-7 所示。

员信用卡管理　查看

联系电话	发卡银行	发卡日期	有效期	到期日
139****1045	招商银行	2013年12月02日	5 年	2018年12月01日
189****1793	交通银行	2013年12月05日	3 年	2016年12月04日
137****6414	招商银行	2014年01月14日	5 年	2019年01月13日
181****7980	交通银行	2014年02月09日	5 年	2019年02月08日
186****8337	浦发银行	2014年02月14日	3 年	2017年02月13日
151****5404	浦发银行	2014年03月25日		2017年03月24日
182****7730	中国银行	2014年03月30日		2017年03月29日
155****8593	交通银行	2014年03月31日	3 年	2017年03月30日
137****4488	招商银行	2014年04月08日	5 年	2019年04月07日
185****2234	交通银行	2014年05月09日	3 年	2017年05月08日
131****6062	建设银行	2014年05月27日	3 年	2017年05月26日
154****9873	兴业银行	2014年05月28日	5 年	2019年05月27日
131****8034	兴业银行	2014年06月10日	5 年	2019年06月09日
183****3444	浦发银行	2014年06月15日	3 年	2017年06月14日
138****5105	兴业银行	2014年07月03日	5 年	2019年07月02日

信用卡管理

图7-7　查看计算结果

本例中使用的公式不仅有前两节讲解的 YEAR() 函数、MONTH() 函数以及本节所讲的 DAY() 函数，还使用了未曾介绍过的 DATE() 函数（该函数将在 7.1.6 节详细讲解）。

公式利用 YEAR() 函数从 G 列单元格中获取日期的年份后将年份数据加上信用卡有效期得到到期日的年份，再用 MONTH() 函数获取 G 列单元格对应日期的月份数据，然后用 DAY() 函数从 G 列对应单元格日期的天数，将此天数减 1 得到到期日的天数，最后用 DATE() 函数将获取的年份、月份以及天数连接起来形成新的日期数据。

得到不参与计算的日期数据

以上示例中的公式得出的到期日仍为日期序列，若得到的到期日不需要再参与计算，可利用连接运算符连接年、月和日数据，生成一个新的文本字符串来代表到期日，如公式可改写为“=YEAR(G3) + H3&" 年 "&MONTH(G3)&" 月 "&DAY(G3)-1&" 日 "”。

7.1.4 TODAY() 返回当前系统的日期

每台电脑系统都存储有一个日期数据，很多应用程序都可调用系统的当前日期。在 Excel 中要调用系统的当前日期，可以使用 TODAY() 函数返回当前系统日期的序列号，再利用 Excel 的数字格式，将此序列号以日期的形式显示出来，该函数的语法格式如下。

```
TODAY()
```

从其语法格式可以看出，该函数没有任何参数，其返回结果仅受当前系统日期的影响，在不同的日期打开工作表，都会产生一个新的结果。

下面以在“应收款记录”表中用 TODAY() 函数根据系统的当前日期判断收款项是否应该今日收款为例，讲解该函数的使用方法。

本节素材	/素材/Chapter07/应收款记录.xlsx
本节效果	/效果/Chapter07/应收款记录.xlsx
学习目标	用TODAY()函数统计今天要收款的数量
难度指数	★★

步骤 01 ❶打开“应收款记录”素材文件，选择计算结果存放的单元格区域。这里选择 F3:F29 单元格区域，❷在编辑栏中输入“=IF(E3= TODAY(),"请今日收款","")”公式，如图 7-8 所示。

应收款记录.xlsx - Excel

=IF(E3=TODAY(),"请今日收款","")

❷输入

应收款	产生日期	计划收款日期	是否今日收款	备注
¥120.00	2016/6/3	2016/6/18	收款","")	
¥2,380.00	2016/6/4	2016/7/1		
¥11,036.00	2016/6/5	2016/7/4		
¥319.65	2016/6/5	2016/7/5		
¥100.00	2016/6/6	2016/6/14		
¥670.00	2016/6/7	2016/6/26		❶选择

图7-8 输入统计今天要收款的数量的公式

步骤 02 按 Ctrl+Enter 组合键统计今天要收款的数量，如图 7-9 所示。

F3 =IF(E3=TODAY(),"请今日收款",""

	C	D	E	F	G
1	应收款记录				
2	应收款	产生日期	计划收款日期	是否今日收款	备注
3	¥120.00	2016/6/3	2016/6/18		
4	¥2,380.00	2016/6/4	2016/7/1	请今日收款	
5	¥11,036.00	2016/6/5	2016/7/4		
6	¥319.65	2016/6/5	2016/7/5		查看
7	¥100.00	2016/6/6	2016/6/14		
8	¥670.00	2016/6/7	2016/6/26		
9	¥4,400.00	2016/6/7	2016/7/8		
10	¥4,328.00	2016/6/7	2016/6/11		
11	¥5,299.00	2016/6/8	2016/7/1	请今日收款	
12	¥2,767.50	2016/6/8	2016/7/5		
13	¥948.00	2016/6/9	2016/7/8		
14	¥45,670.00	2016/6/10	2016/6/29		
15	¥1,538.00	2016/6/11	2016/7/4		
16	¥5,000.00	2016/6/11	2016/6/21		
17	¥13,797.00	2016/6/12	2016/7/7		

图7-9 查看计算结果

本例公式中使用了 IF() 函数与 TODAY() 函数的嵌套来完成所需结果的计算。公式从 E 列对应单元格取得代表日期的数据，然后利用 TODAY() 函数返回系统的当前日期，再将两个数值相对比，如果两个日期相等，则显示“请今日收款”文本，否则返回空值。

从公式说明中可以看出，该公式有一个简单的判断过程，由于每个结果单元格的公式计算过程相同，以 F3 单元格的计算公式为例，公式的计算过程如图 7-10 所示。

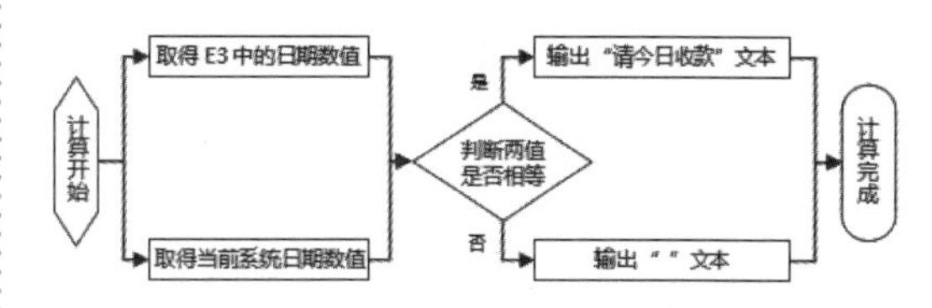

图7-10 公式的计算过程示意图

7.1.5 DAYS360() 按每年 360 天计算时间差

如果要计算两个日期之间相差的天数，虽然可以直接用后一个日期减去前一个日期来得到，但在统计某些数据时，需要将一个月按30天（一年为360天）来计算两个日期之间相差的天数，这时就可以利用DAYS360()函数来实现，其语法格式如下。

```
DAYS360(start_date,end_
    date, [method])
```

从语法格式可以看出，DAYS360()函数包含两个必选参数和一个可选参数，各参数的意义如下。

- ◆ start_date：必选参数，用于指定要计算的区间的起始日期。
- ◆ end_date：必选参数，用于指定要计算的区间的结束日期。
- ◆ method：可选参数，用于指定两个日期之间间隔的计算方法，其值为逻辑值。当取值为FALSE或省略时，如果start_date为某月的最后一天，则取当月的30号；如果end_date为某月的最后一天，并且start_date早于某月的30号，则end_date取下个月的1号，否则取当月的30号。当method参数取逻辑TRUE时，如果start_date和end_date为某月的31号，则取当月的30号。

下面以在“员工工资档案”表中用DAYS360()函数根据入职日期数据，计算各员工的工龄工资（具体要求员工入职满一年，按每年360天计算，每年增加50元工龄工资，最高累积为500元）为例，讲解该函数的使用方法。

本节素材	⊙/素材/Chapter07/员工工资档案.xlsx
本节效果	⊙/效果/Chapter07/员工工资档案.xlsx
学习目标	用DAYS360()函数计算员工工龄工资
难度指数	★★★★

步骤01 ❶打开“员工工资档案”素材文件，选择I3:I20单元格区域，❷在编辑栏中输入“=IF(INT(DAYS360(G3,TODAY())/360)*50>=500,500,INT(DAYS360(G3,TODAY())/360)*50)”公式，如图7-11所示。

员工工资档案.xlsx - Excel

开始 插入 页面布局 公式 数据 审阅 视图 加载项

IF =IF(INT(DAYS360(G3,TODAY())/360)*50>=500,500,INT(DAYS360(G3,TODAY())/360)*50)

❷输入

员工工资档案

职务	性别	学历	入职日期	基本工资	工龄工资	固定福利
经理	男	本科	2008年06月18日	¥2,500.00	'360)*50)	¥350.00
送货员	男	专科	2011年07月01日	¥1,500.00		¥120.00
主管	女	本科	2010年07月04日	¥3,000.00		¥350.00
经理	女	本科	2006年07月05日	¥4,000.00		¥350.00
销售代表	男	专科	2011年07月14日	¥1,200.00		
销售代表	男	本科	2011年06月26日	¥1,200.00		
文员	女	本科	2010年07月08日	[illegible]		¥120.00
主管	男	专科	2009年06月11日	¥2,500.00		¥350.00
销售代表	男	本科	2010年07月01日	¥1,200.00		
销售代表	男	专科	2009年07月05日	¥1,200.00		

❶选择

图7-11 输入计算员工工龄工资的公式

步骤02 按Ctrl+Enter组合键计算所有员工的工龄工资，如图7-12所示。

员工工资档案

职务	性别	学历	入职日期	基本工资	工龄工资	固定福利
经理	男	本科	2008年06月18日	¥2,500.00	¥350.00	¥350.00
送货员	男	专科	2011年07月01日	¥1,500.00	¥200.00	¥120.00
主管	女	本科	2010年07月04日	¥3,000.00	¥250.00	¥350.00
经理	女	本科	2006年07月05日	¥4,000.00	¥450.00	¥350.00
销售代表	男	专科	2011年07月14日	¥1,200.00	¥200.00	
销售代表	男	本科	2011年06月26日	¥1,200.00	¥200.00	
文员	女	本科	2010年07月08日	[illegible]	¥250.00	¥120.00
主管	男	专科	2009年06月11日	¥2,500.00	¥300.00	¥350.00
销售代表	男	本科	2010年07月01日	¥1,200.00	¥250.00	

查看

图7-12 查看计算结果

本例使用了IF()函数、INT()函数、TODAY()函数以及DAYS360()函数的嵌套来完成所需结果的计算。

公式通过DAYS360()函数对比员工入职日期到系统当前日期之间相差的天数，然后将此天数除以360，再利用INT()函数对所得结果取整来得到两个日期之间相差的整年数。将此年数乘以50，得到员工应得的工龄工资，再通过IF()函数判断工龄工资是否大于或等于500，如果是，则返回500，否则返回实际应得的工龄工资。

由于每个结果单元格的公式计算过程相同，则以I3单元格的计算公式为例，公式的计算过程如图7-13所示。

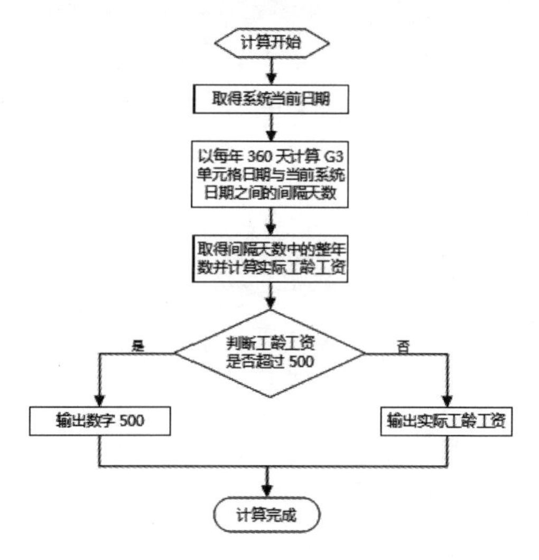

图7-13　公式的计算过程示意图

7.1.6 DATE()将代表日期的文本转换为日期

当从其他数据源导入数据到Excel中时，很多时候日期数据是以文本形式存在的，比如以2016.6.13表示2016年6月13日，而这样的日期数据并不能直接被Excel识别，如果直接输入2016613，再将单元格格式设置为日期格式，则显示为7421-4-18，与实际要表达的日期完全不符，此时就可以利用DATE()函数来返回一个指定数字的日期格式，其语法格式如下。

```
DATE(year,month,day)
```

从函数的语法格式可以看出，DATE()函数包含3个必选参数，各参数的意义及用法如下。

◆ year：必选参数，表示即将返回的日期中的年份，为0～9999的整数。如果取值小于0或者大于9999，则函数将返回“#NUM！”错误。如果取值位于0～1899年，则返回year值加上1900后的年份，如函数“DATE(116,5,9)”将返回“2016-5-9”。

◆ month：必选参数，表示日期数据中的月份，可以是任意整数。当month大于12时，结果将从指定年份的下一年的1月份开始往后累加，如函数“DATE (2016,20,17)”将返回“2017-8-17”；当month小于1时，结果将从指定年份的上一年的12月开始递减，如函数“DATE(2016,-16,16)”将返回“2014-8-16”。

◆ day：必选参数，表示日期数据中的天数，可取任意整数。如果该参数的值大于指定月份的最大天数或者小于1时，其计算规则与month参数的计算规则相同。

需要特别说明的是，在给DATE()函数指定参数时，year参数最好使用4位数字，否则可能产生歧义，如想要表达2016年的年份，最好输入“2016”；如果直接使用16，则输出的结果为1916年。此外，虽然month参数和day参数都支持负数和大于12或31的正数，但为了函数更加直观，也应尽量使用1～12或1～31的整数。

下面以在“会员档案表”中用DATE()函数从会员的身份证号码中提取各会员的出生日期为例，讲解该函数的使用方法。

本节素材	/素材/Chapter07/会员档案表.xlsx
本节效果	/效果/Chapter07/会员档案表.xlsx
学习目标	用DATE()函数从身份证号码中提取出生日期
难度指数	★★★

步骤01 ❶打开“会员档案表”素材文件，选择计算结果存放的单元格区域。这里选择G3:G139单元格区域，❷在编辑栏中输入“=DATE(MID(D3,7,4),MID(D3,11,2),MID(D3,13,2))”公式，如图7-14所示。

会员档案表.xlsx - Excel

=DATE(MID(D3,7,4),MID(D3,11,2),MID(D3,13,2))

××× 俱乐部会员档案 ❷输入

身份证号	起始日期	终止日期	会员生日
517***19890617****	2011年2月28日	2013年2月28日	D(D3,13,2))
510***19810226****	2011年2月28日	2013年2月28日	
513***19790403****	2011年3月9日	2012年3月9日	
513***19790414****	2011年3月18日	2013年3月18日	
518***19770326****	2011年3月20日	2013年3月20日	
510***19811125****	2011年3月23日	2014年3月23日	
517***19800108****	2011年4月8日	2013年4月8日	
519***19870301****	2011年4月16日	2016年4月16日	
517***19810811****	2011年4月21日	2013年4月21日	
512***19870813****	2011年5月12日	❶选择	
515***19750108****	2011年5月20日	2014年5月20日	
517***19771122****	2011年6月3日	2013年6月3日	
517***19830411****	2011年6月11日	2012年6月11日	
510***19870702****	2011年6月15日	2016年6月15日	
517***19751209****	2011年6月23日	2012年6月23日	

图7-14　输入从身份证号码提取出生日期的公式

步骤 02 按 Ctrl+Enter 组合键计算结果，完成从会员的身份证号码中提取各会员的出生日期，如图 7-15 所示。

××× 俱乐部会员档案

身份证号	起始日期	终止日期	会员生日
517***19890617****	2011年2月28日	2013年2月28日	1989年6月17日
510***19810226****	2011年2月28日	2013年2月28日	1981年2月26日
513***19790403****	2011年3月9日	2012年3月9日	1979年4月3日
513***19790414****	2011年3月18日	2013年3月18日	1979年4月14日
518***19770326****	2011年3月20日	2013年3月20日	1977年3月26日
510***19811125****	2011年3月23日	2014年3月23日	1981年11月25日
517***19800108****	2011年4月8日	2013年4月8日	1980年1月8日
519***19870301****	2011年4月16日	2016年4月16日	1987年3月1日
517***19810811****	2011年4月21日	2013年4月21日	1981年8月11日
512***19870813****	2011年5月12日	[illegible]	1987年8月13日
515***19750108****	2011年5月20日	查看	1975年1月8日
517***19771122****	2011年6月3日	2013年6月3日	1977年11月22日
517***19830411****	2011年6月11日	2012年6月11日	1983年4月11日
510***19870702****	2011年6月15日	2016年6月15日	1987年7月2日
517***19751209****	2011年6月23日	2012年6月23日	1975年12月9日

平均值: 1982年7月14日　计数: 137

图7-15　查看计算结果

本例公式中使用了 DATE() 函数与 MID() 函数的嵌套来完成所需结果的计算。公式通过 MID() 函数在 D 列对应的单元格中从第 7 位开始取 4 位作为 DATE() 函数的 year 参数，从第 11 位开始取两位作为 DATE() 函数的 month 参数，再从第 13 位开始取两位作为 DATE() 函数的 day 参数，最后返回所需的结果。

7.1.7 NOW() 获取系统当前时间

很多时候需要知道系统当前的时间，进行下一步的操作。在 Excel 中，要获取系统的当前时间，可使用 NOW() 函数来完成，其语法格式如下。

```
NOW()
```

与 TODAY() 函数相同，NOW() 函数也没有任何参数，其返回结果只受当前系统时间的影响。

默认情况下，工作表的每一次更改，NOW() 函数都将产生一个新的结果。

下面以在“设备维护安排”表中用 NOW() 函数判断设备在 1 小时内是否需要进行维护为例，讲解该函数的使用方法。

本节素材	⊙/素材/Chapter07/设备维护安排.xlsx
本节效果	⊙/效果/Chapter07/设备维护安排.xlsx
学习目标	用NOW()函数判断设备在1小时内是否维护
难度指数	★★★

步骤 01 ❶打开“设备维护安排”素材文件，选择 D3:D136 单元格区域，❷在编辑栏中输入“=IF(ABS(C3-(NOW()-INT(NOW())))<(1/24),"请对该设备进行维护","")”公式，如图 7-16 所示。

设备维护安排.xlsx - Excel

=IF(ABS(C3-(NOW()-INT(NOW())))<(1/24),"请对该设备进行维护","")

设备维护安排表 ❷输入

设备编号	所在位置	计划维护时间	是否应该维护
VIP_A_01	VIP第1区	上午6时08分	备进行维护","")
VIP_A_02	VIP第1区	上午6时05分	
VIP_A_03	VIP第1区	上午6时26分	
VIP_A_04	VIP第1区	❶选择	
VIP_A_05	VIP第1区	下午3时18分	
VIP_A_06	VIP第1区	上午6时38分	
VIP_A_07	VIP第1区	上午10时34分	
VIP_A_08	VIP第1区	上午5时17分	
VIP_B_01	VIP第2区	下午1时16分	

图7-16　输入判断设备是否需要维护的公式

步骤02 按Ctrl+Enter组合键计算结果，完成各设备在1小时内是否需要进行维护的判断，如图7-17所示。

设备维护安排表

设备编号	所在位置	计划维护时间	是否应该维护
VIP_A_01	VIP第1区	上午6时08分	
VIP_A_02	VIP第1区	上午6时05分	
VIP_A_03	VIP第1区	上午6时26分	
VIP_A_04	VIP第1区	上午11时04分	
VIP_A_05	VIP第1区	下午3时18分	请对该设备进行维护
VIP_A_06	VIP第1区	上午6时38分	
VIP_A_07	VIP第1区	上午10时34分	
VIP_A_08	VIP第1区	[illegible]	
VIP_B_01	VIP第2区	下午1时16分	
VIP_B_02	VIP第3区	下午3时43分	请对该设备进行维护
VIP_B_03	VIP第4区	上午7时21分	
VIP_B_04	VIP第5区	上午7时34分	
VIP_B_05	VIP第6区	上午6时48分	
VIP_B_06	VIP第7区	上午9时15分	
G_A_01	游戏A区	下午3时29分	请对该设备进行维护

查看

图7-17 查看判断结果

本例中的公式综合使用了NOW()函数、INT()函数、ABS()函数以及IF()函数的嵌套来输入最终的结果。

公式首先使用NOW()函数获取当前系统的系统时间，然后用INT()函数对获取的系统时间的数值取整（即去掉NOW()函数返回结果中的日期信息，仅保留时间信息），再求出该时间与C列中保存的时间差值的绝对值，以上步骤通过公式中的“ABS(C3-(NOW()-INT(NOW())))”部分完成。

最后将得到的结果与1/24对比即得出设备的计划维护时间与系统当前时间差值是否在1小时内，若是，则输出“请对该设备进行维护”文本，否则输出空值。

根据公式说明中的介绍，以D3单元格的输出结果为例，该公式的计算过程可用如图7-18所示的流程来表示。

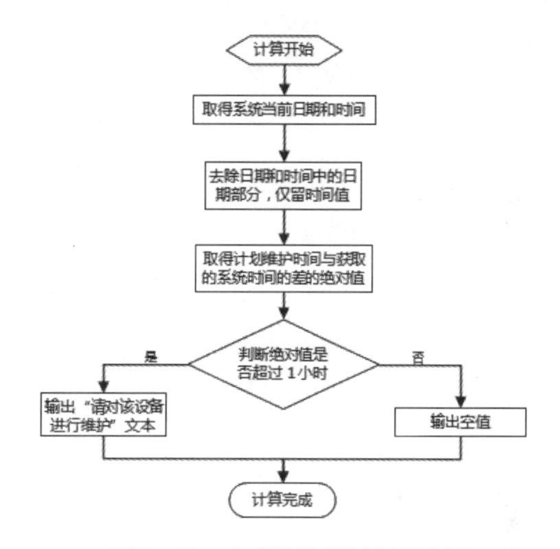

图7-18 公式的计算过程示意图

7.2 时间函数

小白：主管让我统计一下研发部员工的加班工时，可是我不知道该怎么处理这些打卡数据。

阿智：打卡数据中有员工离开公司的时间，用这个数据和单位规定的下班时间求差值，就得到加班工时了，我具体给你讲讲吧。

日期数据保存在单元格中的实际值为一个代表时间的正整数序列，在使用NOW()函数获取系统时间时可以看出，获取的结果数值包含有小数，而小数点后面的数据在日期和时间类型中即表示时间，对时间数据的处理也是Excel数据处理中经常会使用到的。

7.2.1 HOUR() 返回指定时间的小时数

若要返回一个指定时间中的小时数，可用 HOUR() 函数来完成，该函数可返回一个介于 0（12:00 AM）到 23（11:00 PM）的整数，其语法格式如下。

```
HOUR(serial_number)
```

从该函数的语法格式可以看出，该函数仅有一个 serial_number 必选参数，该参数表示要返回小时数的具体时间，可以是直接输入的时间或返回保存了时间数据的单元格引用，也可以是返回时间格式的公式。

下面以在“研发部 6 月 1 日考勤”表中用 HOUR() 函数计算加班的小时数（单位 17:30 下班，下班后的时间视为加班时间，不足 1 小时的不计算在内）为例，讲解该函数的使用方法。

本节素材	⊙/素材/Chapter07/研发部6月1日考勤.xlsx
本节效果	⊙/效果/Chapter07/研发部6月1日考勤.xlsx
学习目标	用HOUR()函数计算加班的小时数
难度指数	★★

步骤 01 ❶ 打开“研发部 6 月 1 日考勤”素材文件，选择 J3:J30 单元格区域，❷ 在编辑栏中输入“=HOUR(I3)-HOUR("17:30")”公式，如图 7-19 所示。

	E	F	G	H	I	J
1	部员工打卡记录					
2	星期	上午上	上午下	下午上	下午下	加班工时
3	星期三	7:57	12:01	13:28	18:42	"17:30")
4	星期三	8:14	11:51	13:01	20:07	
5	星期三	7:54	12:00	13:28	17:38	
6	星期三	7:55	12:00	13:2[illegible]	[illegible]:20	
7	星期三	7:53	12:00	12:3[illegible]	[illegible]:45	
8	星期三	7:56	12:00	13:28	22:28	
9	星期三	7:57	12:00	13:27	20:06	

图7-19 输入计算加班小时数的公式

步骤 02 按 Ctrl＋Enter 组合键计算每个员工的加班小时数，保持单元格区域的选择状态，将单元格格式设置为“常规”即完成整个操作，如图 7-20 所示。

E	F	G	H	I	J
部员工打卡记录					
星期	上午上	上午下	下午上	下午下	加班工时
星期三	7:57	12:01	13:28	18:42	1
星期三	8:14	11:51	13:01	20:07	3
星期三	7:54	12:00	13:28	17:38	0
星期三	7:55	12:00	13:27	21:20	4
星期三	7:53	12:00	12:32	[illegible]:45	2
星期三	7:56	12:00	13:28	[illegible]:28	5
星期三	7:57	12:00	13:27	20:06	3
星期三	7:56	12:00	13:28	21:19	4
星期三	8:01	12:01	13:28	17:32	0
星期三	7:57	12:00	13:28	21:06	4
星期三	7:55	12:01	13:26	18:18	1
星期三	7:57	12:00	13:27	20:16	3

图7-20 查看计算结果

本例的公式中使用了两个 HOUR() 函数来返回时间的小时数，HOUR(I3) 表示从 I3 单元格区域获取员工下班打卡时间的小时数，HOUR ("17:30") 表示获取 17:30 的小时数（固定为 17），再将两个数值相减即得到员工的加班工时。

7.2.2 MINUTE() 返回指定时间的分钟数

如果要获取一个给定时间的分钟数，则可以使用 MINUTE() 函数来实现，该函数可以返回一个介于 0 ～ 59 的整数，其语法格式如下。

```
MINUTE(serial_number)
```

与 HOUR() 函数相同，该函数也只有一个 serial_number 必选参数，表示要获取分钟数的一个给定的时间。

下面以在“停车收费记录表”中用 MINUTE() 函数根据每辆车停放的起始时间和结束时间，计算车辆停放的分钟数为例，讲解该函数的使用方法。

本节素材	/素材/Chapter07/停车收费记录表.xlsx
本节效果	/效果/Chapter07/停车收费记录表.xlsx
学习目标	用MINUTE()函数计算停车的分钟数
难度指数	★★

步骤 01 ❶打开“停车收费记录表”素材文件，选择 F4:F17 单元格区域，❷在编辑栏中输入“=MINUTE(C4-B4)”公式，如图 7-21 所示。

停车收费记录表.xlsx - Excel

=MINUTE(C4-B4)

停车场❷输入记录表

车牌号	停车开始时间	停车结束时间	累计时间		
			天数	小时	分钟
川A**5	2016/6/3 12:16	2016/6/4 10:33	0	22	1-B4)
川C**3	2016/7/5 13:21	2016/7/5 20:34		7	
川A**7	2016/7/5 15:29	2016/7/7 16:28	2	0	
川A**2	2016/7/6 8:45	2016/7/9 8:32	2	23	
川J**5	2016/7/6 9:42	2016/7/6 22:35	0	12	

❶选择

图7-21　输入计算停车分钟数的公式

步骤 02 按 Ctrl+Enter 组合键计算停车的分钟数，如图 7-22 所示。

停车场收费记录表

车牌号	停车开始时间	停车结束时间	累计时间		
			天数	小时	分钟
川A**5	2016/6/3 12:16	2016/6/4 10:33	0	22	17
川C**3	2016/7/5 13:21	2016/7/5 20:34	0	7	13
川A**7	2016/7/5 15:29	2016/7/7 16:28		0	59
川A**2	2016/7/6 8:45	2016/7/9 8:32	2	23	47
川J**5	2016/7/6 9:42	2016/7/6 22:35	0	12	53
川A**2	2016/7/6 12:27	2016/7/8 16:44	2	4	17

查看

图7-22　查看计算结果

本例公式中仅使用了一个 MINUTE() 函数，通过将 C 列单元格的值与 B 列单元格的值相减来作为其参数。

C 列单元格存放的是车辆停放结束时间，B 列单元格存放的是车辆停放开始时间，两个时间相减即得到一个代表时间差值的数据，再利用 MINUTE() 函数从这个数字中提取出里面的分钟数。

7.2.3 SECOND() 返回指定时间的秒数

如果要获取一个给定时间中的秒数，则可以使用 SECOND() 函数来实现，该函数可以返回时间值的秒数，返回的秒数为 0～59 的整数，其语法格式如下。

```
SECOND(serial_number)
```

与 MINUTE() 函数相同，该函数也只有一个 serial_number 必选参数，表示要获取秒数的一个给定的时间。

下面以在“公话超市通话计费”表中用 SECOND() 函数计算通话时间的秒数（要求通话时长不足一分钟的按一分钟计算）为例，讲解该函数的使用方法。

本节素材	/素材/Chapter07/公话超市通话计费.xlsx
本节效果	/效果/Chapter07/公话超市通话计费.xlsx
学习目标	用SECOND()函数计算通话时间的秒数
难度指数	★★★

步骤 01 ❶打开“公话超市通话计费”素材文件，选择 E3:E32 单元格区域，❷在编辑栏中输入“=HOUR(D3)/24+((SECOND(D3)>0)+MINUTE(D3))/24/60”公式，如图 7-23 所示。

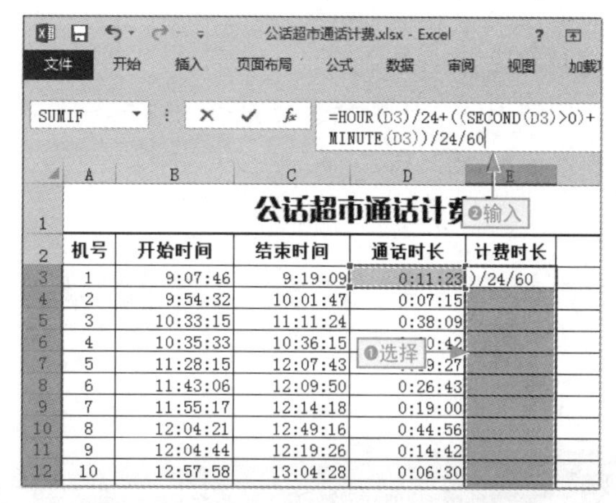
公话超市通话计费.xlsx - Excel

=HOUR(D3)/24+((SECOND(D3)>0)+MINUTE(D3))/24/60

公话超市通话计费 ❷输入

机号	开始时间	结束时间	通话时长	计费时长
1	9:07:46	9:19:09	0:11:23	)/24/60
2	9:54:32	10:01:47	0:07:15	
3	10:33:15	11:11:24	0:38:09	
4	10:35:33	10:36:15	0:42	
5	11:28:15	12:07:43	9:27	
6	11:43:06	12:09:50	0:26:43	
7	11:55:17	12:14:18	0:19:00	
8	12:04:21	12:49:16	0:44:56	
9	12:04:44	12:19:26	0:14:42	
10	12:57:58	13:04:28	0:06:30	

❶选择

图7-23　输入计算通话时间秒数的公式

步骤 02 按 Ctrl+Enter 组合键计算通话时间的秒数，如图 7-24 所示。

公话超市通话计费表

机号	开始时间	结束时间	通话时长	计费时长	收费
1	9:07:46	9:19:09	0:11:23	0:12	￥2.
2	9:54:32	10:01:47	0:07:15	0:08	￥1.
3	10:33:15	11:11:24	0:38:09	0:39	￥7.
4	10:35:33	10:36:15	0:00:42	0:01	￥0.
5	11:28:15	12:07:43	0:39:27	0:40	￥8.
6	11:43:06	12:09:50	[illegible]	0:27	￥5.
7	11:55:17	12:14:18	0:19:00	0:19	￥3.
8	12:04:21	12:49:16	0:44:56	0:45	￥9.
9	12:04:44	12:19:26	0:14:42	0:15	￥3.
10	12:57:58	13:04:28	0:06:30	0:07	￥1.
11	13:07:16	13:18:36	0:11:20	0:12	￥2.

查看

图7-24　查看计算结果

本例的公式中综合使用了 HOUR() 函数、MINUTE() 函数以及 SECOND() 函数来计算所需的结果。

公式中 HOUR(D3)/24 部分表示获取 D3 单元格中时间的小时部分，并将其转换为代表小时的时间序列；SECOND(D3)>0 部分返回 D3 单元格的时间秒数，并判断秒数是否大于 0，如果是则返回 TRUE（即数字 1），否则返回 FALSE（即数字 0）；((SECOND(D3)>0)+MINUTE(D3))/24/60 部分获取 D3 单元格中时间的分钟数并转换为代表分钟的时间序列。

将计算出的代表小时的时间序列与代表分钟的时间序列相加，即可得到代表实际计费时长的时间序列，通过设置单元格格式将其显示为具体的时间。

需要特别说明的是，在前面的讲解中我们知道 HOUR() 函数返回的是一个 0 ～ 23 的整数，MINUTE() 函数和 SECOND() 函数返回的均是 0 ～ 59 的整数。而在时间序列中，整数代表的是日期，小数才是具体的时间。

将一个整数除以 24，就可以得到此数字代表的小时序列（如 5/24 的序列转换为时间格式就是 5:00:00）。同理，将某个整数除以 24 后再除以 60，即可得到代表分钟的时间序列。在此基础上再除以 60，即可得到代表秒数的时间序列。

根据公式说明中的介绍，以 E3 单元格的输出结果为例，该公式的计算过程可用图 7-25 所示的流程来表示。

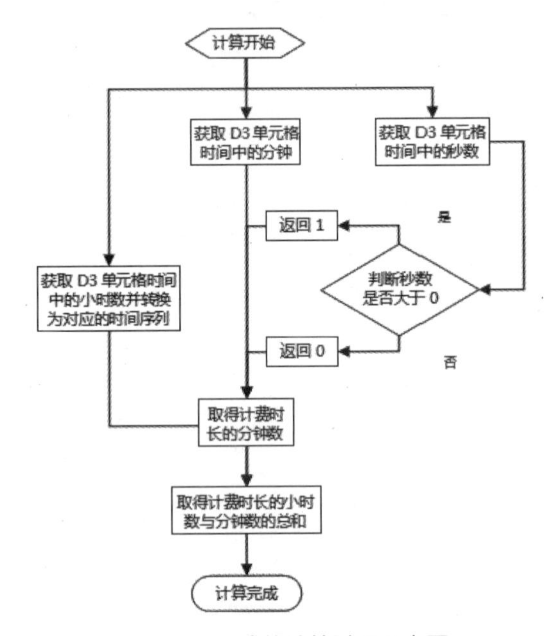

图7-25　公式的计算过程示意图

7.3 工作日函数

小白：快到教师节了，有什么函数可以快速统计出距离放假还有多少个工作日呢？

阿智：当然有，Excel提供了各种统计工作日的函数，无论你是想计算经过一段时间后的工作日期，还是间隔的工作日天数，都可以。

工作日是指法律规定的各公司或单位在正常情况下上班的日期，通常是指除周末和国家指定的法定节假日之外正常工作的日期。在 Excel 中，如果要处理工作日相关的数据，可以使用系统提供的专门的工作日函数来完成，下面进行详细介绍。

7.3.1 WORKDAY 返回指定日期前后的若干个工作日日期

如果要返回在某日期（起始日期）之前或之后与该日期相隔指定工作日的某一日期的日期值，可以使用 WORKDAY() 函数来实现，其语法格式如下。

```
WORKDAY(start_date,days, [holidays])
```

从语法格式可以看出，WORKDAY() 函数包含 3 个参数，各参数的意义及用法如下。

- start_date：必选参数，一个代表开始日期的日期。
- days：必选参数，start_date 之前或之后不含周末及节假日的天数，days 为正值将生成未来日期，为负值生成过去日期。
- holidays：可选参数，一个可选列表，其中包含需要从工作日历中排除的一个或多个日期，例如各省 / 市 / 自治区和国家 / 地区的法定假日及非法定假日。该列表可以是包含日期的单元格区域，也可以是由代表日期的序列所构成的数组常量。

下面以在“工作进度表”中用 WORKDAY() 函数根据该表格中的数据计算每项工作的计划完成时间为例，讲解该函数的使用方法。

本节素材	⊙/素材/Chapter07/工作进度表.xlsx
本节效果	⊙/效果/Chapter07/工作进度表.xlsx
学习目标	用WORKDAY()函数计算工作的预计完成时间
难度指数	★★

步骤 01 ❶打开“工作进度表”素材文件，选择 D3:D11 单元格区域，❷在编辑栏中输入“=TEXT(WORKDAY(B3,C3),"yyyy 年 m 月 d 日")”公式，如图 7-26 所示。

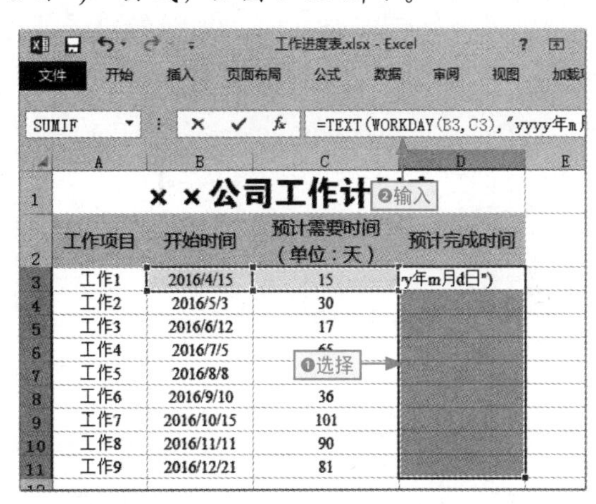

图7-26　输入计算预计完成时间的公式

步骤 02 按 Ctrl+Enter 组合键计算每项工作的计划完成时间，如图 7-27 所示。

××公司工作计划表

工作项目	开始时间	预计需要时间（单位：天）	预计完成时间
工作1	2016/4/15	15	2016年5月6日
工作2	2016/5/3	30	2016年6月14日
工作3	2016/6/12	17	2016年7月5日
工作4	2016/7/5	65	2016年10月4日
工作5	2016/8/8	[illegible]	2016年11月16日
工作6	2016/9/10	36	2016年10月31日
工作7	2016/10/15	101	2017年3月6日
工作8	2016/11/11	90	2017年3月17日
工作9	2016/12/21	81	2017年4月13日

查看

图7-27　查看计算结果

WORKDAY() 函数返回的结果为日期序列，如果要使其显示为日期，可以采用为结果单元格设置数据格式的方式，或者使用 TEXT() 函数为其设置格式。

7.3.2 NETWORKDAYS() 返回日期间完整的工作日数值

如果要返回两个日期之间间隔了多少个工作日，可以使用 NETWORKDAYS() 函数来实现，其语法格式如下。

```
NETWORKDAYS(start_date,end_date,
[holidays])
```

从语法格式可以看出，WORKDAY() 函数包含 3 个参数，各参数的意义及用法如下。

- start_date：必选参数，一个代表开始日期的日期。
- end_date：必选参数，一个代表终止日期的日期。
- holidays：可选参数，不在工作日历中的一个或多个日期所构成的可选区域，例如省 / 市 / 自治区和国家 / 地区的法定假日以及其他非法定假日。该列表可以是包含日期的单元格区域，也可以是表示日期的序列的数组常量。

下面以在“工作日天数统计”表中用 NETWORKDAYS() 函数计算当前日期距离教师节还有多少个工作日为例，讲解该函数的使用方法。

本节素材	/素材/Chapter07/工作日天数统计.xlsx
本节效果	/效果/Chapter07/工作日天数统计.xlsx
学习目标	计算当前日期距离教师节还有多少个工作日
难度指数	★★★★

步骤 01 ❶打开“工作日天数统计”素材文件，选择 C4 单元格，❷在编辑栏中输入“=NETWORKDAYS(C3,IF(C3>DATE(YEAR(C3),9,10),DATE(YEAR(C3)+1,9,10),DATE(YEAR(C3),9,10)))&"个工作日"”公式，如图 7-28 所示。

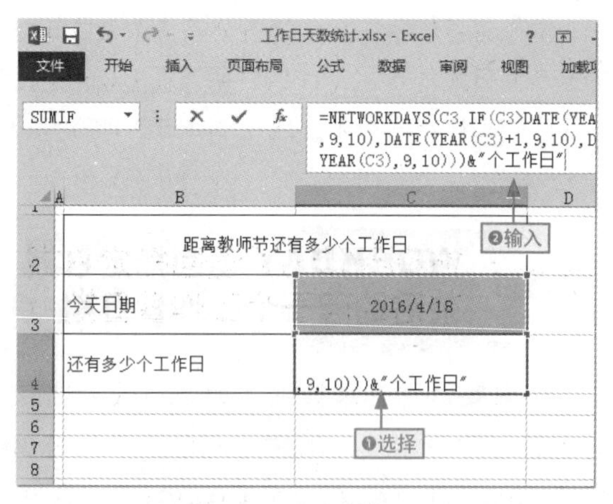

图7-28 输入计算公式

步骤 02 按 Ctrl+Enter 组合键计算出当前日期距离教师节还有多少个工作日，如图 7-29 所示。

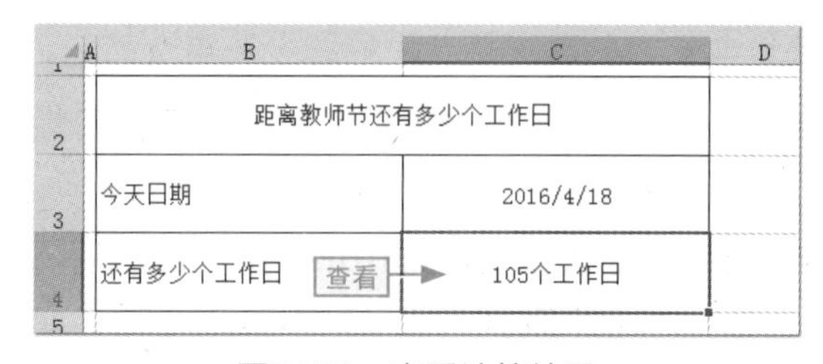

图7-29 查看计算结果

本例公式中，首先使用 IF() 函数判断当前的日期与同年的教师节日期 9 月 10 日（其公式为“DATE(YEAR(C3),9,10)”）的大小，判断条件为“C3>DATE(YEAR (C3),9,10)”。

如果当前日期大于同年的 9 月 10 日，则计算当前日期到下一年的教师节（下一年的教师节日期“DATE(YEAR (C3)+1,9,10)”）之间的工作日间隔。

如果当前日期小于同年的 9 月 10 日，则计算当前日期到同年的教师节（同年的教师节日期“DATE(YEAR(C3),9,10)”）之间的工作日间隔。为了方便阅读，在 NETWORKDAYS() 函数返回值后使用“&”连接符连接“个工作日”文本。

7.4 星期函数

小白：我制作了一个工作进度表，可是不可以根据日期来看当天是星期几。

阿智：要实现这个功能，你就得学会星期函数的使用；下面我具体给你讲讲吧。

日期和时间序列中同样包含了星期数据，对星期数据的处理在安排工作、计算工作量及安排假期等方面非常有用。

7.4.1 WEEKDAY()将日期转换为星期

如果要将一个日期数据转换为星期几，最好的方法就是利用WEEKDAY()函数进行转换，否则就需要使用IF()函数进行多重判断来返回星期。

该函数可返回一个给定的日期是星期几的数字，默认情况下，其值为1（星期天）～7（星期六）的整数，其语法格式如下。

```
WEEKDAY(serial_number,
    [return_type])
```

从该函数的语法格式可以看出，该函数有一个必选参数serial_number和一个可选参数return_type，各参数的意义如下。

◆ serial_number：必选参数，一个代表要操作的日期的序列，与其他时间和日期函数的serial_number参数的要求相同。

◆ return_type：可选参数，用于确定返回值类型的数字，不同取值代表的意义如表7-1所示。

表7-1 return_type参数的取值意义

取值	说明
1或省略	返回数字1（星期日）到数字7（星期六）
2	返回数字1（星期一）到数字7（星期日）
3	返回数字0（星期一）到数字6（星期日）
11	返回数字1（星期一）到数字7（星期日）
12	返回数字1（星期二）到数字7（星期一）
13	返回数字1（星期三）到数字7（星期二）
14	返回数字1（星期四）到数字7（星期三）
15	返回数字1（星期五）到数字7（星期四）
16	返回数字1（星期六）到数字7（星期五）
17	返回数字1（星期日）到数字7（星期六）

下面以在“工作进度跟踪”表中用WEEKDAY()函数根据日期序列来完善表格的设计，自动生成每个日期对应的星期为例，讲解该函数的使用方法。

本节素材	/素材/Chapter07/工作进度跟踪.xlsx
本节效果	/效果/Chapter07/工作进度跟踪.xlsx
学习目标	用WEEKDAY()函数自动生成星期数据
难度指数	★

步骤01 ❶打开“工作进度跟踪”素材文件，选择计算结果存放的单元格区域。这里选择B3:B33单元格区域，❷在编辑栏中输入“=WEEKDAY(A3,1)”公式，如图7-30所示。

SUMIF　=WEEKDAY(A3,1)

	A	B	C	D	
1				❷输入 量统计表	
2	日期	星期	类别	项目名称	当
3	2016/7/1	'(A3,1)			
4	2016/7/2				
5	2016/7/3				
6	2016/7/4				
7	2016/7/5	❶选择			
8	2016/7/6				
9	2016/7/7				
10	2016/7/8				
11	2016/7/9				
12	2016/7/10				
13	2016/7/11				

图7-30　输入自动生成星期数据的公式

步骤 02 按 Ctrl+Enter 组合键，将公式输入所选单元格区域，如图 7-31 所示。

B3　=WEEKDAY(A3,1)

	A	B	C	D	
1				工作量统计表	
2	日期	星期	类别	项目名称	当
3	2016/7/1	6			
4	2016/7/2	7			
5	2016/7/3	1	计算		
6	2016/7/4	2			
7	2016/7/5	3			
8	2016/7/6	4			

图7-31　输入公式并计算结果

步骤 03 保持单元格区域的选中状态，按 Ctrl+1 组合键打开“设置单元格格式”对话框，❶ 在“数字”选项卡“分类”列表框中选择“日期”选项，❷ 在右侧的“类型”列表框中选择“星期三”选项，如图 7-32 所示。

设置单元格格式

数字　对齐　字体　边框　填充　保护

分类(C):

常规
数值
货币
会计专用
日期 ❶选择
时间
百分比
分数
科学记数
文本
特殊
自定义

示例

星期五

类型(T):

二○一二年三月
三月十四日
2012年3月14日
2012年3月
3月14日
星期三 ❷选择
周三

区域设置(国家/地区)(L):

中文(中国)

图7-32　修改单元格格式

步骤 04 完成后单击“确定”按钮，将得到的代表星期的数字显示为具体的星期，如图 7-33 所示。

A	B	C	D	
			工作量统计表	
日期	星期	类别	项目名称	当日
2016/7/1	星期五			
2016/7/2	星期六			
2016/7/3	星期日			
2016/7/4	星期一			
2016/7/5	星期二	查看		
2016/7/6	星期三			
2016/7/7	星期四			
2016/7/8	星期五			
2016/7/9	星期六			
2016/7/10	星期日			

图7-33　查看计算结果

本例中的公式较为简单，直接利用 WEEKDAY() 函数从 A 列对应单元格获取相应的日期数据，并将其转换为代表日期的一个数字，然后通过设置单元格格式将此数字显示为具体的星期。用户可对比日期查看显示是否正确，如果显示有误，可更改 return_type 参数来改变显示结果。

7.4.2 WEEKNUM() 指定日期为一年中的第几周

在很多电子产品的包装或编号上通常可以看到该产品的生产日期，而电子产品都是以一年中的第几周来标明生产日期的。要获得某个日期是一年中的第几周，可使用 WEEKNUM() 函数来完成，其语法格式如下。

```
WEEKNUM(serial_number,[return_type])
```

从函数的语法格式可以看出，该函数与 WEEKDAY() 函数相同，也有一个必选参数和一个可选参数，各参数的意义如下。

- serial_number：必选参数，一个代表要操作的日期的序列。
- return_type：可选参数，用于确定一周从哪一天开始的数字。取值为 1 或省略时，表示一周从星期日开始；取值为 2 时表示一周从星期一开始；取值为 11 ～ 17，分

别表示一周从星期一到星期日开始；取值为 21 时，表示采用机制 2 计算的一周从星期一开始。

需要特别提醒的是，WEEKNUM() 函数采用了两种不同的机制来计算指定日期是一年中的第几周。机制 1 将包含 1 月 1 日的周计为该年的第一周，其编号为 1；机制 2 将包含该年的第一个星期四的周计为该年的第一周，其编号为 2。默认情况下，均采用机制 1 计算，若要采用机制 2 计算，可将 WEEKNUM() 函数的 return_type 参数指定为 21。

下面以在“工程计划”表中用 WEEKNUM() 函数根据计划的完成日期来计算该工程到计划完工还剩余多少周为例，讲解该函数的使用方法。

本节素材	⊙/素材/Chapter07/工程计划.xlsx
本节效果	⊙/效果/Chapter07/工程计划.xlsx
学习目标	用WEEKNUM()函数计算到完工时间还剩多少周
难度指数	★★★

步骤 01 ❶打开“工程计划”素材文件，选择G3:G11 单元格区域，❷在编辑栏中输入“=IF(WEEKNUM(F3,2)-WEEKNUM(TODAY(),2)<=0,"已超过计划完成日期",WEEKNUM(F3,2)-WEEKNUM (TODAY(),2))&"周"”公式，如图 7-34 所示。

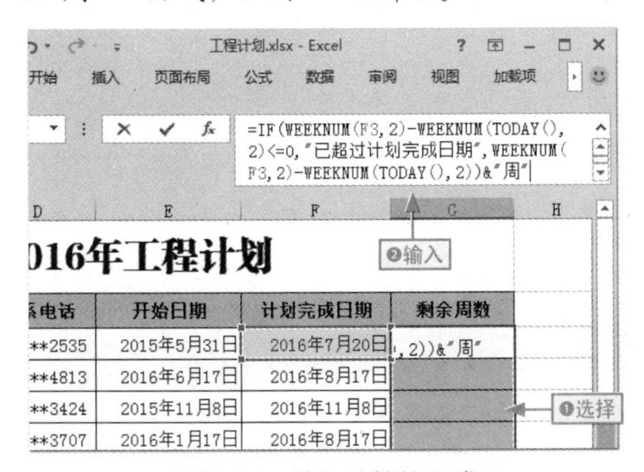

图7-34 输入计算的公式

步骤 02 按 Ctrl+Enter 组合键，将公式输入所选单元格区域，并计算出所需结果，如图 7-35 所示。

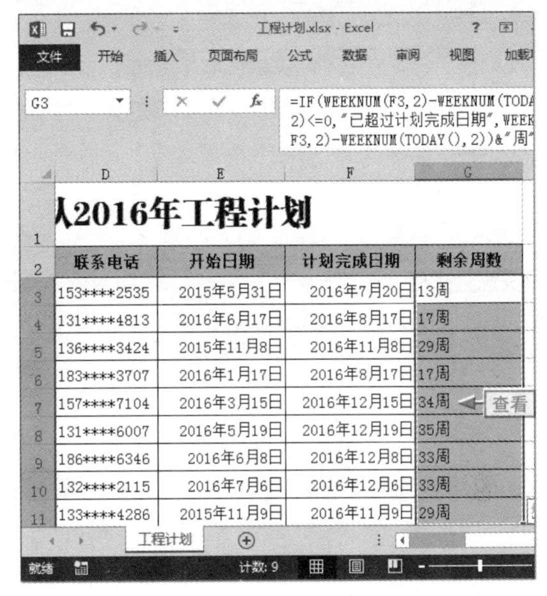

图7-35 查看计算结果

本例中的公式看似复杂，其实很简单，具体如下。

- ◆ 首先通过 WEEKNUM() 函数返回计划完成日期与当前系统日期在一年中是第几周的序号。
- ◆ 其次将两个序号相减得出两个日期之间相差多少周。
- ◆ 最后通过 IF() 函数判断相减的结果，如果结果不大于 0，则显示“已超过计划完成日期”文本，否则显示相减的结果。

本例中 WEEKNUM() 函数采用机制 1 计算，并将 return_type 参数设为 2，表示每个星期从星期一开始计算。

由于返回结果是一个数字，为了让结果更直观，因此本例在 IF() 函数的判断结果返回值上用“&”符号添加了单位。

给你支招 | 快速计算两个日期的年、月或者日间隔

阿智：你知道吗，如果要快速计算两个日期的年、月或者日间隔，还可以使用DATEDIF()函数快速完成。

小白：DATEDIF()函数，我怎么搜不到这个函数呢？那你通过计算员工的工龄给我讲讲这个函数怎么用吧！

步骤 01 ❶选择 I4:I20 单元格区域，❷在编辑栏中输入“=DATEDIF(G3,TODAY(),"Y")”，如图 7-36 所示。

开始 插入 页面布局 公式 数据 审阅 视图 加载项

=DATEDIF(G3,TODAY(),"Y")

员工工资档案

职务	性别	学历	入职日期	基本工资	实际工龄	工龄工
经理	男	本科	2008年06月18日	¥2,500.00	AY(),"Y")	
送货员	男	专科	2011年07月01日	¥1,500.00		
主管	女	本科	2010年07月04日	¥3,000.00		
经理	女	本科	2006年07月05日	¥4,000.00		
销售代表	男	专科	2011年07月14日	¥1,200.00		
销售代表	男	本科	2011年06月26日	¥1,200.00		
文员	女	本科	2010年07月08日	¥1,200.00		
主管	男	专科	2009年06月11日	¥2,500.00		
销售代表	男	本科	2010年07月01日	¥1,200.00		

❷输入 ❶选择

图7-36 输入计算员工工龄的公式

步骤 02 按 Ctrl+Enter 组合键可以根据系统当前的日期与员工的入职日期计算员工当前的工龄，如图 7-37 所示。

开始 插入 页面布局 公式 数据 审阅 视图 加载项

=DATEDIF(G3,TODAY(),"Y")

员工工资档案

职务	性别	学历	入职日期	基本工资	实际工龄	工龄工
经理	男	本科	2008年06月18日	¥2,500.00	7	
送货员	男	专科	2011年07月01日	¥1,500.00	4	
主管	女	本科	2010年07月04日	¥3,000.00	5	
经理	女	本科	2006年07月05日	[illegible].00	9	
销售代表	男	专科	2011年07月14日	[illegible].00	4	
销售代表	男	本科	2011年06月26日	¥1,200.00	4	
文员	女	本科	2010年07月08日	¥1,200.00	5	
主管	男	专科	2009年06月11日	¥2,500.00	6	
销售代表	男	本科	2010年07月01日	¥1,200.00	5	

查看

图7-37 查看计算的效果

本例中的公式较为简单，DATEDIF() 函数从 G 列对应单元格获取起始日期，然后用 TODAY() 函数返回系统的当前日期作为结束日期，Y 参数指定了数据的返回类型为两个日期中相差的整年数。

DATEDIF() 函数是计算两个日期之间的整年数、整月数或整日数时的不二选择。该函数是一个较为特殊的函数，在 Excel 的帮助系统中找不到，但可以直接在公式中应用，被称为隐藏函数，其语法格式如下。

```
DATEDIF(start_date,end_date,unit)
```

从其语法格式可以看出，该函数包含 3 个必选参数，各参数的意义如下。

- start_date：必选参数，代表要求的时间间隔的第一个日期（即起始日期），数据类型必须为日期型。
- end_date：必选参数，代表要求的时间间隔的第二个日期（即结束日期），数据类型必须为日期型。

◆ unit：必选参数，指定需要返回的结果的类型，必须以文本形式表示。该参数可取 6 种不同的值，各取值的意义如表 7-2 所示。

表 7-2　unit 参数的取值意义

取值	说明	示例
"Y"	返回时间段中的整年数	公式“= DATEDIF("1985-4-7","2016-7-10","Y")”返回 31
"M"	返回时间段中的整月数	公式“= DATEDIF("2011-6-11","2016-7-10","M")”返回 60
"D"	返回时间段中的天数	公式“= DATEDIF("2012-5-11","2016-7-10","D")”返回 1521
"MD"	返回时间段中天数的差，且忽略日期中的月和年	公式“= DATEDIF("2010-5-9","2016-7-10","MD")”返回 1，两个时间段中的年份和月份信息被忽略
"YM"	返回时间段中月数的差，且忽略日期中的日和年	公式“= DATEDIF("2010-5-2","2016-7-10","YM")”返回 2，两个时间段中的日和年被忽略
"YD"	返回时间段中天数差，且忽略日期中的年	公式“= DATEDIF("2010-6-7","2016-7-10","YD")”返回 33，两个时间段中的年份信息被忽略

给你支招 | 在日期时间数据中快速提取日期或时间

小白：我从打卡机中得到的考勤数据如日期和时间等都显示出来了，我想单独把日期和时间数据提取出来，有什么方法可以快速完成这个任务呢？

阿智：可先使用TRUNC()函数将日期提取出来，然后再通过减法获取时间数据，具体的操作还是让我给你演示一下吧。

步骤 01 ❶选择 B3 单元格，❷在编辑栏中输入“=TRUNC(A3)”公式，如图 7-38 所示。

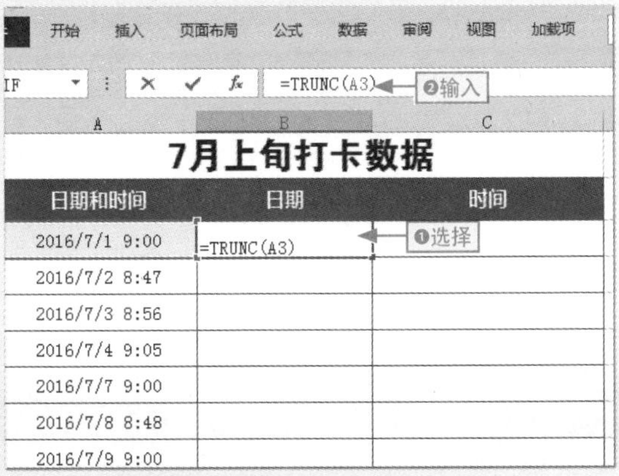

日期和时间	日期	时间
2016/7/1 9:00	=TRUNC(A3)	
2016/7/2 8:47		
2016/7/3 8:56		
2016/7/4 9:05		
2016/7/7 9:00		
2016/7/8 8:48		
2016/7/9 9:00		

图7-38　输入提取日期的公式

步骤 02 按 Ctrl+Enter 组合键并向下填充公式得到上旬的日期数据，如图 7-39 所示。

日期和时间	日期	时间
2016/7/1 9:00	2016/7/1	
2016/7/2 8:47	2016/7/2	
2016/7/3 8:56	2016/7/3	
2016/7/4 9:05	2016/7/4	
2016/7/7 9:00	2016/7/7	
2016/7/8 8:48	2016/7/8	
2016/7/9 9:00	2016/7/9	
2016/7/10 8:30	2016/7/10	

图7-39　查看提取的日期数据

步骤 03 ❶ 选择 C3 单元格，❷ 在编辑栏中输入“＝A3-B3”公式，如图 7-40 所示。

7月上旬打卡数据		
日期和时间	日期	时间
2016/7/1 9:00	2016/7/1	=A3-B3
2016/7/2 8:47	2016/7/2	
2016/7/3 8:56	2016/7/3	
2016/7/4 9:05	2016/7/4	
2016/7/7 9:00	2016/7/7	
2016/7/8 8:48	2016/7/8	
2016/7/9 9:00	2016/7/9	
2016/7/10 8:30	2016/7/10	

图7-40　输入提取时间的公式

步骤 04 按 Ctrl＋Enter 组合键并向下填充公式得到上旬的时间数据，如图 7-41 所示。

7月上旬打卡数据		
日期和时间	日期	时间
2016/7/1 9:00	2016/7/1	9:00
2016/7/2 8:47	2016/7/2	8:47
2016/7/3 8:56	2016/7/3	8:56
2016/7/4 9:05	2016/7/4	9:05
2016/7/7 9:00	2016/7/7	9:00
2016/7/8 8:48	2016/7/8	8:48
2016/7/9 9:00	2016/7/9	9:00
2016/7/10 8:30	2016/7/10	8:30

图7-41　查看提取的时间数据

在 Excel 中，TRUNC() 函数用于截取日期或返回指定值，其语法格式如下。

```
TRUNC(date,[fmt])
```

其中，date 参数用于指定日期值，fmt 参数用于指定日期格式，该日期将由指定的元素格式所截取，忽略它则由最近的日期截取。

由于 TRUNC() 函数用来获取日期数据，而没有办法直接获取时间数据，所以在本例中获取时间数据时，使用的是 A3 单元格中的日期和时间组成的数据减去 B3 单元格中获取的日期数据。

Chapter 08

查找和引用函数的应用

学习目标

表格中的数据基本上都是可以进行查找和引用的，本章专门介绍查找和引用这些单元格数据的专用函数，帮助用户快速灵活地查找和调用数据。

本章要点

- LOOKUP()在向量或数组中查找值
- HLOOKUP()查找数组的首行
- VLOOKUP()查找数组的首列
- MATCH()在引用或数组中查找值
- CHOOSE()从值的列表中选择值
- ……
- OFFSET()从给定引用中返回引用偏移量
- ROW()返回引用的行号
- COLUMN()返回引用的列号
- INDIRECT()返回由文本值指定的引用
- ADDRESS()获取指定单元格的地址
- ……

知识要点	学习时间	学习难度
查找函数	40 分钟	★★★
引用函数	45 分钟	★★★

8.1 查找函数

小白：要从数据表格中快速查找出指定的数据记录，怎样轻松实现呢?

阿智：我们可以使用Look类函数，如Lookup()、Vlookup()和Hlookup()函数等。

查找函数的主要功能是指在给定的数据集中按用户指定的查找方式查找指定的内容，查找的方向既可以按行查找，也可以按列查找，并根据查找情况返回一个特定的结果。

8.1.1 LOOKUP() 在向量或数组中查找值

LOOKUP() 函数具有向量和数组两种形式，用于不同的数据查找情况。下面分别进行介绍。

1. 向量形式

LOOKUP() 函数的向量形式特别用于被查找的值列表较大或者值可能随时间改变的数据，其语法结构如下。

```
LOOKUP(lookup_value,lookup_
  vector,[result_vector])
```

其中 lookup_value 是必选参数，表示函数在第一个向量中查找的值，该参数可以是数字、文本、逻辑值、名称或单元格引用；lookup_vector 是必选参数，表示要查找的值列表，只包含一行或一列的单元格区域，其中的值可以是文本、数字或逻辑值；result_vector 是可选参数，表示函数返回值所在的区域，只包含一行或一列的单元格区域，其大小必须与 lookup_vector 参数的大小相同。

下面以在“俱乐部会员基本信息”工作簿中使用 LOOKUP() 函数按向量形式根据员工卡号对会员到期日期，也就是终止日期数据进行查询为例，介绍其具体操作。

本节素材	/素材/Chapter08/俱乐部会员基本信息.xlsx
本节效果	/效果/Chapter08/俱乐部会员基本信息.xlsx
学习目标	使用LOOKUP()函数进行向量查询
难度指数	★★★

步骤 01 打开“俱乐部会员基本信息”素材文件，❶选择 J3 单元格，❷单击“查找与引用”下拉按钮，❸选择“LOOKUP”选项，如图 8-1 所示。

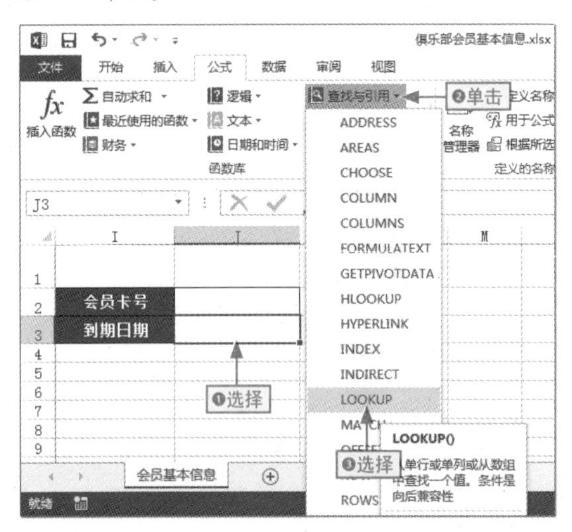

图8-1 插入LOOKUP()函数

步骤 02 打开“选定参数”对话框，❶在“参数”列表框中选择第一个向量形式的选项，❷单击“确定”按钮，如图 8-2 所示。

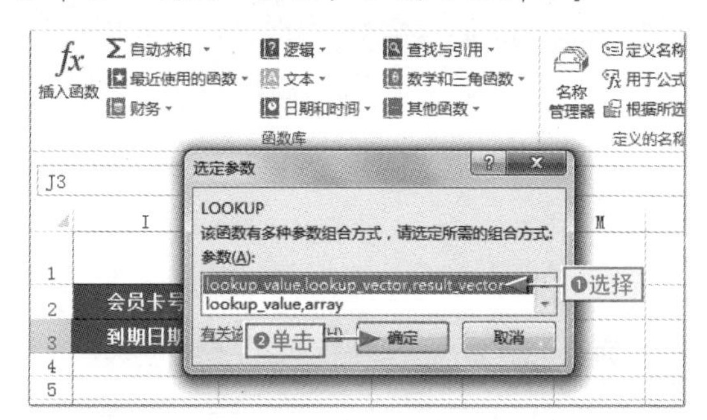

图8-2 选用LOOKUP()函数的向量形式

步骤 03 打开“函数参数”对话框，❶设置相应参数，❷单击“确定”按钮，如图 8-3 所示。

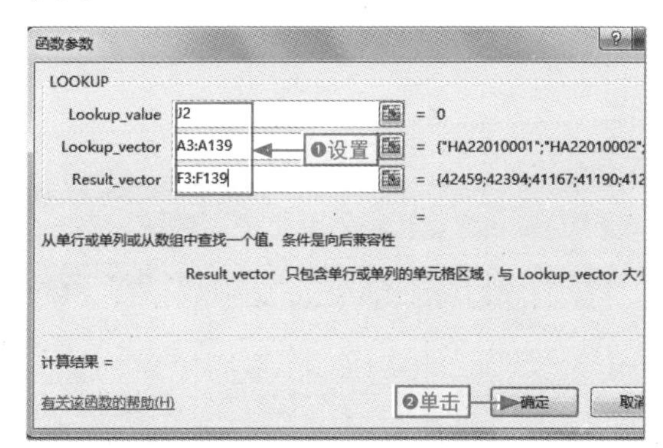

图8-3 设置函数参数

步骤 04 返回到工作表中，在 J2 单元格中输入要查询的会员卡号，按 Ctrl+Enter 组合键输出结果，如图 8-4 所示。

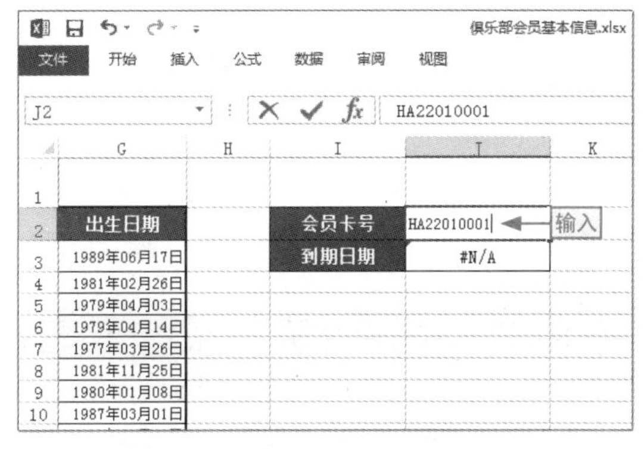

图8-4 查找对应的会员到期数据

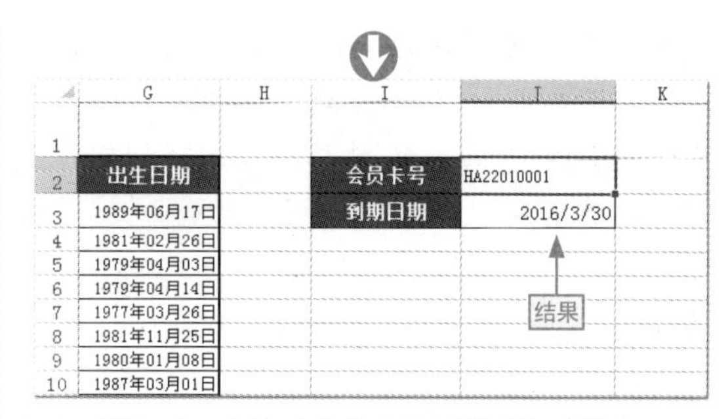

图8-4 查找对应的会员到期数据（续）

2. 数组形式

LOOKUP() 数组形式在数组的第一行或第一列中查找指定的值并返回数组最后一列中同一位置的值。其语法结构如下。

```
LOOKUP(lookup_value,array)
```

其中，lookup_value 参数的意义与其向量形式中的 lookup_value 参数的意义相同；array 参数表示包含要与 lookup_value 进行比较的文本、数字或逻辑值的单元格区域。

下面以在“会员基本信息”工作簿中使用 LOOKUP() 函数的数组形式根据员工卡号对会员到期日期进行查询为例，介绍其具体操作。

本节素材	/素材/Chapter08/会员基本信息.xlsx
本节效果	/效果/Chapter08/会员基本信息.xlsx
学习目标	使用LOOKUP()函数按数组形式查询
难度指数	★★★

步骤 01 打开“会员基本信息”素材文件，❶选择 J3 单元格，❷单击“插入函数”按钮，如图 8-5 所示。

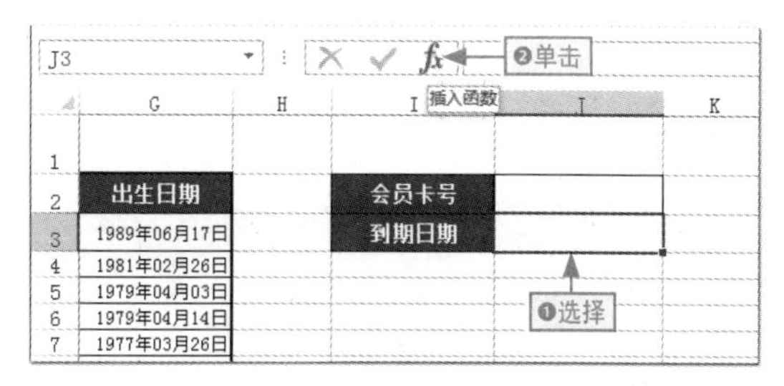

图8-5 选择目标单元格

步骤 02 打开“插入函数”对话框，❶选择“或选择类别”为“查找与引用”，❷选择“LOOKUP”选项，❸单击“确定”按钮，如图 8-6 所示。

图8-6　选用LOOKUP()函数

步骤 03 打开“选定参数”对话框，❶在“参数”列表框中选择第二个数组选项，❷单击“确定”按钮，如图 8-7 所示。

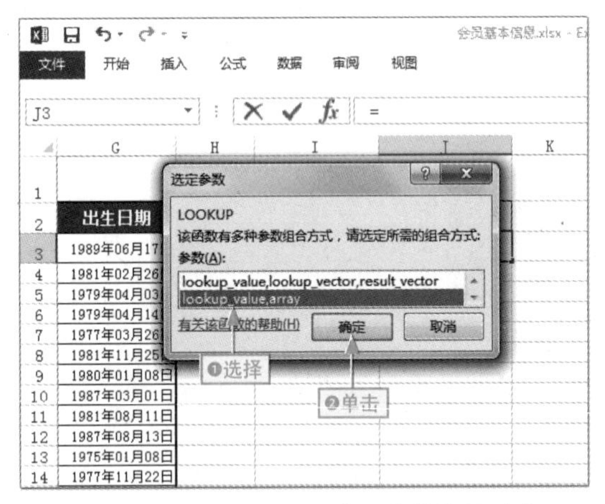

图8-7　选用LOOKUP()函数的数组形式

步骤 04 打开“函数参数”对话框，❶设置“Lookup_value”参数为“J2”，❷单击“Array”文本框后的“折叠”按钮，如图 8-8 所示。

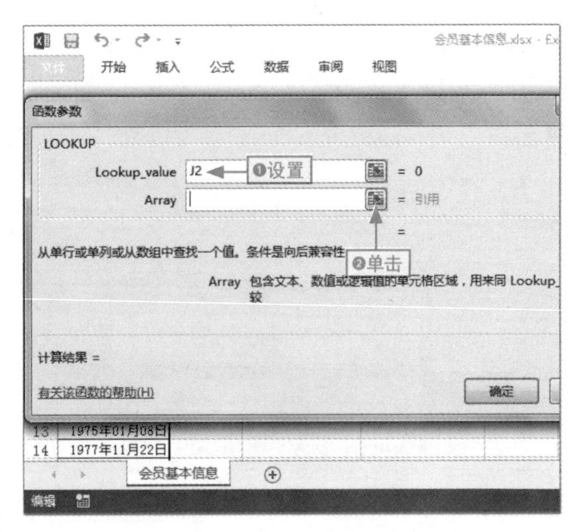

图8-8　设置查找参数

步骤 05 打开折叠对话框，在表格中选择 A3:A139 单元格区域，然后单击“展开”按钮，如图 8-9 所示。

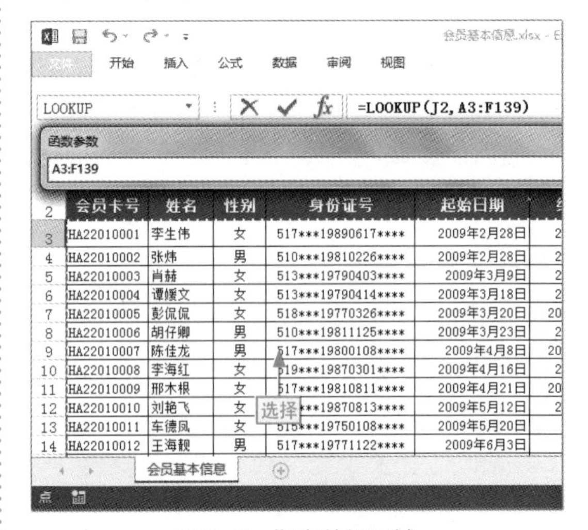

图8-9　指定数组区域

步骤 06 展开对话框，直接单击“确定”按钮，如图 8-10 所示。

图8-10　确认设置

步骤 07 返回到工作表中，在 J2 单元格中输入要查询的会员卡号，按 Ctrl+Enter 组合键查询结果，如图 8-11 所示。

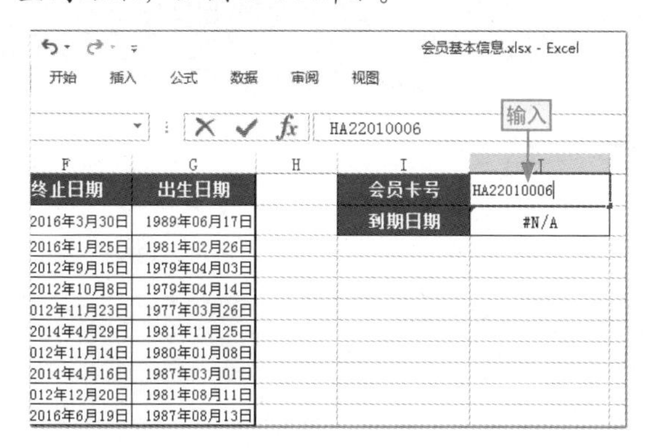

图8-11　查找对应的会员到期日期数据

8.1.2 HLOOKUP() 查找数组的首行

HLOOKUP() 函数可在任意大小的区域指定首行查找值并返回同一列中偏移指定行数的单元格的值，其语法结构如下。

```
HLOOKUP(lookup_value,
table_array,row_index_num,
[range_lookup])
```

其中 lookup_value 是必选参数，表示要在数组第 1 行中查找的值，可以为数值、引用或文本字符串；table_array 是必选参数，表示要在其中查找数据的区域，通常使用单元格引用或单元格名称。row_index_num 是必选参数，表示要在 table_array 中返回的匹配成功的值的行号，如 lookup_value 在 table_array 中处于第 3 列，当 row_index_num 的值为 1 时，返回 table_array 中第 1 行第 3 列中的值。range_lookup 是可选参数，表示指定查找方式是否为精确匹配，省略时将参数设置为 TRUE，则返回近似匹配值（与 LOOKUP() 函数返回结果的方法相同），如果将参数设置为 FALSE，则使用精确匹配。如果找不到匹配的值，则返回"#N/A"错误。

下面以在"报酬表"工作簿中使用 HLOOKUP() 函数根据税前数据来自动匹配相应的税率为例，介绍其具体操作。

本节素材	/素材/Chapter08/报酬表.xlsx
本节效果	/效果/Chapter08/报酬表.xlsx
学习目标	使用HLOOKUP()函数进行查找
难度指数	★★★

步骤 01 打开"报酬表"素材文件，在合适位置输入税率快速查询区域（注意数据的放置方式），如图 8-12 所示。

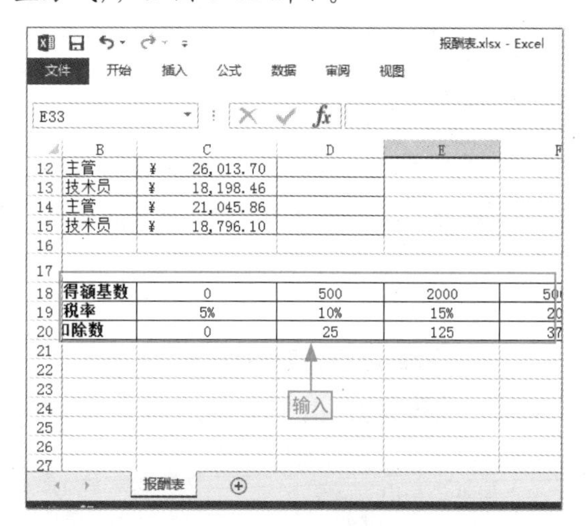

图8-12　输入水平方向放置的税率表格

步骤 02 ❶ 选择 D3 单元格，❷ 在编辑栏中输入函数“=HLOOKUP(C3,$C$18:$H$20,2,1)”，如图 8-13 所示。

报酬表.xlsx - Excel

=HLOOKUP(C3,$C$18:$H$20,2,1)

员工个人所得税记录表

担任职务	税前工资	适用税率
销售代表	¥ 1,088.50	$H$20,2,1)
销售代表	¥ 14,970.02	
经理	¥ 12,705.75	
经理	¥ 15,389.34	
副经理	¥ 16,725.30	
销售代表	¥ 15,414.84	
销售代表	¥ 18,640.04	
售后服务	¥ 10,018.85	
售后服务	¥ 10,007.75	
主管	¥ 26,013.70	
技术员	¥ 18,198.46	

❶选择 ❷输入

图8-13 输入HLOOKUP()函数

步骤 03 按 Ctrl+Enter 组合键确认，向下填充函数到数据末行，系统自动根据“税前工资”数据匹配适用税率，如图 8-14 所示。

报酬表.xlsx - Excel

员工个人所得税记录表

员工姓名	担任职务	税前工资	适用税率
胡仔卿	销售代表	¥ 1,088.50	10.00%
陈佳龙	销售代表	¥ 14,970.02	20.00%
李海红	经理	¥ 12,705.75	20.00%
邢木根	经理	¥ 15,389.34	20.00%
刘艳飞	副经理	¥ 16,725.30	20.00%
车德凤	销售代表	¥ 15,414.84	20.00%
王海靓	销售代表	¥ [illegible].04	20.00%
周昭南	售后服务	¥ [illegible].85	20.00%
陈小莉	售后服务	¥ 10,007.75	20.00%
彭春明	主管	¥ 26,013.70	25.00%
陈汝	技术员	¥ 18,198.46	20.00%
刘寒	主管	¥ 21,045.86	25.00%
任丽	技术员	¥ 18,796.10	20.00%

效果

图8-14 数据匹配效果

8.1.3 VLOOKUP() 查找数组的首列

VLOOKUP() 函数用于在给定的一个单元格区域或数据的首列中查找一个值，并返回该值在数据区域指定偏移量的列中的数据，其语法结构如下。

```
VLOOKUP(lookup_value,table_
array,col_index_num,[range_lookup])
```

它仅将 HLOOKUP() 函数中的 row_index_num 参数改为 col_index_num 参数，表示要返回查找内容在单元格区域第几列的值，如 col_index_num 参数为 1，则返回查找区域第 1 列对应单元格的值，参数为 2 则返回查找区域第 2 列对应单元格的值。

下面以在“会员基本信息 1”工作簿中使用 VLOOKUP() 函数根据会员卡号来快速查找出会员到期日期数据为例，介绍其具体操作。

本节素材	/素材/Chapter08/会员基本信息1.xlsx
本节效果	/效果/Chapter08/会员基本信息1.xlsx
学习目标	使用VLOOKUP()函数按列进行查找
难度指数	★★★

步骤 01 打开“会员基本信息 1”素材文件，❶ 选择 J3 单元格，❷ 在编辑栏中输入函数“=VLOOKUP($J$2,$A$3:$G$139,6,FALSE)”，如图 8-15 所示。

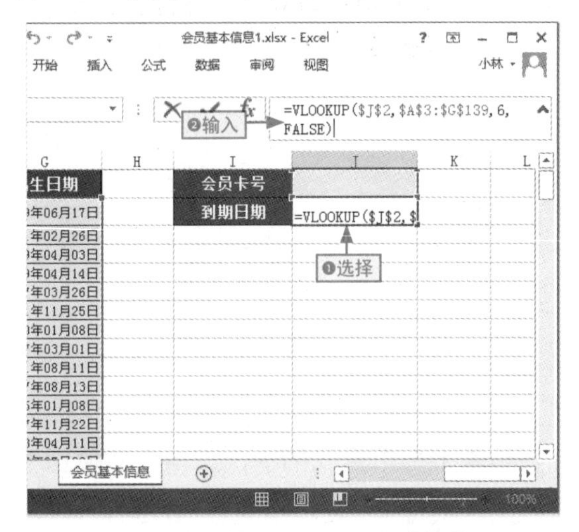

图8-15 输入VLOOKUP()函数

步骤 02 按 Ctrl+Enter 组合键，在 J2 单元格中输入要查询的会员卡号，按 Ctrl+Enter 组合键查找结果，如图 8-16 所示。

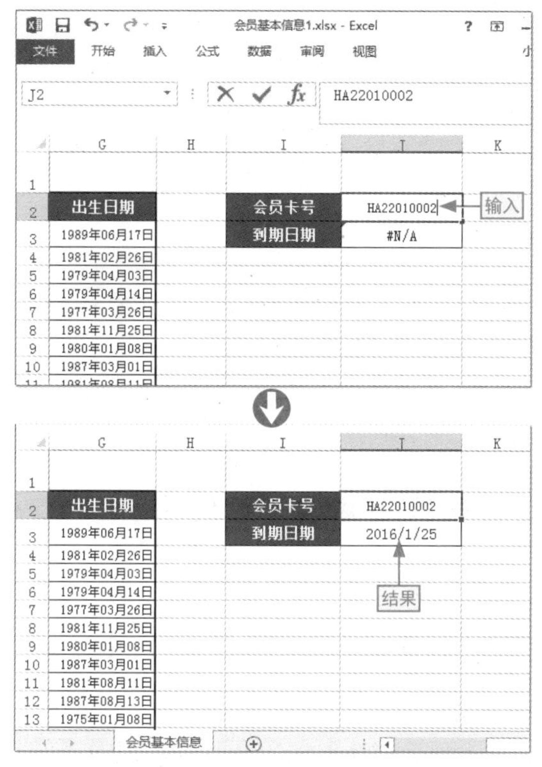

图8-16　查找对应的会员到期日期数据

8.1.4 MATCH() 在引用或数组中查找值

MATCH() 函数可在给定的数据列表中找出某个具体的值在该数据列表中的位置，其语法结构如下。

```
MATCH(lookup_value,lookup_
    array,[match_type])
```

其中 lookup_value 是必选参数，表示需要在数据列表中查找的值，可以为值（数字、文本或逻辑值）或对数字、文本及逻辑值的单元格引用；lookup_array 是必选参数，是要查找的单元格区域，通常为单元格引用或名称；match_type 是可选参数，指定如何在 lookup_array 中查找 lookup_value 的值可取值-1、0 或 1，省略该参数时默认取值为 1，不同的取值意义如图 8-17 所示。

取 -1

查找大于或等于 lookup_value 的最小值，并且 lookup_array 参数中的值必须按降序排列，否则查询结果可能不正确。

取 0

查找等于 lookup_value 的第一个值，lookup_array 参数中的值可以按任意顺序排列，如果有重复值，仅输出第一个值所在的位置。

省略或取 1

查找小于或等于 lookup_value 的最大值，并且 lookup_array 参数中的值必须按升序排列，否则查询结果可能不正确。

图8-17　Lookup_value参数的取值意义

下面以在“会员基本信息 2”工作簿中使用 MATCH() 函数来根据会员卡号自动判定是否是会员为例，介绍其具体操作。

本节素材	/素材/Chapter08/会员基本信息2.xlsx
本节效果	/效果/Chapter08/会员基本信息2.xlsx
学习目标	使用MATCH()函数进行精确查找
难度指数	★★★

步骤 01 打开“会员基本信息 2”素材文件，❶选择 I3 单元格，❷在编辑栏中输入函数“=IF(ISNA(MATCH(I2,A3:A139,0)),"无此卡号","足金 VIP")”，按 Ctrl+Enter 组合键，如图 8-18 所示。

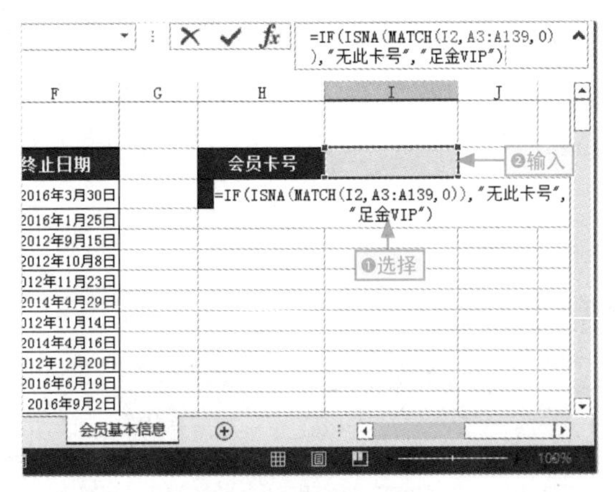

图8-18 输入函数

步骤 02 返回到工作表中，在 I2 单元格中输入要查询的会员卡号，按 Ctrl+Enter 组合键查找结果，如图 8-19 所示。

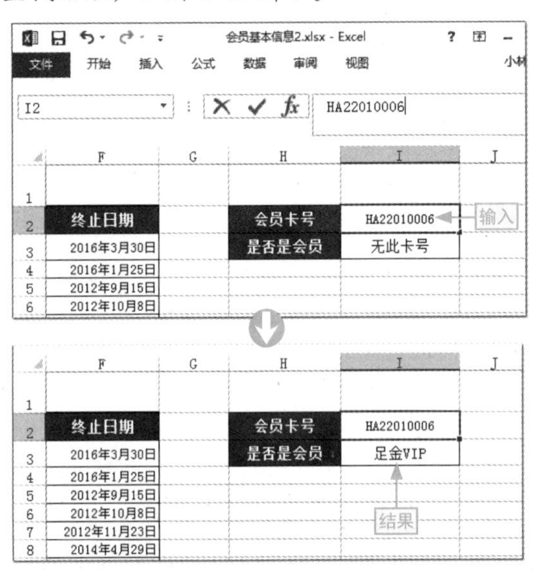

图8-19 查询是否是VIP

8.1.5 CHOOSE() 从值的列表中选择值

CHOOSE() 函数可以在给定的一个数据系列中选中某个位置的数据。

下面以在“考核成绩表”工作簿中使用 CHOOSE() 函数来根据总分数据对级别进行评定为例，介绍其具体操作。

步骤 01 打开“考核成绩表”素材文件，❶选择 G3 单元格，❷在编辑栏中输入函数“=CHOOSE(SUM(1*(F3>={140,155,175,180,190})),"初","中","高","能手")&"级"”，如图 8-20 所示。

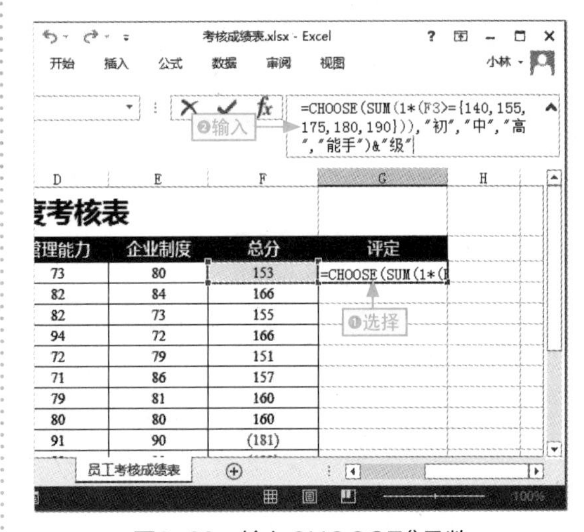

图8-20 输入CHOOSE()函数

步骤 02 按 Ctrl+Enter 组合键并向下填充函数到数据末行，系统根据总分数据匹配出相应的评估数据，如图 8-21 所示。

	管理能力	企业制度	总分	评定
3	73	80	153	初级
4	82	84	166	中级
5	82	73	155	中级
6	94	72	166	中级
7	72	79	151	初级
8	71	86	157	中级
9	79	81	160	中级
10	80	80	160	中级
11	91	90	(181)	能手级
12	93	90	(183)	能手级
13	87	83	170	中级
14	85	71	156	中级
15	93	94	(187)	能手级

图8-21 数据评估结果

8.2 引用函数

小白：要引用表格中符合一定条件的指定数据，该怎样进行操作呢？

阿智：可以使用引用函数，如INDEX()函数使用索引进行搜索，ROW()函数返回到引用的行号等。

查找函数可以根据特定的要求返回所需的数据或数据所在的位置，如果要返回一个单元格或单元格区域的引用，就需要引用函数来完成。

8.2.1 INDEX() 使用索引从引用或数组中选择值

INDEX() 函数可根据一个索引值返回工作表中某个单元格或单元格区域的值以及该区域的引用，其语法结构如下。

```
INDEX(array,row_num,[column_num])
```

其中 array 是必选参数，表示要从其中返回值的单元格区域或数组常量；row_num 是必选参数，表示要在 array 中返回的值所在的行的索引，如果省略 row_num，则必须有 column_num；column_num 是可选参数，表示要在 array 中返回的值所在的列的索引，如果省略 column_num，则必须有 row_num。

它分为两种情况：数组形式和引用形式，下面分别进行介绍。

1. 数组形式

INDEX() 函数返回由行号和列号的索引值给定表格或数组中的元素值。

下面在“员工工作能力”工作簿中使用 INDEX() 函数按数组形式来根据 A28 单元格中的数据自动显示出相对应的数据，具体操作如下。

本节素材	/素材/Chapter08/员工工作能力.xlsx
本节效果	/效果/Chapter08/员工工作能力.xlsx
学习目标	使用INDEX()函数进行数组查询
难度指数	★★★

步骤 01 打开“员工工作能力”素材文件，❶选择 B28 单元格，❷在编辑栏中输入函数“=INDEX(B3:D19,MATCH(A28,A3:A19,0),)”，如图 8-22 所示。

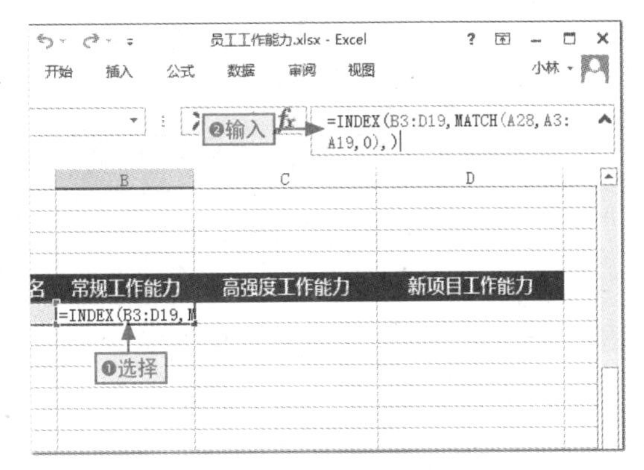

图8-22 输入INDEX()函数

步骤 02 复制函数将其分别粘贴到 C28 和 D28 单元格中，如图 8-23 所示。

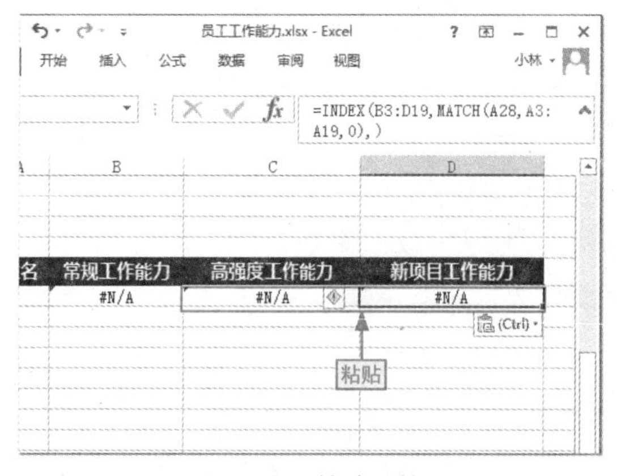

图8-23　粘贴函数

步骤 03　在 A28 单元格中输入相应名称，INDEX() 函数自动将相应的数据显示出来，如图 8-24 所示。

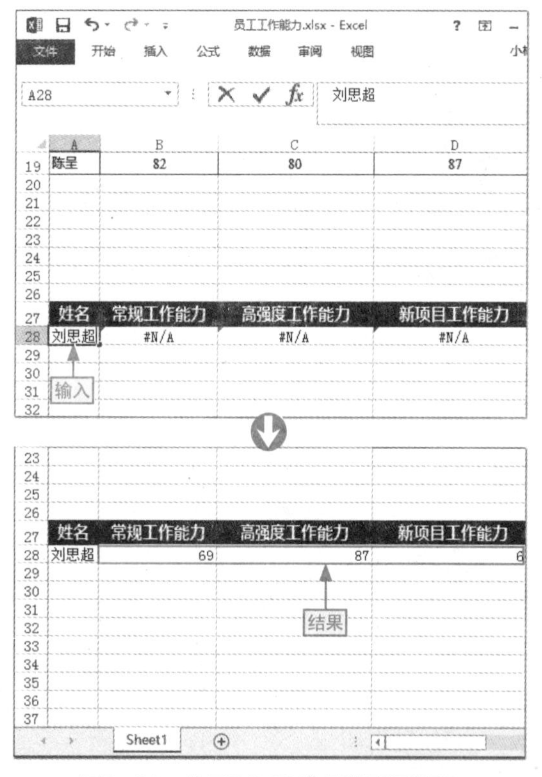

图8-24　使用INDEX()函数引用数据

2. 引用形式

使用 INDEX() 函数的引用形式可快速地返回指定行与列交叉处的单元格引用，其语法结构如下。

```
INDEX(reference,row_num,
[column_num],[area_num])
```

其中 reference 是必选参数，表示要从中返回某个引用的一个或多个单元格区域的引用，如果此参数为多个不连续的区域，必须将其用括号括起来。row_num 是必选参数，指定函数需要从引用中的哪一行返回新的引用；column_num 是可选参数，表示指定函数需要从引用中的哪一列返回新的引用。area_num 是可选参数，表示指定要使用的 reference 中的区域（当 reference 由多个不连续的区域构成时），可取值范围为大于或等于 1 且小于或等于 reference 中区域总数的整数。

图 8-25 所示是引用多个区域，并将其 area_num 参数设置为 2（引用第二个数据区域中的第 4 行第 2 列的交叉位置数据）。图 8-26 所示是引用多个区域，并将其 area_num 参数设置为 3。

学习目标　INDEX()函数的引用形式

难度指数　★★★

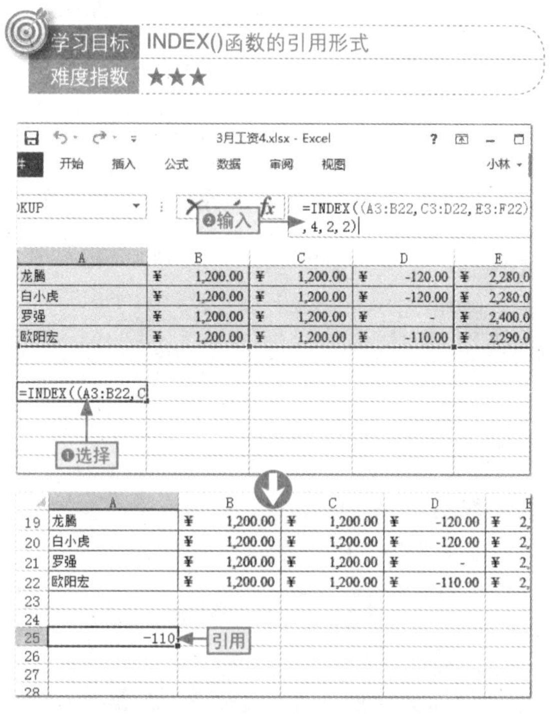

图8-25　使用INDEX()函数引用数据

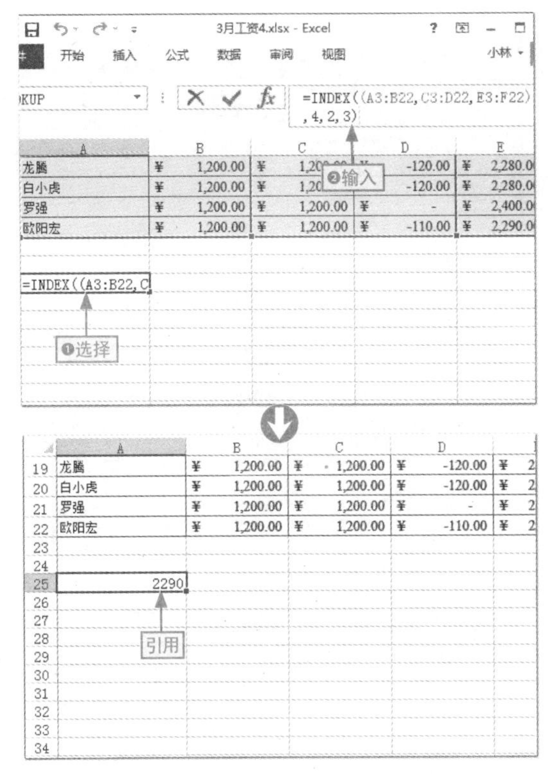

图8-26 使用INDEX()函数引用数据

8.2.2 OFFSET() 从给定引用中返回引用偏移量

OFFSET() 函数用于以某个单元格为基准，引用与之距离指定行列数以后的单元格或单元格区域，其语法结构如下。

```
OFFSET(reference,rows,co
  ls,[height],[width])
```

其中 reference 是必选参数，表示作为偏移量参照系的引用区域，必须为对单元格或连续单元格区域的引用，否则 OFFSET() 函数将返回错误值“#VALUE!”。rows 是必选参数，表示相对于 reference 的左上角单元格，上或下偏移的行数，如参数为 3 表示目标引用区域的左上角单元格比 reference 低 3 行。cols 是必选参数，表示相对于 reference 的左上角单元格，左或右偏移的列数，如参数为 6 表示目标引用区域的左上角的单元格在 reference 靠右 6 列。height 是可选参数，表示一个代表目标引用区域高度的正整数，即新单元格区域包含的行数。width 是可选参数，表示一个代表目标引用区域宽度的正整数，即新单元格区域包含的列数。

下面以在“会员基本信息 3”工作簿中使用 OFFSET() 函数来自动查找出会员的到期日期数据为例，介绍其具体操作。

本节素材	/素材/Chapter08/会员基本信息3.xlsx
本节效果	/效果/Chapter08/会员基本信息3.xlsx
学习目标	使用OFFSET()函数返回偏移量
难度指数	★★★

步骤 01 打开“会员基本信息 3”素材文件，❶选择 I3 单元格，❷在编辑栏中输入函数“=OFFSET($A$3,MATCH($I$2,A:A,0)-3,5,1,2)”，如图 8-27 所示。

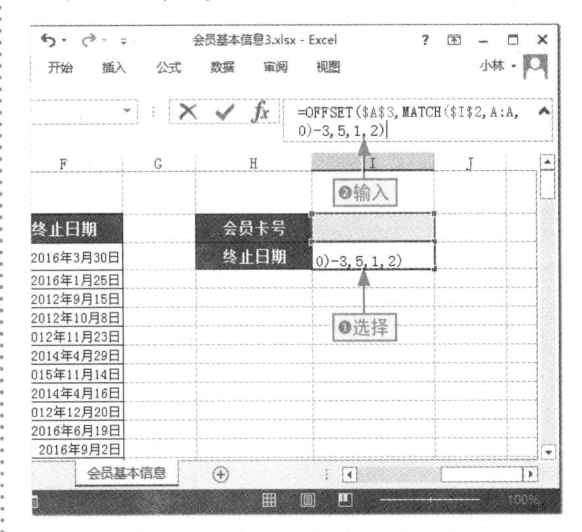

图8-27 输入OFFSET()函数

步骤 02 按 Ctrl+Shift+Enter 组合键，在 I2 单元格中输入要查询的会员卡号，按 Ctrl+Enter 组合键，如图 8-28 所示。

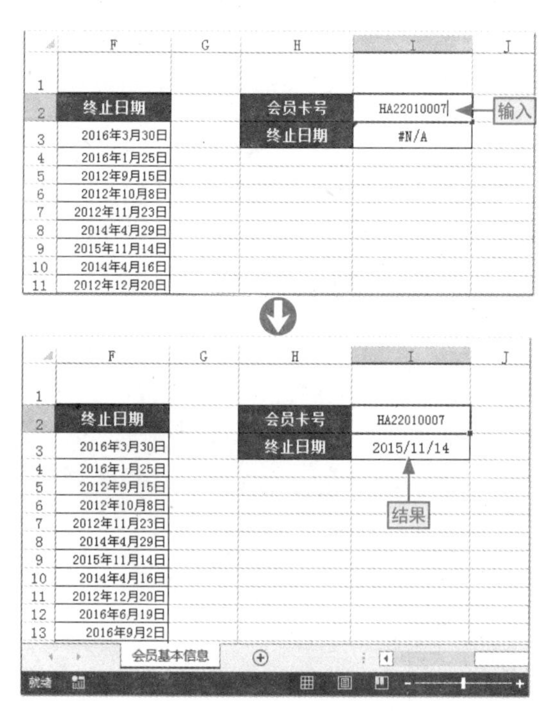

图8-28 快速查找到期日期的效果

8.2.3 ROW() 返回引用的行号

ROW() 函数用于返回任意一个单元格所在的行号（因为 Excel 中的每个单元格地址都是一组行号和列标的组合，如 D6 表示第 6 行第 D 列的单元格），其语法结构如下。

```
ROW([reference])
```

仅包含一个 reference 可选参数，表示需要得到其行号的单元格或单元格区域，如果省略该参数，则函数返回当前单元格所在的行号。

下面以在“会员基本信息 4”工作簿中使用 ROW() 函数来自动生成会员卡号为例，介绍其具体操作。

本节素材	⊙/素材/Chapter08/会员基本信息4.xlsx
本节效果	⊙/效果/Chapter08/会员基本信息4.xlsx
学习目标	使用ROW()函数获取行号
难度指数	★★★

步骤 01 打开“会员基本信息 4”素材文件，❶选择 A3 单元格，❷在编辑栏中输入函数“ROW(A1)”，如图 8-29 所示。

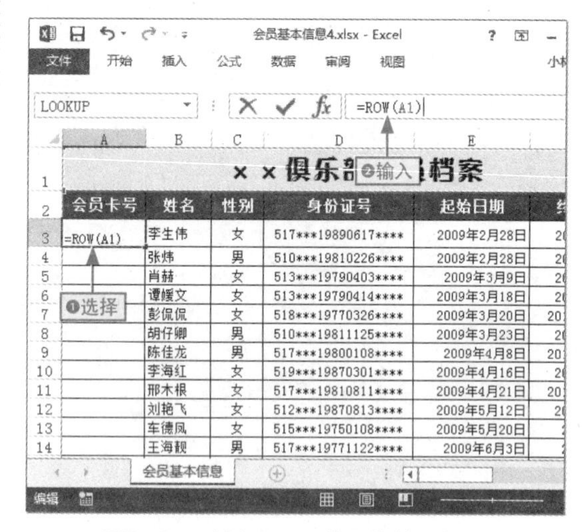

图8-29 输入ROW()函数获取行号

减法获取行号

ROW() 函数中，我们可以不设置参数，让其自动获取当前行号，这时，要让其从 1 开始，可在其后减去相应的行数。如本例中，我们可以将函数更改为“= ROW()-2”，确认得到同样的效果，如图 8-30 所示。

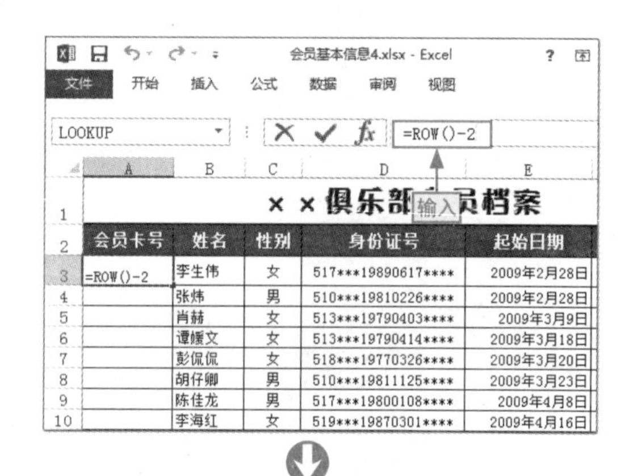

图8-30 另一种获取行号的方法

	A	B	C	D	E
1	××俱乐部会员档案				
2	会员卡号	姓名	性别	身份证号	起始日期
3	1	李生伟	女	517***19890617****	2009年2月28日
4		张炜	男	510***19810226****	2009年2月28日
5		肖赫	女	513***19790403****	2009年3月9日
6		谭媛文	女	513***19790414****	2009年3月18日
7		彭侃侃	女	518***19770326****	2009年3月20日
8		胡仔卿	男	510***19811125****	2009年3月23日
9		陈佳龙	男	517***19800108****	2009年4月8日
10		李海红	女	519***19870301****	2009年4月16日
11		邢木根	女	517***19810811****	2009年4月21日
12		刘艳飞	女	512***19870813****	2009年5月12日

结果

图8-30　另一种获取行号的方法（续）

步骤02 在ROW()函数前输入“"HA2201020"&”，按Ctrl+Enter组合键并向下填充函数，如图8-31所示。

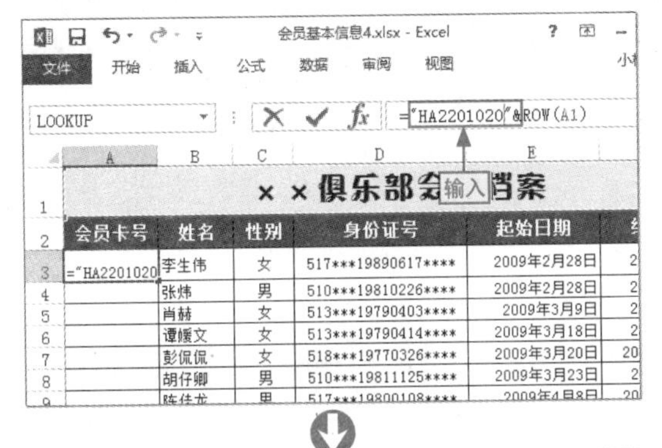

	A	B	C	D	E
2	会员卡号	姓名	性别	身份证号	起始日期
3	HA22010201	李生伟	女	517***19890617****	2009年2月28日
4	HA22010202	张炜	男	510***19810226****	2009年2月28日
5	HA22010203	肖赫	女	513***19790403****	2009年3月9日
6	HA22010204	谭媛文	女	513***19790414****	2009年3月18日
7	HA22010205	彭侃侃	女	518***19770326****	2009年3月20日
8	HA22010206	胡仔卿	男	510***19811125****	2009年3月23日
9	HA22010207	陈佳龙	男	517***19800108****	2009年4月8日
10	HA22010208	李海红	女	519***19870301****	2009年4月16日
11	HA22010209	邢木根	女	517***19810811****	2009年4月21日
12	HA22010210	刘艳飞	女	512***19870813****	2009年5月12日
13	HA22010211	车德凤	女	515***19750108****	2009年5月20日
14	HA22010212	王海靓	男	517***19771122****	2009年6月3日
15	HA22010213	周昭南	女	517***19830411****	2009年6月11日
16	HA22010214	陈小莉	男	510***19870702****	2009年6月15日

结果　会员基本信息

图8-31　添加编号样式

8.2.4 COLUMN()返回引用的列号

COLUMN()函数用来返回当前列的列标索引，其语法结构如下。

```
COLUMN([reference])
```

只包含一个reference可选参数，表示需要得到其列号的单元格或单元格区域，如果省略该参数，则函数返回当前单元格所在的列标。

下面在“值周安排”工作簿中使用COLUMN()函数来自动安排夏季老师值周表格标题行，具体操作如下。

本节素材	/素材/Chapter08/值周安排.xlsx
本节效果	/效果/Chapter08/值周安排.xlsx
学习目标	使用COLUMN()函数获取列号
难度指数	★★★

步骤01 打开“值周安排”素材文件，❶选择A2单元格，❷在编辑栏中输入函数“="第"&(COLUMN())&"周"”，如图8-32所示。

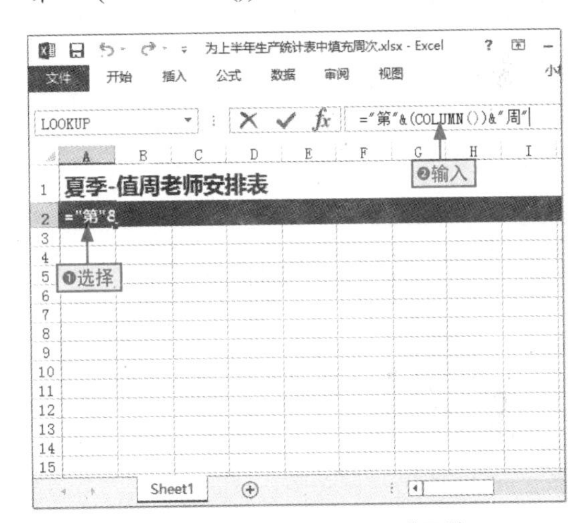

图8-32　输入COLUMN()函数

步骤02 按Ctrl+Enter组合键，拖动填充柄填充函数到T单元格，系统自动根据列号获取相应的周数据，如图8-33所示。

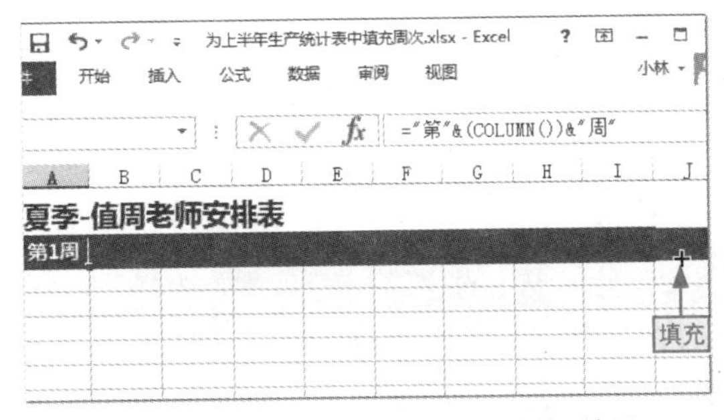

图8-33　自动获取夏季周数据标题效果

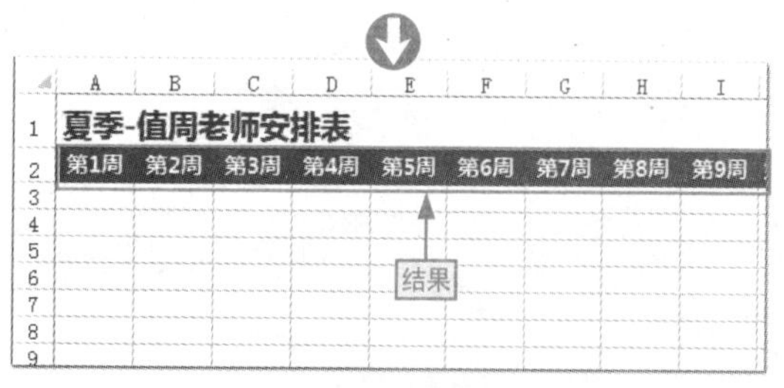

图8-33 自动获取夏季周数据标题效果（续）

8.2.5 INDIRECT() 返回由文本值指定的引用

INDIRECT() 函数用来返回一个特殊的单元格地址（比如无法直接使用单元格地址来引用），其语法结构如下。

```
INDIRECT(ref_text,[a1])
```

其中 ref_text 是必选参数，指以文本形式表示的对单元格的引用，此单元格包含 A1 样式的引用、R1C1 样式的引用、定义为引用的名称或对作为文本字符串的单元格的引用。a1 是可选参数，表示用于指定包含在 ref_text 中的引用的类型，参数取值为 TRUE 或被省略，Excel 认为 ref_text 中的引用为 A1 样式的引用，如果参数设置为 FALSE，则 Excel 将 ref_text 中的引用视为 R1C1 样式的引用。

下面以在“图书查询”工作簿中使用 INDIRECT() 函数将 A 列中合并的单元格数据对应拆分到 B 列的单元格中为例，介绍其具体操作。

本节素材	/素材/Chapter08/图书查询.xlsx
本节效果	/效果/Chapter08/图书查询.xlsx
学习目标	使用INDIRECT()函数拆分单元格数据
难度指数	★★★

步骤 01 打开“图书查询”素材文件，❶选择 B2 单元格，❷在编辑栏中输入函数“=IF(A2<>"",A2,INDIRECT("B"&ROW()-1))”，如图 8-34 所示。

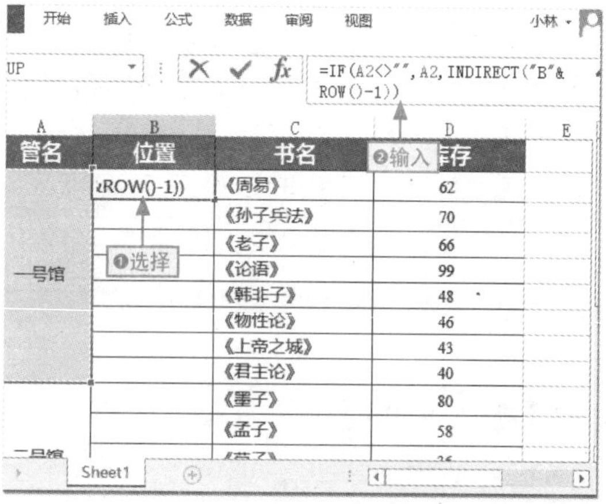

图8-34 输入获取合并单元格数据的函数

步骤 02 按 Ctrl+Enter 组合键并向下填充函数，如图 8-35 所示。

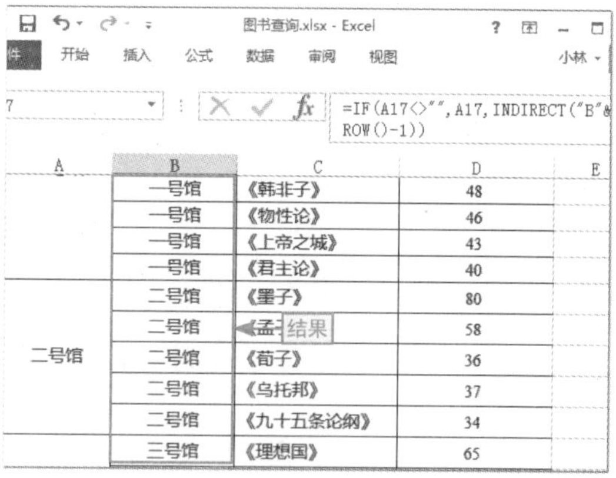

图8-35 填充函数自动获取相应数据

8.2.6 ADDRESS() 获取指定单元格的地址

ADDRESS() 函数可用来指定数据在工作表中的位置，其语法结构如下。

```
ADDRESS(row_num,column_num,
[abs_num],[a1],[sheet_text])
```

其中 row_num 是必选参数，表示指定要在单元格引用中使用的行号，取值范围在 1 ～ 1048576。column_num 是必选参数，表示指定要在单元格引用中使用的列号，取值

范围在 1 ~ 16384；abs_num 是可选参数，指定要返回的引用类型，取值范围为 1 ~ 4 的整数。1 或省略表示绝对引用；取值 2 表示绝对行号，相对列标；取值 3 表示相对行号，绝对列标;取值 4 表示相对引用。a1 是可选参数，表示指定 A1 引用样式还是 R1C1 引用样式。取值 TRUE 或省略表示采用 A1 引用样式，取值 FALSE 表示采用 R1C1 引用样式。sheet_text 是可选参数，表示指定要用作外部引用的工作表的名称的一个文本。如果忽略参数 sheet_text，则只返回当前工作表中指定位置的单元格地址。

图 8-36 所示是使用 ADDRESS() 函数获取图书最大库存量数据所在的单元格位置。

学习目标 使用ADDRESS()函数获取单元格地址

难度指数 ★★★

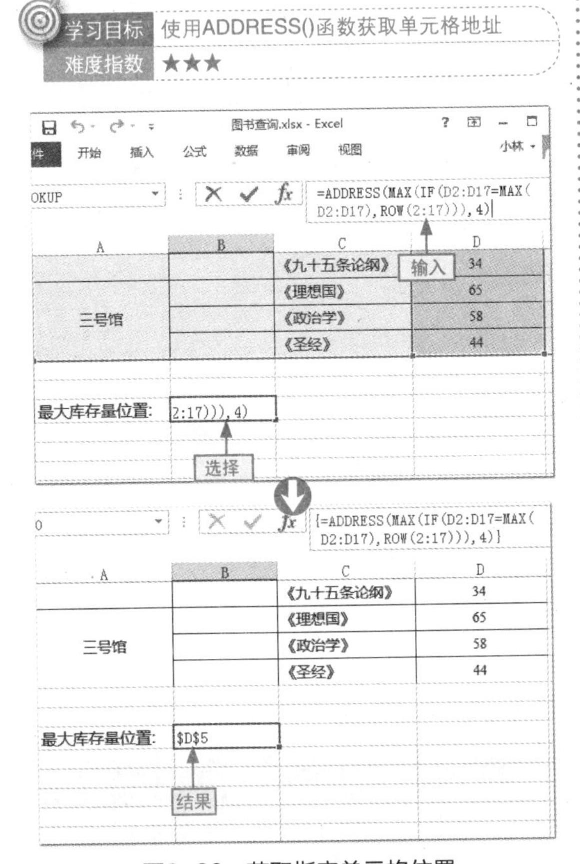

图8-36 获取指定单元格位置

8.2.7 TRANSPOSE() 返回数组的转置

转置即将原本排列在表格行中的数据排列到表格列中，将原本排列在表格列中的数据排列到表格行中，这时使用 TRANSPOSE() 函数能轻松实现，其语法结构如下。

```
TRANSPOSE(array)
```

它包含一个 array 必选参数，表示需要进行转置的数组或工作表上的单元格区域。

图 8-37 所示是使用 TRANSPOSE() 函数对表格数据进行倒置的样式。

学习目标 使用TRANSPOSE()函数倒置数据

难度指数 ★★★

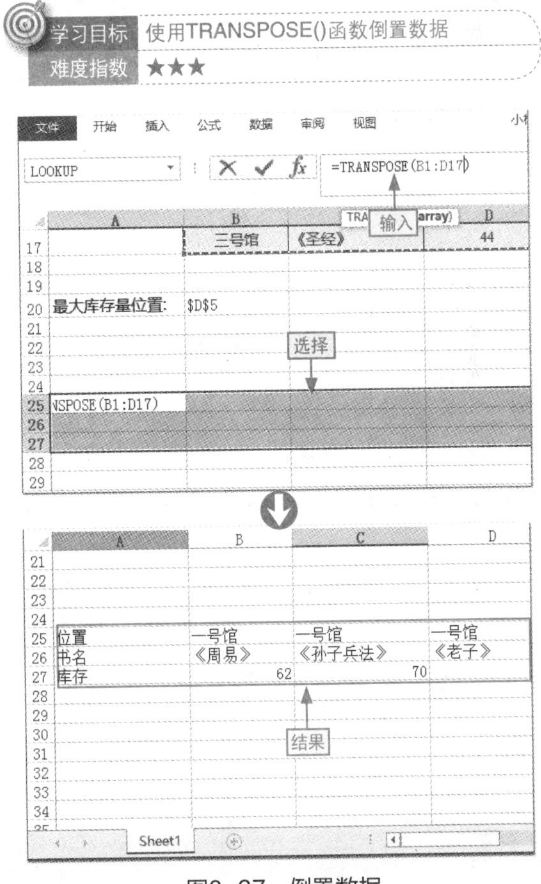

图8-37 倒置数据

给你支招 | 如何让空行不生成自动编号

小白：在使用ROW()函数生成连续的自动编号时，怎么让所在行为空白行时，则自动编号不显示，一旦在空白行中输入内容后，对应的编号就会自动显示出来？

阿智：可以通过添加IF()函数进行空白判定来现实，具体操作如下。

步骤 01 ❶ 选择目标单元格，❷ 在编辑栏中输入“=IF(B3<>"",ROW(A1),"")”，按Ctrl+Enter组合键，如图8-38所示。

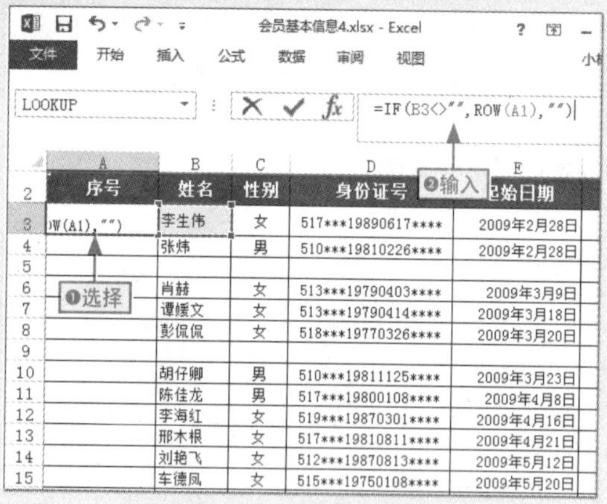

会员基本信息4.xlsx - Excel

文件 开始 插入 公式 数据 审阅 视图

LOOKUP | =IF(B3<>"",ROW(A1),"")

	A	B	C	D	E
2	序号	姓名	性别	身份证号	起始日期
3	W(A1),"")	李生伟	女	517***19890617****	2009年2月28日
4		张炜	男	510***19810226****	2009年2月28日
5					
6		肖赫	女	513***19790403****	2009年3月9日
7		谭媛文	女	513***19790414****	2009年3月18日
8		彭侃侃	女	518***19770326****	2009年3月20日
9					
10		胡仔卿	男	510***19811125****	2009年3月23日
11		陈佳龙	男	517***19800108****	2009年4月8日
12		李海红	女	519***19870301****	2009年4月16日
13		邢木根	女	517***19810811****	2009年4月21日
14		刘艳飞	女	512***19870813****	2009年5月12日
15		车德凤	女	515***19750108****	2009年5月20日

❶选择 ❷输入

图8-38 输入获取行号函数

步骤 02 拖动填充柄填充函数到相应位置，函数自动根据B列单元格中是否有数据来确认是否生成编号，如图8-39所示。

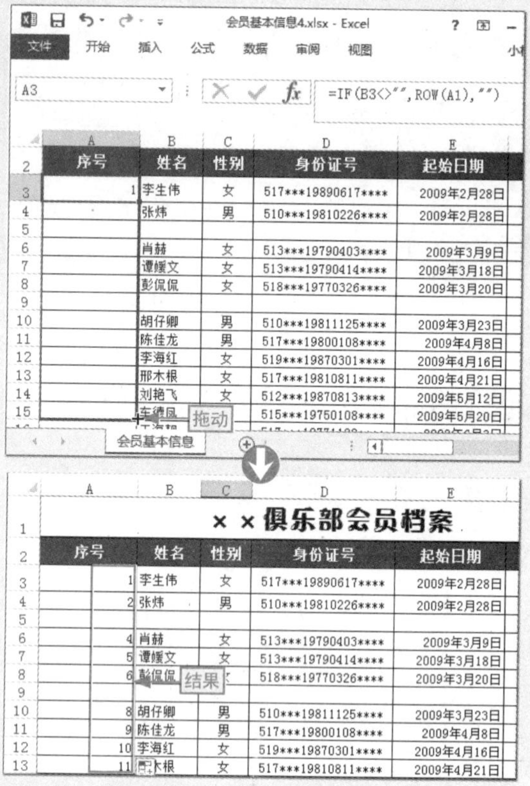

会员基本信息4.xlsx - Excel

文件 开始 插入 公式 数据 审阅 视图

A3 | =IF(B3<>"",ROW(A1),"")

	A	B	C	D	E
2	序号	姓名	性别	身份证号	起始日期
3	1	李生伟	女	517***19890617****	2009年2月28日
4		张炜	男	510***19810226****	2009年2月28日
5					
6		肖赫	女	513***19790403****	2009年3月9日
7		谭媛文	女	513***19790414****	2009年3月18日
8		彭侃侃	女	518***19770326****	2009年3月20日
9					
10		胡仔卿	男	510***19811125****	2009年3月23日
11		陈佳龙	男	517***19800108****	2009年4月8日
12		李海红	女	519***19870301****	2009年4月16日
13		邢木根	女	517***19810811****	2009年4月21日
14		刘艳飞	女	512***19870813****	2009年5月12日
15		车德凤	女	515***19750108****	2009年5月20日

拖动 会员基本信息

	A	B	C	D	E
1	××俱乐部会员档案				
2	序号	姓名	性别	身份证号	起始日期
3	1	李生伟	女	517***19890617****	2009年2月28日
4	2	张炜	男	510***19810226****	2009年2月28日
5					
6	4	肖赫	女	513***19790403****	2009年3月9日
7	5	谭媛文	女	513***19790414****	2009年3月18日
8	6	彭侃侃	女	518***19770326****	2009年3月20日
9					
10	8	胡仔卿	男	510***19811125****	2009年3月23日
11	9	陈佳龙	男	517***19800108****	2009年4月8日
12	10	李海红	女	519***19870301****	2009年4月16日
13	11	邢木根	女	517***19810811****	2009年4月21日

结果

图8-39 自动生成编号效果

给你支招 | 如何生成超链接

小白：在表格中，我们怎样给定一个跳转的地址，通过单击它，可快速跳转到指定位置？

阿智：可以通过HYPERLINK()函数来轻松实现，如下面我们在数据表格的下方给一个快速跳转到首行的超链接，具体操作如下。

步骤 01 ❶ 选择目标单元格，❷ 在编辑栏中输入“=HYPERLINK("#A2","返回首行")”，按 Ctrl+Enter 组合键，如图 8-40 所示。

图8-40 输入HYPERLINK()生成超链接

步骤 02 自动生成一个“返回首行”的超链接。单击它，系统自动跳转到 A2 单元格首行位置，如图 8-41 所示。

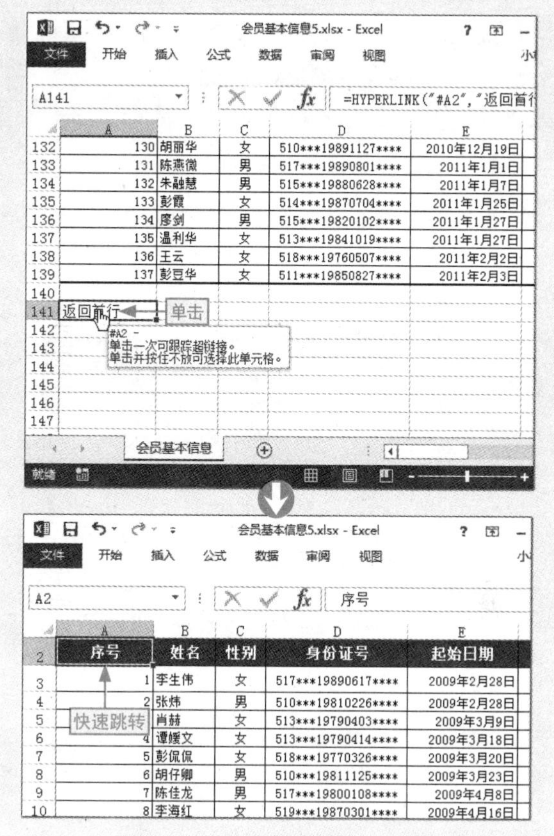

图8-41 快速跳转到首行位置

给你支招 | 如何轻松提取不重复数据

小白：在表格中的一些标签数据，如部门、负责人和门店，它们有很多是重复的，我们怎样来获取它们的唯一值，也就是不重复的数据？

阿智：可以使用INDEX()函数和其他函数嵌套应用来实现，具体操作如下。

步骤 01 ❶ 选择目标单元格，❷ 在编辑栏中输入“=INDEX(A2:A17,MATCH(0,COUNTIF(E$2:E2,A2:A17),0)&"")”，按 Ctrl+Shift+Enter 组合键确认，如图 8-42 所示。

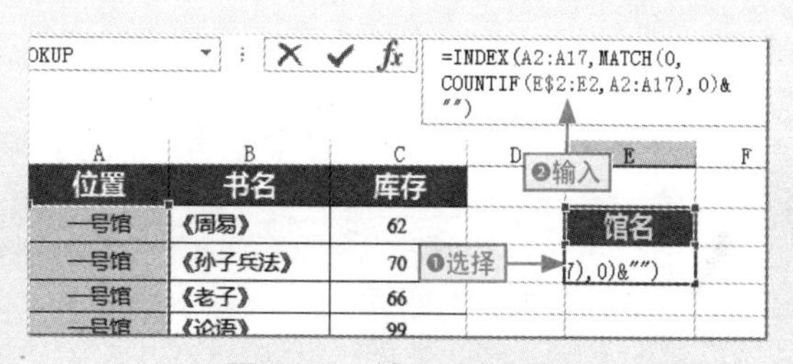

图8-42 输入嵌套函数

步骤 02 拖动填充柄填充函数到相应位置（估计重复值有多少项，就填充多少行），如图 8-43 所示。

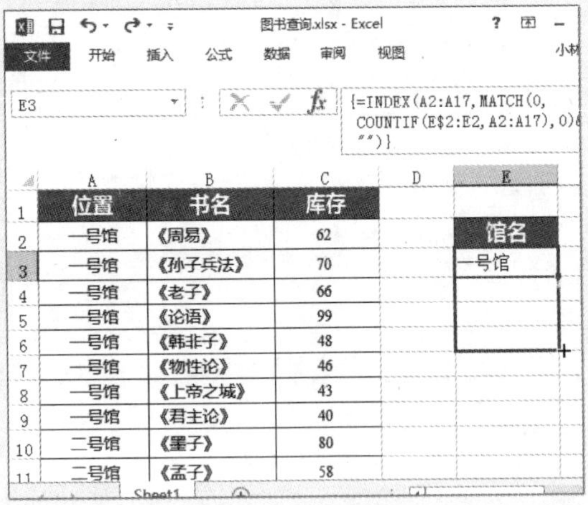

图书查询.xlsx - Excel

文件 开始 插入 公式 数据 审阅 视图

E3 {=INDEX(A2:A17,MATCH(0,COUNTIF(E$2:E2,A2:A17),0)&"")}

	A	B	C	D	E
1	位置	书名	库存		
2	一号馆	《周易》	62		馆名
3	一号馆	《孙子兵法》	70		一号馆
4	一号馆	《老子》	66		
5	一号馆	《论语》	99		
6	一号馆	《韩非子》	48		
7	一号馆	《物性论》	46		
8	一号馆	《上帝之城》	43		
9	一号馆	《君主论》	40		
10	二号馆	《墨子》	80		
11	二号馆	《孟子》	58		

图8-43 填充函数

步骤 03 系统自动获取相应的唯一值，如图 8-44 所示。

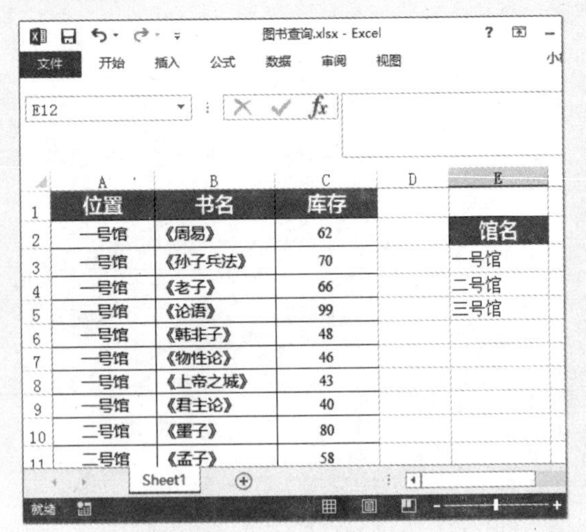

图8-44 获取唯一值

Chapter 09 数学和三角函数的应用

学习目标

在计算各种数学和三角数据时，为了避免手动计算的繁杂过程，可以使用 Excel 内置的数学和三角函数来快速、方便地进行计算。本章将具体介绍日常工作中常见的求和运算、取舍运算、随机数获取以及其他常用数学和三角函数的计算，并通过实例讲解来巩固其具体的应用。

本章要点

- SUM()对数据区域求和
- SUMIF()对数据按指定条件求和
- SUMSQ()返回参数的平方和
- RAND()返回随机数
- ROUND()按位四舍五入
- ……
- FLOOR()按条件向下舍入
- INT()向下取整
- PRODUCT()对数据求积
- MOD()返回两数相除的余数
- QUOTIENT()返回除法的整数部分
- ……

知识要点	学习时间	学习难度
求和函数、随机数函数	50 分钟	★★★★
取舍函数、求积函数	50 分钟	★★★★
商与余函数、三角函数	40 分钟	★★★

9.1 求和函数

小白：我想将所有销售部实发的工资进行求和，有什么方法可以快速将这些数据挑选出来并进行汇总呢?

阿智：Excel提供的求和函数不仅仅有SUM()，还有其他条件求和函数，下面我分别给你详细介绍各种求和函数的应用吧。

数据求和是日常办公过程中最常见的一种数据处理方式，数据的求和运算包括直接进行算术求和、对符合指定条件的数据求和以及数据的乘积和、平方和运算等，下面将具体介绍 Excel 中如何对各种情况的数据进行求和。

9.1.1 SUM() 对数据区域求和

直接对数据进行求和是指将给定的所有数据进行加法操作，在 Excel 中，对这类数据可以使用四则运算中的加法来完成，但是对于求和项较多的情况，使用 SUM() 函数是最简单、最方便的方法。其语法结构如下。

```
SUM(number1,[number2],...)
```

其中，number1,number2,... 参数用于指定需要参加求和计算的数据，它既可以是具体的数据，也可以是包含数据的单元格引用，参数的取值范围为 1 ～ 255。

需要特别说明的是，如果 SUM() 函数中的参数值为逻辑值或数字的文本表达式，函数都可计算出结果，只是在默认情况下，其中的文本值会被自动转换为数字；逻辑值 TRUE 会被转换为数字 1，FALSE 会被转换为数字 0。

如果参数是一个数组或引用，则只计算其中的数字，数组或引用中的空白单元格、逻辑值或文本将被忽略。

下面以在“员工年度考核表”中用 SUM() 函数计算各个员工的考核总分数为例，讲解该函数的使用方法。

本节素材	⊙/素材/Chapter09/员工年度考核表.xlsx
本节效果	⊙/效果/Chapter09/员工年度考核表.xlsx
学习目标	用SUM()函数计算各个员工的考核总分数
难度指数	★★

步骤 01 ❶ 打开“员工年度考核表”素材文件，选择 I3:I15 单元格区域，❷ 在编辑栏中输入“=SUM(C3:H3)”公式，如图 9-1 所示。

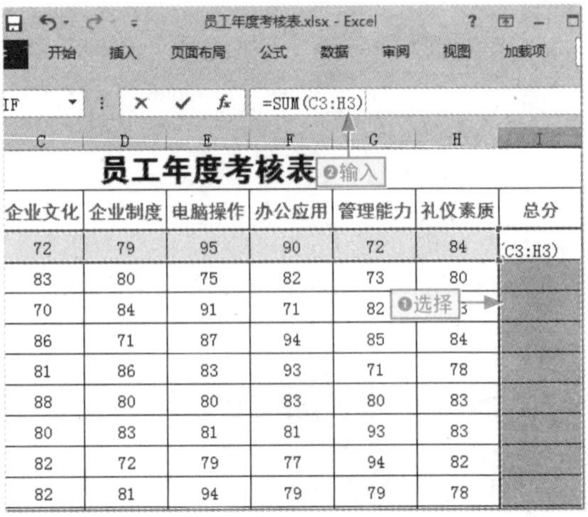

员工年度考核表.xlsx - Excel

开始 插入 页面布局 公式 数据 审阅 视图 加载项

IF =SUM(C3:H3) ❷输入

员工年度考核表

企业文化	企业制度	电脑操作	办公应用	管理能力	礼仪素质	总分
72	79	95	90	72	84	(C3:H3)
83	80	75	82	73	80	
70	84	91	71	82	3	
86	71	87	94	85	84	
81	86	83	93	71	78	
88	80	80	83	80	83	
80	83	81	81	93	83	
82	72	79	77	94	82	
82	81	94	79	79	78	

❶选择

图9-1 输入计算员工的考核总分数的公式

步骤 02 按 Ctrl+Enter 组合键，将公式输入所选单元格区域并计算各个员工的考核总分数，如图 9-2 所示。

企业文化	企业制度	电脑操作	办公应用	管理能力	礼仪素质	总分
72	79	95	90	72	84	492
83	80	75	82	73	80	473
70	84	91	71	82	83	481
86	71	87	94	85	84	507
81	86	83	93	71	78	492
88	80	80	83	80	83	494

查看

图9-2 查看计算结果

不连续单元格的求和如何用SUM()函数实现

如果需要求和的数据为不连续的单元格区域，直接使用英文状态下的逗号将所有参与计算的不连续单元格区域隔开即可。例如，本例计算每位员工除了“企业制度”考核项的分数外的其他考核项的总分，除了使用“=SUM(C3:H3)-D3”公式计算以外（如图 9-3 左图所示），还可以使用“= SUM(C3,E3:H3)”公式来计算（如图 9-3 右图所示）。

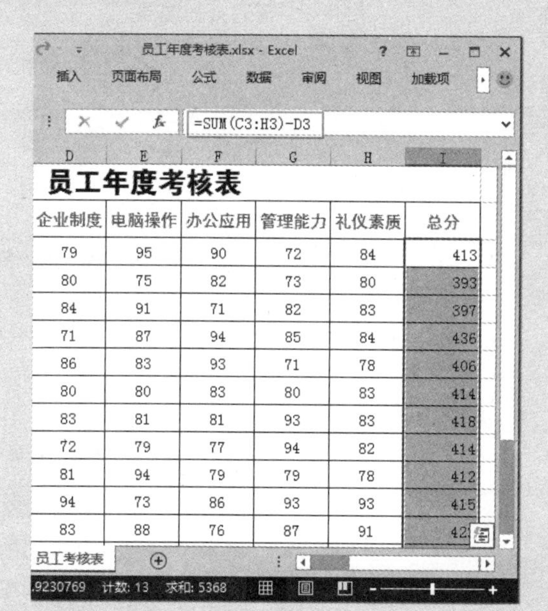

员工年度考核表

企业制度	电脑操作	办公应用	管理能力	礼仪素质	总分
79	95	90	72	84	413
80	75	82	73	80	393
84	91	71	82	83	397
71	87	94	85	84	436
86	83	93	71	78	406
80	80	83	80	83	414
83	81	81	93	83	418
72	79	77	94	82	414
81	94	79	79	78	412
94	73	86	93	93	415
83	88	76	87	91	42

员工年度考核表.xlsx - Excel

=SUM(C3,E3:H3)

员工年度考核表

企业制度	电脑操作	办公应用	管理能力	礼仪素质	总分
79	95	90	72	84	413
80	75	82	73	80	393
84	91	71	82	83	397
71	87	94	85	84	436
86	83	93	71	78	406
80	80	83	80	83	414
83	81	81	93	83	418
72	79	77	94	82	414
81	94	79	79	78	412
94	73	86	93	93	415
83	88	76	87	91	42

员工考核表

9230769 计数: 13 求和: 5368

图9-3 计算不包含“企业制度”考核分数的员工考核总分

9.1.2 SUMIF() 对数据按指定条件求和

对数据按指定条件求和是指在给定的数据集合中，只挑选其中某些符合指定条件的数据进行求和。在 Excel 中，这类数据的求和可以使用 SUMIF() 函数来完成。

与 SUM() 函数相比较，SUMIF() 函数在函数名上多了一个“IF”，说明该函数除了具备 SUM() 函数的求和功能以外，还具备 IF() 函数的条件判断功能，其具体的语法结构如下。

```
SUMIF(range,criteria,[sum_range])
```

从函数的语法格式来看，该函数包含 3 个参数，各个参数的具体含义与使用如下。

◆ range：必选参数，用于指定条件判断的单元格区域。

◆ criteria：必选参数，用于指定进行求和运算的单元格区域需要满足的条件。

◆ sum_range：可选参数，用于指定满足条件时需要进行求和运算的实际单元格区域，如果省略该参数，则系统自动汇总 range 参数指定的单元格区域符合条件的单元格区域。

下面以在“员工工资结算表”中用SUMIF()函数计算销售部所有员工实发工资总额为例，讲解该函数的使用方法。

本节素材	⊙/素材/Chapter09/员工工资结算表.xlsx
本节效果	⊙/效果/Chapter09/员工工资结算表.xlsx
学习目标	计算销售部所有员工实发工资总额
难度指数	★★

步骤 01 ❶打开“员工工资结算表”素材文件，选择 K27 单元格，❷在编辑栏中输入“=SUMIF(C4:C26,"销售部",K4:K26)”公式，如图 9-4 所示。

员工工资结算表.xlsx - Excel

开始 插入 页面布局 公式 数据 审阅 视图 加载项

=SUMIF(C4:C26,"销售部",K4:K26)

G	H	I	J	K
96.00	￥ 350.00	￥ 300.00	￥ [illegible]	￥ 3,626.00
20.00	￥ 300.00	￥ 300.00	[illegible]	￥ 3,420.00
62.00	￥ 346.00	￥ 300.00	￥ 50.00	￥ 2,408.00
50.00	￥ 162.00	￥ 300.00	￥ 100.00	￥ 1,962.00
50.00	￥ 120.00	￥ 300.00	￥ -	￥ 1,920.00
50.00	￥ 315.00	￥ 300.00	￥ -	￥ 2,315.00
41.00	￥ 340.00	￥ 300.00	￥ 250.00	￥ 2,181.00
35.00	￥ 189.00	￥ 300.00	￥ 60.00	￥ 2,014.00
-	￥ 102.00	￥ 300.00	￥ 300.00	￥ 3,052.00
-	￥ 150.00	￥ 300.00	￥ 150.00	￥ 3,250.00
30.00	￥ 53.00	￥ 300.00	￥ -	￥ 1,733.00
80.00	￥ 48.00	￥ 300.00	￥ 40.00	￥ [illegible]
31.00	￥ 53.00	￥ 300.00	￥ -	￥ 1,734.00
93.00	￥ 49.00	￥ 300.00	￥ -	￥ [illegible]
		销售部实发工资总额		部",K4:K26)

❷输入

❶选择

图9-4　输入计算公式

步骤 02 按 Ctrl+Enter 组合键确认输入的公式，并在该单元格中计算出销售部实发工资总额数据，如图 9-5 所示。

员工工资结算表.xlsx - Excel

开始 插入 页面布局 公式 数据 审阅 视图 加载项

=SUMIF(C4:C26,"销售部",K4:K26)

G	H	I	J	K
96.00	￥ 350.00	￥ 300.00	￥ 20.00	￥ 3,626.00
20.00	￥ 300.00	￥ 300.00	￥ -	￥ 3,420.00
62.00	￥ 346.00	￥ 300.00	￥ 50.00	￥ 2,408.00
50.00	￥ 162.00	￥ 300.00	￥ 100.00	￥ 1,962.00
50.00	￥ 120.00	￥ 300.00	￥ -	￥ 1,920.00
50.00	￥ 315.00	￥ 300.00	￥ -	￥ 2,315.00
41.00	￥ 340.00	￥ 300.00	￥ 250.00	￥ 2,181.00
35.00	￥ 189.00	￥ 300.00	￥ 60.00	￥ 2,014.00
-	￥ 102.00	￥ 300.00	￥ 300.00	￥ 3,052.00
-	￥ 150.00	￥ 300.00	￥ 150.00	￥ 3,250.00
30.00	￥ 53.00	￥ 300.00	￥ -	￥ 1,733.00
80.00	￥ 48.00	￥ 300.00	￥ 40.00	￥ [illegible]
31.00	￥ 53.00	￥ 300.00	￥ -	￥ [illegible]
93.00	￥ 49.00	￥ 300.00	￥ -	￥ [illegible]
		销售部实发工资总额		￥ 19,846.00

查看

图9-5　查看计算结果

在本例中，“=SUMIF(C4:C26,"销售部",K4:K26)”公式中的“C4:C26”单元格区域用于指明设置的部门为“销售部”的条件所在的单元格区域，“"销售部"”参数用于指明 K4:K26 单元格区域哪些数据是被求和的对象，而 K4:K26 单元格区域用于指明求和数据所在的位置。

本例的计算过程相当于一个循环比较筛选数据的过程，例如首先会判断 C4 单元格的值是否为“销售部”，如果条件成立，则将 K4 单元格中的数据保存在“容器 1”中；如果条件不成立，则将 K4 单元格的数据保存在“容器 2”中，然后再判断 C4 单元格是否为指定单元格区域的最后一个单元格。如果条件成立，则对“容器 1”中的所有数据进行求和；如果条件不成立，则对下一个单元格的数据再次进行判断……直到最后一个单元格。

本例计算的运算过程的具体流程示意图如图 9-6 所示。其中，C(n) 中 n 的取值范围为 4 ～ 26，用于动态表示 C4 ～ C26 单元格。

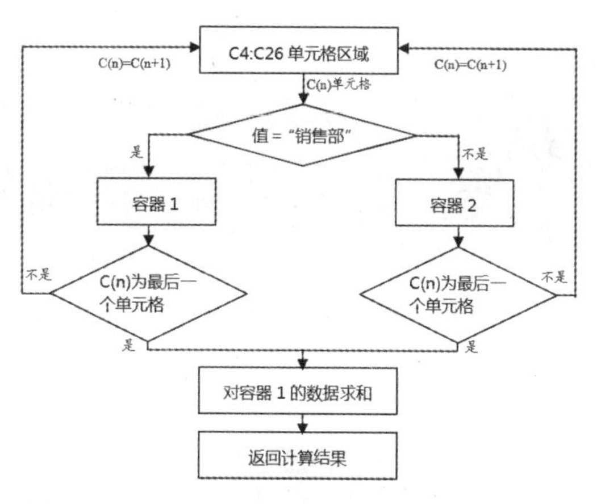

图9-6　销售部实发工资总额计算过程示意图

9.1.3 SUMPRODUCT() 返回对应的数组元素的乘积和

SUMPRODUCT() 函数用于在给定的几个数组中，将数组间对应的元素相乘，然后再对所有乘积进行求和。由于该函数的参数是多个数组或单元格区域的引用，因此该函数属于数组函数，使用时必须以数组公式输入，其语法格式如下。

```
SUMPRODUCT(array1,[array2],[array3],…)
```

函数中的 array1 为必选参数，表示用于对乘积求和的第一个数组，array2、array3…为可选参数，函数最多可容纳 255 个数组作为其参数，但所使用的数组必须具有相同的维数（即必须同是一维数组或二维数组），否则函数将产生"#VALUE!"错误值。

下面以在"产品月进货统计"表中用 SUMPRODUCT() 函数计算 6 月份可获得的总返点金额为例，讲解该函数的使用方法。

本节素材	⊙/素材/Chapter09/产品月进货统计.xlsx
本节效果	⊙/效果/Chapter09/产品月进货统计.xlsx
学习目标	计算6月份可获得的总返点金额
难度指数	★★

步骤 01 ❶打开"产品月进货统计"素材文件，选择 H3 单元格，❷在编辑栏中输入"=SUMPRODUCT(C3:C59,D3:D59,F3:F59)"公式，如图 9-7 所示。

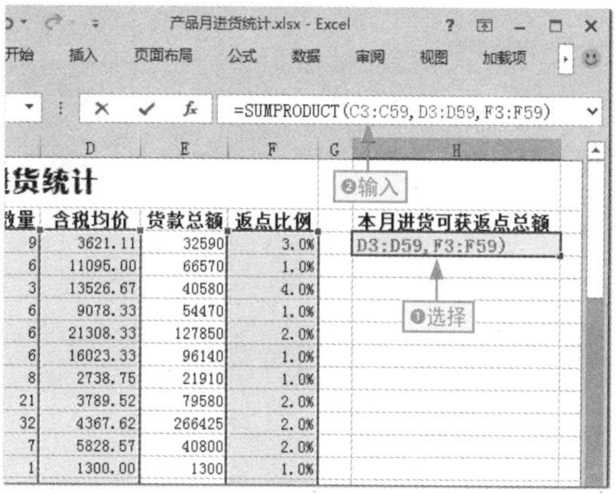

图9-7　输入计算的公式

步骤 02 按 Ctrl+Shift+Enter 组合键，将数组公式输入当前所选单元格中即可计算出所需结果，如图 9-8 所示。

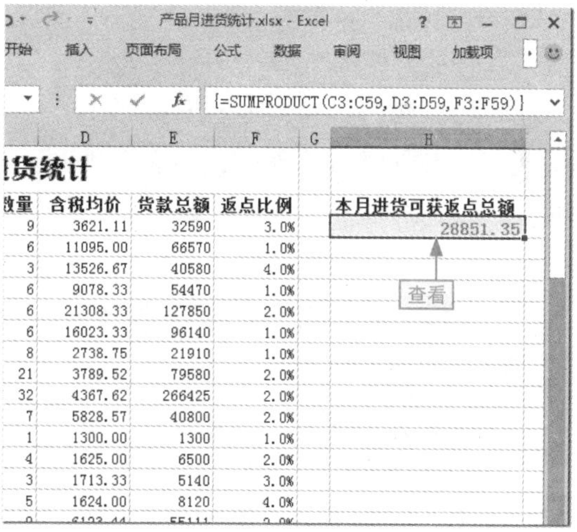

图9-8　查看计算结果

本例使用的公式"{=SUMPRODUCT(C3:C59,D3:D59,F3:F59)}"使用 SUMPRODUCT() 函数来计算 3 个一维纵向数组中各元素的乘积和。

公式依次计算 C3×D3×F3、C4×D4×F4、

C5×D5×F5、…、C59×D59×F59 的值，保存成一个内存数组，然后再对此内存数组进行求和，得到最终结果。

在了解了本例中公式的意义后，其计算过程就显得非常简单了，如果以 Cn、Dn 和 Fn 表示公式正在计算的单元格，并生成内存数组 Array，则公式的计算过程如图 9-9 所示。

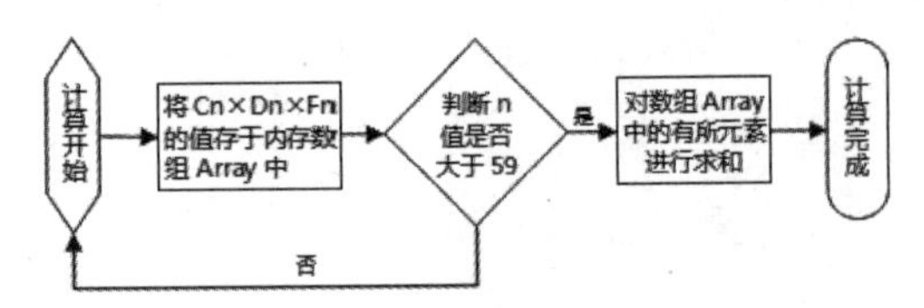

图9-9　公式计算过程示意图

9.1.4 SUMSQ() 返回参数的平方和

如果要计算一组数据的平方之和，可使用 SUMSQ() 函数实现，其语法格式如下。

```
SUMSQ(number1,[number2],...)
```

其中，number1 是参数列表的要求平方和的第 1 个参数，为必选参数，后续的 number2、number3、…、number255 均为可选择的 2～255 个参数。也可以使用数组或单元格引用来代替每一个参数，但是在定义该函数参数时，要注意以下几点。

- ◆ 参数可以是数字或者包含数字的单元格名称、数组或单元格引用。
- ◆ 参数如果是数组或引用，则只计算其中的数字。数组或引用返回的空白值、逻辑值、文本或错误值将被忽略。
- ◆ 如果参数为错误值或为不能转换为数字的文本，将会导致错误。

下面以在“三角形判断”表中用 SUMSQ() 函数判断三角形是否为直角三角形为例，讲解该函数的使用方法。

本节素材	/素材/Chapter09/三角形判断.xlsx
本节效果	/效果/Chapter09/三角形判断.xlsx
学习目标	用SUMSQ()函数判断直角三角形
难度指数	★★

步骤 01 ❶打开“三角形判断”素材文件，选择 E3:E8 单元格区域，❷在编辑栏中输入“=IF(SUMSQ (B3,C3)=SUMSQ(D3),"是","不是")”公式，如图 9-10 所示。

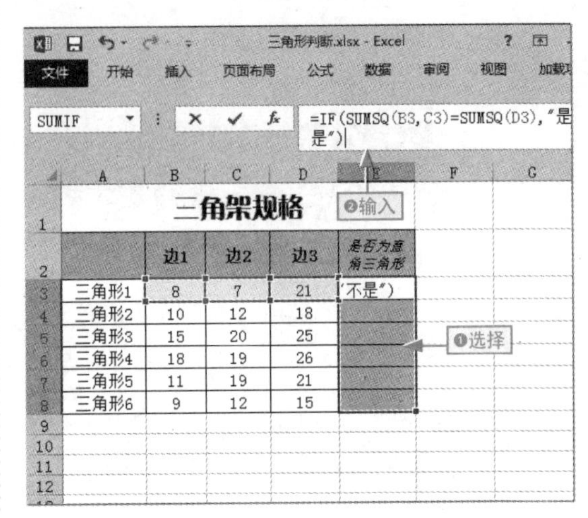

图9-10　输入判断直角三角形的公式

步骤 02 按 Ctrl+Enter 组合键，将公式填充到所选单元格区域，即可得到所需要的结果，如图 9-11 所示。

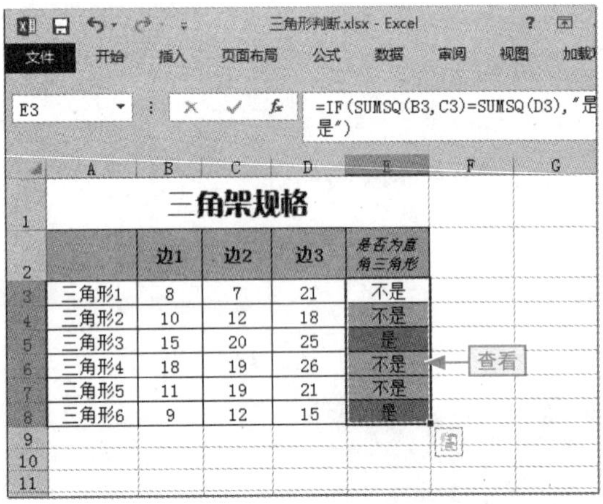

图9-11　查看计算结果

直角三角形必须满足勾股定理，即两个较短边的平方之和必须等于较长边的平方。

本例中使用的公式“=IF(SUMSQ(B3,C3)=SUMSQ(D3),"是","不是")”利用SUMSQ()函数来求取B3和C3单元格的平方和，再与D3单元格的平方值进行比较，最后以IF()函数检测比较结果并返回是否为直角三角形的文字说明。

本例中使用的公式计算过程非常简单，由于每行的计算公式都一样，只是引用的单元格随公式位置的变化而变化，所以以第3行为例，公式计算过程可用图9-12所示的流程表示。

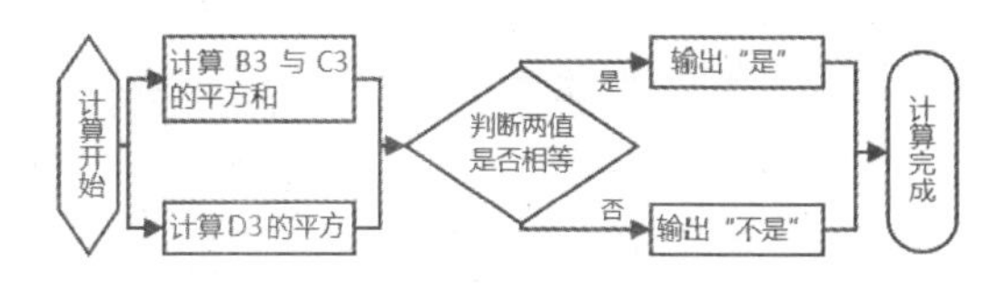

图9-12　公式计算过程示意图

9.2 随机数函数

小白：我制作了一个考试座位表，现在想给每个考生随机安排一个座位号，有什么方法可以快速生成这些随机座位号呢？

阿智：这个简单，直接用随机函数就可以了。下面我具体给你讲讲Excel中到底有哪些常用的随机函数吧。

随机数在Excel中的应用也非常广泛，如要打乱某个序列的排列顺序，取得某一范围内的任意序列，此时就可以利用Excel提供的随机数函数来进行计算。

9.2.1 RAND()返回随机数

使用RAND()函数可返回一个大于或等于0但小于1的均匀分布的随机实数，并且每次重新计算工作表的时候，都将产生一个新的随机数，其语法格式如下。

```
RAND()
```

从函数的语法格式可以看出，该函数没有参数，但是在使用时，必须将函数标志“()”带上，否则Excel无法识别。

下面以在“期末考试座位安排”表中用RAND()函数以无序的方式将所有班级的学生的座位号进行编排，但要求考室和座号对应为例，讲解该函数的使用方法。

本节素材	⊙/素材/Chapter09/期末考试座位安排.xlsx
本节效果	⊙/效果/Chapter09/期末考试座位安排.xlsx
学习目标	用RAND()函数编排座位号
难度指数	★★

步骤01 ❶打开“期末考试座位安排”素材文件，选择H3:H671单元格区域，在编辑栏中输入“=RAND()”公式，❷按Ctrl+Enter组合键填充到所选单元格区域生成一组0～1的随机数，如图9-13所示。

开始 插入 页面布局 公式 数据 审阅 视图 加载项

=RAND()

季期末考试座位安排表

级	姓名	身份证号	考室	座号	H
班	陈毓	51689819960724****	一考室	1	0.408423584
班	邹锋	51737819910508****	一考室	2	0.38339321
班	许秀娟	51664819960808****	一考室	3	0.688497674
班	刘平香	51269919960729****	一考室	4	0.784085719
班	陈淑兰	51463319960123****	一考室	5	0.976721939
班	朱栋梁	51773719950730****	一考室	6	0.284424432
班	吴志坚	51355219910629****	一考		0.709686676
班	刘强	51807619940919****	一考		0.584949502
班	潜辉	51619219930314****	一考室	9	0.647329199
班	李杏	51364719931125****	一考室	10	0.114556467
班	谭媛文	51263719940630****	一考室	11	0.24646664
班	廖剑	51586219950908****	一考室	12	0.465134422
班	陈晓	51262619940224****	一考室	13	0.128636282
班	彭霞	51595619911012****	一考室	14	0.580089657
班	陈佳龙	51601119910301****	一考室	15	0.940879391
班	甘娟	51003119961003****	一考室	16	0.600316058
班	万磊	51443519900210****	一考室	17	0.381680815
班	徐羽	51470719931111****	一考室	18	0.772746281

❶计算 ❷输入

座位安排

图9-13 生成0～1的随机数

步骤 02 ❶ 选择 F3:H671 单元格区域，❷ 单击“数据”选项卡，❸ 在“排序和筛选”组中单击“排序”按钮，如图 9-14 所示。

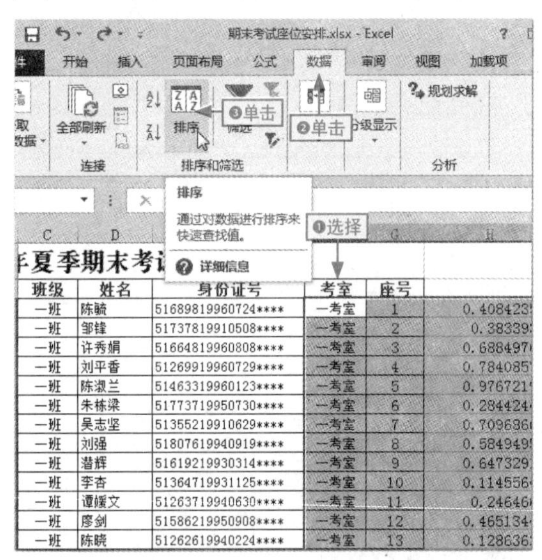

图9-14 单击“排序”按钮

步骤 03 打开“排序”对话框，❶ 在“主要关键字”下拉列表框中选择“(列 H)”选项，保持其他参数设置不变，❷ 单击“确定”按钮，对所选单元格区域进行排序，如图 9-15 所示。

图9-15 设置排序依据

步骤 04 ❶ 在 H 列的列标签上右击，❷ 选择“删除”命令，删除随机数序列，完成座位号的编排操作，如图 9-16 所示。

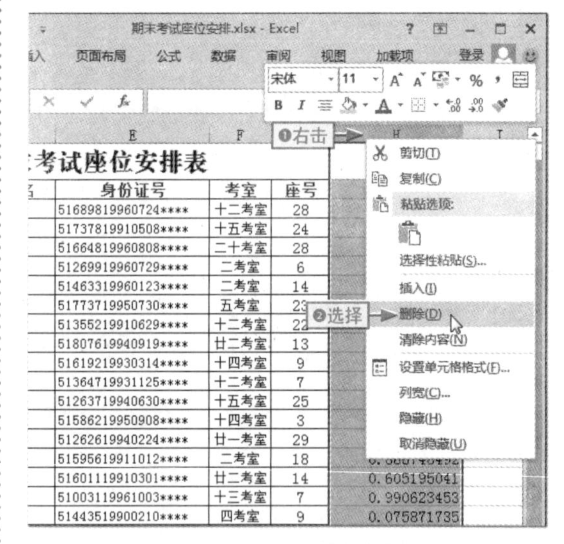

图9-16 删除随机数序列

本例中使用的公式非常简单，仅仅利用了 RAND() 函数生成一个随机序列，然后以此随机序列的关键字对指定区域进行排序。

9.2.2 RANDBETWEEN() 返回两个指定数之间的随机数

RAND() 函数可以返回一个 0 ～ 1 的任意随机实数，如果用户需要得到一个指定范围内的随机数，则可以使用 RANDBETWEEN() 函数来实现，其语法格式如下。

```
RANDBETWEEN(bottom,top)
```

从该函数的语法格式可以看出，该函数包含两个必选参数，其简单说明如下。

◆ bottom：必选参数，产生的随机数的下限，可以是任意实数，也可以是返回实数的表达式。

◆ top： 必选参数，产生的随机数的上限，数据类型与 bottom 参数相同。

下面以在"随机数"表中用 RANDBETWEEN() 函数生成一组 1 ～ 100 的随机数为例，讲解该函数的使用方法。

本节素材	⊙/素材/Chapter09/随机数.xlsx
本节效果	⊙/效果/Chapter09/随机数.xlsx
学习目标	返回1～100不带小数点的随机数
难度指数	★★

步骤 01 ❶打开"随机数"素材文件，选择保存结果的单元格区域。这里选择 B3:K10 单元格区域，❷在编辑栏中输入"=RANDBETWEEN (1,100)"公式，如图 9-17 所示。

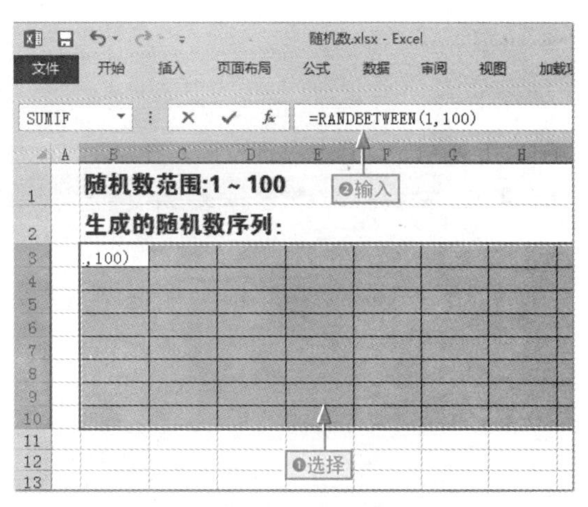

图9-17 输入指定的随机数的公式

步骤 02 按 Ctrl+Enter 组合键，将公式填充到所选单元格区域，生成一组 1 ～ 100 的随机数，如图 9-18 所示。

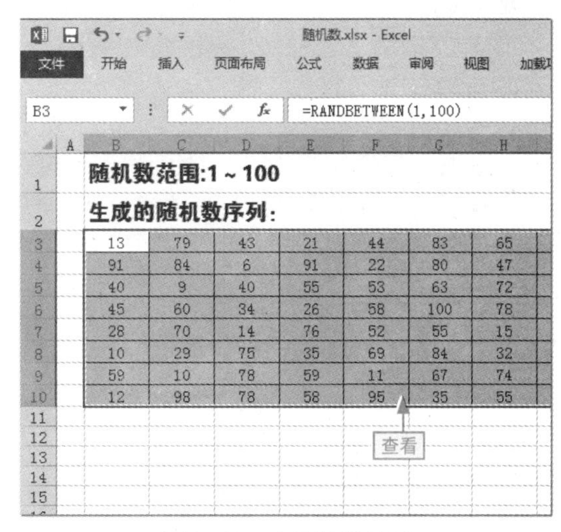

图9-18 查看计算结果

9.3 取舍函数

小白：我想把表格中的小数处理成整数，可以使用哪个函数来完成呢？

阿智：这是有关小数取舍的问题，Excel提供的取舍处理函数很多，不同的取舍函数的取舍原则不同，下面我就给你具体讲讲吧。

在很多时候，Excel 计算出来的数据都是小数，但实际工作表中通常需要对这些小数进行必要的取舍，使得结果更符合实际工作的需要，通过一些取舍函数快速对数据进行不同标准的取舍操作。

9.3.1 ROUND() 按位四舍五入

ROUND() 函数是最常用的数值取舍函数，该函数可以对给定的数值按指定的位数进行四舍五入取舍，其语法格式如下。

```
ROUND(number, num_digits)
```

从该函数的语法格式可以看出，该函数包含两个必选参数，其简单说明如下。

- number：必选参数，用于指定要进行四舍五入的数字。
- num_digits：必选参数，要取舍的位数，按此位数对 number 参数进行四舍五入。它可以是任何整数，既可以大于 0，也可以小于或者等于 0。当 num_digits 参数等于 0 时，取得结果为从小数点后第一位进行四舍五入以后的整数；当 num_digits 参数大于 0 时，将在小数点右侧的指定位进行四舍五入，取得包含 num_digits 位的小数；当 num_digits 参数小于 0 时，将在小数点左侧的指定位进行四舍五入，取得不含小数的整数。

下面以在“电视营业额”表中用 ROUND() 函数将以前以元为单位的数值转换为以万元为单位的数值，并保留两位小数为例，讲解该函数的使用方法。

本节素材	⊙/素材/Chapter09/电视营业额.xlsx
本节效果	⊙/效果/Chapter09/电视营业额.xlsx
学习目标	用ROUND()函数将统计金额转换为万元单位
难度指数	★★★

步骤 01 ❶ 打开“电视营业额”素材文件，选择 B14:G23 单元格区域，❷ 在编辑栏中输入“=ROUND(B3,-2)/10000&"万元"”公式，如图 9-19 所示。

电视营业额.xlsx - Excel

文件 开始 插入 页面布局 公式 数据 审阅 视图 加载

SUMIF =ROUND(B3,-2)/10000&"万元"

近10年来各地区电视营业额情况

年份	北京	上海	成都	广州	武汉
2007	6755228.73	6580088.62	3430863.50	3316272.65	333122
2008	6994824.82	6801045.61	3563503.13	3453129.80	343718
2009	7135006.87	6942538.87	3639215.27	3520063.03	350262
2010	7286136.96	7086539.05	3714630.17	3591772.36	358673
2011	7379829.43	7175401.46	3754890.78	3634953.13	362723
2012	7688007.27	7483077.51	3912924.82	3783585.73	378026
2013	11517475.45	11230471.69	5829686.40	5653881.81	570225
2014	12959312.27	12662090.22	6558614.97	6374162.57	641311
2015	14696837.19	14375518.21	7419559.71	7235798.40	727951
2016	16190358.40	15866178.84	8170676.41	7976234.01	802730

❶选择 ❷输入

图9-19 输入将统计金额转换为万元单位的公式

步骤 02 按 Ctrl+Enter 组合键，将公式填充到所选单元格区域，即可得到所需要的结果。保持单元格区域选中状态，按 Ctrl+C 组合键复制数据，如图 9-20 所示。

近10年来各地区电视营业额情况

份	北京	上海	成都	广州	武汉
07	6755228.73	6580088.62	3430863.50	3316272.65	3331227.19
08	6994824.82	6801045.61	3563503.13	3453129.80	3437184.98
09	7135006.87	6942538.87	3639215.27	3520063.03	3502626.34
10	7286136.96	7086539.05	3714630.17	3591772.36	3586732.32
11	7379829.43	7175401.46	3754890.78	3634953.13	3627239.18
12	7688007.27	7483077.51	3912924.82	3783585.73	3780264.84
13	11517475.45	11230471.69	5829686.40	5653881.81	5702254.19
14	12959312.27	12662090.22	6558614.97	6374162.57	6413113.54
15	14696837.19	14375518.21	7419559.71	7235798.40	7279517.50
16	16190358.40	15866178.84	8170676.4	6234.01	8027303.90

675.52 万元	658.01 万元	343.09 万元	331.63 万元	333.12 万元	326.
699.48 万元	680.1 万元	356.35 万元	345.31 万元	343.72 万元	335.
713.5 万元	694.25 万元	363.92 万元	352.01 万元	350.26 万元	342.
728.61 万元	708.65 万元	371.46 万元	359.18 万元	358.67 万元	350.
737.98 万元	717.54 万元	375.49 万元	363.5 万元	362.72 万元	354.
768.8 万元	748.31 万元	391.29 万元	378.36 万元	378.03 万元	369.

复制

电视营业额

图9-20 复制计算结果

步骤 03 ❶ 在 B3 单元格中右击，❷ 选择“值”选项将结果粘贴到原单元格区域，如图 9-21 所示。最后删除第 14 ~ 23 行的数据。

图9-21　粘贴计算结果

本例公式中仅使用了 ROUND() 函数对单元格的值进行四舍五入取数。以 B3 单元格为例，ROUND() 函数从其小数点左侧第 2 位开始四舍五入取数，然后将取得的结果除以 10000 以获得以万元为单位的数据，再用连接符号“&”给所取的值带上单位“万元”。

在公式说明中其实已经将此公式的计算过程进行了简单描述，这里以 Ctrl+Enter 组合键结束公式的输入，使得公式可以填充到所选的整个单元格区域，从而避免再次使用自动填充的方式复制公式。同样以 B3 单元格为例，公式计算过程可用图 9-22 所示的流程表示。

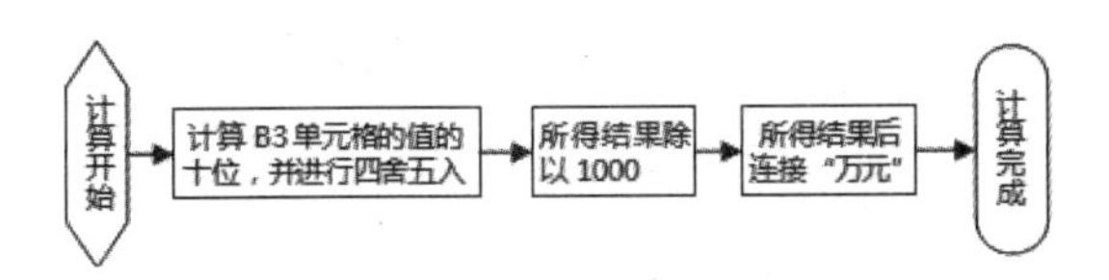

图9-22　公式计算过程示意图

9.3.2 CEILING() 按条件向上舍入

在很多计费类系统中，通常都不是按四舍五入的方法来取舍数值，而是根据特定的条件向上取值，如通话计费中不满 1 分钟按 1 分钟计算，网吧计费系统中不足半小时按半小时算，停车场收费系统中不足 1 小时按 1 小时算等。

要对这样的数据进行取值，就需要使用 CEILING() 函数，其语法格式如下。

```
CEILING(number,significance)
```

从该函数的语法格式可以看出，该函数包含两个必选参数，其简单说明如下。

- number：必选参数，表示要进行取值的原值数值。
- significance：必选参数，表示需要进行舍入的倍数，即舍入基准。

对于该函数的参数，使用时需要注意以下几点。

- 两个参数任意一个为非数值型数据，CEILING() 函数都将返回“#VALUE!”错误。
- 无论操作数字的符号如何，都按远离 0 的方向向上舍入。如果要操作的数字已经为 significance 参数的倍数，则不进行舍入。
- 如果 number 参数和 significance 参数都为负值，则对操作数字按远离 0 的方向进行向下舍入。
- 如果 number 参数为负，significance 参数为正，则对操作数字按朝向 0 的方向进行向上舍入。

下面以在“停车收费记录”表中用 CEILING() 函数按不足 1 小时算 1 小时的规则计算停车计费时间为例，讲解该函数的使用方法。

本节素材	/素材/Chapter09/停车收费记录.xlsx
本节效果	/效果/Chapter09/停车收费记录.xlsx
学习目标	用CEILING()函数计算停车计费时间
难度指数	★★

步骤 01 ❶ 打开“停车收费记录”素材文件，选择 E3:E16 单元格区域，❷ 在编辑栏中输入“=CEILING (D3,1/24)” 公式，如图 9-23 所示。

停车收费记录.xlsx - Excel

=CEILING(D3, 1/24)

❷输入 ❶选择

停车收费记录

开始时间	结束时间	实际时间	计费时间	需缴费
016/6/22 12:16	2016/6/23 10:33	22小时17分	IG(D3, 1/24)	
016/6/22 13:21	2016/6/22 20:34	7小时13分		
016/6/22 15:29	2016/6/24 16:28	2天 00小时59分		
2016/6/23 8:45	2016/6/26 8:32	2天 23小时47分		
2016/6/23 9:42	2016/6/23 22:35	12小时53分		
016/6/23 12:27	2016/6/25 16:44	2天 04小时17分		
016/6/24 21:21	2016/6/26 20:16	1天 22小时55分		
016/6/25 22:48	2016/6/26 9:20	10小时32分		
2016/6/26 9:25	2016/6/26 10:15	0小时50分		

图9-23　输入计算停车计费时间的公式

步骤 02 按 Ctrl＋Enter 组合键，将公式填充到所选单元格区域，即可得到所需要的结果，如图 9-24 所示。

=CEILING(D3, 1/24)

停车收费记录

开始时间	结束时间	实际时间	计费时间	需缴费
2016/6/22 12:16	2016/6/23 10:33	22小时17分	23小时	
2016/6/22 13:21	2016/6/22 20:34	7小时13分	8小时	
2016/6/22 15:29	2016/6/24 16:28	2天 00小时59分	2天 01小时	
2016/6/23 8:45	2016/6/26 8:32	2天 23小时47分	3天 00小时	
2016/6/23 9:42	2016/6/23 22:35	12小时53分	13小时	
2016/6/23 12:27	2016/6/25 16:44	2天 04小时17分	2天 05小时	
2016/6/24 21:21	2016/6/26 20:16	1天 22小时55分	1天 23小时	
2016/6/25 22:48	2016/6/26 9:20	10小时32分	11小时	
2016/6/26 9:25	2016/6/26 10:15	0小时50分	1小时	
2016/6/26 11:25	2016/6/26 13:15	1小时50分	2小时	
2016/6/26 12:25	2016/6/26 15:15	2小时50分	3小时	
2016/6/26 13:25	2016/6/26 16:15	2小时50分	3小时	
2016/6/26 15:25	2016/6/26 20:15	4小时50分	5小时	
2016/6/26 16:25	2016/6/26 23:15	6小时50分	7小时	

查看

图9-24　查看计算结果

本例公式中仅使用了比较简单的函数，关键在于寻找 CEILING() 函数的 significance 参数，该参数直接决定了取舍的结果是否准确。由于每天有 24 小时，所以代表每个小时的数值都是 1/24 的整数位，因此这里的 significance 参数为“1/24”。

在理解了 CEILING() 函数的功能后，此例中公式的计算过程就非常明确了。以 E3 单元格的公式为例（其他单元格公式的效果相同），CEILING() 函数将 D3 单元格的值除以 1/24，得到一个包含小数的数值，然后将此数值向前取整即得到所需结果。

由于 CEILING() 函数返回的结果是数值型数据，默认情况下显示的效果与示例效果会有很大的不同，这是因为用户在计算结果的单元格中定义了数值的格式，将结果显示为日期和时间类型的数据。用户可打开对应单元格的“设置单元格格式”对话框，在“数字”选项卡中查看。

9.3.3 FLOOR() 按条件向下舍入

既然有向上舍入取数的情况，也就会有向下舍入取数的情况，例如在超市收银系统中，由于已经没有面值为“分”的货币，通常会将小于“角”面值的费用略去，或在计算员工提成工资时，提成金额中不足 100 元的不计等。

对于这种给定的数值按指定的条件向下舍入（沿绝对减小的方向）取得需要的数值，可以使用 FLOOR() 函数来实现，其语法格式如下。

```
FLOOR(number, significance)
```

FLOOR() 函数也包含 number 和 significance 两个必选参数，这两个参数的意义和 CEILING() 函数中对应参数的意义完全相同，这里不再重复讲解。

下面以在“销售员提成统计”表中用 FLOOR() 函数根据员工的利润额计算各位员

工的提成工资（利润额中不足 100 元的部分忽略不计）为例，讲解该函数的使用方法。

本节素材	/素材/Chapter09/销售员提成统计.xlsx
本节效果	/效果/Chapter09/销售员提成统计.xlsx
学习目标	用FLOOR()函数统计提成工资
难度指数	★★

步骤 01 ❶ 打开“销售员提成统计”素材文件，选择 F3:F17 单元格区域，❷ 在编辑栏中输入“=FLOOR (D3,100)*E3” 公式，如图 9-25 所示。

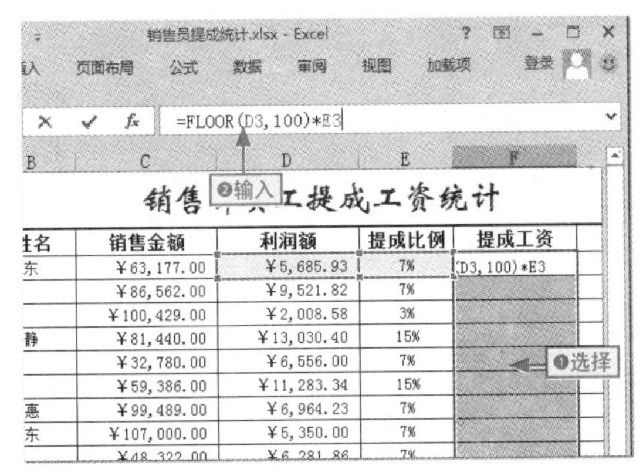

图9-25　输入统计提成工资的公式

步骤 02 按 Ctrl+Enter 组合键，将公式填充到所选单元格区域，即可得到所需要的结果，如图 9-26 所示。

=FLOOR(D3,100)*E3

销售部员工提成工资统计

号	姓名	销售金额	利润额	提成比例	提成工资
01203	李安东	¥63,177.00	¥5,685.93	7%	¥ 392.
01204	龂枚	¥86,562.00	¥9,521.82	7%	¥ 665.
01205	卢西	¥100,429.00	¥2,008.58	3%	¥ 60.
01206	张亚静	¥81,440.00	¥13,030.40	15%	¥ 1,950.
01207	陈舟	¥32,780.00	¥6,556.00	7%	¥ 455.
01208	高鹏	¥59,386.00	¥11,283.34	15%	¥ 1,680.
01209	罗晓惠	¥99,489.00	¥6,964.23	7%	¥ 483.
01210	陈东东	¥107,000.00	¥5,350.00	7%	¥ 371.
01211	高鹏	¥48,322.00	¥6,281.86	7%	¥ 434.
01212	李春杰	¥21,126.00	¥2,535.12	[illegible]	¥ 75.
01213	赵敏	¥100,710.00	¥9,063.90	[illegible]	¥ 630.
01214	罗志云	¥121,023.00	¥1,210.23	1%	¥ 12.
01215	马菲雅	¥109,514.00	¥15,331.96	15%	¥ 2,295.
01216	曾仰	¥76,103.00	¥1,522.06	1%	¥ 15.
01217	马亮亮	¥99,843.00	¥3,993.72	3%	¥ 117.

查看

图9-26　查看计算结果

本例使用的公式相对于上一节示例中的公式而言，就显得更为短小、简单了，以下方法更能很好地理解此公式。FLOOR() 函数从 D3 单元格中取数，将此数除以 100 以后取整数部分，再乘以 100 得到最终结果。

9.3.4 INT() 向下取整

除了根据条件对某个数字进行取舍外，还可以无条件对任何数字取整数部分，如在水电气缴费系统中，为了少产生零钱，通常都将不足 1 元的部分舍去归入下月一起缴。

INT() 函数就是 Excel 中的取整函数，该函数无条件将给定的值的小数部分舍去，向绝对值较小的部分保留整数，其语法格式如下。

```
INT(number)
```

该函数仅有一个 number 参数，表示要取整的数字，该参数可以是数字、数组或单元格引用，也可以是可转换为数字的文本，否则函数将产生“#VALUE!”错误。

下面以在“项目部工资表”中用 INT() 函数计算各员工的实发工资（其中不足 1 元的部分当月不发放）为例，讲解该函数的使用方法。

本节素材	/素材/Chapter09/项目部工资表.xlsx
本节效果	/效果/Chapter09/项目部工资表.xlsx
学习目标	用INT()函数计算各员工的实发工资
难度指数	★★

步骤 01 ❶ 打开“项目部工资表”素材文件，选择 K5:K18 单元格区域，❷ 在编辑栏中输入“=INT(F5-J5)”公式，如图 9-27 所示。

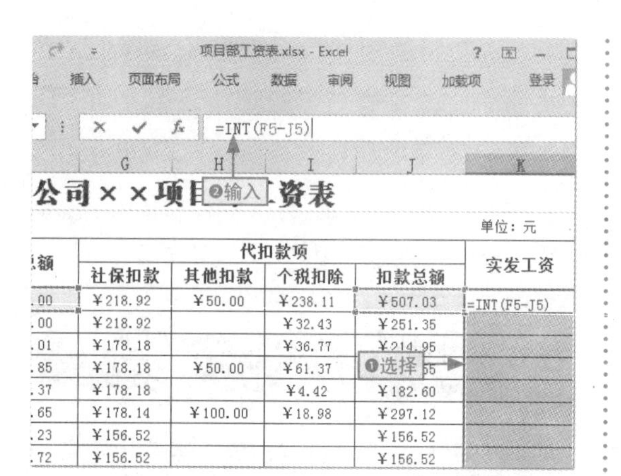

公司××项目部工资表

单位：元

额	代扣款项				实发工资
	社保扣款	其他扣款	个税扣除	扣款总额	
.00	¥218.92	¥50.00	¥238.11	¥507.03	=INT(F5-J5)
.00	¥218.92		¥32.43	¥251.35	
.01	¥178.18		¥36.77	¥214.95	
.85	¥178.18	¥50.00	¥61.37	55	
.37	¥178.18		¥4.42	¥182.60	
.65	¥178.14	¥100.00	¥18.98	¥297.12	
.23	¥156.52			¥156.52	
.72	¥156.52			¥156.52	

图9-27　输入计算各员工的实发工资的公式

步骤 02 按 Ctrl+Enter 组合键，将公式填充到所选单元格区域，得到所有员工的实发工资，如图 9-28 所示。

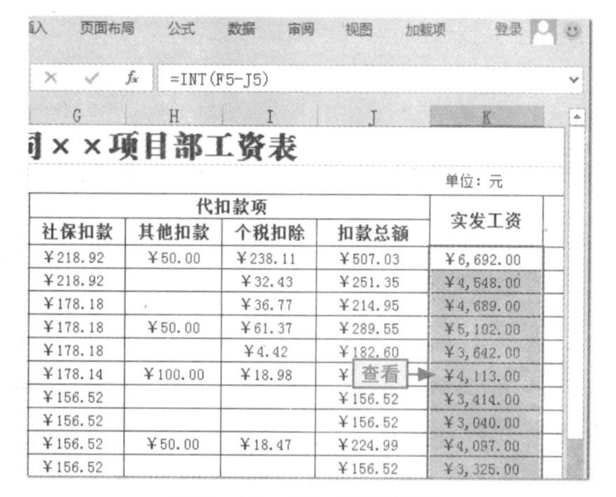

司××项目部工资表

单位：元

代扣款项				实发工资
社保扣款	其他扣款	个税扣除	扣款总额	
¥218.92	¥50.00	¥238.11	¥507.03	¥6,692.00
¥218.92		¥32.43	¥251.35	¥4,548.00
¥178.18		¥36.77	¥214.95	¥4,689.00
¥178.18	¥50.00	¥61.37	¥289.55	¥5,102.00
¥178.18		¥4.42	¥182.60	¥3,642.00
¥178.14	¥100.00	¥18.98	¥	¥4,113.00
¥156.52			¥156.52	¥3,414.00
¥156.52			¥156.52	¥3,040.00
¥156.52	¥50.00	¥18.47	¥224.99	¥4,097.00
¥156.52			¥156.52	¥3,325.00

图9-28　查看计算结果

本例中使用的公式也非常简单，首先从 F 列取值，再与 J 列对应位置的值相减得到实发工资金额，再利用 INT() 函数对此结果取整，即得到最终结果。

9.3.5 ROUNDUP() 向绝对值增大的方向舍入数字

ROUNDUP() 函数可以将指定的数字沿绝对值增大的方向取指定小数位数的值，其语法格式如下。

```
ROUNDUP(number, num_digits)
```

从函数的语法格式可以看出，该函数有两个必选参数，关于参数的简单说明如下。

- number：必选参数，需要向上舍入的任意实数，可以是返回实数的表达式、数组、数值或单元格引用。
- num_digits：必选参数，对 number 取舍后保留的位数，为任意整数。当 num_digits 等于 0 时，与 INT() 函数功能相同；当 num_digits 大于 0 时，向上舍入到指定的小数位数；当 num_digits 小于 0 时，则在小数点左侧的指定位置进行取舍。

该函数在给予不同的参数情况下对数据的取舍结果有图 9-29 所示的几种。

学习目标　了解ROUNDUP()函数的应用

难度指数　★

	A	B	C	D
1	操作数	公式	计算结果	相关说明
2	5.651	=ROUNDUP(A15,0)	6	将5.651向上舍入，小数位数为0
3	569.26	=ROUNDUP(A16,0)	570	将569.26向上舍入，小数位数为0
4	3.2458	=ROUNDUP(A17,3)	3.246	将3.2458向上舍入，保留3位小数
5	-3.4587	=ROUNDUP(A18,1)	-3.5	将-3.4587向上舍入，保留一位小数
6	32615.13	=ROUNDUP(A19,-2)	32700	将32615.125向上舍入到小数点左侧两位

图9-29　ROUNDUP()函数的取舍示例

9.3.6 ROUNDDOWN() 向绝对值减小的方向舍入数字

既然有向绝对值增大的方向舍入数字的需要，同样也有向绝对值减小的方向舍入数字的需要，与 ROUNDUP() 函数相反，ROUNDDOWN() 函数就是向靠近零值的方向对给定的数据在指定的位置取舍的函数，其语法

格式如下。

```
ROUNDDOWN(number, num_digits)
```

函数的参数意义与 ROUNDUP() 函数对应的参数意义完全相同，这里不再详细讲解。

在不同参数的情况下，该函数对数字的取舍情况有图 9-30 所示的几种。

学习目标 了解ROUNDDOWN()函数的应用

难度指数 ★

	A	B	C	D
1	操作数	公式	计算结果	相关说明
2	5.78	=ROUNDDOWN(A2,0)	5	将5.78向下舍入，小数位数为0
3	89.45	=ROUNDDOWN(A3,0)	89	将89.45向下舍入，小数位数为0
4	5.11248	=ROUNDDOWN(A4,2)	5.11	将5.11248向下舍入，保留两位小数
5	-4.51205	=ROUNDDOWN(A5,3)	-4.512	将-4.51205向下舍入，保留3位小数
6	4415.681	=ROUNDDOWN(A6,-2	4400	将4415.6812向下舍入到小数点左侧两位

Sheet1

图9-30 ROUNDDOWN()函数的取舍示例

9.4 求积函数

小白： Excel中可以用函数来完成乘积运算吗?

阿智： 当然可以，而且程序中提供的求积函数有多个。下面我给你讲讲常用的求积函数的应用吧。

Excel 中的求积数据也是常处理的数据，如简单的乘积关系或者矩阵乘积等，要处理这些数据，可以使用程序提供的求积函数来实现。下面具体介绍一些常用求积函数的应用。

9.4.1 PRODUCT() 对数据求积

通常情况下，用户在计算较少数据之间的乘积时，都喜欢用乘号“*”直接连接各操作数，但如果需要计算的数据非常多，并且都保存在某单元格区域，此时再使用乘号来计算，不仅公式编写的效率低，而且很容易出错。此时就可以通过 PRODUCT() 函数来返回多个数据之间的乘积，其语法格式如下。

```
PRODUCT(number1, [number2],...)
```

其中，number1 为必选参数，表示要相乘的第 1 个数字或单元格引用；number2 为可选参数，表示要相乘的第 2 个数字或单元格引用，最多可包含 255 个参数。如果仅包含一个 number1 参数，则函数返回 number1 本身。

需要特别注意的是，PRODUCT() 函数的参数可以是给定的数值、数组或单元格引用，如果参数中不包含数字或可转换为数字的文本，则函数将返回“#VALUE!”错误值。如果参数为数组或单元格引用，数组或单元格引用的空白单元格、逻辑值和文本将被忽略。

下面以在“工资计算”表中用PRODUCT()函数根据加工量、项目系数、员工系数以及单价数据计算员工当月各项目的工资总额为例，讲解该函数的使用方法。

本节素材	/素材/Chapter09/工资计算.xlsx
本节效果	/效果/Chapter09/工资计算.xlsx
学习目标	用PRODUCT()函数计算员工当月工资
难度指数	★★

步骤 01 ❶打开“工资计算”素材文件，选择I5:I6单元格区域，❷在编辑栏中输入“=PRODUCT (E5:H5)”公式，如图9-31所示。

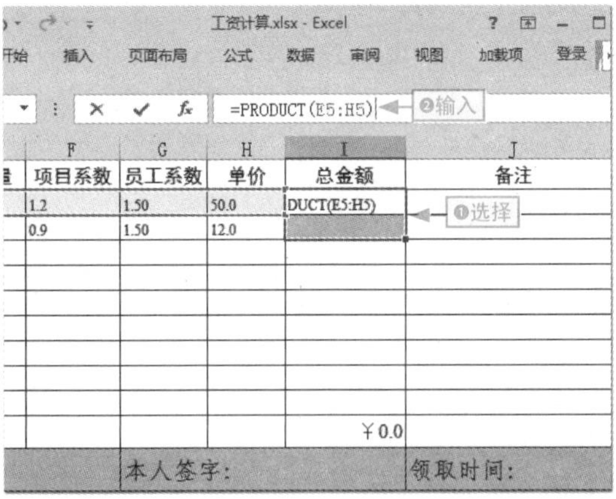

图9-31　输入计算员工当月工资的公式

步骤 02 按Ctrl+Enter组合键填充公式到所选单元格区域，即可计算员工当月的工资，如图9-32所示。

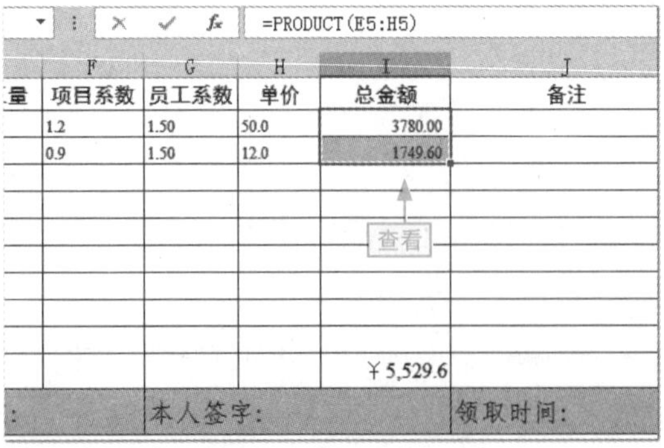

图9-32　查看计算结果

本例中使用的公式非常简单，使用PRODUCT()函数来计算E5:H5几个单元格中所有数值的乘积。函数参数使用了单元格区域的引用，相当于将多个number参数以一个数组的形式赋给函数，因此公式也可以写为“=PRODUCT(E5,F5,G5,H5)”，其结果与直接将多个单元格相乘的公式“=E5*F5*G5*H5”完全相同。

9.4.2 MMULT 返回两组数据矩阵积

如果计算两个数组的矩阵乘积，此时可以通过MMULT()函数来实现，其语法格式如下。

```
MMULT(array1,array2)
```

从语法格式可以看出，该函数有两个必选参数，主要用于指定要进行矩阵乘法运算的两个数组。在使用该函数时，需要注意以下几点。

- array1：的列数必须与array2的行数相同，而且两个数组中只能包含数值。
- array1和array2：可以是单元格区域、数组常量或引用。
- 当参数任意单元格为空或包含文字，以及array1的列数与array2的行数不相等时，函数都将返回错误值“#VALUE!”。

下面以在“利润计算表”中用MMULT()函数计算不同单价下的利润为例，讲解该函数的使用方法。

本节素材	/素材/Chapter09/利润计算表.xlsx
本节效果	/效果/Chapter09/利润计算表.xlsx
学习目标	用MMULT()函数计算不同单价下的利润
难度指数	★★

步骤 01 ❶ 打开“利润计算表”素材文件，选择 E3:F11 单元格区域，❷ 在编辑栏中输入“=MMULT (B3:B11,C3:D3)” 公式，如图 9-33 所示。

促销数据表			
原价	折扣价	折前盈利	折后盈利
¥ 2.90	¥ 2.76	:B11,C3:D3)	
¥ 2.50	¥ 2.38		
¥ 0.90	¥ 0.86		
¥ 3.80	¥ 3.61		
¥ 5.40	¥ 5.13		
¥ 3.70	¥ 3.52		
¥ 1.00	¥ 0.95		
¥ 12.50	¥ 11.88		
¥ 5.80	¥ 5.51		

图9-33 输入计算不同单价下的利润的公式

步骤 02 按 Ctrl+Shift+Enter 组合键，程序会自动将公式输入所选单元格区域中并计算出相应的结果，如图 9-34 所示。

促销数据表				
量	原价	折扣价	折前盈利	折后盈利
袋	¥ 2.90	¥ 2.76	¥ 116.00	¥ 110.20
袋	¥ 2.50	¥ 2.38	¥ 87.00	¥ 82.65
斤	¥ 0.90	¥ 0.86	¥ 72.50	¥ 68.88
斤	¥ 3.80	¥ 3.61	¥ 69.60	¥ 66.12
斤	¥ 5.40	¥ 5.13	¥ 75.40	¥ 71.63
斤	¥ 3.70	¥ 3.52	¥ 162.40	¥ 154.28
袋	¥ 1.00	¥ 0.95	¥ 130.50	¥ 123.98
斤	¥ 12.50	¥ 11.88	¥ 226.20	¥ 214.89
斤	¥ 5.80	¥ 5.51	¥ 113.10	¥ 107.45

图9-34 查看计算结果

本例中，使用 MMULT() 函数对折扣前后的盈利额进行计算时，一定要将结果输出区域与 MMULT() 函数的数据区域相对应，也就是 9 行 2 列，其中 9 行对应的是函数的第一个参数区域的行数，2 列对应的是函数第二个参数的列数。

本例中，在设置 MMULT() 函数的第二个参数时，因为有多组单价数据，所以这里只是相对引用一组数据，其他单价数据系统会自动引用。

9.5 商与余函数

小白：我想根据员工的出生年月推算员工的性别，有什么方法呢？

阿智：用求余数的函数可以实现，我具体给你讲讲实现方法吧。

在实际的办公过程中，商与余数不仅仅是数字结果，它们还有着广泛的作用，如根据身份证号码判断员工性别及按梯度计算员工提成工资等。本节将具体来认识一下这些常用的商与余数函数的应用。

9.5.1 MOD() 返回两数相除的余数

取得两数相除的余数在很多时候也是非常有用的，如判断某数的奇偶性、判断是否为闰年及返回一个循环序列等。在 Excel 中，通过 MOD() 函数即可返回两数相除的余数，该函数的语法格式如下。

MOD(number,divisor)

此函数有两个必选参数，其中 number 参数表示被除数，divisor 参数表示除数。

两个参数均不能为文本、空值或逻辑值，并且 divisor 参数不能为 0，否则函数将返回“#DIV/0!”错误值。

下面以在“员工档案表”中用 MOD() 函数根据员工的出生年月推算员工的生肖为例，讲解该函数的使用方法。

本节素材	⊙/素材/Chapter09/员工档案表.xlsx
本节效果	⊙/效果/Chapter09/员工档案表.xlsx
学习目标	用MOD()函数根据出生年月推算员工生肖
难度指数	★★

步骤 01 ❶打开“员工档案表”素材文件，选择 H3 单元格，❷在编辑栏中输入“=MID("猴鸡狗猪鼠牛虎兔龙蛇马羊",MOD(YEAR(E3),12)+1,1)”公式，如图 9-35 所示。

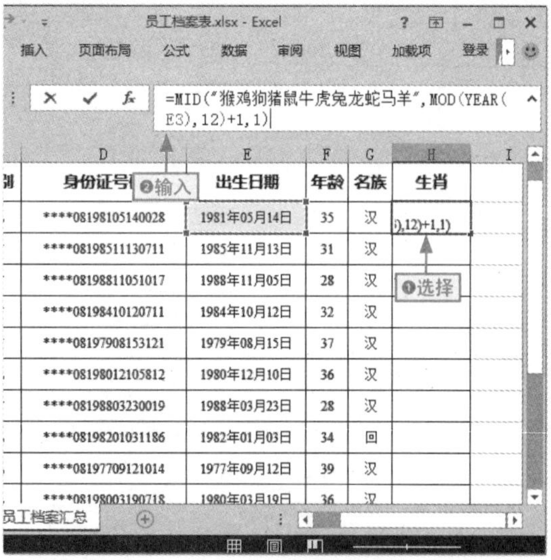

身份证号码	出生日期	年龄	名族	生肖
****08198105140028	1981年05月14日	35	汉	),12)+1,1)
****08198511130711	1985年11月13日	31	汉	
****08198811051017	1988年11月05日	28	汉	
****08198410120711	1984年10月12日	32	汉	
****08197908153121	1979年08月15日	37	汉	
****08198012105812	1980年12月10日	36	汉	
****08198803230019	1988年03月23日	28	汉	
****08198201031186	1982年01月03日	34	回	
****08197709121014	1977年09月12日	39	汉	
****08198003190718	1980年03月19日	36	汉	

图9-35 输入出生年月推算员工生肖的公式

步骤 02 按 Ctrl+Enter 组合键并向下填充公式，可以得到所有员工的生肖，如图 9-36 所示。

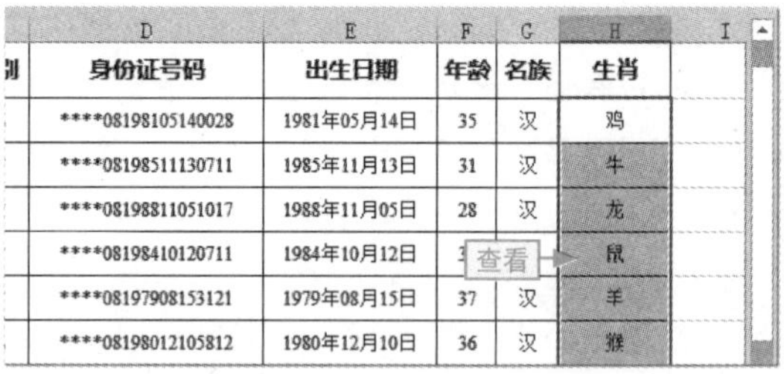

身份证号码	出生日期	年龄	名族	生肖
****08198105140028	1981年05月14日	35	汉	鸡
****08198511130711	1985年11月13日	31	汉	牛
****08198811051017	1988年11月05日	28	汉	龙
****08198410120711	1984年10月12日	3[illegible]	[illegible]	鼠
****08197908153121	1979年08月15日	37	汉	羊
****08198012105812	1980年12月10日	36	汉	猴

图9-36 查看计算结果

生肖总共有 12 个，它们按照一定次序循环。在本例中，只需要将员工出生的年份对 12 取余数，再通过余数确定对应的生肖即可。

在本例中，使用 MID() 函数在由 12 个生肖按照一定次序组成的字符串中提取某一个生肖。提取的生肖字符由其出生年份对 12 取余数再加上 1 来确定。需要注意的是，在根据年份求员工的生肖时，生肖的排列顺序只能是本例中这样。

9.5.2 QUOTIENT() 返回除法的整数部分

在 Excel 中，如果要返回除法的整数部分，而放弃除法的余数时（即对两个数的商取整），可以使用 QUOTIENT() 函数完成，其语法格式如下。

QUOTIENT(numerator,denominator)

此函数有两个必选参数，其中 numerator 参数表示被除数，denominator 参数表示除数。

两个参数均不能为文本、空值或逻辑值，否则函数返回“#VALUE!”错误值。此外，denominator 参数不能为 0，否则函数将返回“#DIV/0!”错误值。

例如公司规定：当月业绩小于 5000 元的

没有提成；5000 元到 10000 元的提成 4%；10000 元到 15000 元的，提成 6%；15000 元至 20000 元的，提成 8.5%；20000 元以上的，提成 11%。

下面以在“工资表”中用 QUOTIENT() 函数根据该规定计算本月公司员工的提成工资为例，讲解该函数的使用方法。

本节素材	⊙/素材/Chapter09/工资表.xlsx
本节效果	⊙/效果/Chapter09/工资表.xlsx
学习目标	用QUOTIENT()函数按梯度计算提成工资
难度指数	★★★★

步骤 01 ❶打开“工资表”素材文件，选择 D3 单元格，❷在编辑栏中输入“=CHOOSE(MIN(QUOTIENT(C3,5000)+1,5),0,4%,6%,8.5%,11%)*C3”公式，如图 9-37 所示。

图9-37　输入按梯度计算员工提成工资的公式

步骤 02 按 Ctrl+Enter 组合键并向下填充公式，可以得到所有员工当月的提成工资，如图 9-38 所示。

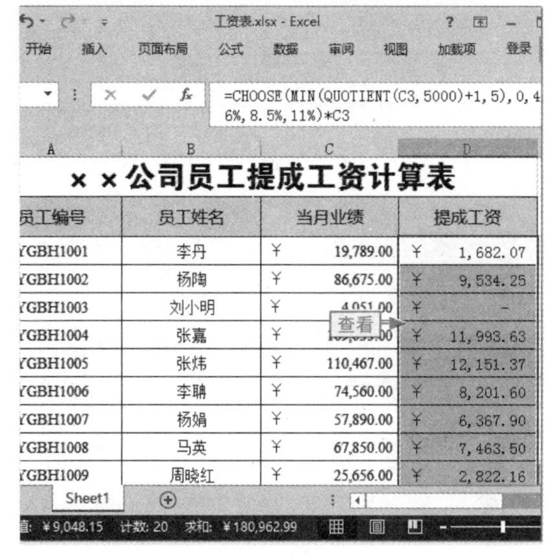

员工编号	员工姓名	当月业绩	提成工资
YGBH1001	李丹	￥ 19,789.00	￥ 1,682.07
YGBH1002	杨陶	￥ 86,675.00	￥ 9,534.25
YGBH1003	刘小明	￥ 4,051.00	￥ -
YGBH1004	张嘉	￥ [illegible]	￥ 11,993.63
YGBH1005	张炜	￥ 110,467.00	￥ 12,151.37
YGBH1006	李聃	￥ 74,560.00	￥ 8,201.60
YGBH1007	杨娟	￥ 57,890.00	￥ 6,367.90
YGBH1008	马英	￥ 67,850.00	￥ 7,463.50
YGBH1009	周晓红	￥ 25,656.00	￥ 2,822.16

图9-38　查看计算结果

本例中，先用 QUOTIENT() 函数将员工当月业绩转换为一个大于或等于 0 的自然数，然后将结果加 1 得到一个大于或等于 1 的自然数（因为 CHOOSE() 函数的第 1 个参数只能为大于或等于 1 的数），再用 MIN() 函数将大于 5 的数转换为 5，最后用 CHOOSE() 函数得到业绩对应的提成比例，再乘以员工当月业绩计算出员工的提成工资。

9.6 三角函数

小白：三角函数在办公过程中怎么用呢？

阿智：一般情况下，我们办公室工作使用不到三角函数，但是这个函数在一些特殊领域或行业中的作用非常多。虽然我们可能不会使用，但是可以了解一下它的具体用法。

在常见的数学几何领域，三角函数运算也是应用比较频繁的，Excel 也提供了一些相关的三角函数，主要包括正三角函数、反三角函数以及将角度和弧度进行相互转换的三角函数。下面具体介绍比较常见的正三角函数和反三角函数的相关函数计算。

9.6.1 正三角函数

Excel 中的 SIN()、COS() 和 TAN() 函数属于正三角函数，其用途与数学中相同，各函数的具体作用、语法格式及参数说明如表 9-1 所示。

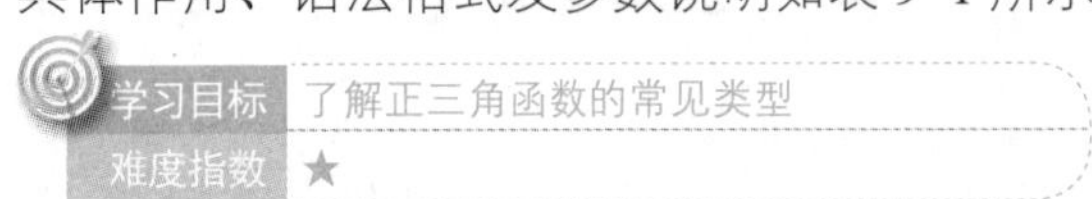

表 9-1　各正三角函数的作用、语法格式及参数说明

函数	作　用	语法格式	参数说明
SIN()	用于返回给定角度的正弦值	SIN(number)	number 表示需求正弦的以弧度表示的角度
COS()	用于返回给定角度的余弦值	COS(number)	number 表示需求余弦的以弧度表示的角度
TAN()	用于返回给定角度的正切值	TAN(number)	number 表示需求正切的以弧度表示的角度

由于 number 参数是以弧度表示的角度，在计算时，不能直接使用角度值来计算，需要将角度乘以 PI() 函数再除以 180 转换为弧度来计算。例如计算角度为 45°和 60°的正弦值、余弦值和正切值，其计算示例如图 9-39 所示。

角度	使用公式	计算结果	角度	使用公式	计算结果
45	=SIN(45*PI()/180)	0.707106781	60	=SIN(60*PI()/180)	0.866025404
45	=COS(45*PI()/180)	0.707106781	60	=COS(60*PI()/180)	0.5
45	=TAN(45*PI()/180)	1	60	=TAN(60*PI()/180)	1.732050808

图9-39　三种正三角函数的应用示例

9.6.2 反三角函数

Excel 中的 ASIN()、ACOS() 和 ATAN() 函数属于反三角函数，其用途与数学中相同，各函数的具体功能、语法格式及参数说明如表 9-2 所示。

表 9-2　各反三角函数的作用、语法格式及参数说明

函数	作　用	语法格式	参数说明
ASIN()	用于返回参数的反正弦值	ASIN(number)	number 表示以弧度表示的角度的正弦值
ACOS()	用于返回数字的反余弦值	ACOS(number)	number 表示以弧度表示的角度的余弦值
ATAN()	用于返回反正切值	ATAN(number)	number 表示以弧度表示的角度的正切值

给你支招 | 在 SUMIF() 函数中使用通配符

小白：我需要计算办公室部门中职务为“办公室主任”和“办公室文员”的员工的实发工资总额，有什么方法可以只对这两个职务的工资数据进行求和呢？

阿智：在办公室部门中，除了如上两个职务以外，该部门还包括其他职务的员工，因此不能够通过本例计算销售部员工实发工资总额的方法。“办公室主任”和“办公室文员”职务中有共同组成的“办公室”文本，因此可以考虑使用通配符的方法来设置求和条件，具体操作如下。

步骤 01 ❶选择保存结果的单元格，❷在编辑栏中输入“=SUMIF(D4:D26,"办公室？？",K4:K26)”，如图 9-40 所示。

=SUMIF(D4:D26,"办公室??",K4:K26)

H	I	J	K	L
￥ 162.00	￥ 300.00	❷输入 .00	￥ 1,962.00	
￥ 120.00	￥ 300.00	￥ -	￥ 1,920.00	
￥ 315.00	￥ 300.00	￥ -	￥ 2,315.00	
￥ 340.00	￥ 300.00	￥ 250.00	￥ 2,181.00	
￥ 189.00	￥ 300.00	￥ 60.00	￥ 2,014.00	
￥ 102.00	￥ 300.00	￥ 300.00	￥ 3,052.00	
￥ 150.00	￥ 300.00	￥ 150.00	￥ 3,250.00	
￥ 53.00	￥ 300.00	￥ -	￥ 1,733.00	
￥ 48.00	￥ 300.00	￥ 40.00	￥ 1,(❶选择	
￥ 53.00	￥ 300.00	￥ -	￥ 1,734.00	
￥ 49.00	￥ 300.00	￥ -	￥ 1,692.00	
办公室主任和办公室文员的实发工资总额			??",K4:K26)	

Sheet1 Sheet2 Sheet3 ...

图9-40 输入计算公式

步骤 02 按 Ctrl+Enter 组合键，计算出职务为“办公室主任”和“办公室文员”的员工的实发工资总额，如图 9-41 所示。

=SUMIF(D4:D26,"办公室??",K4:K26)

H	I	J	K	L
￥ 162.00	￥ 300.00	￥ 100.00	￥ 1,962.00	
￥ 120.00	￥ 300.00	￥ -	￥ 1,920.00	
￥ 315.00	￥ 300.00	￥ -	￥ 2,315.00	
￥ 340.00	￥ 300.00	￥ 250.00	￥ 2,181.00	
￥ 189.00	￥ 300.00	￥ 60.00	￥ 2,014.00	
￥ 102.00	￥ 300.00	￥ 300.00	￥ 3,052.00	
￥ 150.00	￥ 300.00	￥ 150.00	￥ 3,250.00	
￥ 53.00	￥ 300.00	￥ -	￥ 1,733.00	
￥ 48.00	￥ 300.00	￥ 40.00	￥ 1,638.00	
￥ 53.00	￥ 300.00	￥ -	查看 1,734.00	
￥ 49.00	￥ 300.00	￥ -	￥ 1,692.00	
办公室主任和办公室文员的实发工资总额			￥ 5,750.00	

Sheet1 Sheet2 Sheet3 ... 100%

图9-41 查看计算的效果

在使用 SUMIF() 函数进行条件求和时，其中的条件可以与通配符问号（？）和星号（*）合用，其中问号匹配任意单个字符，星号匹配任意一串字符。

在本例的计算过程中，由于符合条件的数据“办公室主任”和“办公室文员”职务中，除了共同的“办公室”文本以外，其他数据的字符长度都相等，因此可以使用两个问号通配符来替代，即条件为“"办公室？？"”。如果除了共同部分以外的字符长度不相同，直接使用问号通配符是不能计算出最终的准确结果的，此时只能使用星号通配符来替代除了共同部分以外的其他不等字符长度的文本。

因此，要完成本例要求的数据处理结果，还可以使用“=SUMIF(D4:D26,"办公室*",K4:K26)”公式来实现。

给你支招 | 如何对符合多条件的数据求和

小白：我想计算办公室单笔消费在500元以上的费用支出总额，但是使用SUMIF()函数只能设置一个条件，这种情况该怎么办呢？

阿智：使用SUMIFS()函数啊，它可以对符合多条件的数据进行求和，下面我具体给你演示一下吧。

步骤 01 ❶选择 F2 单元格，❷在编辑栏中输入“=SUMIFS(E2:E19,B2:B19,"办公室",E2:E19,">=500")”公式，如图 9-42 所示。

图9-42 输入计算公式

步骤 02 按 Ctrl+Enter 组合键确认输入的公式，并计算出办公室单笔消费在 500 元以上的费用支出总额，如图 9-43 所示。

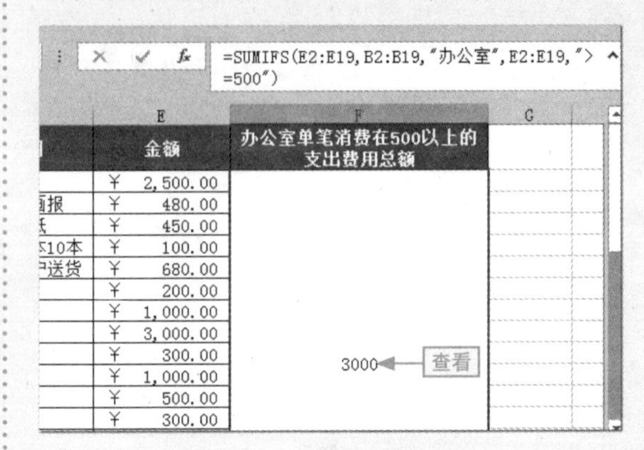

图9-43 查看计算的效果

本例中使用的 SUMIFS() 函数的语法格式如下。

```
SUMIFS(sum_range,criteria_range1,criteria1,criteria_range2,criteria2,...)
```

从其语法格式可以看出，该函数包含三种必选参数，各参数的意义如下。

- sum_range：用于指定求和数据所在的单元格区域。
- criteria_range：用于指定 criteria 参数设置的条件的关联单元格区域。
- criteria：用于指定求和条件，在该函数中，最多可设置的条件的范围为 1 ～ 127 个。

在本例使用的公式“=SUMIFS(E2:E19,B2:B19,"办公室",E2:E19,">=500")”中，“E2:E19”单元格区域用于指明需要进行求和计算的数据所在的单元格区域，“B2:B19,"办公室"”部分为第 1 个条件，表示 B2:B19 单元格区域中部门数据为“办公室”的数据才可以参与求和计算。

“E2:E19,">=500"”部分为第 2 个条件，表示 E2:E19 单元格区域中消费大于或等于“500”的数据才可能采取求和计算，最后使用 SUMIFS() 函数将同时满足第 1 个条件和第 2 个条件的数据进行求和计算。

Chapter 10

统计函数的应用

学习目标

数据的统计操作包含统计数量、计算平均值、取得数据集中的最值以及取得数据在数据集中的排名等。这些操作都可以利用 Excel 轻松完成，而完成这些操作的主要工具正是 Excel 的统计函数，本章就将对 Excel 中常用的一些统计函数进行分类讲解。

本章要点

- COUNT()计算参数列表中数字的个数
- COUNTA()计算参数列表中值的个数
- AVERAGE()直接计算给定数字的平均值
- MAX()获取给定数字的最大值
- MIN()获取给定数字的最小值
- ……
- MINA()不忽略文本和逻辑值获取最小值
- LARGE()返回给定数据中第K大的值
- SMALL()返回给定数据中第K小的值
- MEDIAN()返回一组数的中值
- RANK.AVG()用平均名次处理重复排名
- ……

知识要点	学习时间	学习难度
计数和平均值函数	70 分钟	★★★★★
最值和中值函数	40 分钟	★★★
排名函数	30 分钟	★★

10.1 计数函数

小白：这个月的工资都陆续开始发了，但是有些人还没有领工资，我想统计到底有多少人领取了工资，该怎么计算呢？

阿智：这是数据统计的问题，直接用程序提供的计数函数即可完成，下面我具体给你讲讲怎么操作吧。

计数是数据统计中常用的操作，通常所说的统计都是指取得数据集中符合条件的数据的数量。在 Excel 中，要对数据进行计数统计，可使用 COUNT()、COUNTA()、COUNTBLANK()、COUNTIF() 等函数来完成。

10.1.1 COUNT() 计算参数列表中数字的个数

当需要统计某一个或多个数据集中包含数字的单元格的个数时，可使用 COUNT() 函数实现，其语法结构如下。

```
COUNT(value1,[value2],...)
```

从其语法格式可以看出，该函数至少需要一个 value 参数，与其他函数一样，value 参数的个数最多只能有 255 个。其参数可以包含或引用各种类型的数据，但只有数字类型的数据才被计算在内，非数字数据将被忽略。

该函数在使用过程中，还需要注意以下几个方面的问题。

- 如果给定的 value 参数为数字、日期或者代表数字的文本（例如，用引号引起的数字，如“1”等），则这些数据将被计算在统计结果中。
- 逻辑值和直接键入参数列表中代表数字的文本也会被计算在统计结果中。
- 如果 value 参数为错误值或者不能转换为数字的文本，则这些值不会被计算在统计结果中。
- 如果参数为数组或引用，其返回值中的空单元格、逻辑值、文本或错误值也不会被计算在统计结果中。

下面以在“工资结算表”中用 COUNT() 函数统计已经领取工资的人数为例，讲解该函数的使用方法。

本节素材	/素材/Chapter10/工资结算表.xlsx
本节效果	/效果/Chapter10/工资结算表.xlsx
学习目标	用COUNT()函数统计已经领取工资的人数
难度指数	★★

步骤 01 ❶ 打开“工资结算表”素材文件，选择 L28 单元格，❷ 在编辑栏中输入“=COUNT(L4:L26)”公式，如图 10-1 所示。

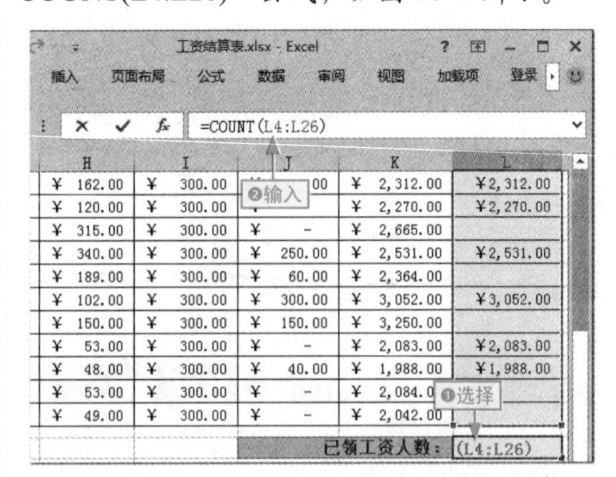

图10-1　输入统计已经领取工资的人数的公式

步骤 02 按 Ctrl+Enter 组合结束公式的输入，并统计已经领取工资的人数，如图 10-2 所示。

H	I	J	K	L
¥ 162.00	¥ 300.00	¥ 100.00	¥ 2,312.00	¥2,312.00
¥ 120.00	¥ 300.00	¥ -	¥ 2,270.00	¥2,270.00
¥ 315.00	¥ 300.00	¥ -	¥ 2,665.00	
¥ 340.00	¥ 300.00	¥ 250.00	¥ 2,531.00	¥2,531.00
¥ 189.00	¥ 300.00	¥ 60.00	¥ 2,364.00	
¥ 102.00	¥ 300.00	¥ 300.00	¥ 3,052.00	¥3,052.00
¥ 150.00	¥ 300.00	¥ 150.00	¥ 3,250.00	
¥ 53.00	¥ 300.00	¥ -	¥ 2,0 查看	¥2,083.00
¥ 48.00	¥ 300.00	¥ 40.00	¥ 1,988.00	¥1,988.00
¥ 53.00	¥ 300.00	¥ -	¥ 2,084.00	
¥ 49.00	¥ 300.00	¥ -	¥ 2,042.00	
			已领工资人数：	12

6月工资

图10-2 查看计算结果

本例中的“=COUNT(L4:L26)”公式是一个非常简单的数量统计公式，函数依次判断 L4 ～ L26 单元格中的值，如果单元格值是数字，则结果加 1，否则忽略该单元格，直到所有单元格检测完毕，返回最终结果。

10.1.2 COUNTA() 计算参数列表中值的个数

COUNT() 函数仅统计给定的数据集中的数字的个数，若数据集既有数值，也有文本和逻辑值等类型的数据，而这些数据都要被统计在内，则需要使用 COUNTA() 函数来完成，其语法结构如下。

```
COUNTA(value1,[value2],...)
```

从函数的语法格式可以看出，该函数的参数与 COUNT() 函数的参数相同，各参数的要求和意义也是相同的，但是，COUNTA() 函数只排除参数列表中为空的单元格，其他包含任何值的单元格都将被统计在内。

下面以在“员工档案管理”表中用 COUNTA() 函数判断员工信息是否填充完整（根据公司要求，编号、姓名、身份证号以及联系电话 4 个项目必须完整）为例，讲解该函数的使用方法。

本节素材	⊙/素材/Chapter10/员工档案管理.xlsx
本节效果	⊙/效果/Chapter10/员工档案管理.xlsx
学习目标	用COUNTA()函数确认信息是否填写完整
难度指数	★★

步骤 01 ❶打开“员工档案管理”素材文件，选择 M3 单元格，❷在编辑栏中输入“=IF(COUNTA(A3:C3,K3)=4,"资料完整","尚需补全")”公式，如图 10-3 所示。

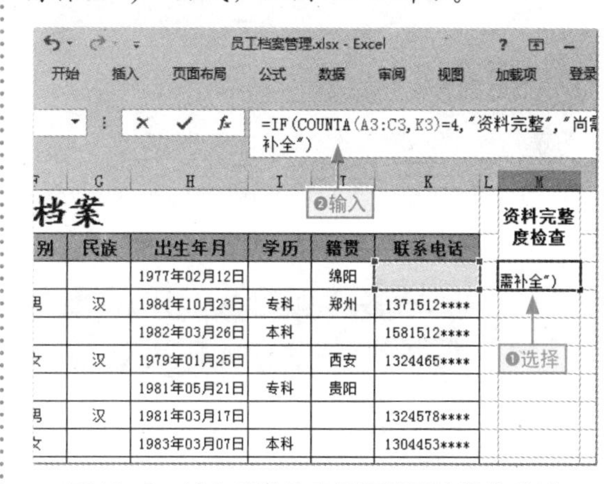

图10-3 输入确认信息是否填写完整的公式

步骤 02 按 Ctrl+Enter 组合键完成公式输入并得到所需结果，然后向下填充公式至 M20 单元格，判断所有员工的资料完整程度，如图 10-4 所示。

=IF(COUNTA(A3:C3,K3)=4,"资料完整","尚需补全")

G	H	I	J	K	L	M
	1982年11月20日		洛阳	1361212****		尚需补全
	1984年04月22日	专科	咸阳			尚需补全
汉	1983年12月13日	专科		1398066****		资料完整
	1985年09月15日		大连	1359641****		资料完整
	1982年09月15日	本科	青岛			尚需补全
	1985年06月23日	专科	沈阳	1342674****		资料完整
汉	1983年11月02日	专科				尚需补全
	1985年05月11日	专科	兰州	1514545****		尚需补全
汉	1981年09月18日		太远			尚需补全
	1981年07月22日	硕士		1531121****		资料完整

拖动

图10-4 填充公式

本例中使用了 IF() 函数和 COUNTA() 函数的嵌套来共同计算出最终的结果。公式首先统计指定的几个单元格中非空单元格的数量，然后判断其是否等于 4，如果是则显示“资料完整”文本；如果不是，则显示“尚需补全”文本。

从公式的说明中可知，本例中的公式计算过程包含两个步骤，以 M3 单元格的值的计算过程为例，公式的计算过程可用如图 10-5 所示的简单流程来表示。

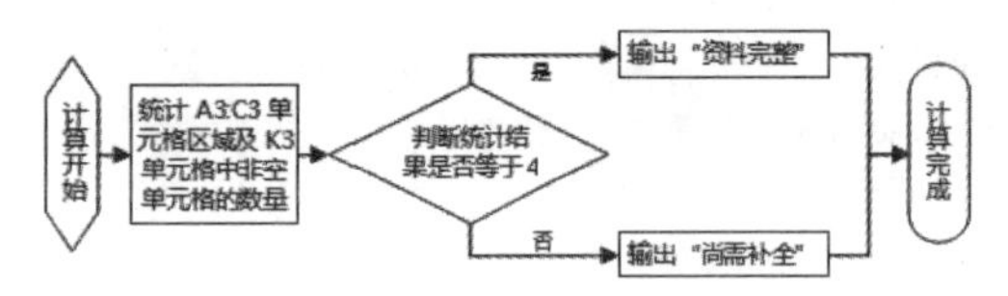

图10-5　公式计算过程示意图

10.1.3 COUNTBLANK() 计算区域内空白单元格的数量

在实际应用中，统计单元格区域内的空单元格的数量与统计单元格区域内非空单元格的数量都是常用的，如在考勤表中统计当天缺席的人数、停车管理系统中获取当前剩余车位信息以及网吧管理系统中统计空余座位数等。

COUNTA() 函数可以获取给定的单元格区域中非空单元格的数量，而要获取单元格区域中空白单元格的数量，则需要使用 COUNTBLANK() 函数来实现，该函数的语法格式如下。

```
COUNTBLANK(range)
```

从函数的语法格式可以看出，该函数仅有一个 range 参数，表示需要计算其中空白单元格个数的区域。即使单元格中含有返回值为空文本的公式，该单元格也会被计算在内，但包含 0 值或返回值为 0 的单元格不会被计算在内。

下面以在“签到统计”表中用 COUNTBLANK() 函数统计当日总共缺勤了多少人为例，讲解该函数的使用方法。

本节素材	/素材/Chapter10/签到统计.xlsx
本节效果	/效果/Chapter10/签到统计.xlsx
学习目标	用COUNTBLANK()函数统计当日缺勤人数
难度指数	★★

步骤 01 ❶ 打开“签到统计”素材文件，选择 G3 单元格，❷ 在编辑栏中输入“=COUNTBLANK(E3:E83)”公式，如图 10-6 所示。

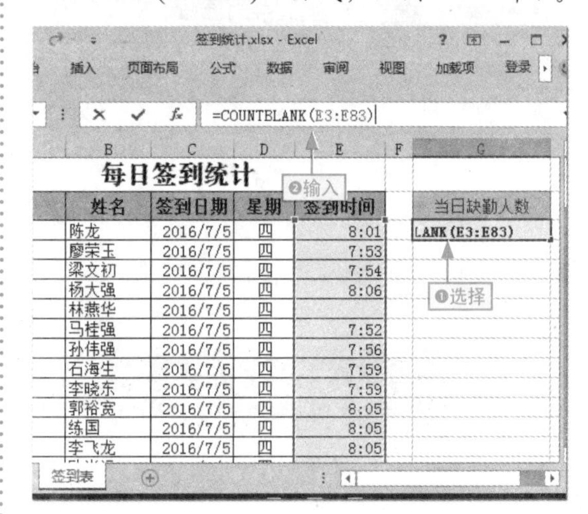

图10-6　输入统计当日缺勤人数的公式

步骤 02 按 Ctrl+Enter 组合键完成公式的输入并得到所需结果，如图 10-7 所示。

=COUNTBLANK(E3:E83)

每日签到统计

姓名	签到日期	星期	签到时间
陈龙	2016/7/5	四	8:01
廖荣王	2016/7/5	四	7:53
梁文初	2016/7/5	四	7:54
杨大强	2016/7/5	四	8:06
林燕华	2016/7/5	四	
马桂强	2016/7/5	四	7:52
孙伟强	2016/7/5	四	7:56
石海生	2016/7/5	四	7:59
李晓东	2016/7/5	四	7:59
郭裕宽	2016/7/5	四	8:05
练国	2016/7/5	四	8:05
李飞龙	2016/7/5	四	8:05

当日缺勤人数
9

查看

图10-7　查看计算结果

本例使用的公式非常简单，直接使用 COUNTBLANK() 函数依次检测 E3 ～ E83 单元格区域是否有值，如果单元格为空，则将结果加 1，最终返回所有空单元格的数量。

10.1.4 COUNTIF() 计算区域内符合指定条件的个数

很多时候，对某单元格区域的数据统计并不是单纯地统计数字、非空单元格或空白单元格的数量，而是需要根据一定的条件来统计符合此条件的记录数，此时就需要使用 COUNTIF() 函数来完成，其语法格式如下。

```
COUNTIF(range, criteria)
```

从语法格式中可以看出，COUNTIF() 函数有两个参数，各参数的含义如下。

- range：用于指定要操作的数据集合或者单元格区域，该区域中的空白单元格和文本数据不会被统计在内。
- criteria：用于指定需要被统计的数据符合的条件，该参数可以是数字、表达式或文本，当为表达式或文本时必须用半角引号将其表示为文本，如 50、">=80" 或 " 研究生 " 等。

下面以在“员工签到表”中用 COUNTIF() 函数统计当日部门为“研发部”的所有出勤人数量为例，讲解该函数的使用方法。

步骤 01 ❶打开“员工签到表”素材文件，选择 H3 单元格，❷在编辑栏中输入“=COUNTIF(B3:B83,"研发部")”公式，如图 10-8 所示。

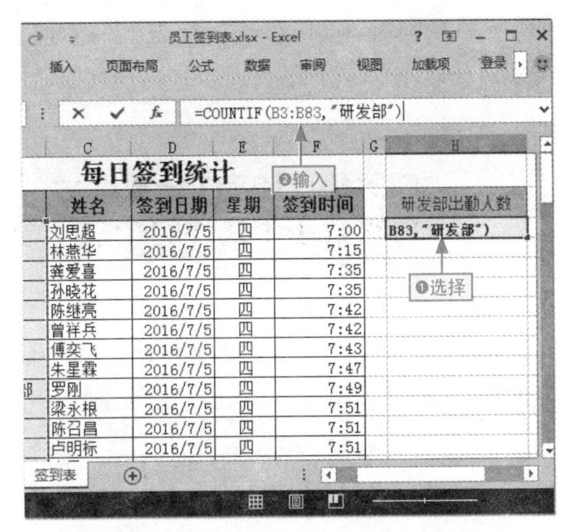

图10-8　输入统计研发部出勤人数的公式

步骤 02 按 Ctrl+Enter 组合键完成公式的输入并得到所需结果，如图 10-9 所示。

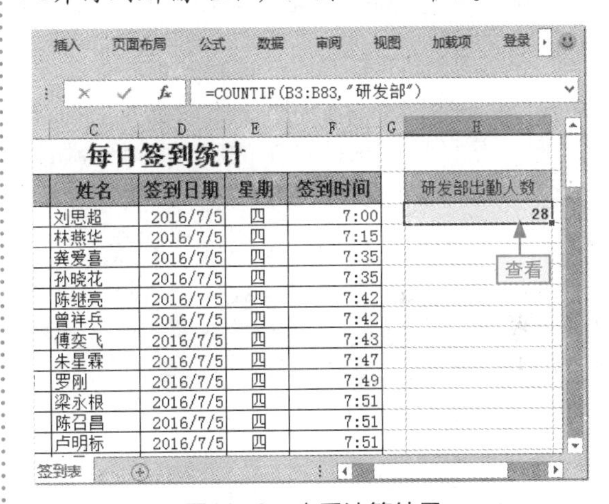

图10-9　查看计算结果

本例中使用的公式也仅用了一个 COUNTIF() 函数，该函数兼具了条件判断与统计数量的功能。函数依次判断 B3 ～ B83 单元格中的值是否等于“研发部”，如果是，则将统计结果加 1，否则统计结果保持不变，直到所有单元格检测完毕，即返回最终统计结果。

需要特别说明的是，在 COUNTIF() 函数中，也允许使用通配符作为指定的条件。例如要在“员工签到表”工作簿中统计姓氏为

“刘”的员工数量，可使用公式“=COUNTIF(C3:C83,"刘*")”来实现。

10.1.5 COUNTIFS() 计算区域内符合多个条件的个数

COUNTIF() 函数可以统计符合某一个条件的单元格数量，但在实际工作中，还可能需要统计同时满足多个条件的单元格数量。在Excel 中可以使用 COUNTIFS() 函数来实现，其语法格式如下。

```
COUNTIFS(criteria_range1,criteria1,
    [criteria_range2,criteria2]…)
```

从语法格式中可以看出，COUNTIFS() 函数有两个参数，各参数的含义如下。

- range：用于指定要操作的数据集合或者单元格区域，该区域中的空白单元格和文本数据不会被统计在内。
- criteria：用于指定需要被统计的数据符合的条件，该参数可以是数字、表达式或文本，当为表达式或文本时必须用半角引号将其表示为文本，如 50、">=80" 或 " 研究生 " 等。

下面以在“员工档案”表中用 COUNTIFS() 函数统计部门为“销售部”、性别为“男”以及学历为“本科”的员工数量为例，讲解该函数的使用方法。

本节素材 /素材/Chapter10/员工档案.xlsx
本节效果 /效果/Chapter10/员工档案.xlsx
学习目标 用COUNTIFS()函数按多条件统计员工数量
难度指数 ★★★

步骤 01 ❶ 打开“员工档案”素材文件，选择 F22 单元格，❷ 在编辑栏中输入“=COUNTIFS(C3:C20,"销售部",G3:G20,"男",J3:J20,"本科")”公式，如图 10-10 所示。

员工档案.xlsx - Excel

开始 插入 页面布局 公式 数据 审阅 视图 加载项 登录

=COUNTIFS(C3:C20,"销售部",G3:G20,"男",J3:J20,"本科")

	B	C	D	E	F	G
10	冉再峰	销售部	销售代表	133 ❷输入	415153********2156	男
11	舒姗姗	技术部	技术员	1398066****	511785********2212	男
12	孙超	技术部	技术员	1359641****	510662********4266	男
13	汪恒	销售部	销售代表	1369458****	510158********8846	男
14	王春燕	销售部	销售代表	1342674****	213254********1422	男
15	谢怡	技术部	技术员	1369787****	101547********6482	男
16	张光	财务部	会计	1514545****	211411********4553	女
17	郑舒	销售部	销售代表	1391324****	12 ❶选择 ***2157	女
18	周鹏	技术部	主管	1531121****	670113********4631	女
	销售部的本科男性员工数量为：				:J20,"本科")	

员工档案

图10-10　输入按多条件统计员工数量的公式

步骤 02 按 Ctrl+Enter 组合键完成公式的输入并得到所需结果，如图 10-11 所示。

=COUNTIFS(C3:C20,"销售部",G3:G20,"男",J3:J20,"本科")

A	B	C	D	E	F	G
_0010	冉再峰	销售部	销售代表	1334678****	415153********2156	男
_0011	舒姗姗	技术部	技术员	1398066****	511785********2212	男
_0012	孙超	技术部	技术员	1359641****	510662********4266	男
_0013	汪恒	销售部	销售代表	1369458****	510158********8846	男
_0014	王春燕	销售部	销售代表	1342674****	213254********1422	男
_0015	谢怡	技术部	技术员	1369787****	101547********6482	男
_0016	张光	财务部	会计	1514545****	211411********4553	女
_0017	郑舒	销售部	销售代表	1391324****	123486********2157	女
_0018	周鹏	技术部	主管	1531121****	670113********4631	女
	销售部的本科男性员工数量为：				4	

员工档案　查看

图10-11　查看计算结果

本例中仅用了一个 COUNTIFS() 函数，该函数在 COUNTIF() 函数的基础上，增加了多条件判断的功能。

公式从第 3 行开始依次向下判断，每一行都检测 C 列的值是否为“销售部”，G 列的值是否为“男”以及 J 列的值是否为“本科”，如果 3 个条件都满足，则返回 1，否则返回 0。

待所有行都检测完成后，再将得到的数值相加，返回最终统计的结果。

10.2 平均值函数

小白：计算平均值最麻烦的就是担心将除数弄错，上次就弄错除数了，结果就错了。

阿智：为什么不用平均值函数呢？使用函数只需要选择准确要求平均值的单元格区域就可以了。

平均值可以反映一组数据的平均水平，在实际工作中的使用也非常广泛，如计算一个月中的日平均销售额、某区域的人均收入、某班级或某学科的平均分数、月平均缴税额及员工的平均工资等，这些在 Excel 中可以通过专门的函数来完成。

10.2.1 AVERAGE() 直接计算给定数字的平均值

在不考虑任何条件的情况下，要求一组数字的平均值，可使用 AVERAGE() 函数来实现。该函数的主要功能是返回参数列表中所有数字的算术平均值，其语法格式如下。

```
AVERAGE(number1,[number2],...)
```

从该函数的语法格式可以看出，该函数至少包含一个 number 参数，该参数是要计算平均值的第一个数字、单元格引用或单元格区域。

与其他函数一样，该函数可包含最多 255 个由逗号分隔的参数。对于该函数的参数，有以下事项需要注意。

- number 参数可以是数字或者包含数字的名称、单元格区域或单元格引用。
- 逻辑值和直接键入参数列表中代表数字的文本会被计算在内，如公式“=AVERAGE(2,TRUE,"18",FALSE,4)”的计算结果为 5（2+1+18+0+4 的和除以总数量 5）。
- 如果 number 参数中的区域或单元格引用包含文本、逻辑值或空单元格，则这些值将被忽略，但是包含 0 值的单元格将被计算在内。
- 如果 number 参数包含有错误值，函数将返回相应的错误类型，如公式“=AVERAGE(12/0,18)”将返回“#DVI/0！”错误。
- 如果 number 参数包含不能转换为数字的文本，函数将返回“#VALUE！”错误，如公式“=AVERAGE("林小波","男","18")”。

下面以在“员工毛利统计表”中用 AVERAGE() 函数统计部门本月的日平均毛利额为例，讲解该函数的使用方法。

本节素材	/素材/Chapter10/员工毛利统计表.xlsx
本节效果	/效果/Chapter10/员工毛利统计表.xlsx
学习目标	用AVERAGE()函数计算当月的日平均毛利
难度指数	★★

步骤 01 ❶打开“员工毛利统计表”素材文件，选择 J5 单元格，❷在编辑栏中输入“=AVERAGE(H5:H35)”公式，如图 10-12 所示。

图10-12 输入计算当月的日平均毛利的公式

步骤 02 按 Ctrl+Enter 组合键完成公式的输入并得到所需结果，如图 10-13 所示。

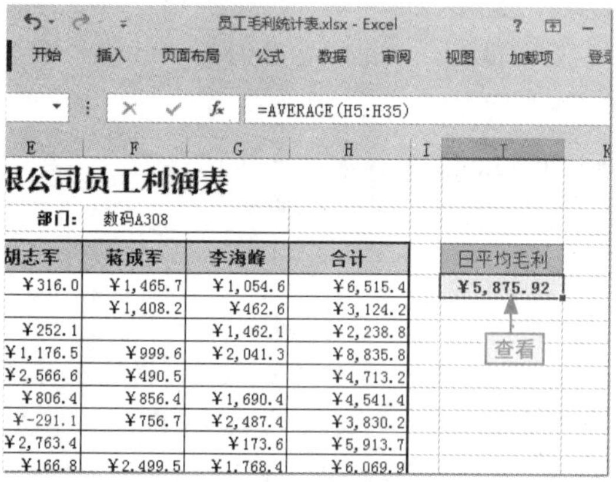

图10-13 查看计算结果

本例中使用的公式仅用了一个 AVERAGE() 函数，该函数首先将给定的单元格区域 H5:H35 中的所有数字数据相加求出总和，再除以该区域排除文本、逻辑值以及空值以外的单元格总数，得出最终结果。

10.2.2 AVERAGEA() 包含文本和逻辑值计算平均值

在实际工作中，统计某组数据的平均值时，需要将引用的单元格中的文本和逻辑值也计算在内，则需要使用 AVERAGEA() 函数，其语法格式如下。

```
AVERAGEA(value1,[value2],...)
```

从函数的语法格式可以看出，该函数与 AVERAGE() 函数的语法格式完全相同，其参数意义也相同，这里就不再详细讲解了。

下面以在“店面毛利分析”表中用 AVERAGEA() 函数统计每位员工每天的平均毛利额（结果中不排除员工的缺勤情况）为例，讲解该函数的使用方法。

本节素材	/素材/Chapter10/店面毛利分析.xlsx
本节效果	/效果/Chapter10/店面毛利分析.xlsx
学习目标	用AVERAGEA()函数计算员工日平均毛利
难度指数	★★

步骤 01 ❶打开“店面毛利分析”素材文件，选择 B38 单元格，❷在编辑栏中输入“=AVERAGEA(B5:B35)”公式，如图 10-14 所示。

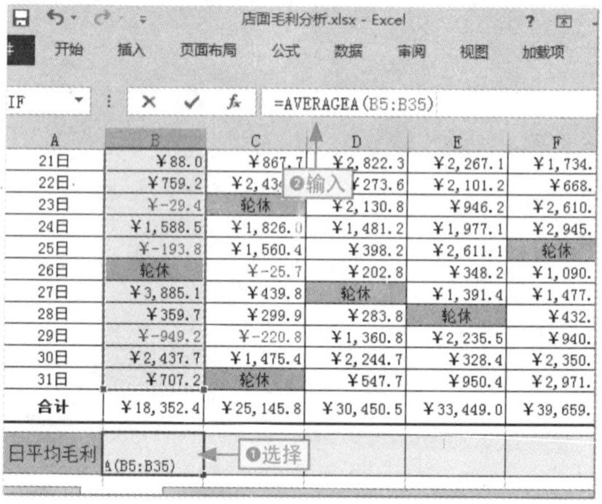

图10-14 输入计算员工日平均毛利的公式

步骤 02 按 Ctrl+Enter 组合键完成公式的输入并得到所需结果，然后向右填充该公式至 H38 单元格，计算出其他员工的日平均毛利额以及整个店面的日平均毛利额，如图 10-15 所示。

D	E	F	G	H
¥2,822.3	¥2,267.1	¥1,734.1	¥1,688.3	¥9,467.5
¥273.6	¥2,101.2	¥668.5	轮休	¥6,236.7
¥2,130.8	¥946.2	¥2,610.4	¥546.1	¥6,204.2
¥1,481.2	¥1,977.1	¥2,945.2	¥1,136.5	¥10,954.5
¥398.2	¥2,611.1	轮休	¥1,192.5	¥5,568.3
¥202.8	¥348.2	¥1,090.4	¥2,099.2	¥3,714.9
轮休	¥1,391.4	¥1,477.2	¥2,127.8	¥9,321.3
¥283.8	轮休	¥432.6	¥1,861.1	¥3,237.0
¥1,360.8	¥2,235.5	¥940.2	事假	¥3,366.5
¥2,244.7	¥328.4	¥2,350.3	轮休	¥8,836.5
¥547.7	¥950.4	¥2,971.5	¥304.0	¥5,480.8
¥30,450.5	¥33,449.0	¥39,659.1	¥31,633.4	¥178,690.1
¥982.27	¥1,079.00	¥1,279.32	¥1,020.43	¥5,764.20

6月毛利　计数: 7　求和: ¥11,528.39　填充

图10-15　填充计算公式

本例中仅用了一个 AVERAGEA() 函数，其计算方法与 AVERAGE() 函数基本相同，也是先求取给定单元格区域的数值总和，再除以该单元格区域的数量，只是这里所除的数量包含文本和逻辑值的单元格。

10.2.3 AVERAGEIF() 对符合指定条件的数据求平均值

AVERAGE() 函数和 AVERAGEA() 函数都只是求取用户给定的单元格区域的所有不被忽略的单元格的平均值。如果要在用户给定的区域求取满足一定条件的单元格的平均值，就需要使用 AVERAGEIF() 函数来实现，其语法格式如下。

```
AVERAGEIF(range,criteria,[average_range])
```

与 SUMIF() 函数相似，该函数也包含 3 个参数，各参数的意义与 SUMIF() 函数的对应参数意义相似。

- range：必选参数，表示要计算平均值的一个或多个单元格，其中包括数字或包含数字的单元格名称、数组或引用。
- criteria：必选参数，用于定义要对哪些单元格计算平均值的条件，可以是数字、表达式、单元格引用或文本。例如，80、"60"、">150"、" 研究生 " 或 B4 等。
- average_range：可选参数，要计算平均值的实际单元格区域，与 SUMIF() 函数的 sum_range 相似，如果忽略该参数，则对 range 参数指定的单元格区域求平均值。

下面以在“促销员日销量分析”表中用 AVERAGEIF() 函数统计日销量在 100（含）以上的所有促销员的平均销量为例，讲解该函数的使用方法。

本节素材	/素材/Chapter10/促销员日销量分析.xlsx
本节效果	/效果/Chapter10/促销员日销量分析.xlsx
学习目标	用AVERAGEIF()函数计算日销量大于100的平均销量
难度指数	★★★

步骤 01 ❶打开“促销员日销量分析”素材文件，选择 F6 单元格，❷在编辑栏中输入“=AVERAGEIF(B4:K4,">=100")”公式，如图 10-16 所示。

图10-16　输入计算的公式

步骤 02 按 Ctrl+Enter 组合键，将公式填充到当前所选单元格中并计算出所需的结果，如图 10-17 所示。

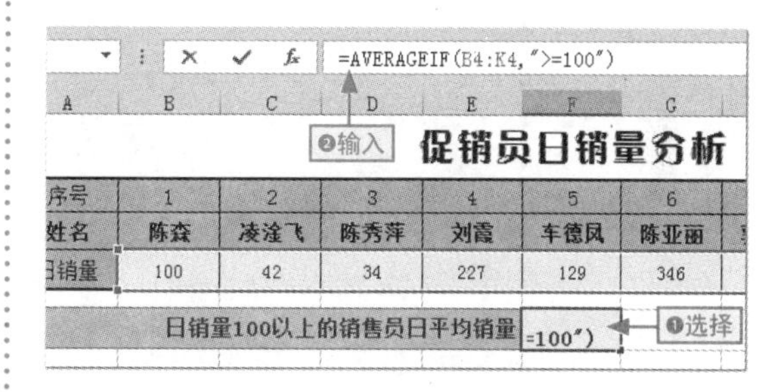

图10-17　查看计算结果

本例中使用的公式仅用了一个 AVERAGEAIF() 函数，其中，B4:K4 是要统计的数据所在的单元格区域，“">=100"” 部分是以文本形式表示的需要统计的数据必须满足的条件。

在以上示例中，满足条件的数据有 100、227、129、346、172、157 和 341 共 7 个，因此求得的平均值为 210.286（Excel 根据单元格宽度自动进行了四舍五入）。

10.2.4 AVERAGEIFS() 对符合多个条件的数据求平均值

AVERAGEIF() 函数可以根据某一个条件来计算符合条件的数字的平均值，如果需要计算平均值的数字要求同时满足多个条件，那就需要使用 AVERAGEIFS() 函数来实现。

与 SUMIFS() 函数和 COUNTIFS() 函数相同，AVERAGEIFS() 函数也只能在 Excel 2007 及其以上的版本中使用，其语法格式如下。

```
AVERAGEIFS(average_range,criteria_
  range1,criteria1,[criteria_
    range2,criteria2],...)
```

从函数的语法格式可以看出，AVERAGEIFS() 函数有 3 个必选参数和多个可选参数，各参数的意义如下。

- average_range：必选参数，要计算平均值的一个或多个单元格，其中包括数字、包含数字的名称、数组或引用单元格中的文本和空值将被忽略。如果 average_range 不包含任何可计算的数字，则函数会返回“#DIV0!”错误。
- criteria_range1：必选参数，需要符合的第一个条件所在的单元格或单元格区域。
- criteria1：必选参数，以文本形式存在的具体需要满足的条件。
- criteria_range2,criteria2：与 criteria_range1 和 criteria1 相似的第二组条件，必须成对出现。AVERAGEIFS() 函数最多可接受 127 组 criteria_range 和 criteria。

下面以在“公招成绩表”中用 AVERAGEIFS() 函数计算合格考生中男性考生的总平均成绩（根据相关规定，笔试成绩需达到 30 分，面试成绩需达到 50 分方为合格）为例，讲解该函数的使用方法。

本节素材	/素材/Chapter10/公招成绩表.xlsx
本节效果	/效果/Chapter10/公招成绩表.xlsx
学习目标	用AVERAGEIFS()函数计算符合条件的考生总分的平均分
难度指数	★★★★

步骤 01 ❶ 打开“公招成绩表”素材文件，选择 I3 单元格，❷ 在编辑栏中输入“=AVERAGEIFS(G3:G553,C3:C553," 男 ",E3:E553,">=30",F3:F553,">=50")”公式，如图 10-18 所示。

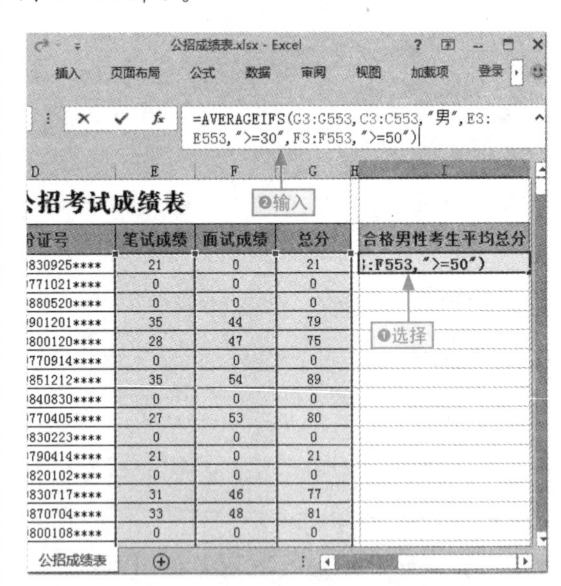

图10-18　输入计算的公式

步骤 02 按 Ctrl+Enter 组合键完成公式的输入并得到所需结果，如图 10-19 所示。

=AVERAGEIFS(G3:G553,C3:C553,"男",E3:E553,">=30",F3:F553,">=50")

公招考试成绩表

份证号	笔试成绩	面试成绩	总分		合格男性考生平均总分
9830925****	21	0	21		89.54761905
9771021****	0	0	0		
9880520****	0	0	0		
9901201****	35	44	79		查看
9800120****	28	47	75		
9770914****	0	0	0		
9851212****	35	54	89		
9840830****	0	0	0		
9770405****	27	53	80		
9830223****	0	0	0		

图10-19　查看计算结果

本例中仅用了一个 AVERAGEAIFS() 函数，其中，"G3:G553"表示要计算平均数的数字所在的单元格区域（即所有学生总分所在的单元格区域）；"C3:C553,"男""部分用于筛选出性别为"男"的所有考生；"E3:E553,">=30""部分用于筛选出笔试成绩达到 30 分的所有考生；"F3:F553,">=50""部分用于筛选出面试成绩达到 50 分的所有考生。

10.3 最值和中值函数

小白：虽然使用排序功能可以查看最值，但是会打乱数据记录的顺序，那么可以使用函数来返回最值吗？

阿智：当然可以。不仅可以返回最值，还可以返回中值，只要使用对应的最值和中值函数即可。

最值和中值也是数据统计中常需分析的数据。最值包括最大值和最小值，指一个数据集中最大或最小的数字；中值则是指数据集中趋于中间的一个数值，通常是最接近一组数字的算术平均值的那个数。

10.3.1 MAX() 获取给定数字的最大值

如果要取得数据集中最大的一个数字，可以使用 MAX() 函数来完成。该函数的基本功能是返回一组值中的最大值，其语法格式如下。

```
MAX(number1,[number2],...)
```

从函数的语法格式可以看出，该函数至少需要一个 number 参数，该参数可以是数字或者包含数字的名称、数组或引用。

与其他函数类似，在 Excel 2007 及以上版本中，支持最多 255 个参数，在指定函数的参数时，需要注意以下几点。

- 逻辑值和直接键入参数列表中代表数字的文本会被计算在结果之中。
- 当参数为数组或引用时，只计算该数组或引用中的数字，其中包含的空白单元格、逻辑值或文本将被忽略。
- 如果给定的参数列表中不包含任何数字，则函数返回 0。

下面以在"工资发放明细"表中用 MAX() 函数根据应发工资获取员工的最高应发工资为例，讲解该函数的使用方法。

本节素材	/素材/Chapter10/工资发放明细.xlsx
本节效果	/效果/Chapter10/工资发放明细.xlsx
学习目标	用MAX()函数获取最高应发工资
难度指数	★★

步骤 01 ❶打开“工资发放明细”素材文件，选择 K28 单元格，❷在编辑栏中输入“=MAX(K4:K26)”公式，如图 10-20 所示。

工资发放明细.xlsx - Excel

开始 插入 页面布局 公式 数据 审阅 视图 加载项

=MAX(K4:K26)

F	G	H	I	J	K
500.00	¥ 996.00	¥ 350.00	¥ 300.00	¥ 20.00	¥ 4,626.0
500.00	¥ 820.00	¥ 300.0	00.00	¥ -	¥ 4,420.0
-	¥ 962.00	¥ 346.0	00.00	¥ 50.00	¥ 2,758.0
-	¥ 750.00	¥ 162.00	¥ 300.00	¥ 100.00	¥ 2,312.0
-	¥ 650.00	¥ 120.00	¥ 300.00	¥ -	¥ 2,270.0
-	¥ 850.00	¥ 315.00	¥ 300.00	¥ -	¥ 2,665.0
-	¥ 941.00	¥ 340.00	¥ 300.00	¥ 250.00	¥ 2,531.0
-	¥ 735.00	¥ 189.00	¥ 300.00	¥ 60.00	¥ 2,364.0
450.00	¥ -	¥ 102.00	¥ 300.00	¥ 300.00	¥ 3,052.0
450.00	¥ -	¥ 150.00	¥ 300.00	¥ 150.00	¥ 3,250.0
-	¥ 530.00	¥ 53.00	¥ 300.00	¥ -	¥ 2,083.0
-	¥ 480.00	¥ 48.00	¥ 300.00	¥ 40.00	¥ 1,988.0
-	¥ 531.00	¥ 53.00	¥ 300.00	¥ -	¥ 2,084.0
-	¥ 493.00	¥ 49.00	¥ 300.00	¥ -	¥ 2,042.0
			最高应发工资：		=MAX(K4:K2

❷输入 ❶选择 6月工资

图10-20　输入获取最高应发工资的公式

步骤 02 按 Ctrl+Enter 组合键完成公式的输入并得到所需结果，如图 10-21 所示。

G	H	I	J	K
¥ 750.00	¥ 162.00	¥ 300.00	¥ 100.00	¥ 2,312.00
¥ 650.00	¥ 120.00	¥ 300.00	¥ -	¥ 2,270.00
¥ 850.00	¥ 315.00	¥ 300.00	¥ -	¥ 2,665.00
¥ 941.00	¥ 340.00	¥ 300.00	¥ 250.00	¥ 2,531.00
¥ 735.00	¥ 189.00	¥ 300.00	¥ 60.00	¥ 2,364.00
¥ -	¥ 102.00	¥ 300.00	¥ 300.00	¥ 3,052.00
¥ -	¥ 150.00	¥ 300.00	¥ 150.00	¥ 3,250.00
¥ 530.00	¥ 53.00	¥ 300.00	¥ -	¥ 2,083.00
¥ 480.00	¥ 48.00	¥ 300.00	¥ 40.00	¥ 1,988.00
¥ 531.00	¥ 53.00	¥ 300.00	¥ -	¥ 2,084.00
¥ 493.00	¥ 49.00	¥ 300.00	¥ -	¥ 2,042.00
		最高应发工资：		¥5,300.00

6月工资 查看 100%

图10-21　查看计算结果

本例中使用的公式仅有 MAX() 函数，在清楚了该函数的功能及语法格式后就非常容易理解该公式的意义了。公式依次对比 K4:K26 单元格区域的所有数字，将最大的一个值筛选出来输出到单元格中。

MAX() 函数在计算中有一个逐个对比的过程，假设在计算过程中有一个变量 VAR，公式中逐步对比的单元格为 Kn（n 的取值为 4～26），则公式的计算过程可用图 10-22 所示的简单流程来表示。

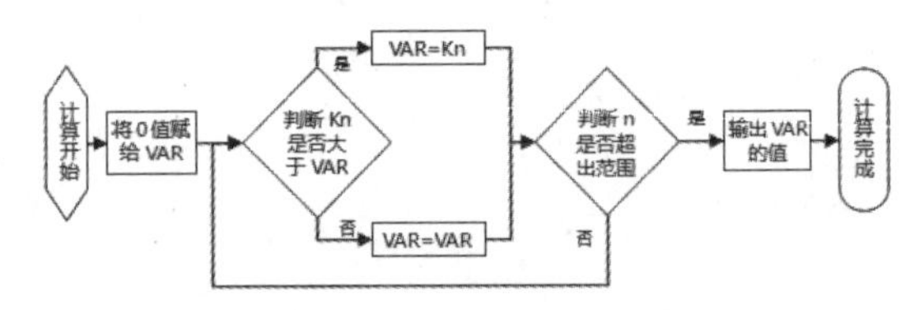

图10-22　公式计算过程示意图

10.3.2 MAXA() 不忽略文本和逻辑值获取最大值

MAX() 函数在计算数据集中的最大值时，会忽略参数列表中的文本和逻辑值，以及以文本形式保存的数字。如果要把以上内容也包含在统计范围内，则需要使用 MAXA() 函数，该函数的语法格式如下。

```
MAXA(value1,[value2],...)
```

从函数的语法格式可以看出，该函数至少需要一个 value 参数，该参数既可以是数值（包含数值的名称、数组或引用），也可以是文本形式保存的数字或引用中的逻辑值，函数支持最多 255 个参数。

与 MAX() 函数的参数不同的是，参数中包含的 TRUE 值以数字 1 计算，包含的不能转换为数字的文本以数字 0 计算。

下面以在“考试成绩表”中用 MAXA() 函数统计所有参考人员中的总分最高分（缺考的或未达面试标准的人员成绩被记为“--”）为例，讲解该函数的使用方法。

本节素材	/素材/Chapter10/考试成绩表.xlsx
本节效果	/效果/Chapter10/考试成绩表.xlsx
学习目标	用MAXA()函数统计总分的最高分
难度指数	★★★

步骤01 ❶打开"考试成绩表"素材文件，选择I3单元格，❷在编辑栏中输入"=MAXA(G3:G553)"公式，如图10-23所示。

图10-23 输入统计总分最高分的公式

步骤02 按Ctrl+Enter组合键完成公式的输入并得到所需结果，如图10-24所示。

图10-24 查看计算结果

本例中仅用了MAXA()函数来返回所需结果，公式依次对比G3:G553单元格区域所有数字（不忽略单元格区域的文本和逻辑值），将最大的一个值筛选出来输出到I3单元格中。

10.3.3 MIN()获取给定数字的最小值

与MAX()函数相反，如果要获取某个数据集中的最小值（忽略数据集中的文本和逻辑值），可以使用MIN()函数来实现，其语法格式如下。

```
MIN(number1,[number2],...)
```

从函数的语法格式可以看出，该函数至少需要一个number参数，该参数可以是数字或者包含数字的名称、数组或引用，参数的意义与用法与MAX()函数相同，这里就不再重复讲解了。

下面以在"日常费用支出汇总"表中用MIN()函数统计所有支出费用中的最低费用金额为例，讲解该函数的使用方法。

本节素材	⊙/素材/Chapter10/日常费用支出汇总.xlsx
本节效果	⊙/效果/Chapter10/日常费用支出汇总.xlsx
学习目标	用MIN()函数获取最低费用支出金额
难度指数	★★

步骤01 ❶打开"日常费用支出汇总"素材文件，选择H3单元格，❷在编辑栏中输入"=MIN(D3:D16)"公式，如图10-25所示。

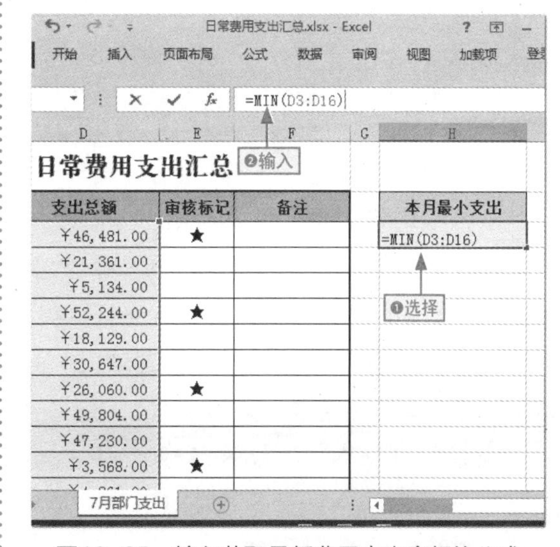

图10-25 输入获取最低费用支出金额的公式

步骤 02 按 Ctrl+Enter 组合键完成公式的输入并得到所需结果，如图 10-26 所示。

=MIN(D3:D16)

日常费用支出汇总

支出总额	审核标记	备注		本月最小支出
¥46,481.00	★			¥3,568.00
¥21,361.00				
¥5,134.00				
¥52,244.00	★			
¥18,129.00				
¥30,647.00				

图10-26　查看计算结果

本例中使用的公式仅用了一个 MIN() 函数来返回所需结果。该函数依次对比 D3 ~ D16 单元格区域所有数字（忽略单元格区域的文本和逻辑值），将最小的一个值筛选出来输出到 H3 单元格中。

10.3.4 MINA() 不忽略文本和逻辑值获取最小值

如果在取得数据集中的最小值的时候，要将数据集中的逻辑值和文本考虑在内，则需要使用 MINA() 函数来实现。该函数与 MAXA() 函数相似，在统计的过程不会忽略参数列表中的逻辑值和文本，其中语法格式如下。

```
MINA(value1,[value2],...)
```

从函数的语法格式可以看出，该函数至少需要一个 value 参数，该参数既可以是数值（包含数值的名称、数组或引用），也可以是文本形式保存的数字或引用中的逻辑值，函数支持最多 255 个参数。

但是，与 MIN() 函数的参数不同的是，该函数参数中包含的逻辑值 TRUE 以数字 1 计算，包含的文本以数字 0 计算。

下面以在"毛利统计表"中用 MINA() 函数统计每天的最低毛利额（不排除缺勤者）为例，讲解该函数的使用方法。

本节素材	/素材/Chapter10/毛利统计表.xlsx
本节效果	/效果/Chapter10/毛利统计表.xlsx
学习目标	用MINA()函数获取日毛利的最小值
难度指数	★★★

步骤 01 ❶打开"毛利统计表"素材文件，选择 K3 单元格，❷在编辑栏中输入"=MINA(B3:H3)"公式，如图 10-27 所示。

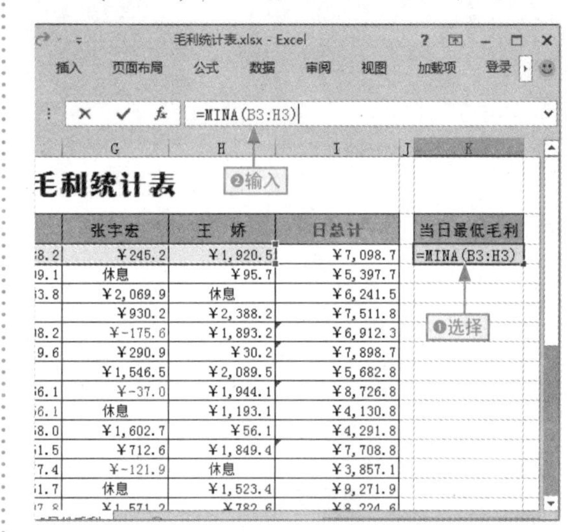

	张宇宏	王　娇	日总计	当日最低毛利
8.2	¥245.2	¥1,920.5	¥7,098.7	=MINA(B3:H3)
9.1	休息	¥95.7	¥5,397.7	
3.8	¥2,069.9	休息	¥6,241.5	
	¥930.2	¥2,388.2	¥7,511.8	
8.2	¥-175.6	¥1,893.2	¥6,912.3	
9.6	¥290.9	¥30.2	¥7,898.7	
	¥1,546.5	¥2,089.5	¥5,682.8	
6.1	¥-37.0	¥1,944.1	¥8,726.8	
6.1	休息	¥1,193.1	¥4,130.8	
8.0	¥1,602.7	¥56.1	¥4,291.8	
1.5	¥712.6	¥1,849.4	¥7,708.8	
7.4	¥-121.9	休息	¥3,857.1	
1.7	休息	¥1,523.4	¥9,271.9	

图10-27　输入获取日毛利的最小值的公式

步骤 02 按 Ctrl+Enter 组合键，将公式填充到当前所选单元格中并计算出所需的结果，然后向下填充公式至 K32 单元格，计算出每天的最低毛利额，如图 10-28 所示。

	¥2,000.6	¥1,087.9	¥8,164.4	¥-46.9
	¥1,494.8	休息	¥5,024.6	¥0.0
	¥635.3	¥2,429.7	¥8,233.6	¥0.0
8.6	¥421.9	¥1,820.6	¥7,034.4	¥0.0
6.6	¥1,654.9	¥207.0	¥6,929.6	¥0.0
6.4	¥1,371.3	¥767.5	¥6,649.5	¥0.0
3.3	¥259.5	休息	¥9,253.1	¥0.0
	¥2,137.4	¥389.0	¥6,315.4	¥0.0
9.0	¥210.8	¥623.6	¥7,320.2	¥68.2
2.3	休息	¥1,473.8	¥8,562.7	¥0.0
4.0	¥1,511.2	¥958.3	¥9,540.4	¥64.1
8.3	¥2,240.2	¥968.7	¥6,486.1	¥0.0
1.1	¥2,246.5	¥-108.4	¥7,812.4	¥-108.4

6月份毛利　查看　计数: 30　求和: ¥214.9　100%

图10-28　查看计算结果

本例中仅用了一个 MINA() 函数来返回所需结果。该函数依次对比 B3 ～ H3 单元格区域所有数字的大小（文本和逻辑值 FALSE 视为 0，逻辑值 TRUE 视为 1），将最小的一个值筛选出来输出到 K 列对应的单元格中。

10.3.5 LARGE() 返回给定数据中第 K 大的值

一组数据中的最大值可以用 MAX() 函数或 MAXA() 函数来找到，但在实际工作中可能不仅需要最大的一个值，还需要数据集中第二大或第三大的值，例如在计算奖金时，通常需要对前几名都进行奖励。

要获取一个数据集中的第 K 大的值，可以用 LARGE() 函数来实现，其语法格式如下。

```
LARGE(array,k)
```

从函数的语法格式可以看出，该函数包含两个必选参数，各参数的意义如下。

- array：必选参数，指定需要在其中找出较大值的数值集合。
- k：必选参数，指定需要返回 array 中的最大值的位置（从大到小进行排列）。

下面以在“销售员毛利统计”表中用 LARGE() 函数统计本月排名在前三位的员工的毛利为例，讲解该函数的使用方法。

本节素材	/素材/Chapter10/销售员毛利统计.xlsx
本节效果	/效果/Chapter10/销售员毛利统计.xlsx
学习目标	用LARGE()函数计算毛利前三名员工的奖金
难度指数	★★★★

步骤 01 ❶打开“销售员毛利统计”素材文件，选择 K3:K5 单元格区域，❷在编辑栏中输入“=LARGE(TRANSPOSE($B$33:$H$33),{1;2;3})”公式，如图 10-29 所示。

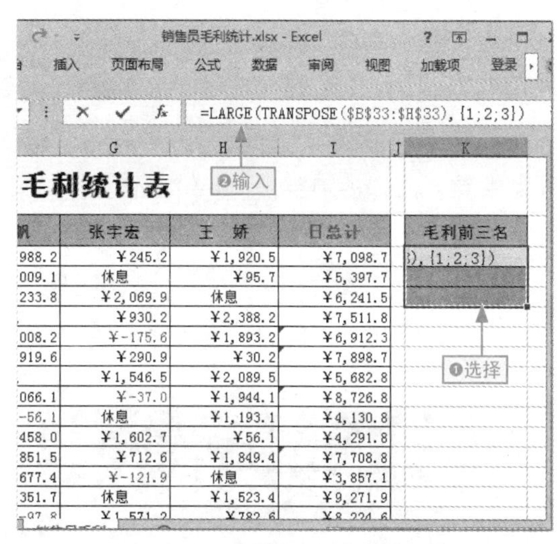

图10-29 输入计算毛利前三名员工奖金的公式

步骤 02 按 Ctrl+Shift+Enter 组合键，将公式填充到当前所选单元格中并计算出所需的结果，如图 10-30 所示。

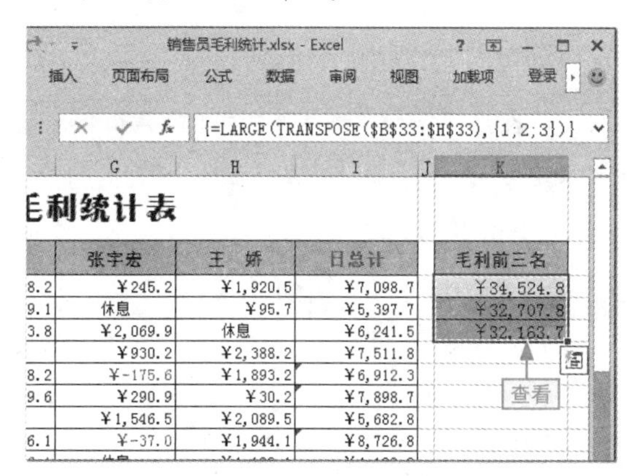

图10-30 查看计算结果

本例使用了 TRANSPOSE() 函数与 LARGE() 函数的嵌套来输出最终结果。其中“TRANSPOSE($B$33:$H$33)”部分表示对 B3:H33 单元格区域进行转置，生成一个相同长度的纵向数组（因为结果单元格区域为纵向排列的）。

公式中用“{1;2;3}”定义了一个包含 1、2 和 3 的纵向常量数组，用于指定 B33:H33 单元格区域分别取最大值、第二大值和第三大值。

本例中定义的“{1;2;3}”常量数组也可以用 ROW() 函数来代替，即用“ROW($1:$3)”来代替，该函数也是生成一个包含 1～3 的常量数组。在本例中，因为数组元素仅需要这 3 个，因此两个表达式的结果都一样，但如果常量数组元素有 10 个以上，使用函数生成的效果明显好于直接定义常量数组的效果。

10.3.6 SMALL() 返回给定数据中第 K 小的值

如果要知道某个数据集中排名最小的几个值，就可以使用 SMALL() 函数来完成。该函数的基本功能是返回数据集中第 K 个最小值，其语法格式如下。

```
SMALL(array,k)
```

从函数的语法格式可以看出，该函数与 LARGE() 函数的用法基本一样，该函数也包含两个必选参数，各参数的意义如下。

◆ array：必选参数，指定需要在其中找出较小值的数值集合。

◆ k：必选参数，指定需要返回 array 中的最小值的位置（从小到大进行排列）。

下面以在“员工考核成绩表”中用 SMALL() 函数统计出排名在后三位的员工的总成绩平均分为例，讲解该函数的使用方法。

本节素材	◎/素材/Chapter10/员工考核成绩表.xlsx
本节效果	◎/效果/Chapter10/员工考核成绩表.xlsx
学习目标	用SMALL()函数计算后三名员工总分的平均值
难度指数	★★★★

步骤 01 ❶打开“员工考核成绩表”素材文件，选择结果存放的单元格。这里选择 K4 单元格，❷在编辑栏中输入“=AVERAGE(SMALL($I$3:$I$15,ROW($1:$3)))”公式，如图 10-31 所示。

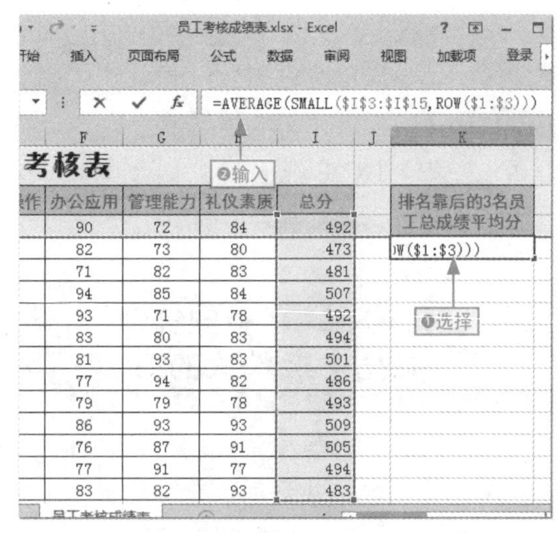

图10-31 输入计算的公式

步骤 02 按 Ctrl+Shift+Enter 组合键，将公式填充到当前所选单元格中并计算出所需的结果，如图 10-32 所示。

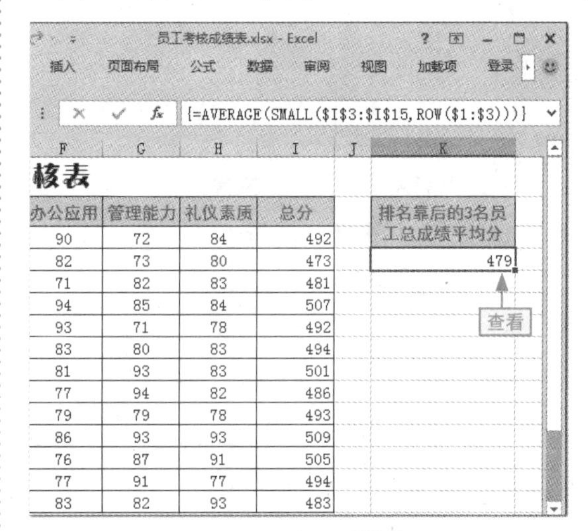

图10-32 查看计算结果

本例使用了 AVERAGE() 函数、ROW() 与 SMALL() 函数的嵌套来输出最终结果。其中“ROW($1:$3)”部分生成一个常量数组{1;2;3}，将其作为 SMALL() 函数的 k 参数，用于返回数据集中排名靠后的 3 个数，然后再利用 AVERAGE() 函数对这 3 个数求平均值。

10.3.7 MEDIAN() 返回一组数的中值

在 Excel 中，如果要返回一组已知数字的中值，可以使用 MEDIAN() 函数来实现，其语法格式如下。

```
MEDIAN(number1,[number2],...)
```

从函数的语法格式可以看出，number1 参数是必选参数，后续参数是可选的。该参数主要用于指定要计算中值的 1 ～ 255 个数字。

在使用该函数时，需要注意如下几个方面。

- 在计算中值时，MEDIAN() 函数会根据数据集中数据的个数不同而采用不同的计算方法，如果数据集数据个数为奇数，该函数就会取最中间的一个数作为结果；如果个数为偶数，该函数就会取最中间两个数的平均值作为结果。
- 参数可以是数字或者包含数字的名称、数组或引用。
- 逻辑值和直接键入参数列表中代表数字的文本被计算在内。
- 如果数组或引用参数包含文本、逻辑值或空白单元格，则这些值将被忽略；但包含零值的单元格将被计算在内。
- 如果参数为错误值或为不能转换为数字的文本，将会导致错误。

下面以在“3 月份产品销量”表中用 MEDIAN() 函数计算 3 月份产品销量中值为例，讲解该函数的使用方法。

本节素材	/素材/Chapter10/3月份产品销量.xlsx
本节效果	/效果/Chapter10/3月份产品销量.xlsx
学习目标	用MEDIAN()函数计算销量中值
难度指数	★★

步骤 01 ❶打开“3 月份产品销量”素材文件，选择 C11 单元格，❷在编辑栏中输入“=MEDIAN(D3:D10)”公式，如图 10-33 所示。

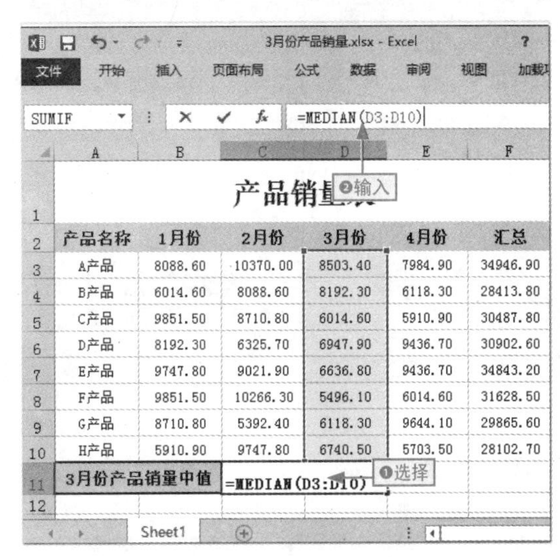

产品名称	1月份	2月份	3月份	4月份	汇总
A产品	8088.60	10370.00	8503.40	7984.90	34946.90
B产品	6014.60	8088.60	8192.30	6118.30	28413.80
C产品	9851.50	8710.80	6014.60	5910.90	30487.80
D产品	8192.30	6325.70	6947.90	9436.70	30902.60
E产品	9747.80	9021.90	6636.80	9436.70	34843.20
F产品	9851.50	10266.30	5496.10	6014.60	31628.50
G产品	8710.80	5392.40	6118.30	9644.10	29865.60
H产品	5910.90	9747.80	6740.50	5703.50	28102.70
3月份产品销量中值	=MEDIAN(D3:D10)				

图10-33 输入计算销量中值的公式

步骤 02 按 Ctrl+Enter 组合键后，程序自动在当前单元格中计算出 3 月份产品销量中值，如图 10-34 所示。

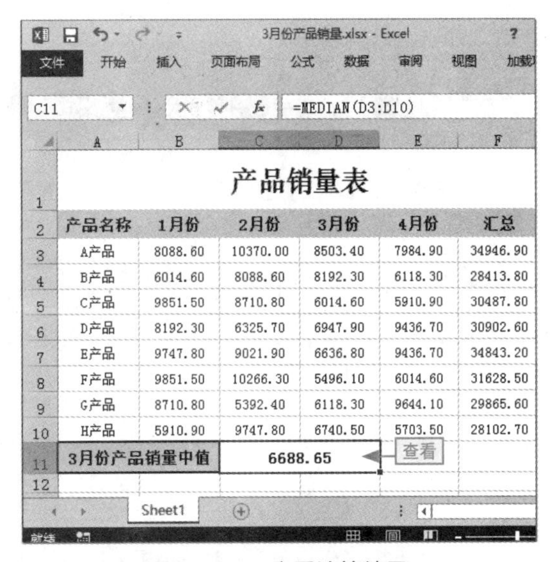

产品名称	1月份	2月份	3月份	4月份	汇总
A产品	8088.60	10370.00	8503.40	7984.90	34946.90
B产品	6014.60	8088.60	8192.30	6118.30	28413.80
C产品	9851.50	8710.80	6014.60	5910.90	30487.80
D产品	8192.30	6325.70	6947.90	9436.70	30902.60
E产品	9747.80	9021.90	6636.80	9436.70	34843.20
F产品	9851.50	10266.30	5496.10	6014.60	31628.50
G产品	8710.80	5392.40	6118.30	9644.10	29865.60
H产品	5910.90	9747.80	6740.50	5703.50	28102.70
3月份产品销量中值	6688.65				

图10-34 查看计算结果

分析商品销售情况时，常常需要根据商品销售的趋中性来分析商品的平均销售情况。

所谓趋中性是指一组数据两端向中间靠

拢的趋势，常见的趋中性计算有平均值、中数和众数这三种，其含义如下。

◆ 平均值：平均值的计算有算术平均值和几何平均值之分，平常所讲的平均值均是指算术平均值，在 Excel 中可以使用 AVERAGE() 函数来计算。

◆ 中数：中数是指一组数中间位置的数，即在这一组数中，有一半的数比该数小，有一半的数比该数大，在 Excel 中使用 MEDIAN() 函数来计算。

◆ 众数：众数是一组数中出现次数最多的数，在 Excel 中用 MODE() 函数来计算。

10.4 排名函数

小白：我想在不打乱表格数据原始顺序的前提条件下，判断数据的排名，怎么实现呢？

阿智：可以使用排名函数来完成，下面我就给你讲讲Excel中的排名函数吧。

MAX() 函数、MIN() 函数、LARGE() 函数和 SMALL() 函数等函数都具有对数据排序的功能，但它们输出的结果都是排序后的某个具体的值，如果要知道某个值在给定的数据集中可以排到第几位，则可以用 Excel 提供的专门的排序函数来实现。

10.4.1 RANK.AVG() 用平均名次处理重复排名

在对数据排序的过程中，出现重复排名是非常常见的。在查找某个值的排名时，如果对重复的数值取其排名的平均数，则可以使用 RANK.AVG() 函数来实现，其语法格式如下。

```
RANK.AVG(number,ref,[order])
```

从函数的语法格式可以看出，RANK.AVG() 函数包含两个必选参数和一个可选参数，各参数的意义如下。

◆ number：必选参数，要返回其排位的数字。

◆ ref：必选参数，number 对比的数据列表，其中的非数值型值将被忽略。

◆ order：可选参数，指定数字的排位方式，可取任意数字型数据，取值为 0 或省略该参数时，函数按降序排列数据，否则按升序排列数据。

如果 RANK.AVG() 函数的 ref 参数列表中的数据已经进行过升序或降序排列，则函数返回的排位就是 number 在 ref 中的位置。如果 number 有多个重复值，则返回这几个值的位置和与重复值个数的平均值。例如在一组数据中，数字 3 排名第 5 位，而该数据集中有 4 个 3，那么数字 3 所占的排位就有第 5、第 6、第 7 和第 8 位，其所占排位的总和就是 5+6+7+8=26，则 RANK.AVE() 函数返回所有数值 3 的排位为 26/4=6.5。

下面以在“员工业绩统计”表中用RANK.AVG()函数根据员工的毛利对员工业绩进行排名，重复的毛利排名取其排名的平均值为例，讲解该函数的使用方法。

本节素材	/素材/Chapter10/员工业绩统计.xlsx
本节效果	/效果/Chapter10/员工业绩统计.xlsx
学习目标	用RANK.AVG()函数计算名次的平均值排名
难度指数	★★

步骤01 ❶打开“员工业绩统计”素材文件，选择G3:G21单元格区域，❷在编辑栏中输入“=RANK.AVG(E3,$E$3:$E$21,0)”公式，如图10-35所示。

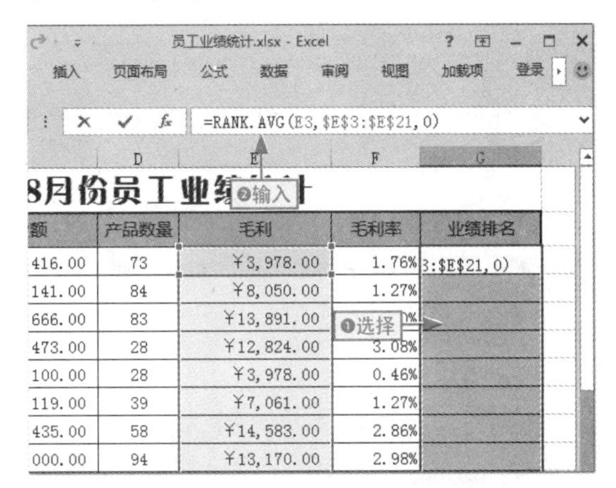

图10-35 输入计算名次的平均值排名的公式

步骤02 按Ctrl+Enter组合键，将公式填充到当前所选单元格中并计算出所需的结果，如图10-36所示。

8月份员工业绩统计

额	产品数量	毛利	毛利率	业绩排名
416.00	73	￥3,978.00	1.76%	18.5
141.00	84	￥8,050.00	1.27%	15
666.00	83	￥13,891.00	1.70%	8
473.00	28	￥12,824.00	3.08%	10
100.00	28	￥3,978.00	0.46%	18.5
119.00	39	￥7,061.00	1.27%	17
435.00	58	￥14,583.00	2.86%	6
000.00	94	￥13,170.00	2.98%	9
929.00	104	￥17,450.00	5.88%	2.5
393.00	54	￥9,583.00	2.47%	13

查看

图10-36 查看计算结果

本例中仅使用了RANK.AVE()函数来返回需要的结果。公式首先对E3:E21单元格区域按降序排列（order参数为0），然后依次对比并输出E列对应单元格在E3:E21单元格区域的排名。

10.4.2 RANK.EQ()用最佳名次处理重复排名

在对数据进行排名时，如果遇到重复数值，并且返回该值在数据集中的最佳排名，那么就需要使用RANK.EQ()函数来实现，其语法格式如下。

```
RANK.EQ(number,ref,[order])
```

从函数的语法格式可以看出，RANK.EQ()函数与RANK.AVG()函数的语法格式和参数列表都完全相同，各参数的用法也完全相同，这里就不再详细讲解了，用户可参看上一节中对RANK.AVG()函数参数的讲解。

RANK.EQ()函数与RANK.AVE()函数的语法格式完全相同，在数据源区域没有重复值的情况下，两函数的返回结果完全相同。

当数据源区域有重复值的时候，RANK.AVE()函数返回数值的平均排名，而RANK.EQ()函数返回数值的最佳排名。如数组{2,3,5,6,5,7,3,4}中“5”按升序排名为第4位，RANK.EQ()函数返回的两个5的排名均为4，其后一个6的排名为“6”。

下面以在“成绩统计”表中用RANK.EQ()函数根据考生的总分对考生成绩进行排名，具有相同分数的排名返回其最佳排名为例，讲解该函数的使用方法。

本节素材	⊙/素材/Chapter10/成绩统计.xlsx
本节效果	⊙/效果/Chapter10/成绩统计.xlsx
学习目标	用RANK.EQ()函数计算最佳排名
难度指数	★★

步骤 01 ❶打开“成绩统计”素材文件，选择存放结果的单元格。这里选择 K2:K27 单元格区域，❷在编辑栏中输入“=RANK.EQ(J2,$J$2:$J$27)”公式，如图 10-37 所示。

成绩统计.xlsx - Excel

=RANK.EQ(J2,$J$2:$J$27)

D 姓名	E 大学英语	F 高等数学	G 线性代数	H 微机原理	I 数字电路	J 总分
嫒文	79		[illegible]	60.3	45.8	273.8
剑	145	84.8	60.5	60.9	62	413.2
骁	112	61.8	61	85.7	60	380.5
霞	97	89	62	68	72	388
佳龙	95	86.7	83.6	84.7	73	423
娟	95	97.7	82.2	78	68	420.9
磊	46	56.1	69.9	81.[illegible]	[illegible]	345.2
羽	123	91	99.3	96.7	90.5	420.9
刚亮	73	95.4		95.2	86.6	350.2
柳	128	85.9	97.8	80.9	98.7	491.3
欧	106	97.5	87.2	97.3	88.1	476.1
丹妮	63		95.1	97.9	85.9	341.9

图10-37　输入计算考生总成绩最佳排名的公式

步骤 02 按 Ctrl+Enter 组合键，将公式填充到当前所选单元格中并计算出所需的结果，如图 10-38 所示。

E 大学英语	F 高等数学	G 线性代数	H 微机原理	I 数字电路	J 总分	K 排名
79		88.7	60.3	45.8	273.8	26
145	84.8	60.5	60.9	62	413.2	12
112	61.8	61	85.7	60	380.5	16
97	89	62	68	72	388	13
95	86.7	83.6	84.7	73	423	9
95	97.7	82.2	78	68	420.9	10
46	56.1	69.9	81.7	91.5	345.2	19
123	91	99.3	96.7	90.5	420.9	10
73	95.4		95.2	86.6	350.2	18
128	85.9	97.8	80.9	98.7	491.3	1
106	97.5	87.2	97.3	88.1	476.1	4
63		95.1	97.9	85.9	341.9	20
59	71.1	87		64.9	282	24
144	90.9	91.4	77.9	61.7	465.9	6
43	91.2	73.5	92.9	87.1	387.7	15
149	62.3	61.5	96.9	98.6	465.9	7
143	62.9	94.5	91.6	98.8	490.8	2

图10-38　查看计算结果

本例中仅使用了 RANK.EQ() 函数来返回需要的结果。公式首先对 K2:K27 单元格区域按降序排列（order 参数被省略），然后依次对比并输出 J 列对应单元格在 K2:K27 单元格区域的排名结果。

给你支招 | 在 Excel 2003 中如何进行多条件统计

小白： 我家里的电脑安装的是Excel 2003，怎么没有COUNTIFS()函数呢？这种情况下该如何完成多条件的统计呢？

阿智： 在第4章中我们已经提到过，逻辑值TRUE和FALSE的数值特性是1和0，并且0和任何数相乘都得0，因此可以借助SUMPRODUCT()函数来变相完成多条件的统计工作。例如，同样要在Excel 2003中完成10.1.5节中的示例，具体操作如下。

步骤 01 选择保存结果的单元格，在编辑栏中输入“=SUMPRODUCT((C3:C20="销售部")*(G3:G20="男")*(J3:J20="本科"))”，如图 10-39 所示。

员工档案.xls

=SUMPRODUCT((C3:C20="销售部")*(G3:G20="男")*(J3:J20="本科"))

B					
冉再峰	销售部	销售代表	1334678****	415153********2156	男
舒姗姗	技术部	技术员	1398066****	511785********2212	男
孙超	技术部	技术员	1359641****	510662********4266	男
汪恒	销售部	销售代表	1369458****	510158********8846	男

图10-39　输入多条件判断的公式

步骤 02 按 Ctrl+Shift+Enter 组合键完成公式的输入，并在当前单元格中计算出所需的结果，如图 10-40 所示。

谢怡	技术部	技术员	1369787****	101547********6482	男
张光	财务部	会计	1514545****	211411********4553	女
郑舒	销售部	销售代表	1391324****	123486***计算57	女
周鹏	技术部	主管	1531121****	670113********4631	女
销售部的本科男性员工数量为：					

图10-40　查看计算结果

给你支招 | 巧用 MIN() 函数和 MAX() 函数设置数据上下限

小白：在员工绩效工资表中记录了员工的业绩，现需根据员工业绩按2%计算提成，但绩效工资不能高于2000和低于500，这该怎么计算呢？

阿智：这里可以巧用MIN()函数和MAX()函数灵活设置数据上下限，具体操作如下。

步骤 01 ❶选择保存结果的单元格区域，❷在编辑栏中输入"=MAX(MIN(B3*2%,2000),500)"，如图 10-41 所示。

=MAX(MIN(B3*2%,2000),500)

工资表　❷输入

业绩	实际绩效工资	设置上下限绩效工资
19789	¥ 395.78	3*2%,2000),500)
86675	¥ 1,733.50	
24051	¥ 481.02	
109033	¥ 2,180.66	
110467	¥ 2,209.34	
74560	¥ 1,491.20	
57890	¥ 1,157.80	

❶选择

图10-41　输入设置上下限绩效工资的公式

步骤 02 按 Ctrl+Enter 组合键将公式填充到单元格中，并计算出各员工的绩效工资，如图 10-42 所示。

=MAX(MIN(B3*2%,2000),500)

工资表

业绩	实际绩效工资	设置上下限绩效工资
19789	¥ 395.78	¥ 500.00
86675	¥ 1,733.50	¥ 1,733.50
24051	¥ 481.02	¥ 500.00
109033	¥ 2,180.66	¥ 2,000.00
110467	¥ 2,209.34	¥ 2,000.00
74560	¥ 1,491.20	¥ 1,491.20
57890	¥ 1,157.80	¥ 1,157.80

查看

图10-42　查看计算的效果

在该公式中，B3 单元格保存员工的业绩数据，首先使用"B3*2%"公式按照员工业绩的 2% 计算出员工实际的绩效工资。接着使用 MIN() 函数得到的实际绩效工资与 2000 作比较，有如下几种情况。

◆ 如果"B3*2%"的结果小于 2000，则返回"B3*2%"公式的结果，并将其作为 MAX() 函数的第一个参数，然后再与 500 作比较。如果"B3*2%"公式的值大于 500，则员工的最后绩效工资为"B3*2%"的结果；反之员工的绩效工资为 500。

◆ 如果"B3*2%"的结果等于 2000，则直接返回结果 2000，并将其作为 MAX() 函数的第一个参数，与 500 作比较，最后返回员工的绩效工资则为 2000。

◆ 如果"B3*2%"的结果大于 2000，则返回 2000，并作为 MAX() 函数的第一个参数与 500 作比较，最后返回员工的绩效工资则为 2000。

给你支招 | 求第 K 大的不重复数据

小白：我使用LARGE()函数获取排在第三位商品的单价是多少，但是获取结果为什么不对呢？

阿智：这是因为你的排名结果中有重复值，如果想要找出第K大的不重复数据，需要按如下方法来实现，具体操作如下。

步骤 01 ❶ 选择保存结果的单元格，❷ 在编辑栏中输入“=LARGE(IF(FREQUENCY(B3:B14,B3:B14),B3:B14),3)”，如图 10-43 所示。

图10-43 输入计算公式

步骤 02 按 Ctrl＋Enter 组合键确认公式的输入，并在单元格中计算出不重复的第三位的价格，如图 10-44 所示。

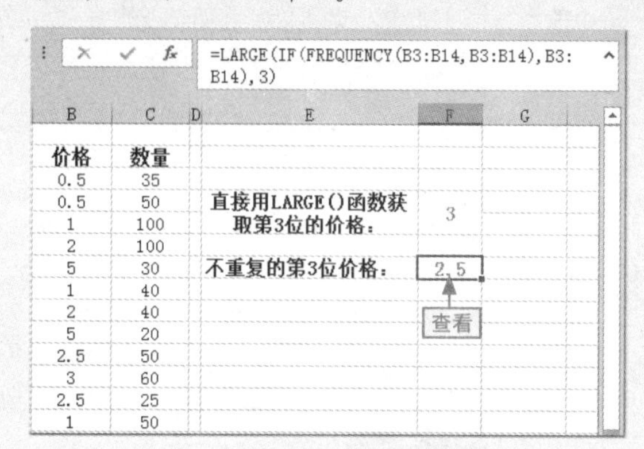

图10-44 查看计算的效果

FREQUENCY() 函数主要用于计算数值在某个区域内的出现频率，然后返回一个垂直数组，其语法结构如下。

```
FREQUENCY(data_array,bins_array)
```

其中参数 data_array 表示一个值数组或对一组数值的引用，要为它计算频率；参数 bins_array 表示一个区间数组或对区间的引用，该区间用于对 data_array 中的数值进行分组。函数 FREQUENCY() 将忽略空白单元格和文本。

本例在处理数据的过程中，按照以下计算步骤进行。

首先使用 FREQUENCY() 函数计算出 B3:B14 单元格区域所有单价出现的频率，得到数组 {2;0;3;2;2;0;0;0;2;1;0;0;0}，然后利用 IF() 函数将使用 FREQUENCY() 函数计算得出的数组 {2;0;3;2;2;0;0;0;2;1;0;0; 0} 作为第一个参数，排除掉数组中重复的数据，得到数组 {0.5;FALSE; 1;2;5;FALSE;FALSE;2.5; 3;FALSE;FALSE;FALSE}。最后，使用 LARGE() 函数将 IF() 函数计算得到的数组作为第一个参数。

因为 LARGE() 函数在计算时会忽略逻辑值与文本值，所以实际上参与运算的数组为去掉重复值的 {0.5;1;2;5;2.5;3}，则不重复的第三位单价为 2.5。

Chapter 11 DIY 图表布局样式

学习目标

图表是 Excel 直观显示数据的一种手段，利用图表展示数据，可有效提高数据的可读性与说服力，同时可以让数据分析结果更加显而易见。要使图表更加好看，展示的数据更加完整，就需要对图表的背景、标题、图例、坐标轴和数据标签等组成部分的外观进行各种自定义操作。

本章要点

- 设置图表区效果
- 设置绘图区效果
- 删除和添加图例
- 更改图例位置
- 设置数值坐标轴的数字显示格式
- 为图表添加次要纵坐标轴
- 为图表添加需要的数据标签
- 设置数据标签的显示选项
- 添加或删除数据系列
- 切换行列数据

知识要点	学习时间	学习难度
设置图表背景效果	20 分钟	★★
设置图例格式和坐标轴	60 分钟	★★★★
设置数据标签和数据系列	60 分钟	★★★★

设置图表背景效果

阿智：小白，不要每次制作的图表都千篇一律地用默认效果，适当地设置一些背景效果，可以让图表展现不一样的效果。

小白：设置图表背景效果有这么大的好处？那你具体给我讲讲吧。

图表的背景是图表给读者的第一印象，也是吸引读者眼球最重要的一部分。图表的背景主要有图表区背景和绘图区背景两部分，背景效果的好坏对图表的整体效果影响非常大。

11.1.1 设置图表区效果

图表区是存放所有图表元素的载体，也是图表中占版面最大的区域。图表区的背景对图表数据的可读性有很大的影响，该区域的背景通常应与图表的其他元素在视觉上有较大反差，且背景不宜花哨。

图表区的背景与其他形状的背景设置相同，可以使用纯色、渐变色、图片或纹理进行填充。以设置纹理填充为例，设置方法有以下两种。

通过下拉菜单设置图表区效果

选择图表的图表区，❶ 在“图表工具 格式”选项卡的“形状样式”组中单击“形状填充”按钮右侧的下拉按钮，❷ 在弹出的下拉菜单的“纹理”子菜单中选择需要的选项即可，如图 11-1 所示。如果选择“其他纹理”命令，将打开对应的格式设置任务窗格，在其中可以设置纹理的填充方式、偏移位置、镜像类型以及纹理的透明度等效果。

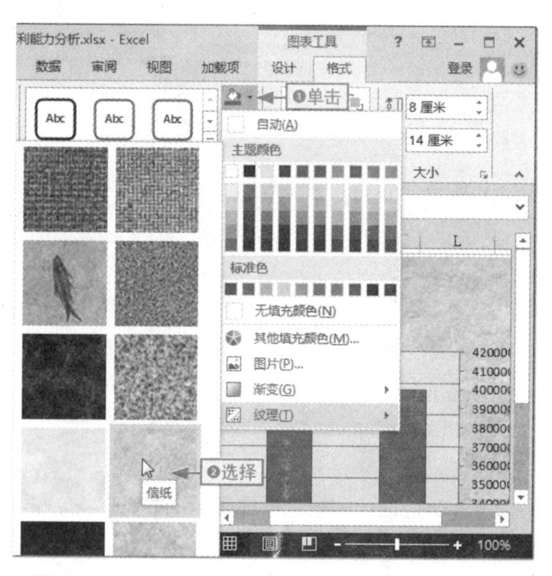

图11-1 通过下拉菜单设置图表区的纹理背景

通过任务窗格设置图表区效果

在图表的图表区中右击，选择“设置图表区格式”命令，或者选择图表区，❶ 在“图表工具 格式”选项卡的“当前所选内容”组中单击“设置所选内容格式”按钮，打开“设置图表区格式”任务窗格，❷ 选中“图片或纹理填充”单选按钮，❸ 单击纹理图标即可选择所需的纹理，如图 11-2 所示。

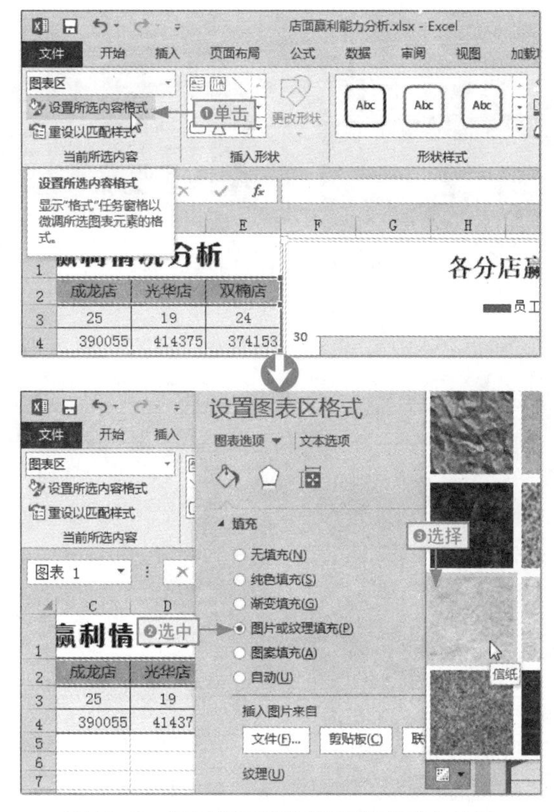

图11-2 通过任务窗格设置纹理填充效果

11.1.2 设置绘图区效果

绘图区是存放图表数据系列的区域，在整个图表中，除图表区外，所占面积最大的就是绘图区。绘图区背景效果的设置与图表区背景效果的设置方法完全相同，只是选择的设置对象由图表区转为了绘图区。例如，要使用一张已有图片来填充绘图区，具体操作如下。

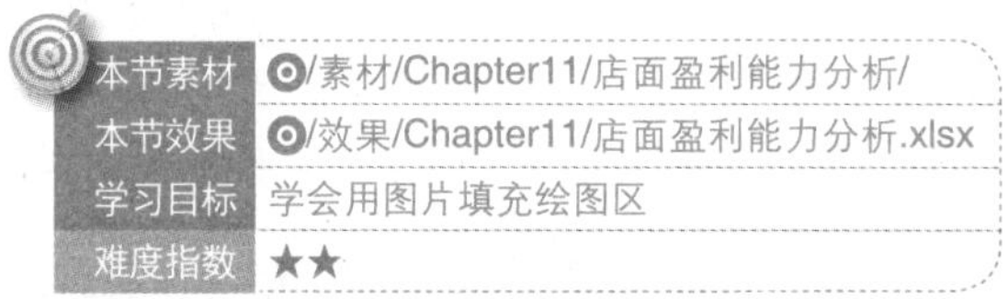

本节素材	/素材/Chapter11/店面盈利能力分析/
本节效果	/效果/Chapter11/店面盈利能力分析.xlsx
学习目标	学会用图片填充绘图区
难度指数	★★

步骤 01 打开“店面盈利能力分析”素材文件，❶选择图表的绘图区，❷在“图表工具-格式”选项卡中单击“形状填充”按钮右侧的下拉按钮，❸选择“图片”命令，如图 11-3 所示。

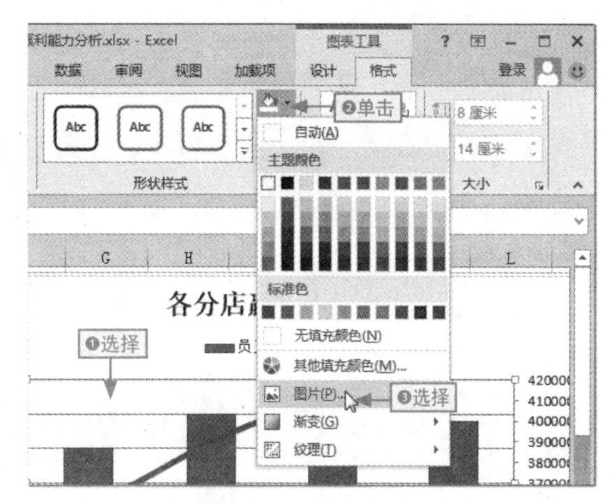

图11-3 选择绘图区

步骤 02 在打开的对话框中单击“浏览”按钮，如图 11-4 所示。

图11-4 单击“浏览”按钮

步骤 03 ❶在打开的对话框中找到图片文件的保存位置，❷选择图片文件，❸单击“插入”按钮，如图 11-5 所示。

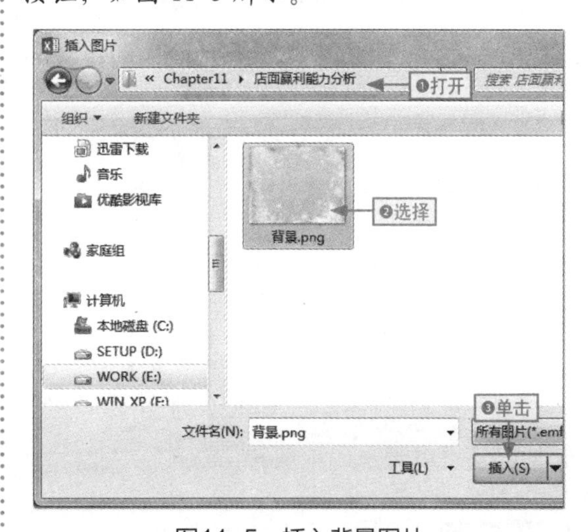

图11-5 插入背景图片

步骤 04 返回到工作表中即可查看图表的绘图区用指定的图片填充后的效果，如图 11-6 所示。

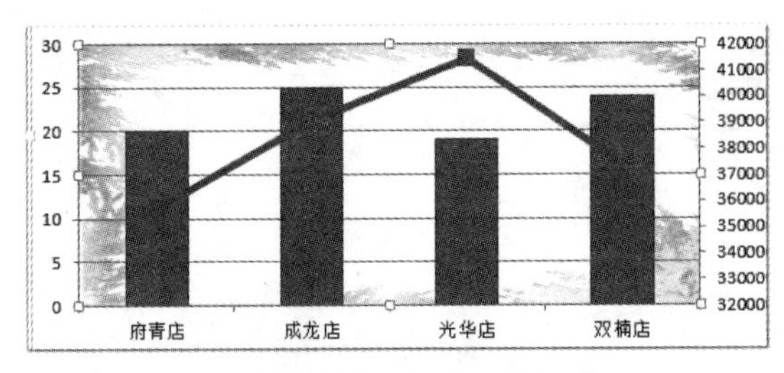

图11-6 查看效果

11.2 设置图例格式

小白：我觉得图例的作用不大，我想把它删了。

阿智：对于只有一个数据系列的情况，图例的作用确实不大，但是在数据系列较多的情况下，特别是要具体查看每一个数据系列的数据时，作用就大了，所以我们要根据实际需求判断是否需要图例。

图例在图表中主要用于区分各数据系列，在同一张图表中，图例是不会完全相同的（人为设置为相同的情况除外）。

11.2.1 删除和添加图例

在具有多个数据系列的图表中，创建图表时 Excel 会自动为各个数据系列添加对应的图例，如果用户不需要在图表中显示图例，可将其删除，或者在需要显示图例而系统未自动添加的时候，向图表添加图例。

1. 删除图例

要删除图表中的图例，最简单、快捷的方法是选择图例后，按 Delete 键删除。除此之外，还可以通过以下两种方法删除图例。

学习目标	掌握快速删除图例的方法
难度指数	★★

通过下拉菜单删除图例

❶选择图表后，在“图表工具-设计”选项卡的“图表布局”组中单击“添加图表元素”下拉按钮，❷选择“图例”子菜单中的“无”选项，如图 11-7 所示。

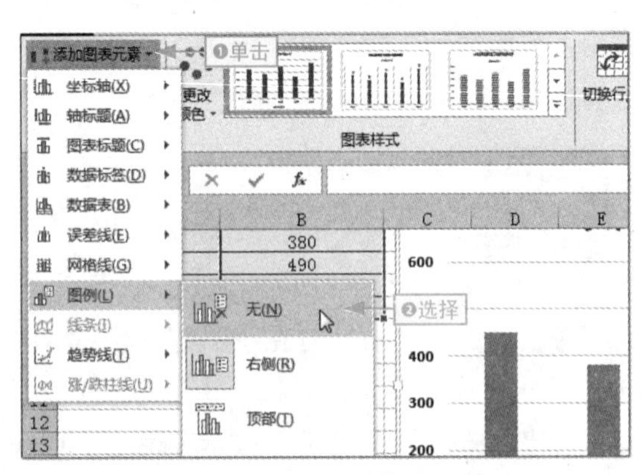

图11-7 通过下拉菜单删除图例

通过快速按钮删除图例

❶ 选择图表后，单击图表右上角的“图表元素”快速按钮，❷ 在展开的界面中取消选中“图例”复选框即可，如图 11-8 所示。

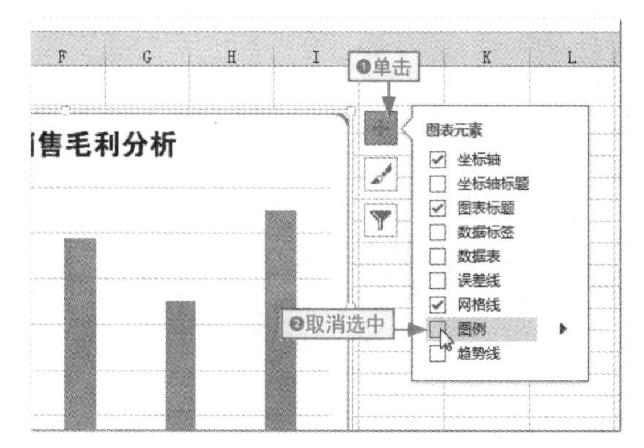

图11-8 通过快速按钮删除图例

2. 添加图例

如果要在图表中添加图例，也可以通过下拉菜单和快速按钮添加，其具体操作与删除图例相似，这里就不再赘述了。

除此之外，还可以通过 ❶ 单击“图表工具-设计”选项卡的“图表布局”中的“快速布局”下拉按钮，❷ 选择带图例元素的图表布局样式即可同时更改图表的布局并添加图例，如图 11-9 所示。

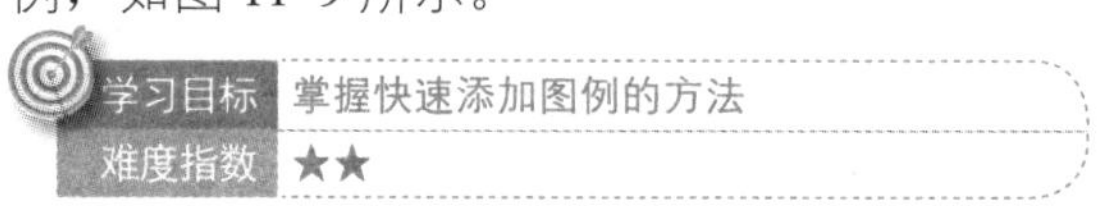

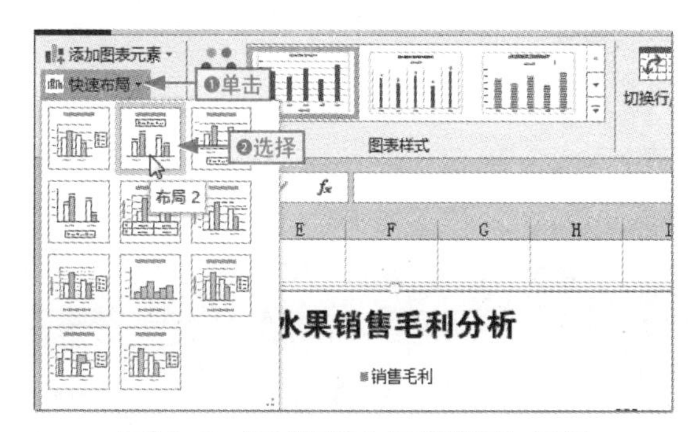

图11-9 通过调整布局间接添加图例

11.2.2 更改图例位置

在创建图表的时候，如果选择了数据区域来创建，Excel 会根据图表的类型自动分配图例的位置。如果需要更改图例的位置，也可以通过更改整个图表的布局来实现，但通常情况下，这种方法使用并不多，而是使用以下三种方法来完成。

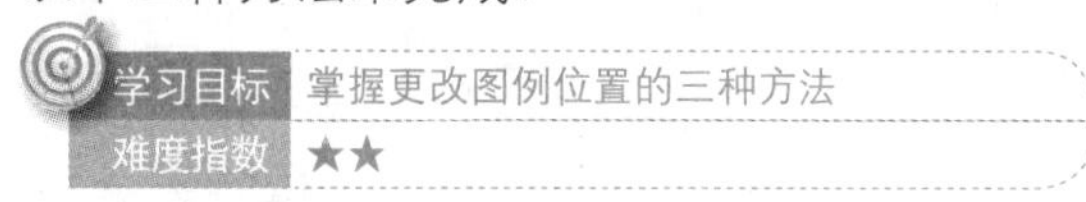

通过下拉菜单更改图例位置

❶ 选择图表，在“图表工具-设计”选项卡的“图表布局”组中单击“添加图表元素”下拉按钮，❷ 在“图例”子菜单中选择所需的位置命令即可，这里选择“顶部”，如图 11-10 所示。

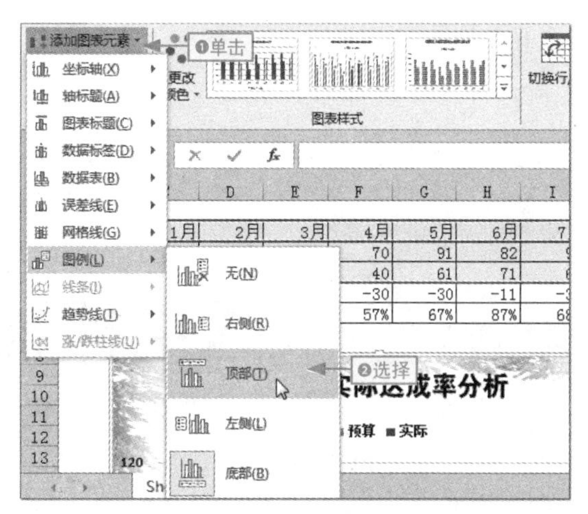

图11-10 通过下拉菜单更改图例位置

通过快速按钮更改图例位置

❶ 选择图表后，单击图表右上角的“图表元素”快速按钮，❷ 在展开的界面中单击“图例”复选框右侧的展开按钮，❸ 选择需要的位置命令即可，如图 11-11 所示。

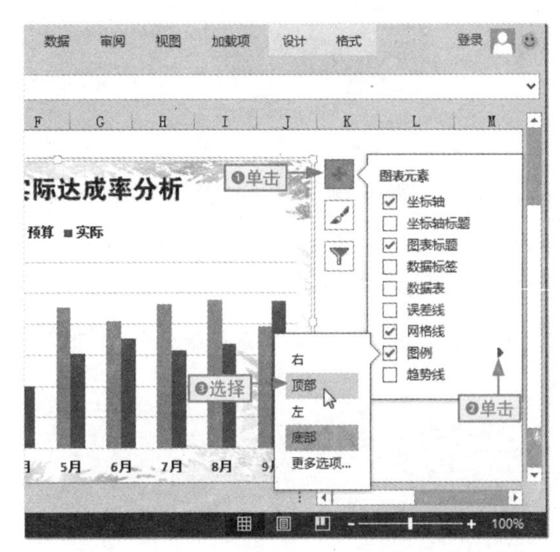

图11-11　通过快速按钮更改图例位置

通过任务窗格更改图例位置

❶ 在图表中的图例上右击，在弹出的快捷菜单中选择“设置图例格式”命令，打开“设置图例格式”任务窗格，❷ 在“图例选项”栏中选中对应的单选按钮即可选择图例的位置，如图 11-12 所示。

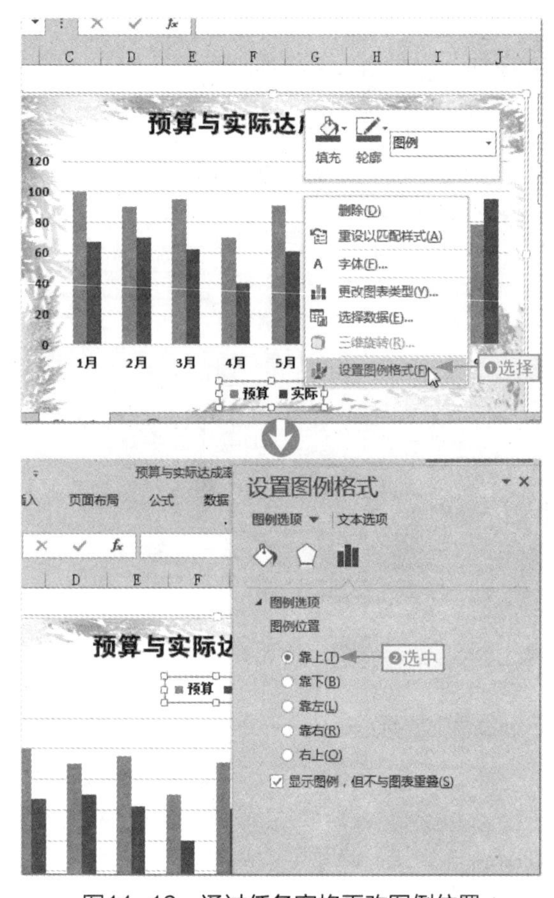

图11-12　通过任务窗格更改图例位置

11.3 设置坐标轴

小白：我想在坐标轴的数据上添加单位，该怎么操作呢？

阿智：这需要对坐标轴上的数据的显示格式进行自定义设置，下面我给你讲讲具体操作吧。

坐标轴是图表数据点分布的依据，除饼图和圆环图外，其他所有二维图表都有至少两个（最多 4 个）坐标轴，三维类型的图表还有第三个“深度”轴。Excel 为图表的坐标轴提供了大量的设置选项，通过“设置坐标轴格式”任务窗格，可以对坐标轴进行各种设置。对于不同的图表和不同类型的坐标轴，“设置坐标轴格式”任务窗格可能有所不同。

11.3.1 设置数值坐标轴的数字显示格式

二维图表的坐标轴分为分类轴和数值轴两种，分类轴用于显示数据系列的分类，通常为文本；数值轴用于显示数据的间隔，通常为数字。

默认情况下，数值轴显示的数字的格式与其引用的单元格的格式相同，但用户可以手动调整其显示格式，各种适用于数字的自定义格式都可以在图表的数值轴中使用。下面通过具体的实例讲解其相关的操作方法。

本节素材	/素材/Chapter11/一周气温变化.xlsx
本节效果	/效果/Chapter11/一周气温变化.xlsx
学习目标	让数值轴自动显示单位
难度指数	★★★★

步骤 01 打开“一周气温变化”素材文件，❶在图表的数值坐标轴上右击，❷选择“设置坐标轴格式”命令，如图 11-13 所示。

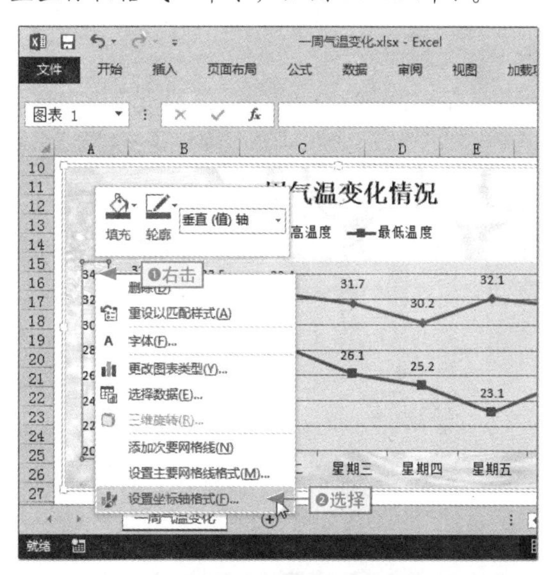

图11-13 选择“设置坐标轴格式”命令

步骤 02 在打开的任务窗格中单击“数字”标签，展开“数字”栏，如图 11-14 所示。

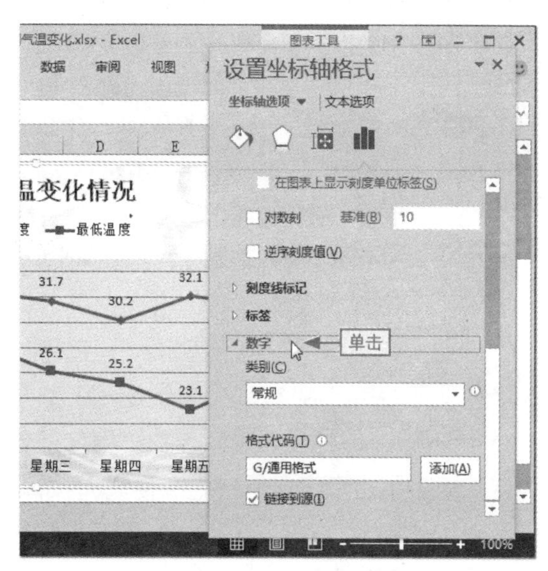

图11-14 展开“数字”栏

步骤 03 ❶在“格式代码”文本框中输入“#.0"℃ "”代码，❷单击“添加”按钮，如图 11-15 所示。

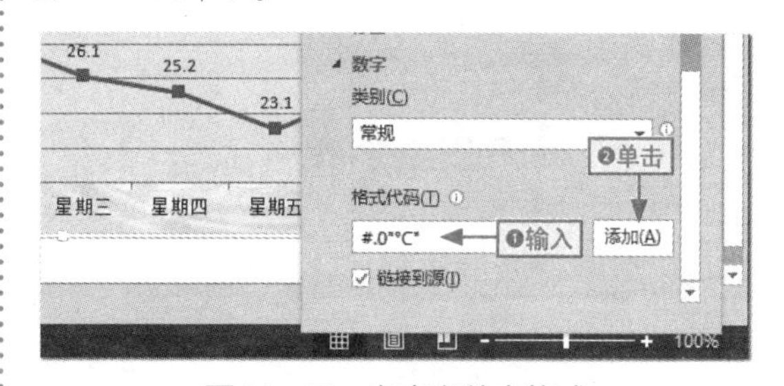

图11-15 自定义数字格式

步骤 04 关闭任务窗格后，在返回的工作表中即可看到图表的数值坐标轴刻度的每个刻度值都添加了单位，如图 11-16 所示。

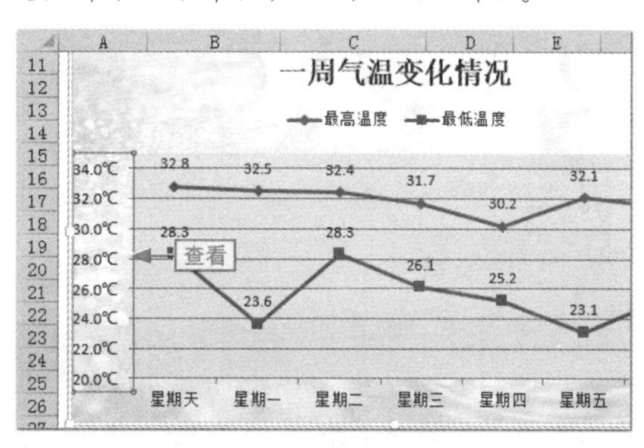

图11-16 查看设置效果

本例的操作关键在于利用自定义格式代码让数字以指定的样式显示出来。自定义代码中的“#.0”部分表示数字显示整个整数部分和一位小数，后面的“"℃ "”表示在显示的每一个数字后面添加一个摄氏度符号“℃”。

在操作过程中，除了通过在纵坐标轴标签上右击后选择“设置坐标轴格式”命令打开“设置坐标轴格式”任务窗格外，还可以选择纵坐标轴后，在“图表工具-布局”选项卡或“图表工具-格式”选项卡的“当前所选内容”组中单击“设置所选内容格式”按钮，打开该任务窗格。

需要特别注意的是，Excel 中的自定义格式仅对显示数字类型的数据有效，如数字、时间和日期等，对文本类型的数字是无效的，因此不可对只显示文本的坐标轴设置自定义格式，即使设置了自定义格式，也看不出任何效果。

11.3.2 为图表添加次要纵坐标轴

在创建图表的过程中，如果图表中两个数据系列的值相差太大，图表中某一个数据系列将很难被清楚地看到数据变化情况，此时可将数值差距较大的一个或多个数据系列绘制到次坐标轴中，使得图表的数据更具有可读性。下面通过具体的实例讲解其相关的操作方法。

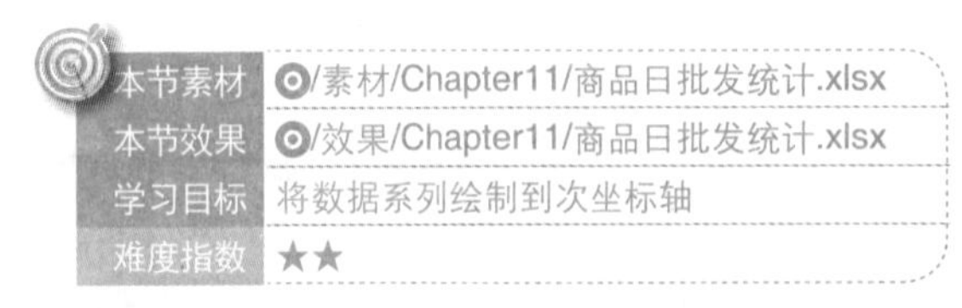

本节素材	/素材/Chapter11/商品日批发统计.xlsx
本节效果	/效果/Chapter11/商品日批发统计.xlsx
学习目标	将数据系列绘制到次坐标轴
难度指数	★★

步骤 01 打开“商品日批发统计”素材文件，❶ 在图表的“批发量（千克）”数据系列上右击，❷ 选择“设置数据系列格式”命令，如图 11-17 所示。

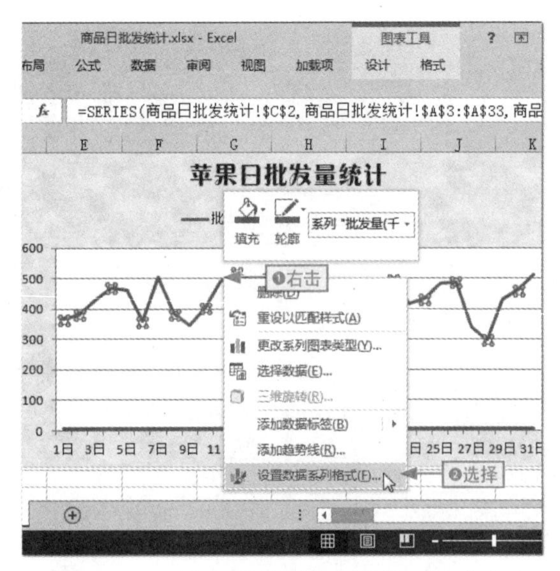

图11-17 选择“设置数据系列格式”命令

步骤 02 打开“设置数据系列格式”任务窗格，❶ 在“系列选项”选项卡中选中“次坐标轴”单选按钮，❷ 单击“关闭”按钮关闭对话框即可看到设置效果，如图 11-18 所示。

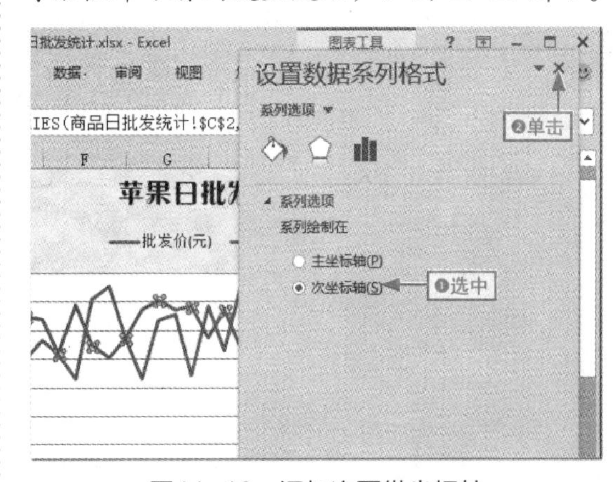

图11-18 添加次要纵坐标轴

本例中绘制到同一张图表内的两个数据系列的差值太大，使得批发价数据系列基本在横坐标轴附近形成一条直线。由于两个数据系列之间并没有必然的因果联系，因此可将其中任何一个数据系列绘制到次坐标轴，让两个坐标轴分别显示不同的刻度单位，使得两个数据系列都具有明显的变化。

11.4 设置数据标签

阿智：给图表加个数据标签，这样更方便查看具体的数据大小。

小白：对你来说这个操作很简单，但你还是具体给我讲讲吧，我不怎么会。除了添加数据标签，对于数据标签的其他设置操作也一并给我讲讲。

图表中的数据标签用于显示单个数据点的具体的值，或对该数据点进行必要的说明。大多数图表在默认情况下是不显示数据标签的，用户可根据自己的需要对数据标签进行设置。

11.4.1 为图表添加需要的数据标签

如果图表中没有显示数据标签，而需要通过数据标签来说明图表的数据点，则可以手动为图表添加数据标签。

很多图表的内置布局样式中都有带数据标签的布局，用户可以直接选择这类布局样式，为图表添加数据标签，也可以通过以下方法来添加。

通过下拉菜单添加数据标签

❶ 选择图表，在“图表工具-设计”选项卡的“图表布局”组中单击“添加图表元素”下拉按钮，❷ 选择“数据标签”菜单，❸ 在弹出的子菜单中选择“无”选项以外的其他选项，即可在数据系列的对应位置添加数据标签，如图 11-19 所示。

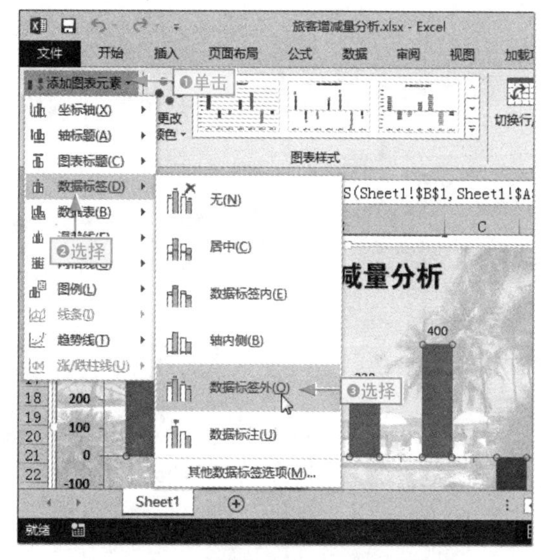

图11-19　通过下拉菜单添加数据标签

通过快速按钮添加数据标签

❶ 选择图表后，单击图表右上角的“图表元素”快速按钮，❷ 在展开的界面中直接单击“数据标签”复选框右侧的展开按钮，❸ 在弹出的子菜单中选择对应的数据标签位置选项，即可在数据系列的相应位置添加数据标签，如图 11-20 所示。

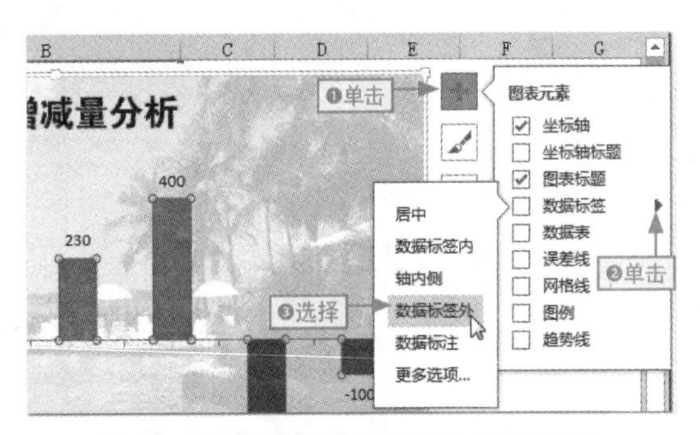

图11-20　通过快速按钮添加数据标签

通过快捷菜单添加数据标签

❶ 在需要显示数据标签的数据系列或数据点上右击，❷ 在“添加数据标签”菜单的子菜单中选择“添加数据标签”命令，如图 11-21 所示。

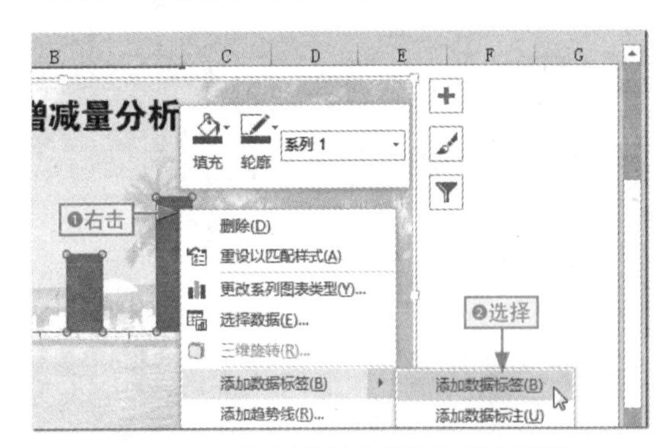

图11-21　通过快捷菜单添加数据标签

11.4.2 设置数据标签的显示选项

图表的数据标签不仅可以显示当前数据点的值，还可以根据需要设置其是否显示数据系列名称或当前分类名称，其操作方法是：选择需要设置显示选项的数据标签，按 Ctrl+1 组合键，打开“设置数据标签格式”任务窗格。在“标签选项”选项卡的“标签包括”组中选中相应的复选框，如图 11-22 所示。

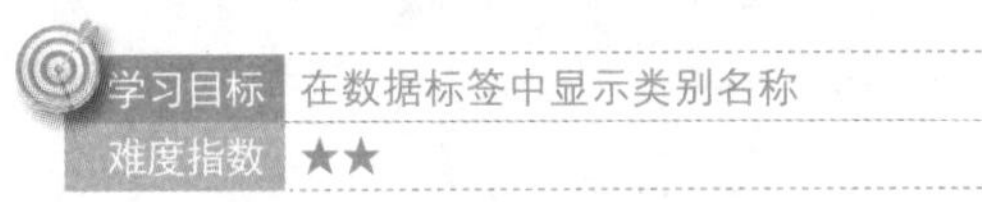

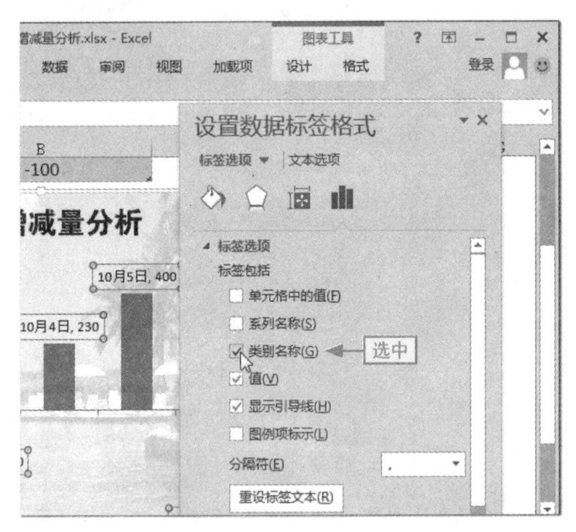

图11-22　在数据标签中显示类别名称

11.5 设置数据系列

小白：我在检查制作的图表时发现少选择了一组数据，可不可以将少选择的数据直接添加到图表中呢？

阿智：当然可以，而且方法还有很多呢，我具体给你讲讲吧。

数据系列是图表的核心，也是真实数据的图形化表现。对数据系列进行一些简单的设置，会对图表的数据可读性造成很大的影响，因此对数据系列的设置应格外小心。

11.5.1 添加或删除数据系列

一张完整的图表至少应包含一个数据系列，而图表中的数据系列也不是图表创建完成后就不能变动了。在可显示多数据系列的图表中，用户可以根据实际需要向图表中添加数据系列，或从图表中删除不需要的数据系列。

1. 添加数据系列

要在已经创建好的图表中添加新的数据系列，可使用以下几种方法完成。

通过对话框添加

选择图表，❶单击“图表工具-设计”选项卡“数据”组里的“选择数据”按钮（或者在图表中任意位置右击，在弹出的快捷菜单中选择“选择数据”命令），打开“选择数据源”对话框，❷重新设置图表数据区域即可，如图 11-23 所示。

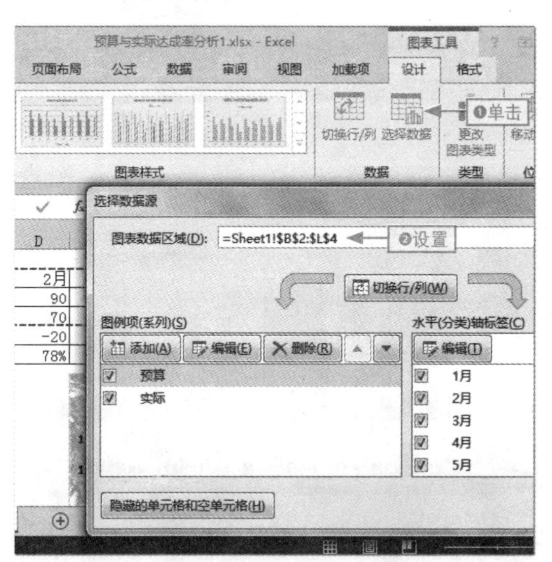

图11-23 通过对话框添加图表数据

拖动数据源区域添加

❶选择图表，数据源区域带蓝色边框的区域即为图表的数据系列所在的区域，❷拖动该区域右下角的顶点以调整数据源区域，也可以向图表中添加数据系列，如图 11-24 所示。

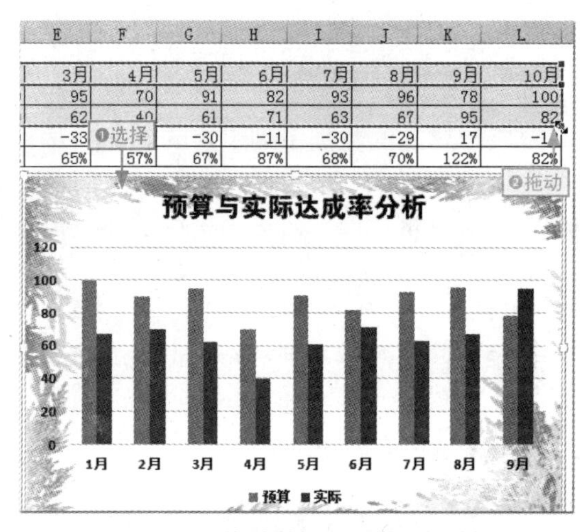

图11-24 拖动数据源区域添加数据

使用快捷键添加

❶选择要添加到图表中的数据系列的所有数据，按 Ctrl+C 组合键复制，❷选择图表，❸按 Ctrl+V 组合键粘贴，如图 11-25 所示。

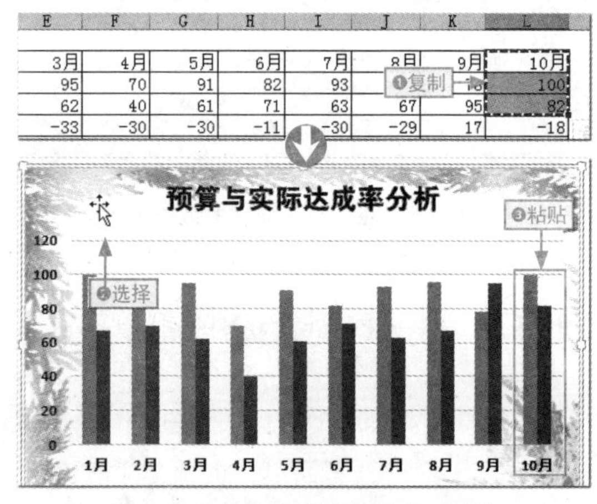

图11-25 通过快捷键添加图表数据

2. 删除数据系列

根据向图表中添加数据系列的方法可以推测，删除数据系列也应该有三种方法，具体方法如下。

◆ 通过快捷键删除：选择要删除的数据系列后按Delete键，这是最常用也是最快速的方法。

◆ 通过调整数据源区域删除：与调整数据源区域添加数据系列的操作相似，只是通过此方法删除数据系列时，通过调整蓝色边框将不需要的数据系列引用的单元格从范围内排除。

◆ 通过对话框删除：选择图表后，通过任意方法打开“选择数据源”对话框，❶在“图例项（系列）”栏中间的列表框中选择需要删除的数据系列，❷单击“删除”按钮，如图 11-26 所示。

学习目标 掌握删除图表数据系列的常用方法

难度指数 ★★

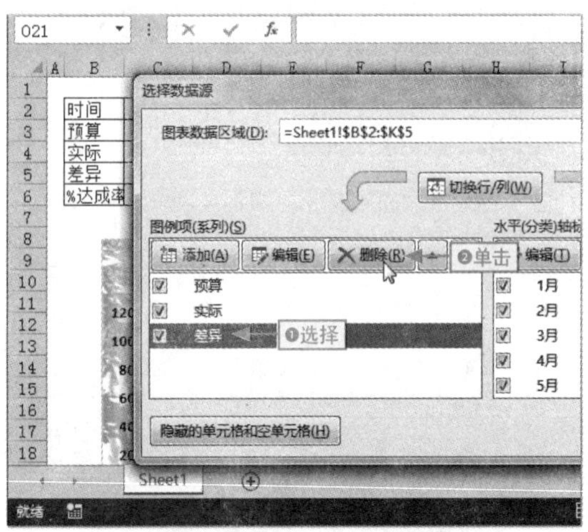

图11-26 通过对话框删除数据系列

11.5.2 切换行列数据

数据源区域的排列方式决定了图表绘制出来后的分类和数据系列。如果数据源区域的第 1 行和第 1 列分别为数值类型和文本类型的数据，在根据此区域创建柱形图、条形图、折线图和面积图等类型图表时，默认以每一行作为数据系列，以每一列为分类。

如果要调换图表的分类和数据系列，可以通过切换行列数据来实现。具体操作是：选择图表后，在“图表工具-设计”选项卡的“数据”组中单击“切换行/列”按钮，如图 11-27 所示。也可通过任意方式打开“选择数据源”对话框，单击其中的“切换行/列”按钮来实现。

学习目标 掌握切换行列数据的两种方法

难度指数 ★★

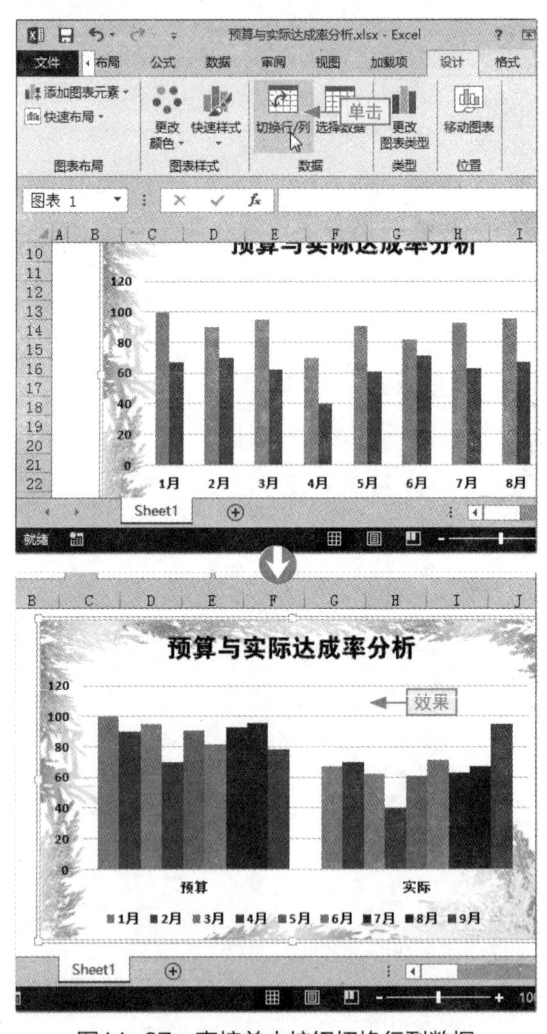

图11-27 直接单击按钮切换行列数据

给你支招 ｜ 设置起点不为 0 的数值坐标轴

阿智： 创建图表时，系统自动生成一个坐标系，数值轴的值通常都是从0开始的，但在有些图表中，数据可能集中在某一个范围内，使得图表靠近横坐标轴的位置会产生很多空白，此时可通过调整值坐标轴的最小值来控制数值坐标轴的起点，使其不从0开始。

小白： 还可以这样操作？快给我演示一下吧。

步骤 01 ❶在图表左侧的值坐标轴上右击，❷选择“设置坐标轴格式”命令，如图 11-28 所示。

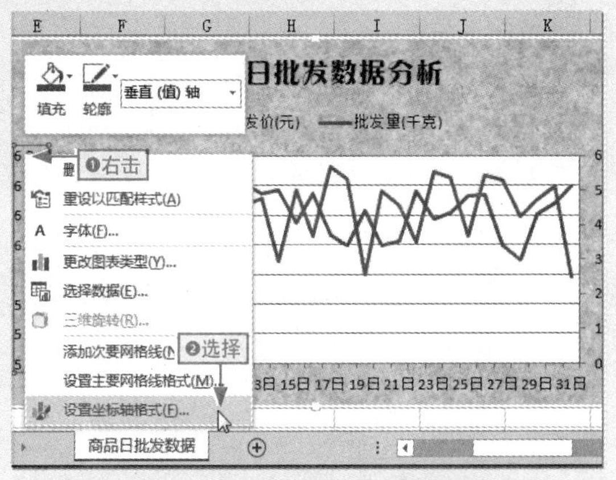

图11-28　选择“设置坐标轴格式”命令

步骤 02 打开“设置坐标轴格式”任务窗格，在“坐标轴选项”选项卡中将“最小值”设置为 5.8，如图 11-29 所示。

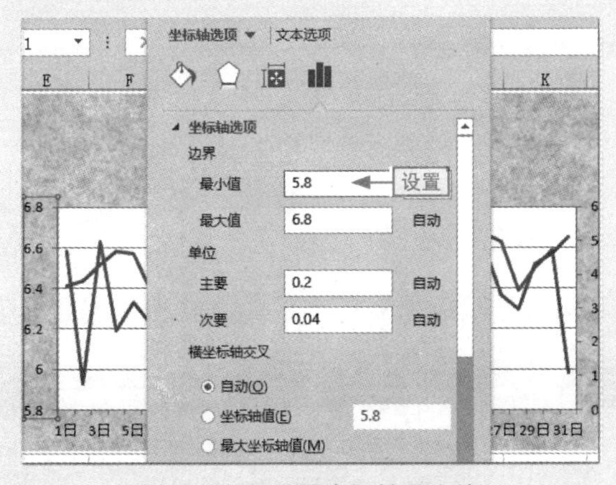

图11-29　设置坐标轴最小值

步骤 03 ❶选择次坐标轴，❷在任务窗格中分别设置坐标轴边界的最小值和最大值，如图 11-30 所示。

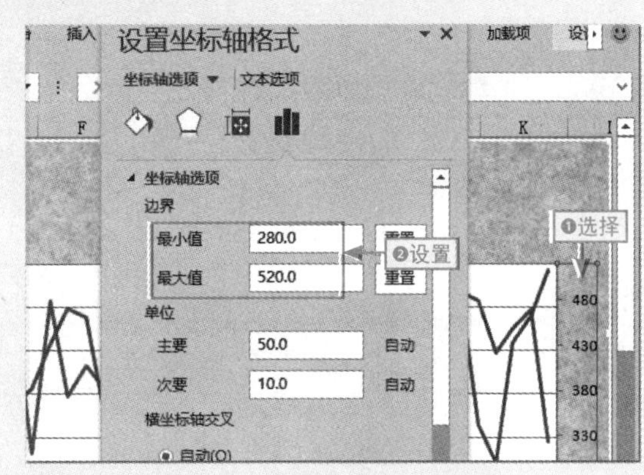

图11-30　设置次坐标轴刻度

步骤 04 单击窗格右上角的“关闭”按钮完成操作。在返回的工作表中即可查看为图表自定义坐标轴数值起点后的效果，如图 11-31 所示。

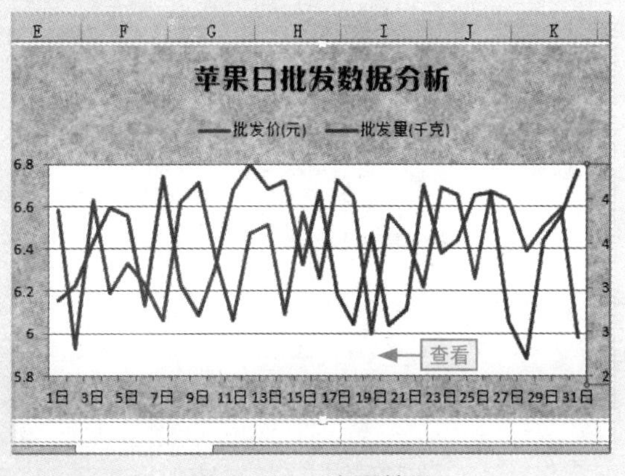

图11-31　查看效果

给你支招 | 巧用图片替代数据系列

小白：有什么方法可以让数据系列更形象地表现数据呢?

阿智：可以将单一的形状用相应的图片来替代数据系列的展示，从而让你直接看数据系列的图案，就可以明白该系列是什么数据。下面我给你讲讲操作方法吧。

步骤01 ❶双击“草莓”数据系列选择该数据系列，❷通过右键快捷菜单打开“设置数据点格式”任务窗格，选中“图片或纹理填充”单选按钮，❸单击“文件”按钮，如图 11-32 所示。

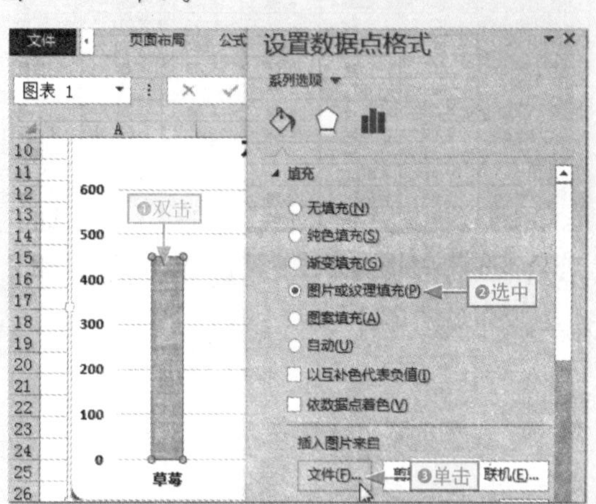

图11-32 单击“文件”按钮

步骤02 打开“插入图片”对话框，❶找到并选择需要的图片选项，❷单击“插入”按钮，如图 11-33 所示。

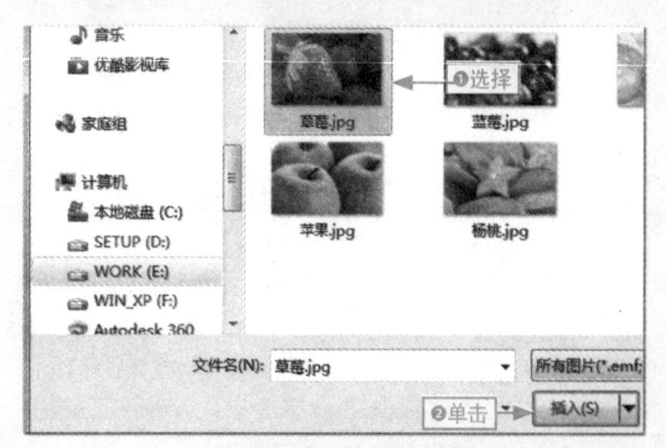

图11-33 选择图片

步骤03 在返回的工作界面可看到图片以伸展方式进行填充。在任务窗格中选中“层叠”单选按钮，更改图片的填充方式，如图 11-34 所示。

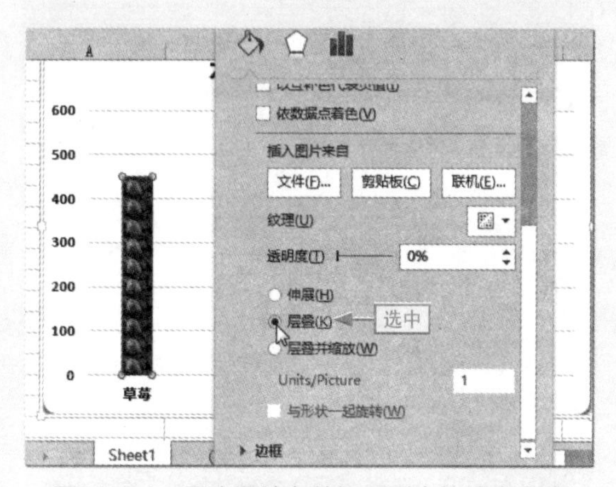

图11-34 更改图片在数据系列中的填充方式

步骤04 用相同的方法为其他数据系列设置对应的图片填充，最后的设置效果如图 11-35 所示。

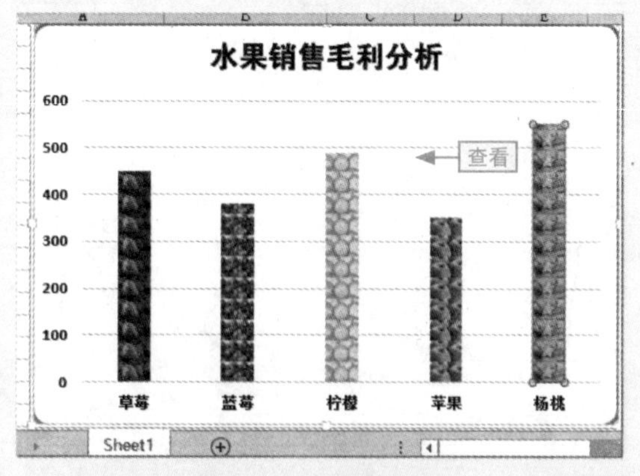

图11-35 查看效果

Chapter 12

高级图表的制作

学习目标

本章将结合使用图表的一些常用或高级的操作来制作出一些高级和常用的图表，帮助用户灵活地使用图表的组成元素和操作方法，从而制作出更加符合实际需要的专业的图表。

本章要点

- 制作温度计的"玻璃管"
- 制作温度计的"液体"
- 制作对称图构架
- 完善对称图表
- 添加辅助列
- 制作瀑布图
- 制作断层图表
- 制作过渡和连接部分

知识要点	学习时间	学习难度
制作温度计图表	50 分钟	★★★★
对称图表的制作	55 分钟	★★★★
制作瀑布图和断层图表	60 分钟	★★★★★

12.1 制作温度计图表

小白：在两组数据大小的对比中，如投入与收益、预计与目标等数据，要将它们进行直观对比和相差比较该怎样实现呢?

阿智：可以将数据系列进行重叠比较，类似于温度计样式。

温度计图表，顾名思义就是非常像测量体温的温度计，由里面的液体和外面透明的玻璃管构成，能清晰地看到液体到了玻璃管的实际位置。在数据分析中，恰好可以利用这一点来进行两组数据的对比。

12.1.1 制作温度计的“玻璃管”

温度计的玻璃管都是透明的，能装纳溶剂液体。这里要制作的温度计玻璃管，其实就是对目标系列进行底纹和边框样式的设置以及图表的创建。

下面以在“投入与利润相关性”工作簿中创建图表并将销售额数据系列制作成玻璃管为例，介绍其具体操作。

本节素材	⊙/素材/Chapter12/投入与利润相关性.xlsx
本节效果	⊙/效果/Chapter12/投入与利润相关性.xlsx
学习目标	掌握制作“玻璃管”的数据系列的方法
难度指数	★★★★

步骤 01 打开“投入与利润相关性”素材文件，❶ 选择 A3:A12 和 E3:F12 单元格区域，❷ 单击柱形图下拉按钮，❸ 选择“簇状柱形图”选项，如图 12-1 所示。

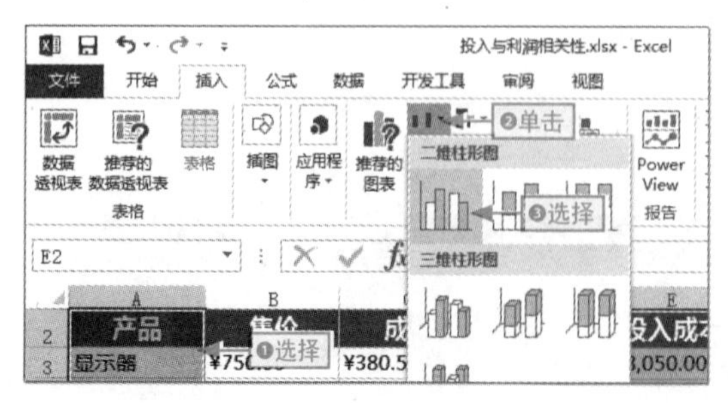

图12-1 创建簇状柱形图

步骤 02 将图表移到合适位置，❶ 在标题文本框中输入“投入与利润分析”并将其选中，然后右击，❷ 选择“字体”命令，打开“字体”对话框，如图 12-2 所示。

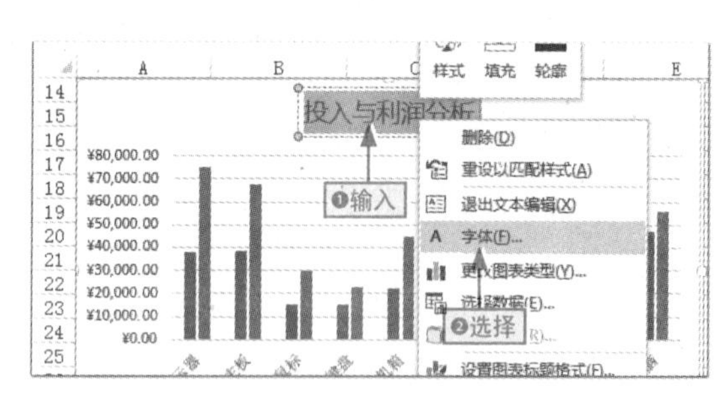

图12-2 输入图表标题

步骤 03 分别设置中文字体、字体样式和大小为微软雅黑、加粗和 14，如图 12-3 所示。

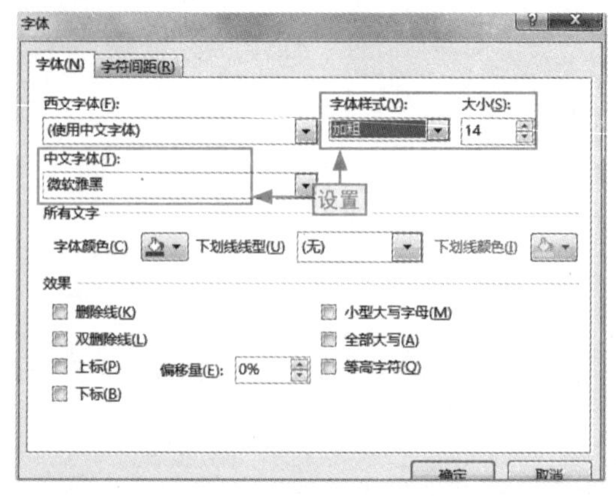

图12-3 设置图表标题格式

步骤 04 ❶ 单击“字符间距”选项卡，❷ 设置“度量值”为“0.5”，❸ 单击“确定”按钮，如图 12-4 所示。

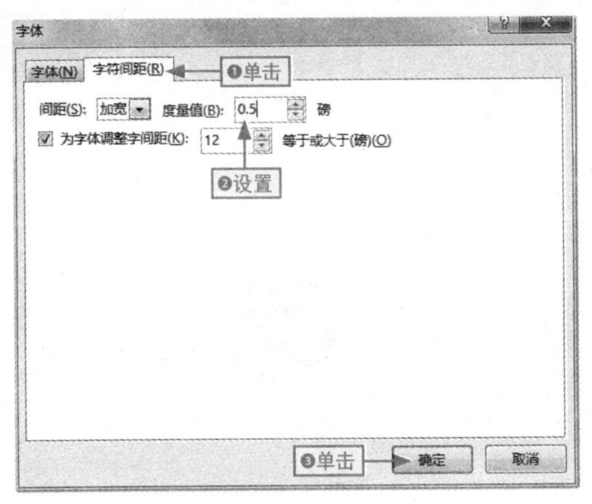

图12-4 调整图表标题文本间距

巧妙设置加宽/紧缩

在设置字体间距时，在“度量值”数值框中，输入正数，则为加宽，负数则为紧缩，无须事先对间距方式进行选择。

步骤 05 在图表中❶ 选择“销售额”数据系列，❷ 单击“图表工具-格式”选项卡中的“设置所选内容格式”按钮，如图 12-5 所示。

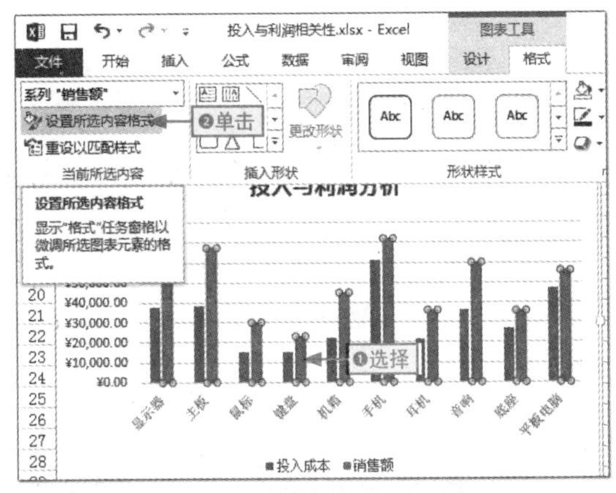

图12-5 启用设置数据系列格式功能

步骤 06 打开“设置数据系列格式”窗格，将“系列重叠”设置为“100%”，如图 12-6 所示。

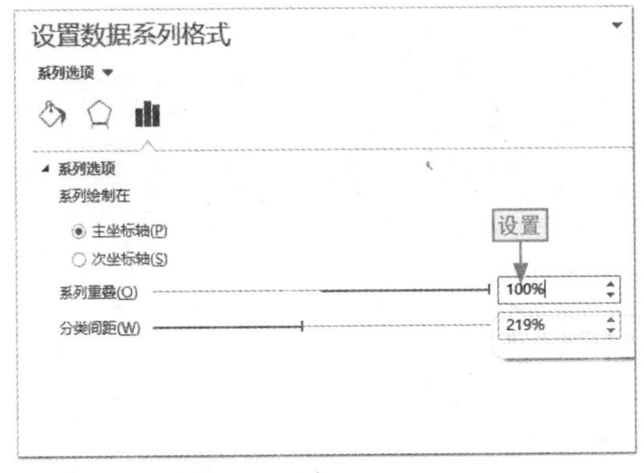

图12-6 让数据系列重叠

轻松调整数据系列宽度

若觉得数据系列的宽度较窄或较宽，可通过设置“分类间距”来调整。

步骤 07 ❶ 单击“线条填充”选项卡，❷ 展开“边框”下拉选项，❸ 选中“实线”单选按钮，❹ 单击“颜色”下拉按钮，❺ 选择“橙色，着色 2，深色 25%”选项，如图 12-7 所示。

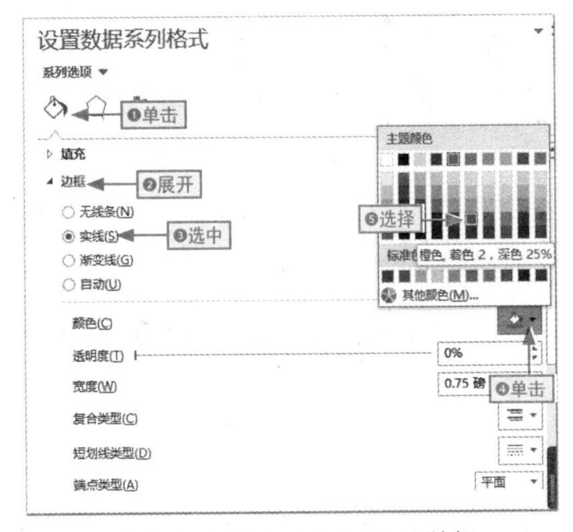

图12-7 设置销售额数据系列边框

步骤 08 ❶ 展开“填充”下拉选项，❷ 选中“无填充”单选按钮，取消“销售额”数据系列填充色，如图 12-8 所示。

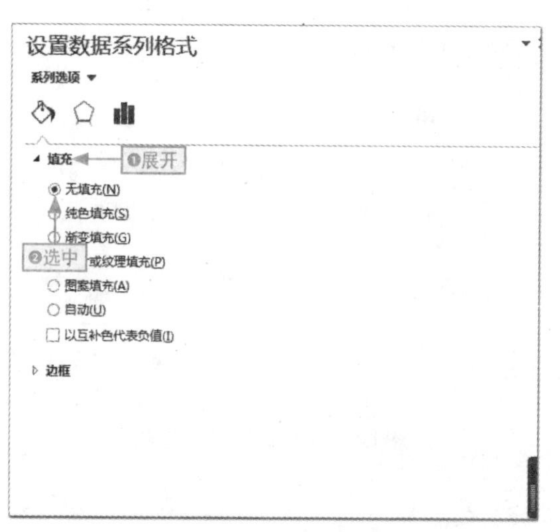

图12-8　取消“销售额”数据系列填充色

步骤 09 在图表中即可查看制作的“玻璃管”数据系列的效果，如图 12-9 所示。

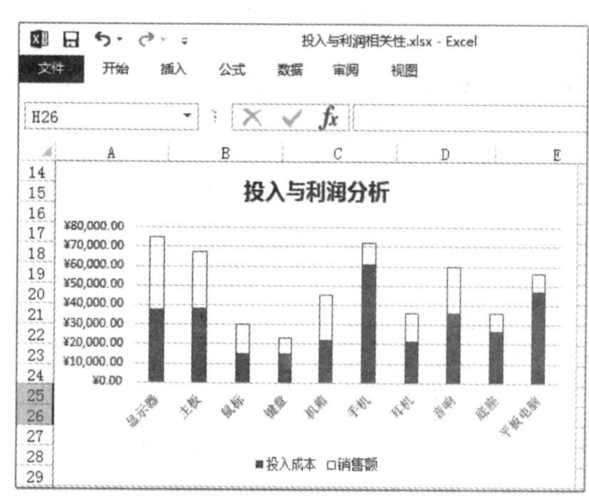

图12-9　查看制作效果

12.1.2 制作温度计的“液体”

温度计中，水银液体是指示当前温度的对象，用于被包容的数据，如当前数据和投入成本等。

下面以在“投入与利润相关性 1”工作簿中将“投入成本”数据系列制作为温度计的“水银液体”为例，介绍其具体操作。

本节素材	/素材/Chapter12/投入与利润相关性1.xlsx
本节效果	/效果/Chapter12/投入与利润相关性1.xlsx
学习目标	掌握制作“水银液体”的数据系列的方法
难度指数	★★★★

步骤 01 打开“投入与利润相关性 1”素材文件，❶在“图表工具-格式”选项卡中单击当前所选内容下拉按钮，❷选择“系列"投入成本"”选项，如图 12-10 所示。

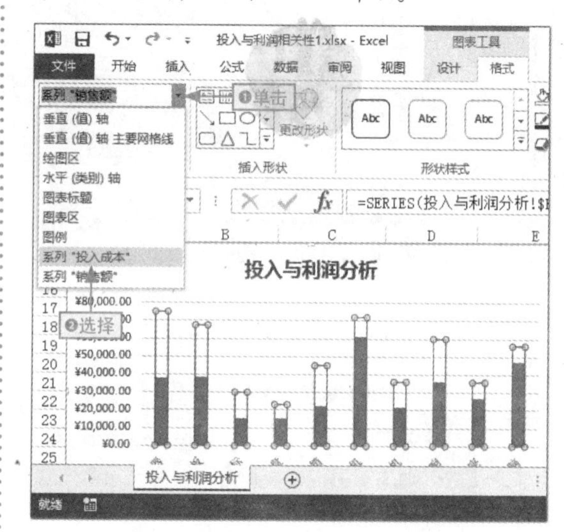

图12-10　选择“投入成本”数据系列

步骤 02 ❶单击“形状效果”下拉按钮，❷选择“柔化边缘 / 柔化边缘选项”命令，如图 12-11 所示。

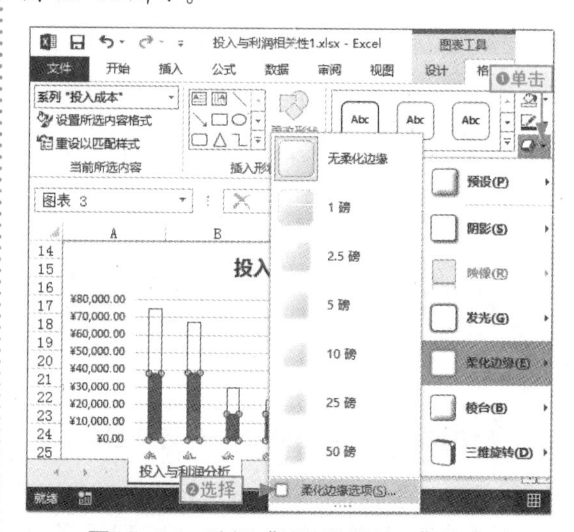

图12-11　选择“柔化边缘选项”命令

步骤 03 打开“设置数据系列格式”窗格，设置“大小”参数为“2 磅”，如图 12-12 所示。

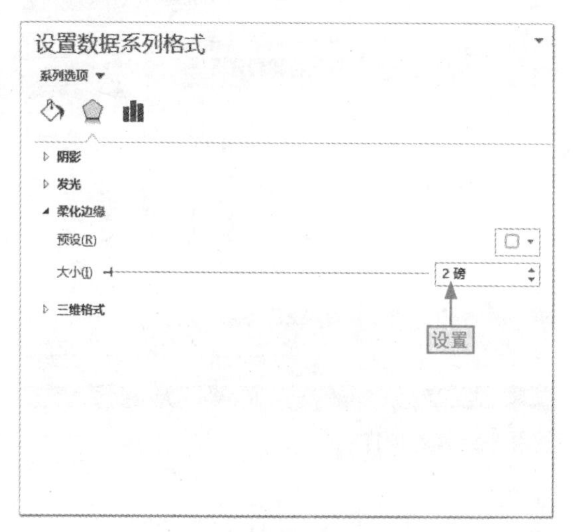

图12-12 设置柔化边缘大小

步骤 04 ❶单击“线条填充”选项卡，❷展开“填充”下拉选项，❸单击“颜色”下拉按钮，❹选择“橙色，着色 2，深色 25%”选项，如图 12-13 所示。

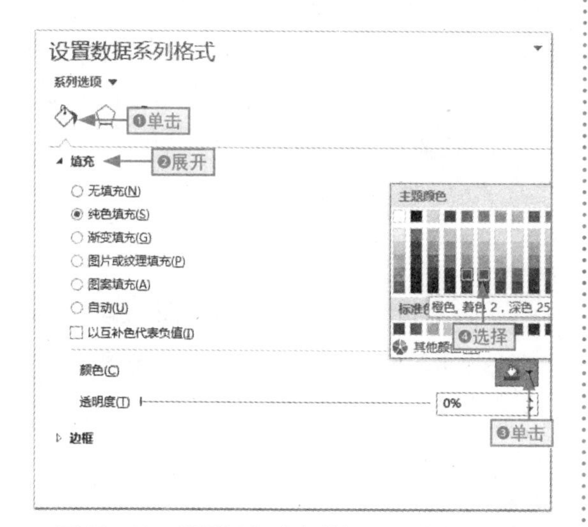

图12-13 设置投入成本数据系列的填充颜色

步骤 05 在“透明度”数值框中输入“34”，让填充的橙色以 34% 的透明度显示，如图 12-14 所示。

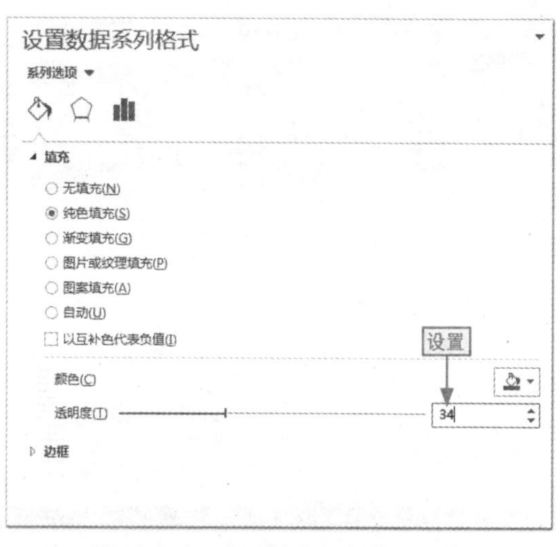

图12-14 设置填充颜色的透明度

步骤 06 在图表中即可查看将“投入成本”数据系列设置为“水银液体”的效果，如图 12-15 所示。

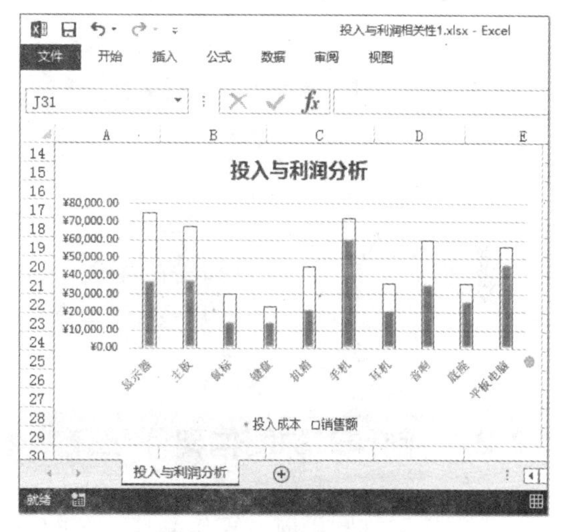

图12-15 水银液体效果

快速恢复最初的样式

在图表中，若要将设置格式的元素对象恢复到最初的状态，则❶选择该元素对象后，❷单击“图表工具－格式”选项卡中的“重设以匹配样式”按钮来还原或恢复，如图 12-16 所示。

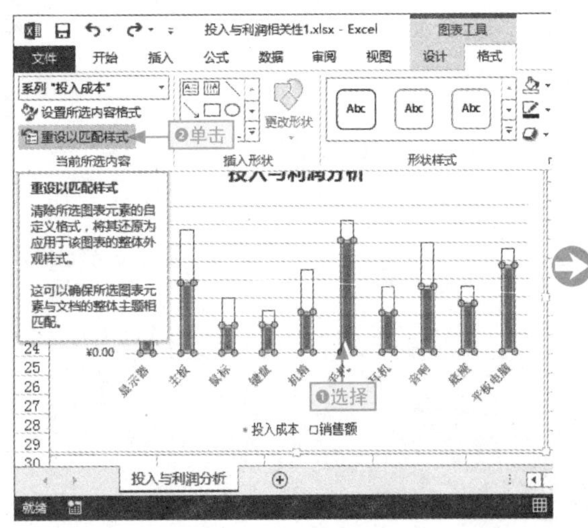

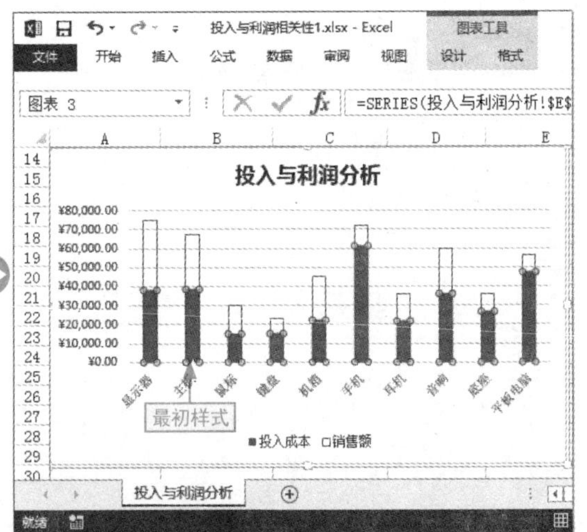

图12-16　恢复或还原设置图表元素对象样式

12.2 对称图表的制作

小白：我们要对比分析两组同时进行的数据，如同一日期间的工作量，该怎样制作图表呢？

阿智：可以采用左右对称的图表。

对称图表分为上下对称和左右对称。其中上下对称基本上以 0 轴作为分界，上下是正负数部分，共用水平坐标轴；左右对称是共用垂直坐标轴。它们制作的方法基本相同。

12.2.1 制作对称图构架

在制作对称图表时，需先制作一个图表，然后将其坐标轴分成两部分。

下面以在“小组日产量统计”工作簿中制作左右对称图表框架为例，介绍其具体操作。

本节素材	/素材/Chapter12/小组日产量统计.xlsx
本节效果	/效果/Chapter12/小组日产量统计.xlsx
学习目标	掌握制作对称图表框架的方法
难度指数	★★★★

步骤 01 打开“小组日产量统计”素材文件，选择 A2:C13 单元格区域，❶ 单击条形图下拉按钮，❷ 选择“簇状条形图”选项，如图 12-17 所示。

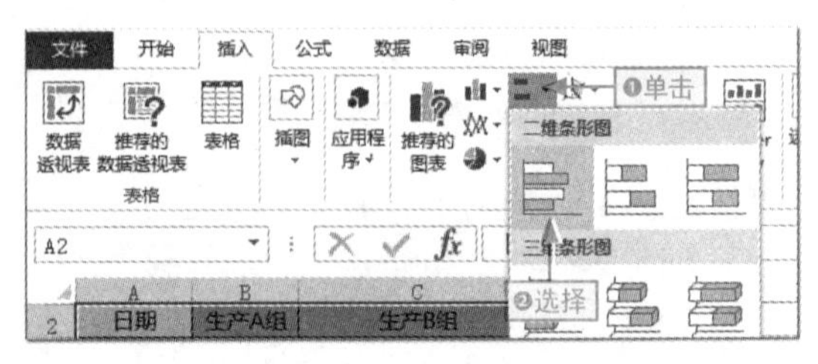

图12-17　插入簇状条形图

步骤 02 在图表中进行修改并设置图表标题。将其选中，在“图表工具-设计”选项卡的“图表样式”列表框中选择“样式 5”选项，如图 12-18 所示。

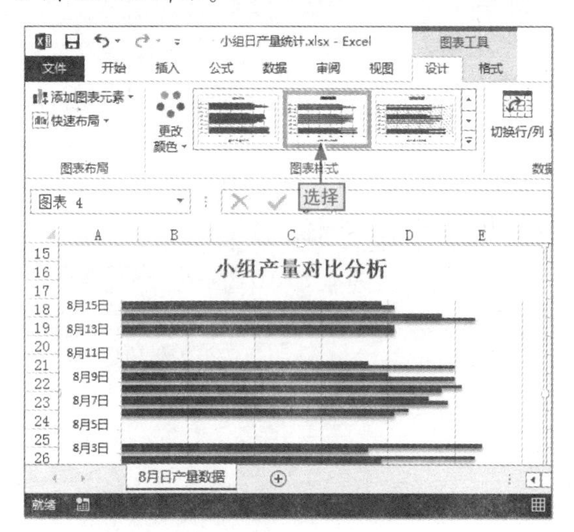

图12-18 设置条形图格式

步骤 03 在主要横坐标轴上右击，选择“设置坐标轴格式”命令，打开“设置坐标轴格式”窗格，如图 12-19 所示。

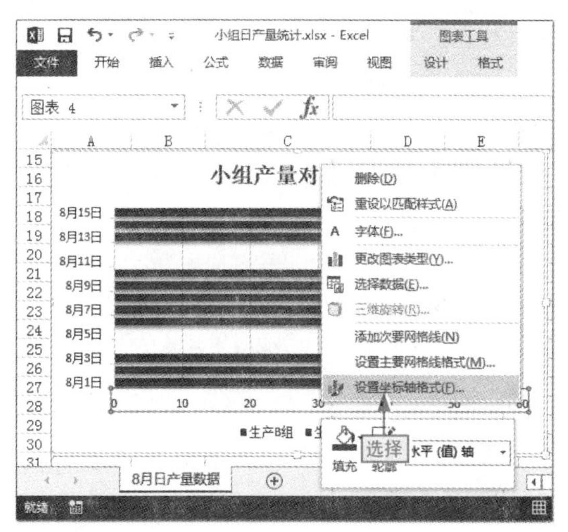

图12-19 打开“设置坐标轴格式”窗格

步骤 04 在“最小值”数值框中输入“-60”（与下面的最大值正负恰好相反，形成对称），如图 12-20 所示。

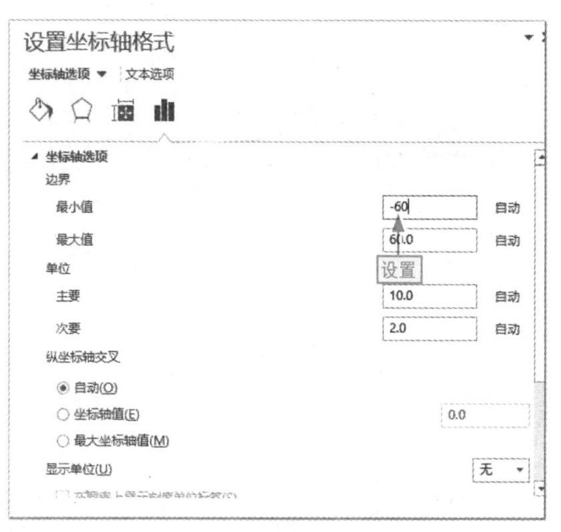

图12-20 设置横坐标轴的最小值

步骤 05 ❶ 展开“数字”下拉选项，❷ 在“格式代码”文本框中输入“#,##0;#,##0”，❸ 单击“添加”按钮，取消坐标轴左半部分的负数样式，如图 12-21 所示。

图12-21 取消坐标轴左半部分的负数样式

步骤 06 ❶ 单击“系列选项”选项卡，❷ 展开“坐标轴选项”下拉按钮，❸ 选中“文本坐标轴”单选按钮，去除坐标轴上的空刻度值，如图 12-22 所示。

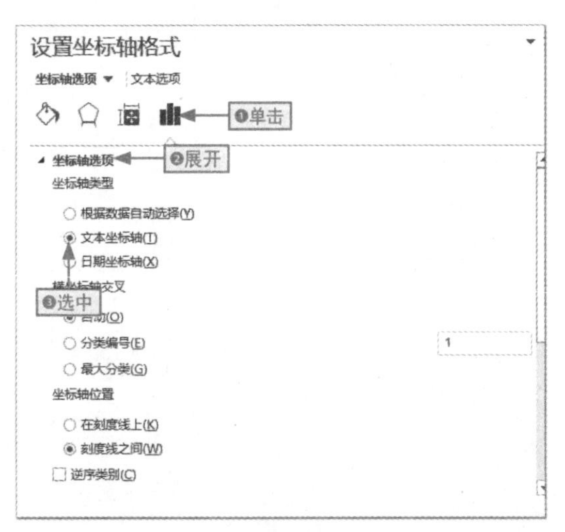

图12-22　将坐标轴类型设置为文本坐标轴

步骤 07 在图表中即可查看制作对称图表的整体框架效果，如图 12-23 所示。

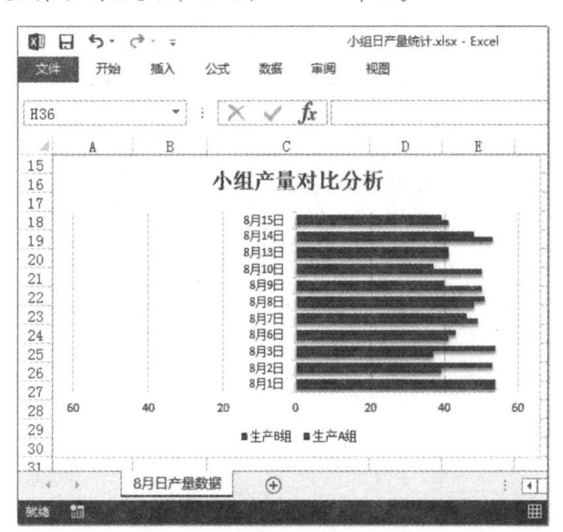

图12-23　对称图表整体框架效果

12.2.2 完善对称图表

对称图表由两部分组成，所以必须让图表中一类数据系列显示在坐标轴的另一侧形成对比。

下面以在“小组日产量统计 1”工作簿中将右侧的生产 A 组数据系列调整到坐标轴的左侧，与 B 组数据系列形成对称为例，介绍其具体操作。

本节素材	/素材/Chapter12/小组日产量统计1.xlsx
本节效果	/效果/Chapter12/小组日产量统计1.xlsx
学习目标	掌握左右对称图表调整方式
难度指数	★★★★

步骤 01 打开“小组日产量统计 1”素材文件，在“生产 A 组”数据系列上双击（事先不用选择），打开“设置数据系列格式”窗格，如图 12-24 所示。

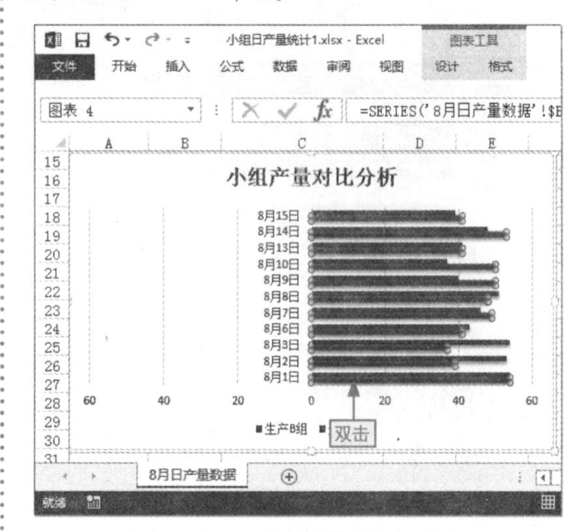

图12-24　对称图整体框架效果

步骤 02 在“系列选项”选项卡中选中“次坐标轴”单选按钮，如图 12-25 所示。

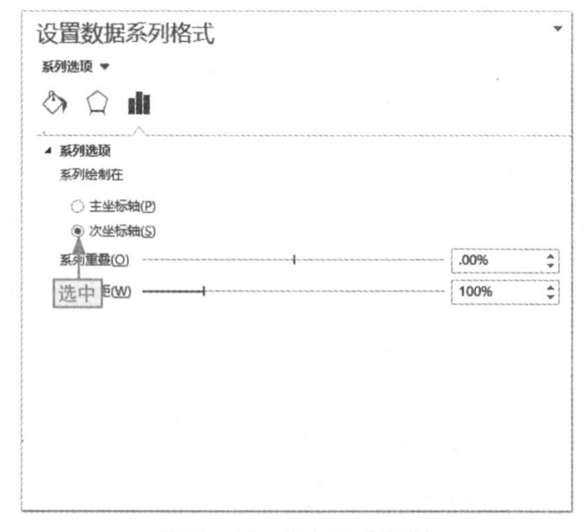

图12-25　添加次坐标轴

步骤 03 ❶在图表中选择添加的次要水平坐标轴，切换到“设置坐标轴格式”窗格，❷设置“最小值”为“-60”，如图12-26所示。

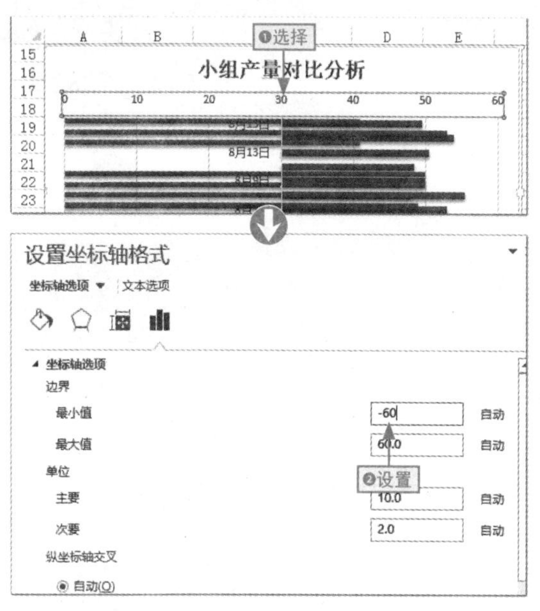

图12-26 添加次坐标轴最小值

步骤 04 ❶展开“数字”下拉选项，❷在“格式代码”文本框中输入“#,##0;#,##0”，❸单击“添加”按钮，取消坐标轴左半部分的负数样式，如图12-27所示。

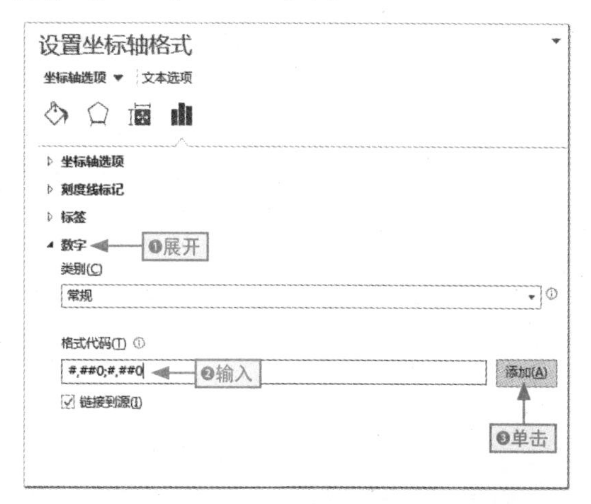

图12-27 取消坐标轴左半部分的负数样式

步骤 05 在“坐标轴选项”下拉选项中选中“逆序刻度值”复选框，如图12-28所示。

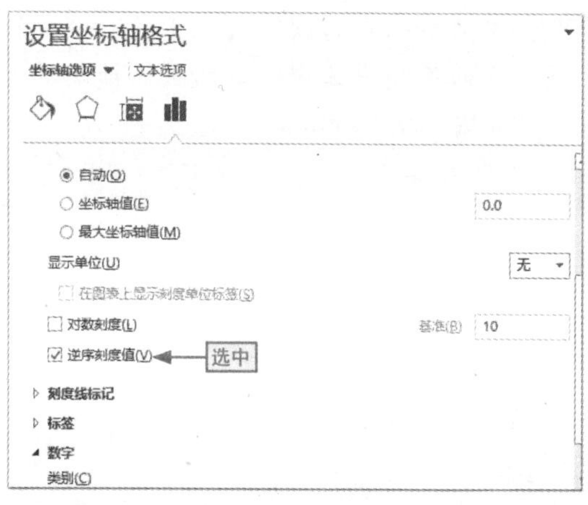

图12-28 将次要水平坐标轴转换为逆序刻度值

步骤 06 ❶展开“标签”下拉选项，❷单击“标签位置”下拉按钮，❸选择“无”选项，如图12-29所示。

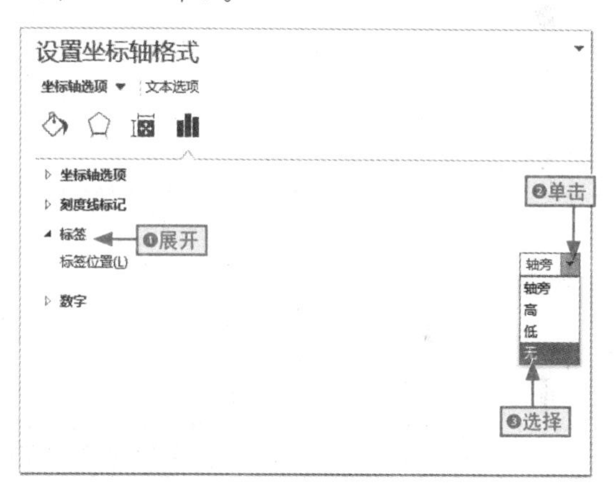

图12-29 隐藏添加的次坐标轴

步骤 07 在图表中选择纵坐标轴，窗格自动切换到“设置坐标轴格式”窗格，如图12-30所示。

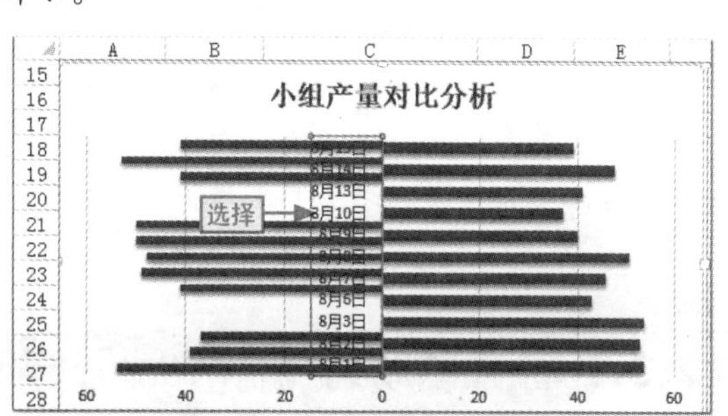

图12-30 在图表中选择纵坐标轴

步骤 08 在“系列选项”选项卡的“坐标轴选项”下拉选项中选中“日期坐标轴”单选按钮，如图 12-31 所示。

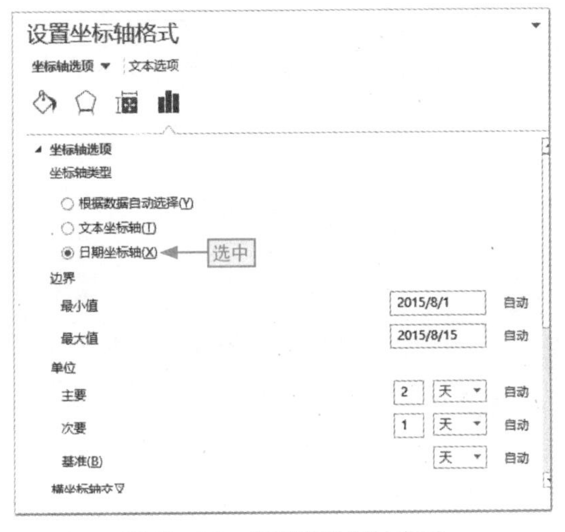

图12-31 设置纵坐标轴类型

步骤 09 ❶单击“线条填充”选项卡，❷展开“填充”下拉选项，❸设置“颜色”为“红色，着色2,淡色80%”选项，❹设置“透明度”为“50%”，在图表中即可查看效果，如图 12-32 所示。

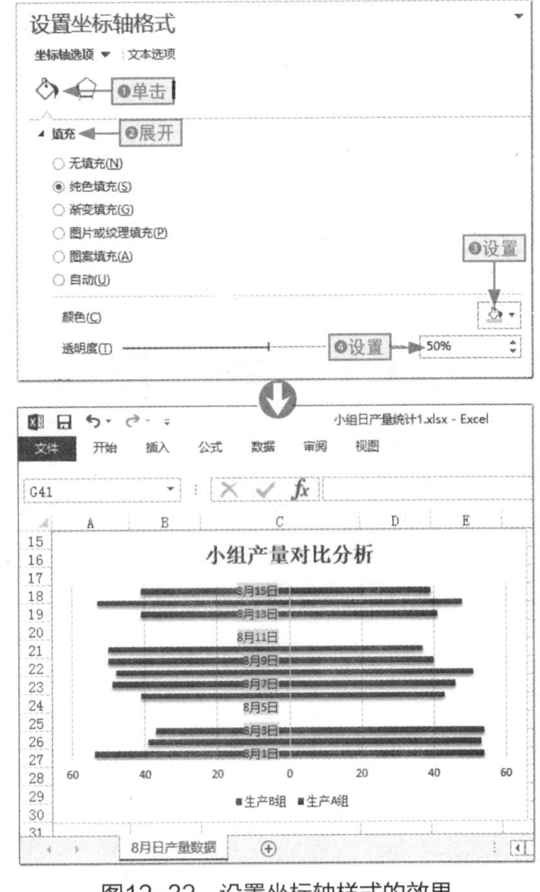

图12-32 设置坐标轴样式的效果

12.3 制作瀑布图

小白：可以让图表中的数据系列处于悬浮状态吗？同时保证这些悬浮状态的数据系列是按照实际数据显示，而不是随意的？

阿智：这种悬浮数据系列的图表类似于瀑布图表。

瀑布图表是一种外来叫法，它非常适用于对收入增减影响因素的分析，如从销售收入到税后利润、各类成本费用影响多少、业务收入到今年的业务收入及哪些产品各影响收入增减多少等。

12.3.1 添加辅助列

制作瀑布图最关键的就是让相应的数据对应悬浮在相应刻度位置，且悬浮在离水平坐标轴的正确位置。这时需要函数来实现。

下面以在“项目投资分析”工作簿中使用 IF 的嵌套函数来制作辅助列为例，介绍其具体操作。

本节素材	/素材/Chapter12/项目投资分析.xlsx
本节效果	/效果/Chapter12/项目投资分析.xlsx
学习目标	掌握添加辅助列的方法
难度指数	★★★★

步骤 01 打开“项目投资分析”素材文件，在 E2 单元格中输入“辅助列”，如图 12-33 所示。

	A	B	C	D	E
2	费用项目	总收入	项目投入	获利	辅助列
3	项目收入	¥560,000.00			
4	投资修建		¥40,000.00		
5	工人工资		¥80,000.00		
6	管理费用		¥30,000.00		
7	媒体广告		¥45,000.00		
8	绿化		¥25,000.00		
9	毛利润			¥376,000.00	
10	其他支出		¥45,000.00		
11	所得税		¥65,000.00		
12	净利润			¥266,000.00	

图12-33 制作辅助列

步骤 02 ❶选择 E4:E12 单元格区域，❷在编辑栏中输入“=IF(D4<>0,"",SUM($B$3:B3)-SUM($C$3:C3))”，如图 12-34 所示。

```
=IF(D4<>0,"",SUM($B$3:B3)-SUM($C$3:C3))
```

	B	C	D	E
2	总收入	项目投入	获利	辅助列
3	¥560,000.00			
4		¥40,000.00		($C$3:C3))
5		¥80,000.00		
6		¥30,000.00		
7		¥45,000.00		
8		¥25,000.00		
9			¥376,000.00	
10		¥45,000.00		
11		¥65,000.00		
12			¥266,000.00	

图12-34 输入函数

步骤 03 添加辅助列数据，效果如图 12-35 所示。

项目投资明细

	A	B	C	D	E
2	费用项目	总收入	项目投入	获利	辅助列
3	项目收入	¥560,000.00			
4	投资修建		¥40,000.00		¥560,000.00
5	工人工资		¥80,000.00		¥520,000.00
6	管理费用		¥30,000.00		¥440,000.00
7	媒体广告		¥45,000.00		¥410,000.00
8	绿化		¥25,000.00		¥365,000.00
9	毛利润			¥376,000.00	
10	其他支出		¥45,000.00		¥340,000.00
11	所得税		¥65,000.00		¥295,000.00
12	净利润			¥266,000.00	

图12-35 添加辅助列数据

12.3.2 制作瀑布图

制作瀑布图最基础的操作之一就是堆积柱形图，只需我们手动进行创建，然后将辅助列数据添加到其中，作为支持悬浮块。下面以在“项目投资分析”工作簿中制作瀑布图为例，介绍其具体操作。

本节素材	/素材/Chapter12/项目投资分析.xlsx
本节效果	/效果/Chapter12/项目投资分析.xlsx
学习目标	掌握制作瀑布图的方法
难度指数	★★★★

步骤 01 打开“项目投资分析”素材文件，选择 A2:D12 单元格区域，❶单击柱形图下拉按钮，❷选择“堆积柱形图”选项，如图 12-36 所示。

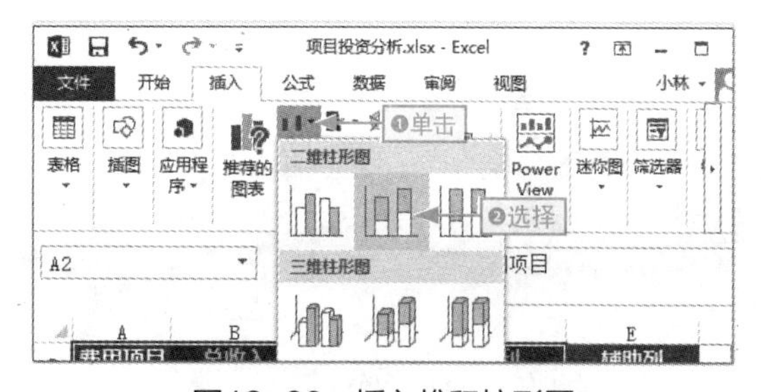

图12-36 插入堆积柱形图

步骤 02 对图表进行相应格式的设置，如图 12-37 所示。

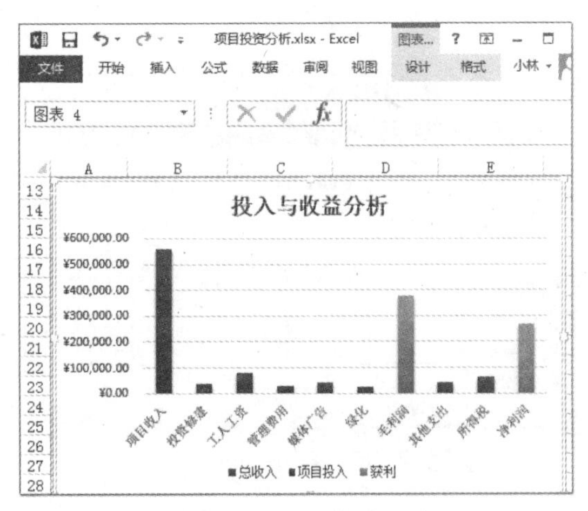

图12-37　设置图表样式

步骤 03 在图表上右击，选择“选择数据”命令，如图 12-38 所示。

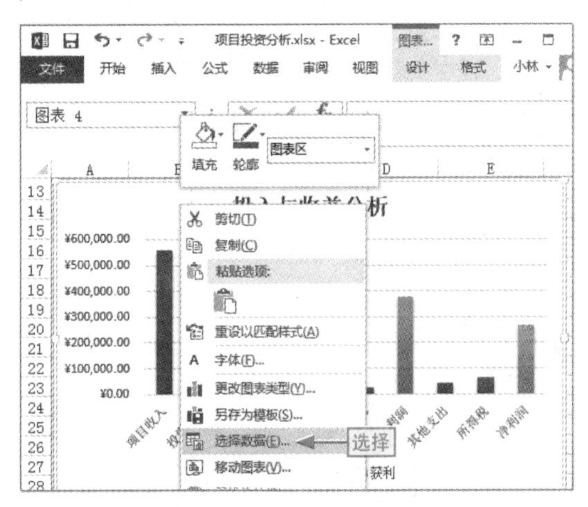

图12-38　更改数据源

步骤 04 打开“选择数据源”对话框，单击“添加”按钮，如图 12-39 所示。

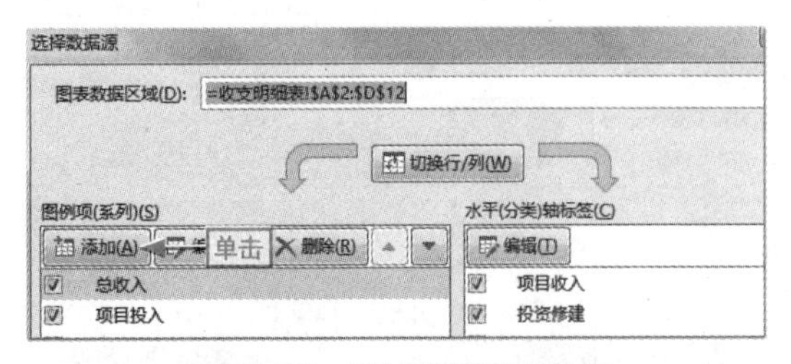

图12-39　添加数据系列数据

步骤 05 打开“编辑数据系列”对话框，❶选择系列值，❷单击“确定”按钮，如图 12-40 所示。

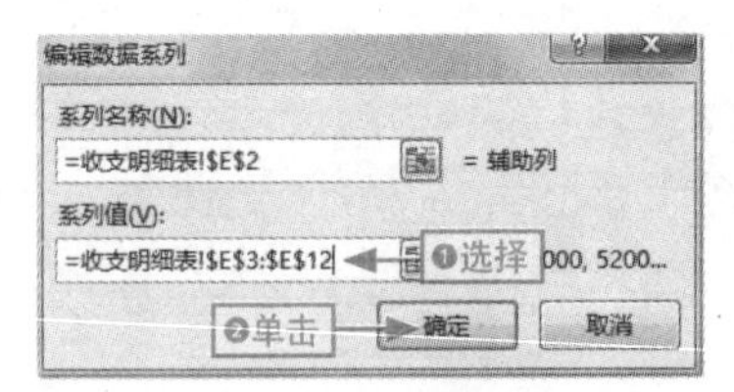

图12-40　添加辅助列数据作为数据源

步骤 06 返回到“选择数据源”对话框，❶选择“辅助列”选项，❷单击“上移”按钮，直到将其移到顶端位置，❸单击“确定”按钮，如图 12-41 所示。

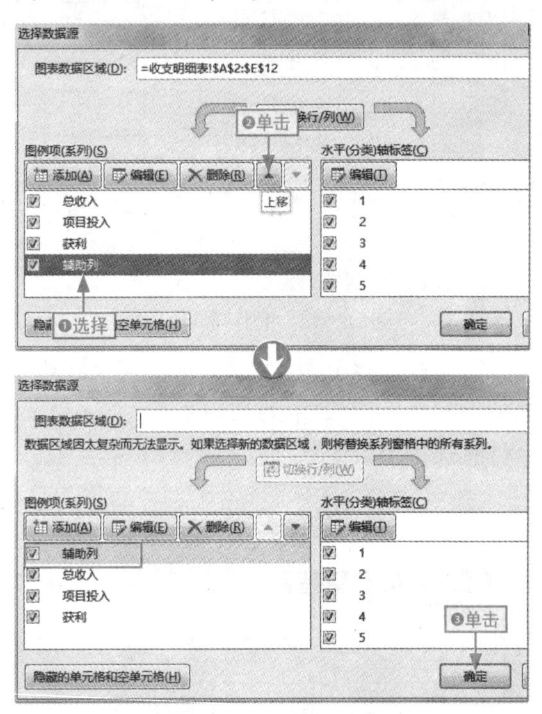

图12-41　上移辅助列位置

步骤 07 ❶在图表中选择“辅助列”数据系列，❷在“开始”选项卡中单击“填充颜色”下拉按钮，❸选择“无填充颜色”选项，如图 12-42 所示。

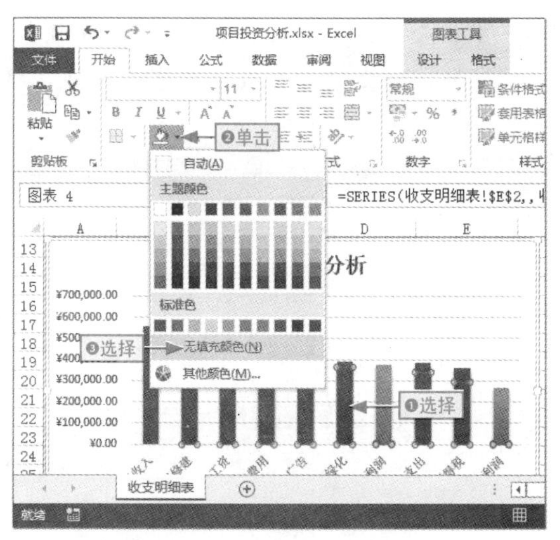

图12-42 取消辅助列填充底纹

步骤08 在图表中即可查看图表制作的瀑布图样式，如图12-43所示。

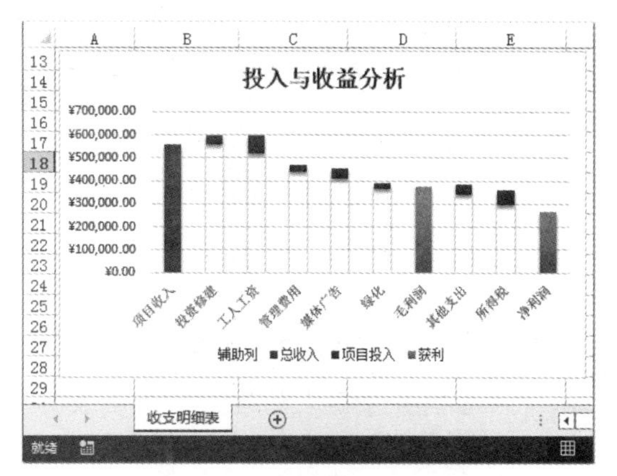

图12-43 制作瀑布图样式

12.4 制作断层图表

小白：数据系列中某几个数据点的值远远大于其他数据点的值，使得较小值的数据点基本看不到，同时由于数据都在同一个数据系列中，因此不能利用次坐标轴来分别绘制两个数据系列，此时该怎样操作呢？

阿智：可以将图表拆分为两个独立的图表，通过特殊的处理后将两个图表组合起来，达到隐藏中间某个区域值的目的。

断层图表是将两个独立图表有机地组合在一起，同时借用形状加以连接，形成一个过渡和省略的效果。

12.4.1 制作断层图表

断层图表其实就是将两个完全相同的图表，对其绘图区、填充底纹、坐标轴本身和刻度进行设置，然后将其组合在一起。下面以在“网站投票结果”工作簿中制作断层图表分析投票结果为例，介绍其具体操作。

本节素材	/素材/Chapter12/网站投票结果.xlsx
本节效果	/效果/Chapter12/网站投票结果.xlsx
学习目标	掌握断层图表的设置和整理方法
难度指数	★★★★

步骤01 打开“网站投票结果”素材文件，选择原图表，按Ctrl+C组合键复制。选择任一单元格，按Ctrl+V组合键进行粘贴，如图12-44所示。

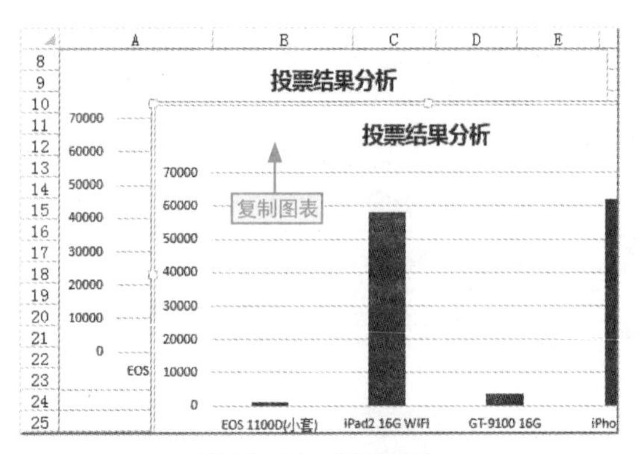

图12-44　复制图表

步骤 02 ❶ 调整原图表的绘图区为原来高度的一半，❷ 删除图表标题，如图 12-45 所示。

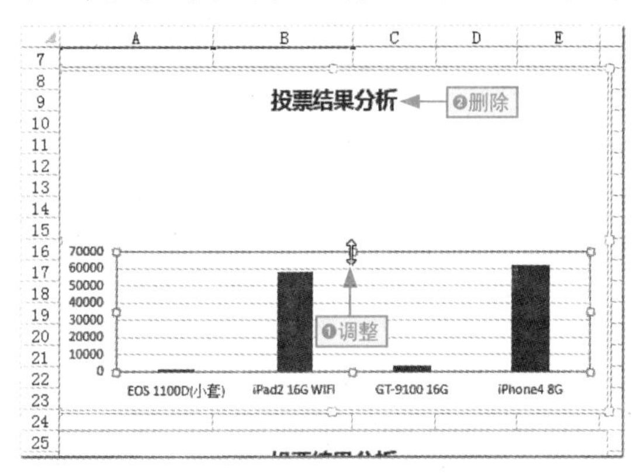

图12-45　调整绘图区并删除图表标题

步骤 03 在复制的图表中，❶ 将绘图区调整到其高度的一半，❷ 并将图表标题移到其相应的位置，如图 12-46 所示。

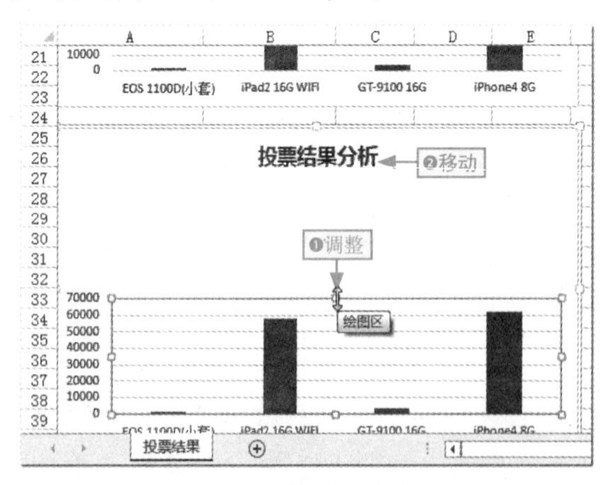

图12-46　调整绘图区的高度

步骤 04 选择整个图表，❶ 单击“填充颜色”下拉按钮，❷ 选择“无填充颜色”选项，如图 12-47 所示。

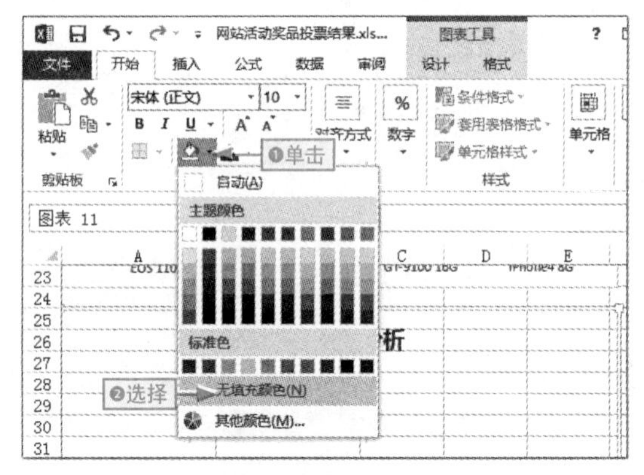

图12-47　取消图表的填充底纹的颜色

步骤 05 双击水平坐标轴，打开“设置坐标轴格式”窗格，如图 12-48 所示。

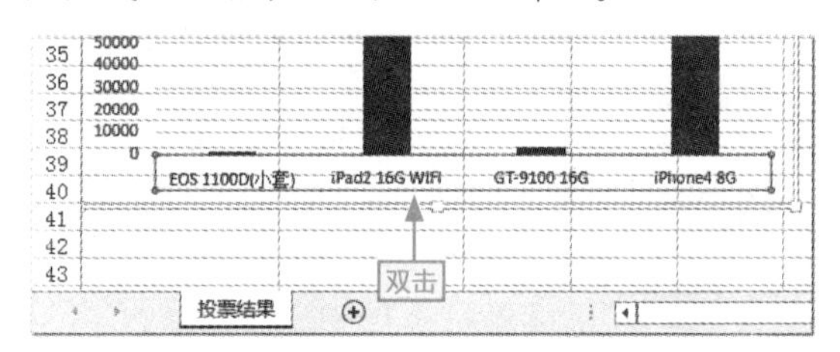

图12-48　双击水平坐标轴

步骤 06 在“坐标轴”选项卡中 ❶ 单击“标签位置”下拉按钮，❷ 选择“无”选项，如图 12-49 所示。

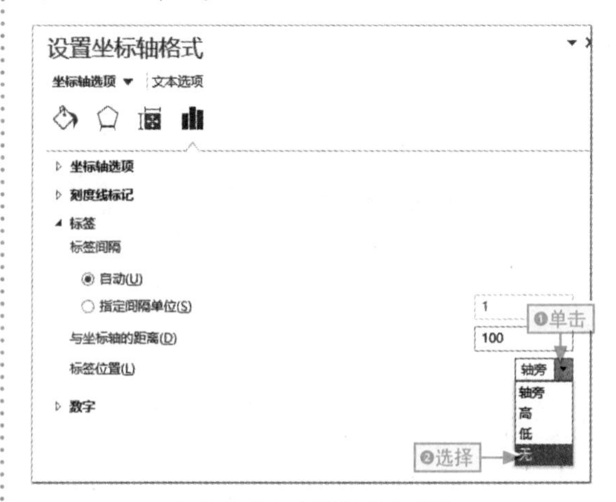

图12-49　取消横坐标轴

步骤07 ❶选择纵坐标轴，❷分别设置其“最小值”和“次要”数据，如图12-50所示。

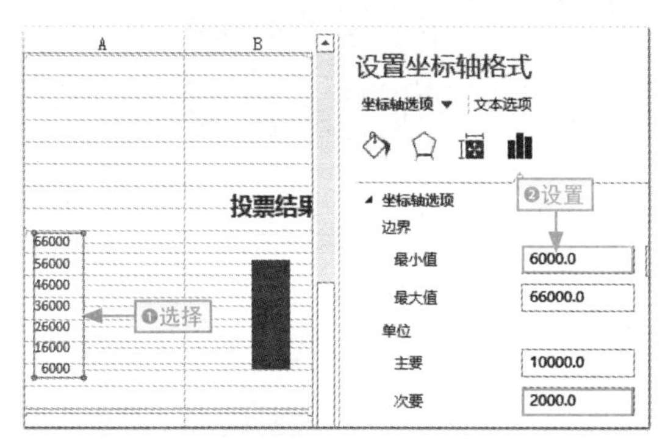

图12-50 设置纵坐标轴的刻度

步骤08 ❶在原图表中选择纵坐标轴，❷分别设置其“最大值”和“主要”数据，如图12-51所示。

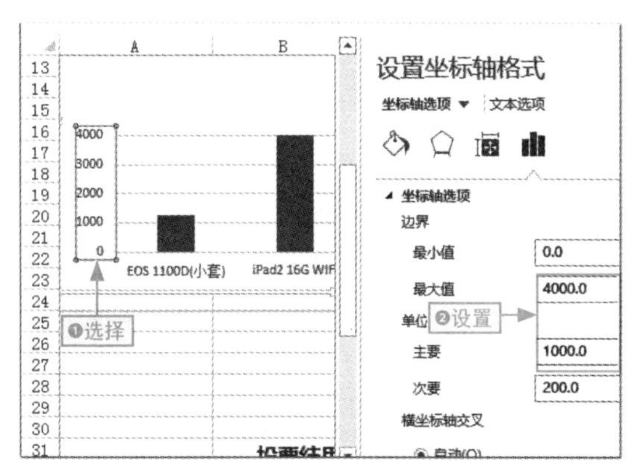

图12-51 设置纵坐标轴刻度

步骤09 将复制的图表移到合适位置，让其与原图表有机整齐地拼凑在一起，如图12-52所示。

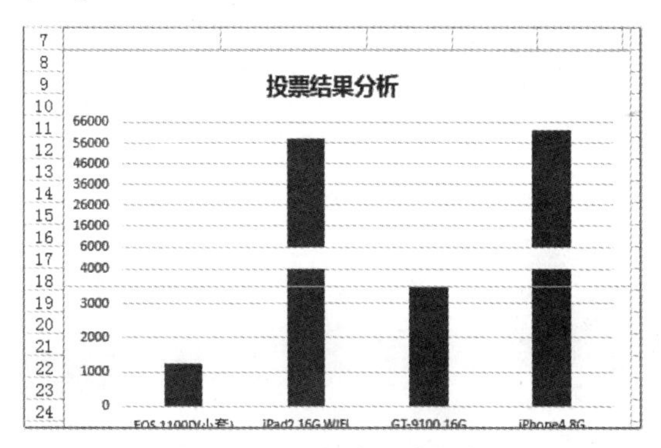

图12-52 组合拼凑图表

12.4.2 制作过渡和连接部分

断层图表并不是让整个图表看起来是两个相互独立或完全断开的图表，而是需要将它们有机地联合起来。

下面以在“网站投票结果1”工作簿中通过添加曲线绘制形状来过渡或连接断层为例，介绍其具体操作。

本节素材	⊙/素材/Chapter12/网站投票结果1.xlsx
本节效果	⊙/效果/Chapter12/网站投票结果1.xlsx
学习目标	掌握连接断层图表的方法
难度指数	★★★★

步骤01 打开“网站投票结果1”素材文件，❶单击“形状”下拉按钮，❷选择“自由曲线”选项，如图12-53所示。

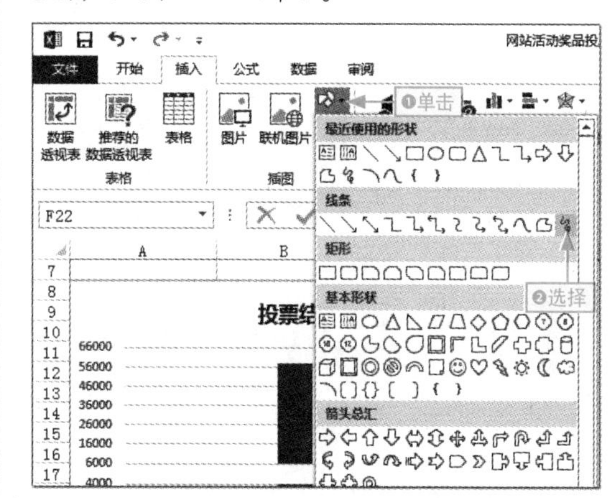

图12-53 插入自由曲线形状

步骤02 在断层处绘制自由曲线形状，并将其调整到合适位置和大小，如图12-54所示。

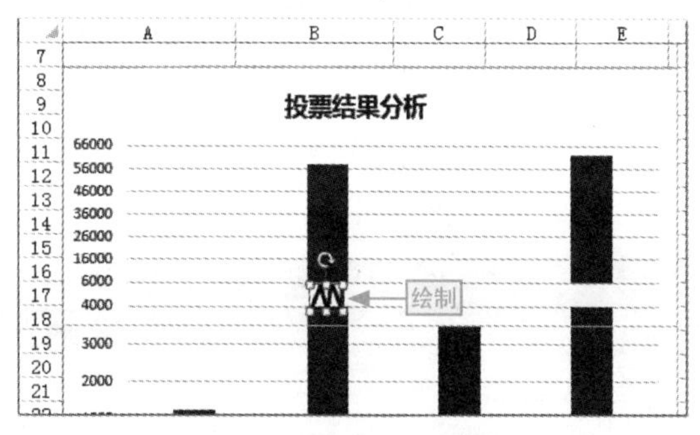

图12-54 绘制自由曲线形状

步骤 03 复制绘制的形状，将其移到右侧断层的合适位置，如图 12-55 所示。

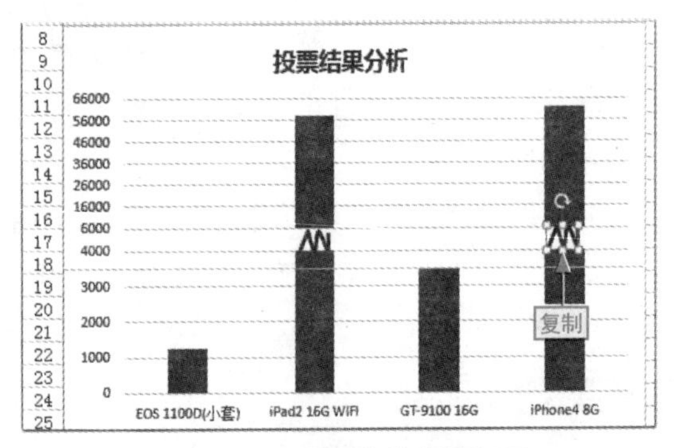

图12-55 复制曲线连接断层

步骤 04 ❶ 单击"开始"选项卡中的"查找和选择"按钮，❷ 选择"选择对象"选项，如图 12-56 所示。

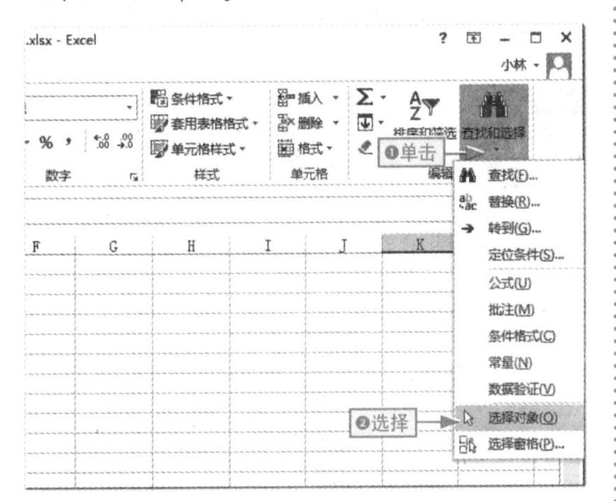

图12-56 启用选择对象功能

步骤 05 在表格中框选与断层图表相关的所有对象，然后在任一对象上右击，选择"组合 / 组合"命令，如图 12-57 所示。

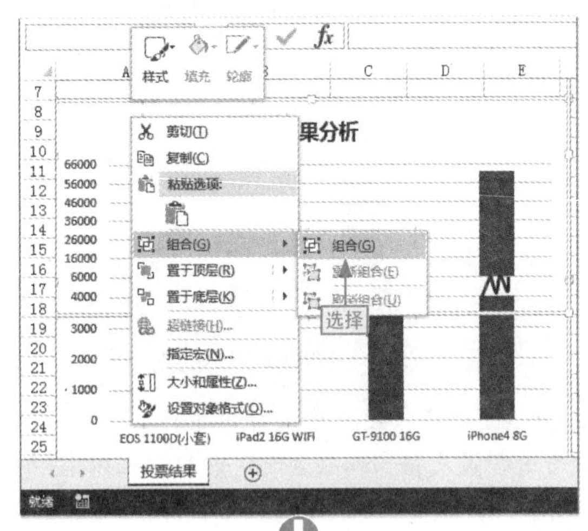

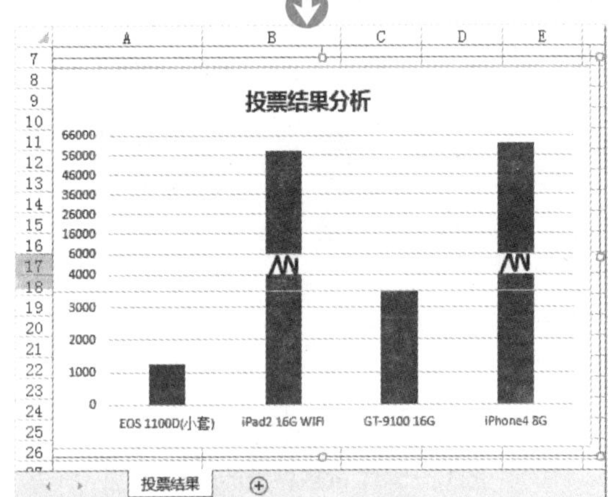

图12-57 组合对象

给你支招 | 如何将断开的折线连接起来

小白：在绘制折线图时，某个分类对应的数据点上由于没有数据，创建的折线图有断开的情况，这时我们该怎样操作呢？

阿智：可以通过简单的设置，让这些断开的折线以某种方式连接起来，让折线图整体成为连续状态，具体操作如下。

步骤 01 在图表上右击，选择“选择数据”命令，打开“选择数据源”对话框，如图 12-58 所示。

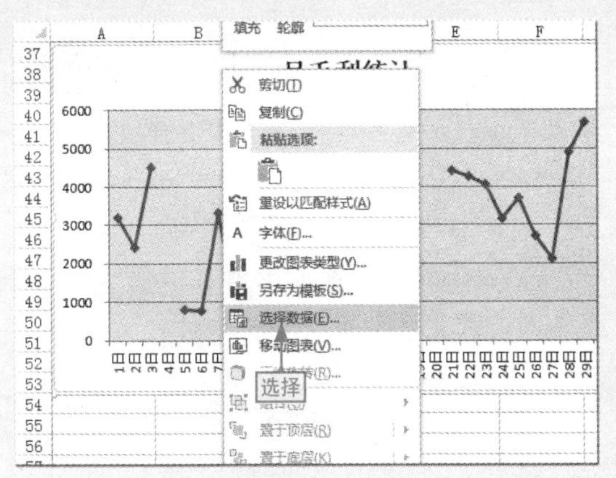

图12-58 打开“选择数据源”对话框

步骤 02 单击“隐藏的单元格和空单元格”按钮，打开“隐藏和空单元格设置”对话框，如图 12-59 所示。

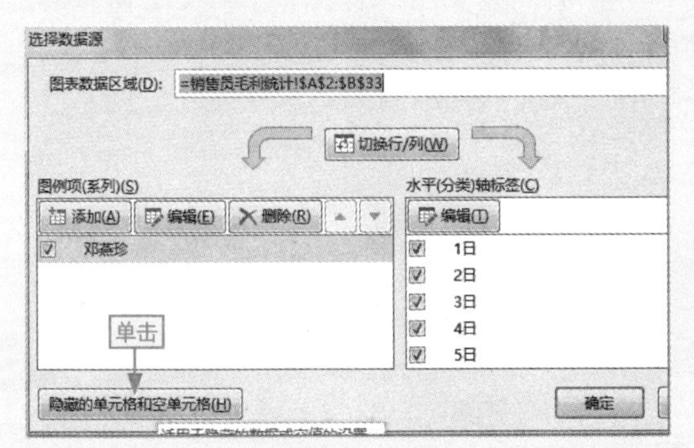

图12-59 单击“隐藏的单元格和空单元格”按钮

步骤 03 ❶选中“用直线连接数据点”单选按钮，❷单击“确定”按钮。❸返回到“选择数据源”对话框中，单击“确定”按钮，如图 12-60 所示。

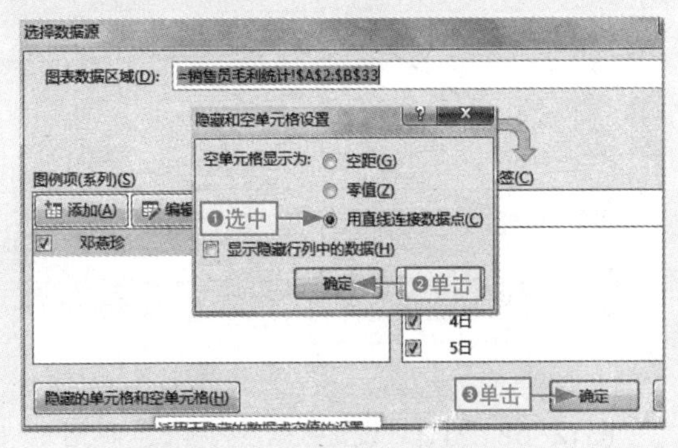

图12-60 用直线连接折线断开点

步骤 04 在图表中即可看到整个折线图已连接成一个连续整体，效果如图 12-61 所示。

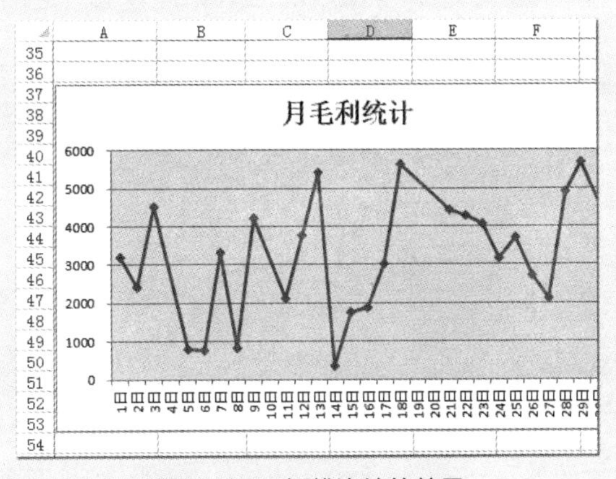

图12-61 折线连续的效果

给你支招 | 通过虚实结合来区分各数据系列

小白：当折线图中有多个数据系列时，Excel用不同的图标和颜色来区分各数据系列，但图标仅显示在各数据点上，各数据点的连接线只有颜色上的差别，我们通过怎样设置让其有更明显的区分呢？

阿智：可以通过更改连接线类型来实现，具体操作如下。

步骤 01 在目标折线数据系列上双击，打开“设置数据系列格式”窗格，如图 12-62 所示。

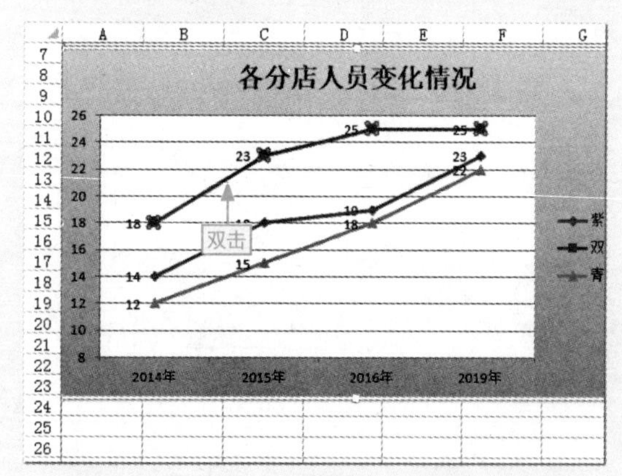

图12-62 打开“设置数据系列格式”窗格

步骤 02 ❶ 在“填充线条”选项卡中单击“断线类型”下拉按钮，❷ 选择相应的虚线类型。这里选择“圆点”选项，如图 12-63 所示。

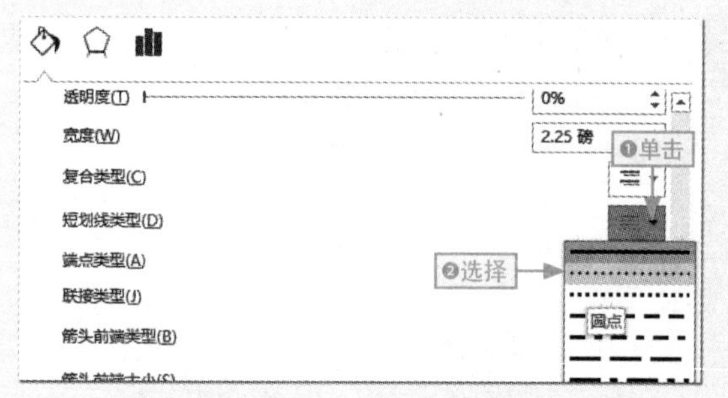

图12-63 选择虚线类型

步骤 03 在图表中即可查看虚实结合区分数据系列的效果，如图 12-64 所示。

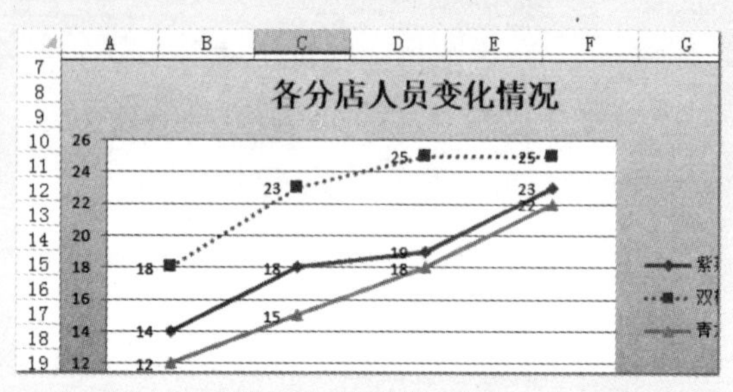

图12-64 虚实结合的数据系列效果

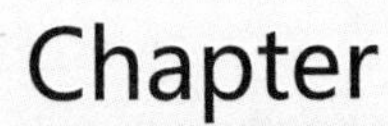

Chapter 13 函数与图表的融合

学习目标

在前几章中接触到的都是静态图表，本章将介绍几种常用和实用的动态图表，其中包括控件、函数和图表，以帮助用户更好地分析数据。

本章要点

- 组合框控制图表显示
- 复选框控制图表显示
- 滚动条控制图表显示
- 动态显示最新一周的数据
- 动态控制图表显示

知识要点	学习时间	学习难度
控件、图表和函数融合	60 分钟	★★★★
函数和图表融合	60 分钟	★★★★

13.1 控件、图表和函数融合

小白：能让静态的图表变成动态的吗？如让部分数据选择性地显示在图表中或让不同时间段的数据动态显示在图表中？

阿智：对于这种动态控制图表显示，我们可以借助菜单控件和函数来实现。

在 Excel 中创建的图表（除数据透视图以外），基本上都是静态的，只显示当前数据源数据，要让其成为可控制或调整的图表，需要借助菜单控件和函数。

13.1.1 组合框控制图表显示

组合框是制作动态图表常用的一种控件，它能借助函数实现图表的动态筛选功能。

下面以在“门店利润分析”工作簿中通过将组合框和 INDEX() 函数联合使用来制作一张带有下拉按钮的动态图表为例，介绍其具体操作。

本节素材	/素材/Chapter13/门店利润分析.xlsx
本节效果	/效果/Chapter13/门店利润分析.xlsx
学习目标	掌握组合框与函数的联合使用方法
难度指数	★★★★

步骤 01 打开“门店利润分析”素材文件，复制 A2:E2 单元格区域，如图 13-1 所示。

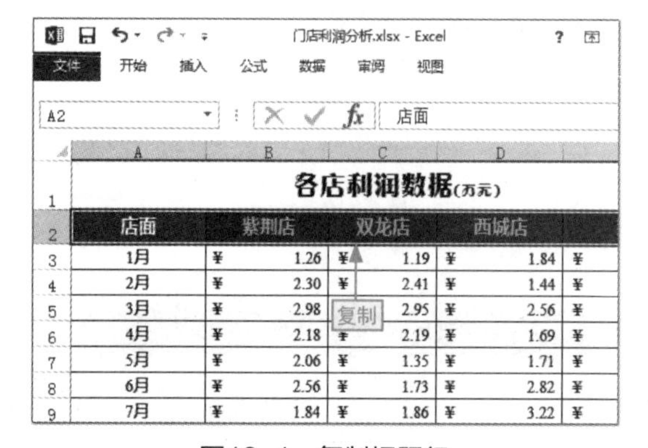

	A	B	C	D
1	各店利润数据(万元)			
2	店面	紫荆店	双龙店	西城店
3	1月	¥ 1.26	¥ 1.19	¥ 1.84
4	2月	¥ 2.30	¥ 2.41	¥ 1.44
5	3月	¥ 2.98	¥ 2.95	¥ 2.56
6	4月	¥ 2.18	¥ 2.19	¥ 1.69
7	5月	¥ 2.06	¥ 1.35	¥ 1.71
8	6月	¥ 2.56	¥ 1.73	¥ 2.82
9	7月	¥ 1.84	¥ 1.86	¥ 3.22

图13-1　复制标题行

步骤 02 在 B16:E16 单元格区域粘贴所复制的标题行，如图 13-2 所示。

	B	C	D	E
9	¥ 1.84	¥ 1.86	¥ 3.22	¥ 2.11
10	¥ 2.37	¥ 2.47	¥ 2.19	¥ 1.90
11	¥ 1.13	¥ 1.54	¥ 1.21	¥ 2.95
12	¥ 2.09	¥ 1.9[illegible]	¥ 3.22	¥ 3.04
13	¥ 2.23	¥ 2.[illegible]	¥ 2.69	¥ 2.09
14	¥ 1.16	¥ 1.97	¥ 1.64	¥ 3.28
15				
16	紫荆店	双龙店	西城店	荆竹店
17				
18				
19				
20				

I22　粘贴

图13-2　粘贴标题行

步骤 03 ❶选择 B17:E17 单元格区域，❷在编辑栏中输入数组函数“=INDEX($B$3:$E$14,$A$17,)”，按 Ctrl+Shift+Enter 组合键，如图 13-3 所示。

LOOKUP　=INDEX($B$3:$E$14,$A$17,)

	B	C	D	E
8	¥ 2.56	¥ 1.73	¥ 2.82	¥ 2.05
9	¥ 1.84	¥ 1.86	¥ 3.22	¥ 2.11
10	¥ 2.37	¥ 2.47	¥ 2.19	¥ 1.90
11	¥ 1.13	¥ 1.54	¥ 1.21	¥ 2.95
12	¥ 2.09	¥ 1.92	¥ 3.22	¥ 3.04
13	¥ 2.23	¥ 2.83	¥ 2.69	¥ 2.09
14	¥ 1.16	¥ 1[illegible]	¥ 1.64	¥ 3.28
15				
16	紫荆店	双龙店	西城店	荆竹店
17	14,$A$17,)			
18				
19				

❷输入　❶选择

图13-3　输入INDEX()函数获取动态数据

步骤 04 ❶ 选择 B16:E17 单元格区域，❷ 单击饼图下拉按钮，❸ 选择“三维饼图”选项，如图 13-4 所示。

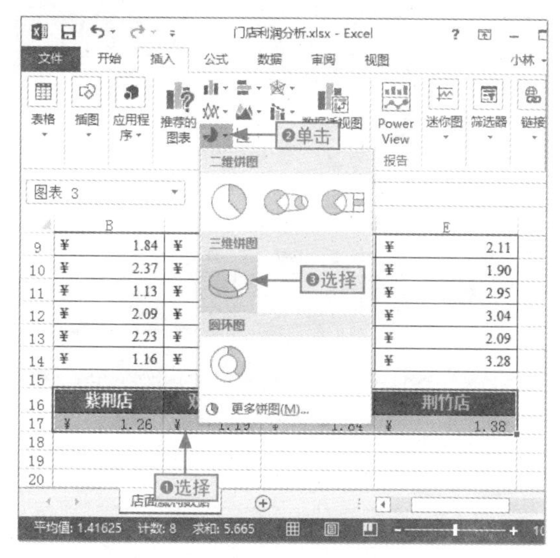

图13-4 根据动态数据源创建饼图

步骤 05 将图表移到合适位置，并调整其大小，应用图表样式，再为其添加图表标题，如图 13-5 所示。

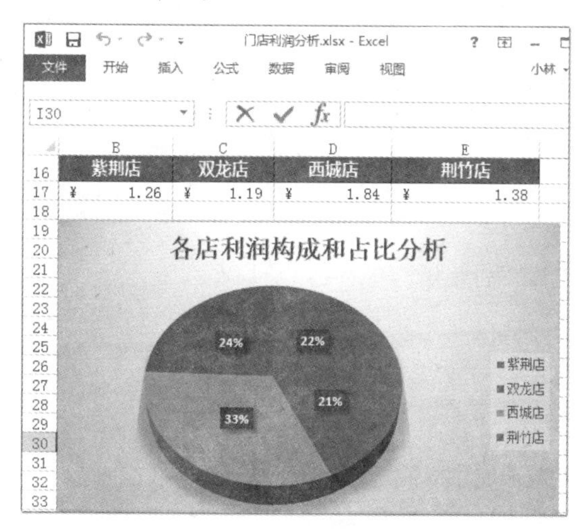

图13-5 移动、设置图表位置和格式

步骤 06 ❶ 在“开发工具”选项卡中单击“插入”下拉按钮，❷ 选择“组合框”控件选项，如图 13-6 所示。

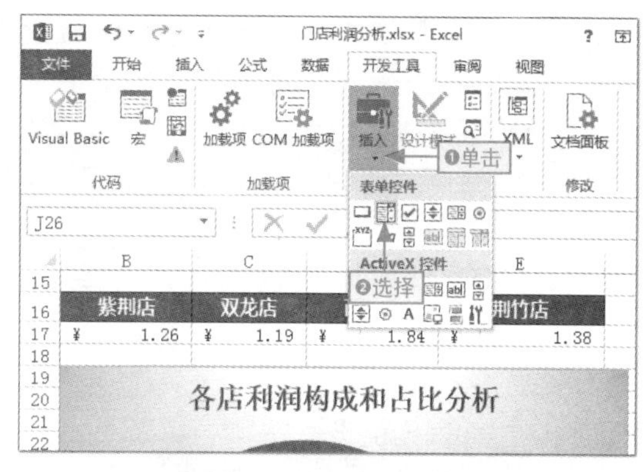

图13-6 插入组合框控件

步骤 07 ❶ 在图表右上角适当位置绘制一个组合框，然后在此组合框上右击，❷ 选择“设置控件格式”命令，如图 13-7 所示。

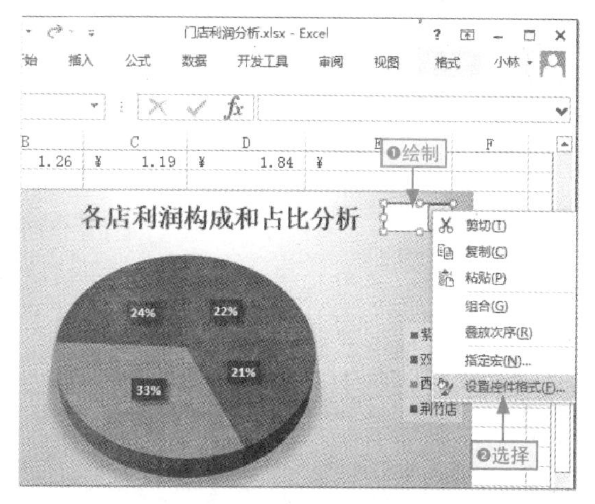

图13-7 绘制组合框

步骤 08 打开“设置对象格式”对话框，分别设置“数据源区域”和“单元格链接”参数为“$A$3:$A$14”和“$A$17”，然后单击“确定”按钮，如图 13-8 所示。

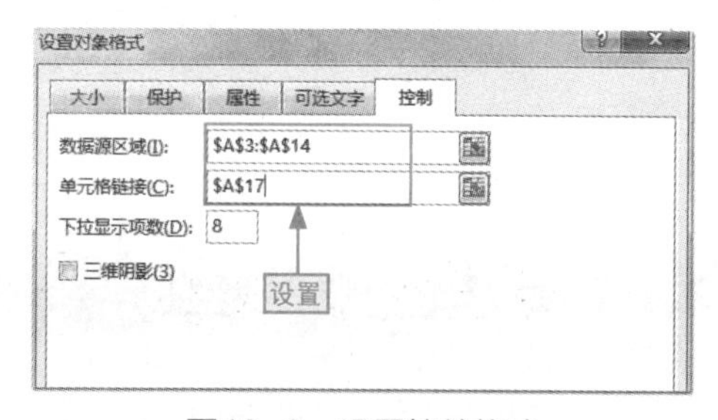

图13-8 设置控件格式

步骤 09 ❶单击组合框右侧的下拉按钮，❷选择相应的月份数据选项，这里选择“3月”选项，如图 13-9 所示。

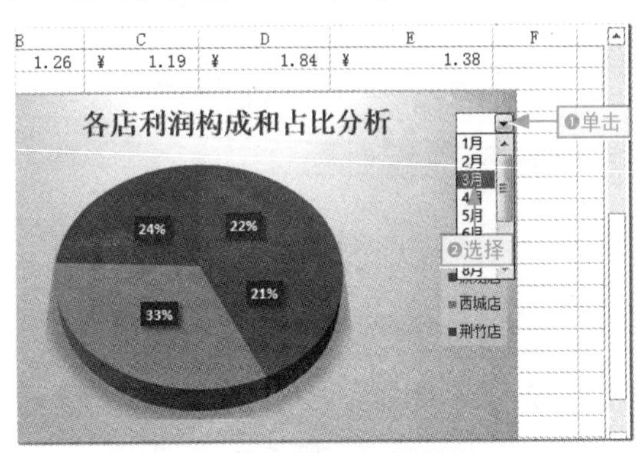

图13-9 控制图表数据绘制的显示

步骤 10 图表自动切换到 3 月的店面利润数据分析绘制样式，如图 13-10 所示。

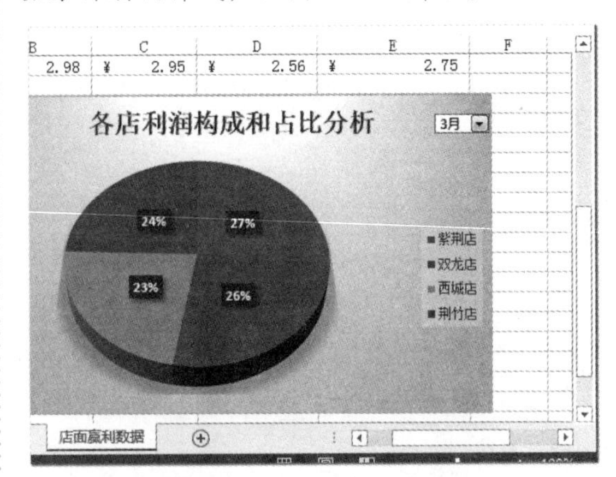

图13-10 切换数据图表动态显示

组合框控制参数

在与图表进行合作时，组合框控制的重要参数有 3 个：数据源区域、单元格链接以及一个下拉显示项数，如图 13-11 所示。

数据源区域

指定控件的下拉列表框中显示的可供选择的内容。可以是对一列单元格的引用或定义的单元格名称，如果使用单元格名称或公式，则该名称必须返回一个纵向一维数组，否则组合框控件中仅显示第一个值。

单元格链接

指定在组合框中执行选择操作时，将选择的内容显示到哪个单元格中。

下拉显示项数

指定控件中默认显示的选项数量，仅在实际需要显示的内容大于设置的显示项数时才能看出效果。如设置参数为 6，而需要显示的项目有 20 个，则默认只显示前 6 个，需要拖动右侧的滚动条来显示其他选项。

图13-11 组合框控件控制图表的参数含义

13.1.2 复选框控制图表显示

复选框控件主要用于控制图表中需要显示的数据系列。

下面以在“区域绿化分析”工作簿中通过将复选框和 OFFSET() 函数以及单元格名称联合使用来制作一带有复选框的动态图表为例，介绍其具体操作。

本节素材	⊙/素材/Chapter13/区域绿化分析.xlsx
本节效果	⊙/效果/Chapter13/区域绿化分析.xlsx
学习目标	掌握复选框与函数的联合使用方法
难度指数	★★★★

步骤 01 打开“区域绿化分析”素材文件，❶选择任一空白单元格，❷单击“公式”选项卡中的“定义名称”按钮，如图 13-12 所示。

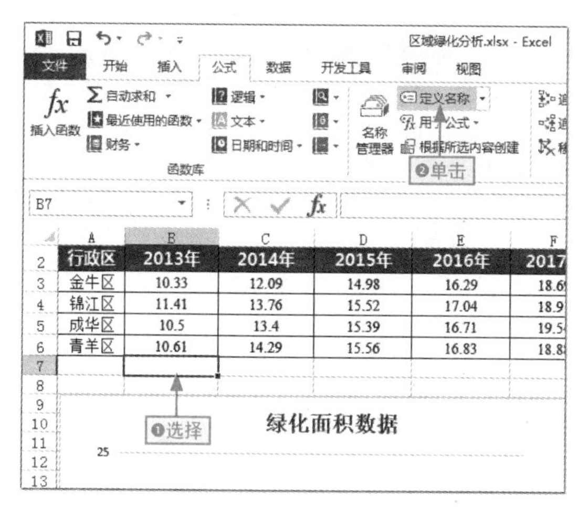

图13-12 定义名称

步骤 02 打开“新建名称”对话框，❶输入名称“金牛区”，❷在“引用位置”文本框中输入函数“=OFFSET($A$2,$G$3*1,1,1,5)”，❸单击“确定”按钮，如图 13-13 所示。

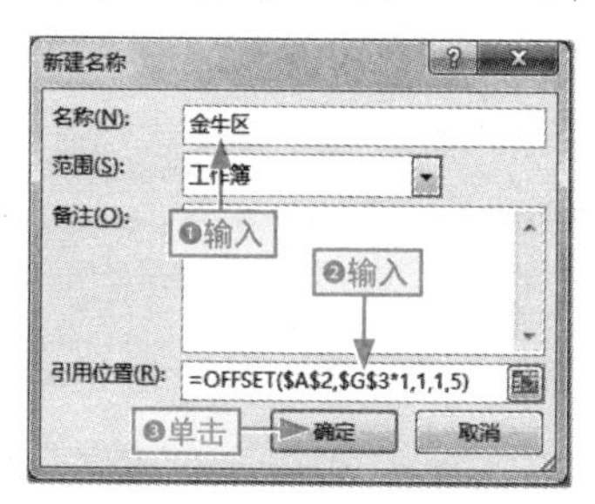

图13-13 设置动态名称

步骤 03 以同样的方法新建“锦江区”“成华区”和“青羊区”名称，引用位置函数分别为“=OFFSET($A$2,$G$4*2,1,1,5)”、“=OFFSET($A$2,$G$5*3,1,1,5)”及“=OFFSET($A$2,$G$6*4,1,1,5)”，如图 13-14 所示。

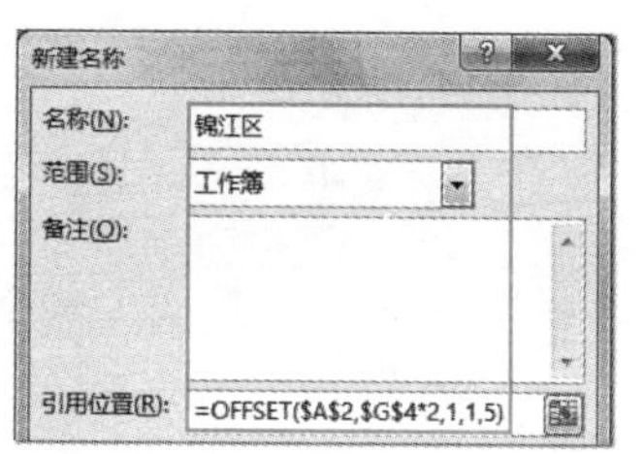

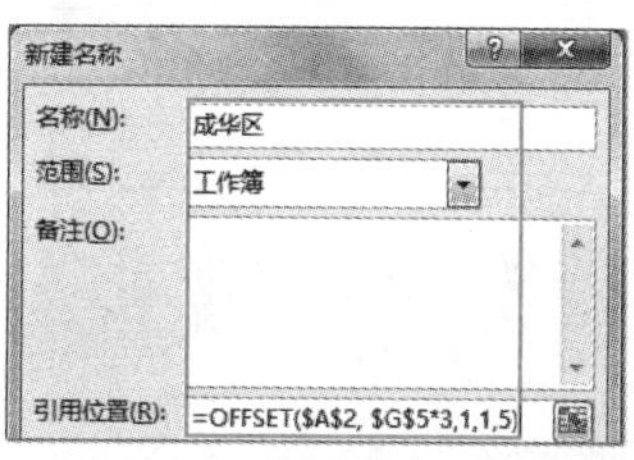

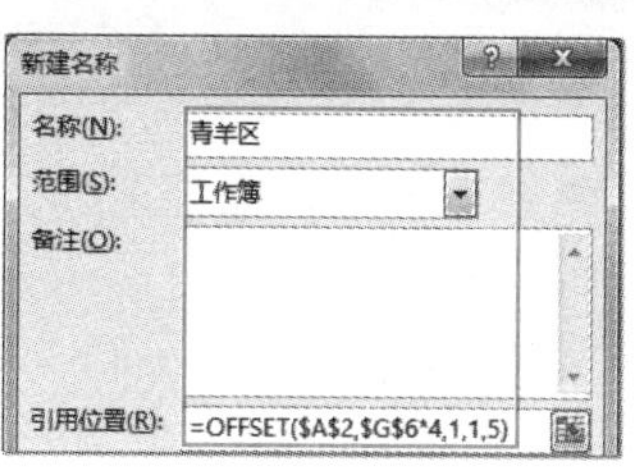

图13-14 继续设置动态名称

步骤 04 选择图表绘图区，将鼠标光标移到上方控制柄的中心点上，按住鼠标左键不放向下拖动调整其高度，为复选框控件的放置腾出位置，如图 13-15 所示。

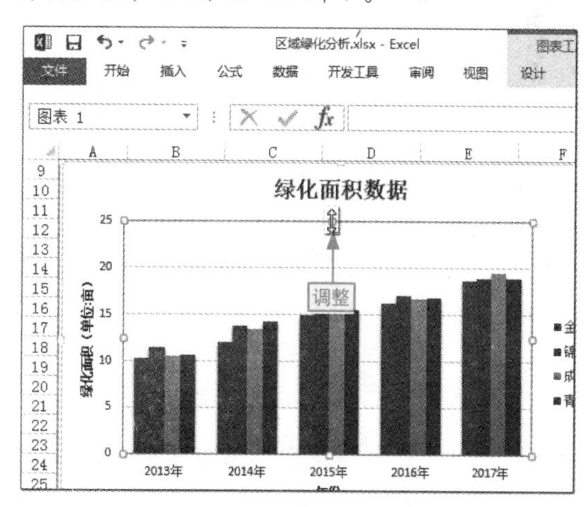

图13-15 调整绘图区高度

步骤 05 ❶单击“开发工具”选项卡中的“插入”下拉按钮，❷选择“复选框”控件选项，如图 13-16 所示。

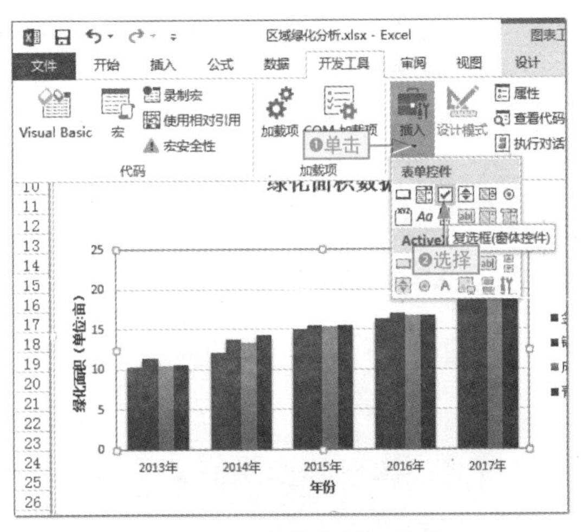

图13-16　插入复选框控件

步骤 06 在图表上绘制适合大小的控件，并将其名称修改为“金牛区”(绘制控件时，其名称是可以编辑的)，如图 13-17 所示。

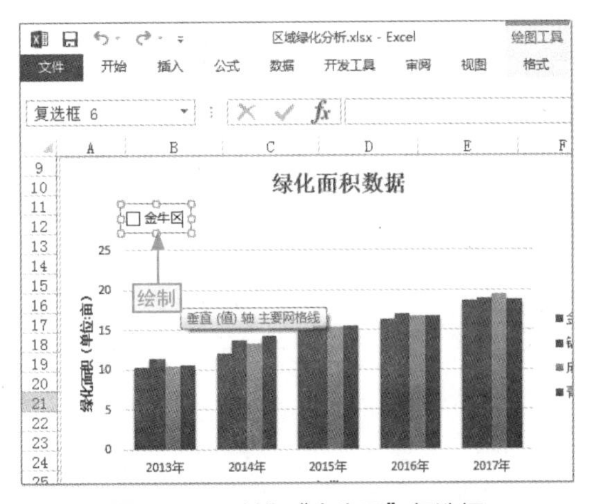

图13-17　制作“金牛区”复选框

再次进入控件名称编辑状态

要重新命名或更改控件名称，可在上右击并选择“编辑文字”命令，进入编辑状态，输入新名称，单击控件外的其他任意位置确认并退出。

步骤 07 在“金牛区”复选框控件上右击，选择“设置控件格式”命令，打开“设置控件格式”对话框，如图 13-18 所示。

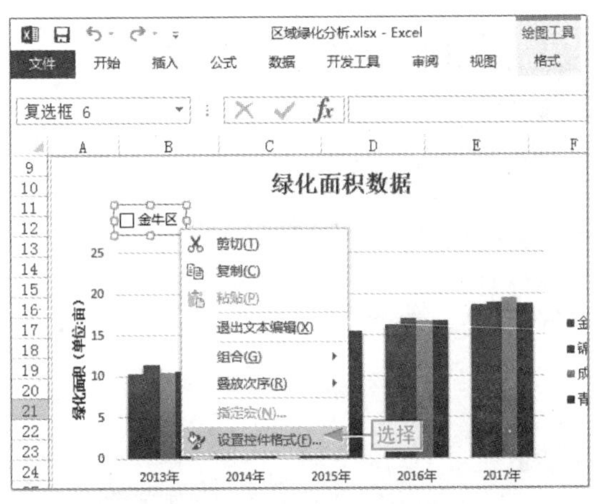

图13-18　选择“设置控件格式”命令

步骤 08 在“控制”选项卡中，❶ 选中“已选择”单选按钮，❷ 设置“单元格链接”为“$G$3”，❸ 单击“确定”按钮，如图 13-19 所示。

图13-19　设置金牛区复选框的参数

步骤 09 以同样的方法制作其他区域的复选框控件，如图 13-20 所示。

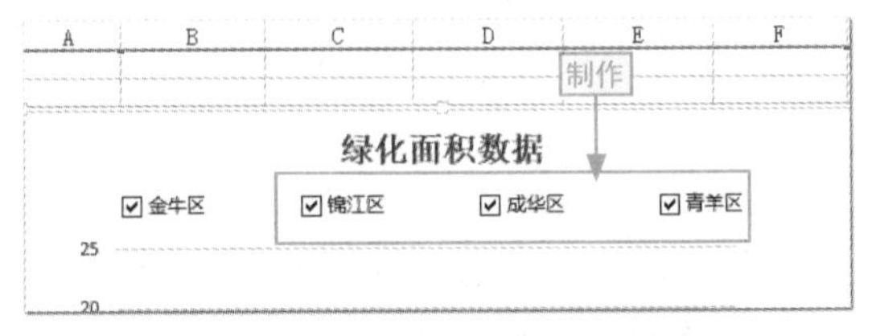

图13-20　制作其他区域控件

步骤 10 依次设置它们的控制参数，如图 13-21 所示。

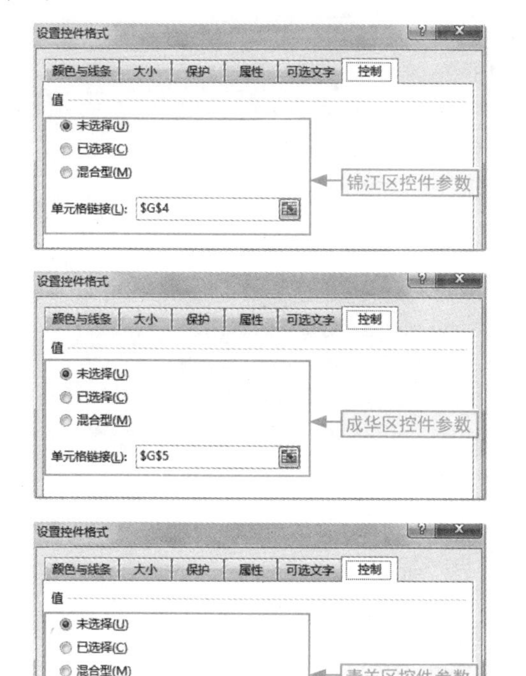

图13-21 设置其他区域控件的参数

步骤 11 ❶ 在图表中选择“金牛区”数据序列，❷ 在编辑栏中将“!$B$3:$F$3”参数修改为“金牛区”，如图 13-22 所示。

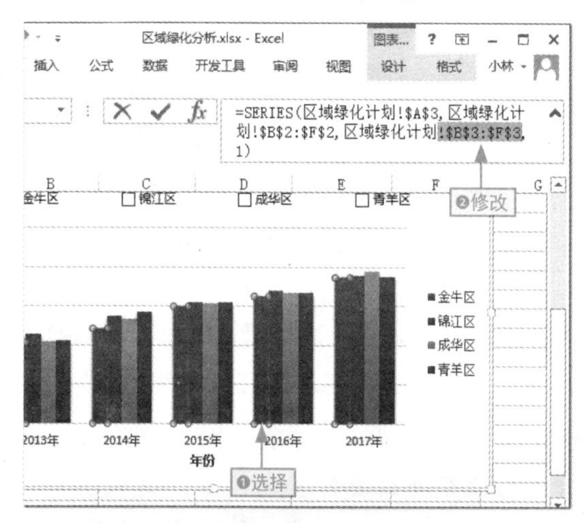

图13-22 输入定义名称并将其引用

步骤 12 以同样的方法将“锦江区”“成华区”和“青羊区”数据系列的引用数据参数修改为对应的名称，如图 13-23 所示。

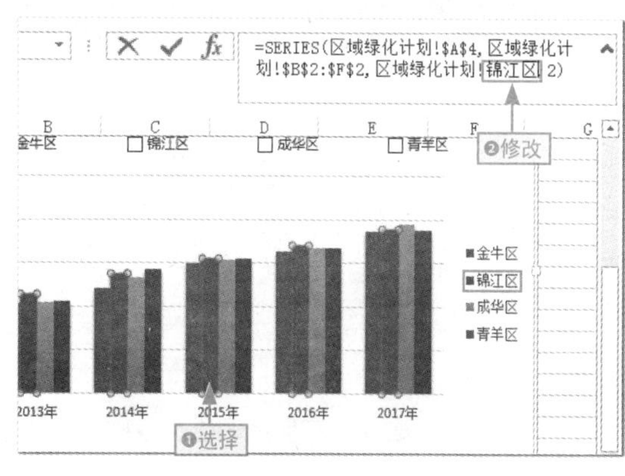

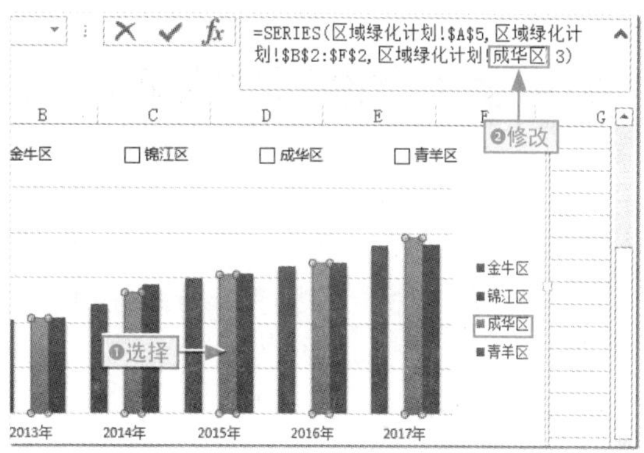

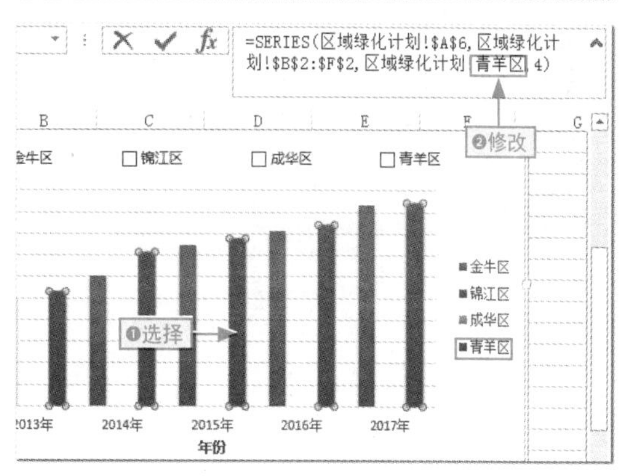

图13-23 输入定义名称并将其引用

步骤 13 对复选框进行相应的操作。这里取消选中“金牛区”和“锦江区”复选框，选中“成华区”和“青羊区”复选框，系统自动切换到相应的数据显示样式，如图 13-24 所示。

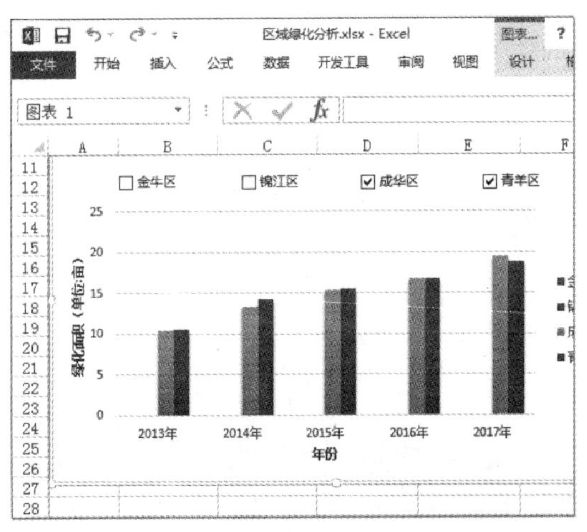

图13-24　复选框控制图表显示效果

13.1.3 滚动条控制图表显示

滚动条的主要功能是控制某个单元格数值大小的变化。通过单击两端的按钮或拖动中间的滑块，在限定的数值范围内连续改变数值的大小。

下面以在“股票走势分析”工作簿中通过将滚动条和 OFFSET() 函数联合使用来制作一带有滚动条的动态图表为例，介绍其具体操作。

本节素材	/素材/Chapter13/股票走势分析.xlsx
本节效果	/效果/Chapter13/股票走势分析.xlsx
学习目标	掌握滚动条与函数的联合使用方法
难度指数	★★★★

步骤 01 打开“股票走势分析”素材文件，复制标题行数据到 E2:G2 单元格区域，如图 13-25 所示。

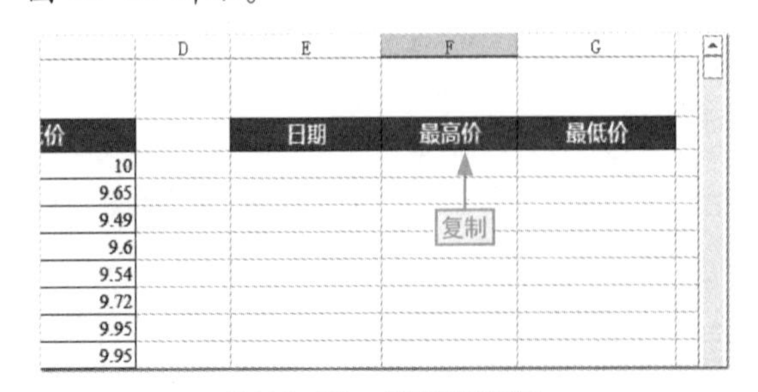

图13-25　复制标题行

步骤 02 ❶选择 E3:G9 单元格区域，在编辑栏中❷输入函数“=OFFSET($A$3,$E$1,0,7,3)”，按 Ctrl+Shift+Enter 组合键，如图 13-26 所示。

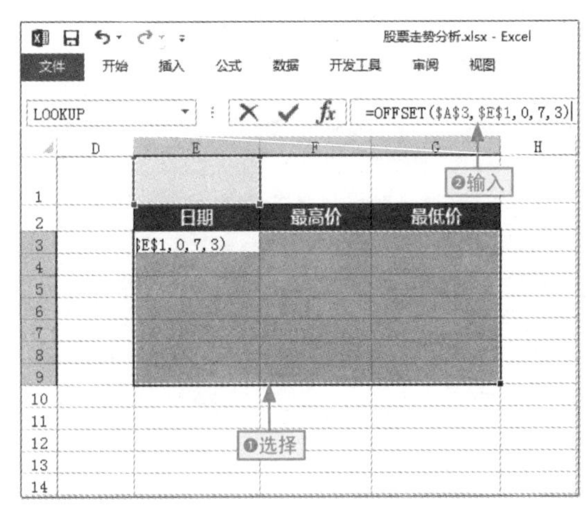

图13-26　输入OFFSET()函数

步骤 03 ❶选择 E2:G9 单元格区域，❷单击折线图下拉按钮，❸选择“带数据标记的折线图”选项，如图 13-27 所示。

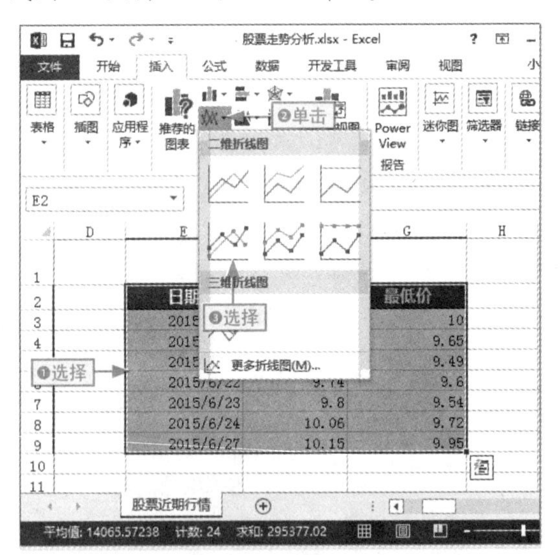

图13-27　插入带标记的折线图

步骤 04 移动图表位置，调整图表大小。添加数据标签并设置标签的位置，添加图表标题为“股票行情分析”，同时设置其字体格式，如图 13-28 所示。

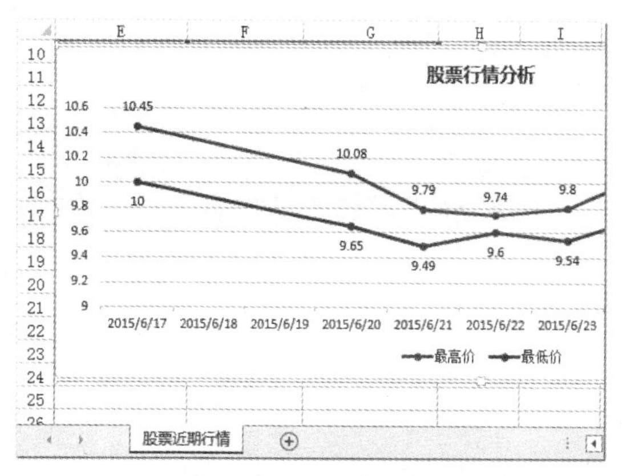

图13-28　设置图表样式

步骤 05 调整图表绘图区的高度到合适位置，空出来的部分用来放置滑动条，如图 13-29 所示。

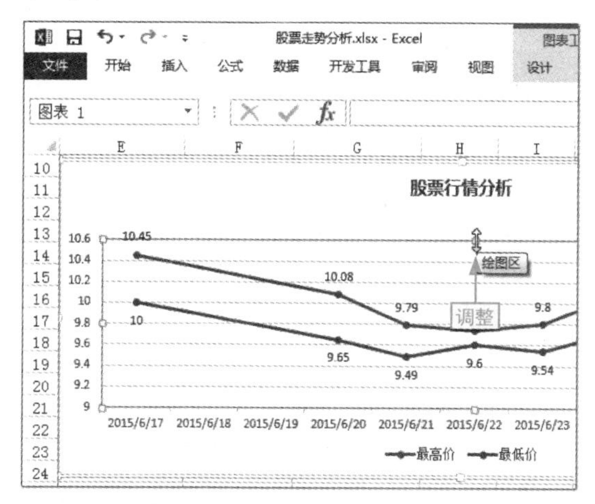

图13-29　调整绘图区的高度

步骤 06 ❶单击“开发工具”选项卡中的“插入”下拉按钮，❷选择“滚动条”控件选项，如图 13-30 所示。

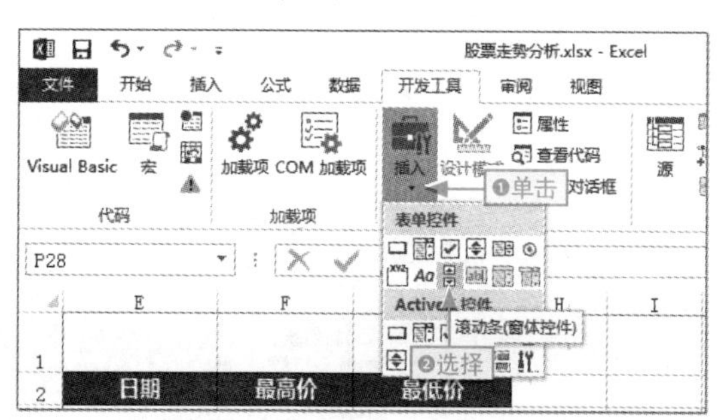

图13-30　插入滚动条控件

步骤 07 在图表上❶绘制滚动条并在其上右击，❷选择“设置控件格式”命令，打开“设置控件格式”对话框，如图 13-31 所示。

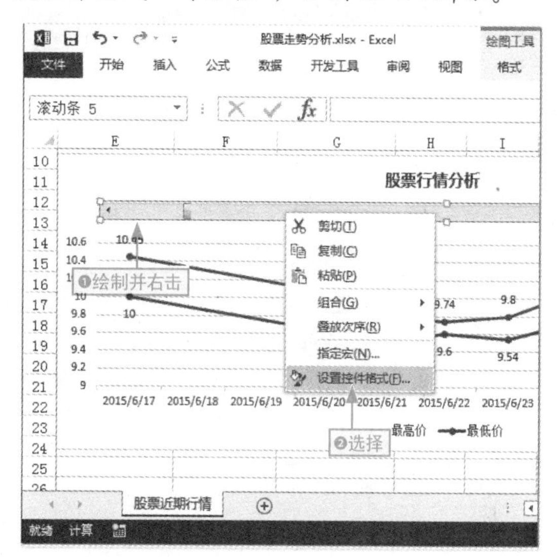

图13-31　绘制滚动条

步骤 08 ❶分别设置当前值、最小值、最大值、步长、页步长和单元格链接参数为 0、0、270、1、7 和 $E$1，❷单击确定按钮，如图 13-32 所示。

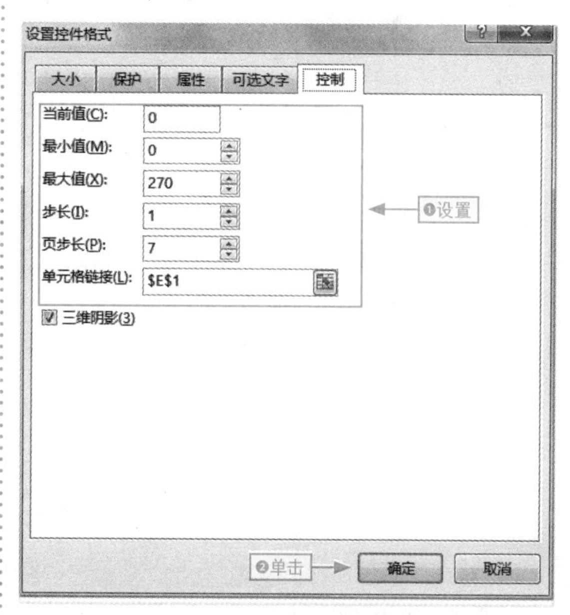

图13-32　设置滚动条参数

滚动条控件参数

滚动条与图表和函数进行联合使用时，在“控件”选项卡中的各项参数都需要设置，同时必须保证为整数。各项参数的含义如图 13-33 所示。

当前值

在未对滚动条进行任何调整时，滚动条返回的默认值。

最小值

滑块位于滚动条最左侧（或顶端）时，滚动条返回的数值（可以为负数）。

最大值

滑块位于滚动条最右侧（或底端）时，滚动条返回的数值。

步长

每单击一次滚动条两端的按钮，滚动条返回值的增减大小。如步长为 5，则每次单击左侧（或顶端）按钮时，滚动条返回值减去 5；每次单击右侧（或底端）按钮时，滚动条返回值加 5。步长值必须是大于或等于 1 的整数。

页步长

单击滚动条滑块两侧的空白位置，滚动条返回值的增减值。如页步长为 10，则每单击一次滚动条上的空白位置，滑块就向鼠标单击的一侧移动 10 个单位。

单元格链接

对滚动条进行操作时，滚动条的返回值显示在哪个单元格中。与组合框控件的“单元格链接”属性相同。

图13-33　滚动条控件参数含义

步骤 09 ❶ 单击“插入”选项卡中的“形状”下拉按钮，❷ 选择“文本框”选项（也可以通过单击“插入”选项卡的“文本”组中的“绘制横排文本框”按钮来插入文本框），如图 13-34 所示。

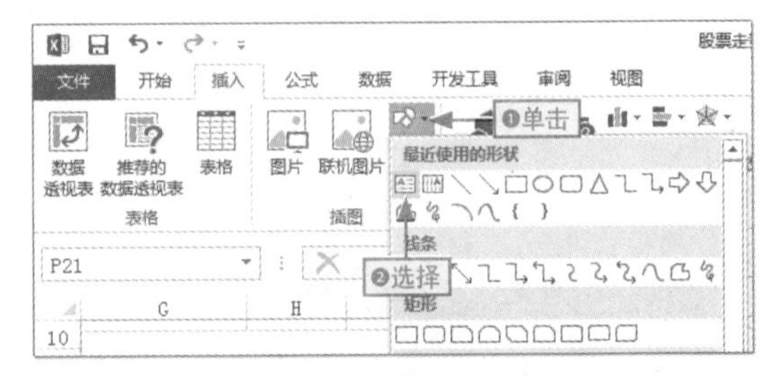

图13-34　插入文本框

步骤 10 ❶在图表标题右侧绘制文本框并在其上右击，❷选择“大小和属性”命令，如图 13-35 所示。

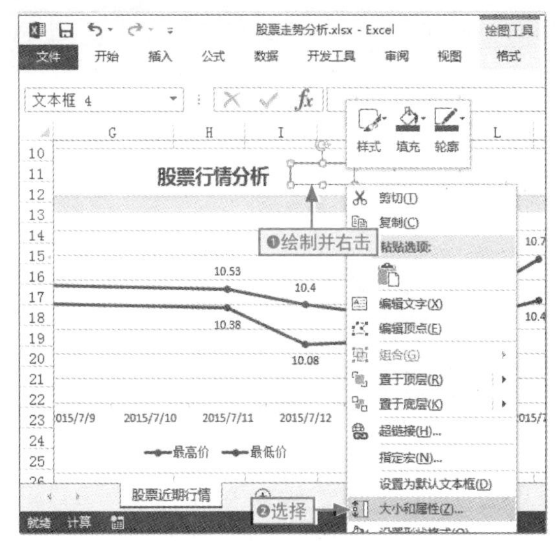

图13-35　绘制文本框

步骤 11 打开“设置形状格式”窗格，❶单击“线条填充”选项卡，❷选中“无填充”单选按钮，❸选中“无线条”单选按钮，如图 13-36 所示。

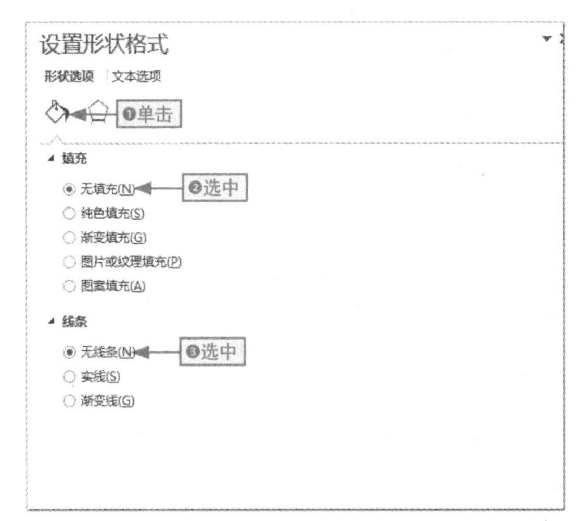

图13-36　取消文本框的底纹和边框线条

步骤 12 保持文本框的选择状态，在编辑栏中输入公式“=E3”，按 Ctrl+Enter 组合键，如图 13-37 所示。

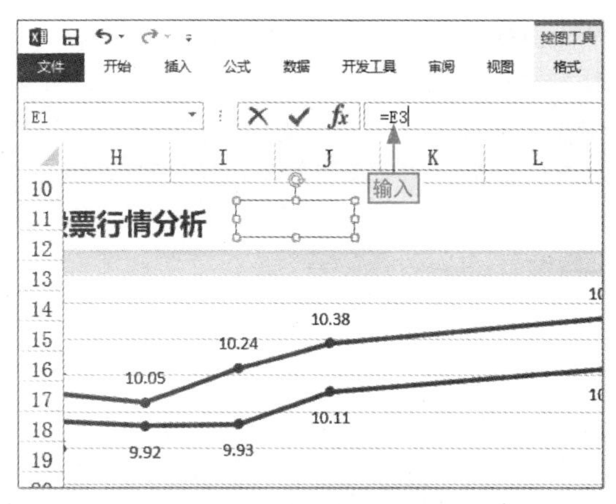

图13-37　为文本框赋值

步骤 13 以同样的方法制作另一无底纹和边框线条的文本框，然后在编辑栏中输入公式“=E9”，按 Ctrl+Enter 组合键，如图 13-38 所示。

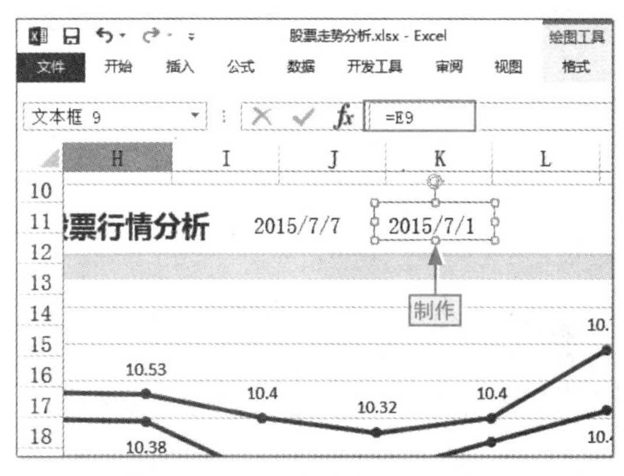

图13-38　制作结束日期文本框

步骤 14 ❶单击“形状”下拉按钮，❷选择“直线”选项，如图 13-39 所示。

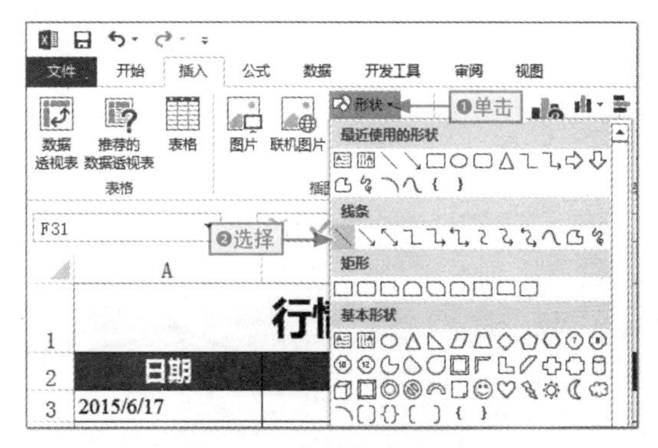

图13-39　插入直线形状

步骤 15 ❶ 在两个日期文本框之间绘制直线形状，❷ 单击"绘图工具-格式"选项卡，❸ 在"形状样式"列表框中选择"中等线-深色 1"选项，效果如图 13-40 所示。

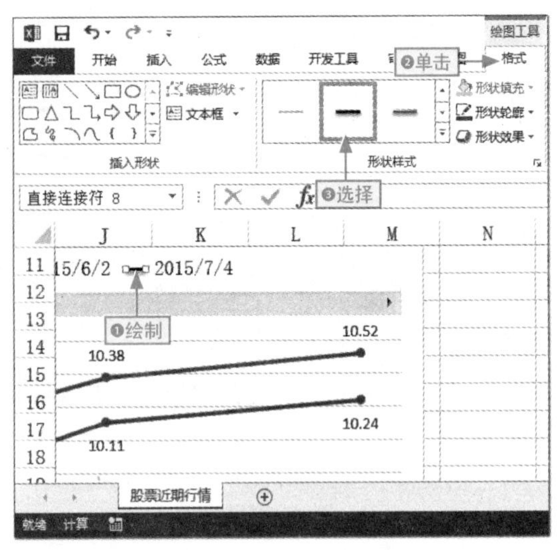

图13-40　绘制和设置直线格式

步骤 16 单击滚动条右侧的按钮，调整当前日期字段的显示范围，系统自动调整图表的显示数据，效果如图 13-41 所示。

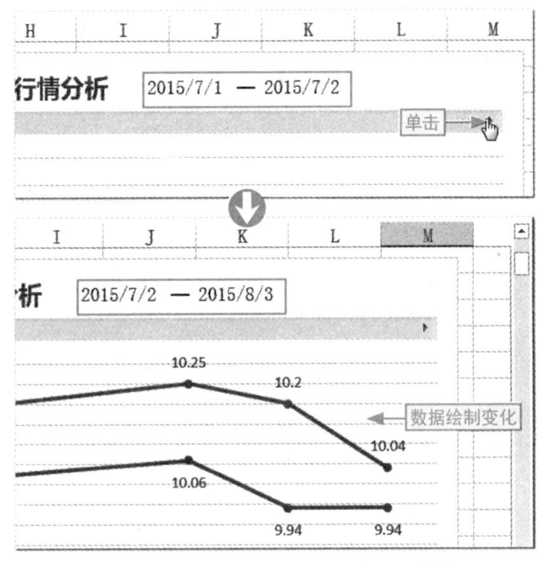

图13-41　调整当前显示日期段数据

组合对象

在使用图表与控件进行联合时，要让控件放置在图表上或与图表是一个整体，可通过组合的方式让它们成为一个整体。

具体方法为：按住 Shift 键，❶ 依次选择要组合成整体的对象，❷ 在"绘图工具 格式"选项卡中单击"组合"下拉按钮，❸ 选择"组合"选项，如图 13-42 所示。

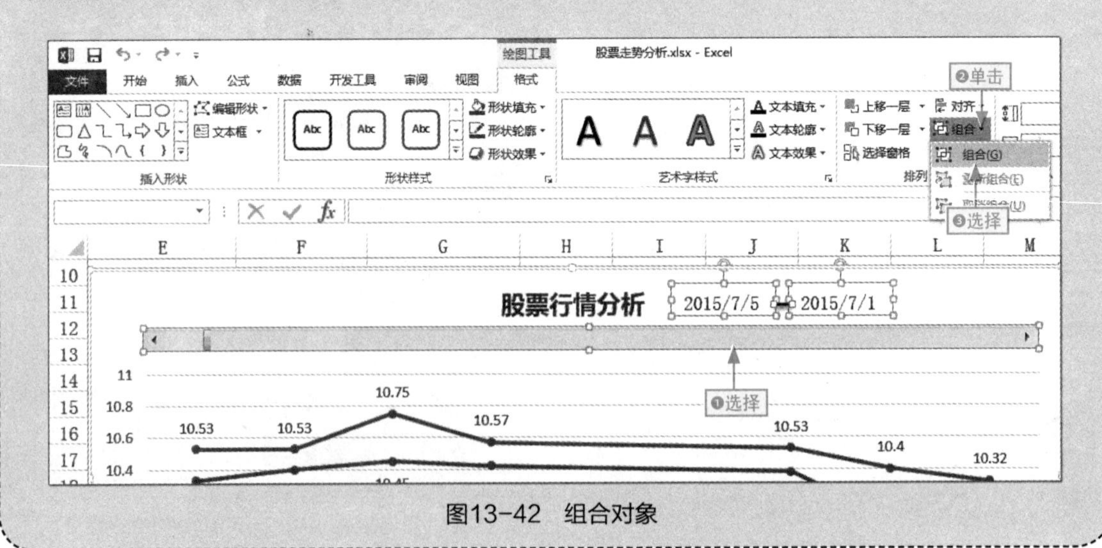

图13-42　组合对象

13.2 函数和图表融合

小白：动态图表的制作必须得有控件吗?

阿智：不一定，我们可以让函数和图表直接联合使用来实现图表的动态绘制显示。

图表与函数的有机集合也能制作出动态的图表，同时还可以通过一些功能，如数据验证功能等来控制图表的动态显示。

13.2.1 动态显示最新一周的数据

要让图表动态显示最新一周的数据绘制，可以借助 OFFSET() 函数和单元格名称来轻松实现。

下面以在“股票走势分析 1”工作簿中通过单元格名称、OFFSET() 函数和图表联合使用来制作显示最新一周数据的动态图表为例，介绍其具体操作。

本节素材	/素材/Chapter13/股票走势分析1.xlsx
本节效果	/效果/Chapter13/股票走势分析1.xlsx
学习目标	学习单元格名称、函数和图表的联合使用方法
难度指数	★★★★

步骤 01 打开“股票走势分析 1”素材文件，新建 DA 名称，引用位置为“=OFFSET(股票近期行情!$B$3,COUNT(股票近期行情!$B:$B)-7,,7)”，如图 13-43 所示。

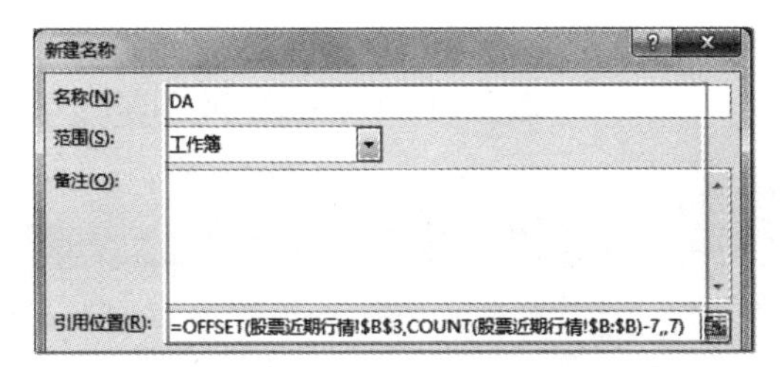

图13-43　新建DA动态名称

步骤 02 新建 DE 名称，引用位置为“=OFFSET(DA,,-1)”，如图 13-44 所示。

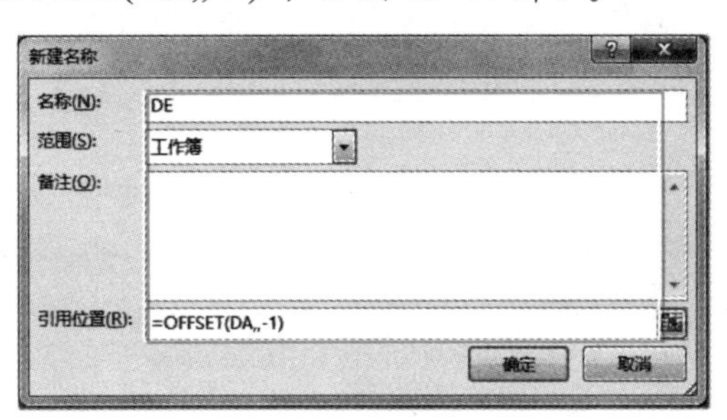

图13-44　新建DE动态名称

步骤 03 ❶选择 A2:B9 单元格区域，❷单击折线图下拉按钮，❸选择“带数据标记的折线图”选项，如图 13-45 所示。

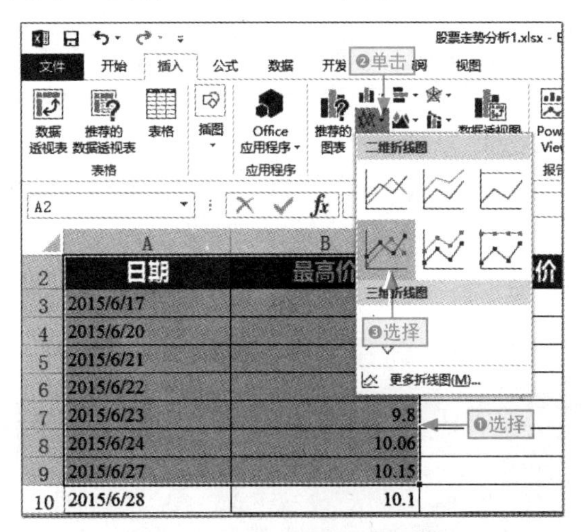

图13-45　插入带标记的折线图

步骤 04 在图表上右击，选择“选择数据”命令，打开“选择数据源”对话框。❶ 选择“最高价”选项，❷ 单击“图例项（系列）”列表框中的“编辑”按钮，如图 13-46 所示。

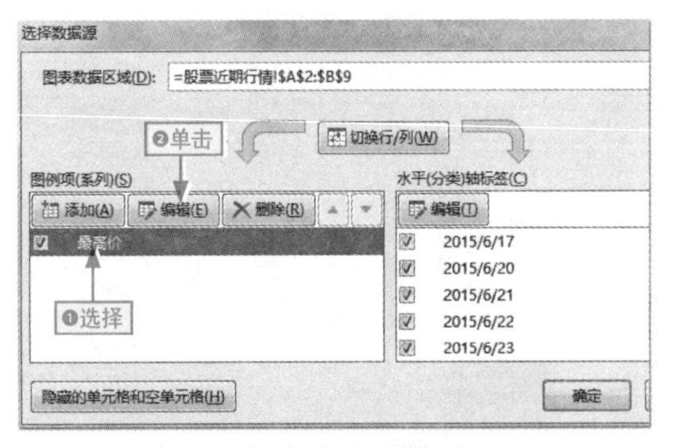

图13-46 编辑“最高价”数据

步骤 05 ❶ 在“编辑数据系列”对话框中的“系列值”文本框中输入公式，❷ 单击“确定”按钮，如图 13-47 所示。

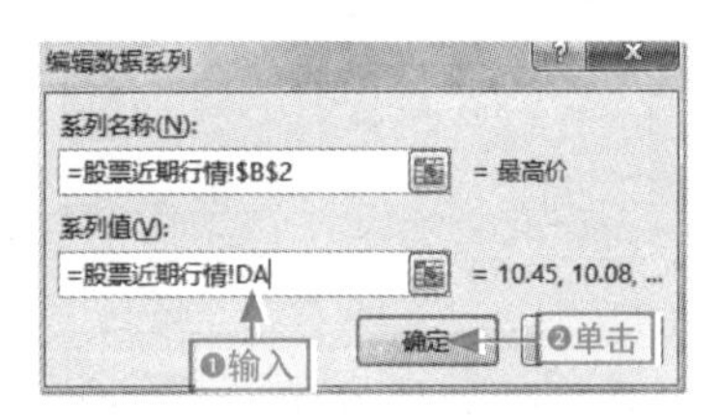

图13-47 引用DA单元格名称

步骤 06 返回到“选择数据源”对话框，❶ 单击“水平（分类）轴标签”列表框中的“编辑”按钮，❷ 在“轴标签”对话框中的“轴标签区域”文本框中输入公式引用 DE 动态名称，❸ 依次单击“确定”按钮，如图 13-48 所示。

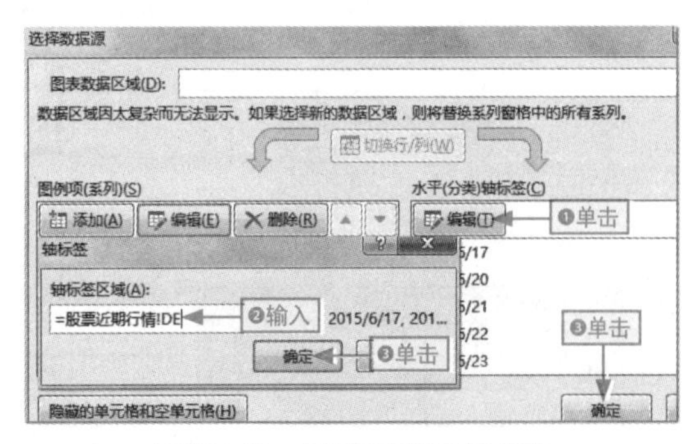

图13-48 引用DE单元格名称

步骤 07 返回到工作表中即可查看图表显示最新一周数据绘制的效果，如图 13-49 所示。

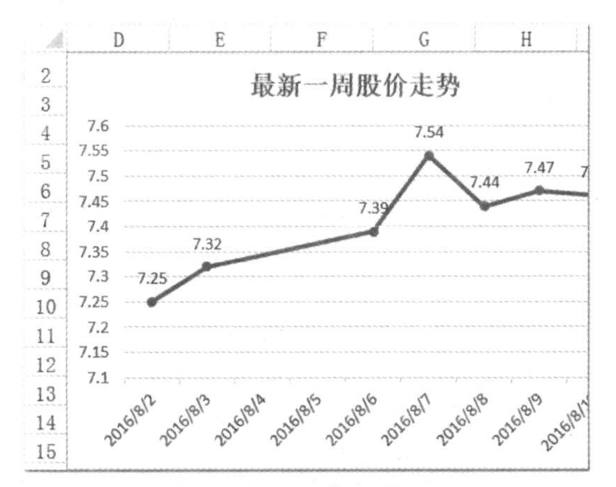

图13-49 最新一周数据绘制的效果

13.2.2 动态控制图表显示

要及时控制图表的动态绘制，可通过让下拉序列按钮、函数和图表的联合使用来实现。

下面以在“门店利润分析 1”工作簿中通过数据验证、Vlookup() 函数和图表联合使用来制作及时切换图表数据源的动态绘制显示为例，介绍其具体操作。

本节素材	⊙/素材/Chapter13/门店利润分析1.xlsx
本节效果	⊙/效果/Chapter13/门店利润分析1.xlsx
学习目标	学习数据验证、函数和图表的联合使用方法
难度指数	★★★★

步骤 01 打开“门店利润分析 1”素材文件，使用数据验证功能添加下拉序列选项，如图 13-50 所示。

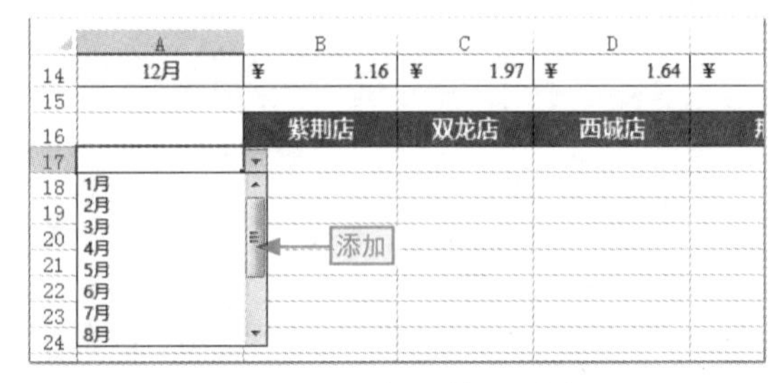

图13-50 添加下拉序列选项

步骤 02 ❶选择 B17:E17 单元格区域，❷在编辑栏中输入 Vlookup() 函数，按 Ctrl+Enter 组合键，如图 13-51 所示。

图13-51 输入Vlookup()函数获取动态数据

步骤 03 根据 B16:E17 单元格区域数据创建簇状柱形图，并对其格式进行相应设置，如图 13-52 所示。

图13-52 根据动态数据源创建图表

步骤 04 ❶选择 A17 单元格并单击出现的下拉按钮，❷选择相应月份选项。这里选择“4月”，图表立即绘制出相应形状（用这种方法控制图表的显示），如图 13-53 所示。

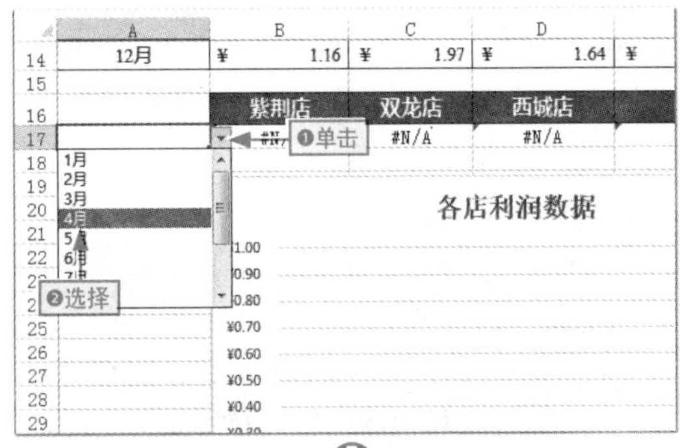

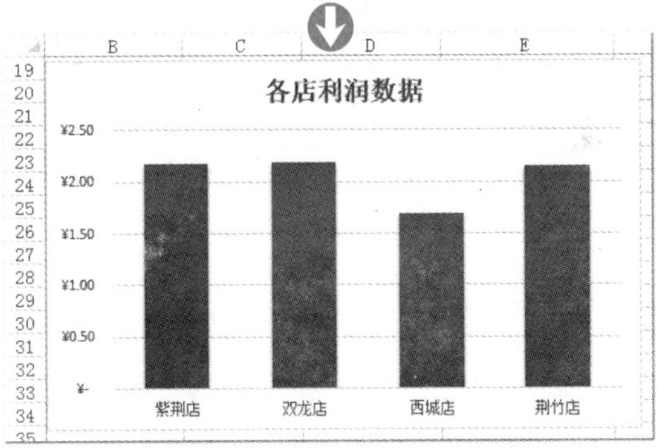

图13-53 动态控制图表显示

给你支招 | 筛选部分数据的图表

小白：在Excel中动态图表只能通过函数或控件来实现吗？

阿智：绝大部分是，除数据筛选外，具体操作如下。

步骤 01 根据相应数据源创建图表，❶选择标题行中的任一字段单元格，❷单击“数据”选项卡中的“筛选”按钮，进入自动筛选状态，如图 13-54 所示。

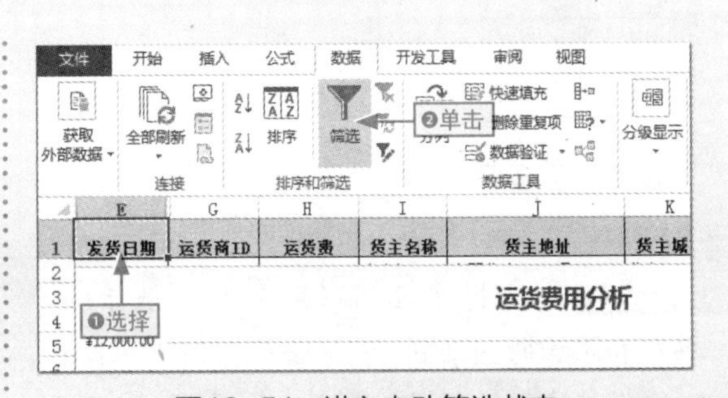

图13-54 进入自动筛选状态

步骤 02 ❶ 单击相应的筛选下拉按钮，进行筛选。这里只❷ 选中“2016”复选框，然后单击“确定”按钮，如图 13-55 所示。

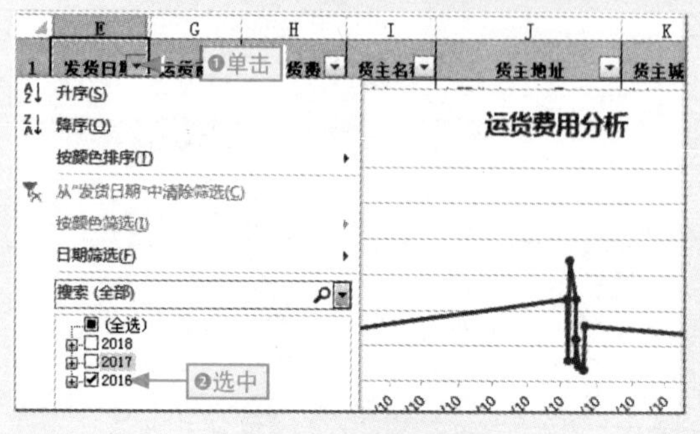

图13-55　筛选数据

步骤 03 图表立即将筛选数据从图表中去除，如图 13-56 所示。

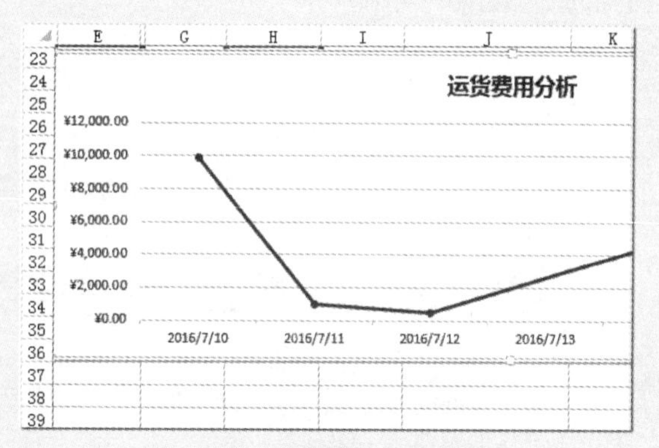

图13-56　图表发生明显变化

给你支招 | 双色数据图表

小白：函数和图表的融合只能用于动态图表吗?

阿智：它还可以制作一些常规方法不太轻易实现的图表效果。下面我们以将函数与图表融合制作出双色数据系列图表为例，介绍其具体操作。

步骤 01 使用 IF() 和 Average() 函数制作两列高于平均值和低于平均值辅助数据，如图 13-57 所示。

=IF(F22<AVERAGE($F$2:$F$22),F22,"")

发货日期	运货费		高于平均值	低于平均值
2016/7/16	¥1,357.00		1357	
2016/7/17	¥9,879.00			9879
2016/7/18	¥469.00		469	
2016/7/19	¥6,890.00			6890
2016/7/20	¥967.00		967	
2016/7/21	¥1,200.00		1200	
2016/7/22	¥1,200.00		1200	
2016/7/23	¥4,659.00			4659
2016/7/24	¥6,778.00			6778
2016/7/25	¥4,657.00			4657
2016/7/26	¥2,433.00		2433	

图13-57　制作辅助列

步骤 02 ❶ 选择字段列（用于水平坐标轴数据）和添加的辅助列，❷ 单击柱形图下拉按钮，❸ 选择“堆积柱形图”选项，如图 13-58 所示。

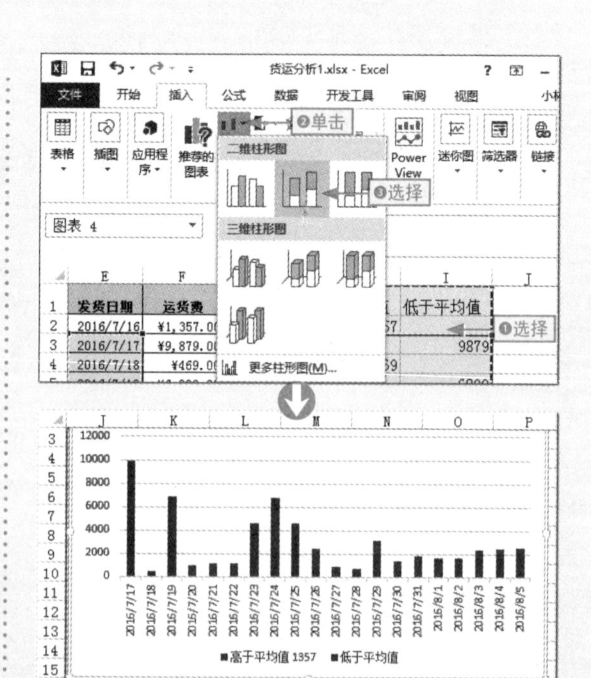

图13-58　制作双色图表

Chapter 14 数据透视图表

学习目标

数据透视图表是 Excel 中分析数据的另一大数据分析利器，本章将对数据透视表、切片器和数据透视图进行详细讲解，帮助用户更加方便和多角度地透视分析数据，从而更加准确地发现并解决问题。

本章要点

- 创建数据透视表
- 更改值汇总方式
- 隐藏或显示明细数据
- 分组显示数据透视表
- 更改数据透视表选项
- ......
- 共享切片器
- 设置切片器格式
- 断开切片器
- 删除切片器筛选结果
- 创建数据透视图
- ......

知识要点	学习时间	学习难度
数据的透视表分析	30 分钟	★★★
创建切片器	35 分钟	★★
数据的透视图分析	25 分钟	★★★

14.1 数据的透视表分析

小白：除了使用图表对数据进行分析外，我们还可以直接以表格的方式来对数据进行分析吗？

阿智：可以借助数据透视表来轻松实现。

数据透视表是一种交互式的 Excel 表，可对数据进行指定计算，如求和与计数等，并进行相应汇总，从而实现对数据的透视分析。

14.1.1 创建数据透视表

要使用数据透视表，首先需要创建一个数据透视表。在 Excel 2013 中除了通过常规的创建方法外，还新增加了推荐创建的方法，下面分别进行介绍。

1. 常规创建数据透视表

常规创建数据透视表是相对于推荐的创建数据透视表功能而言，其他的低级 Excel 版本也通用这种方法。

下面以在“销售业绩表”工作簿中根据业绩统计数据创建数据透视表为例，介绍其具体操作。

本节素材	/素材/Chapter14/销售业绩表.xlsx
本节效果	/效果/Chapter14/销售业绩表.xlsx
学习目标	掌握常规创建数据透视表的方法
难度指数	★★★

步骤 01 打开“销售业绩表”素材文件，❶选择任一数据单元格，❷单击“插入”选项卡中的“数据透视表”按钮，打开“创建数据透视表”对话框，如图 14-1 所示。

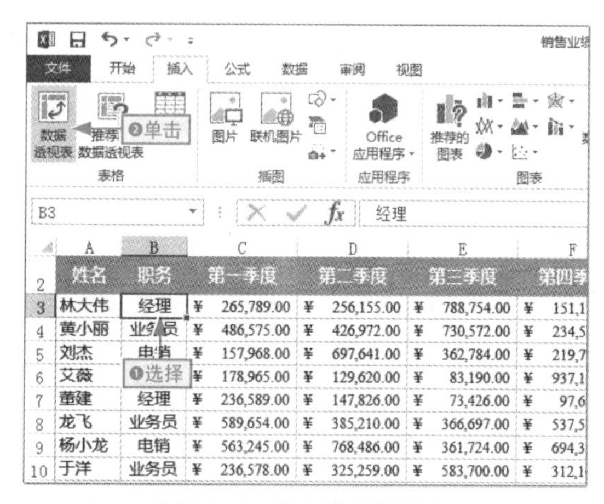

图14-1 插入数据透视表

步骤 02 ❶选中“新工作表”单选按钮；❷单击“确定”按钮，如图 14-2 所示。

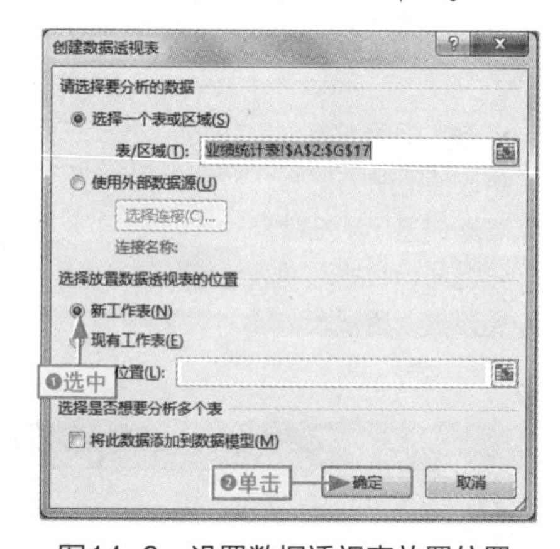

图14-2 设置数据透视表放置位置

步骤 03 在“数据透视表字段”窗格中依次选中姓名、职务、季度与总和复选框，如图 14-3 所示。

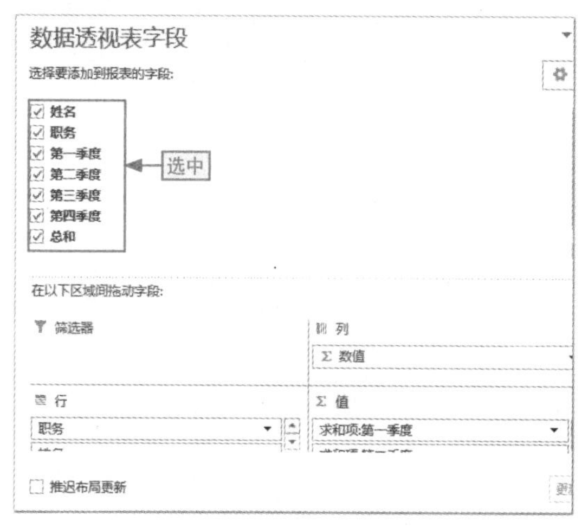

图14-3 添加字段数据

步骤 04 返回到工作表中即可查看创建的数据透视表效果，如图 14-4 所示。

	A	B	C	D
4	⊟电销	824484	1683392	11
5	刘杰	157968	697641	
6	罗薇薇	103271	217265	
7	杨小龙	563245	768486	
8	⊟经理	1595519	1794434	17
9	董建	236589	147826	
10	林大伟	265789	256155	
11	章小妹	497018	794842	
12	周维	596123	595611	
13	⊟业务员	3120534	2818606	41
14	艾薇	178965	129620	
15	白小虎	533655	192420	
16	黄小丽	486575	426972	
17	龙飞	589654	385210	
18	龙腾	25135	246872	

图14-4 创建数据透视表效果

2. 根据推荐创建数据透视表

Excel 2013 中新增系统推荐的创建数据透视表功能，用户可使用它轻松快速地创建出一些高质量的数据透视表。

下面以在“销售业绩表 1”工作簿中使用推荐的创建数据透视表功能来创建数据透视表为例，介绍其具体操作。

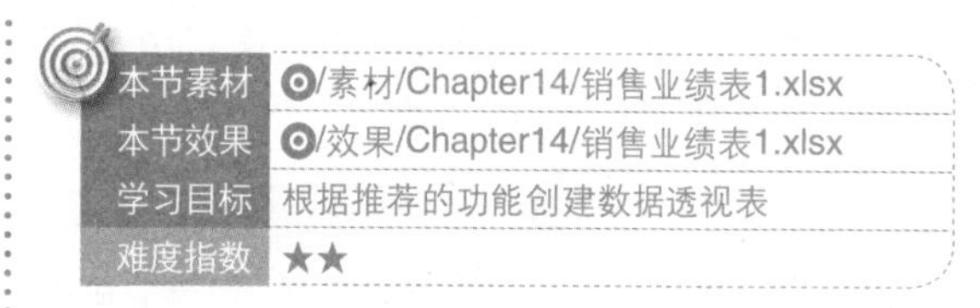

本节素材	/素材/Chapter14/销售业绩表1.xlsx
本节效果	/效果/Chapter14/销售业绩表1.xlsx
学习目标	根据推荐的功能创建数据透视表
难度指数	★★

步骤 01 打开“销售业绩表 1”素材文件，❶选择任一数据单元格；❷单击“推荐的数据透视表”按钮，如图 14-5 所示。

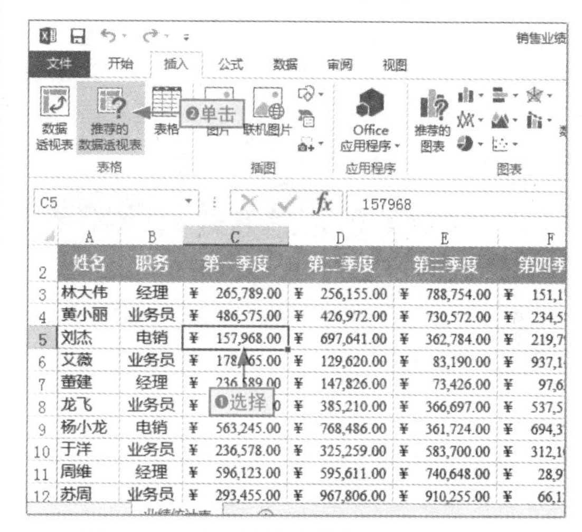

图14-5 使用推荐功能创建数据透视表

步骤 02 打开“推荐的数据透视表”对话框，❶选择合适的数据透视表样式选项，这里选择第二个数据透视表选项；❷单击“确定”按钮，如图 14-6 所示。

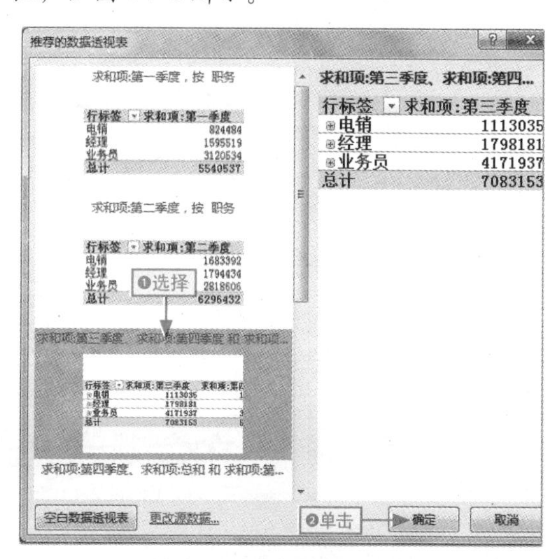

图14-6 选择数据透视表样式

步骤 03 返回到工作表中即可查看创建的数据透视表效果，如图 14-7 所示。

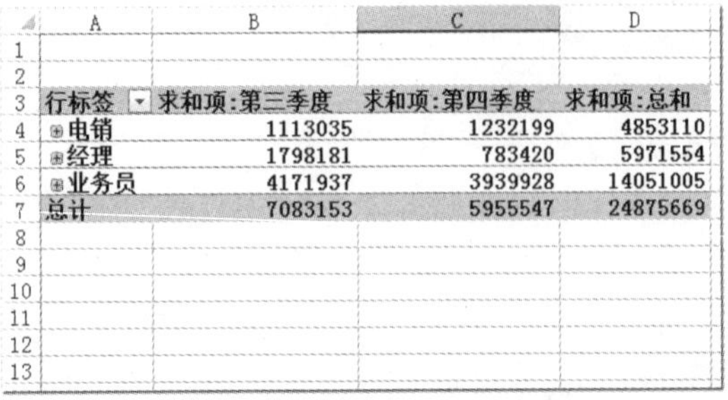

	A	B	C	D
1				
2				
3	行标签	求和项:第三季度	求和项:第四季度	求和项:总和
4	⊞电销	1113035	1232199	4853110
5	⊞经理	1798181	783420	5971554
6	⊞业务员	4171937	3939928	14051005
7	总计	7083153	5955547	24875669

图14-7　创建数据透视表效果

14.1.2 更改值汇总方式

数据透视表的默认汇总方式是求和，文本数据的默认汇总方式为计数。此外，数据透视表还提供了求平均值、最大值和最小值等汇总方式供用户选择。下面介绍一些常用的更改汇总方式的方法。

通过菜单命令更改

对于一些常用的汇总方式，可直接在数据透视表中的数据区域上右击鼠标，选择“值汇总依据”命令，在子菜单中选择相应的汇总方式命令，如图 14-8 所示。

图14-8　更改汇总方式

通过对话框更改

对于一些不常用的汇总方式，如乘积和方差等，可通过“值字段设置”对话框来更改。具体操作为：在数值单元格上右击鼠标，在弹出的快捷菜单中❶选择“值汇总依据/其他选项”命令，在打开的“值字段设置”对话框中；❷选择相应的汇总方式选项；❸单击“确定”按钮，如图 14-9 所示。

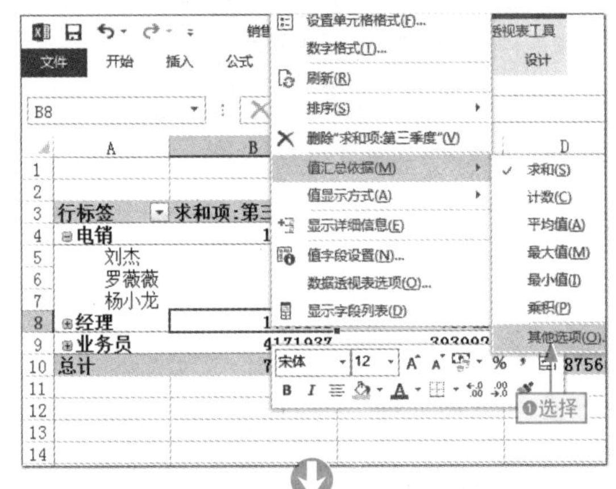

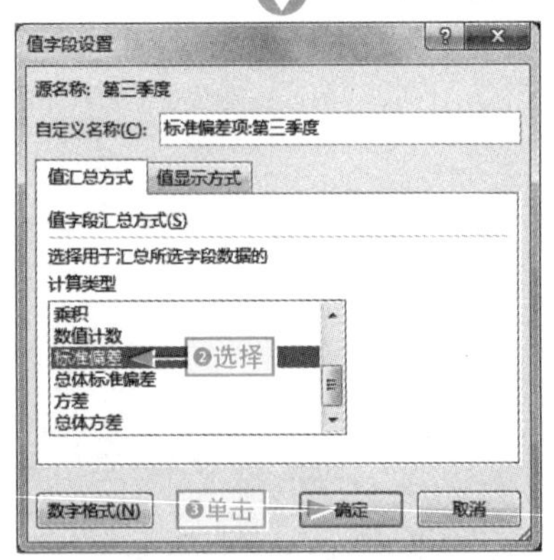

图14-9　更改汇总方式

14.1.3 隐藏或显示明细数据

数据透视表如果具有多个行标签字段，则 Excel 会按行标签排列顺序分级显示数据，这样就会造成数据汇总看起来相对杂乱的情

况。在这种汇总方式下，如果只需要查看上一级数据的汇总，可以将对应的明细数据隐藏起来，需要时再显示出来。下面分别进行介绍。

1. 隐藏明细数据

数据透视表中隐藏明细数据大体分为两种：隐藏全部明细数据和隐藏部分明细数据。

隐藏全部明细数据

它是将整个数据透视表中所有行标签的明细数据隐藏。只需在任意字段上单击鼠标右键，选择“折叠整个字段”命令，如图 14-10 所示。或在“数据透视表工具-选项”选项卡的“活动字段”组里单击“折叠整个字段”按钮，如图 14-11 所示。

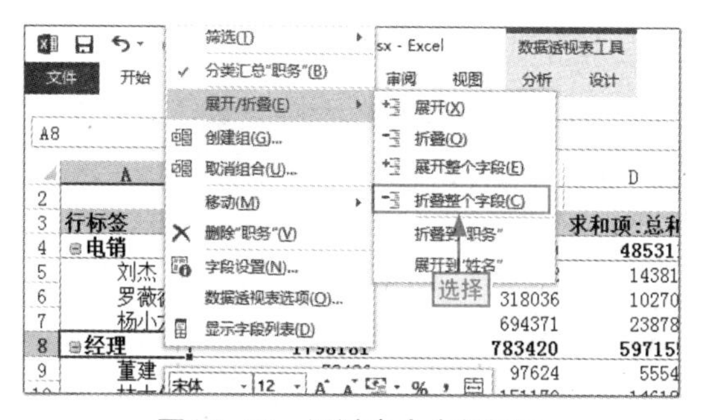

图14-10 通过命令全部折叠

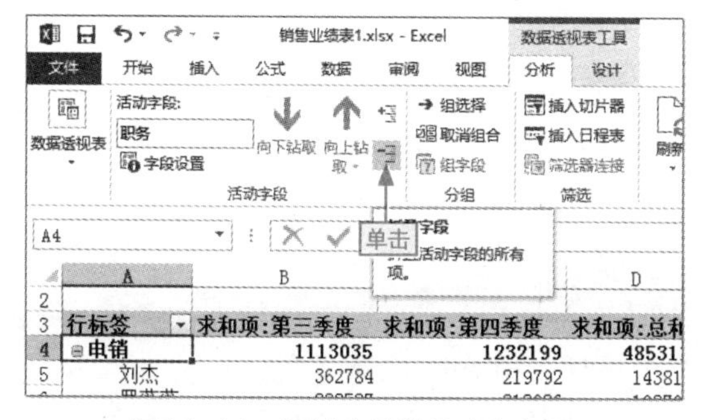

图14-11 通过功能按钮全部折叠

隐藏部分明细数据

在标签字段上单击右键，选择“展开 / 折叠”/“折叠”命令，如图 14-12 所示；或在需要隐藏 / 折叠的明细数据位置，单击减号按钮，如图 14-13 所示。

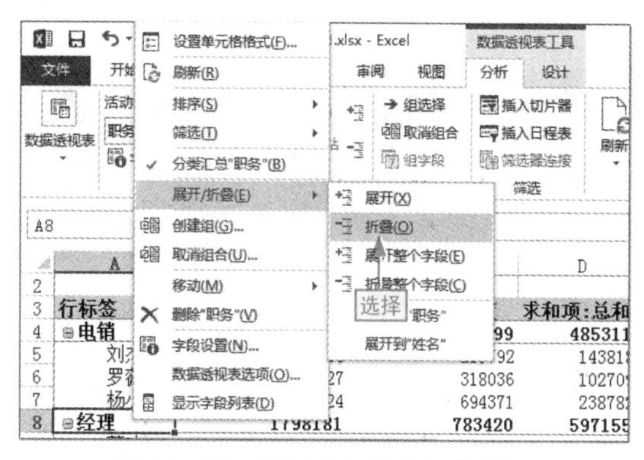

图14-12 通过命令隐藏部分数据

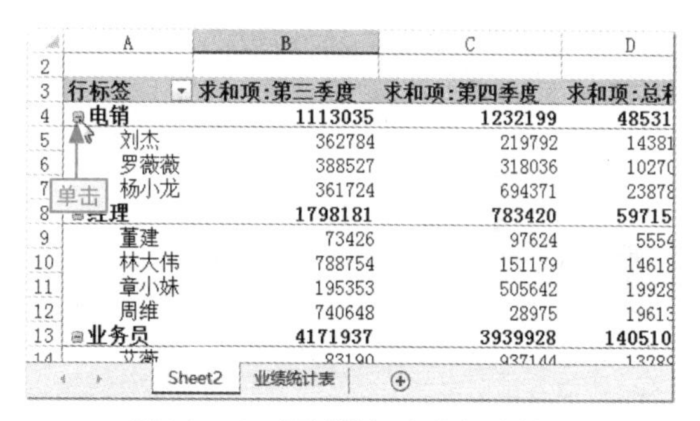

图14-13 通过按钮隐藏部分数据

2. 显示明细数据

显示明细数据就是将隐藏 / 折叠的明细数据显示出来。

显示全部明细数据

在任意字段上右击，选择“展开 / 折叠”/“展开整个字段”命令，或单击“展开整个字段”按钮，如图 14-14 所示。

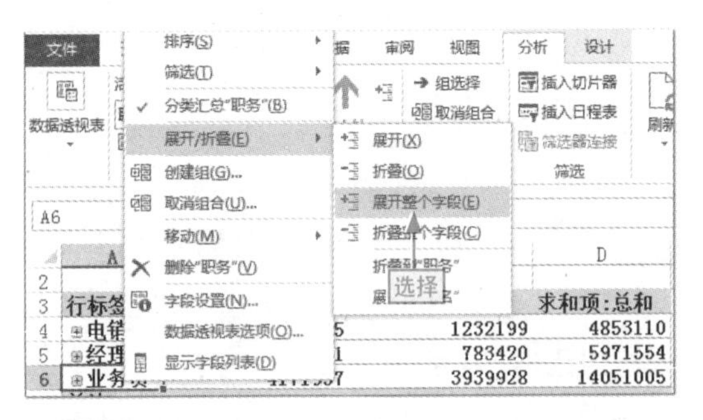

销售业绩表1.xlsx - Excel　数据透视表工具

文件　开始　插入　公式　数据　审阅　视图　分析　设计

数据透视表　活动字段:　职务　字段设置　向下钻取　向上钻取　活动字段　组选择　取消组合　组字段　分组　插入切片器　插入日程表　筛选器连接　筛选　刷新

单击　展开字段　展开活动字段的所有项。

A4

行标签	求和项:第三季度	求和项:第四季度	求和项:总和
⊞电销	1113035	1232199	4853110
⊞经理	1798181	783420	5971554
⊞业务员	4171937	3939928	14051005

图14-14 展开全部明细数据

显示部分明细数据

在需要展开的明细数据位置，单击加号按钮，或在标签字段上右击，选择"展开/折叠"/"展开"命令，如图 14-15 所示。

C13

行标签	求和项:第三季度	求和项:第四季度	求和项:总和
⊞电销	1113035	1232199	4853110
⊞经理	1798181	783420	5971554
⊞业务员	4171937	3939928	14051005
	7083153	5955547	24875669

单击

表1.xlsx - Excel　数据透视表工具

文件　审阅　视图　分析　设计　数据透视表

筛选(T)　分类汇总"职务"(B)　展开/折叠(E)　创建组(G)...　取消组合(U)...　移动(M)　删除"职务"(V)　字段设置(N)...　数据透视表选项(O)...　显示字段列表(D)

展开(X)　折叠(O)　展开整个字段(E)　折叠整个字段(C)　折叠到"职务"　展开到"姓名"　选择

插入切片器　插入日程表　筛选器连接　筛选　刷新

A4

行标签	…	求和项:第四季度	求和项:总和
⊞电销	1113035	1232199	4853110

图14-15 展开部分明细数据

14.1.4 分组显示数据透视表

当数据透视表的行标签中的数据非常多，且具有一定的规律时，可以将这些项目分类，使得数据显示更加合理。

下面以在"货运分析"工作簿中将数据透视表按照周为单位进行分组为例，介绍其具体操作。

步骤 01 打开"货运分析"素材文件，❶选择 A4 单元格，❷在"数据透视表工具-分析"选项卡中单击"组字段"按钮，如图 14-16 所示。

货运分析.xlsx - Excel　数据透视表工具

文件　开始　插入　公式　数据　审阅　视图　分析　设计

数据透视表　活动字段:　发货日期　字段设置　向下钻取　向上钻取　活动字段　组选择　取消组合　组字段　分组　插入切片器　插入日程表　筛选器连接　筛选　刷新

A4　❷单击　❶选择

行标签	求和项:运货费	求和项:运货商ID
2016/7/10	9879	1
2016/7/11	967	2
2016/7/12	469	2
	6890	1
	1357	3
2017/7/15	4659	3
2017/7/16	1200	2
2017/7/17	6778	2

图14-16 对数据进行分组

这样激活"组字段"按钮

数据透视表中的"组字段"按钮是针对标签字段数据而言的，所以要将其激活必须事先选择标签字段单元格。

步骤 02 打开"组合"对话框，❶选择"日"步长选项，❷在"天数"数值框中输入"7"，❸单击"确定"按钮，如图 14-17 所示。

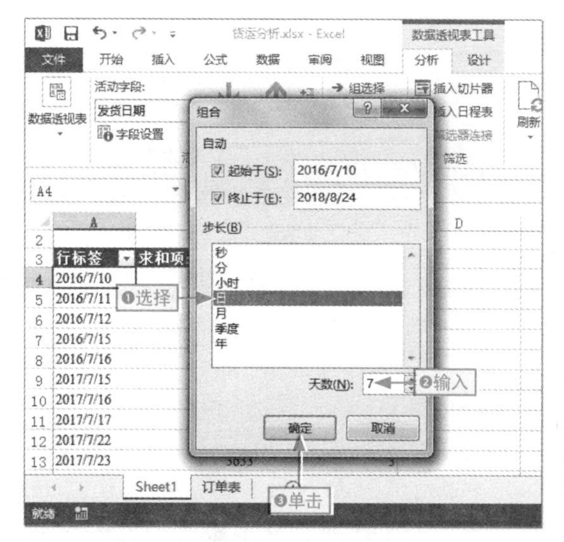

图14-17 以周为单位分组

步骤 03 返回到工作表中即可查看以周为单位的分组效果，如图 14-18 所示。

A4 fx 2016/7/10 - 2016/7/16

行标签	求和项:运货费	求和项:运货商ID
2016/7/10 - 2016/7/16	19562	9
2017/7/9 - 2017/7/15	4659	3
2017/7/16 - 2017/7/22	12635	7
2017/7/23 - 2017/7/29	5229	7
2017/7/30 - 2017/8/5	3123	2
2018/7/22 - 2018/7/28	1390	3
2018/7/29 - 2018/8/4	6798	9
2018/8/5 - 2018/8/11	2433	1
2018/8/12 - 2018/8/18	1698	1
2018/8/19 - 2018/8/24	1690	3

图14-18 以周为单位分组的效果

14.1.5 更改数据透视表选项

数据透视表在默认情况下的各种效果已基本能满足用户的需要，如果用户想让数据透视表更加个性化，还可以对数据透视表的布局和格式、汇总和筛选、显示、打印和数据等选项进行设置。

具体操作为：❶ 选择数据透视表后，❷ 在“数据透视表工具-选项”选项卡的“数据透视表”组中单击“选项”按钮，❸ 在打开的对话框中进行相应的设置（在对话框顶端的“名称”文本框中，可以为数据透视表指定一个名称），最后单击“确定”按钮确认，如图 14-19 所示。

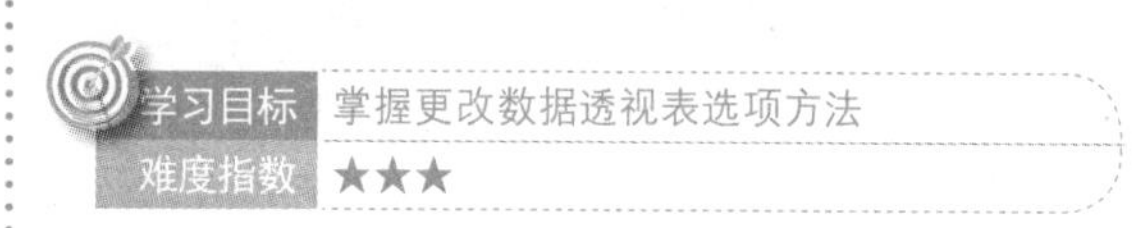

图14-19 更改数据透视表的选项

快速更改字段名称

要更改数据透视表中字段的名称，最直接和最快速的方法就是❶ 选择相应字段单元格后，❷ 在编辑栏中输入相应的名称，按Enter键确认，如图14-20所示。

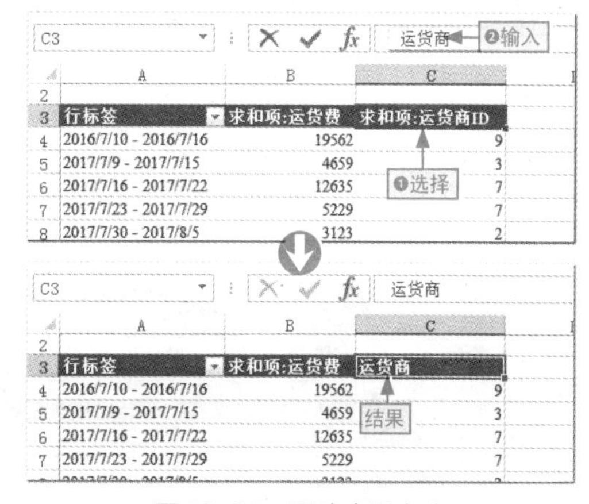

图14-20 更改字段名称

14.2 创建切片器

小白： 数据透视表中有很多数据，可以让其显示我们想要查看的指定项数据吗？

阿智： 可以，只要通过使用切片器来进行快速控制。

切片器是 Excel 2010 版本新增的一项功能，它相当于一个动态的筛选器，可以根据用户选择的关键字快速对数据透视图表中的数据记录进行筛选和管理。

14.2.1 创建切片器

在创建数据透视表时，默认情况下并不会加入切片器，要使用切片器必须手动创建。数据透视表中的每一个字段都可以创建一个切片器。

下面以在“销售业绩表 2”工作簿的数据透视表中添加切片器为例，介绍其具体操作。

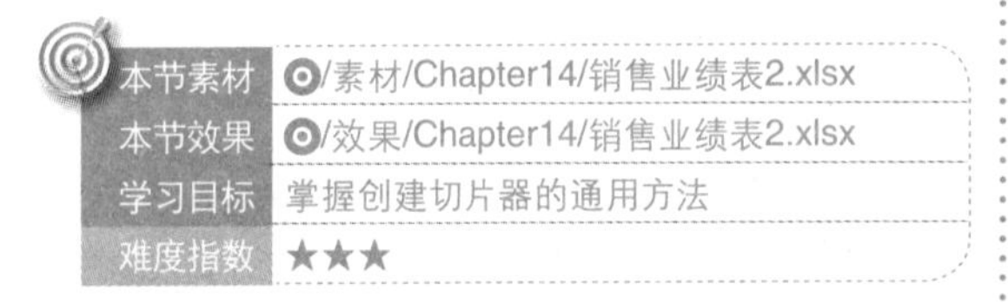

本节素材	⊙/素材/Chapter14/销售业绩表2.xlsx
本节效果	⊙/效果/Chapter14/销售业绩表2.xlsx
学习目标	掌握创建切片器的通用方法
难度指数	★★★

步骤 01 打开“销售业绩表 2”素材文件，选择数据透视表的任意数据单元格：❶单击“数据透视表工具-分析”选项卡；❷单击“插入切片器”按钮，如图 14-21 所示。

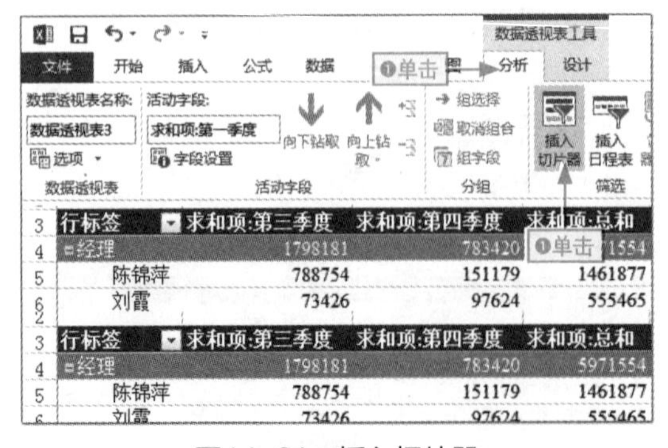

图14-21 插入切片器

步骤 02 打开“插入切片器”对话框，❶选中“职务”复选框，❷单击“确定”按钮，如图 14-22 所示。

图14-22 指定切片器

同时添加多个切片器

在“插入切片器”对话框中选中多个字段复选框，然后确定，即可同时创建多个切片器，而且这些切片器都可以对数据透视表进行控制和筛选。

步骤 03 返回到工作表中即可查看创建的切片器。单击其中的筛选器，如单击“经理”筛选器，即可控制数据透视表的数据项显示，如图 14-23 所示。

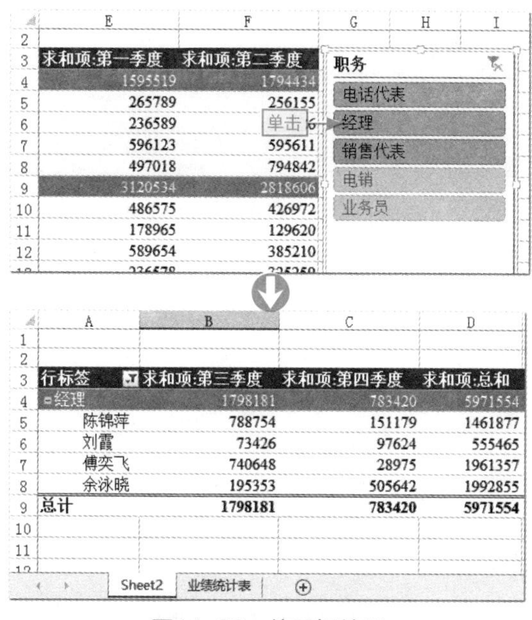

图14-23　使用切片器

14.2.2 共享切片器

如果根据同一个数据源创建了多张数据透视表，而且多张数据透视表中包含至少一个相同的字段，在需要通过筛选对两张数据透视表进行操作时，此时就可以利用切片器将此切片器在两张数据透视表中共享。

具体操作为：❶选择目标切片器，❷在“切片器工具-选项”选项卡的“切片器”组中单击“报表连接”按钮，打开“数据透视表连接”对话框。❸选中需要共享的数据透视表名称复选框，❹单击“确定”按钮。❺单击相应的筛选器即可进行同时筛选，如图 14-24 所示。

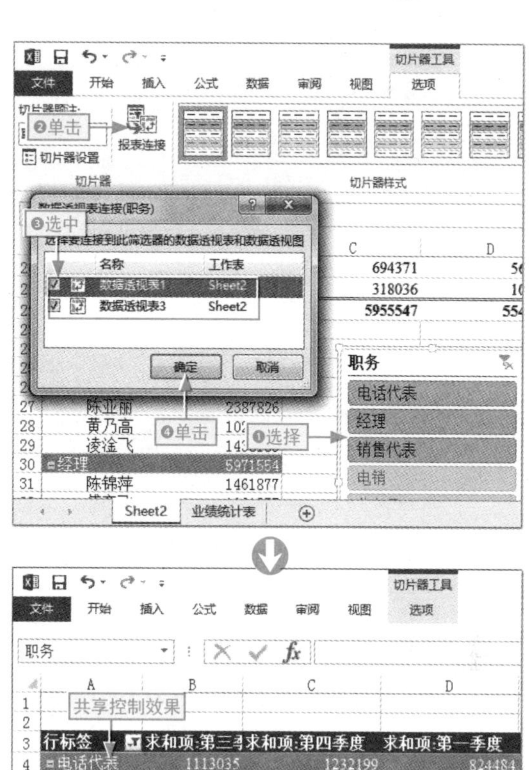

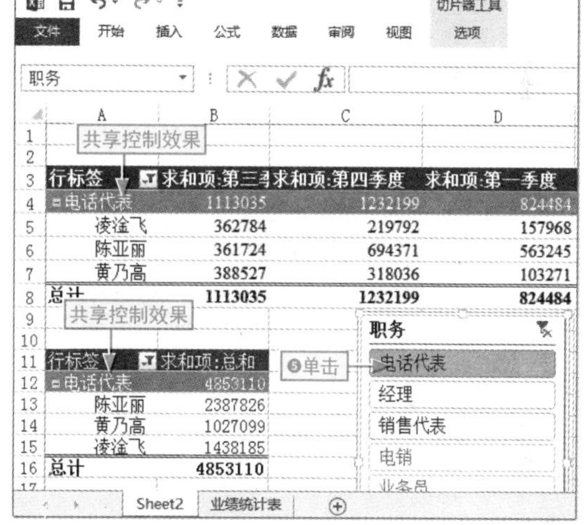

图14-24　共享切片器

14.2.3 设置切片器格式

创建的切片器，默认都会以淡蓝色样式显示，整体样式不一定好看，同时与数据透视表样式也不一定搭配。这时，可以通过为切片器应用样式、调整高度和宽度以及列数来让其更加美观和专业。

下面以在“销售业绩表 3”工作簿中为切片器应用样式、调整高度和宽度为例，介绍其具体操作。

本节素材	◎/素材/Chapter14/销售业绩表3.xlsx
本节效果	◎/效果/Chapter14/销售业绩表3.xlsx
学习目标	学习对切片器格式进行设置的方法
难度指数	★★★

步骤 01 打开“销售业绩表3”素材文件，❶选择切片器；❷单击“切片器工具-选项”选项卡；❸在“切片器样式”列表框中选择“切片器样式深色 4”选项，如图 14-25 所示。

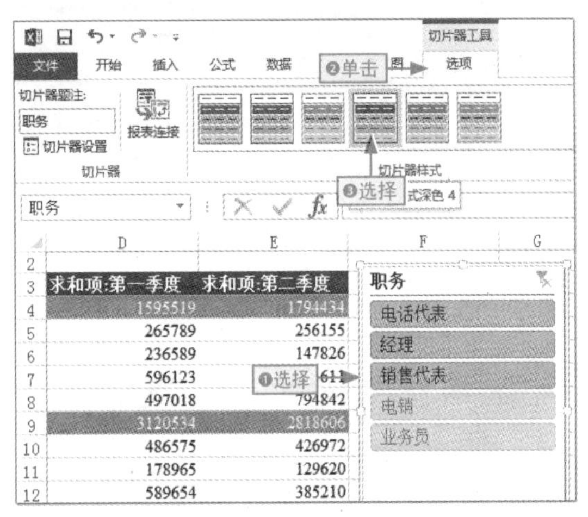

图14-25 应用切片器样式

步骤 02 在“大小”组中的“高度”和“宽度”数值框中输入“4.71 厘米”和“2.75 厘米”，如图 14-26 所示。

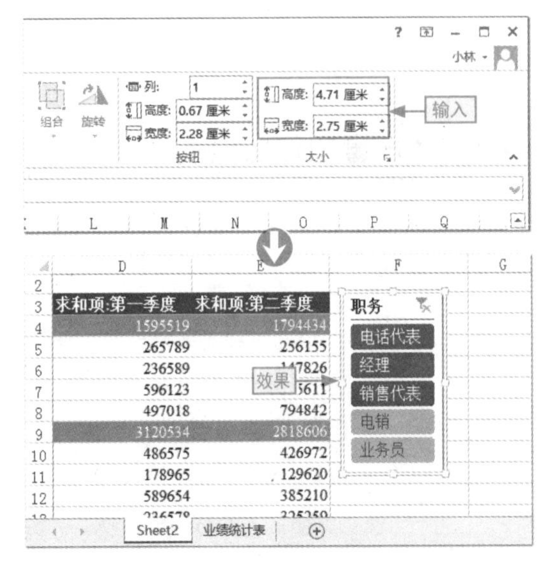

图14-26 设置切片器大小

小绝招 快速让切片器以多列显示

默认情况下，切片器是以单列显示，也就是只有一栏。我们可以根据实际需要将其设置为多列，只需选择切片器后，在“按钮”组中的“列”数值框中输入列数即可，如图 14-27 所示。

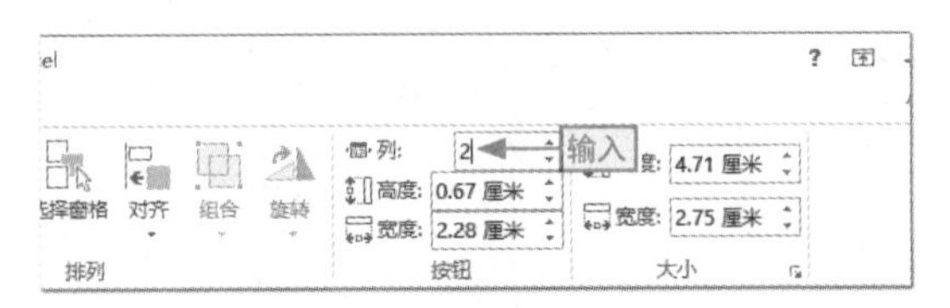

图14-27 设置切片器列数

14.2.4 断开切片器

断开切片器就是断开切片器与数据透视表之间的联系，让切片器不能控制和筛选数据透视表数据。

学习目标	掌握断开切片器的方法
难度指数	★★★

选择要断开连接的切片器，❶在“切片器工具-选项”选项卡中单击“报表连接”按钮，打开“数据透视表连接”对话框。❷在列表框中取消选中相应的复选框，❸单击“确定”按钮，如图 14-28 所示。

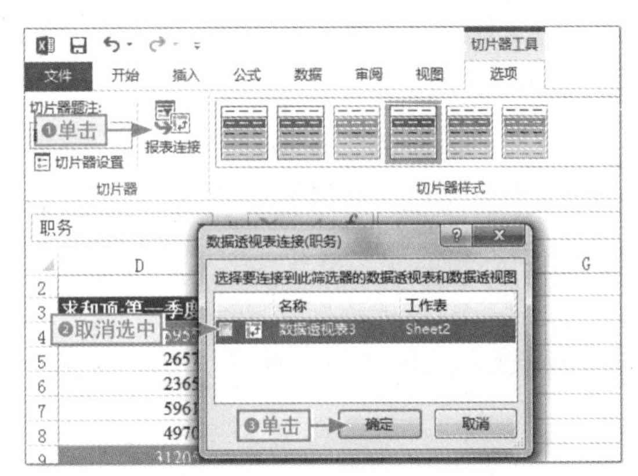

图14-28 断开切片器连接

14.2.5 删除切片器筛选结果

删除切片器筛选结果，就是恢复到筛选数据前的数据样式。通常情况下有两种方法：一是直接单击切片器上的“清除筛选器”按钮，如图 14-29 所示；二是通过选择命令来实现，如图 14-30 所示。

学习目标 清除切片器筛选数据结果

难度指数 ★★★

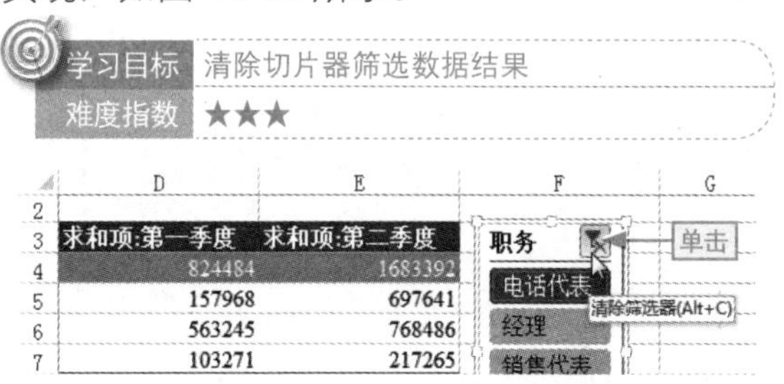

图14-29 删除切片器筛选项

图14-30 删除切片器筛选结果

14.3 数据的透视图分析

小白：在Excel中，我们只能通过数据透视表来透视分析数据吗？可以像图表那样透视分析吗？

阿智：与数据透视表相对应的就是数据透视图，我们可以使用它来对数据进行直观的透视分析。

数据透视图是 Excel 图表的一大类别，但它信赖的数据源是数据透视表。应用在普通数据区域的图表类型也适用于数据透视图，但某些图表对数据透视图数据源区域的排列方式有特殊的要求，如股价图和气泡图等。

14.3.1 创建数据透视图

在 Excel 中创建数据透视图有两种途径：一是直接根据数据源进行创建；二是在已有的数据透视表基础上创建。下面分别进行讲解。

1. 根据数据源创建数据透视图

根据数据源创建数据透视图其实就是直接在数据源的基础上创建。

下面以在“销售业绩表 4”工作簿中创建数据透视图来分析工作完成情况为例，介绍其具体操作。

本节素材 ⊙/素材/Chapter14/销售业绩表4.xlsx

本节效果 ⊙/效果/Chapter14/销售业绩表4.xlsx

学习目标 在数据源基础上创建数据透视图

难度指数 ★★★

步骤 01 打开“销售业绩表 4”素材文件，❶选择任意数据单元格，❷单击“数据透视图”按钮，如图 14-31 所示。

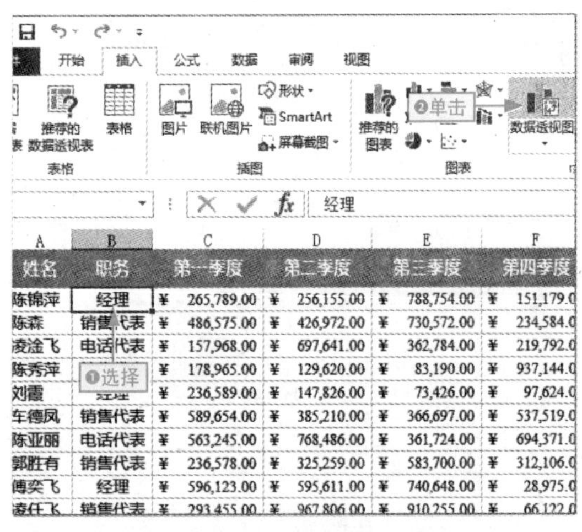

图14-31　创建数据透视图

步骤 02 打开“创建数据透视图”对话框，直接单击“确定”按钮，如图 14-32 所示。

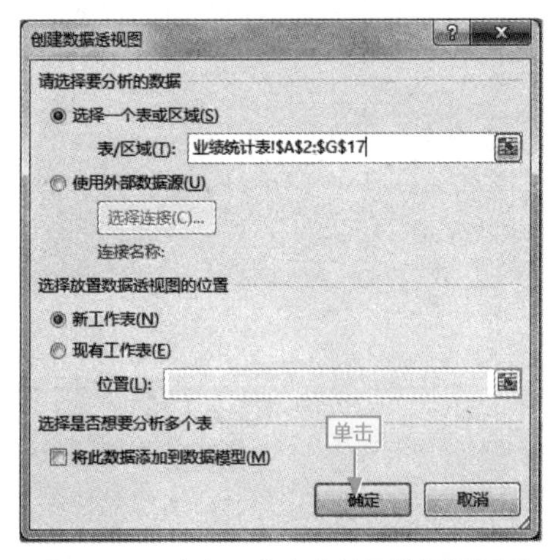

图14-32　在新工作表中放置数据透视图

步骤 03 打开“数据透视图字段”窗格，依次选中“姓名”和“总和”复选框，如图 14-33 所示。

图14-33　添加字段数据

步骤 04 在工作表中即可查看创建的数据透视图，效果如图 14-34 所示。

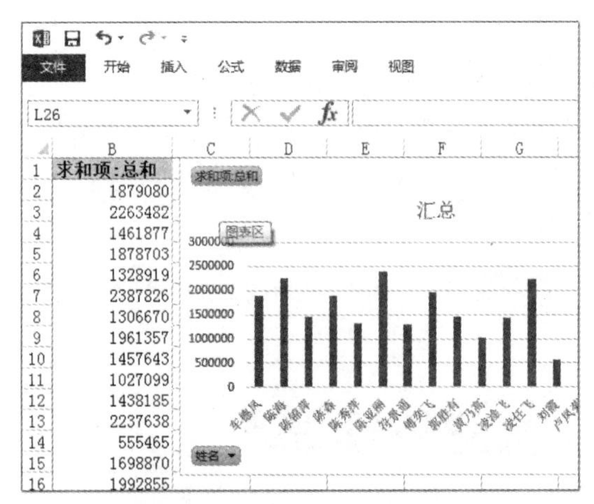

图14-34　创建数据透视图的效果

2. 在已有的数据透视表上创建

数据透视图的数据源可以理解为是数据表（实际上是缓存数据），所以可以直接在其上创建数据透视图。

下面以在“销售业绩表 5”工作簿中创建数据透视图来分析工作完成情况为例，介绍其具体操作。

本节素材	/素材/Chapter14/销售业绩表5.xlsx
本节效果	/效果/Chapter14/销售业绩表5.xlsx
学习目标	在已有的数据透视表上创建数据透视图
难度指数	★★★

步骤 01 打开“销售业绩表 5”素材文件，在数据透视表上选择任一单元格，单击“数据透视表工具-分析”选项卡中的“数据透视图”按钮，如图 14-35 所示。

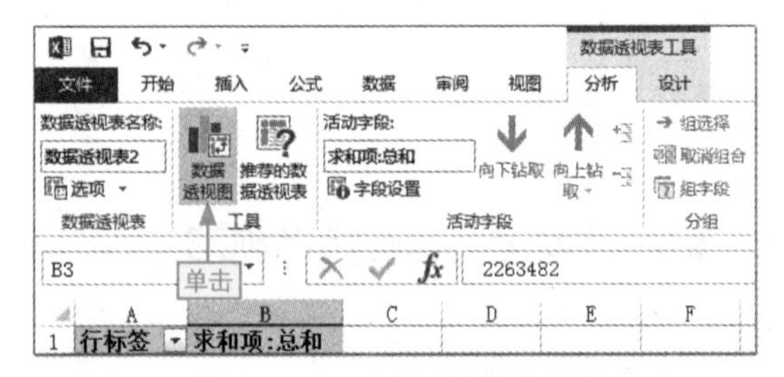

图14-35　创建数据透视图

步骤 02 打开“插入图表”对话框，❶选择需要的图表类型。这里选择“柱形图”选项，❷选择“三维簇状柱形图”选项，然后单击“确定”按钮，如图 14-36 所示。

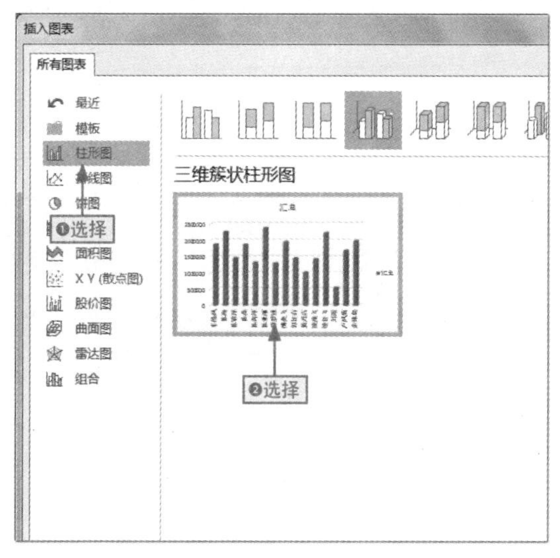

图14-36 选择数据透视图类型

步骤 03 返回到工作表中即可查看创建的数据透视图的样式（数据透视图的格式设置与图表格式设置操作完全一样），如图 14-37 所示。

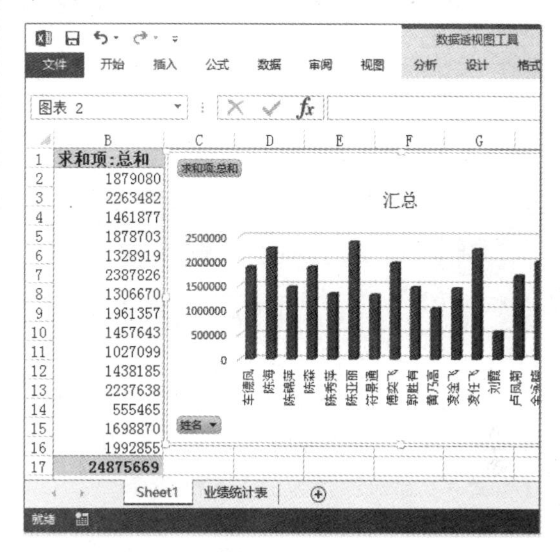

图14-37 创建数据透视图样式的效果

解析数据透视图和数据透视表的关系

数据透视图就是因为图表的数据源必须是一张数据透视表，所以它的名称叫作数据透视图，因此数据透视图是受数据透视表数据控制的。当在数据透视表中进行筛选、排序、更改汇总方式或调整字段位置等一系列操作时，数据透视图都将同步变化，同时数据透视图无法自定义图表数据源、图例项数据源以及分类轴数据源等（在“选择数据源”对话框中，这些选项都呈灰色的不可用状态，如图 14-38 所示）。

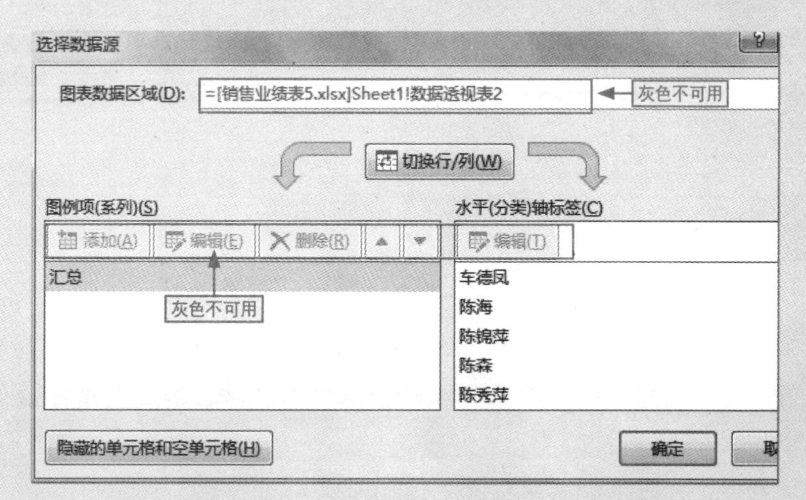

图14-38 数据透视图本身无法对数据项等进行控制

14.3.2 控制数据透视图显示

这里的控制数据透视图显示是指利用数据透视图本身的筛选功能来控制数据透视图的显示。

下面以在“销售业绩表 6”工作簿中通过“姓名”筛选按钮来筛选数据透视图的显示为例，介绍其具体操作。

本节素材	⊙/素材/Chapter14/销售业绩表6.xlsx
本节效果	⊙/效果/Chapter14/销售业绩表6.xlsx
学习目标	学会控制数据透视图的显示
难度指数	★★★

步骤 01 打开“销售业绩表 6”素材文件，❶ 单击“姓名”下拉筛选按钮，❷ 取消选中“(全选)”复选框，如图 14-39 所示。

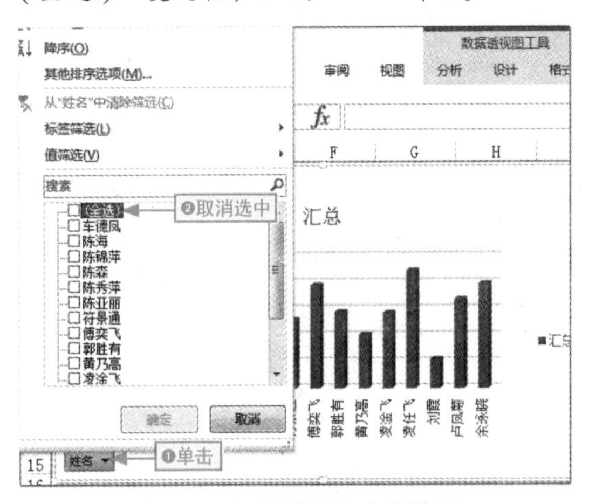

图14-39　取消所有字段数据

步骤 02 单击“姓名”下拉筛选按钮，❶ 选中需要显示的姓名，❷ 单击“确定”按钮，如图 14-40 所示。

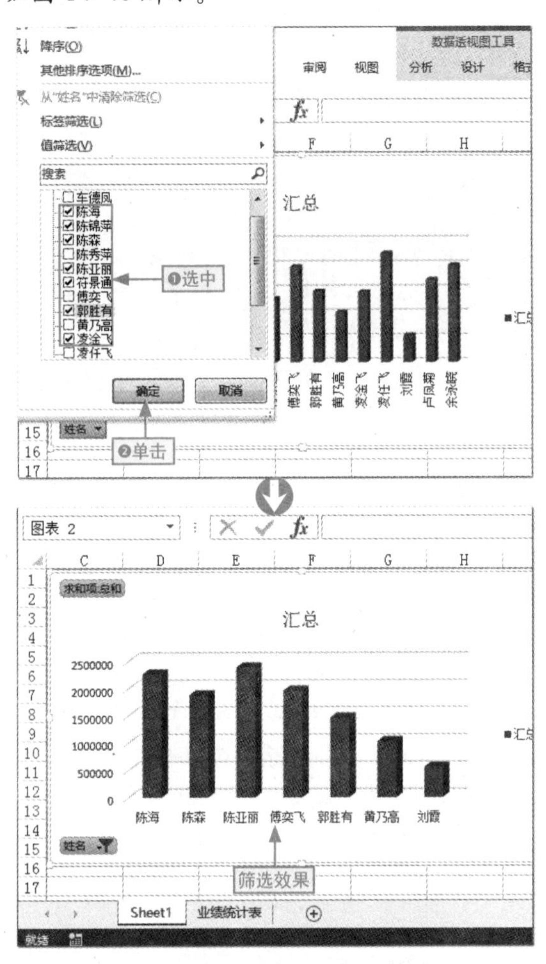

图14-40　选择所需字段数据

给你支招 | 如何手动进行分组

小白： 数据透视表中的数据没有任何规律，但我仍想对其进行指定分组，该怎样来操作呢？

阿智： 在Excel 2013中除了手动对数据进行分组外，我们还可以手动进行自定义分组，具体操作如下。

步骤 01 ❶选择要组合在一起的单元格，❷单击“数据透视表工具-分析”选项卡中的“组选择”按钮，如图 14-41 所示。

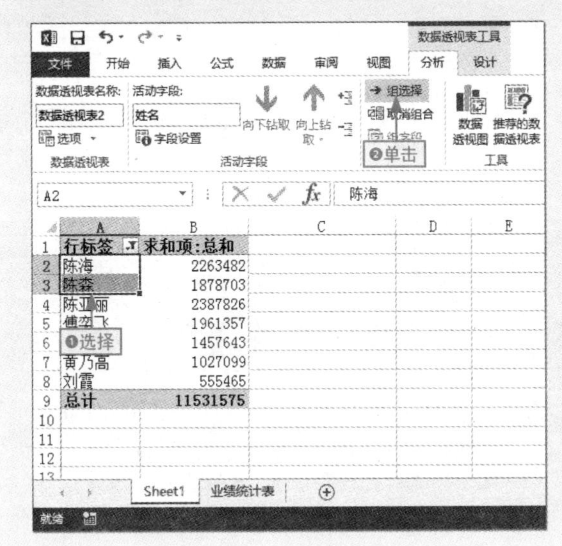

图14-41 手动进行分组

步骤 02 以同样的方法将其他需要划分到一组的数据划分到同一组中，如图 14-42 所示。

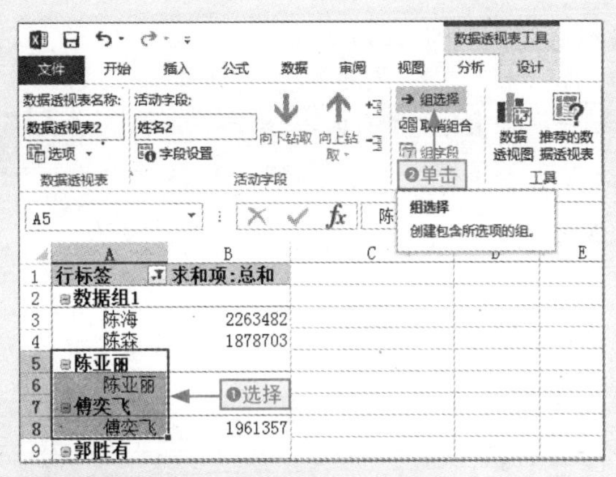

图14-42 继续进行分组

步骤 03 ❶选择手动分组的名称单元格，❷在编辑栏中输入相应的组名，如图 14-43 所示。

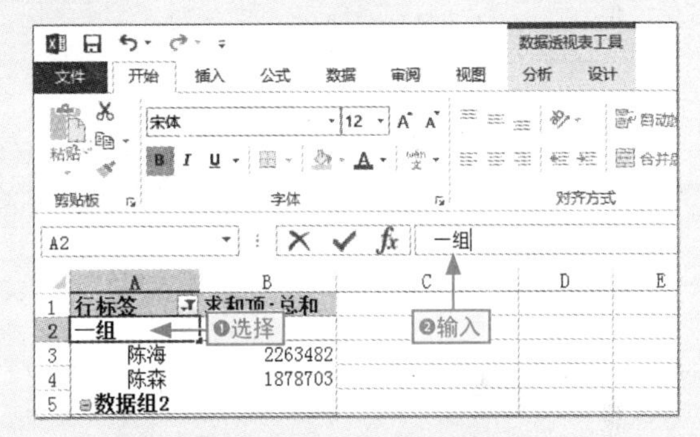

图14-43 对组进行重命名

给你支招 | 如何在数据透视表中添加计算字段

小白：我想在数据透视表中添加一些想要的计算方式的字段，该怎样操作呢？

阿智：可以通过添加计算字段的方法来轻松实现，具体操作如下。

步骤 01 选择数据透视表中的任意数据单元格，❶单击“数据透视表工具-分析”选项卡中的“字段、项目和集”下拉按钮，❷选择“计算字段”命令，如图 14-44 所示。

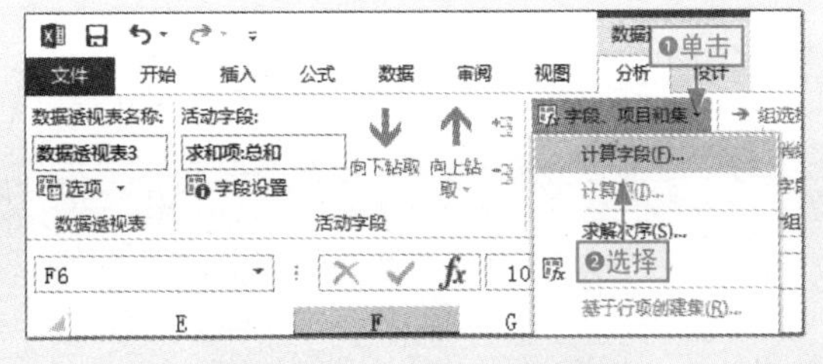

图14-44 插入计算字段

步骤02 打开“插入计算字段”对话框，❶在“名称”文本框中输入“平均销售额”，❷在“字段”列表框中选择“总和”选项，❸单击“确定”按钮，如图14-45所示。

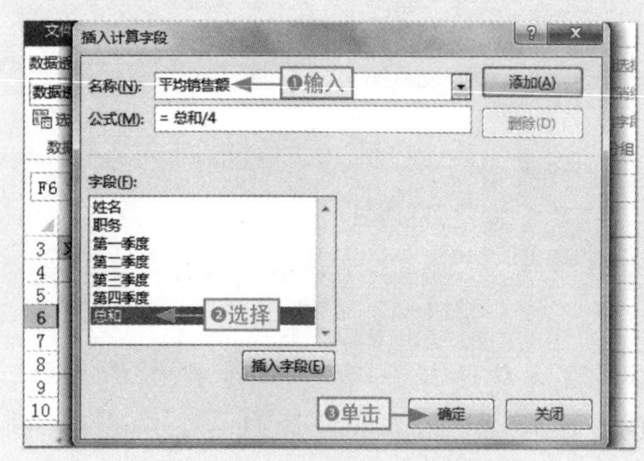

图14-45 设置计算字段名称

步骤03 返回到工作表中即可查看添加计算字段的效果，如图14-46所示。

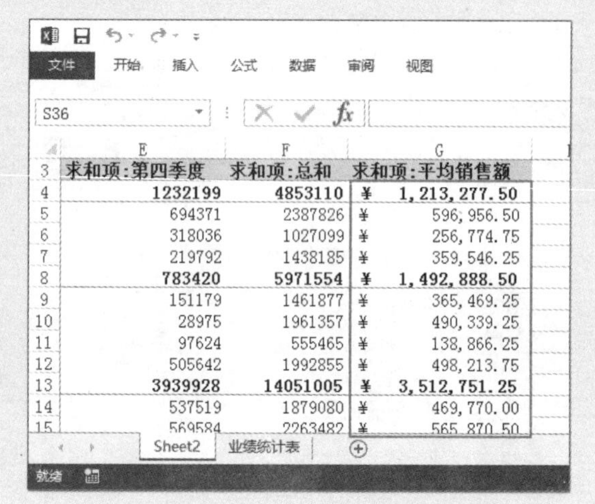

	E	F	G
3	求和项:第四季度	求和项:总和	求和项:平均销售额
4	1232199	4853110	¥ 1,213,277.50
5	694371	2387826	¥ 596,956.50
6	318036	1027099	¥ 256,774.75
7	219792	1438185	¥ 359,546.25
8	783420	5971554	¥ 1,492,888.50
9	151179	1461877	¥ 365,469.25
10	28975	1961357	¥ 490,339.25
11	97624	555465	¥ 138,866.25
12	505642	1992855	¥ 498,213.75
13	3939928	14051005	¥ 3,512,751.25
14	537519	1879080	¥ 469,770.00
15	569584	2263482	¥ 565,870.50

图14-46 查看添加计算字段的效果

Chapter 15

资产管理系统

学习目标

在本章中，我们将制作一个简化版的资产管理系统。主要使用函数、图表以及其他功能对固定资产和流动资金数据进行计算、管理和分析，帮助用户更好、更灵活地在实际应用中使用函数和图表。

本章要点

- 完善固定资产表
- 制作快速查询区域
- 制作速记区域
- 透视分析固定资产
- 管理和分析流动资金
- 直观展示的资金申领程序
- 投资走势分析

知识要点	学习时间	学习难度
管理分析固定资产	110 分钟	★★★★★
管理分析流动资产	120 分钟	★★★★★

15.1 案例制作效果和思路

小白：我们打算对公司资产进行管理和分析，包括固定资产和流动资产，该怎样操作呢？

阿智：可以先完善相应的表格数据，然后通过使用相应的函数获取或统计出相应的数据，再使用图表等对象进行分析。

资产管理系统包括两方面：固定资产和流动资产。可使用函数和图表对其数据进行管理和分析，同时可以使用一些 Excel 基础操作来对其进行完善。图 15-1 所示是制作的资产管理系统的部分效果；图 15-2 所示是制作该案例的大体操作流程。

本节素材	/素材/Chapter15/资产管理系统.xlsx
本节效果	/效果/Chapter15/资产管理系统.xlsx
学习目标	使用函数、图表以及Excel基础操作
难度指数	★★★★★

	A	B	C
2	设备编码	设备名称	单位
3	DM000002	电脑	台
4	FW000003	服务器(电脑)	台
5	DM000004	电脑	台
6	DM000005	电脑	台
7	DM000006	电脑	台
8	KQ000007	考勤钟	台
9	XF000008	鞋柜	个
10	DV000009	打印机	台
11	FV000010	复印机	台
12	TX000011	条形码标签打印机	台
13	KT000012	空调	台
14	AP000013	艾谱保险箱	台

	I	J
2	速查区域	
3	设备编码	DM000005
4	设备名称	电脑
5	单位	台
6	购买时间	2016年1月1日
7	采购金额	37500
8	使用部门	行政部
10	速记单	
11	采购最频繁设备	电脑
12	今年采购总金额	¥ 611,960.78
13	往年采购金额	¥ 53,992.88

设备快速筛选

艾谱保险箱	搬运车
搬运台车	打印机
电脑	电线中间去皮机
服务器(电脑)	复印机
激光传真机	考勤钟
空调	全自动电脑充电机
扫描枪	手机
双层推车	条形码标签打印机
稳压器	鞋柜
压具	压着机
音响	正象投影仪

行标签
2011年5月
搬运
正象
自动
2012年1月
艾谱
搬运
打印
2014年1月
全自
2016年1月
打印
电脑
服务
空调

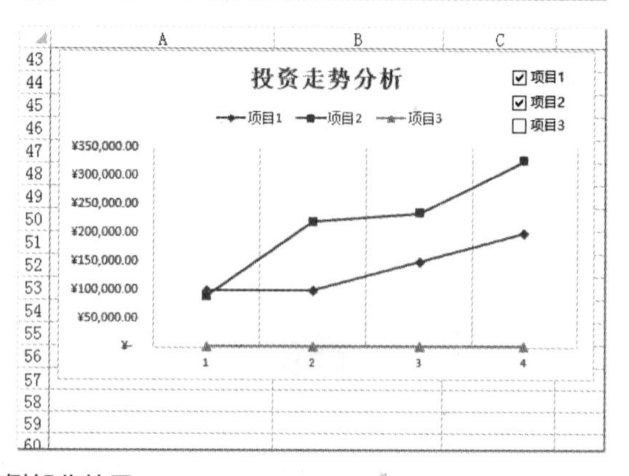

图15-1 案例部分效果

根据设备名称生成唯一编号 → 使用 YEAR() 函数计算设备使用年限 → 制作速查区域 → 制作速记单区域 → 对采购数据进行统计 → 按部门对设备使用进行统计和分析 → 多维透视分析固定设备 → 使用切片器控制两种数据透视表 → 使用函数计算总流动资金 → 分析资金在各个项目中的分配情况 → 使用简单公式让日期数据自动计算 → 直观展示资金中领程序 → 动态名称的定义 → 投资走势分析

图15-2 案例制作大体流程

15.2 管理分析固定资产

固定资产是公司重要的资产之一，包括办公设备、生产设备以及其他设备等。我们不仅要将它们记录在案，同时需要对其进行管理和分析，使它们被最优地使用和最合理地配置。

15.2.1 完善固定资产表

固定资产表应该包括资产编号和已使用年限等关键数据，可以根据函数来自动获取这些数据。本例中使用 Vlookup() 函数根据设备名称来自动获取唯一的设备编号，同时使用 YEAR() 函数来自动计算出各设备使用年限数据，具体操作如下。

步骤 01 打开“资产管理系统”素材文件，在 M 和 N 列中输入专有的汉字编码，如图 15-3 所示。

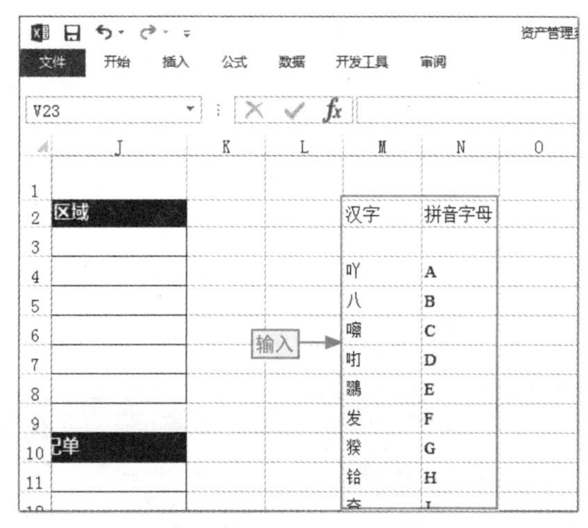

图15-3 输入汉字编码

步骤 02 在 A3 单元格中输入函数“=VLOOKUP(B3,$M$4:$N$26,2,TRUE)&VLOOKUP(MID(B3,2,1),$M$4:$N$26,2,TRUE)&TEXT(ROW()-1,"000000")”，按 Ctrl+Enter 组合键，如图 15-4 所示。

	A	B	C	D
1				固定资产登
2	设备编码	设备名称	单位	购买时间
3	=VLOOKUP(B3,$M$4:$N$26,2,TRUE)&VLOOKUP(MID(B3,2,1),$M$4:			
4		服务器(电脑)	台	2016年1月1日
5		电脑	台	2016年1月1日
6		电脑	台	2016年1月1日
7		电脑	台	2016年1月1日
8		考勤钟	台	2016年3月7日
9		鞋柜	个	2016年1月1日
10		打印机	台	2016年1月1日
11		复印机	台	2016年7月6日
12		条形码标签打印机	台	2016年1月1日

输入

图15-4　获取第一个设备编号

步骤 03 使用填充柄填充函数到数据末行，系统自动获取相应的唯一设备编号，如图 15-5 所示。

	A	B	C	D
1				固定资产登
2	设备编码	设备名称	单位	购买时间
3	DM000002	电脑	台	2016年3月7日
4		服务器(电脑)	台	2016年1月1日
5		电脑	台	2016年1月1日
6		电脑	台	2016年1月1日
7		电脑	台	2016年1月1日
8		考勤钟	台	2016年3月7日
9		鞋柜	个	2016年1月1日

双击

	A	B	C	D
19	SB000018	双层推车	辆	2016年3月7日
20	BV000019	搬运台车	台	2011年5月8日
21	VJ000020	压具	台	2016年3月7日
22	QZ000021	全自动电脑充电机	台	2014年1月10日
23	DX000022	电线	台	2016年4月5日
24	ZX000023	正象投影仪	台	2011年5月8日
25	ZD000024	自动洗地机	台	2011年5月8日
26	VZ000025	压着机	台	2016年4月5日
27	DV000026	打印机	台	2012年1月10日
28	JF000027	激光传真机	台	2016年3月7日
29	DM000028	电脑	台	2016年1月1日

获取自动编号

图15-5　填充函数自动获取编号

步骤 04 在 G3 单元格中输入函数“=YEAR(TODAY())-YEAR(D3)”，如图 15-6 所示。

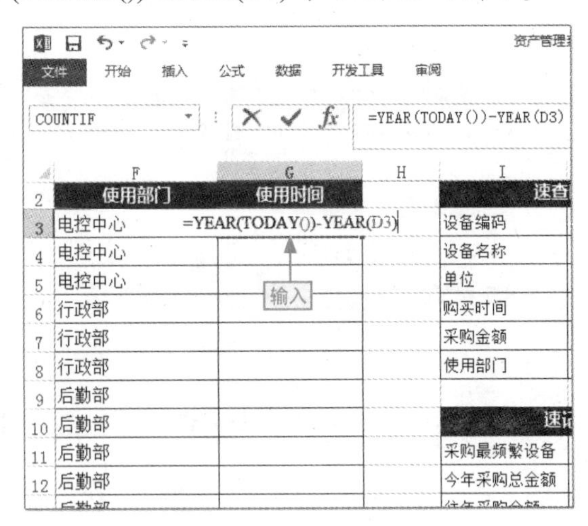

图15-6　引用动态时间

步骤 05 使用填充柄填充函数到数据末行，系统将自动获取对应的使用年限，如图 15-7 所示。

	F	G	H	I
2	使用部门	使用时间		速查
3	电控中心	0		设备编码
4	电控中心			设备名称
5	电控中心			单位
6	行政部			购买时间
7	行政部			采购金额
8	行政部			使用部门

双击

	F	G	H	I
11	后勤部	0		采购最频繁设备
12	后勤部	0		今年采购总金额
13	后勤部	0		往年采购金额
14	后勤部	4		
15	后勤部	0		
16	生产部	4		
17	生产部	0		
18	生产部	0		
19	生产部	0		
20	生产部	5		
21	生产部	0		

获取自动使用年限

图15-7　填充函数自动获取使用年限

步骤 06 ❶ 选择 G3:G33 单元格区域，按 Ctrl+1 组合键，打开“设置单元格格式”对话框。❷ 在“自定义”选项卡中设置定义数据类型，然后单击“确定”按钮，如图 15-8 所示。

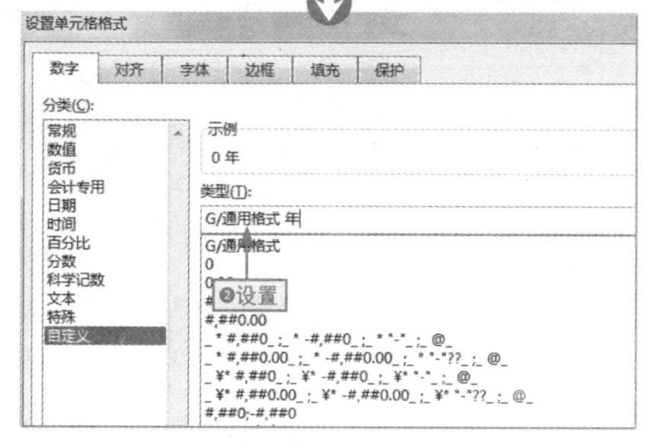

图15-8 自定义数据类型

步骤 07 在M和N列上右击，选择“隐藏”命令，将添加汉字对应字符辅助列数据隐藏，如图15-9所示。

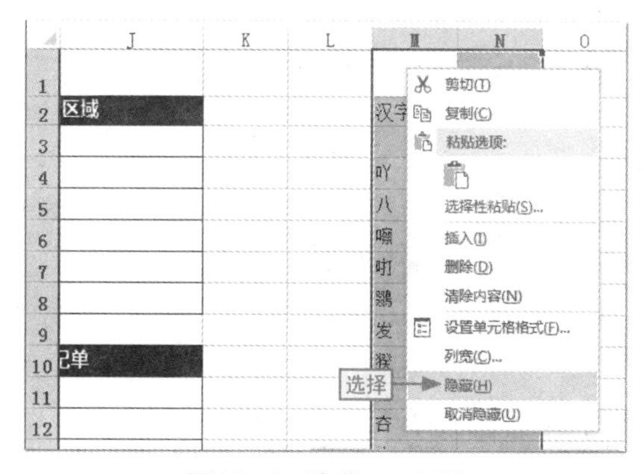

图15-9 隐藏M、N列

15.2.2 制作快速查询区域

由于固定设备较多，要对具体的某项设备信息进行查看显得不方便，因此可以制作一快速查询区域来快速精确地查找对应的数据信息。

下面通过使用TRANSPOSE()、Vlookup()函数和数据验证功能来制作快速查询区域，具体操作如下。

步骤 01 ❶选择I3:I8单元格区域，❷在编辑栏中输入数组函数“=TRANSPOSE(A2:G2)”，按Ctrl+Shift+Enter组合键，自动将A2:G2标题行数据进行转置，作为列标题数据，如图15-10所示。

图15-10 转置A2:G2数据

步骤 02 ❶选择J3单元格，❷单击“数据验证”按钮，打开“数据验证”对话框，如图15-11所示。

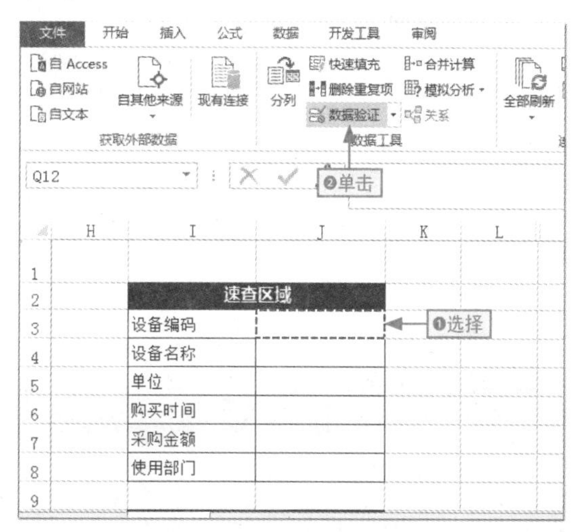

图15-11 添加数据验证

步骤 03 ❶ 设置“允许”选项为“序列”，“来源”参数为“=$A$3:$A$33”，❷ 单击“确定”按钮，如图 15-12 所示。

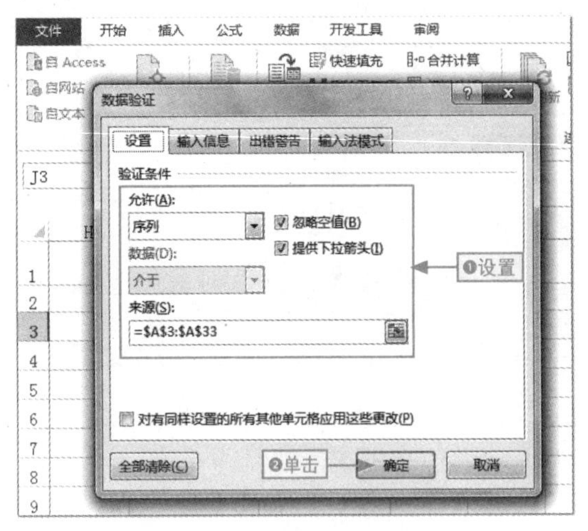

图15-12　设置数据验证参数

步骤 04 在 J4 单元格中输入函数“=VLOOKUP($J$3,$A$3:$G$33,2,0)”，先向下填充函数，如图 15-13 所示。

图15-13　输入Vlookup()函数

步骤 05 将 J5、J6、J7 和 J8 单元格中 Vlookup() 函数的参数“col_index_num”依次修改为 3、4、5、6，如图 15-14 所示。

图15-14　对目标区域数据进行替换

步骤 06 ❶ 选择 J3 单元格，单击右侧出现的下拉按钮，❷ 选择相应的设置编号。这里选择“DM000005”选项，系统自动查找出相对应的数据信息，如图 15-15 所示。

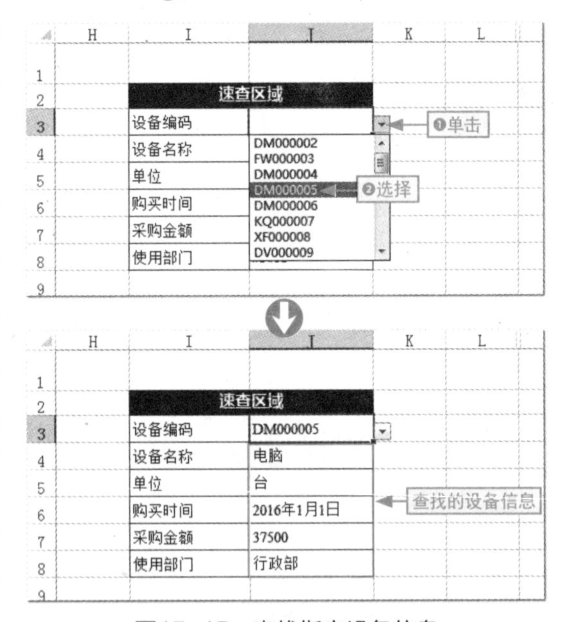

图15-15　查找指定设备信息

15.2.3 制作速记区域

设备采购和应用是固定资产中非常重要

的两个环节，不仅要保证采购的合理性，同时要保证资源配置的合理性。

下面使用 INDEX()、MODE()、YEAR()、TODAY() 和 COUNTIF() 函数统计出相应的数据，并使用饼图对设备在各部门的使用情况进行分析，具体操作如下。

步骤 01 在 J11 单元格中输入函数“=INDEX(B3:B33,MODE(MATCH(B3:B33,B3:B33,0)))”，按 Ctrl+Enter 组合键，如图 15-16 所示。

图15-16 统计出采购最频繁设备

步骤 02 在 J12 单元格中输入函数“=SUM(IF(YEAR(D3:D33)=YEAR(TODAY()),E3:E33))”，按 Ctrl+Enter 组合键，如图 15-17 所示。

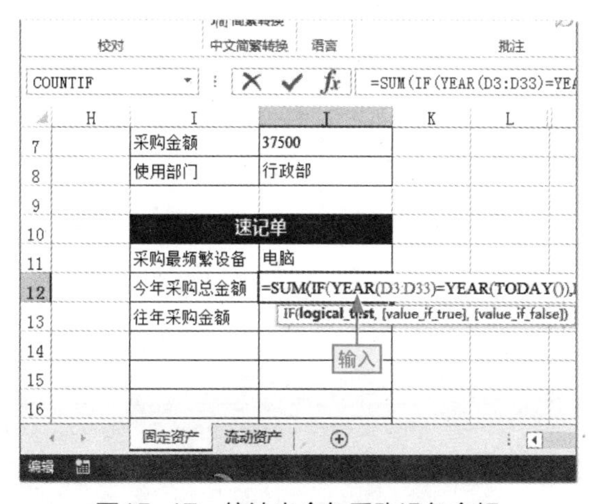

图15-17 统计出今年采购设备金额

步骤 03 在 J13 单元格中输入函数“=SUM(IF (YEAR(D3:D33)<YEAR(TODAY()),E3:E33))”，按 Ctrl+Enter 组合键，如图 15-18 所示。

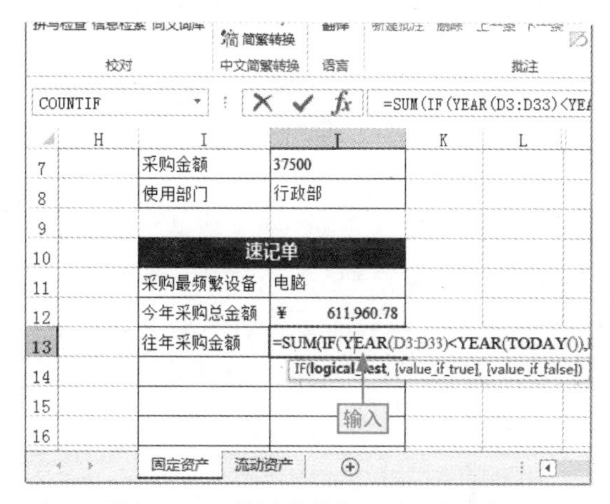

图15-18 统计出往年采购设备金额

步骤 04 ❶ 复制 I3:I33 单元格区域数据，选择 I14 单元格，按 Ctrl+V 组合键粘贴并将它们选择。❷ 单击“删除重复项”按钮，打开“删除重复项警告”对话框，如图 15-19 所示。

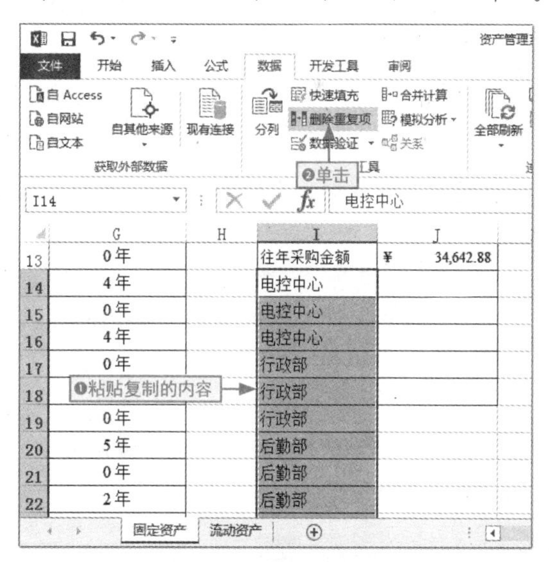

图15-19 粘贴部门数据

步骤 05 ❶ 选中“以当前选择选定区域排序”单选按钮，❷ 单击“删除重复项”按钮，如图 15-20 所示。

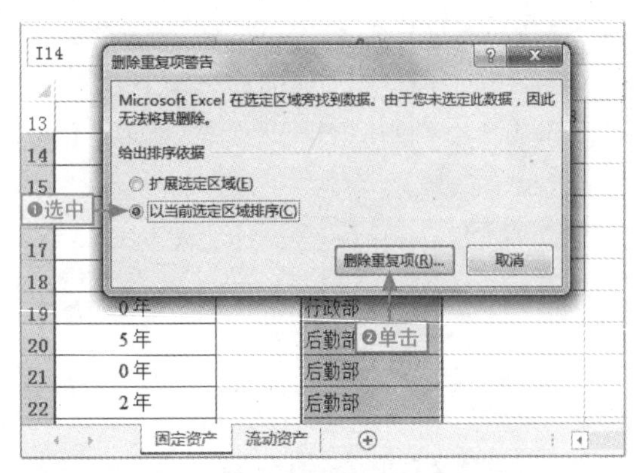

图15-20　以当前区域作为删除重复项区域

步骤 06 打开“删除重复项”对话框，直接单击“确定”按钮，如图 15-21 所示。

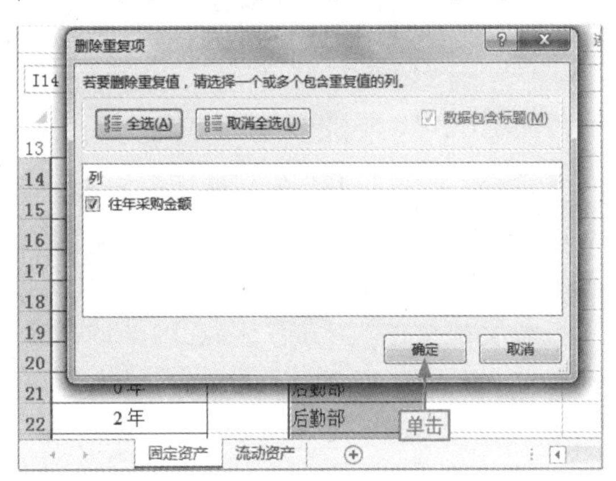

图15-21　确定删除

步骤 07 弹出提示对话框，单击“确定”按钮，如图 15-22 所示。

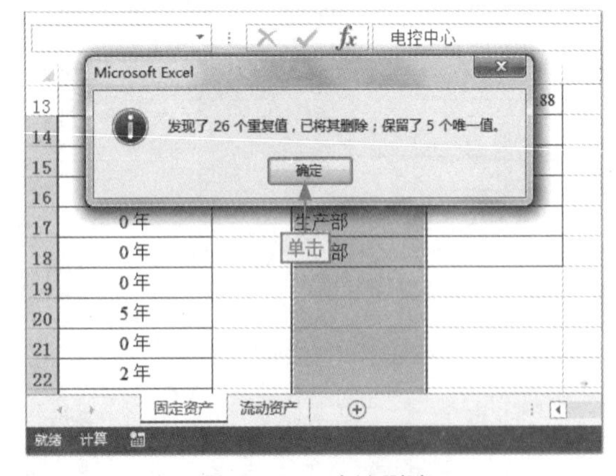

图15-22　确认删除

步骤 08 在 J14 单元格中输入函数“=COUNTIF($F$3:$F$33,I14)”，按 Ctrl+Enter 组合键并向下填充函数，如图 15-23 所示。

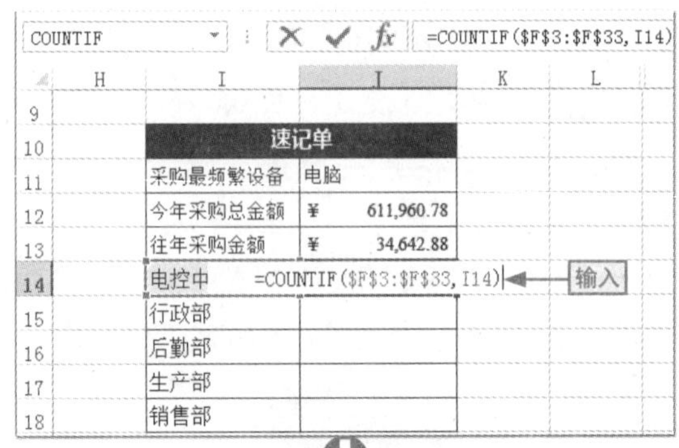

图15-23　统计设备部门配置情况

步骤 09 ❶ 选择 I14:J18 单元格区域，❷ 单击饼图下拉按钮，❸ 选择“饼图”选项，如图 15-24 所示。

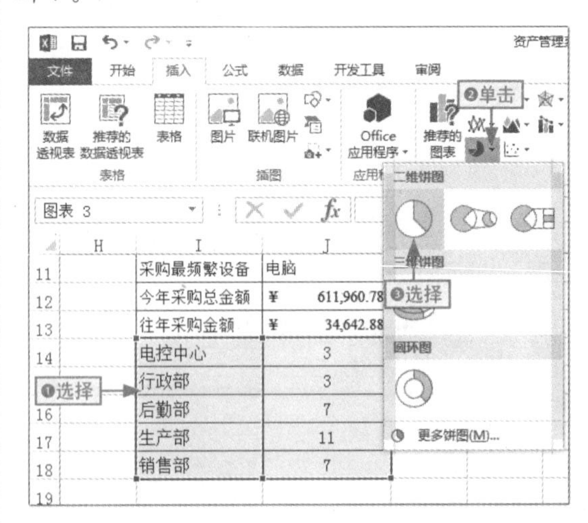

图15-24　插入饼图

步骤 10 ❶选择插入的饼图，❷在“图表样式”列表框中选择“样式 5”选项，如图 15-25 所示。

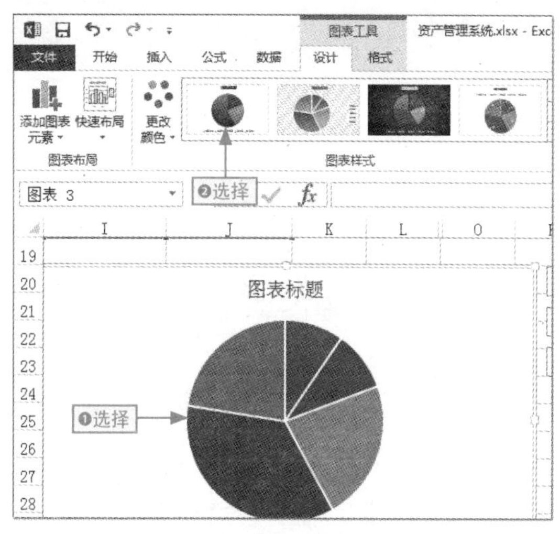

图15-25 应用图表样式

步骤 11 保持图表选择状态，❶单击“快速布局”下拉按钮，❷选择“布局 2”选项，如图 15-26 所示。

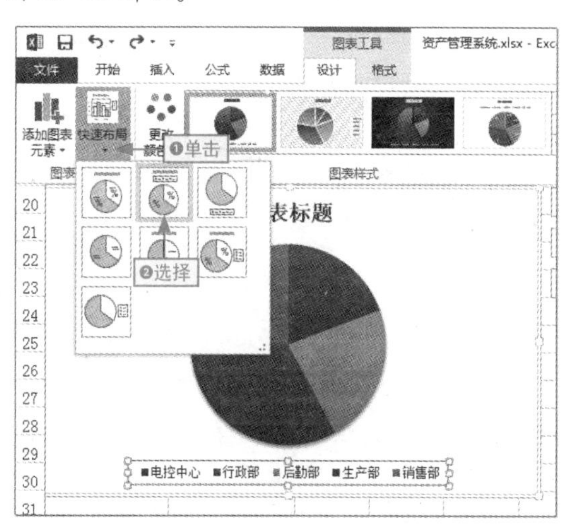

图15-26 快速进行布局

步骤 12 ❶将图表标题更改为“部门设备使用情况分析”并将其选择；❷单击“减小字号”按钮；❸单击“加粗”按钮，如图 15-27 所示。

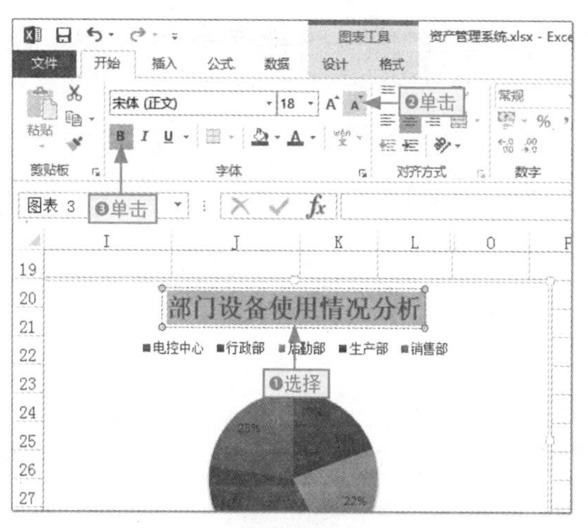

图15-27 更改图表标题并设置格式

步骤 13 ❶选择数据标签，❷单击“字体颜色”下拉按钮，❸选择“白色，背景 1”选项，如图 15-28 所示。

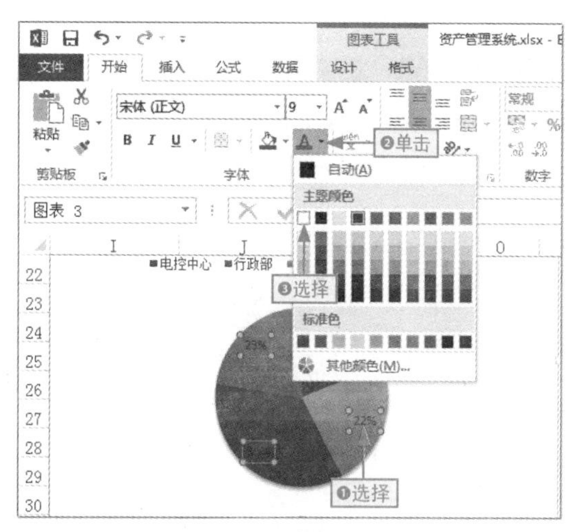

图15-28 设置数据标签的颜色

步骤 14 设置字体为“微软雅黑”，并将其加粗，如图 15-29 所示。

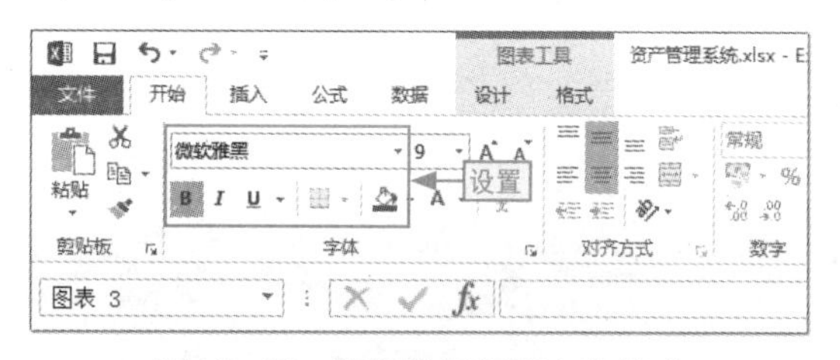

图15-29 设置数据标签字体格式

15.2.4 透视分析固定资产

固定资产的采购或使用等需要从多方面进行分析，从而发现其中的问题以及制定出解决问题的方法。

下面通过两张数据透视表和共享切片器来多维透视分析固定设备的采购、使用和配置情况，具体操作如下。

步骤 01 ❶ 选择表格中的任意单元格，❷ 单击“数据透视表”按钮，如图 15-30 所示。

	A	B	C	D
2	设备编码	设备名称	单位	购买时间
3	DM000002	电脑	台	2016年3月7日
4	FW000003	服务器(电脑)	台	2016年1月1日
5	DM000004	电脑	台	2016年1月1日
6	DM000005	电脑	台	2016年1月1日
7	DM000006	电脑	台	2016年1月1日
8	KQ000007		台	2016年3月7日
9	XF000008	鞋柜	个	2016年1月1日

图15-30 创建数据透视表

步骤 02 打开“创建数据透视表”对话框，❶ 选中“现有工作表”单选按钮并将放置的起始位置设置为 A39；❷ 单击“确定”按钮，如图 15-31 所示。

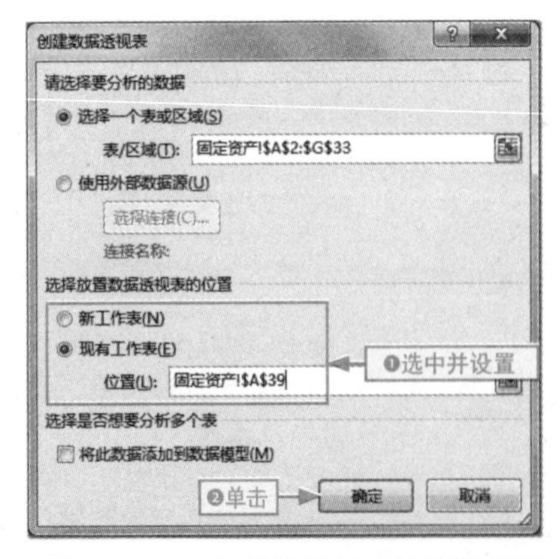

图15-31 设置数据透视表的放置位置

步骤 03 选中相应的字段数据复选框（第一个选中的必须是“设备名称”复选框），如图 15-32 所示。

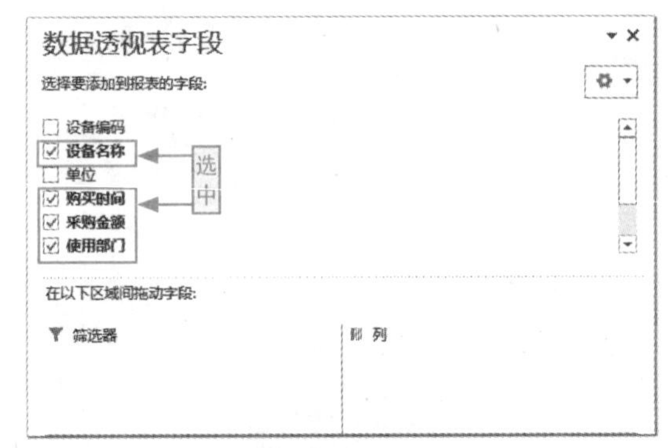

图15-32 添加字段数据

步骤 04 ❶ 在数据透视表中选择任一单元格；❷ 单击“报表布局”下拉按钮；❸ 选择“以大纲形式显示”选项，如图 15-33 所示。

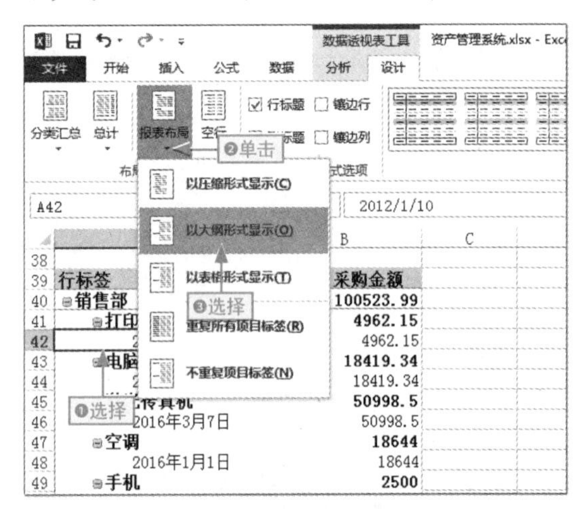

图15-33 更改数据透视表的布局

步骤 05 在“数据透视表样式”列表框中选择“数据透视表样式中等深浅 3”选项，如图 15-34 所示。

图15-34 应用数据透视表样式

步骤 06 为整个数据透视表设置字体为“Times new Roman”，然后将数据透视表的标题行加粗，如图 15-35 所示。

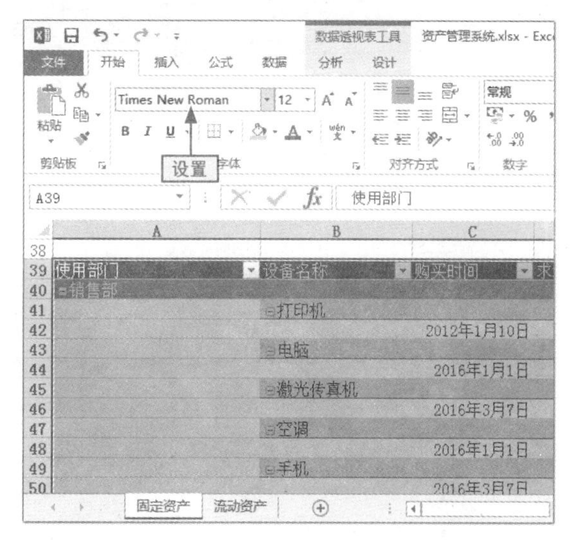

图15-35 设置数据透视表的字体

步骤 07 ❶ 在数据透视表中选择任一单元格；❷ 单击“插入切片器”按钮，如图 15-36 所示。

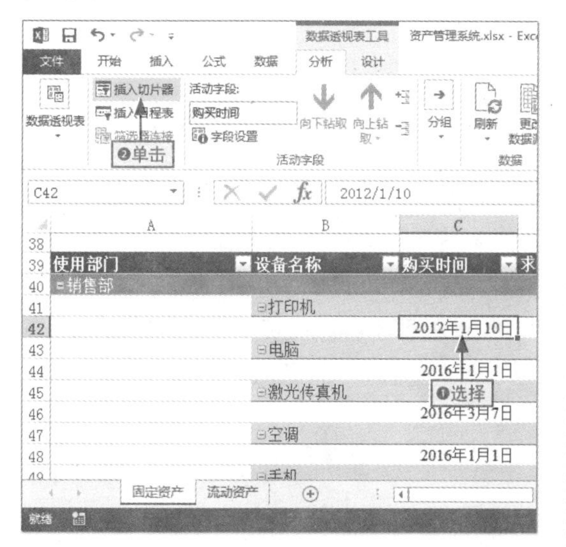

图15-36 插入切片器

步骤 08 打开“插入切片器”对话框，❶ 选中“设备名称”复选框；❷ 单击“确定”按钮，如图 15-37 所示。

图15-37 指定切片器内容

步骤 09 ❶ 将切片器移到合适的位置并保持其选择状态；❷ 在“切片器样式”列表框中选择“切片器样式深色 2”选项，如图 15-38 所示。

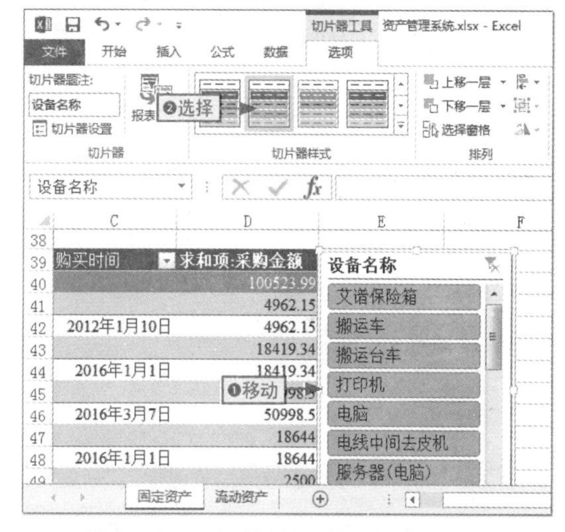

图15-38 移动切片器位置并应用样式

步骤 10 保持切片器选择状态，在“切片器题注”文本框中输入“设备快速筛选”，按 Enter 键，如图 15-39 所示。

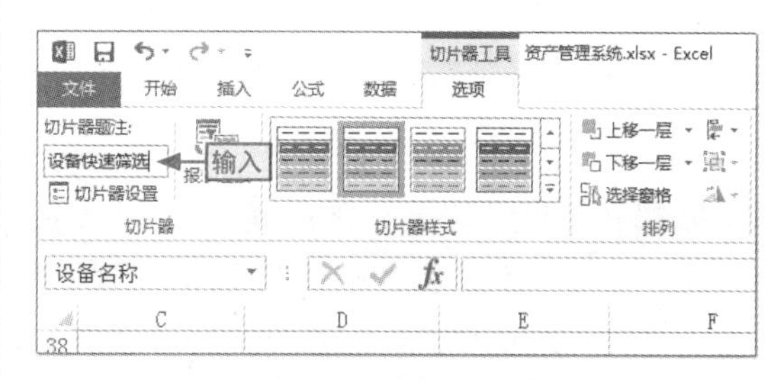

图15-39 更改切片器的名称

步骤 11 ❶ 设置“列”为“2”，“宽度”为“4 厘米”；❷ 设置“大小”组中的“高度”和“宽度”值分别为“10 厘米”和“8.56 厘米”，如图 15-40 所示。

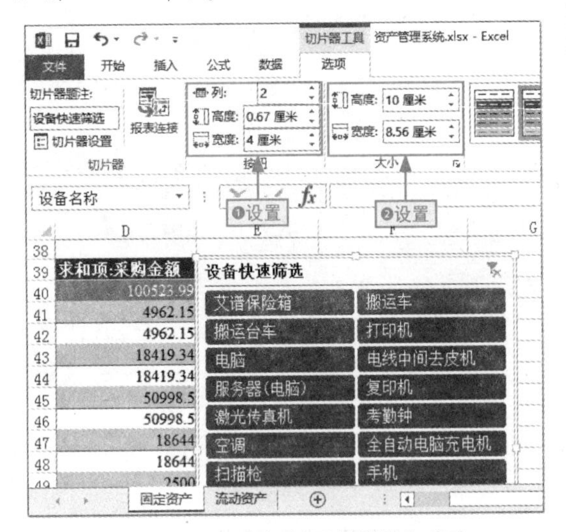

图15-40 设置切片器的列数和宽高

步骤 12 ❶ 选择表格中任意单元格；❷ 单击“数据透视表”按钮，如图 15-41 所示。

图15-41 再次创建数据透视表

步骤 13 打开“创建数据透视表”对话框，❶ 选中“现有工作表”单选按钮并将放置的起始位置设置为 H39；❷ 单击“确定”按钮，如图 15-42 所示。

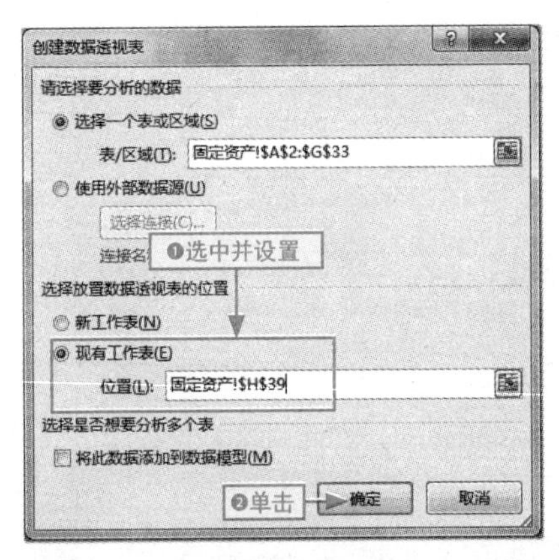

图15-42 设置数据透视表放置位置

步骤 14 选中相应的字段数据复选框（第一个选中的必须是“购买时间”复选框，然后选中“设备名称”复选框），如图 15-43 所示。

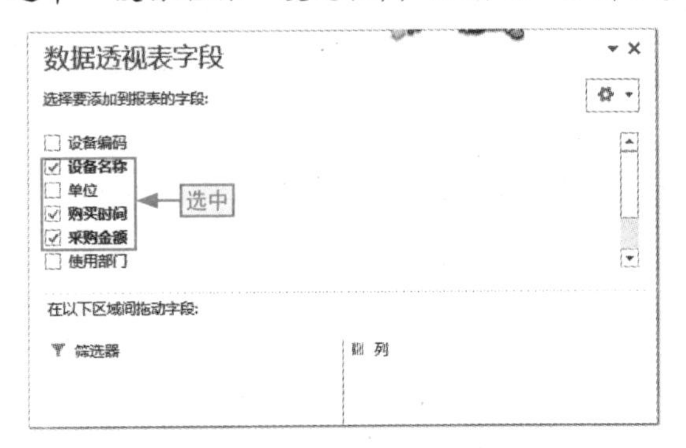

图15-43 添加字段数据

步骤 15 设置数据透视表的字体格式，效果如图 15-44 所示。

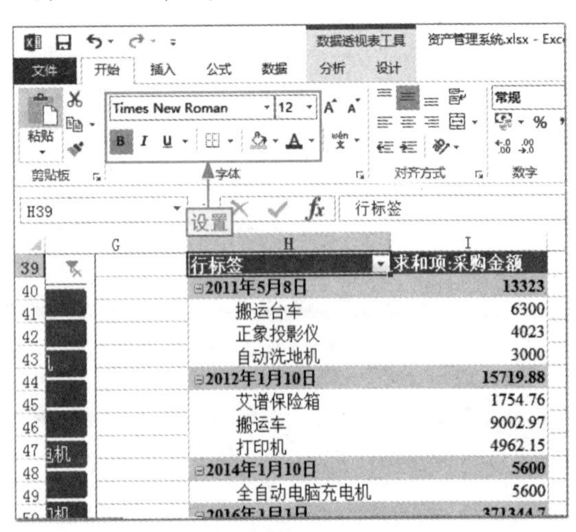

图15-44 设置数据透视表的字体格式

步骤 16 ❶选择切片器，❷单击“报表连接”按钮，打开“数据透视表连接”对话框，如图 15-45 所示。

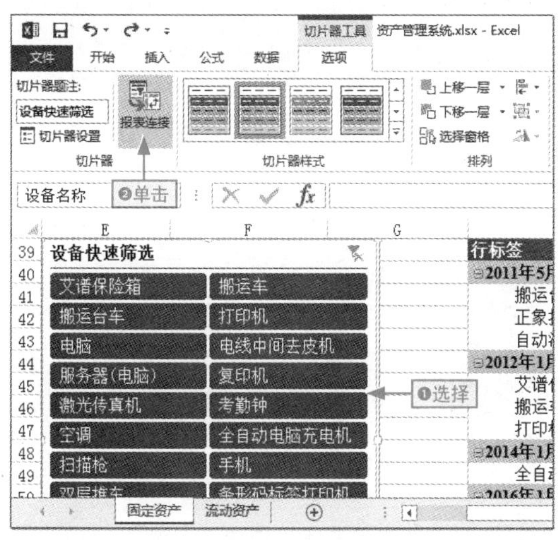

图15-45 打开“数据透视表连接”对话框

步骤 17 ❶选中所有数据透视表复选框，❷单击“确定”按钮，如图 15-46 所示。

图15-46 连接切片器

15.3 管理分析流动资产

流动资产，可以简单将其理解为可支配的金钱，如收入、投资款项、存款以及账款等，是公司或企业经营的“血液”。鉴于它的重要性，需要对其进行有效的管理，并分析其使用的合理性。

15.3.1 管理和分析流动资金

在很多公司或企业中，资金流动基本固定为几大区域，可以根据这些区域的资金计算出总资金，同时分析各个资金投资或使用区域的占比以及构成情况，从而调配流动资金。

下面通过函数和图表等来计算、管理和分析流动资产，具体操作如下。

步骤 01 切换到“流动资产”工作表，❶选择 A1:B1 单元格区域，❷单击“合并并居中”按钮，如图 15-47 所示。

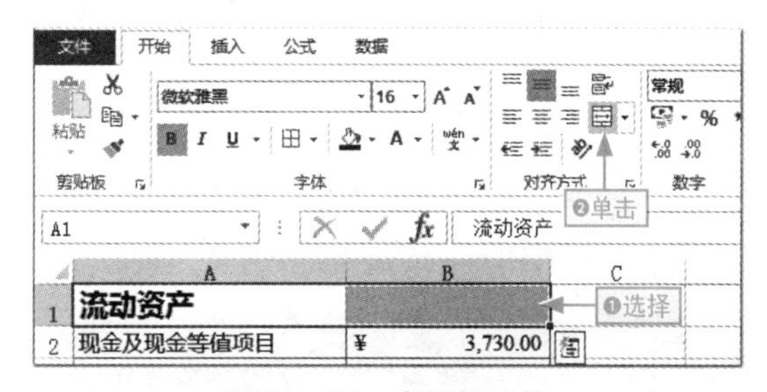

图15-47 合并单元格

步骤 02 打开提示对话框，单击“确定”按钮，如图 15-48 所示。

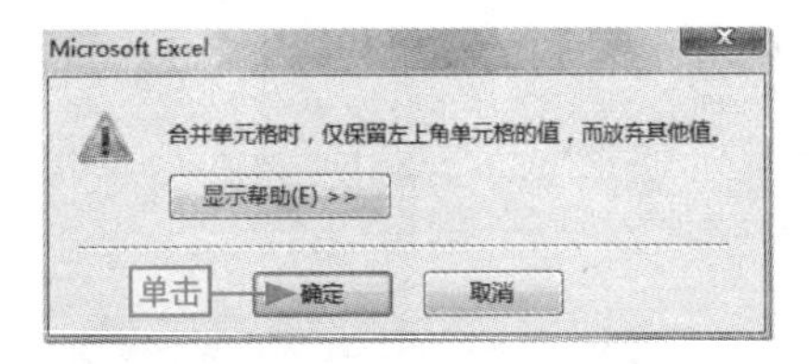

图15-48　确认合并

步骤 03 ❶选择 B8 单元格，❷单击“自动求和”按钮，按 Ctrl+Enter 组合键，如图 15-49 所示。

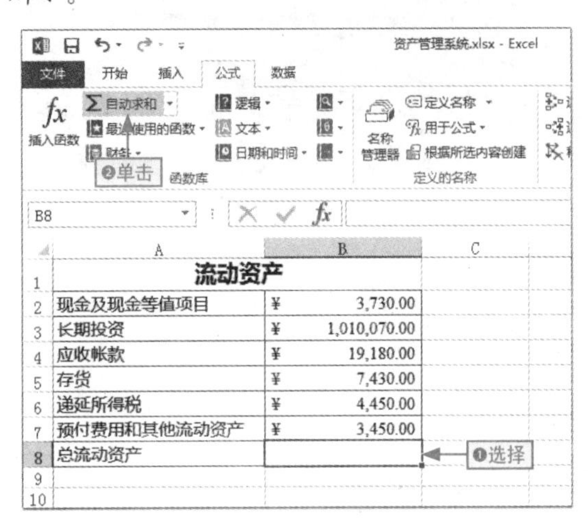

图15-49　计算总流动资产金额

步骤 04 选择 A2:B8 单元格区域，❶单击饼图下拉按钮，❷选择“符合饼图”选项，如图 15-50 所示。

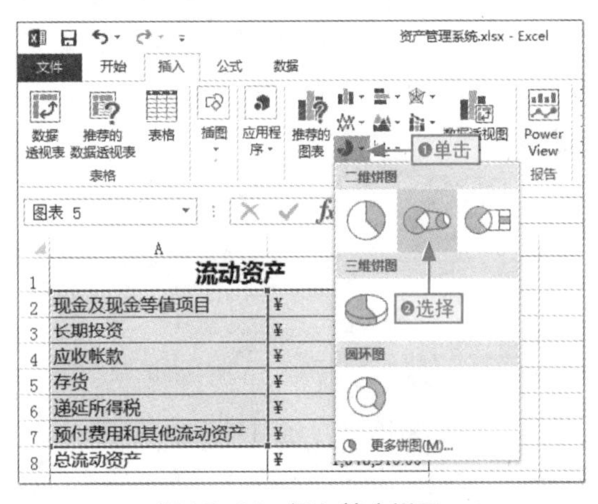

图15-50　插入符合饼图

步骤 05 ❶选择插入的符合饼图，❷在“图表样式”列表框中选择“样式 5”选项，如图 15-51 所示。

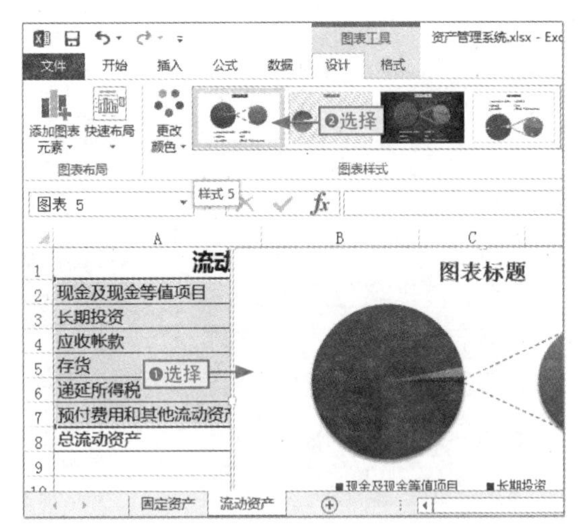

图15-51　应用图表样式

步骤 06 移动图表到合适位置，❶修改图表标题为“流动资金构成分析”。在数据系列上右击，❷选择“设置数据系列格式”命令，如图 15-52 所示。

图15-52　移动图表位置并修改图表标题

步骤 07 打开“设置数据系列格式”窗格，❶设置“系列分割依据”为“百分比值”选项；❷设置“小于该值的值”为“10%”，如图 15-53 所示。

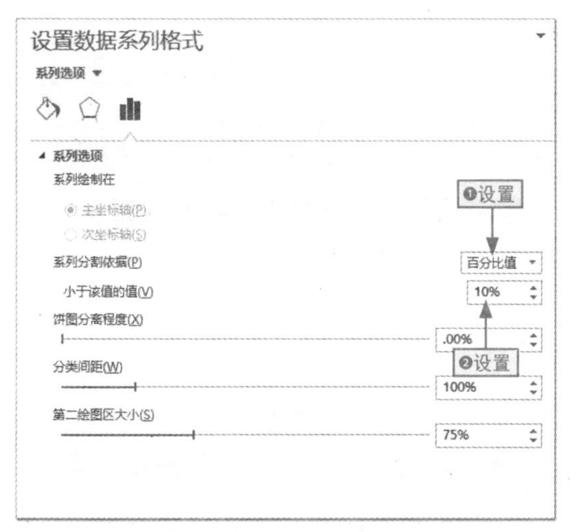

图15-53 设置系列分割的依据

步骤 08 在数据系列上右击，选择“添加数据标签”命令，如图 15-54 所示。

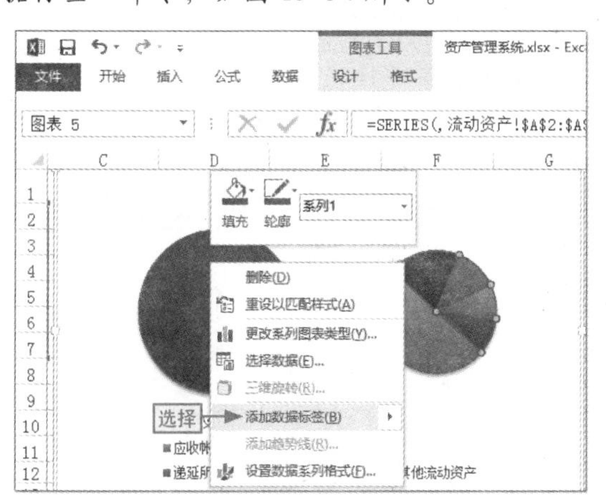

图15-54 添加数据标签

步骤 09 在图表中选择所添加的数据标签，打开“设置数据标签格式”窗格，如图 15-55 所示。

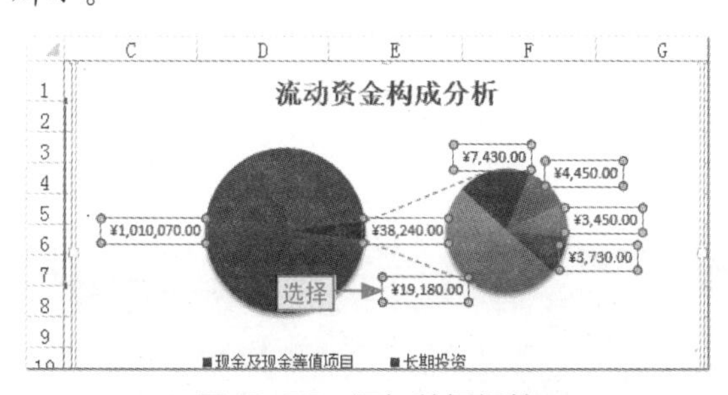

图15-55 添加数据标签

步骤 10 ❶取消选中“值”复选框，❷选中“百分比”和“显示引导线”复选框，如图 15-56 所示。

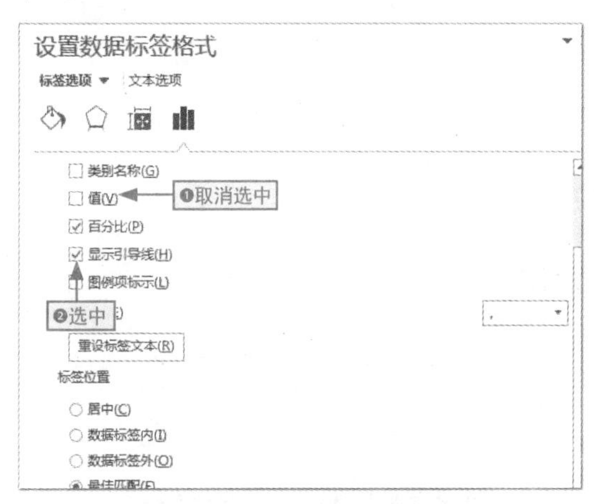

图15-56 更改数据标签的类型

步骤 11 在图表中选择数据系列外的数据标签，将其移到数据系列的合适位置，如图 15-57 所示。

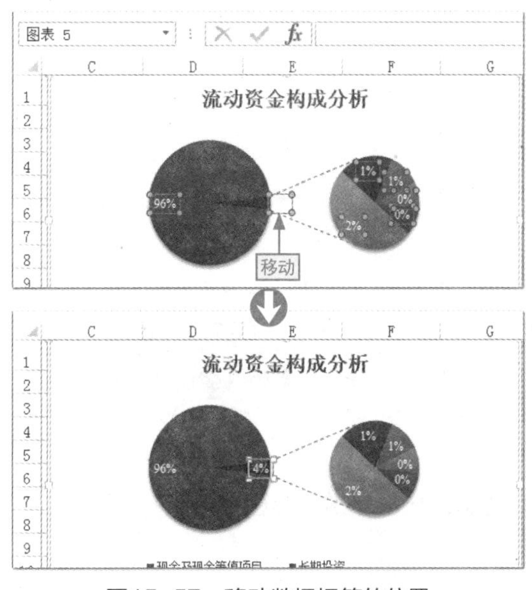

图15-57 移动数据标签的位置

15.3.2 直观展示资金申领程序

公司或企业资金的申领，不是随意而为

的，它是按照一定的程序并且需要一定的时间进行相应操作。

下面通过公式、批注和图表来制作流动资金申领时间安排图表，具体操作如下。

步骤 01 ❶ 选择 B17 单元格；❷ 单击“新建批注”按钮；❸ 输入批注内容，单击其他位置确认并退出编辑，如图 15-58 所示。

图15-58　插入批注

步骤 02 ❶ 选择 B18 单元格；在编辑栏中❷ 输入公式“=B17+C17”，按 Ctrl+Enter 组合键并向下填充函数，如图 15-59 所示。

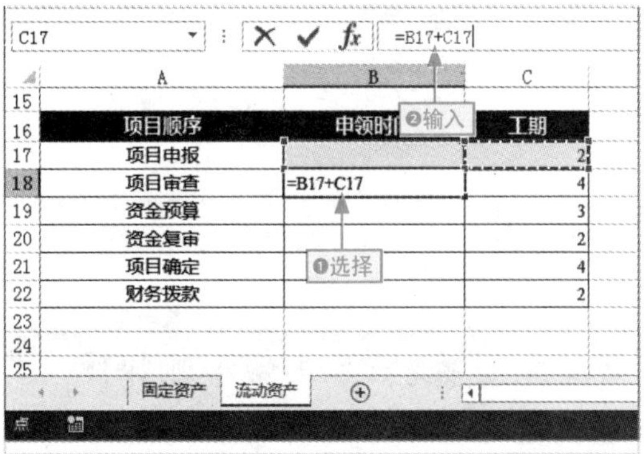

	A	B	C
16	项目顺序	申领时间	工期
17	项目申报		2
18	项目审查	=B17+C17	4
19	资金预算		3
20	资金复审		2
21	项目确定		4
22	财务拨款		2

图15-59　输入公式

步骤 03 在 B17 单元格中输入申领资金的起始时间，这里输入“4/1”，其他数据日期时间自动计算出来，如图 15-60 所示。

	A	B	C
16	项目顺序	申领时间	工期
17	项目申报	4/1	2
18	项目审查	1月2日	4
19	资金预算	1月6日	3
20	资金复审	1月9日	2
21	项目确定	1月11日	4
22	财务拨款	1月15日	2

	A	B	C
16	项目顺序	申领时间	工期
17	项目申报	4月1日	2
18	项目审查	4月3日	4
19	资金预算	4月7日	3
20	资金复审	4月10日	2
21	项目确定	4月12日	4
22	财务拨款	4月16日	2

图15-60　填写申领时间过程数据

步骤 04 ❶ 选择任一空白单元格，❷ 单击条形图下拉按钮；❸ 选择“堆积条形图”选项，如图 15-61 所示。

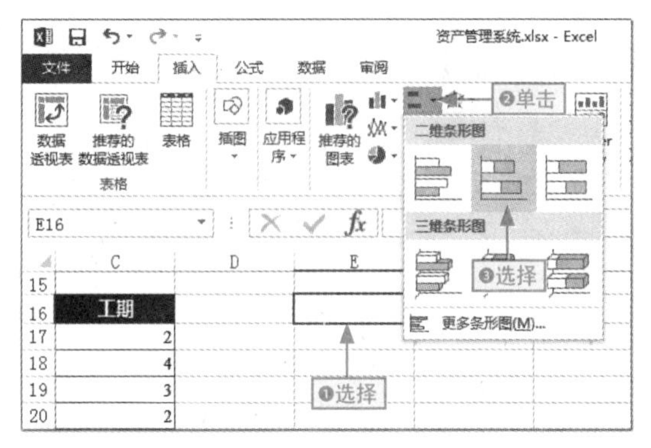

图15-61　插入堆积条形图

步骤 05 将创建的空白图表移到合适位置，并在其上右击，选择“选择数据”命令，如图 15-62 所示。

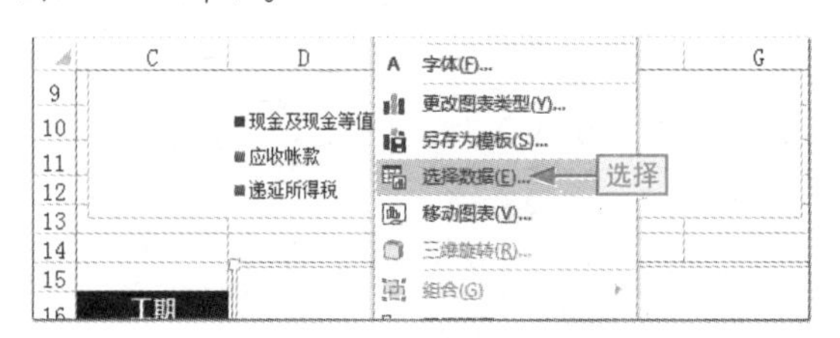

图15-62　更换图表的数据源

步骤 06 打开“选择数据源”对话框，单击“添加”按钮，如图 15-63 所示。

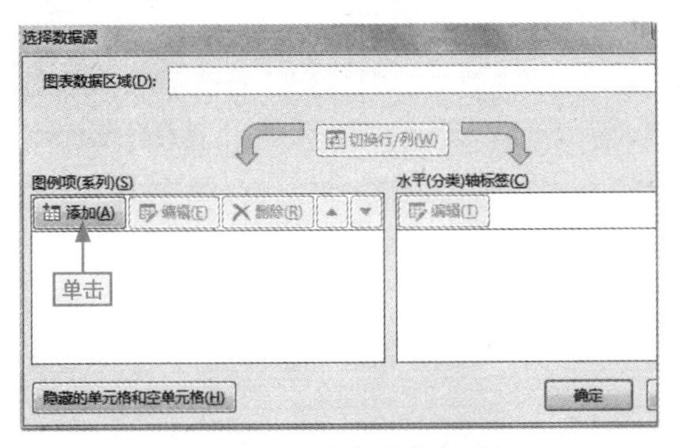

图15-63 添加数据系列

步骤 07 打开“编辑数据系列”对话框，❶随意输入一个数据列名称。这里输入“11111”；❷设置“系列值”参数为 C17:C22 单元格；❸单击“确定”按钮，如图 15-64 所示。

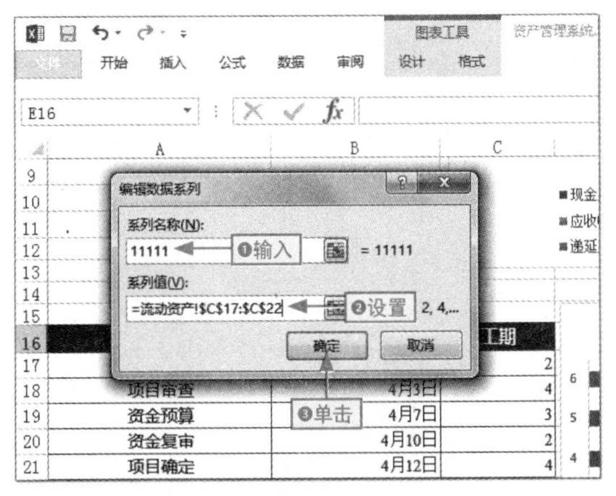

图15-64 添加第一个数据系列

步骤 08 返回到“选择数据源”对话框，再次单击“添加”按钮，如图 15-65 所示。

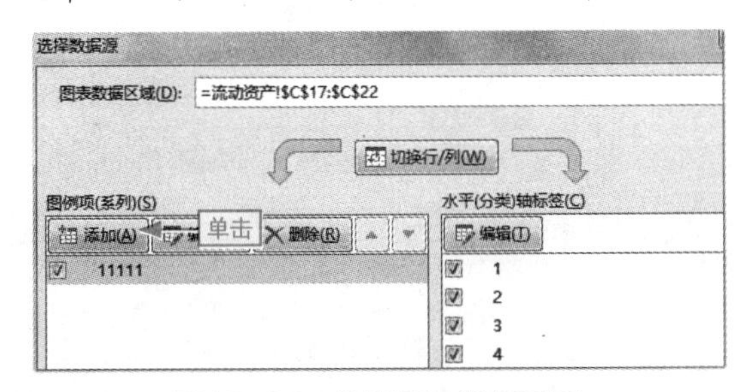

图15-65 继续添加数据系列

步骤 09 打开“编辑数据系列”对话框，❶随意输入一个数据列名称。这里输入“22222”；❷设置“系列值”参数为 B17:B22 单元格；❸单击“确定”按钮，如图 15-66 所示。

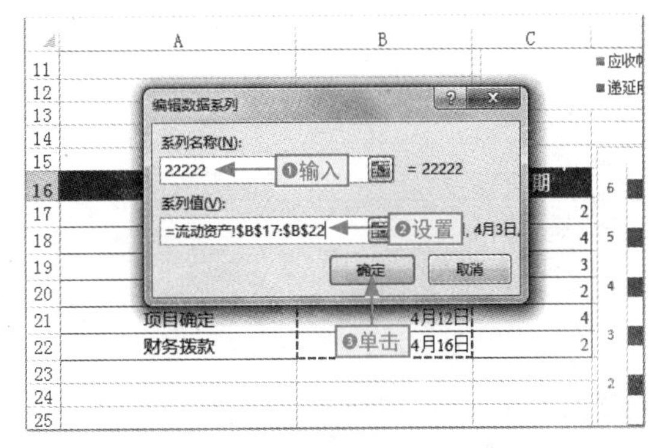

图15-66 添加第二个数据系列

步骤 10 返回到“选择数据源”对话框，❶选择“11111”选项，❷单击“水平（分类）轴标签”列表框中的“编辑”按钮，如图 15-67 所示。

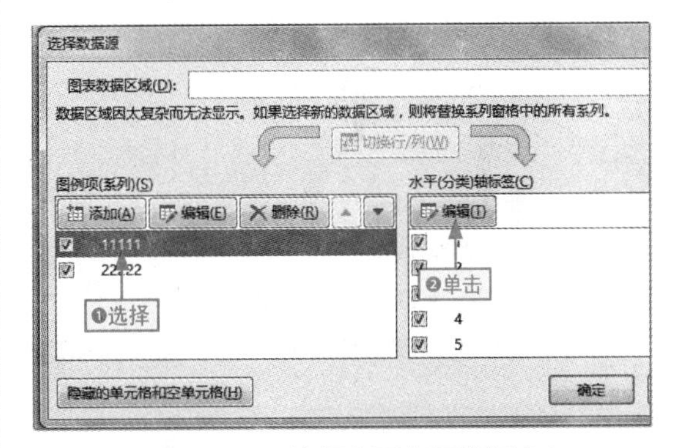

图15-67 编辑水平坐标轴标签

步骤 11 打开“轴标签”对话框，❶设置“轴标签区域”为“A17:A22”，❷单击“确定”按钮，如图 15-68 所示。

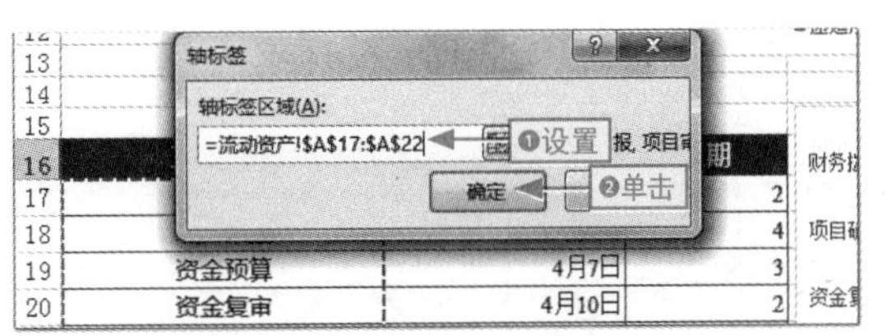

图15-68 设置水平坐标轴标签

步骤 12 返回到“选择数据源”对话框，❶ 选择“22222”选项；❷ 单击“上移”按钮；❸ 单击“确定”按钮，如图 15-69 所示。

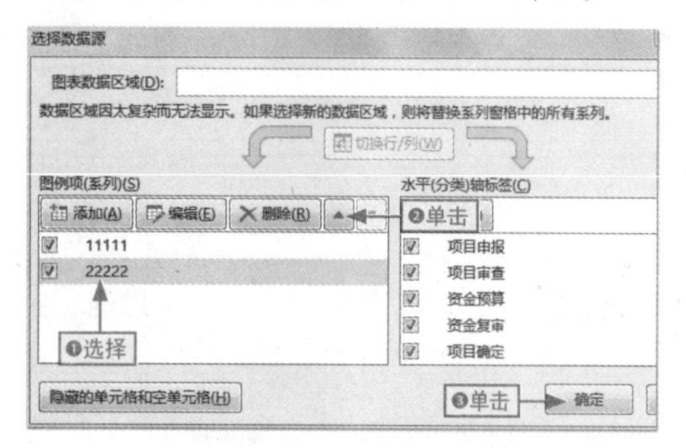

图15-69　上移数据系列

步骤 13 ❶ 选择“22222”数据系列；❷ 单击“填充颜色”下拉按钮；❸ 选择“无填充颜色”选项，如图 15-70 所示。

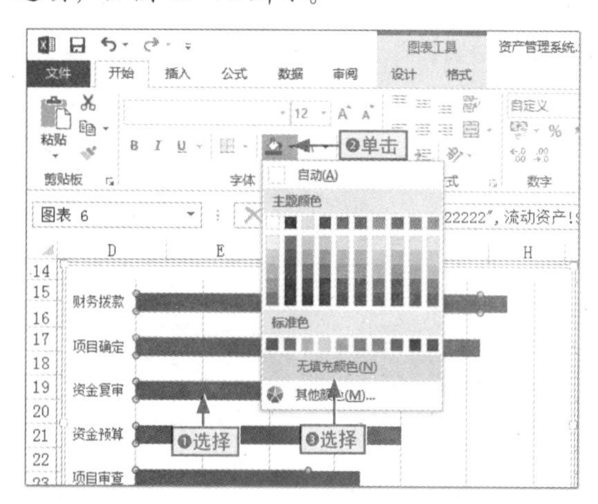

图15-70　取消数据系列的填充颜色

步骤 14 在“11111”数据系列上右击，选择“添加数据标签”选项，如图 15-71 所示。

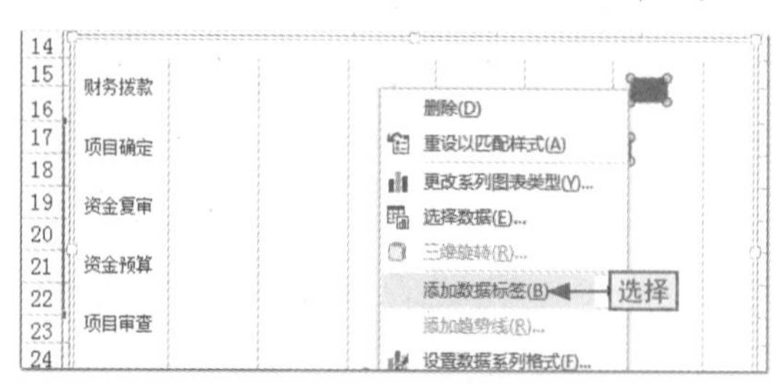

图15-71　添加数据标签

步骤 15 ❶ 选择添加的数据标签，❷ 将其字体颜色设置为白色，❸ 双击水平坐标轴，如图 15-72 所示。

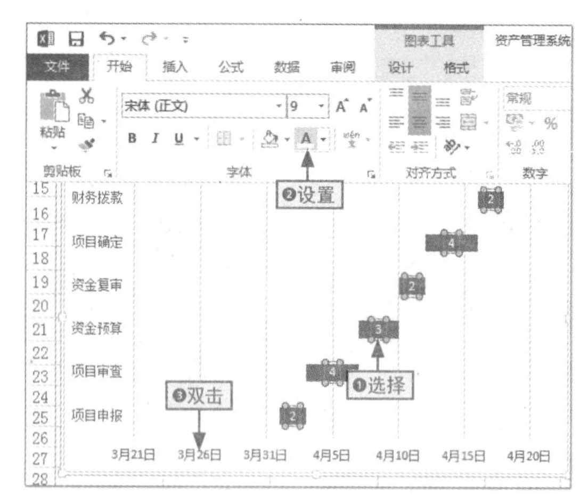

图15-72　设置数据标签颜色

步骤 16 将“最小值”设置为“42461”，让横坐标轴的起始日期是“4 月 1 日”，如图 15-73 所示。

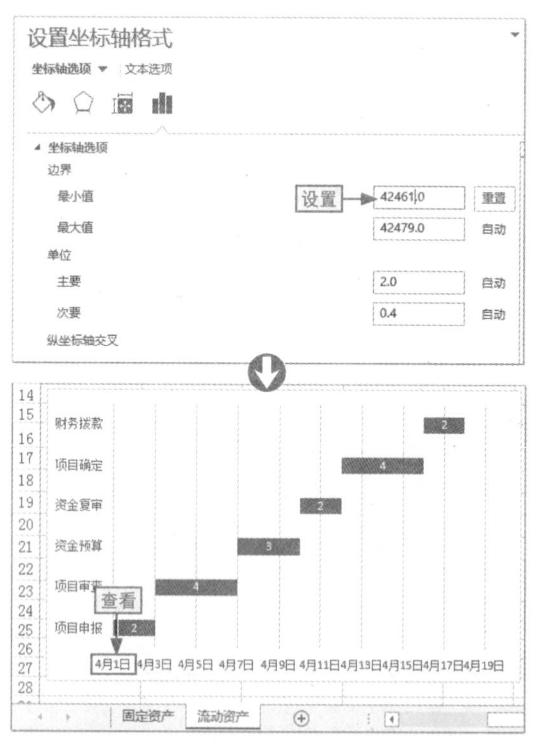

图15-73　设置横坐标轴的起始日期

15.3.3 投资走势分析

使用资金进行投资，不仅要保证有理想的收益，而且要保障本金的安全，所以需要根据资金流来查看未来数据的走势，然后对项目投资进行选择或资金投入的考虑。

下面通过制作动态的条形图来展示资金变动情况以及预测未来的走势，具体操作如下。

步骤 01 ❶ 选择任一空白单元格；❷ 单击“公式”选项卡中的“定义名称”按钮，如图 15-74 所示。

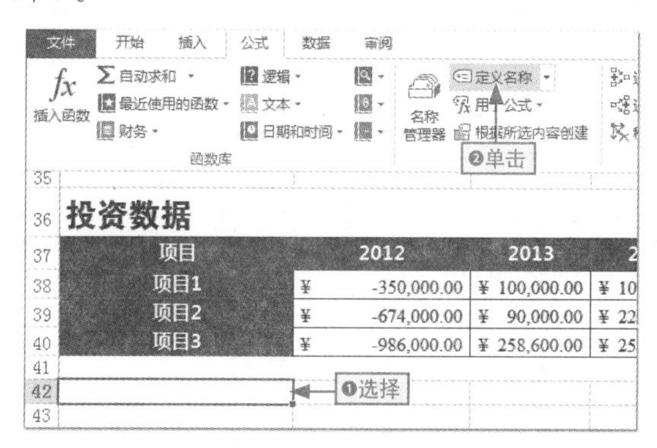

图15-74 定义名称

步骤 02 打开“新建名称”对话框，❶ 输入名称“项目一”；❷ 在“引用位置”文本框中输入函数“=OFFSET(流动资产!$B$37,流动资产!$G$38*1,1,1,4)”；❸ 单击“确定”按钮，如图 15-75 所示。

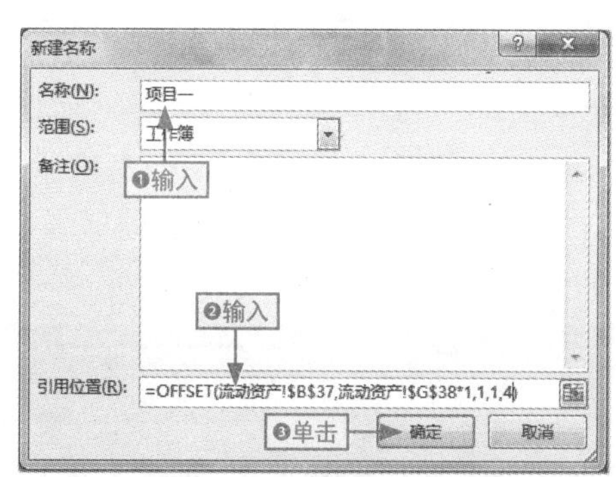

图15-75 设置动态名称

步骤 03 以同样的方法定义“项目二”和“项目三”名称，如图 15-76 所示。

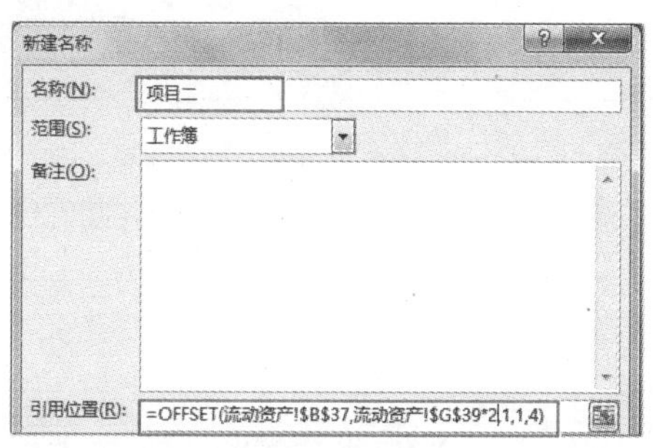

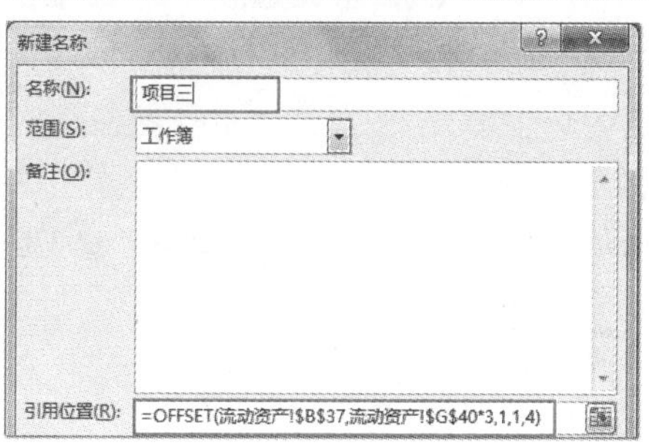

图15-76 设置动态名称

步骤 04 根据 A38:F40 单元格区域创建带标记的折线图并对其进行相应格式的设置，如图 15-77 所示。

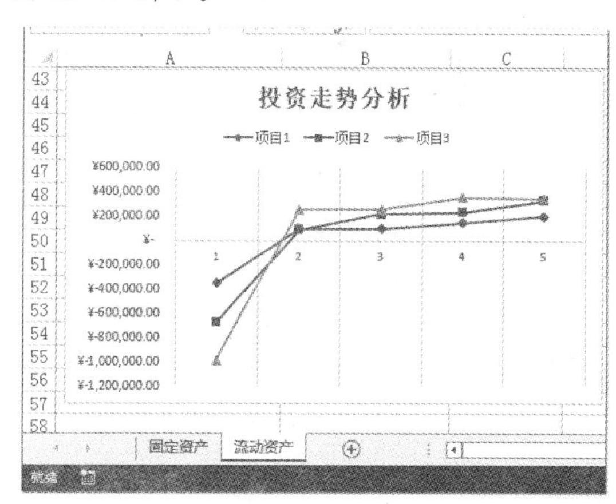

图15-77 创建图表并进行格式美化

步骤 05 在图表中分别选择“项目 1”“项目 2”和“项目 3”数据系列，将它们的倒数第二个参数分别更改为“项目一”“项目二”和“项目三”，对名称进行引用，如图 15-78 所示。

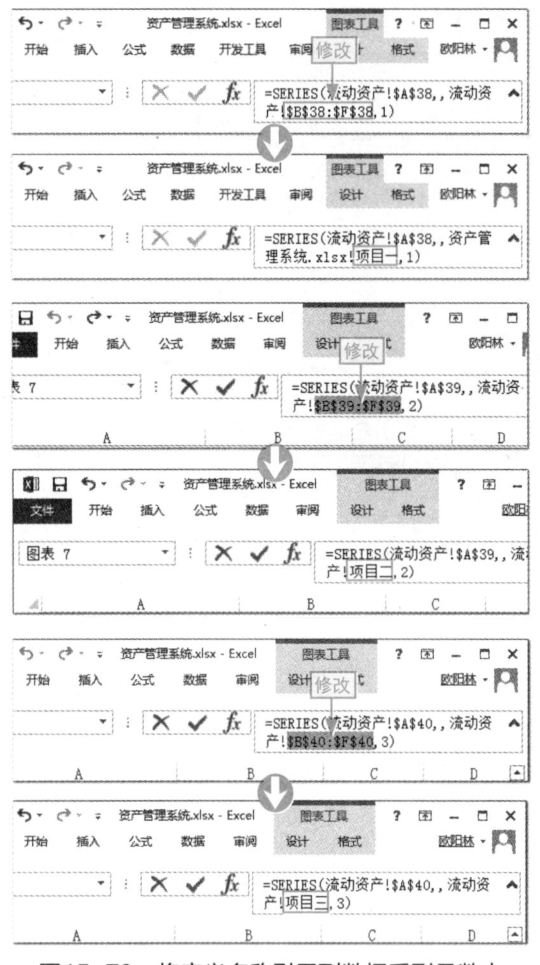

图15-78　将定义名称引用到数据系列函数中

步骤 06 ❶ 单击"开发工具"选项卡中的"插入"下拉按钮；❷ 选择"复选框"控件选项，如图 15-79 所示。

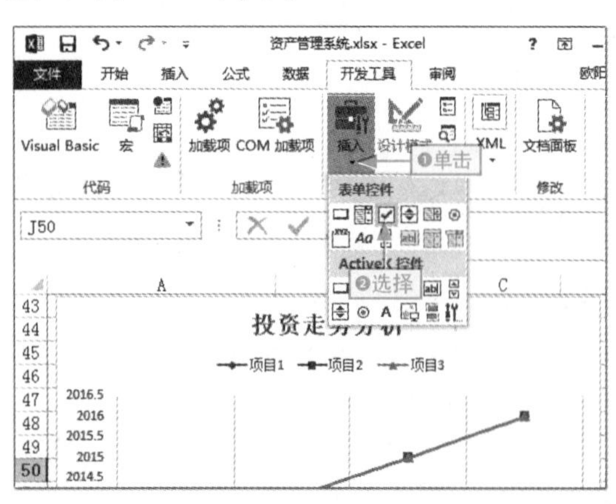

图15-79　插入复选框

步骤 07 ❶ 在图表上绘制适合大小的控件，将其名称修改为"项目 1"并在其上右击；❷ 选择"设置控件格式"命令，打开"设置控件格式"对话框，如图 15-80 所示。

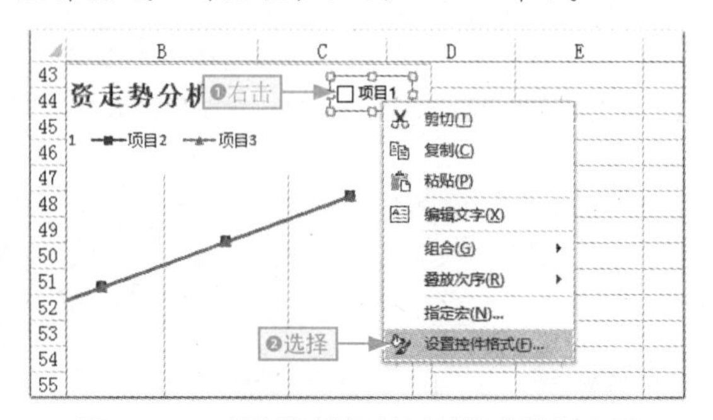

图15-80　绘制复选框并对其格式进行设置

步骤 08 在"控制"选项卡中，设置"单元格链接"为 G38 单元格，然后单击"确定"按钮，如图 15-81 所示。

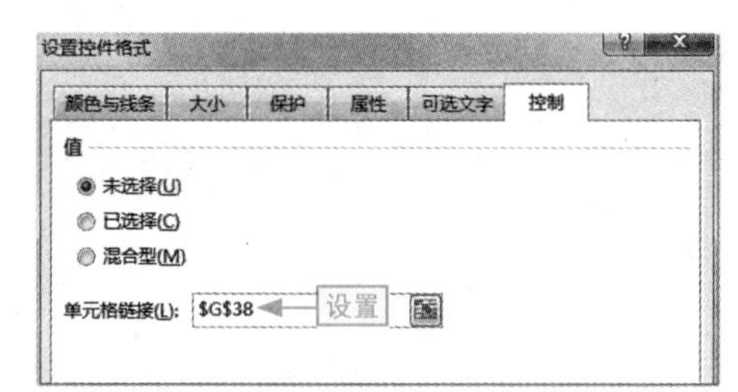

图15-81　指定复选框链接的单元格

步骤 09 以同样的方法添加其他复选框并设置其链接单元格，选中其中需要查看的项目复选框，效果如图 15-82 所示。

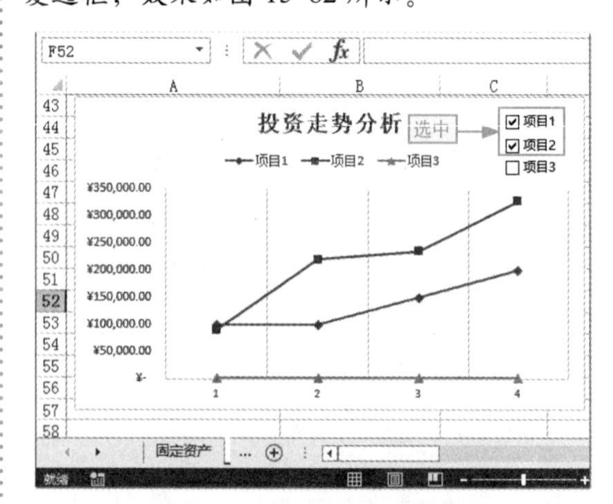

图15-82　控制图表的显示效果

15.4 案例制作总结和答疑

在本章中，制作的资产管理系统主要针对固定资产中的设备和流动资产中的资金。主要使用函数和图表来对数据进行计算完善，对图表进行分析。其中，函数主要使用查找和引用函数，图表包括数据透视表和图表（两张饼图和一个复选框控件的动态折线图）。其中的模块较多，用户在按照步骤进行操作时，需要细心和认真，特别是在函数或动态图表中，任何参数出错都会导致结果或效果出错。

制作过程中，可能会遇到一些操作上的问题，下面就可能遇到的几个问题作简要回答，以帮助用户顺利地完成制作。

给你支招　|　可将设备使用时间设置为月份

小白：在“固定资产”表中，我们要让使用时间不用年来表示，用月份来表示，该怎样设置函数呢？

阿智：我们可以将函数“=YEAR(TODAY())-YEAR(D3)”更改为“=IF(YEAR(TODAY())-YEAR(D3)=0,MONTH(TODAY())-MONTH(D3),(YEAR(TODAY())-YEAR(D3))*12)”，同时将自定义数据类型更改为“G/通用格式 "月"”，如图15-83所示。

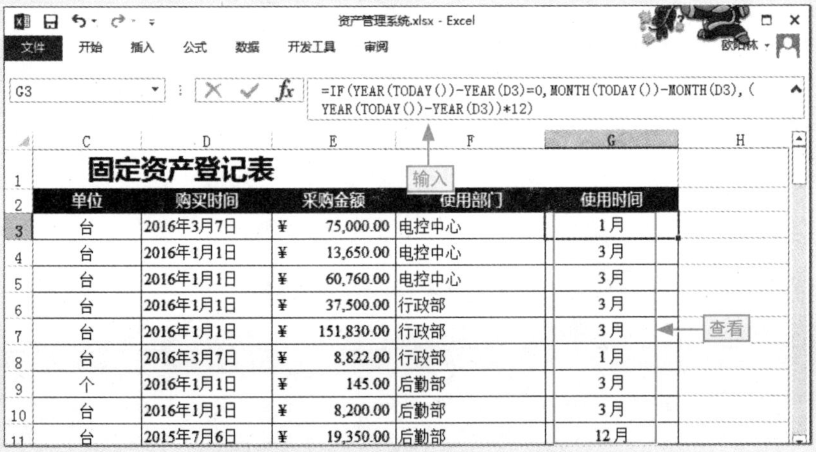

资产管理系统.xlsx - Excel

G3　=IF(YEAR(TODAY())-YEAR(D3)=0,MONTH(TODAY())-MONTH(D3),(YEAR(TODAY())-YEAR(D3))*12)

输入

固定资产登记表

单位	购买时间	采购金额	使用部门	使用时间
台	2016年3月7日	¥ 75,000.00	电控中心	1月
台	2016年1月1日	¥ 13,650.00	电控中心	3月
台	2016年1月1日	¥ 60,760.00	电控中心	3月
台	2016年1月1日	¥ 37,500.00	行政部	3月
台	2016年1月1日	¥ 151,830.00	行政部	3月
台	2016年3月7日	¥ 8,822.00	行政部	1月
个	2016年1月1日	¥ 145.00	后勤部	3月
台	2016年1月1日	¥ 8,200.00	后勤部	3月
台	2015年7月6日	¥ 19,350.00	后勤部	12月

查看

图15-83　将使用时间更改为“月份”

给你支招 | 快速更改数据透视表结构和字段

小白：要更改已有的数据透视表字段结构和字段数据（不通过更改字段数据），该怎样来快速完成？

阿智：可以❶选择数据透视表，❷单击“推荐的数据透视表”按钮，❸在打开的对话框中选择相应的数据透视表样式选项，最后单击“确定”按钮，如图15-84所示。

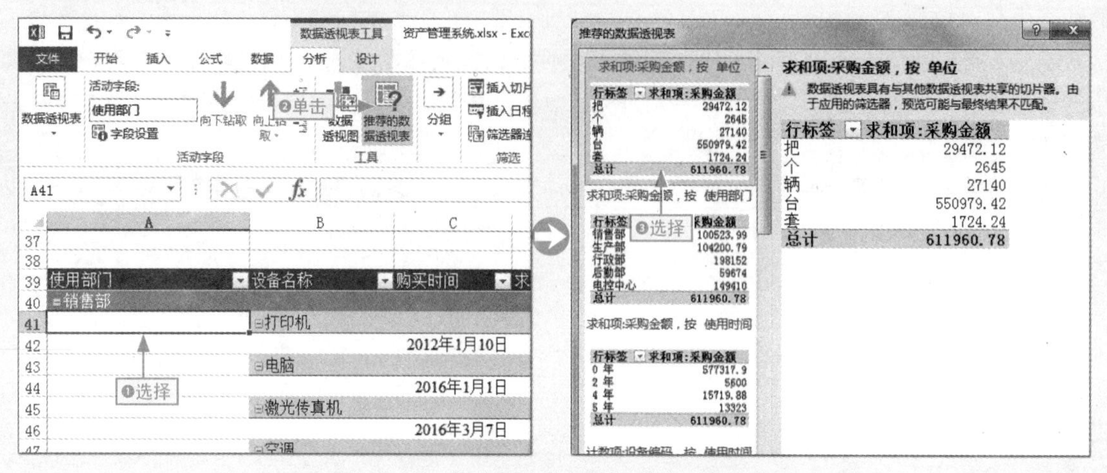

图15-84 快速更改数据透视表字段和结构

Chapter 16

员工培训管理系统

学习目标

本章将制作一个员工培训成绩管理分析系统，从整体和个体上来分析培训考核成绩。其中主要使用到公式函数、图表和数据透视表，以帮助用户更灵活地使用函数和图表到实际应用中。

本章要点

- 设置考核表整体样式
- 完善表格数据和评定
- 统计和分析整体培训成绩
- 按月份分析培训人数
- 制作动态图表、分析个人培训考核成绩
- 在图表中动态显示极值
- 自定义透视分析个人成绩
- 锁定计算和评定公式函数
- 加密整个工作簿文件

知识要点	学习时间	学习难度
制作和完善培训考核表	60 分钟	★★★★
从整体和个体上分析培训成绩	80 分钟	★★★★★
保护数据安全	40 分钟	★★★

16.1 案例制作效果和思路

小白：对员工进行培训，统计出相关的数据后，怎样对其进行管理和分析呢？如个人综合能力和员工整体能力等。

阿智：我们可以先完善必要的数据，然后通过使用相应的函数获取或统计出相应的数据，再使用图表等对象进行分析。

本例中的员工培训系统主要包括两部分：员工个人成绩和整体培训成绩。在其中会单独使用函数进行相应数据的获取，然后再使用函数和图表进行结合分析。图 16-1 所示是制作的员工培训管理系统的部分效果；图 16-2 所示是制作该案例的大体操作思路。

本节素材	/素材/Chapter16/员工培训管理系统.xlsx
本节效果	/效果/Chapter16/员工培训管理系统.xlsx
学习目标	巩固练习Excel基础操作、函数和图表的应用
难度指数	★★★★★

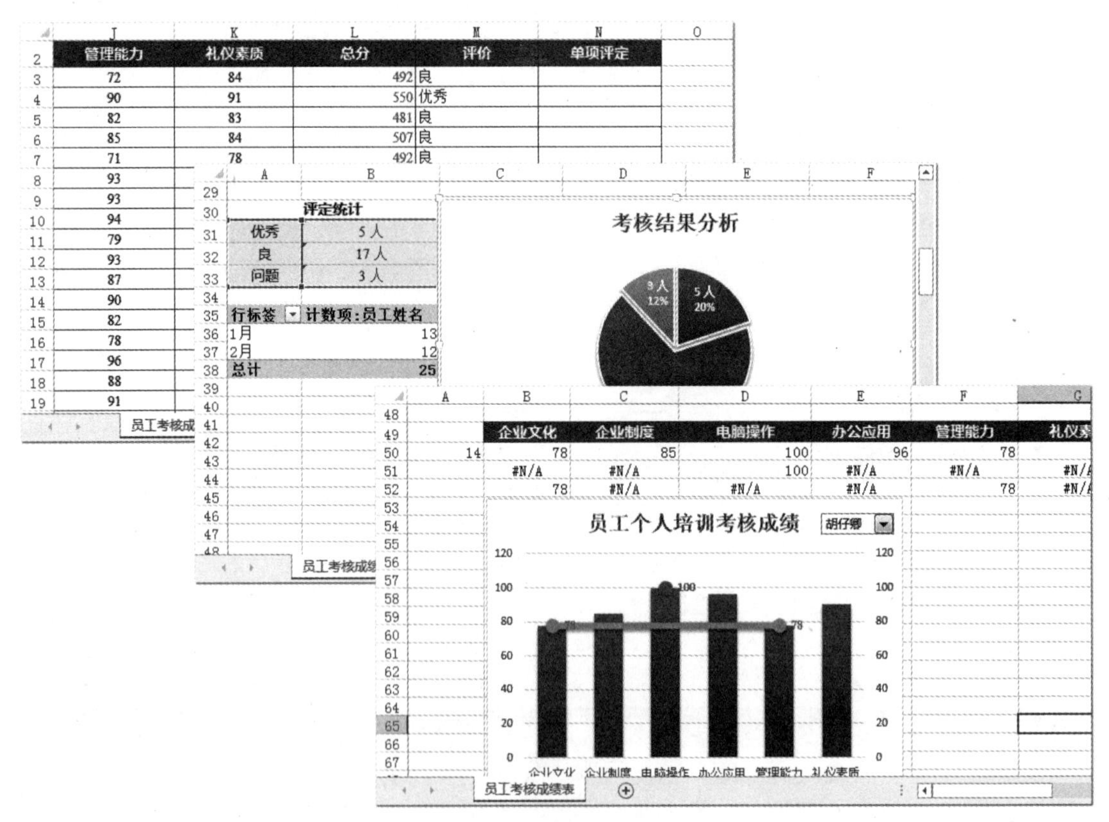

图16-1　案例部分效果

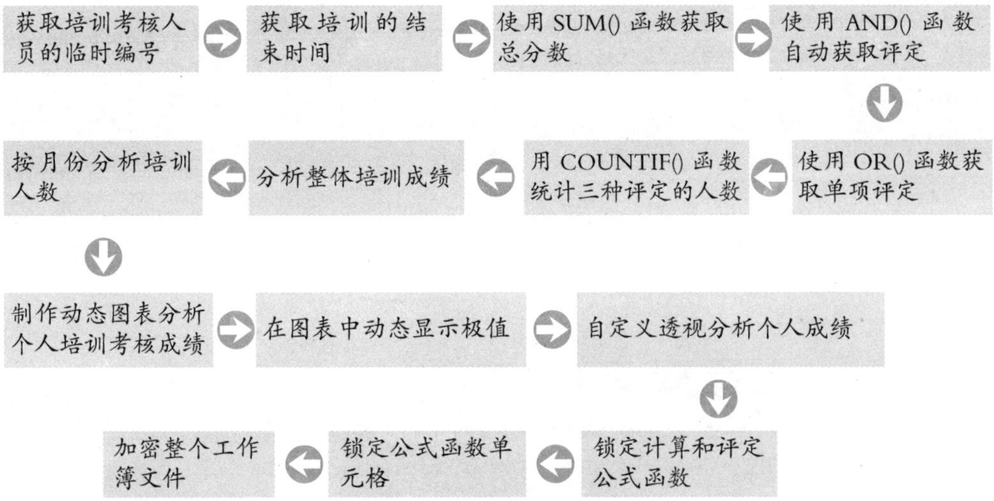

获取培训考核人员的临时编号 → 获取培训的结束时间 → 使用 SUM() 函数获取总分数 → 使用 AND() 函数自动获取评定

使用 OR() 函数获取单项评定 → 用 COUNTIF() 函数统计三种评定的人数 → 分析整体培训成绩 → 按月份分析培训人数

制作动态图表分析个人培训考核成绩 → 在图表中动态显示极值 → 自定义透视分析个人成绩

锁定计算和评定公式函数 → 锁定公式函数单元格 → 加密整个工作簿文件

图16-2　案例制作大体流程

16.2 制作和完善培训考核表

本例中的培训考核表是后面数据统计和分析的基础，所以事先要将数据进行完善，同时对其样式进行相应设置，如列宽等，具体操作如下。

16.2.1 设置考核表整体样式

在员工培训考核表中可以明显看到列宽不太合适，而且表头数据处于 A1 单元格中，其他相关单元格处于分离状态。这时需要进行行高和单元格的合并等操作，让整个表格样式更加美观协调，具体操作如下。

步骤 01 打开“员工培训管理系统”素材文件，❶选择 A1:N1 单元格区域，❷单击合并单元格下拉按钮，❸选择“合并单元格”选项，如图 16-3 所示。

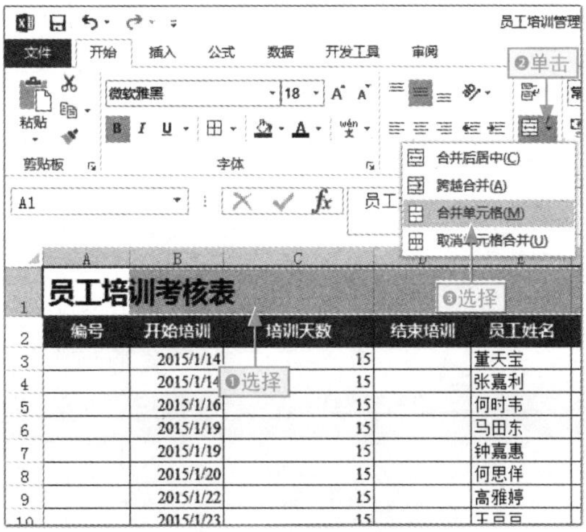

图16-3　合并单元格

步骤 02 选择 A～N 列并在其上右击，❶选择“列宽”命令，打开“列宽”对话框。❷设置“列宽”为“15”，❸单击“确定”按钮，如图 16-4 所示。

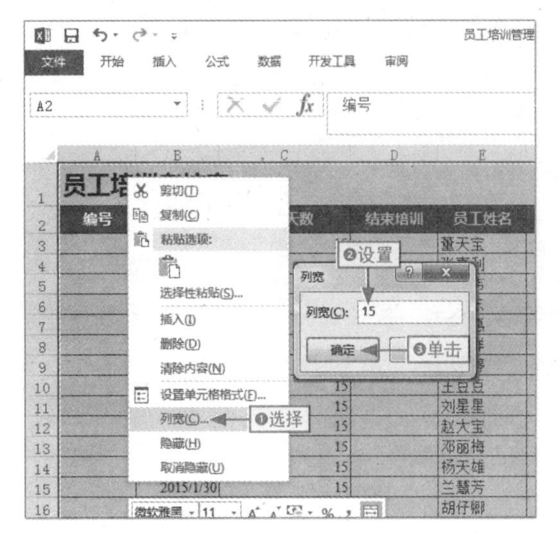

图16-4　设置列宽

步骤 03 拖动调整标题行（也就是第 2 行）高度到合适大小，如图 16-5 所示。

图16-5　调整标题行的高度

步骤 04 将工作表名称更改为“员工考核成绩表”，如图 16-6 所示。

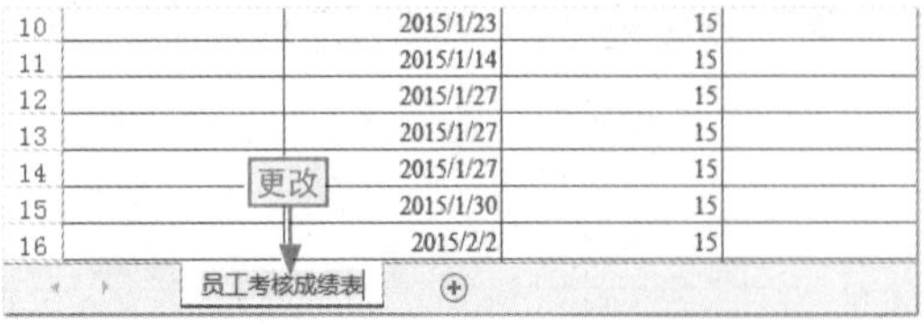

图16-6　更改工作表的名称

16.2.2 完善表格数据和评定

在样式上设置完善后，需要对其数据进行完善，包括临时考核编号、培训结束日期、总分以及相关的评定和数字凸显等，具体操作如下。

步骤 01 ❶选择 A3 单元格，❷在编辑栏中输入公式“="KHCJ-"&ROW(B3)-2”，按 Ctrl+Enter 组合键并向下填充公式，如图 16-7 所示。

图16-7　自动获取临时考核编号

步骤 02 ❶选择 C3 单元格，在编辑栏中❷输入公式“=B3+C3”，按 Ctrl+Enter 组合键并向下填充公式，如图 16-8 所示。

图16-8　获取培训结束时间

步骤 03 ❶ 选择 L3:L27 单元格区域，❷ 单击“自动求和”按钮，按 Ctrl+Enter 组合键，如图 16-9 所示。

图16-9 计算总分

步骤 04 在 M3 单元格中输入函数“=IF(AND(G3>=90,H3>=90,I3>=90,J3>=90,K3>=90,L3>=90),"优秀",IF(AND(G3>=60,H3>=60,I3>=60,J3>=60,K3>=60,L3>=60),"良","问题"))，按 Ctrl+Enter 组合键并向下填充，如图 16-10 所示。

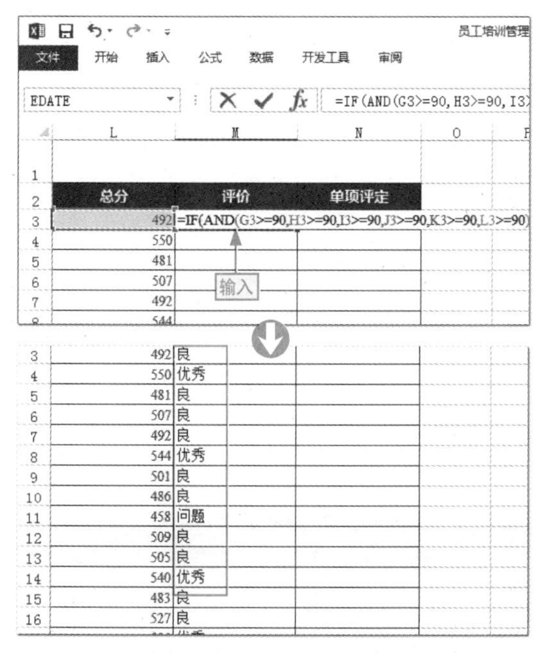

图16-10 获取评价结果

步骤 05 在 N3 单元格中输入函数“=IF(OR(G3=100,H3=100,I3=100,J3=100,K3=100,L3=100),"单面能手","")，按 Ctrl+Enter 组合键并向下填充，如图 16-11 所示。

图16-11 获取单项评价结果

步骤 06 ❶ 选择 F3:K27 单元格区域，❷ 单击“数字”组中的“对话框启动器”按钮，如图 16-12 所示。

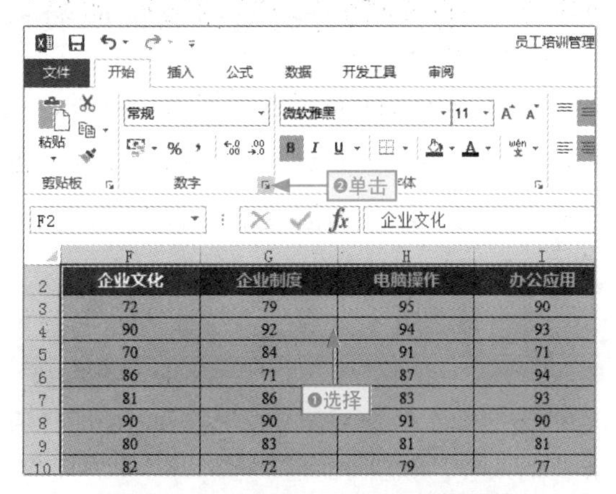

图16-12 选择自定义类型设置区域

步骤 07 打开“设置单元格格式”对话框，在“自定义”选项卡的“类型”文本框中 ❶ 输入条件判定代码“[<100]G/ 通用格式;[红色]G/ 通用格式”，❷ 单击“确定”按钮，如图 16-13 所示。

图16-13 自定义数据类型

步骤 08 系统自动将表格中等于 100 的数据标红，如图 16-14 所示。

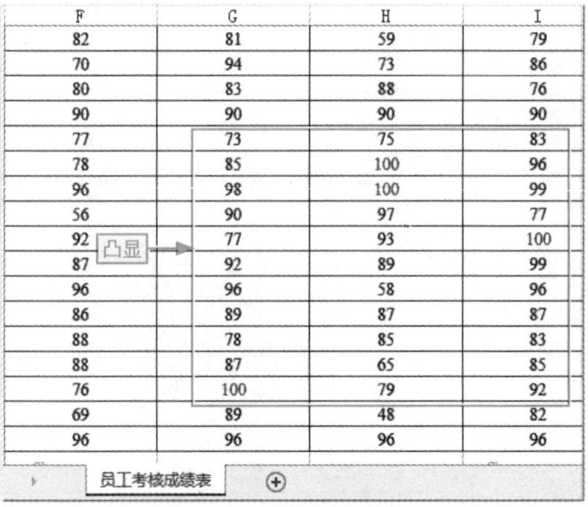

F	G	H	I
82	81	59	79
70	94	73	86
80	83	88	76
90	90	90	90
77	73	75	83
78	85	100	96
96	98	100	99
56	90	97	77
92	77	93	100
87	92	89	99
96	96	58	96
86	89	87	87
88	78	85	83
88	87	65	85
76	100	79	92
69	89	48	82
96	96	96	96

凸显

员工考核成绩表

图16-14 凸显满分数据

16.3 从整体上分析培训成绩

作为公司、企业或有关部门，需要对培训的整体情况进行分析和评估，从而调整培训方式和相应的资源等，使培训效果更佳或制定出更好的措施来应对当前的情况。

16.3.1 统计和分析整体培训成绩

使用 COUNTIF() 函数将三种（优秀、良和问题）结果数据统计出来，然后使用饼图对各种占比情况进行直观展示和分析，具体操作如下。

步骤 01 ❶ 选择 B31 单元格，❷ 在编辑栏中输入函数“=COUNTIF($M$3:$M$27,"优秀")”，按 Ctrl+Enter 组合键确认，统计出获得优秀评价的人数，如图 16-15 所示。

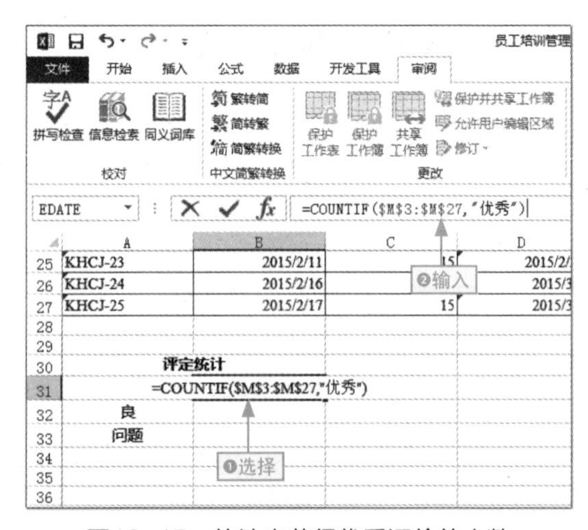

图16-15 统计出获得优秀评价的人数

步骤 02 ❶ 选择 B32 单元格，在编辑栏中 ❷ 输入函数“=COUNTIF($M$3:$M$27,"良")”，按 Ctrl+Enter 组合键确认，统计出获得良好评价的人数，如图 16-16 所示。

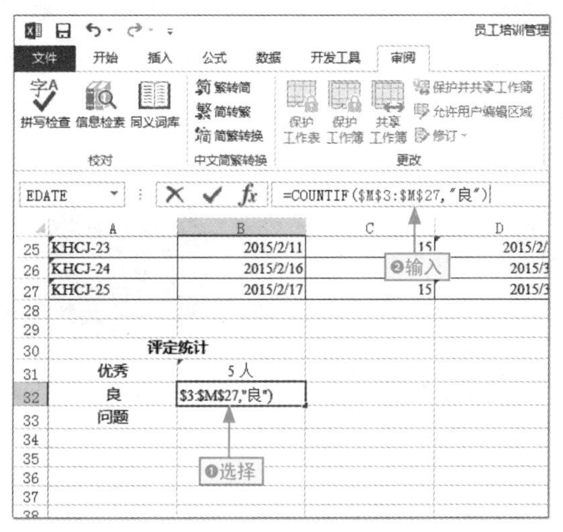

图16-16　统计出获得良好评价的人数

步骤 03 ❶ 选择 B33 单元格，在编辑栏中 ❷ 输入函数“=COUNTIF($M$3:$M$27,"问题")”，按 Ctrl+Enter 组合键确认，统计出获得问题评价的人数，如图 16-17 所示。

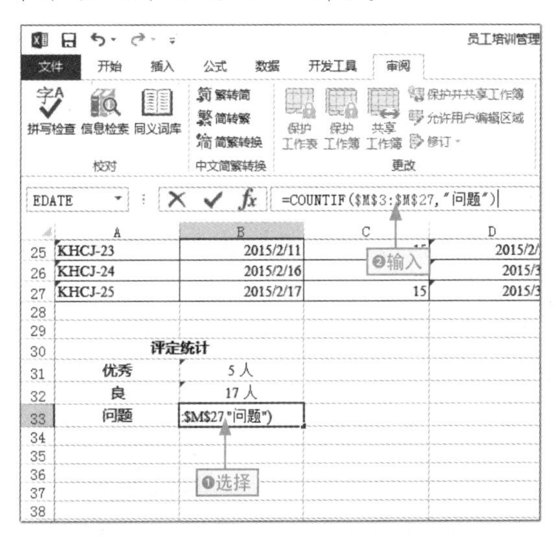

图16-17　统计出获得问题评价的人数

步骤 04 ❶ 选择 A31:B33 单元格区域，❷ 单击饼图下拉按钮，❸ 选择“二维饼图”选项，如图 16-18 所示。

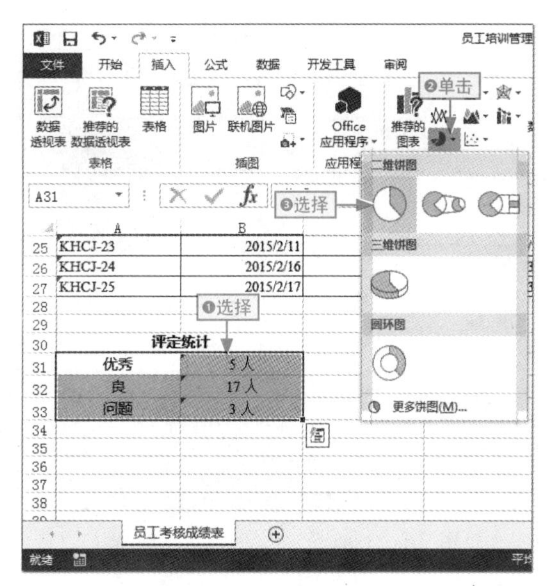

图16-18　插入饼图

步骤 05 将图表移到合适位置，然后应用表格样式对其标题文本进行更改。在数据系列上右击，选择“添加数据标签”命令，如图 16-19 所示。

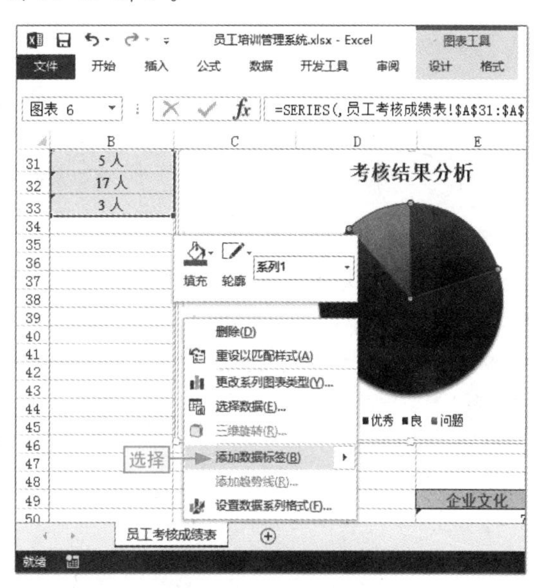

图16-19　添加数据标签

步骤 06 在添加的数据标签上右击，选择“设置数据标签格式”命令，打开“设置数据标签格式”窗格，如图 16-20 所示。

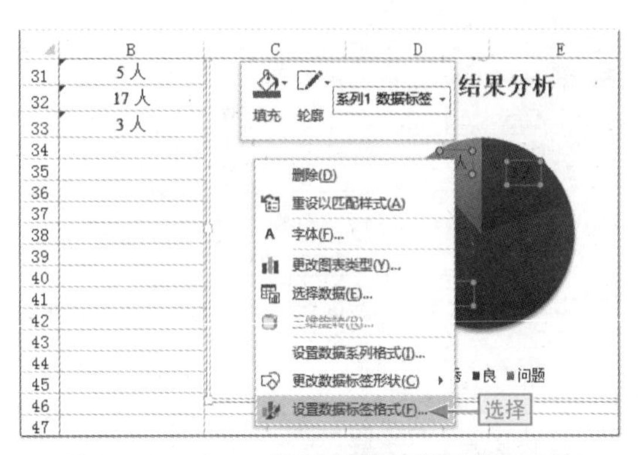

图16-20　打开"设置数据标签格式"窗格

步骤 07 ❶ 选中"百分比"复选框，❷ 单击"分隔符"下拉按钮，❸ 选择"(分行符)"选项，如图 16-21 所示。

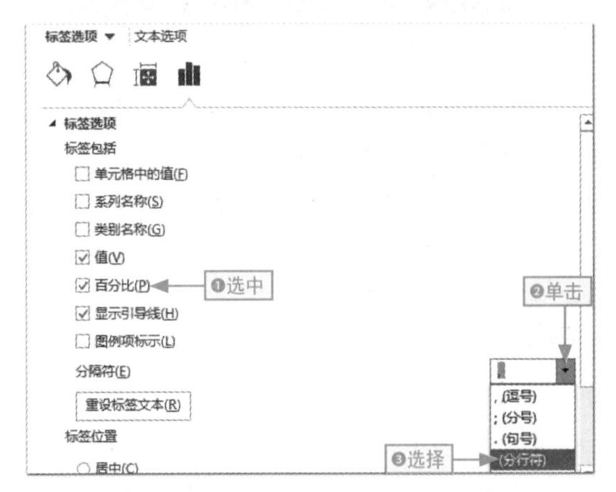

图16-21　添加标签选项和分行符

步骤 08 设置数据标签的字体颜色为白色并对其加粗，如图 16-22 所示。

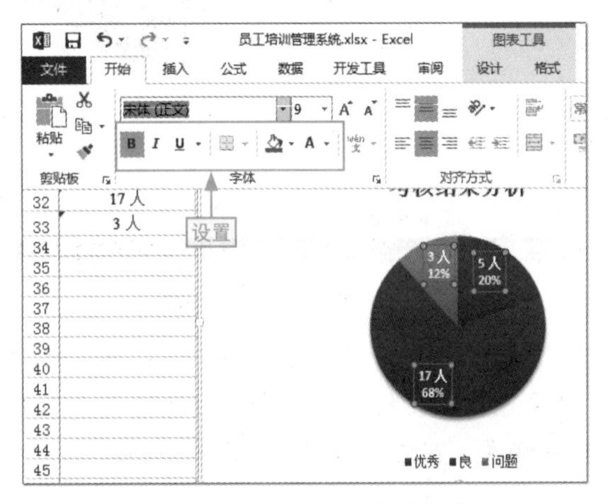

图16-22　设置标签字体格式

步骤 09 ❶ 在图表中选择数据系列，切换到"设置数据系列格式"窗格，❷ 设置"饼图分离程度"为"4%"，如图 16-23 所示。

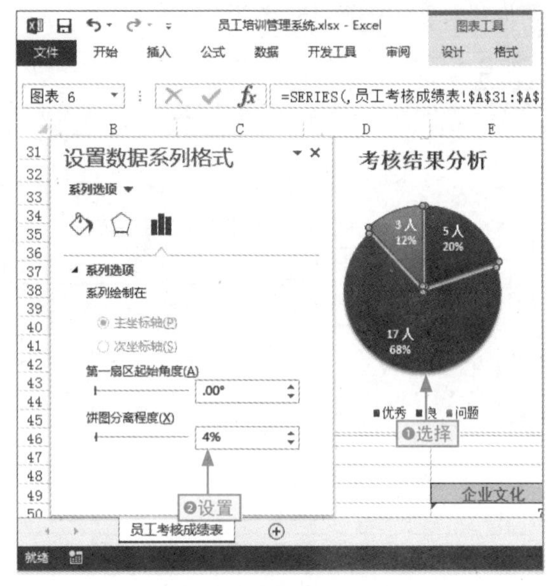

图16-23　设置饼图的分离程度

步骤 10 ❶ 在"良"数据系列上单击两次将其选择，切换到"设置数据点格式"窗格，❷ 单击"填充线条"选项卡，❸ 选中"实线"单选按钮，❹ 设置"颜色"为白色，"宽度"为"1.5 磅"，如图 16-24 所示。

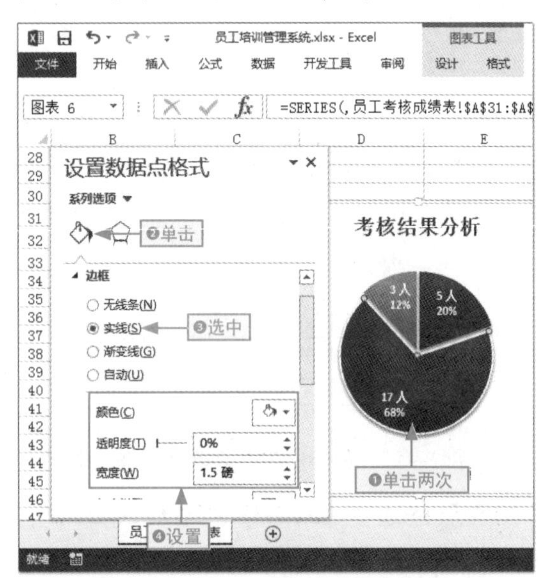

图16-24　为"良"数据系列添加边框线

步骤 11 以同样的方法为“优秀”和“问题”扇区添加白色、1.5磅的边框，如图16-25所示。

图16-25 应用图表样式

16.3.2 按月份分析培训人数

除了对培训成绩的比重进行分析外，还需要对培训人数和时间的安排是否合理进行分析。

下面通过使用结构简单的数据透视表来分析，具体操作如下。

步骤 01 ❶选择任一单元格，❷单击“数据透视表”按钮，如图16-26所示。

编号	开始培训	培训天数	结束培训
KHCJ-1	2015/1/14	15	2015/1/
KHCJ-2	2015/1/14	15	2015/1/
KHCJ-3	2015/1/16	15	2015/1/
KHCJ-4	2015/1/19	15	2015/2
KHCJ-5	2015/1/19	15	2015/2
KHCJ-6	2015/1/20	15	2015/2
KHCJ-7	2015/1/22	15	2015/2
KHCJ-8	2015/1/23	15	2015/2
KH	2015/1/14	15	2015/1/
KHCJ-10	2015/1/27	15	2015/2/
KHCJ-11	2015/1/27	15	2015/2/

图16-26 插入数据透视表

步骤 02 打开“创建数据透视表”对话框，❶设置数据透视表放置位置，然后❷单击“确定”按钮，如图16-27所示。

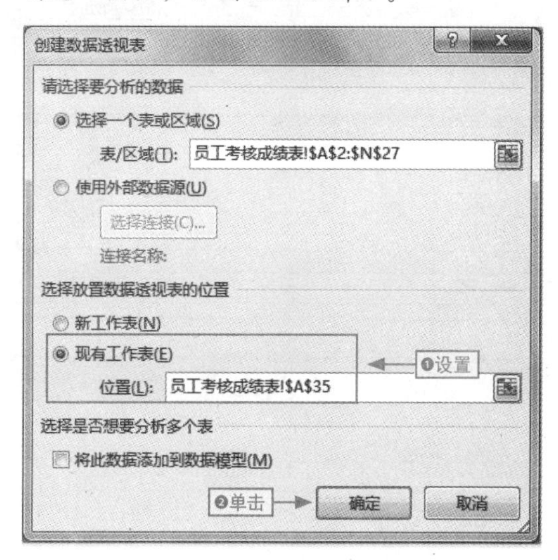

图16-27 设置数据透视表的放置位置

步骤 03 ❶选中“开始培训”复选框，❷将“员工姓名”字段数据拖动到“值”列表框中，如图16-28所示。

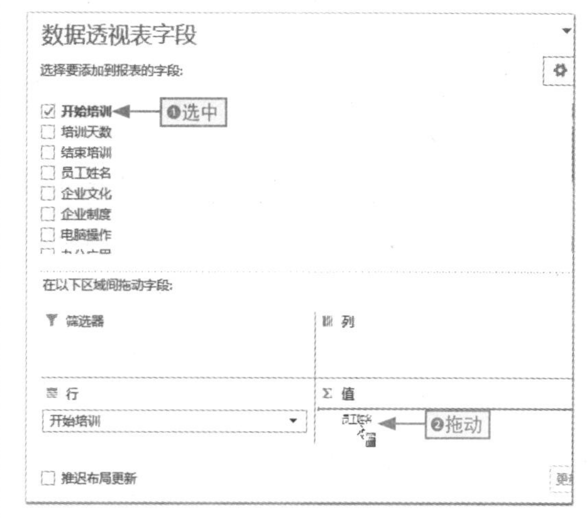

图16-28 添加字段数据

步骤 04 在创建的数据透视表的标签列中❶选择任一单元格，这里选择A36单元格，❷单击“数据透视表工具-分析”选项卡，❸单击“组字段”按钮，打开“组合”对话框，如图16-29所示。

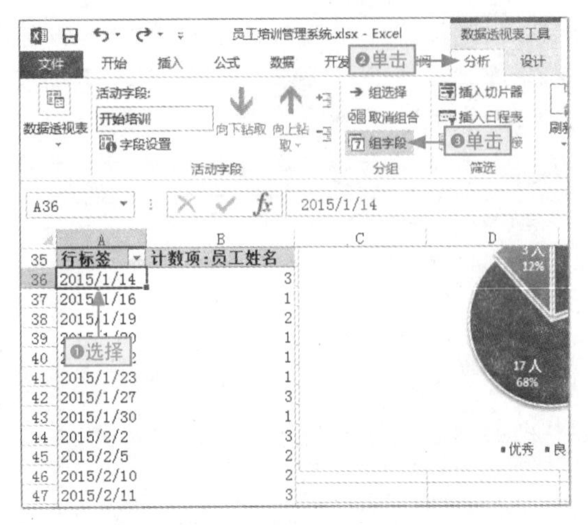

图16-29　对数据透视表进行分组

步骤 05 ❶ 选择“月”选项，❷ 单击“确定”按钮，如图 16-30 所示。

图16-30　以“月”为单位进行分组

16.4 从个体上分析培训成绩

分析培训结果不仅仅是从宏观整体上进行分析，而且还需从个体上进行分析。下面对员工个人培训成绩进行分析，其中将使用到动态图表和数据透视表等。

16.4.1 制作动态图表、分析个人培训考核成绩

员工是公司重要的个体，对公司的整体工作和发展起到重要作用，所以需要对其进行分析。

下面通过制作带有组合框的动态图表来对员工个人的培训成绩进行分析，具体操作如下。

步骤 01 复制 E2:K2 标题行数据，将其粘贴到 B49:G49 单元格区域，作为动态图表的水平坐标轴名称数据，如图 16-31 所示。

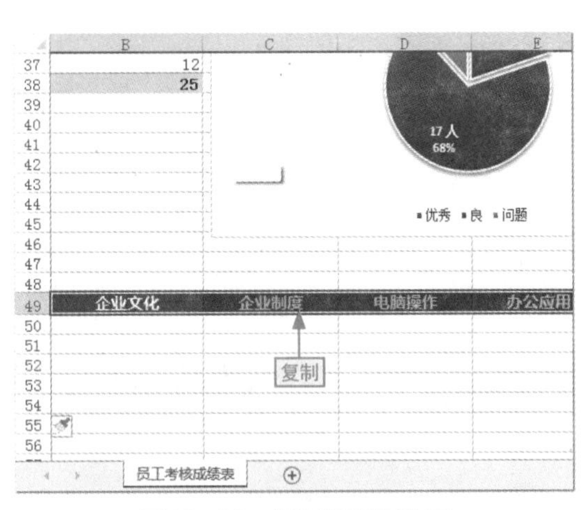

图16-31　复制标题行数据

步骤 02 ❶ 选择 B50:G50 单元格区域，在编辑栏中 ❷ 输入函数，按 Ctrl+Shift+Enter 组合键，如图 16-32 所示。

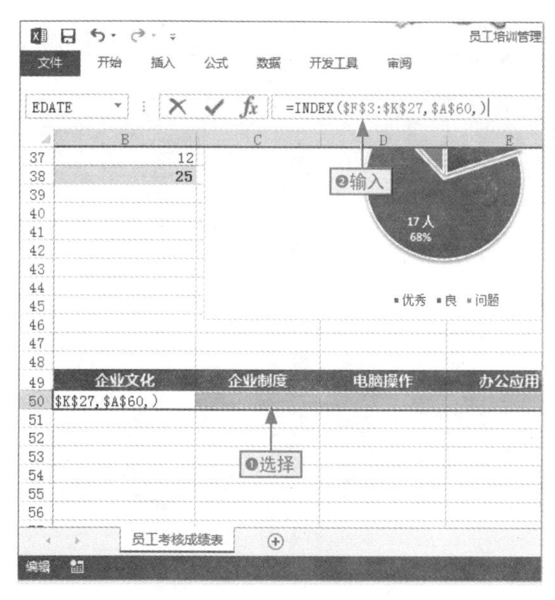

图16-32 获取动态数据

步骤 03 ❶选择B49:G50单元格区域，❷单击柱形图下拉按钮，❸选择“簇状柱形图”选项，如图16-33所示。

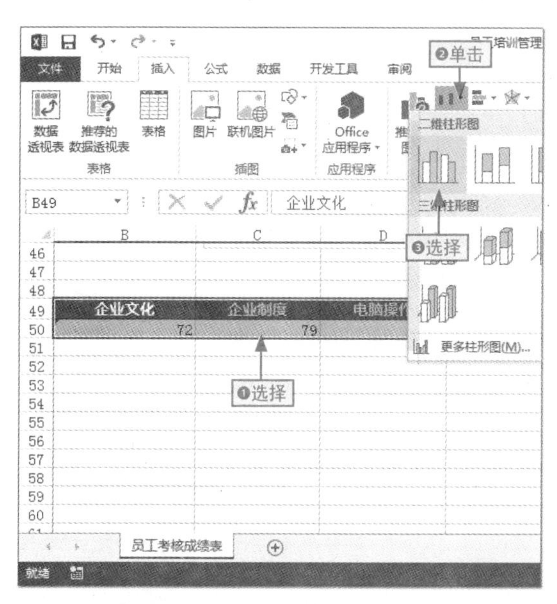

图16-33 插入簇状柱形图

步骤 04 将创建的图表移动到合适位置，并将图表标题更改为“员工个人培训考核成绩”，然后在“图表样式”列表框中选择“样式4”选项，如图16-34所示。

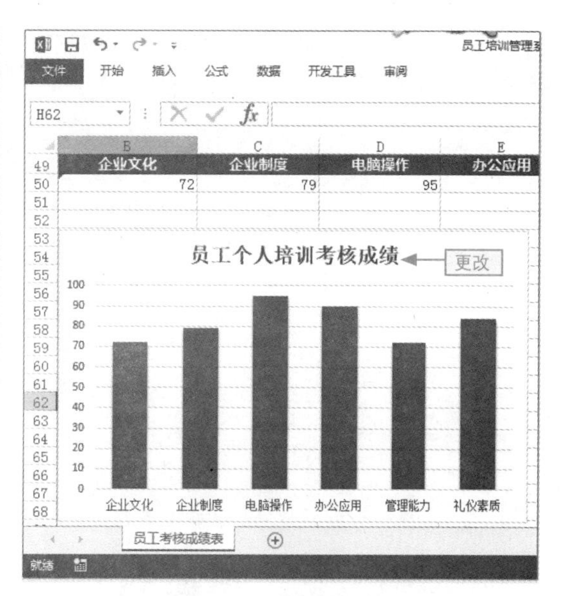

图16-34 设置图表格式

步骤 05 ❶单击“开发工具”选项卡中的“插入”下拉按钮，❷选择“组合框”控件选项，如图16-35所示。

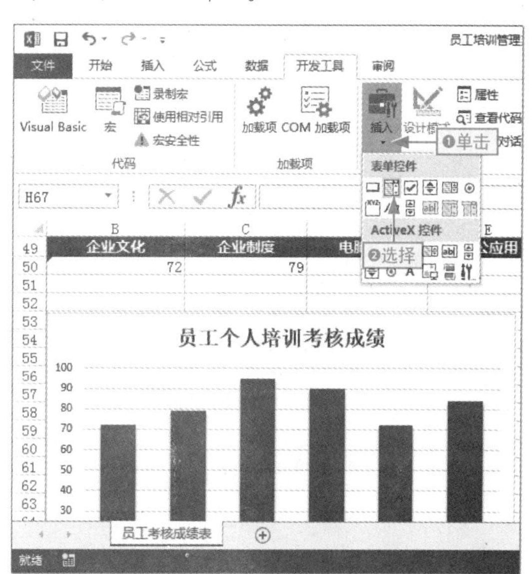

图16-35 插入组合框控件

步骤 06 ❶在图表上绘制组合框，并在其上右击，❷选择“设置控件格式”命令（若组合框绘制后在图表下面，可在图表上右击，选择“置于底层”命令，将其置于底层），如图16-36所示。

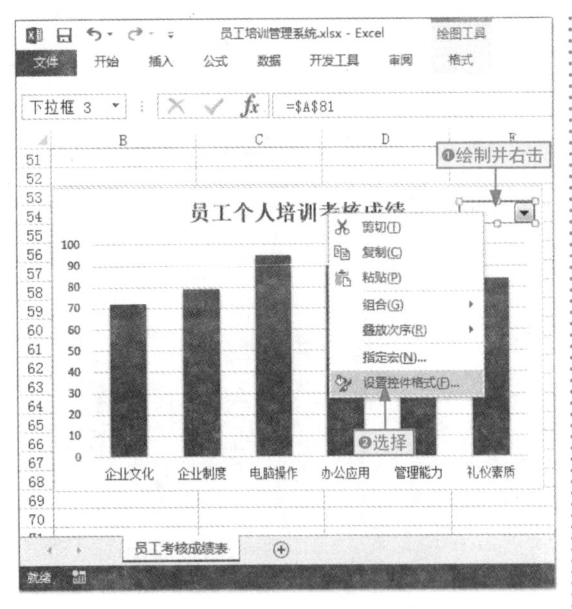

图16-36 在图表上绘制组合框

步骤 07 打开“设置控件格式”对话框，❶ 分别设置“数据源区域”为 E3:E27 单元格区域，“单元格链接”为 A50 单元格；❷ 单击“确定”按钮，如图 16-37 所示。

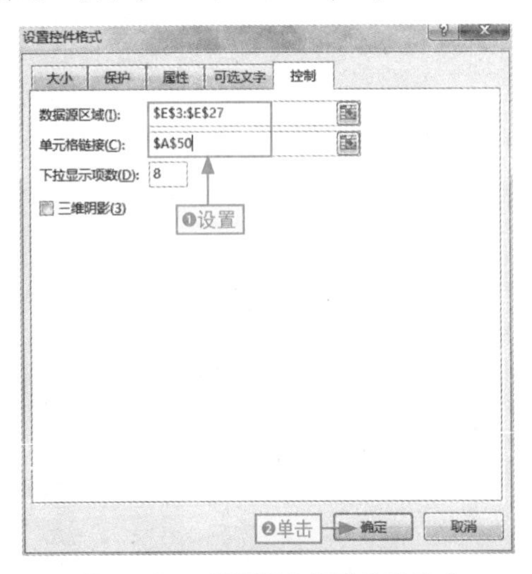

图16-37 设置组合框控件的格式

步骤 08 ❶ 在图表中单击组合框下拉按钮，❷ 选择相应的员工名称选项。这里选择“马田东”选项，图表自动根据函数获取数据并进行绘制显示，如图 16-38 所示。

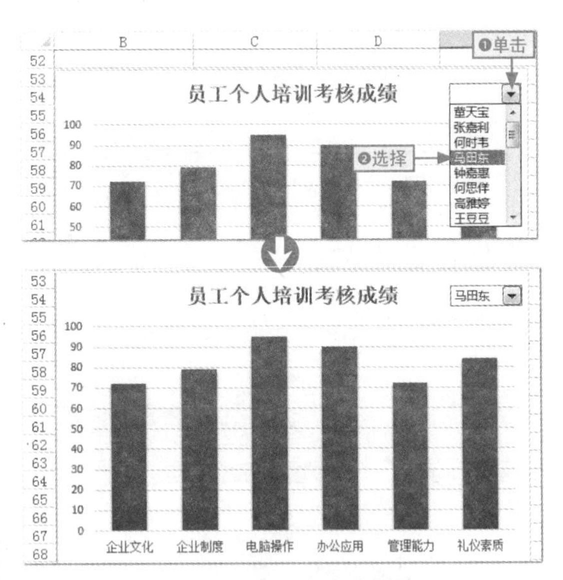

图16-38 使用控件控制图表

16.4.2 在图表中动态显示极值

制作的动态图表虽然可以实时进行人员成绩的调换、展示和分析，不过其中的最高成绩和最低成绩不能被明显地查看到。

下面借助 MAX()、MIN()、IF() 和 NA() 函数以及次坐标轴等来让图表动态显示图表中的极值，具体操作如下。

步骤 01 ❶ 选择 B51:G51 单元格区域，❷ 在编辑栏中输入函数，按 Ctrl+Enter 组合键，如图 16-39 所示。

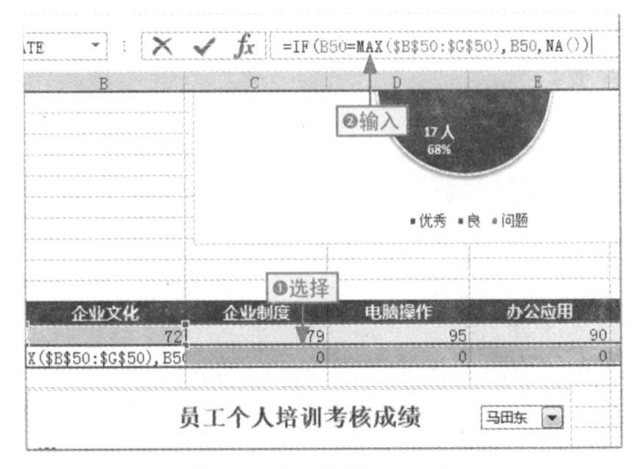

图16-39 获取最大值

步骤 02 ❶ 选择 B52:G52 单元格区域，在编辑栏中 ❷ 输入函数“=IF(B50=MIN($B$50:$G$50),B50,NA())”，按 Ctrl+Enter 组合键，如图 16-40 所示。

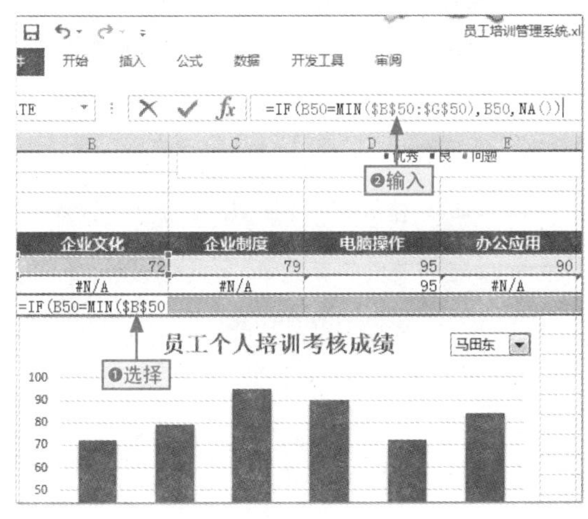

图16-40　获取最小值

步骤 03 ❶ 复制 B51:G51 单元格区域数据；❷ 选择图表；❸ 单击“粘贴”按钮，如图 16-41 所示。

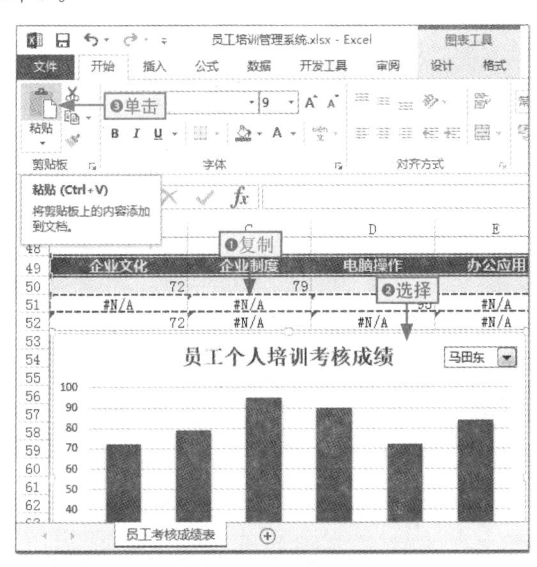

图16-41　添加最大值数据

步骤 04 在添加的最大值数据系列上右击，选择“设置数据点格式”命令，打开“设置数据点格式”窗格，选中“次坐标轴”单选按钮，如图 16-42 所示。

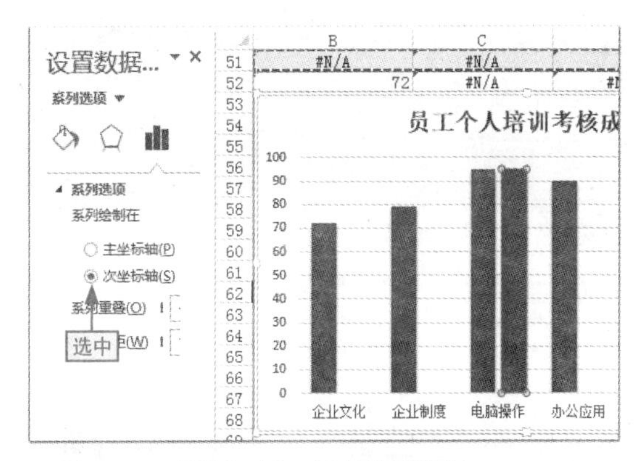

图16-42　添加次坐标轴

步骤 05 在添加的最大值数据系列上右击，选择“更改系列图表类型”命令，打开“更改图表类型”对话框，如图 16-43 所示。

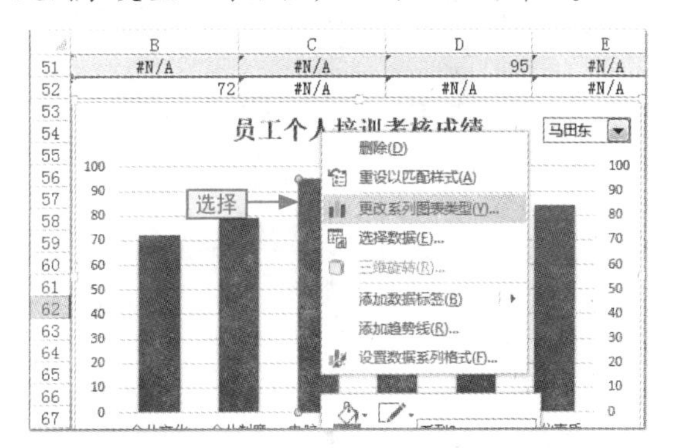

图16-43　打开“更改图表类型”对话框

步骤 06 ❶ 单击“系列 2”图表类型下拉按钮，❷ 选择“带数据标记的折线图”选项，如图 16-44 所示。

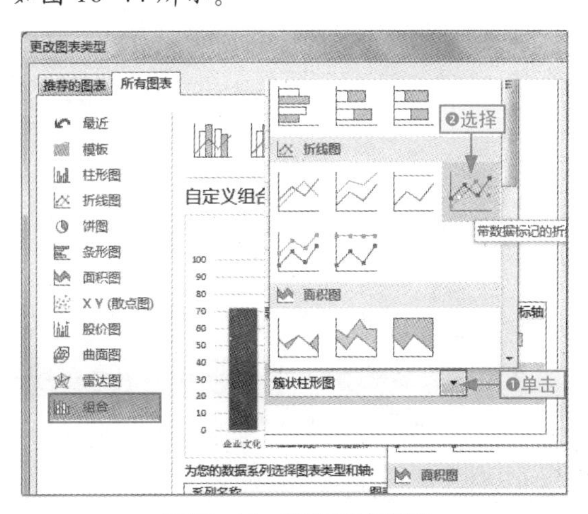

图16-44　更改图表类型

步骤 07 选择“系列 2”数据系列，❶ 单击“形状轮廓”下拉按钮；❷ 选择“粗细 /4.5 磅”值，如图 16-45 所示。

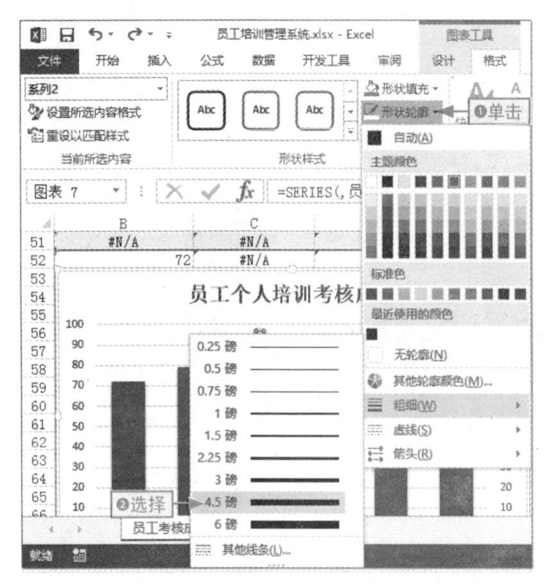

图16-45　更改数据标记的边框粗细

步骤 08 ❶ 单击“形状轮廓”下拉按钮，❷ 选择“红色，着色 2”选项，如图 16-46 所示。

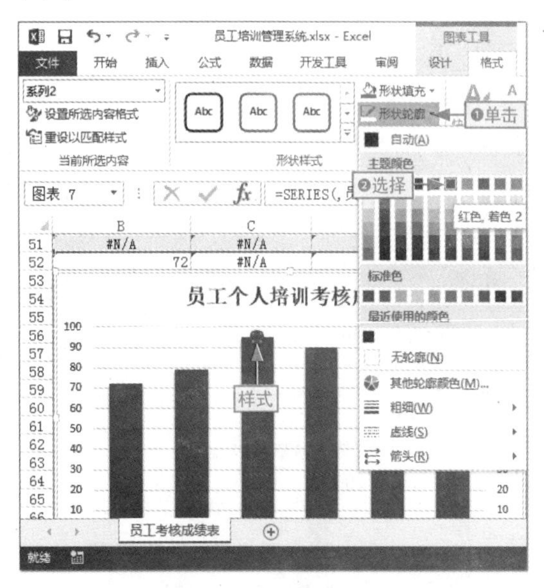

图16-46　设置轮廓颜色

步骤 09 在“系列 2”数据系列上右击，选择“添加数据标签”命令，如图 16-47 所示。

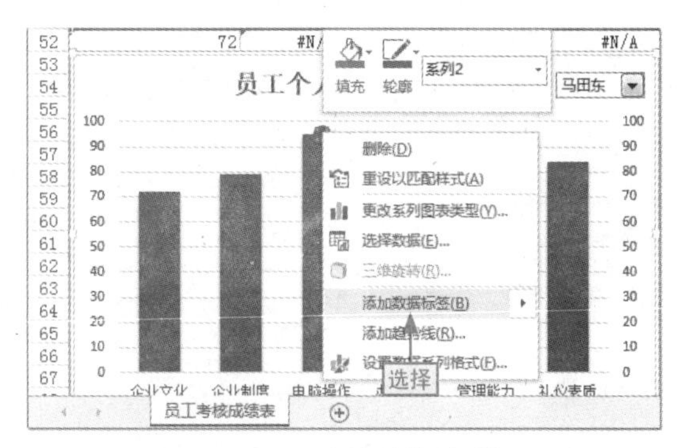

图16-47　添加数据标签

步骤 10 ❶ 选择添加的数据标签，❷ 设置其字体为“Times New Roman”、字体颜色为“红色”并将其加粗，如图 16-48 所示。

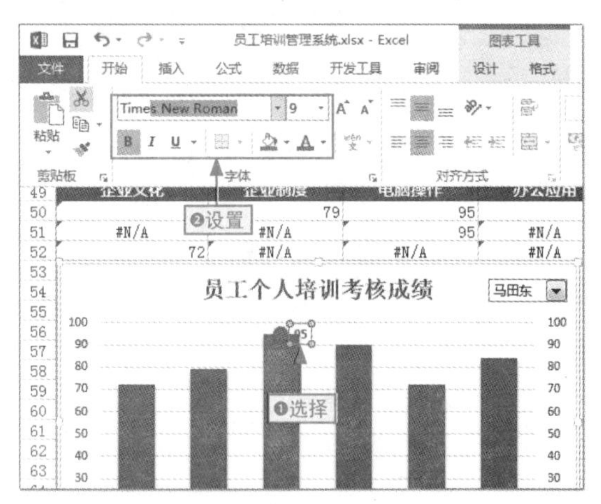

图16-48　设置数据标签的格式

步骤 11 ❶ 复制 B52:G52 单元格区域动态数据；❷ 选择图表；❸ 单击“粘贴”按钮，如图 16-49 所示。

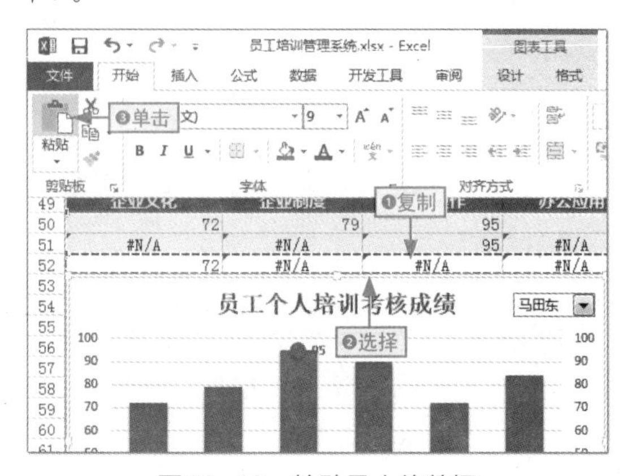

图16-49　粘贴最小值数据

步骤 12 设置最小值系列（这里是“系列3”）的标记填充色和轮廓色粗细、颜色，并添加和设置数据标签的格式，如图16-50所示。

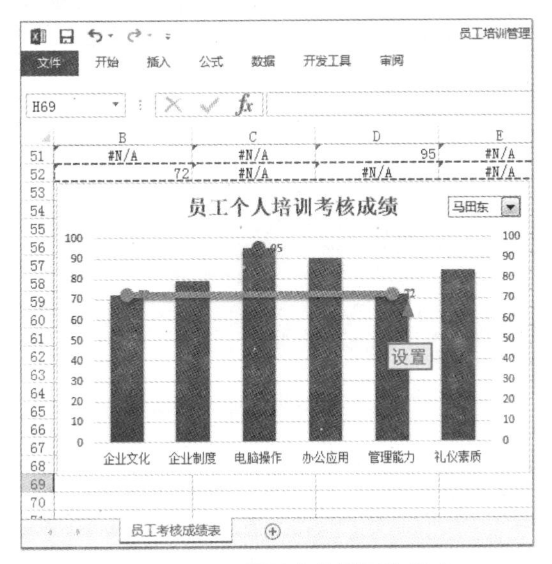

图16-50 设置最小值数据的样式

步骤 13 ❶单击图表上的组合框下拉按钮，❷选择“高雅婷”选项，系统自动在新的图表绘制中动态显示极值，如图16-51所示。

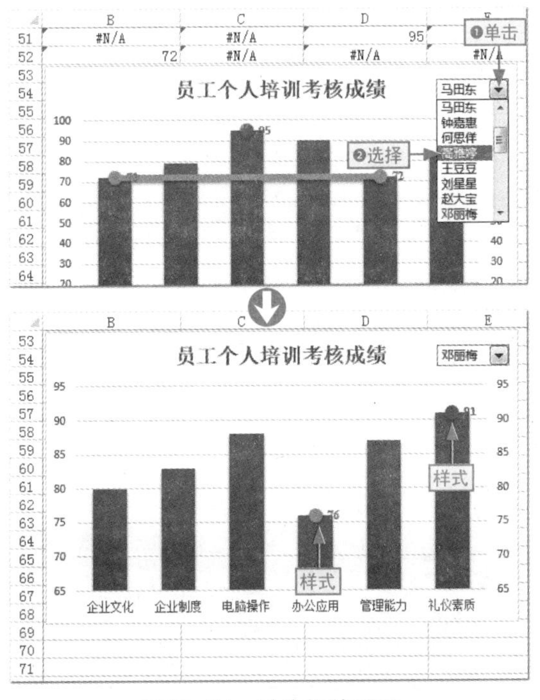

图16-51 动态极值显示

16.4.3 自定义透视分析个人成绩

除使用图表进行动态显示外，还需对个人培训成绩进行多维透视分析，作为分析个人成绩图表的补充和扩展。

下面借助MAX()、MIN()、Average()函数以及计算字段来制作自定义的多维分析个人培训成绩的数据透视表，具体操作如下。

步骤 01 ❶选择B4单元格，❷单击“数据透视表”按钮，如图16-52所示。

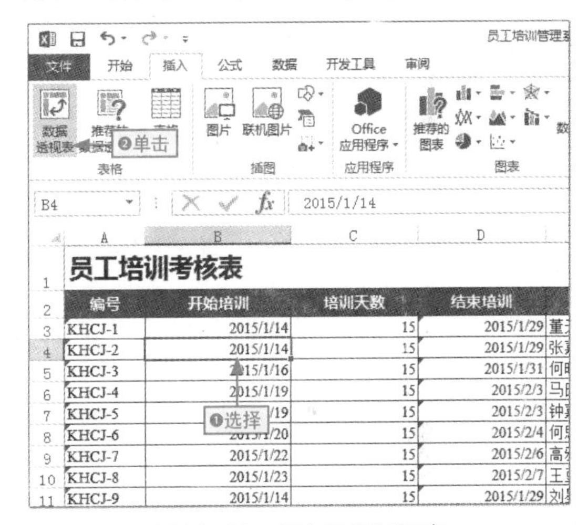

图16-52 插入数据透视表

步骤 02 打开“创建数据透视表”对话框，设置数据透视表的放置位置，然后单击“确定”按钮，如图16-53所示。

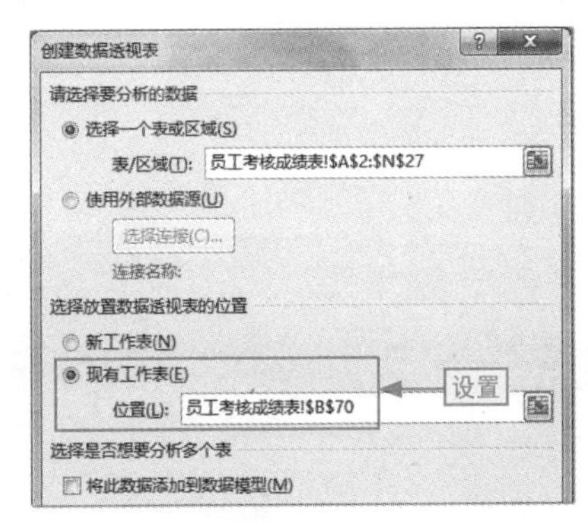

图16-53 设置数据透视表的放置位置

步骤 03 在“数据透视表字段”窗格中，选中员工姓名和各项培训考核成绩科目复选框，如图 16-54 所示。

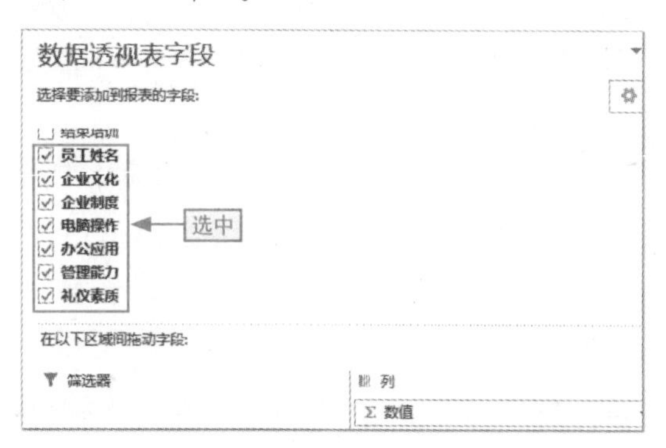

图16-54　添加字段数据

步骤 04 ❶ 在数据透视表中选择任一单元格，❷ 单击“字段、项目和集”下拉按钮，❸ 选择“计算字段”命令，如图 16-55 所示。

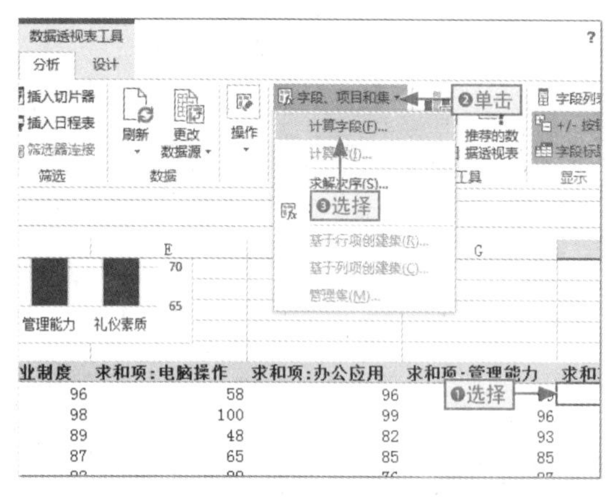

图16-55　添加计算字段

步骤 05 打开“插入计算字段”对话框，❶ 在“名称”文本框中输入“平均分”，❷ 在“公式”文本框中输入 Average() 函数，然后单击“确定”按钮，如图 16-56 所示。

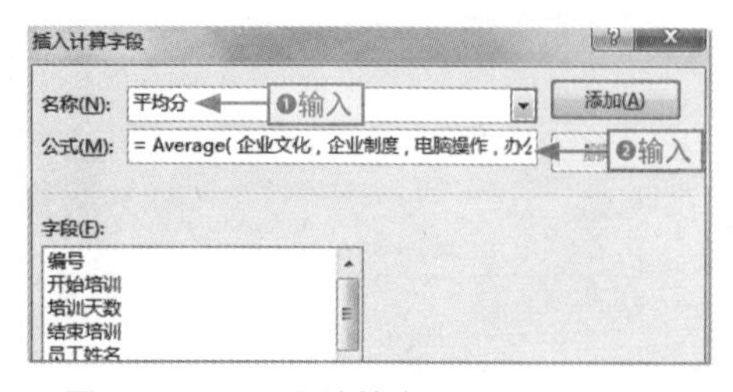

图16-56　设置计算字段的名称和函数

步骤 06 以同样的方法添加“最高分”和“最低分”计算字段，如图 16-57 所示。

	H	I	J	K
	求和项:礼仪素质	求和项:平均分	求和项:最高分	求和项:最低分
99	96	90.16666667	99	58
96	97	97.66666667	100	96
93	45	71	93	45
85	84	82.33333333	88	65
87	91	84.16666667	91	76
72	84	82	95	72
93	83	83.5	93	80
82	83	80.16666667	91	70
93	90	[illegible]	93	90
78	90	[illegible]	100	78
82	93	80.5	93	73
88	89	82.83333333	97	56
96	96	96	96	96
79	78	76.33333333	82	59
77	84	88	99	77
85	84	84.5	94	71
99	99	90.83333333	100	76
94	82	81	94	72

设置

图16-57　添加最高和最低分计算字段

步骤 07 在数据透视表上右击，选择“显示字段列表”命令，如图 16-58 所示。

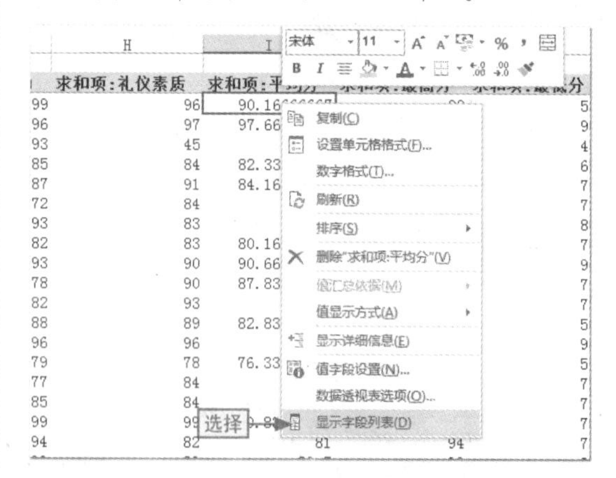

图16-58　打开字段窗格

步骤 08 ❶ 取消选中培训考核科目成绩复选框，❷ 选中“总分”和“评价”复选框，如图 16-59 所示。

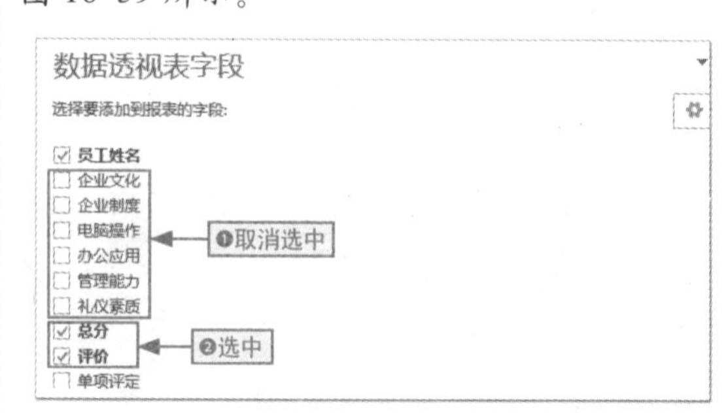

图16-59　更改数据透视表的字段数据

步骤 09 ❶选择 C71:C120 单元格区域，❷单击数据类型下拉按钮，❸选择“数字”选项，如图 16-60 所示。

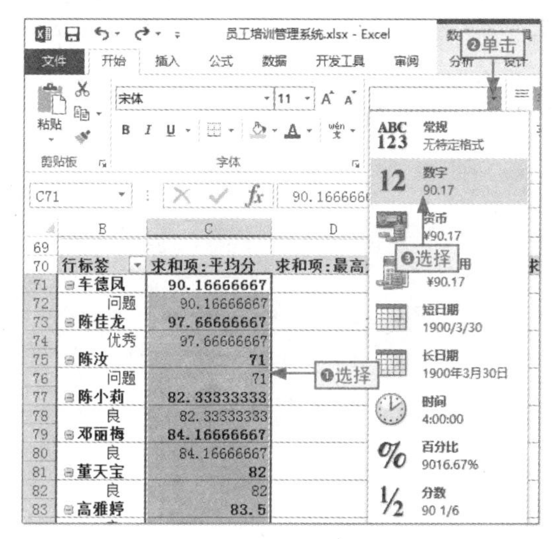

图16-60 更改数据类型为两位数数字

步骤 10 ❶选择 C70:F70 单元格区域，按 Ctrl+H 组合键，打开“查找和替换”对话框。❷在“查找内容”文本框中输入“求和项:”，在“替换为”文本框中输入一空格，❸单击“全部替换”按钮，打开提示对话框，单击“确定”按钮，如图 16-61 所示。

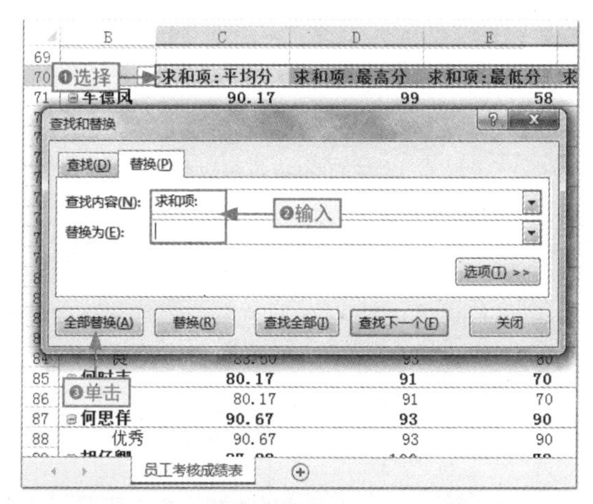

图16-61 替换“求和项：”数据为空格

步骤 11 ❶单击“分类汇总”下拉按钮，❷选择“不显示分类汇总”选项，隐藏分类汇总数据，如图 16-62 所示。

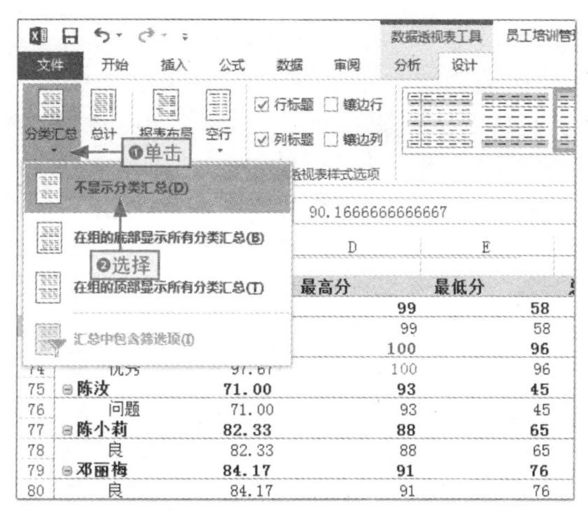

图16-62 隐藏分类汇总数据

步骤 12 ❶单击“总计”下拉按钮，❷选择“对行和列禁用”选项，隐藏总计行，如图 16-63 所示。

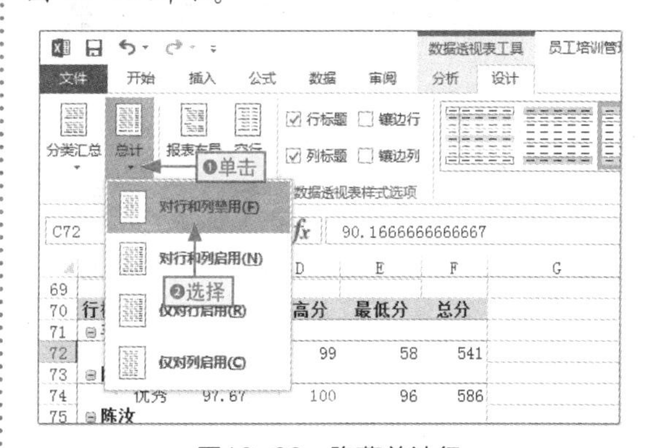

图16-63 隐藏总计行

步骤 13 ❶再次选择 C70:F70 单元格区域，❷单击“居中”按钮，如图 16-64 所示。

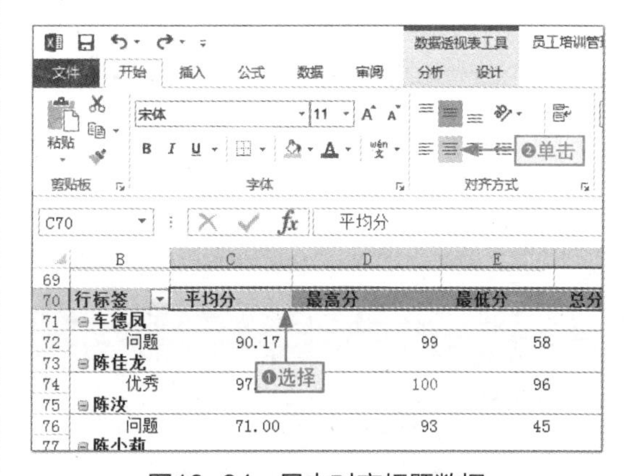

图16-64 居中对齐标题数据

步骤 14 切换到“数据透视表工具-设计”选项卡，在“数据透视表样式”列表框中选择“数据透视表样式浅色 17”选项，如图 16-65 所示。

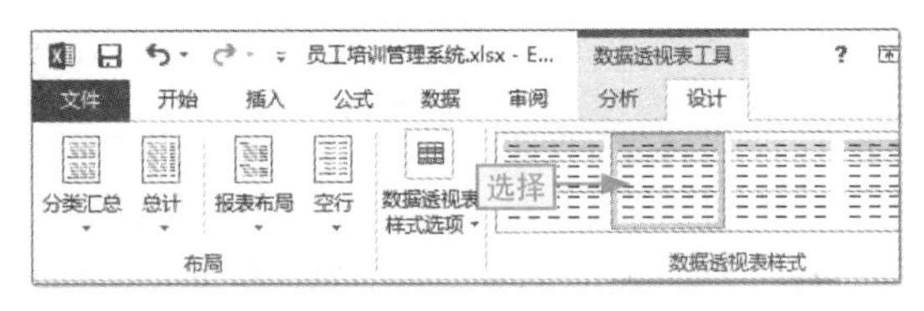

图16-65 应用图表样式

16.5 保护数据安全

保护数据安全包括两个方面：一是保护整个工作簿数据安全，二是保护一些自动计算数据安全，如公式或函数不被修改等。这时可以采用相关的保护措施。

16.5.1 锁定计算和评定公式函数

在员工培训考核成绩表中，一些数据是通过公式和函数自动计算出来的，为了保护计算方式的正确性，可以将这些单元格区域锁定。

下面通过设置单元格格式的方法 来锁定 L3:N27 数据单元格区域，具体操作如下。

步骤 01 单击“全选”按钮，选择所有单元格，按 Ctrl+1 组合键，打开“设置单元格格式”对话框，如图 16-66 所示。

K2 礼仪素质

	K	L	M	N
2	礼仪素质	总分	评价	单项评定
3	84	492	良	
单击	91	550	优秀	
5	83	481	良	
6	84	507	良	
7	78	492	良	
8	90	544	优秀	
9	83	501	良	
10	82	486	良	
11	78	458	问题	
12	93	509	良	
13	91	505	良	
14	90	540	优秀	
15	93	483	良	
16	90	527	良	单面能手
17	97	586	优秀	单面能手

图16-66 选择所有单元格

步骤 02 ❶ 单击“保护”选项卡，❷ 取消选中“锁定”复选框，然后单击“确定”按钮，如图 16-67 所示。

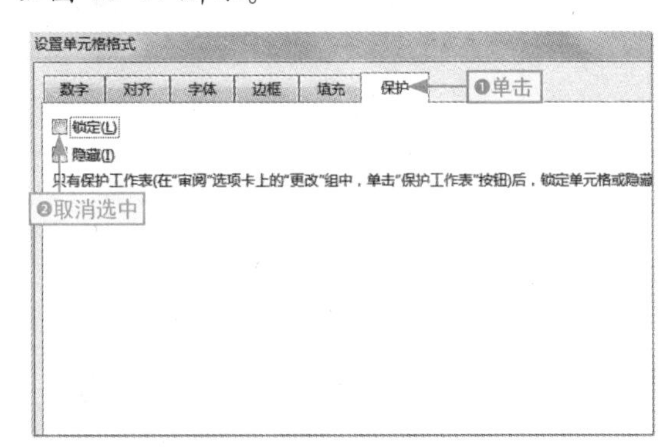

图16-67 取消锁定所有单元格

步骤 03 选择 L3:N27 数据单元格区域，按 Ctrl+1 组合键，打开“设置单元格格式”对话框，如图 16-68 所示。

	K	L	M	N
2	礼仪素质	总分	评价	单项评定
3	84	492	良	
4	91	550	优秀	
5	83	481	良	
6	84	507	良	
7	选择	492	良	
8	90	544	优秀	
9	83	501	良	
10	82	486	良	
11	78	458	问题	
12	93	509	良	

图16-68 选择要锁定的单元格

步骤 04 ❶ 单击“保护”选项卡，❷ 选中“锁定”复选框，然后单击“确定”按钮，如图 16-69 所示。

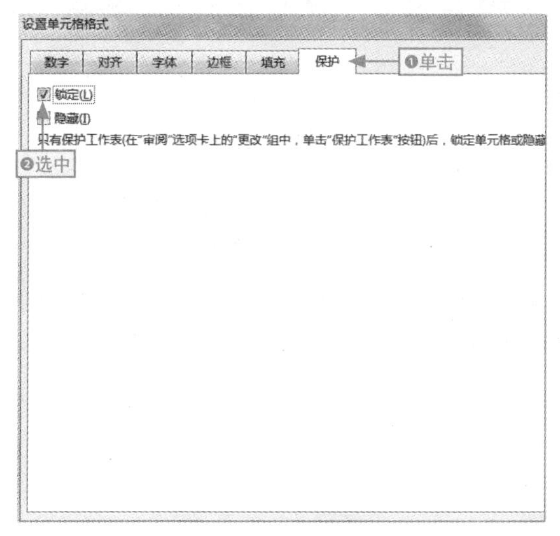

图16-69 锁定单元格

步骤 05 单击“审阅”选项卡中的“保护工作表”按钮，如图 16-70 所示。

图16-70 保护工作表

步骤 06 打开“保护工作表”对话框，❶ 选中“选定锁定单元格”和“选定未锁定的单元格”复选框，❷ 单击“确定”按钮，如图 16-71 所示。

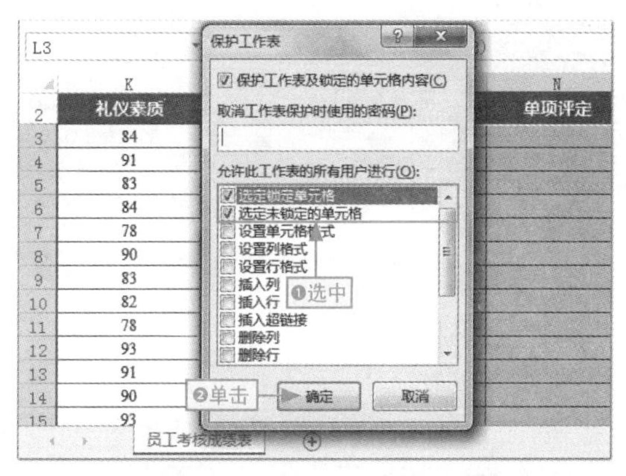

图16-71 设置保护工作表的方式

步骤 07 在 L3:N27 单元格中进行编辑操作，系统自动打开受到保护不能进行编辑的提示对话框，如图 16-72 所示。

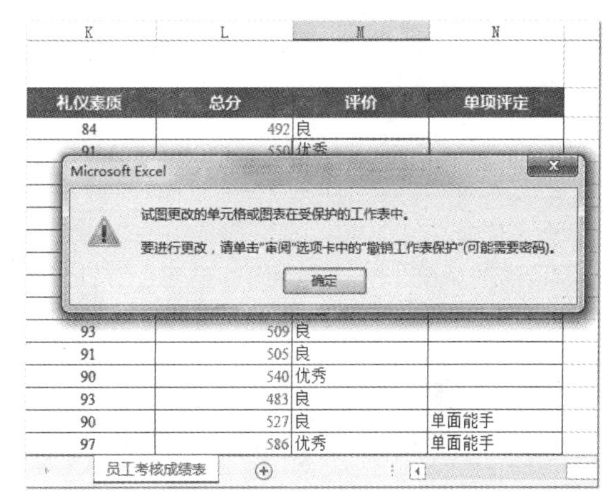

图16-72 锁定单元格效果

16.5.2 加密整个工作簿文件

对员工培训成绩进行管理和分析后，可以对相应人员设置查看权限，所以需要对其进行密码保护，具体操作如下。

步骤 01 单击“文件”选项卡进入 Backstage 界面，❶ 在“信息”选项卡中单击“保护工作簿”下拉按钮，❷ 选择“用密码进行加密”选项，如图 16-73 所示。

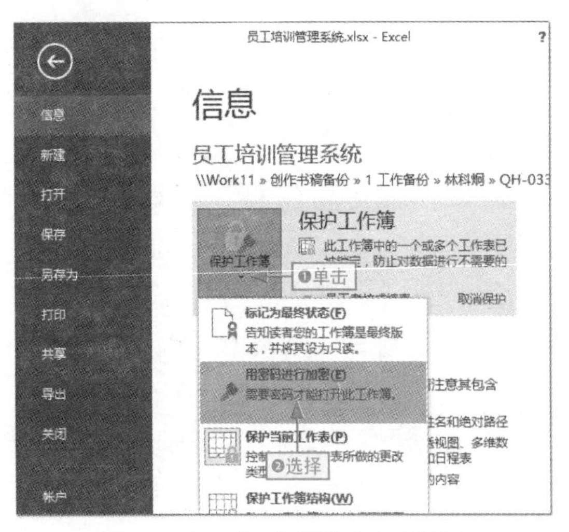

图16-73　对工作簿进行密码保护

步骤 02 打开“加密文档”对话框，❶ 在“密码”文本框中输入密码。这里输入“123456”，❷ 单击“确定”按钮，打开“确认密码”对话框，❸ 在文本框中再次输入完全相同的密码，❹ 单击“确定”按钮，如图 16-74 所示。

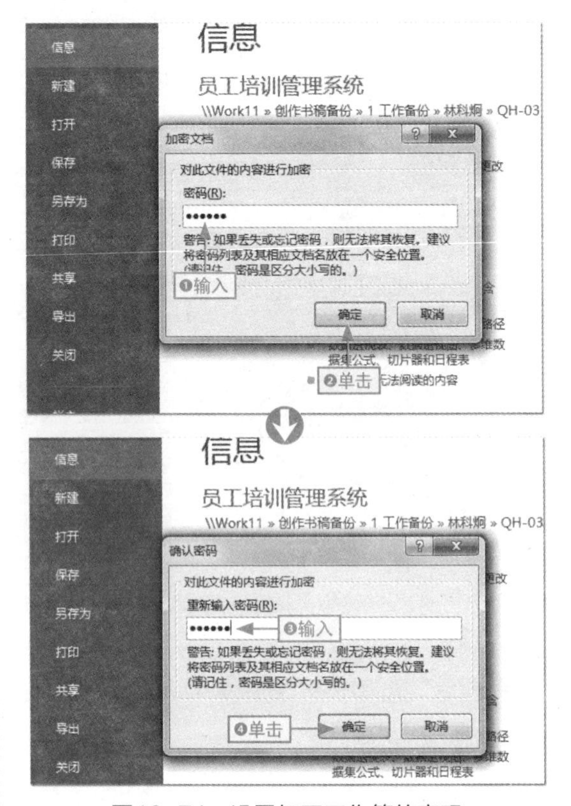

图16-74　设置打开工作簿的密码

16.6 案例制作总结和答疑

在本章中，制作的员工培训管理系统主要是对培训结果进行综合分析，包括两个方面：从宏观整体分析和员工个体分析。主要使用函数对数据进行自动获取和计算，然后用图表对其进行相应的分析。其中，函数主要使用数学函数和查找引用函数，图表包括图表（饼图和一个组合框的动态极值显示图表）和数据透视表。其中的模块较多，首先对相应数据进行计算获取，做好数据基础准备工作，然后从整体上对数据进行管理和分析，接着从员工个体角度对数据进行管理和分析，最后是对单元格的锁定和工作簿的保护。加密保护必须是最后一步，若将其放置在第一顺序中，特别是锁定单元格，则会出现数组公式不能正常使用，同时无法正常插入数据透视表的情况，如图 16-75 所示。

制作过程中，可能会遇到一些操作上的问题，下面就可能遇到的几个问题作简要回答，以帮助用户顺利地完成制作。

图16-75 锁定单元格（保护工作表）后数据透视功能成为灰色不可用状态

给你支招 | 自定义数据类型为数据添加“人”单位

小白：在统计三种考核评价（优秀、良和问题）人数时，可以直接在COUNTIF()函数中添加“&"人"”，为何还要通过自定义数据类型的方法来处理呢?

阿智：这里不能直接通过COUNTIF()函数来统计人数，也不能直接添加“人”单位，因为这里的数据要作为图表的数据源，若使用COUNTIF()函数，图表将是空白的，如图16-76所示。

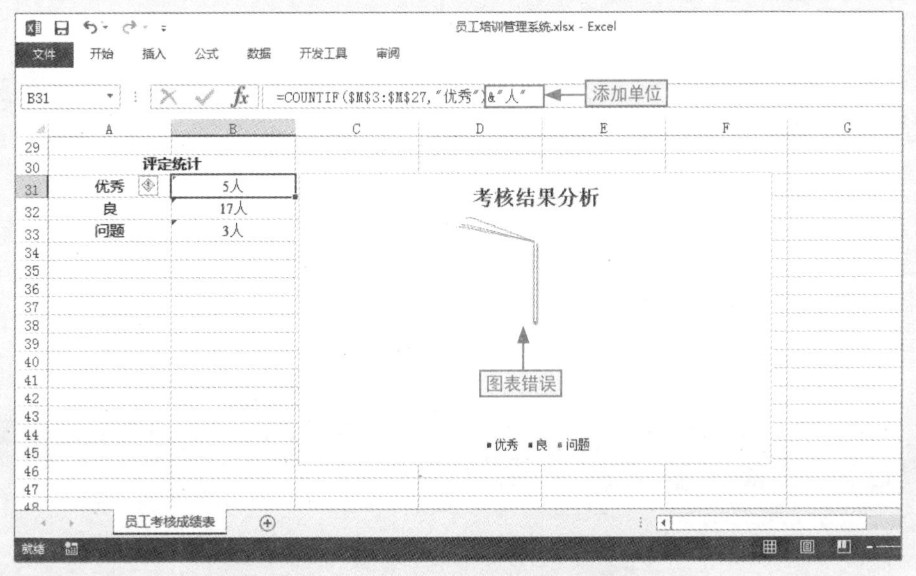

图16-76 通过函数直接添加单位的错误结果

给你支招 | 快速更改数据透视表结构和字段

小白：在使用INDEX()函数获取动态的考核项目成绩时，逐一在B50～G50单元格中输入函数“=INDEX($F$3:$K$27,$A$50,)”，然后按Ctrl+Shift+Enter组合键确认，但是得到的结果是不一样的，如图16-77所示。

阿智：手动逐一在B50～G50单元格中输入函数，则需要将其依次更改为=INDEX($F$3:$K$27,$A$50,)、=INDEX($D$3:$I$27,$B$52,1)、=INDEX($D$3:$I$27,$B$52,2)、=INDEX($D$3:$I$27,$B$52,3)、=INDEX($D$3:$I$27,$B$52,4)和=INDEX($D$3:$I$27,$B$52,5)。

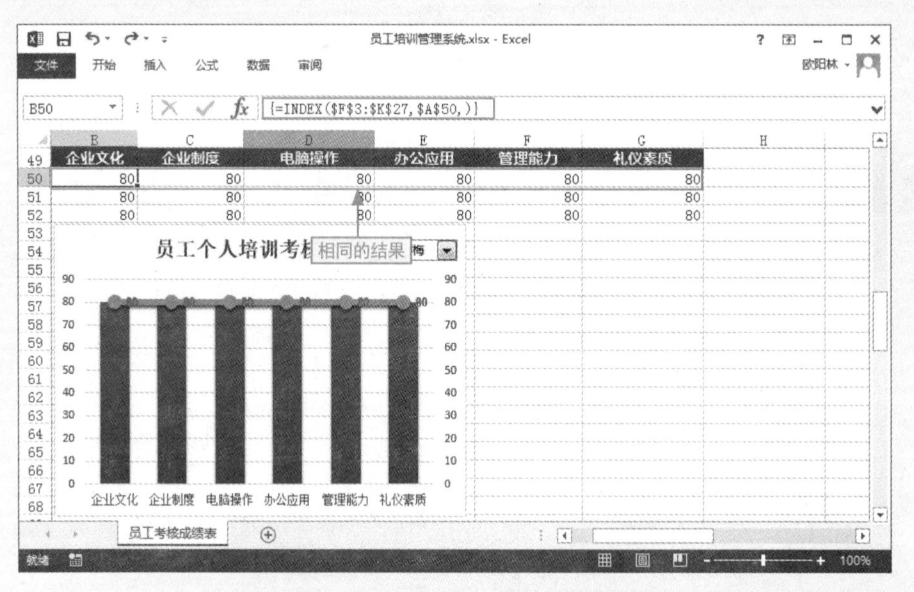

图16-77 手动逐一输入函数导致结果错误